与一带一路欧洲650年名校匈牙利（国立）佩奇大学共同探索教授治学
Exploring the Education Teaching with the European 650-Year-old University of Pecs of Hungary(National) Under the One Belt and One Road

十年拾得

TEN-YEARS FOUND

兴隆县郭家庄规划

2018创基金·四校四导师·实验教学课题

2018 Chuang Foundation ·4&4 Workshop ·Experiment Project

中外19所知名院校建筑与环境设计专业实践教学作品

第十届中国建筑装饰卓越人才计划奖
The 10th China Building Decoration Outstanding Telented Award

主　编	Chief Editor
王　铁	Wang Tie
副主编	Associate Editor
张　月	Zhang Yue
彭　军	Peng Jun
巴林特	Balint Bachmann
高　比	Medvegy Gabriella
金　鑫	Jin Xin
薛青松	Xue Qingsong
段邦毅	Duan Bangyi
陈华新	Chen Huaxin
谭大珂	Tan Dake
潘召南	Pan Zhaonan
郑革委	Zheng Gewei
陈建国	Chen Jianguo
韩　军	Han Jun
贺德坤	He Dekun
刘　岩	Liu Yan
江　波	Jiang Bo
王双全	Wang Shuangquan
张国峰	Zhang Guofeng
梁　冰	Liang Bing
赵　宇	Zhao Yu
公　伟	Gong Wei
钱晓宏	Qian Xiaohong
焦　健	Jiao Jian

中国建筑工业出版社

图书在版编目（CIP）数据

十年拾得　2018创基金·四校四导师·实验教学课题　中外19所知名院校建筑与环境设计专业实践教学作品／王铁主编．—北京：中国建筑工业出版社，2019.5

ISBN 978-7-112-23638-1

Ⅰ．①十…　Ⅱ．①王…　Ⅲ．①建筑设计－作品集－中国－现代　②环境设计－作品集－中国－现代
Ⅳ．①TU206　②TU-856

中国版本图书馆CIP数据核字（2019）第073429号

本书是第十届“四校四导师”实验教学课题的过程记录及成果总结，含括19所院校学生获奖作品，从构思立意到修改完善，再到最终成图，对学生和教师来说具有较强的可参考性和实用性，适用于高等院校环境艺术设计专业学生、教师参考阅读。

责任编辑：杨　晓　唐　旭
责任校对：芦欣甜

十年拾得　2018创基金·四校四导师·实验教学课题

中外19所知名院校建筑与环境设计专业实践教学作品

第十届中国建筑装饰卓越人才计划奖

主　编　王　铁
副主编　张　月　彭　军　巴林特　高　比　金　鑫
薛青松　段邦毅　陈华新　谭大珂　潘召南
郑革委　陈建国　韩　军　贺德坤　刘　岩
江　波　王双全　张国峰　梁　冰　赵　宇
公　伟　钱晓宏　焦　健
排　版　贺德坤　宋　怡　陈晓艺　毕　成　才俊杰
会议文字整理　宋　怡　陈晓艺　毕　成
*
中国建筑工业出版社出版、发行（北京海淀三里河路9号）
各地新华书店、建筑书店经销
北京锋尚制版有限公司制版
北京富诚彩色印刷有限公司印刷
*
开本：880×1230毫米　1/16　印张：28¼　字数：994千字
2019年6月第一版　2019年6月第一次印刷
定价：268.00元
ISBN 978-7-112-23638-1
（33931）

感谢深圳市创想公益基金会、鲁班学院
对 2018 创基金 · 四校四导师 · 实验教学课题的公益支持

深圳市创想公益基金会，简称“创基金”，是中国设计界第一次自发性发起、组织、成立的公益基金会（慈善组织），由邱德光、林学明、梁景华、梁志天、梁建国、陈耀光、姜峰、戴昆、孙建华、琚宾十位来自中国内地、香港、台湾的室内设计师于2014年共同创立。以“求创新、助创业、共创未来”为使命，以“资助设计教育，推动学术研究；帮扶设计人才，激励创新拓展；支持业界交流，传承中华文化”为宗旨，帮扶、推动设计教育，艺术文化，建筑、室内设计等领域的众多优秀项目及公益活动的开展。创基金于2017年先后新增加六位理事，张清平、陈德坚、吴滨、童岚、瞿广慈、刘晓丹，与创基金携手共进，共同推动公益事业的发展。

2018年，鲁班学院作为创基金的爱心企业定向捐赠2018创基金 · 四校四导师 · 实验教学课题项目，共同助力设计教育的发展。

感谢金狮王陶瓷企业
对 2018 创基金·四校四导师·实验教学课题的公益支持

金狮王陶瓷成立于1999年，是中国建筑卫生陶瓷协会副会长单位、中国建陶行业最具实力的20家制造与流通企业联合成立的中陶投资发展有限公司股东单位之一，公司旗下核心品牌金狮王陶瓷，凭借自主创新、品质过硬的优势，连年荣获“陶瓷行业新锐榜年度最佳产品”、“中国仿古砖十大品牌”、“中国大理石十大品牌”、“工匠楷模”等荣誉称号，并在首届“中国意大利陶瓷设计大奖”中获得金奖等行业顶尖殊荣。

金狮王陶瓷自成立以来始终坚持创新品质，早在2000年就邀请意大利的品质管理团队进行专项培训指导，通过不断学习和实践，逐步建立起自己的品质管理团队；通过不断研究国内外经验，并与全球各大研发机构进行合作，总结出自己的瓷砖核心技术，形成实用性、艺术性、功能性和定制化为一体的产品研发理念，逐步将产品做到极致，以创新品质践行“工匠精神”。

“中国瓷砖艺术研究院”、“中国建筑卫生陶瓷行业防滑砖研究中心”相继落户金狮王陶瓷，使金狮王在瓷砖的艺术性、功能性等方面的研发、推广更具优势，极大地推动了瓷砖产品与人们的生活品质、文化品位的结合，瓷砖不再是单纯的装饰材料，更是精美的艺术品，并与人们的生活紧密结合。

金狮王陶瓷围绕实现人们梦想中的生活空间进行产品研发，让每一个空间选用的瓷砖都别具风格。耐磨、强度、防污、防滑、抗菌、窑变、艺术、定制的八大优势，使瓷砖更深入切合生活、具有更高的附加值。

在持续做好专卖店建设、经销商服务的同时，结合市场趋势金狮王陶瓷全面开展与各大高等艺术院校、设计院、设计师及房地产开发企业、家装整装服务商的合作，并着手在各主要省市成立分公司，以发展的眼光战略布局市场，迅速落地执行，市场份额逐年提高，进入发展快车道！

课题院校学术委员会
4&4 Workshop Project Committee

中央美术学院 建筑设计研究院
王铁 教授 院长
Architectural Design and Research Institute, Central Academy of Fine Arts
Prof. Wang Tie , Dean

清华大学 美术学院
张月 教授
Academy of Arts & Design, Tsinghua University
Prof. Zhang Yue

天津美术学院 环境与建筑设计学院
彭军 教授 院长
School of Environment and Architectural Design, Tianjin Academy of Fine Arts
Prof. Peng Jun , Dean

佩奇大学 工程与信息技术学院
金鑫 副教授
Faculty of Engineer and Information Technology，University of Pecs
A./Prof. Jin Xin

四川美术学院 设计艺术学院
潘召南 教授
Academy of Arts & Design, Sichuan Fine Arts Institute
Prof. Pan Zhaonan

湖北工业大学 艺术设计学院
郑革委 教授
Academy of Arts & Design , Hubei Industry University
Prof. Zheng Gewei

广西艺术学院 建筑艺术学院
陈建国 副教授
Academy of Arts & Architecture, Guangxi Arts Institute of China
A./Prof.Chen Jianguo

辽宁科技大学 建筑与艺术设计学院
张国峰 教授
College of Architecture and Art Design, Liaoning University of Science and Technology
Prof. Zhang Guofeng

武汉理工大学 艺术设计学院
王双全 教授
College of Art and Design, Hubei University of Technology
Prof.Wang Shuangquan

中央美术学院 建筑学院
侯晓蕾 副教授
School of Architecture, Central Academy of Fine. Arts
A./Prof. Hou Xiaolei

浙江工业大学 艺术设计学院
吕勤智 教授
School of Art and Design, Zhejiang University of Technology
Prof. Lü Qinzhi

吉林艺术学院 设计学院
刘岩 副教授
Academy of Design, Jilin Arts Institute of China
A./Prof.Liu Yan

山东师范大学 美术学院
刘云副 教授
School of Fine Arts, Shandong Normal University
Prof. Liu Yunfu

内蒙古科技大学 建筑学院
左云 教授
College of Architecture, Inner Mongolia University of Science and Technology
Prof. Zuo Yun

山东建筑大学 艺术学院
陈淑飞 副教授
School of Art, Shandong University of Architecture
A./Prof. Chen Shufei

青岛理工大学 艺术与设计学院艺术研究所
贺德坤 所长
College of Art and Design Institute of Art, Qingdao University of Science and Technology
He Dekun, Director

曲阜师范大学 美术学院
梁冰 副教授
Academy of Fine Arts, Qufu Normal University
A./Prof. Liang Bing

湖南师范大学 美术学院
王小保 教授
Academy of Fine Arts, Hunan Normal University
Prof. Wang Xiaobao

苏州大学 金螳螂建筑学院
钱晓宏 教授
Golden Mantis School of Architecture, Suzhou University
Prof. Qian Xiaohong

北京林业大学 艺术设计学院
公伟 副教授
School of Art and Design, Beijing Forestry University
A./Prof. Gong Wei

齐齐哈尔大学 美术与艺术设计学院
焦健 副教授
Academy of Fine Arts and Art Design, Qiqihar University
A./Prof. Jiao Jian

佩奇大学工程与信息技术学院

University of Pecs
Faculty of Engineering and Information Technology

“四校四导师”毕业设计实验课题已经纳入佩奇大学建筑教学体系，并正式成为教学日程中的重要部分。课题中获得优秀成绩的同学成功考入佩奇大学工程与信息技术学院攻读硕士学位。

The 4&4 workshop program is a highlighted event in our educational calendar. Outstanding students get the admission to study for Master's degree Faculty of Engineering and Information Technology, in University of Pecs.

佩奇大学工程与信息技术学院简介

佩奇大学是匈牙利国立高等教育机构之一，在校生约26000名。早在1367年，匈牙利国王路易斯创建了匈牙利的第一大学——佩奇大学。佩奇大学设有10个学院，在匈牙利高等教育领域起着重要的作用。大学提供多种国际认可的学位教育和科研项目。目前，每年我们接收来自60多个国家的近2000名国际学生。30多年来，我们一直为国际学生提供完整的本科、硕士、博士学位的英语教学课程。

佩奇大学的工程和信息学院是匈牙利最大、最活跃的科技高等教育机构之一，拥有成千上万的学生和40多年的教学经验。此外，我们作为国家科技工程领域的技术堡垒，是匈牙利南部地区最具影响力的教育和科研中心。我们的培养目标是：使我们的毕业生始终处于他们职业领域的领先地位。学院提供与行业接轨的各类课程，并努力让我们的学生掌握将来参加工作所必备的各项技能。在校期间，学生们参与大量的实践活动。我们旨在培养具有综合能力的复合型专业人才，他们充分了解自己的长处和弱点，并能够行之有效地表达自己。通过在校的学习，学生们更加具有批判性思维能力、广阔的视野，并且宽容和善解人意，在他们的职业领域内担当重任并不断创新。

作为匈牙利最大、最活跃的科技领域的高等教育机构之一，我们始终使用得到国际普遍认可的当代教育方式。我们的目标是提供一个灵活的、高质量的专家教育体系结构，从而可以很好地满足学生在技术、文化、艺术的要求，同时也顺应了自21世纪以来社会发生巨大转型的欧洲社会。我们理解当代建筑；我们知道过去的建筑教育架构；我们和未来的建筑工程师们一起学习和工作；我们坚持可持续发展；我们重视自然环境；我们专长于建筑教育!我们的教授普遍拥有国际教育或国际工作经验；我们提供语言课程；我们提供国内和国际认可的学位。我们的课程与国际建筑协会有密切的联系与合作，目的是为学生提供灵活且高质量的研究环境。我们与国际多个合作院校彼此提供交换生项目或留学计划，并定期参加国际研讨会和展览。我们大学的硬件设施达到欧洲高校的普遍标准。我们通过实际项目一步一步地引导学生。我们鼓励学生发展个性化的、创造性的技能。

博士院的首要任务是：为已经拥有建筑专业硕士学位的人才和建筑师提供与博洛尼亚相一致的高标准培养项目。博士院是最重要的综合学科研究中心，同时也是研究生的科研研究机构，提供各级学位课程的高等教育。学生通过参加脱产或在职学习形式的博士课程项目达到要求后可拿到建筑博士学位。学院的核心理论方向是经过精心挑选的，并能够体现当代问题的体系结构。我们学院最近的一个项目就是为佩奇市的地标性建筑——古基督教墓群进行遗产保护，并负责再设计（包括施工实施）。该建筑被联合国教科文组织命名为世界遗产，博士院为此做出了杰出的贡献并起到关键性的作用。参与该项目的学生们根据自己在此项目中参与的不同工作，将博士论文分别选择了不同的研究方向：古建筑的开发和保护领域、环保、城市发展和建筑设计等等。学生的论文取得了有价值的研究成果，学院鼓励学生们参与研讨会、申请国际奖学金并发展自己的项目。

我们是遗产保护的研究小组。在过去的近40年里，佩奇的历史为我们的研究提供了大量的课题。在过去的30年里，这些研究取得巨大成功。2010年，佩奇市被授予欧洲文化之都的称号。与此同时，早期基督教墓地极其复杂的修复和新馆的建设工作也完成了。我们是空间制造者。第13届威尼斯建筑双年展，匈牙利馆于2012年由我们的博士生设计完成。此事所取得的成功轰动全国，展览期间，我们近500名学生展示了他们的作品模型。我们是国际创新型科研小组。我们为学生们提供接触行业内活跃的领军人物的机会，从而提高他们的实践能力，同时也为行业不断增加具有创新能力的新生代。除此之外，我们还是创造国际最先进的研究成果的主力军，我们将不断更新、发展我们的教育。专业分类：建筑工程设计系、建筑施工系、建筑设计系、城市规划设计系、室内与环境设计系、建筑和视觉研究系。

佩奇大学工程与信息技术学院
院长 巴林特
Faculty of Engineering and Information Technology
University of Pecs
Pro．Balint Bachmann，Dean
23th October 2018

布达佩斯城市大学

Budapest Metropolitan University

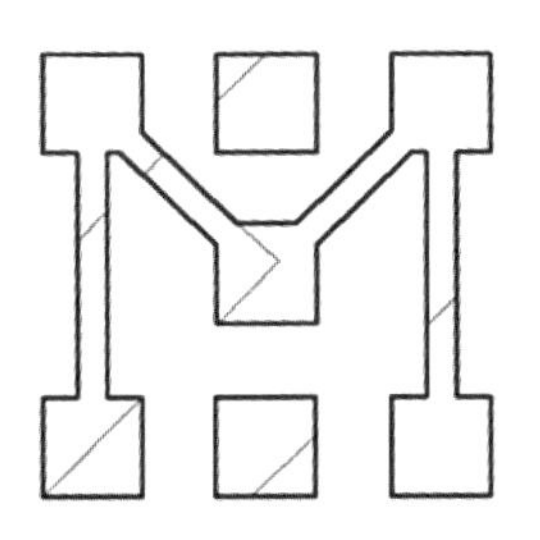

布达佩斯城市大学简介

布达佩斯城市大学是匈牙利和中欧地区具有规模的私立大学之一，下设3个学院和校区，学历被匈牙利和欧盟认可，同时得到中国教育部的认可（学校原名是BKF，在中国教育部教育涉外监管网排名第六位），该校成立于2001年。在校学生约8000人，其中有国际学生500名左右，分别来自6个大洲70多个国家，大学下辖5个学院，采用ECTS学分制教学。英语授课项目主要集中在主教学楼授课，环境优美，并伴有现代化建筑。由欧盟共同投资的新落成的多功能教学楼是第一座投资近10亿福林的教学楼，学生们可以使用覆盖整个大学的WiFi 网络及电脑室。

艺术学院坐落在市中心7区Rózsa大街上，该校区在2014年进行过维修和重建。学院提供艺术课程所需的工作室与教室，包括摄影工作室和实验室、摄影师工作室、（电影）剪接室、动漫教室等。大学同时还是世界上极少数具有Leonar 3 Do 实验室及交互3D软件的大学之一，给予学生在真实的空间中学习的机会。

2016年开始，布达佩斯城市大学开始和中国国际教育研究院（CIIE）沟通，积极来华访问，并在2017年在CIIE的协助下，和中国国内多所大学开展了合作。

2017年2月27日，第89届奥斯卡金像奖颁奖礼在美国举行，该校教授Kristóf Deák指导的《校合唱团的秘密》获得奥斯卡最佳真人短片奖。

前言·十年拾得

Preface：Ten-Years Found

中央美术学院建筑设计研究院院长 博士生导师　王铁教授
Central Academy of Fine Arts, Professor Wang Tie

十对于人们永远是一个充满坚韧感的好词汇。十年是不长不短的时间，可是一件事情坚持做十年需要的不仅仅是魄力，4×4实践教学支撑继续下去的动力源是磨炼十年不变公益之心。这是中国高等院校实践教学项目最感人的真实故事，没有杂念开始，没有杂念进行。用十年磨一剑来比喻4×4实践教学走过的经历不为过，不忘初心驱动着永远在路上的教师努力工作，多少个日日夜夜教学与指导、激励学生努力学习，共同的目标就是探索"一带一路"上的中外高等院校设计教育，试探跳出高等院校现有的办学历史的局限性。4×4实践教学价值在于以深刻理解文化自信为基础，打破高等院校间看得到的壁垒式的教育防御体系，其目的是建立实践教学课题组，邀请积极投身设计教育、期待变革的学科带头人，组成高等教育设计专业的联合舰队，向未来的科技智能时代进发。在过去的十年教学中教师们自我对位、相互鼓励、取长补短、不断进取是全体课题组成员坚持不变的主线价值观，在教学中向上的态度和时代的精气神感动着每一届参加课题的学生。

中国高等院校设计教育一直都是线形发展，以情感判断事务，人才培养强调的是沿着传统轨迹发展，教师教学理念如此、学生学习和梳理问题的方法如此，人才培养也是单一的线形，甚至学术研究也是狙击手式的思维，所以在中国出现北京电影学院博士论文现象。

十年教学4×4实践教学追求的价值观在于集中全国院校设计学科的优秀教授，从源头探索思考中国高等教育艺考生进入大学接受教育过程中所出现的问题，特别是硕士研究生阶段教育显现的尴尬。艺考生求学之路是从各省地方考到专业院校的校考，再到每年一度的国考，一路下来有特色的学生基本没有了，合格的学生基本上是一个标准。全国现有一千多所院校开办环境设计专业，教学大纲基本相同，从高等院校设计专业评估项目看，达标标准是一样的，各校文化课分数段是学生最终录取的定音锤。带着这个现实问题，课题组决定不同院校学科带头人联合起来，针对参加课题学生的问题进行指导，既能促进教师间的交流教学体验，又能创造平台让来自不同院校的学生相互交流，特别是与欧洲大学共享平台后，课题在教学方法上逐渐发生改变。从27名参加课题的优秀学生成功留学佩奇大学看，十年4×4教学成果，课题教师投入全部经历探索特色教学，目的是探索中国相同学科、不同院校教学的差异。回顾十年实践教学积累，证明各地区存在差距，问题出在教师和学生的综合素质上，这是地区优越所造成的后果。根据现实4×4教学出版大量成果，就是要打破地域间所带来的教育差距，建立培养高素质人才机制。十年里课题是相同的题，答辩是同一时间，但是最终成果却是各有千秋，这是4×4实践教学完成的第一阶段目标。第二段实践教学目标更是全新的研究题目，目前课题组正在准备中。

2019年中国5G的成功应用给以情感评价事务的群体造成断崖式的惊醒，对此传统型思维的文化与艺术教师群体如何面对？冷静思考后寻找源头，深刻解读国家提出的"文化自信"、科技中国、智慧中国，寻找在未来科技中国理念下探索设计教育方法，调整自己向科技审美迈出探索的第一步。今后4×4实践教学将融入智慧城市理念，客观理解线形教育体系下的师生价值观，用隐性自信的传统审美底蕴告别科普时代，向科技智能时代发出探索实践教学信息。

在书籍即将出版的时刻，面对未来智能科技时代我等准备好了吗？

王铁教授
中央美术学院
2019年3月19日青岛

目 录
Contents

课题院校学术委员会
佩奇大学工程与信息技术学院简介
布达佩斯城市大学简介
前言 · 十年拾得
责任导师组······015
课题督导······016
实践导师组······016
特邀导师组······016
参与课题学生······017
学生获奖名单······020

一等奖学生获奖作品
郭家庄生产性景观系统构建研究及设计/刘晓宇······022
通道/Gabriella Bocz······037

二等奖学生获奖作品
郭家庄综合共享驿站设计研究/王琨······046
负向再生理念下的乡村民宿建筑设计研究/何蒙蒙······064
郭家庄满族特色乡村人居环境的设计研究/张赛楠······083

三等奖学生获奖作品
兴隆县特色小镇农舍设计研究/郭倩······102
兴隆县郭家庄景观规划设计研究/王爽······114
艺术家的社区互动/Kata Varju······137
郭家庄村落公共空间的更新及设计策略研究/张哲浩······146

佳作奖学生获奖作品

布达佩斯中心的试验村庄/Dürgő Athéna ······ 164
公益住宅，餐厅，堆肥中心/Mezei Flóra ······ 172
美丽乡村郭家庄满族特色村寨景观与建筑设计研究/庄严 ······ 182
冀北地区郭家庄庭院景观设计研究/叶绿洲 ······ 198
承德市兴隆县郭家庄村游客中心设计/刘博韬 ······ 215
示范农场/Sándor Mészáros ······ 235
振兴视角下郭家庄营建策略与实践研究/李洋 ······ 243
郭家庄特色小镇民宿设计研究/张赫然 ······ 263
提升郭家庄人居环境应用研究/陈禹希 ······ 285
郭家庄艺术小镇活化中的应用研究/郑新新 ······ 306
河北省兴隆县南天门乡郭家庄小镇养老院设计研究/周京蓉 ······ 322
郭家庄满族文化艺术乡村建设研究/辛梅青 ······ 346
自然山水郭家庄建设中的设计应用研究/阚忠娜 ······ 364
郭家庄村公共厕所设计研究/马悦 ······ 383
郭家庄老年活动中心建筑景观设计/宋怡 ······ 403
郭家庄景观规划中的交通系统与存储空间/张婧琦 ······ 422
郭家庄生态视角下的滨水景观设计研究/刘菁 ······ 435

2018创基金·四校四导师·实验教学课题

2018 Chuang Foundation · 4&4 Workshop · Experiment Project

责任导师组

中央美术学院
王铁 教授

清华大学美术学院
张月 教授

天津美术学院
彭军 教授

四川美术学院
潘召南 教授

山东师范大学
段邦毅 教授

山东建筑大学
陈华新 教授

四川美术学院
赵宇 教授

佩奇大学
巴林特 教授

佩奇大学
高比 教授

青岛理工大学
谭大珂 教授

北京林业大学
公伟 副教授

内蒙古科技大学
韩军 副教授

吉林艺术学院
刘岩 教授

广西艺术学院
陈建国 副教授

湖北工业大学
郑革委 教授

青岛理工大学
贺德坤 副教授

苏州大学
钱晓宏

曲阜师范大学
梁冰 副教授

黑龙江建筑职业技术学院
曹莉梅 副教授

齐齐哈尔大学
焦健 副教授

课题督导

刘原

实践导师组

吴晞

林学明

裴文杰

特邀导师组

石赟

参与课题学生

Gabriella Bocz

刘晓宇

王琨

何蒙蒙

张赛楠

郭倩

王爽

张哲浩

参与课题学生

叶绿洲

庄严

刘博韬

Sándor Mészáros

Dürgő Athéna

陈禹希

李洋

郑新新

张赫然

参与课题学生

宋怡

Kata Varju

Mezei Flóra

辛梅青

阚忠娜

周京蓉

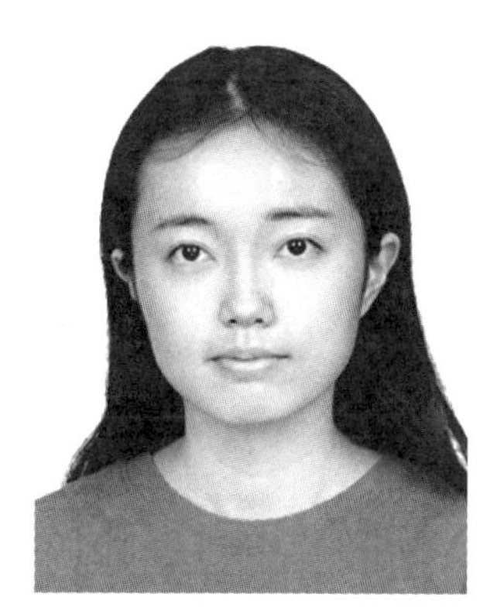
马悦

张婧琦

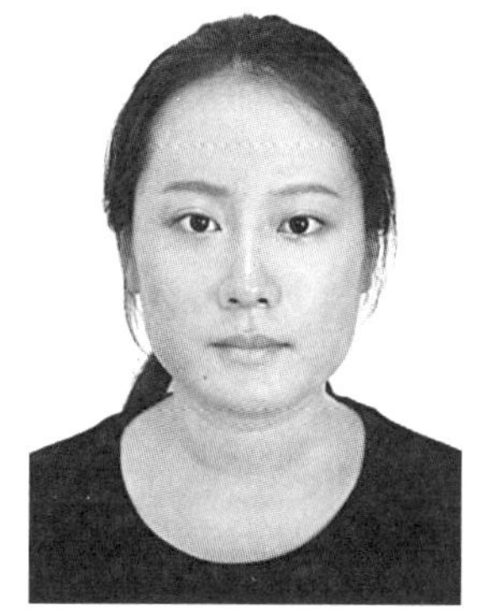
刘菁

2018创基金·四校四导师·实验教学课题

2018 Chuang Foundation · 4&4 Workshop · Experiment Project

学生获奖名单　　The Winners

一等奖	The Frist Prize:
1. Gabriella Bocz	1. Gabriella Bocz
2. 刘晓宇	2. Liu Xiaoyu

二等奖	The Second Prize
1. 王　琨	1. Wang Kun
2. 何蒙蒙	2. He Mengmeng
3. 张赛楠	3. Zhang Sainan

三等奖	The Thrid Prize
1. 郭　倩	1. Guo Qian
2. 王　爽	2. Wang Shuang
3. Kata Varju	3. Kata Varju
4. 张哲浩	4. Zhang Zhehao

佳作奖	The Fine Prize
1. Dürgő Athéna	1. Dürgő Athéna
2. Mezei Flóra	2. Mezei Flóra
3. 庄　严	3. Zhuang Yan
4. 叶绿洲	4. Ye Lvzhou
5. 刘博韬	5. Liu Botao
6. Sándor Mészáros	6. Sándor Mészáros
7. 刘竞雄	7. Liu Jingxiong
8. 史少栋	8. Shi Shaodong
9. Hajnalka Juhasz	9. Hajnalka Juhasz

研一佳作奖	The First Year of Graduate Fine Prize
1. 李　洋	1. Li Yang
2. 张赫然	2. Zhang Heran
3. 陈禹希	3. Chen Yuxi
4. 郑新新	4. Zheng Xinxin
5. 周京蓉	5. Zhou Jingrong
6. 辛梅青	6. Xin Meiqing
7. 阚忠娜	7. Kan Zhongna
8. 马　悦	8. Ma Yue
9. 宋　怡	9. Song Yi
10. 张婧琦	10. Zhang Jingqi
11. 刘　菁	11. Liu Jing

一等奖学生获奖作品

Works of the Frist Prize Winning Students

郭家庄生产性景观系统构建研究及设计

Research and Design on the Construction of Productive Landscape System in Guojiazhuang

中央美术学院 建筑学院 刘晓宇

School of Architecture, China Central Academy of Fine Arts

Liu Xiaoyu

姓 名：刘晓宇 硕士研究生二年级

导 师：侯晓蕾 副教授

学 校：中央美术学院建筑学院

专 业：风景园林

学 号：12160500015

备 注：1. 论文 2. 设计

郭家庄生产性景观系统构建研究

Productive Landscape Design of Guojiazhuang

摘要：生产性景观源于千百年来中国传统男耕女织为基础的生存环境以及人为和自然相适应的基础上，是在土地利用格局所提炼出的人类的智慧结晶。然而随着中国经济的迅猛增长，乡镇一体化的发展机遇和转型期遇到空前的挑战，农村建设也接踵加入模仿所谓“都市”景观的行列中；农村中传统的劳作带来的经济收入已经远不能抵过来自城市中高薪资的诱惑，农村青年纷纷弃田奔向城市等问题导致了以生产性景观为主的乡土特色景观遭到前所未有的威胁。同时乡村旅游成为当代中国的发展热门，而生态也成为中国重点发展的课题。因此农村生产性景观在此背景下的研究将会对文化的继承以及延续、生态的创新和推广、经济的发展和升级、审美的突破和蜕变都发挥一定的积极作用。

关键词：农村；生产性景观；生态；乡土景观；乡村旅游

Abstract: The productive landscape derives from the living environment based on traditional Chinese man and woman weaving for thousands of years and the adaptation of man and nature, and the human wisdom crystallized in the land use pattern. However, with the rapid growth of China's economy, the opportunities for development of township integration and unprecedented challenges in the transition period, rural construction has also joined the ranks of mimicking the so-called “urban” landscape; the income from traditional labor in rural areas has been Far from being able to withstand the temptation of high salaries in the city, rural youths have to abandon the fields to the city, and other issues have led to unprecedented threats to the production of landscape-based landscape features. At the same time, rural tourism has become a hot spot for the development of contemporary China, and ecology has also become a key development issue in China. Therefore, the research of rural productive landscape in this context will play a positive role in the inheritance and continuation of culture, the innovation and promotion of ecology, the development and upgrading of economy, and the breakthrough and transformation of aesthetics.

Key words: Rural areas; Productive landscape; Ecology; Rural landscape; Rural tourism

第1章 绪论

1.1 研究的缘起和背景

随着改革开放的不断深入和发展，我国国民经济实现了持续、快速、稳定的增长，人民生活水平不断提高，城乡建设全面展开。随着经济建设的加快，城市化进入了一个快速发展的时期。城市化的产业化发展迅速向农村蔓延。农村城镇化的影响对中国乡村景观和古村落产生了前所未有的影响。

人们聚集起来组成村庄，从砖瓦的建造和翻新，到草木的耕种。人们在长期的生产和生活中与自然互动，创造了村落独特的自然和文化遗产。长期以来，当地人如何阅读和理解自然，如何明智谦逊地改造土地、创造生活，是一种地方景观、一种文化遗产。

面对城市化的强大冲击，古村落曾经呈现在人们面前的是什么样的面貌？如何继承河流，弘扬传统乡土文化，更新传统乡村聚落，或创造具有乡村特色的发展模式？而不是仿效城市，以改变当前乡村聚落建设，平庸滋味的转化。这就是乡村未来发展必须面对的问题。

作为乡村景观、生产景观的典型特征，在“美丽乡村”和“特色城镇”建设的基础上，将如何结合社会的发展，更好地开发生产性景观，总结生产性景观的类型，探索适宜的生产景观规划方法和手段，并将该理论应用于实际的乡村建设规划，创造具有地方特色的乡村生产性景观。

1.2 研究目的及意义

（1）文化

农业生产景观是一种传统的农耕文化。上千年以来，它是农耕传承和典型乡村景观的缩影。通过对农村生产性景观建设的研究，探索中国农业文明几千年的文化延续。乡村景观文化的传承，保留了人们对乡村景观的记忆。

（2）生态学

生产性景观是人类对自然的处理和再创造。它属于第二天性。它根据历史发展，把高新技术运用到生产性景观中去，或根据时代发展要求，开发出不同的生产性景观，即农村生产力。景观更加科学化、生态化、低碳化。它是生产性景观的生命力所在，正朝着一个更具动态性和前沿性的方向发展。

（3）经济

农业生产景观是在以人为本的劳动前提下，具有明显物质输出的人造景观。它具有巨大的经济潜力，应科学生态地塑造生产景观，为旅游业的发展和绿色农业的发展服务。提高农村产值，创造农民收入，减少城乡贫困分化的作用。

（4）美学

生产性景观属于第二类自然景观，面积较大。与自然界的神奇性相比，它具有明显的人为作用痕迹。这是人与自然长期互动的结果。生产性景观具有纯粹的自然美。它仍然是自然的再美化。通过对乡村生产性景观规划的研究，可以更加科学地改善乡村形象，美化乡村景观，实现乡村景观的艺术转型。（王恒博，2014）

据估计，中国城市人口比例将在2030年达到60%。在快速城市化进程中，我国生态环境遭到严重破坏，流域大面积污染，大量耕地被置换，农村生产性景观遭到严重破坏。然而，目前的景观规划设计没有重视解决这些问题，盲目追求片面的视觉效果，加速了人们生活环境的恶化，是浪费资金。因此，在发展高科技、高生态生产性景观的基础上，在应注重传统生产性生产功能的同时，回归土地基本生产，以生产性景观设计作为生存的艺术，把美食画到人们的日常生活中。在生活中，注重生产性景观功能是人类生存的一种策略。（材料汇一，2014）

1.3 国内外研究现状

1.3.1 国内生产性景观研究

国内关于生产性景观的研究大多停留在农村和农业景观类型上。近年来，随着城市问题的关注和国外对城市生产性景观的探索成果，国内对生产性景观的研究不再局限于类似的农业旅游园区、乡村景观等，而是更多地考虑城市和农村问题。城市化扩展下的城市景观发展《农业景观研究》，王云才的《现代乡村景观旅游规划设计》（青岛出版社，2003），黄宜宾等人的《生态农业旅游公园规划：思路与案例》（中国农业科技出版社，2012），张甜、朱镕基的《现代旅游观光农业园规划与案例分析》（中国轻工业出版社，2013），北京大学景观设计研究院俞孔坚的《景观设计》2010年第九期专题《生产性景观》，为探索我国生产性景观设计开辟了新的篇章。

1.3.2 国外生产景观研究

目前，国外关于生产性景观的研究无论在理论上还是在设计实践上都趋于成熟。它们大多以城市为载体进行研究和探索，对城市现状进行多方面的分析，并从宏观上对城市生产性景观的发展进行了许多有益的探索。19世纪末，英国社会活动家埃比尼泽·霍华德的《明天的花园城市》一书提出了一个具有三块磁铁的城市。乡村磁铁，作为早期理想城市的发展目标。农地作为城市体系的重要组成部分，牧场运动也已发展成为一场世界性运动。在奥地利、澳大利亚、比利时、德国、法国、荷兰、西班牙、俄罗斯和美国都建立了类似的示范城市。1996年，史密特出版了《都市农业：食物、工作和可持续城市》，这是界定都市农业的国际作用的里程碑。2005年，由英国布莱顿大学建筑学高级讲师维尔琼（Viljoen）出版的《CRMUL》，是第一本提出景观设计策略的书，该策略将以连贯的方式引入城市。2007，荷兰建筑学院在Mahhtricht举办了一个名为“美食城”的展览。从那时起，越来越多的展览和研究，涉及和探索生产性景观，包括英国设计委员会2006年在米德尔斯堡举办的“时代设计：都市农业工程”和2008年在加拿大建筑中心举办的“行动：城市能做什么”展览，2009年由“艺术展览”组织的“垂直农业”展览。荷兰通过发展现代农业，培养农村的交通、户外娱乐、景观保护等复杂功能，以及用“空间概念”描述多目标农村土壤的利用，将原来的小块土地合并。

1.4 研究方法

（1）文献研究方法

在文章论述的过程中，为了使论证更深入，笔者力图获得与园林、建筑、植物、文化和艺术密切相关的文献，尤其与生态相关的书籍将为本文提供丰富的理论基础。

（2）案例研究

在研究过程中，不仅有大量的文献，而且尽可能广泛地实地调查，将尽可能多地审查和研究本文中所涉及的许多生产性景观实例。通过实地考察，了解这些作品在保护和设计农村生产景观方面的成功。

（3）案例分析比较法

通过收集、阅读、分析和比较国内外类似或相似的案例，分析其各自的优缺点和特点，总结出景观生产的一般思路和方法。

（4）论证分析

作为一种感性和合理性，结合抽象和比喻专业，对风景园林现象的研究需要上升到理性思维的高度。在文献综述和案例分析的基础上，从景观设计的角度分析了生产力，对当地的景观有着强烈的影响。此外，还有一个以生产植物为主的生产性景观，它对整个景观系统起作用。

（5）实践与思考

本文旨在探讨如何在当今的环境下规划和设计农村生产性景观，希望能够总结出可供借鉴的方法和思路。在研究的过程中，会得出一些意见和结论，然后运用在实际的项目中。通过试验，得到阶段性结果，去验证阶段性结论的正确性，从而使得理论得到不断的改进。

第2章 相关概念和理论基础

2.1 相关概念的界定

2.1.1 景观、生产景观

（1）当谈到“风景”时，人们的第一印象是他们通常看到的“风景、景象”。一般来说，“景观”包括某一地区的综合特征、自然、经济、人文、一般自然一体化、区域概念、类型概念。

（2）生产性景观的概念

生产性景观是以具有丰富特征的生产要素作为景观的基本材料，许多学者对此进行了总结。在物质功能生产中占有较大份额的同时，也满足了人们对景观多样性和形式的审美需求。这种类型的景观具有一定的意义，可以突出材料的可持续发展和文化遗产、体验、教育乃至休闲的效果。

浙江农业景观学院副教授蔡建国在接受《中国早期景观》采访时说，生产性景观源于生活，基于劳动效应，它涵盖了人力资源的再生产和转化。这是一个具有生命和文化景观、传承特征和突出的产值。（石垣，2015）

狭义：生产性景观是以植物景观为基础，具有一定实用价值、以劳动为导向、以生产为导向、贯穿始终、具有可持续性的景观规划方法。如稻田景观、荷兰景观，甚至蔬菜景观。（陈炜，2005）

随着科学技术的发展，广义生产性景观中的生产资料不仅包括生产植物，而且包括利用高科技设施作为生产手段、利用高科技设备进行利用的各种天然能源，如风能、光能等。由潮汐等自然能获得的物质输出也是一个富有生产力的景观。“生产性景观”的范围包括：农林牧渔业形成的农业景观；具有生态效应（如小气候、空气净化等）或能源功能（如风、水等）的功能景观。（MUU，1999）同时涵盖三个方面：①由生产性景观本身所呈现的自然生命景观环境；②生产景观；③与生产活动相关的生活景观。

2.1.2 乡村景观与生产景观的联系

村落内的景观区域与人类活动相关，是乡村景观设计的对象。景观具有乡村生态模式、生产类型和生活特征三个层次，具体为乡村景观、生产景观和自然生态景观。此外，景观与农村经济发展和社会文化习俗密切相关。生产景观是农村农业生产过程中产生的，是农村景观的典型特征之一。

我们所理解的生产性景观是农业，包括林业、畜牧业和渔业。作为乡村景观类型，其主要由稻田、菜地、林地、果园组成，是生产性景观的重要组成部分。

2.2 相关研究理论基础

2.2.1 景观设计方法参考景观设计原则

作为以土地和室外空间设计为基础的应用学科，景观建筑基于广泛的自然和人文学科。通过合理的分析、布局、规划、改造、保护和修复等途径进行实践。协调人与自然的关系，是人与自然关系的核心内容。作为第二种自然，生产性景观是人与自然相互需求的产物。本文认为，农业生产不是生产性景观研究的重点，更多的是通过生产性景观的设计来突出自然荒野的色彩、形状和观赏性。在设计过程中，我们坚持“因地制宜，乐于生存”的艺术原则，实现“文脉、诗画”的意境。

2.2.2 景观生态学原理可供生产景观设计方法参考

基于景观生态学理论，生产景观符合其一般规律。景观生态学作为生态学的一个新分支，以整个景观为研究对象，着眼于空间异质性的维持和发展，着眼于生态系统。它们之间的相互作用旨在保护和管理大面积生物种群，管理环境资源，以及人类对景观及其组成部分的影响。（郝鹏菊，2014）景观范围，以景观要素为基材，将各景观要素视为具有相对宽度、狭长廊道和背景的斑块，斑块—廊道—基质模型是景观构成的基本模型。

生产性景观也由斑块—廊道—基质模型组成，通过农田景观（一种生产性景观）进行分析。斑块是一个居住区和一个森林群落，走廊是一条线状的条形道路，而基质面积最大。在图1中，农田是景观生态学中的基质，起着控制和控制整体景观的作用。

2.2.3 美学理论对生产性景观建设设计方法的借鉴

生产性景观作为一种能够充分揭示人与自然和谐关系的景观类型，属于生态美学的研究范畴。在漫长的历史中，生态的和谐美逐渐由生产性景观的多样性所构成。生产性景观必须具有形式美和意义的特征，同时也体现了当地的文化魅力。

图1

由于地形和水文条件的差异，不同地区的生产景观有很大差异。人们对美的最肤浅的审美意图是通过形式美来表达的。形式美具有一定的规律性，即人们在创造美的同时，对美的定义做了恰当的总结。生产性景观的形式包括多种组合、节奏协调、均匀性、对称性和对比协调。对形式美的深入探索，在提高对生产性景观形式美的敏感性的同时，对农村生产性景观的视觉审美标准的设计、实现形式与美的内容的完美统一也有一定的指导作用。

（1）涵义

农村生产景观不仅具有优美的形式，而且具有美的意义。在农村生产性景观的景观设计中，在考虑农业经济价值的同时，还必须考虑人与自然的精神享受，使人们对农业文化深层次理解和向往，产生具有民族特色的景观。超越形式美的美学可以更好地体现生产性景观美学的特征。生产性景观的美可以基于人们的思想和感激，深化内在美，创造出高质量的景观。

（2）文化美

生产文化推动着生活各个领域的发展，是生产性景观进一步发展的重要支柱。生产性景观的文化美与景观所处的环境相一致，具有地域性特征，代表了该区域多年生产的独特文化意蕴。

2.3 案例研究

2.3.1 国外农业生产性景观实例

1. 日本神户市农业公园

农业公园在日本日益增多，尤以神户市农业公园较为著名。公园入口处的几块区域种植成片的葡萄，其余的区域种植果树和花卉。公园内不仅有良田美景，还提供休闲和娱乐的空间。园区不仅包含葡萄园区、葡萄酒加工厂、储藏区以及展示馆以外，还有培训农户和学生的设施，以及实习体验营、体验农场、花卉馆、广场、运动区域、饭馆和西餐馆等。

公园内的自然风景和观光农园每年吸引大约40多万参观者来园，其中90%的人来自周边或者其他地区。农户和学生可在公园内参与农业实习和培训。

2. 马来西亚沙巴农业公园

农业随着城市化的加剧，农业文化越来越被弱化。农业作为一种文化遗产，对它的保护显得越来越重要，马来西亚的农业景观公园就是这样一个例子。

马来西亚沙巴农业公园位于马来西亚沙巴州，占地200公顷，是一个以园艺为主，涉及种植业、畜牧业、渔业的综合性农业公园。

公园内建有原生兰花中心、农作物博物馆、植物观赏园、植物进化与适应植物花园、农业技术示范园、蜂中心和博物馆、动物园以及其他休闲娱乐设施等。公园最大的特色是植物种类十分丰富，尤其是公园拥有1500多种兰花，是东南亚种类最齐全的兰花中心。

2.3.2 国内农业生产性景观实例

婺源菜籽油工厂

菜籽油工厂位于江西婺源，工厂建筑材料主要来自旧砖、旧瓦、旧门框，这样能最大限度地使建筑融入当地环境中。旧材料的使用既是废物再利用，又具有生态价值和社会价值。建筑周围的景观则是利用了油菜花进行区块化的种植，形成了农业生产性景观。

油菜花在当地随处可见，是最容易获得的农作物，用最便宜的造价进行了环境的美化，菜籽油的原材料就是油菜花，这为工厂提供了生产资料。这项目不仅帮助这些村庄脱贫，也形成了一个循环农业和循环经济。

2.4 本章小结

生产功能及其与生俱来的田园特征是生产性景观的优势所在，无论是生产物质的收获还是对环境的改善都是优势明显，且意义重大。把生产性景观的生产性及观赏性联合起来，产生美观的效果，在生产的同时，另外衍生出生态且与时俱进的特性是生产性景观发展过程中所要面临的重要课题。根据对中外优秀案例的层层剖析，得到规划设计和相应的实践。在学习西方先进理论和高端科技的同时，结合自己固有的特色加以灵活组合应用，将生产性景观的价值发挥到最大。

第3章 农村生产性景观建设研究

3.1 农村生产性景观的类别

3.1.1 根据生产材料的景观特征

（1）粮食作物

粮食作物自古以来就是人类的主要食物来源。粮食作物的定义是：通过一系列复杂的加工过程，如对已收获的成熟水果进行剥壳和碾磨，最终制成人类基本的食物。它通常包括谷类作物（水稻、小麦、大麦、燕麦、玉米、小米、高粱等)、马铃薯作物（甘薯、马铃薯、木薯等）和豆类（大豆、蚕豆、豌豆、绿豆、小豆等）三种。由于中国幅员辽阔，各种不同类型的气候特征、地形、水文等因素形成了不同的粮食作物，包括山地梯田、南方玉田和北方旱地，形式丰富，形式不同。

（2）果蔬

蔬菜瓜果是农业生产中不可缺少的一部分。它们在人们日常饮食中含有必需的营养素。随着生活水平的提高，人们对果蔬绿色、无污染、无污染等高端的要求越来越多。高品质果蔬的大规模生产除了最基本的食用功能外，还可以形成不同类型果蔬的不同特性和特殊处理下的种植形态。

在农业生产景观中，大棚栽培是蔬果大规模种植的最常见形式，随着科技的发展和对生态的重视，政府越来越多地鼓励农民将新能源利用和蔬果大棚种植为一体协同发展，从而促使了新兴的生产性景观的诞生，即新能源利用生产性景观。但是作物大规模的太阳能利用景观只是再生能源利用中的一种，还有潮汐能、风能等天然能源的大规模生产利用。

（3）茶作类

茶文化在我国具有悠久的发展历史，其食用价值与药用价值得到了广泛认可。茶作物的种植园规模较大，一般建于山地丘陵，其种植或随地势呈阶梯状展开或呈规则块状分布，因此在人工改造下，形成了有序列的景观形式，景色壮观。通常茶产业会带动相应旅游业的发展，借助茶文化可设置相应的茶室供游客品尝，建设茶园供开展体验性的生产性景观生活场景营造，以及设置茶文化和茶生态科普基地由相应的讲解人员进行文化知识商务普及，丰富人的精神文化世界。

3.1.2 农村生产景观现象

（1）农业生产景观

农业生产景观通常包括四种类型，即农田景观、花卉种植景观、瓜果采摘景观和梯田景观。农业景观以当地种植的粮食作物为主，以传统种植和生产为基本手段。这就是形成原始生态农业景观的景观模式。花卉种植区以香料作物和植物景观为主，大规模的种植带来了一种奇观，在增加生产价值的基础上，吸引了大量的旅游者来实现当地农民的收入。采摘景观主要体现在工人的参与、采摘活动和体验活动中。以植物果实的成熟为出发点，形成具有浓厚生产兴趣的特色景观，根据场地的具体情况，充分利用土地资源和植物，按地形步骤营造出曲折的景观。

（2）人工林生产景观

人工林生产景观包括生态林区和果林区。生态林区主要由乡土树种组成。它具有树苗栽培和木材加工的功能。同时，生态森林具有隔离噪声和在整个生态系统中划分空间的功能。果林在不同的季节产生不同的景观效果，开花期长，果园景观独特，参与性强。

（3）渔业生产景观

渔业景观具有显著的生产价值。它提供鱼、虾、蟹、蛤、莲藕和其他水产品，以及食品、蔬菜、水果和其他动物产品，如家禽和家畜。同时，由于这种生产方式有效地保护了生态环境，成为以生命、文化、生产为特征的农业生产景观，可长期传承，综合效益显著。此外，渔业还可以提供装饰性资源，如珍珠、鲜花和淡水。淡水对农业生产和人民生活十分重要。在我国历史上，有许多历史悠久、结构合理的传统渔业生产体系，如鳊鱼池、稻鱼养殖等。它们都是具有经济价值和生态价值的农业文化遗产体系。今天，它们对农业的可持续发展仍然具有重大的现实意义。

（4）工业生产景观

农村工业生产景观主要是指农业生产后对农产品进行再加工包装的生产活动。它指的是人类对自然资源的再加工。进一步提高一级产业的农业生产效率是一个重要因素。一般而言，农村工业生产景观主要是指季节性作物生产后的加工包装工作，有利于农业经济产业链的形成。例如，鲜茶叶收获后的茶叶分为工业生产阶段—初步加工—再加工—包装—销售。

3.1.3 基于人与生产景观相互作用的分类

由于生产性景观类型丰富，生产性景观在不同的发展阶段会呈现出不同的形态。在现代生产性景观中，农村生产性景观开始脱离单纯发展生产所获得的传统经济价值。它已经开始朝着在旅游业中创造生产性景观的附加价值方向发展，注重人与景观的互动。结合起来，从这个角度来看，生产性景观被分为以下几类：

（1）生产功能景观

顾名思义，生产功能景观本质上是一种以生产为主要存在形式的景观，是传统农村生产景观的一部分，主要包括五彩作物种植、水产养殖、瓜果生产、人工经济林林业生产。传统生产功能景观的生产目的是通过各种渠道将生产的产品转化为各种经济。在现代意义上，可再生能源的生产也归因于生产功能景观，主要利用自然作为生产手段，是提供能源和能源生产的功能景观。

（2）游憩景观

游憩的本质是“娱乐”和“休息”。游憩是指人们在闲暇时间根据具有生态、文化、娱乐或娱乐功能的城市、乡村、风景区和游览区这四种空间类型而进行的活动总数，并能满足自己和外部实现休闲。（邵其伟，2016）因此，生产景观中的游憩景观主要是视觉享受，而农田、花卉种植、梯田和特色生产景观中的游憩景观主要是视觉享受，而农田和花卉规划中的游憩景观主要是视觉享受。梯田、特色果树等梯田景观是反映农村生产景观整体或个体形态、色彩或形态的景观载体。

（3）体验性生产景观

与游憩景观相比，体验性生产景观具有更强的互动性，更注重人们对生产景观的体验。其主要内容为生产过程的体验，如参与生产作物的生长过程（播种、移栽、育苗、采摘等），以及农产品的收获经验，如采摘水果等。这是为了调动人们对生产活动的积极性，使人们在体验活动的微妙影响下形成对自然的亲近感和责任感。

（4）科普生产景观

这种富有成效的景观的主要目的是为来这里的当地居民和游客提供一个获取科学知识的平台。根据研究对象的不同，将其分为两类：一是地方科学包括先进农业技术教育，发展生态旅游，普及地方文化，提高文明素质。二是游客来到这里观光，了解当地的生产文化和民俗文化是很重要的。同时，还可以利用科普平台，向游客展示和推广当地的绿色产品，促进当地工业经济的发展。通常是建立在科学教育大厅、旅游服务中心和科普走廊的基础上。同时，在大众科学的发展过程中，辅导员在这类景观中起着重要的作用。

3.2 农业生产性景观营造设计

3.2.1 农村生产性景观的景观功能

除了被大家所熟知的生产性景观具有生产生产资料的功能，以及它的景观价值在时代的发展中不断被人们发掘并扩大利用。在城市中生活的人们看惯了整齐的行道树、被修剪好的规则的花篱以及色彩艳丽浓重的纯欣赏性花带，当这种田园气息浓郁的生产性景观的出现就会引发他们对于农村淳朴生活的向往。因此农村生产性景观的营造带给居住在城市的人们一种耳目一新的新鲜感以及回归大自然的与众不同的放松感。同时，审美启智亦是生产性景观的另一项重要功能，在农村设置的生产性景观体验区可以使城市里的孩子了解作物播种、发芽、成长、成熟的生长过程的同时，可亲身参与农作物种植的劳作过程，亲身体验农民的辛苦。

除此之外，农村的生产性景观也紧跟时代潮流，将生态理念注入农村，一方面注意发掘生产性作物的生态功能，使生产性景观在提供优美风景的同时且能生产并改善周围环境，另一方面不断更新生产性景观的先进理念，将太阳能、风能的利用纳入农村环境的提升改造中，实现绿色、低碳的新时代农村生活。

3.2.2 农村生产性景观的设计目标

作为生产性景观的起源地，农村承载了悠久而深厚的生产文化，而生产性景观所体现的“天人合一”的道家思想，是自然与人类长期相互适应、相互平衡的结果。而在现代的中国，生产性景观在农村的发展始终以它的生产性为主要目的，为了解决日益突出的农村问题，使生产性景观适应新的发展节奏，我们需要拓宽思路，基于时代的发展和社会的进步这样的大背景，在原有的“经济、保护、美观”的设计目标下注入新的元素“生态、休闲、教育”。

(1) 经济：作为生产性最基础的表达，经济性是生产性景观与生俱来的属性。自古以来，人们为了果腹千方百计提高生产性景观的生产价值。相关调查表明，中国用全球百分之七的耕地养活了全世界百分之二十多的人口，产值在生产性景观中的重要性可见一斑。

随着社会的不断进步和飞速发展，人们对生产性景观的“经济”价值提出了更高的要求，除了需要关心生产性景观的本身所带来的生产价值以外，随着休闲农业和高科技的到来，它的附属价值也逐步得到体现，并逐渐超出了他本身的“经济”价值。因此发展休闲农业和将高科技运用到生产性景观中成了农村发展经济的新契机。

(2) 保护：分为两个层面的内容，一个是在社会日益城镇化的过程中，大部分的农田、果林等农村生产性景观遭到严重的破坏，生产性景观被混凝土路面和高层建筑所代替，农村的生产性土地利用的保护需要被重视起来，避免生产性景观的缩减和消失；另一方面是从生态学的角度出发，采用“保护—优化—重组”的思路，对农村的生产性景观（包括农田、果林等）进行对景观单元的保护，在生产性的土地单元之间引入生态缓冲区的景观成分，不但在生态上起到了维护生态系统的功能，而且在景观效果上更是丰富了景观层次，提高了审美水平。

(3) 美观：卡尔松认为，农业景观不仅具有形式美，而且具有富于表现性的美，而这种表现性的美必须依据其景观的功能和产出才能得到欣赏。生产性景观的美观是人们对田园生活的一种感知，对其进行设计必须要进行建立在绿色生态的基础上的艺术体验，通过季节更替和植物搭配，凸显本地特色，具有较高且不同于一般景观的美观度和多元化的景观空间。展现和提高景观文化价值，寻求其形象美和功能美的结合点，展现生产性景观的生态、丰产、健康、生命力之美是追求美观的生产性景观的关键点所在。

(4) 生态：于上千年的历史长河中，生产性景观从产生就已经具备了“生态”的特点，它把对生态环境的影响降到最低，具有很高的自我维护能力和自我保护能力。而如今对“生态”的理解则不仅仅限制于“绿色”的概念之中，而是需要扩大到整个自然圈中的材料和能源的利用上来。风能、太阳能等的充分利用减轻了当地对煤炭、天然气的消耗，使污染降到最低，将生态做到极致，是生产性景观设计的亮点。

(5) 休闲：纵观历史中的生产性景观，“民以食为天”充分体现了它的生产功能的重要地位，成为人们生存的先决条件，但是到了新时代的中国，人们不用再考虑吃不饱的问题后甚至开始厌倦了钢筋水泥的生活环境，怀念甚至是对田园风光产生无限的向往和期待。发展休闲生产性景观是新时代赋予农村的任务，在保证生存的同时将生态景观价值充分利用起来。城市人从此享受到了精神的食粮，农村经济也因此得到快速的进步和发展。

(6) 教育：生产性景观具有参与性的特点，人不是被动地去接受意境营造好的景观，而是在生产性景观营造的过程中参与其中。而人作为创造者参与劳动体验的过程中感受到了农作物的生命周期，如从播种到种子发芽、开花、成熟、结果、衰亡的整个生命过程，景观生命体的多变给人们带来的对于生命价值的思考等都是不言而喻的。人与生产性景观这种作用力与反作用力的活动，充分体现了人们热爱自然，尊重自然，与自然和谐相处的理念。

3.2.3 农业生产性景观的设计原则

（1）坚持生产性景观保护的原则

面对土壤环境恶化、水体污染等严峻形势，农村的生产性景观需要以保护为设计前提，基于土地保护的原创展开设计。最大限度地保证生产性景观的原真性、整体性以及客观真实性是保护原则的具体体现，需做到动态保护与集中保护相结合，优先保护生产性景观的空间形态和景观肌理，除此之外还要对与之相关的有历史意义的建筑物、景观小品、古树、桥等展开一系列的保护措施。尊重土地，尊重大自然，设计师要维护好几千年来的人地和谐关系，将生产性景观打造成兼具产品生产，生态支持及文化承载等在内的多功能复合景观系统。

（2）坚持整体性的原则

生产性景观是一个复杂的生态系统，包含了社会美、自然美和艺术美，其景观设计也涉及景观、农业、生态、心理、人文等众多学科，因此整体性是生产性景观设计必须要遵循的原则，注重内部的协调统一，且与外部也要相互联系，实现整体化的设计。生产性景观规模大、占地面积广，在景观规划的要求上更需要考虑整体的景观框架需要达成的景观效果，需要有贯穿生产性景观块与块之间的线状联系，达成和谐的景观视觉序列和景观格局。

（3）坚持当地文化延续的原则

生产性景观通常包含当地区域或民族的社会意识、生活方式及人文气息等多种因素，是农民生产生活之地，在悠悠历史长河中每块土地都形成了符合当地特色的形态、肌理、色彩等，表现出极高的地域性和文化差异性。相比以往，各种文化交流环境下的农田景观设计，更应该注重与遵循资源和文化的地域性、差异性及多样性，更加强调这些突出特色所带来的巨大吸引力和潜在价值量，更好地整合文化之间的同质与异质，并勇于创新。优化延续人类生命的自然环境是生产性景观设计的首要目的，这就要求我们的设计既要尊重其本身的生态特色，又要以尊重其景观文化特色，营造和谐发展的生产性景观的文化体系，合理运用当地特色文化资源，从而促进本身的可持续发展。

（4）坚持生态可持续原则

生产性景观是人与自然和谐相处的产物，既是土地本生的回归，亦是生存艺术的回归。农村生产性景观在新时代被赋予了更多的含义和意义，设计师需要为其注入可持续生态的理念，寻求科技的支持促进，使其长足发展，立于科技手段之上，只有在发展中不断地汲取新的生长点，“取其精华，弃其糟粕”，才能顺应时代发展潮流，蓬勃前进。

3.2.4 农村生产景观设计方法

（1）建立生态安全格局

党的十八大报告提出了“构建科学合理的生态安全模式”的要求。生态安全格局也需要一个生态安全框架，即景观中存在着一定的潜在生态系统空间格局。它包括景观的一些关键部分，它们的位置和空间联系。农村生产性景观生态安全网络格局是维持其景观生态系统稳定的关键景观要素。北京大学俞孔坚教授在20世纪90年代明确提出“应对快速城市化带来的各种问题”。核心解决办法是建立国家生态安全格局，保持国家生态安全格局的全面性。拓展景观空间，定位景观空间结构，引导农村土地利用，同时将生态基础设施延伸到农村生产性景观。在内部，它与农村绿地系统、休闲娱乐、雨水管理和环境教育相结合。

根据生态学原理，优化和提升生产景观，通过构建“斑块—廊道—基质”一体化进行景观设计，确保生产景观中的生态服务功能。生产性景观的生态安全格局是在生产用地基础上建立起来的。耕地、游览公园、农场、绿地、村落是斑块，河流、林带、篱笆、道路等是廊道，按照分散和集中，网络布局和景观是连续的，形成一个多层次的空间网络。

（2）土地资源的合理利用

中国园林强调“因地制宜”和“天人合一”，合理利用“土地资源”的现状是生产性景观设计的重要因素。

地形是土地资源的外在表现形式。它是景观设计的骨架，直接决定着生产景观的空间格局。因此，作为一名设计师，我们必须尊重和合理利用土地资源的地形。通过地形起伏，可以灵活地利用现有土地的最大潜力，合理地规划生产性景观空间的开闭，正确地引导视线，表现生产美学价值。

（3）准确部署生产性植物

生产性作物的多样性是生产景观多样性的根源。由于农作物生产性景观的季节性变化和周期性特征，根据生产性景观设计的总体取向，选择合适的生产性植物进行植物匹配，主要基于当地植物，以适应当地条件，适宜种植，使植物配置科学合理、层次分明、和谐，同时注重植物线条、色彩、质地、空间及组合，以达到审美享受，同时创造景观的文化美和风景美。

（4）天然材料的灵活配置

由于乡土材料具有独特的地域特征，正确运用乡土材料可以更好地反映乡土生产性景观的特征。在生产性景观设计中，应根据地块的设计取向和设计创造力来探索乡土材料的特征。地方特色与创新的结合体现和发挥了地方材料的文化美和意境。同时，当地材料的使用大大节省了不必要的经济开支，降低了景观的成本，并与环境完美结合，展现了当地生产性景观的风俗和文化。

（5）创造有特色的生产性景观草图

在整个农作物景观的画龙点睛中，山水画素描反映了地域特征，风景包括建筑、生活设施和道路设施，贯穿景观。景观作品以实用性为基础，可以提高整个景观环境的艺术质量。因此，它在生产景观中是不可缺少的。生产性景观素描要求设计者不仅要尊重当地的民族或地域文化特征，还要了解当地的生产精神，提炼当地的艺术语言符号，融入当代的创作精神，创造出独特的景观，反映当地文化和时代的精神，与当地居民或旅游者产生共鸣。

（6）鼓励广泛参与互动

生产性景观本身具有高度参与性，整个生产性景观的发展伴随着一系列生产活动，如生产植物的播种、栽培或种植。由此可见，生产性景观设计不仅是政府的行为，也是广大人民群众的行为。因此，从景观设计的一开始，就要站在农民的立场上，积极听取农民的建设意见，让农民参与建设。他们的家园活动使他们的生活环境独特而精神统一。此外，为了促进当地农村经济的发展，政府应呼吁当地居民积极参与学习活动，更新对生产性景观的认识，提高农民素质，为当地的发展奠定基础。农业休闲旅游在景观设计中，能加强旅游者与生产性景观的互动，使旅游者参与生产性景观的创造，通过劳动体验当地的生产文化，同时增强旅游者的生态意识，进行环境保护和减少对生产景观的干扰。应通过教育和合理的路线规划，形成良好的旅游秩序。

3.3 本章小结

我国幅员辽阔，历史悠久，在上千年男耕女织的发展中形成了人与自然和谐发展的产物——生产性景观。农村是生产性景观的发源地，且由于生产活动和生产资料的多样性，生产性景观也具有不同的特性，在高科技迅速发展的现在，生产性景观又源源不断注入新的内涵。本章通过深入剖析生产性景观的类别，了解生产性景观特点，在此基础上挖掘生产性景观的特征，整理生产性景观的设计目标、设计原则以及农村生产性景观的设计手段，为农村发展“美丽乡村”的背景下生产性景观设计的实践提供理论指导。单纯的发展第一产业在快速发展的时代显得捉襟见肘，需要凭借本地的地理环境、历史文化资源等优势为第三产业更好地定位、发展寻求发展策略。

第4章 承德市兴隆县郭家庄村生产性景观初步设计研究

4.1 项目概况

4.1.1 空间地理位置

（1）地理区位

兴隆县，地处河北省东北部，承德市最南端，长城北侧。北纬40度11分至41度42分，东经117度12分至118度15分。东与迁西、宽城两县交界，西与北京市平谷区、密云区接壤，北与承德县相邻，南隔长城与天津市蓟州区和唐山市迁西县、遵化市毗邻，“一县连三省”，是京、津、唐、承四市的近邻。兴隆县总面积3123平方公里，山场面积占84%，是“九山半水半分田”的深山区县，全县辖9镇、11乡、290个行政村，总人口32.4万人（2011年）。

兴隆县范围内的八成面积是土地，总人口32.8万人中的农业人口占77.1%，其中少数民族人口3万人。兴隆县在区位、交通、生态、资源等方面拥有明显优势和广阔的发展潜力。兴隆县位于京、津、唐、承四座城市的衔接位置，与北京接壤113公里，与天津接壤30公里。

（2）经济区位

承德位于以北京为中心的一小时经济圈范围，这对于承德市内的资源共享以及重复建设等问题有着重要的作用。兴隆县为距离北京最近的一个区县，对于兴隆县的农业产业的开发及旅游发展有着重要的经济战略意义。

4.1.2 自然地理环境

兴隆县地势西北高，东南低，境内山峦起伏，沟壑纵横。以丘陵地带为主，形成了西北向东南倾斜的塔形地势，是典型的“九山半水半分田”的深山区。

燕山主峰雾灵山是全县最高点，海拔2118米，纵卧于县境西北，蜿蜒于东南。南部最低处为八卦岭，海拔150

米。整个地貌形成了海拔2000米以上的高山，1000～2000米的中山，500～1000米的低山和500米以下的丘陵。主要名山有雾灵山（海拔2118米）、六里坪山（海拔1475.7米）、鸡冠砬子山（海拔1456米）、五指山（海拔1383.7米）等。

4.1.3 兴隆县郭家庄场地空间现状

（1）空间格局

兴隆县郭家庄为峡谷地貌，全村由一条通往县城的公路所贯穿。从该村2007、2017年的谷歌卫星地图对比中，可以看出村落的内部空间演变，显现出沿河生长的结构性：起初是一些少量建筑单体，形成四个民居组团，这些组团逐渐被日益生长的功能空间连接（园区、广场等），最终形成以“东、西台子”为双核心的聚落空间结构体。

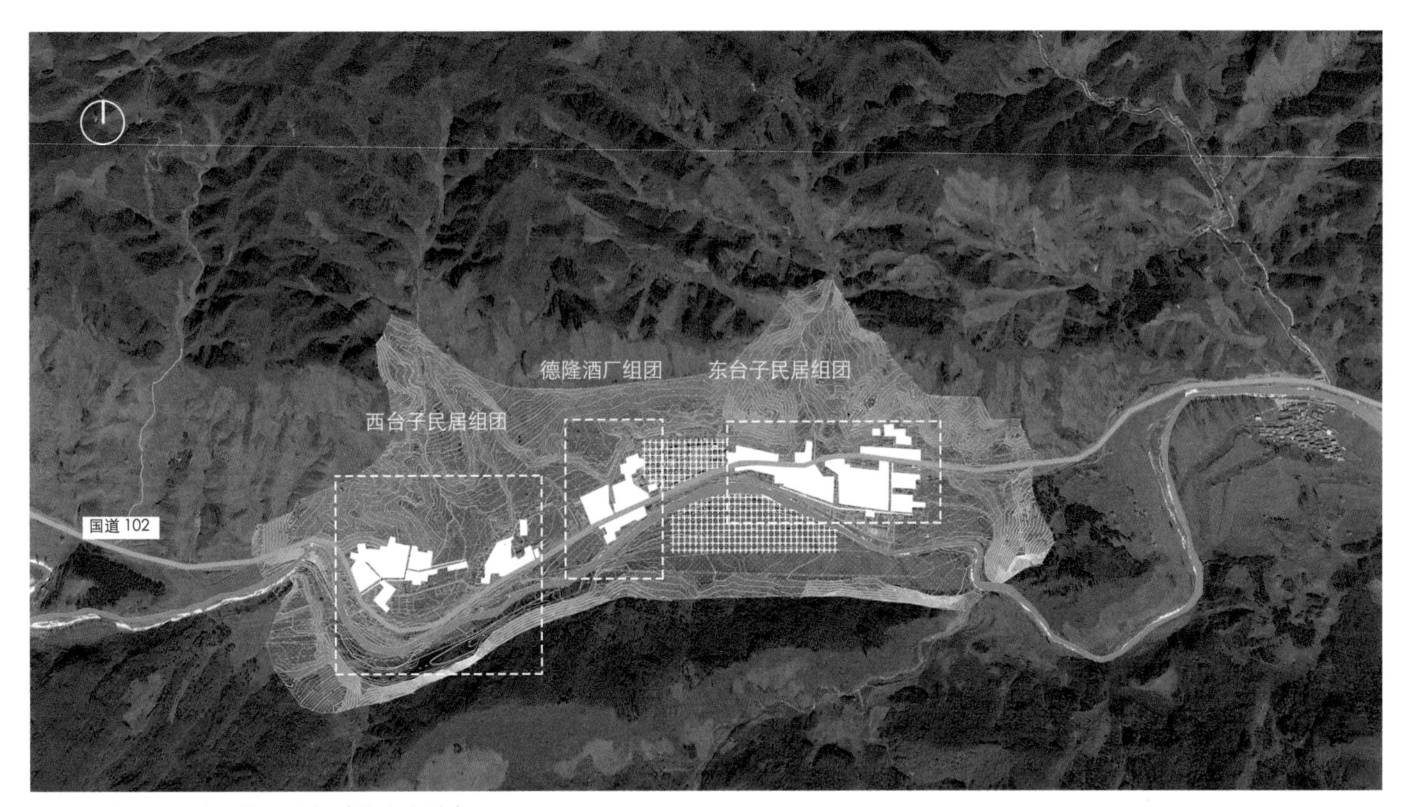

图2 郭家庄地理空间格局分析（作者自绘）

（2）场地现状

郭家庄现状街道的主要问题是缺乏完整体系的交通路网，外部公路单一，内部道路等级不清晰，系统不完善；公共活动空间缺乏。

整个郭家庄村大都出于山地之中，总面积9.1平方公里，只有中部与东南部有较大的平地，为民居组团较为集中的区域，现有耕地0.45平方公里，荒山山场4平方公里，其集山水森林、沟壑峡谷于一体的自然景观具有极强的景观吸引力。

4.2 兴隆县郭家庄村产业发展现状

4.2.1 郭家庄历史

郭家庄村的位置距清朝东陵不到30公里，所以早在清朝就被划为皇家的“后龙风水”，并设为禁区。守陵人翻山到此采集野果、野物作为祭祀供品，发现该地水草丰茂、土地肥厚。清朝灭亡后，守陵人后裔便来此生活，主要是郭络罗氏，后更名郭氏，自此便有了郭家庄。民国之后，作为满族文化村落与汉族不断融合，全乡满族比例逐渐减少至28%,但至今仍保留着一些满族人的生活习俗和文化特色传承，如饮食习惯、剪纸等。

4.2.2 郭家庄产业发展

（1）第一产业

兴隆县大力发展林果产业，年产山楂20万吨，板栗8.5万吨，在县级单位中的产量居全国第一。郭家庄农耕地仅有680亩，人均耕地不超过1亩，平整的农耕地分布在国道沿线两侧，种植玉米等农作物，坡度较高的山地种植果林，板栗、山楂产量都很高，适合发展生态观光农业。

（2）第二产业

兴隆县是农产品加工示范县，郭家庄盛产果品加工原材料，未来具备食品加工业和旅游特色产品的发展潜力。郭家庄村的德隆酒厂坐落在村域核心位置，作为本地自产自销的特色品牌，有待进一步产业升级。

（3）第三产业

兴隆县有国家级自然保护区雾灵山及其他相互联动的生态景区。郭家庄民宿深度挖掘不够，乡村吸引力不高，冬季气候影响大，经营周期短。以上因素都给郭家庄发展乡村旅游带来了瓶颈。但随着越来越多的游客来这里登山、游玩，美术类院校组织学生前来写生，政府正一步步引导民宿提高卫生、服务意识，风景资源整合、相关设施将进一步完善。

郭家庄村近期建设的大型产业基地，将在下一章节进行论述。相关农家乐和写生基地的逐渐兴起，可带动相关经济效益。根据乡村旅游AVC理论，郭家庄的风景、人文资源具备发展乡村活动的吸引力，酒厂、民宿及满族饮食具备乡村经济发展的生命力、未来的产业基地建设将强化人类活动干扰的承受力。郭家庄处于兴隆燕山峡谷旅游线路的重要位置，风景资源开发潜力大，政府正在着力整合周边的南天丽景等旅游资源。美丽乡村相关政策为郭家庄的产业发展提供了百年一遇的建设机会。

4.3 本章小结

本章对郭家庄的区位、人文历史，以及产业布局等做了多方面的分析研究，在基础概况方面，郭家庄自然环境优越，农耕地少，果林产量高，村民人均收入属于县内中等水平，具有满族文化的历史背景，近年来相关政策的扶持为村落发展提供了良好的基础。聚落格局方面，郭家庄沿河道而建，背山面水，由东、西两个民居组团构成，极具当地村落格局的代表性。产业方面，郭家庄一带的山楂、板栗远近驰名，品牌度高，但食品加工、酒厂等第二产业发展相对缓慢。乡村旅游开发质量低，对于郭家庄这样的少数民族村落，强势的旅游开发会破坏原本就脆弱的当地文化和生活，往往物质达到满足，反而缺失了历史性和精神性。应该学习国外乡村经验，强化本土资源品牌的三产融合，减少乡村文化在现代文明背景下的冲击。

郭家庄村是一个小型的社会结构体，怎样的策略能改善现代村民生活，怎样的方式能打造符合国家标准的美丽乡村，将在下一章节的实践设计中寻找解决方法并进行研究论证。

第5章 郭家庄村生产性景观系统营造

5.1 设计理念与方法构思

（1）设计理念

经过之前对郭家庄历史和产业的梳理，郭家庄集第一、第二和第三产业同时并存，是一个很典型的国家历史发展的缩影，也就是一个由乡土中国，到城市中国的中间阶段，处于城乡中国的变革期的典型城镇模型，而现有的第一、第二、第三产业，都像是一个个孤岛，在这片区域，各自为政，如何通过一种边界的重建，让一、二、三产业形成良性互动，形成产业循环，成为设计的出发点。那么生产性景观系统的构建，便成为解决问题的切入点。笔者试图从在郭家庄生活的三个产业集群的民众入手，在这里生活的以第三产业为代表的城市中产阶级们，在这里长期生活，需要日常的生活资料和生产资料，而这样的需求，正是解决在这里生活的第一产业和第二产业的村民和工人们的经济创收的渠道，农民和工人可以为他们提供日常所需的生产资料，而农民和工人们也可成为这些文化创意产业的提升受众，通过日常的广泛深入的交流和分享，第三产业在这里的注入，必然会带来郭家庄村的整体精神文化素养的提高。

（2）方法构思

本设计试图通过带有生产性质的公共空间的介入，使三个产业的人们可以跳出各自为政的区域基地里，形成一个良性的微循环。重构郭家庄村区域边界、空间边界、社会边界，让一、二、三产业形成良性互动和循环，在城乡一体化发展的当下，通过生产性景观系统的构建，重新定义新农业。

通过生产性公共景观的构建，让不同的人群、不同的阶层，在这里汇聚、交流。纵观整个郭家庄村落的空间构成，唯一一条东西通向的国道和水域，成为贯穿整个村镇的连接，亦贯穿和连接了三个产业集聚地。同时，这贯穿与连接的国道和水域，也是郭家庄村唯一对外沟通的渠道，所以，它们既有向内连接，又有对外展示的作用。

围绕这两个带状区域的景观空间设计，以及对于这两个平行的带状区域的连接，成为建立整个村落景观系统的骨架。生产性景观元素作为其骨架内容的充盈，可以赋予整个村落的景观生态系统新的动力因素。通过新的景观带的建立，景观节点与现状区域发生碰撞与交汇，形成了景观带向南北区域的空间蔓延和影响。进而使整体的景观系统，呈拉链状形态，来影响整个区域景观系统的构建。

5.2 方案平面图及效果图

5.2.1 方案平面图

通过对农村生产性景观的归纳以及理论研究以及对郭家庄村的实地勘察之后，对整体村庄的现状做出较深入的调查和思考，并完成了对于该村的初步设计方案。

5.2.2 功能分区及景观节点

充分考虑郭家庄村的地形地貌及产业发展现状，以及为景区未来的发展方向进行科学的规划设计，设计师在设计过程中秉持以下四大原则：①坚持生产性景观的保护原则，以保护农村的农业耕地为前提，尽可能在现状用地的基础上进行深入挖掘和设计。②坚持景观的整体性原则，设计师在进行整体性景观设计中既要考虑与外部环境相统一，又要达成内部协调的整体环境，生态学上要保证整个生态系统的稳定，坚持斑块—廊道—基质的景观序列结构的统一；③坚持将当地特色传统文化进行延续性原则，文化是整个设计进行的灵魂之所在，将承德文化以及当地农耕文化融于本次设计之中，给予整个美丽乡村以文化内涵，使得生产性景观更具有诗意且乡村旅游更值得品味；④坚持设计的生态可持续性的原则，生态是景观发展的大方向，要坚持设计的可持续性。

（1）迎宾花海

迎宾花海为整个村落的入口景观，入口是游客对整个景区的第一印象，为强调入口的迎宾仪式感，在东西两侧的入口景观均设置应季的花海景观，以向日葵，油菜花等具有生产性的花卉植物为主，有易管理、易存活且独具生产性的特点，随景观线展开种植，充分展现农业生产性景观的色彩美。

（2）有机生态农业示范基地

有机生态农业示范基地，利用村落原先场地的果林区进行改造，种植苹果、山杏、梨等果树，果树下散养禽畜，临河边种植应季蔬菜，在农业示范田之间，建有观光平台，观光平台可为村民提供公共交流场所，也为游客搭建欣赏、学习的平台。有机生态农业示范基地的产出，可打造成熟的绿色、有机农产品品牌。

（3）农村嘉年华

农村嘉年华区主要为农村生活体验功能，在原有的戏台位置加以改造建设，设有生产性工具的展示区、具有科普教育目的的“五谷粮仓”、农产品市集，提供日常农产品贩卖等项目，为主要的体验农村生产性景观中的生产生活科普教育基地。通过生产性公共景观的构建，让不同的人群、不同的阶层，在这里汇聚、交流。

（4）半亩湿地体验区

农田景观的设计将遵循生态原则，在生产性的土地单元之间引入生态缓冲区的景观成分，不仅可以提升生态系统的稳定性，还能极大丰富植物的空间层次，提高生产性景观的美观度。另外设计农田的生产性景观还要充分考虑湿地植物的色彩、形势、肌理等因素，使空间平面丰富化，使空间本身具有美观的平面效果，因此在其中设置观光廊桥，增加其体验的丰富性。

5.3 植物设计

在郭家庄村的整体植物配置中，设计师选择合适的生产性植物进行植物搭配，以乡土植物为主，做到因地制宜，适地适种，使植物配置科学合理、层次分明、关系协调，同时注意植物线条、色彩、肌理、空间的组合，以达到美感的享受的同时营造景观的文化美和景观意向美。设计中大量使用了生产性植物用作生产以及美化环境，其中包括果类（山杏、枣树、李子、板栗、葡萄、苹果、梨等），植物作物（玉米、小麦两者轮耕），经济作物（花生、向日葵），蔬菜作物（白菜、辣椒、黄瓜、番茄等），另外以观赏类植物（紫薇、薰衣草、槐树、榆树、柳树等）为画龙点睛之用。

5.4 本章小结

本章节主要是对兴隆县郭家庄村进行了整体的生产性景观系统规划设计，其中主要从项目分析、设计理念与构思、总平面鸟瞰、功能分区以及节点设计、植物配置等方面展开描述，设计本着对农村耕地、果林等生产性景观优先保护的原则展开，同时秉持整体性、文化性以及生态可持续性的原则，尽量在保持村庄现已形成的生态安全格局的基础上合理开发山地资源，种植当地生产作物、发展农业生产、带动旅游业的发展模式，构建农业生产示范旅游学习基地。

郭家庄生产性景观系统设计

Design of Production Landscape System in Guojiazhuang

郭家庄历史演变

1645年郭家庄距离清朝东陵不到30公里，清顺治帝将兴隆方圆800里划为“后龙风水禁地”，清朝灭亡后，其后守陵人后裔在此生活。

2003年承德德隆酿酒有限公司在此成立。

2017年南天博园艺术园区、影视基地相继建成。

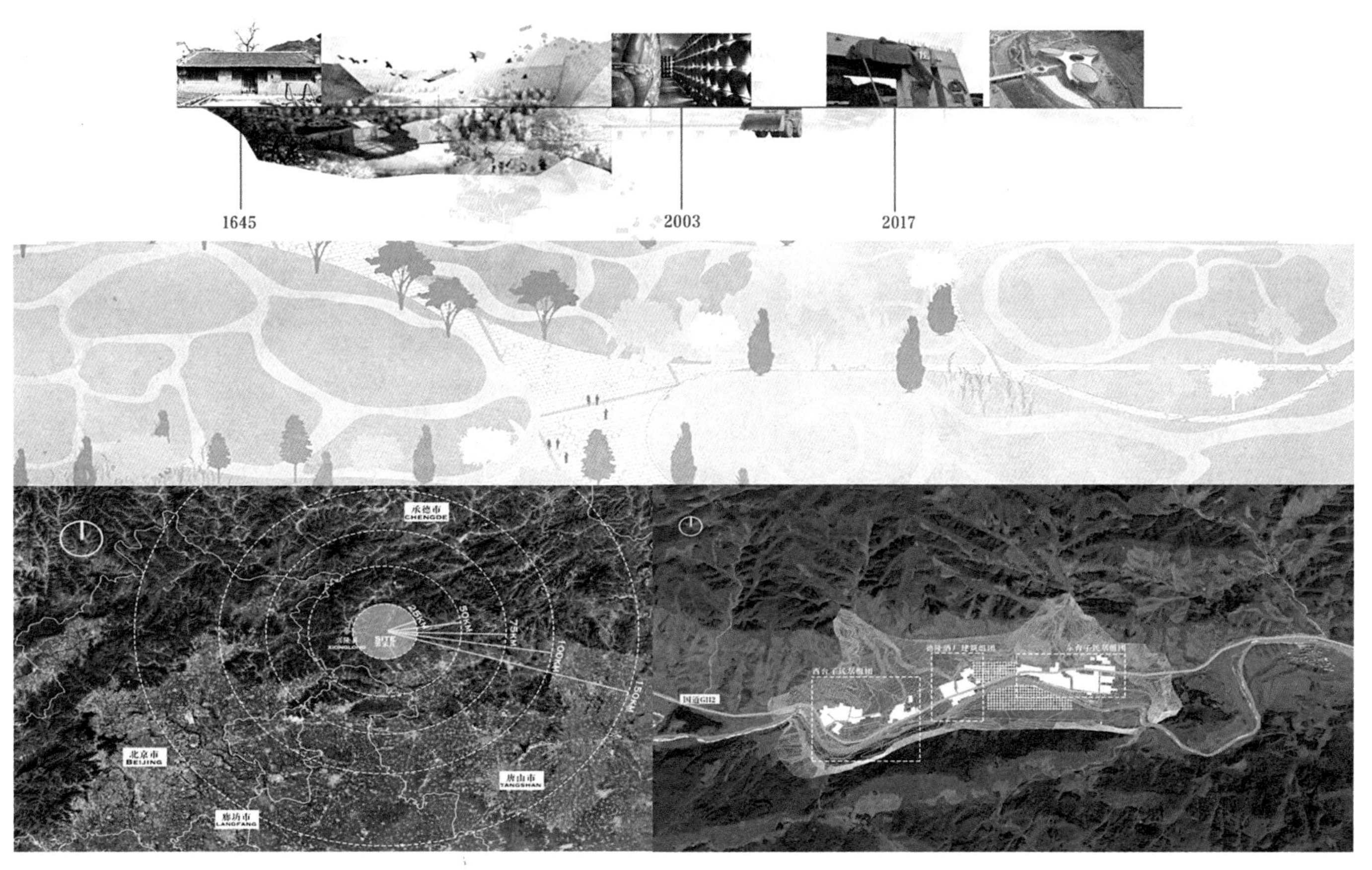

郭家庄区位——兴隆县范围内八成面积是山地，总人口32.8万人中的农业人口占77.1%，其中少数民族人口3万人，兴隆县在区位、交通、生态、资源等方面拥有明显优势和广阔的发展潜力。兴隆县位于京、津、唐、承四座城市的衔接位置。

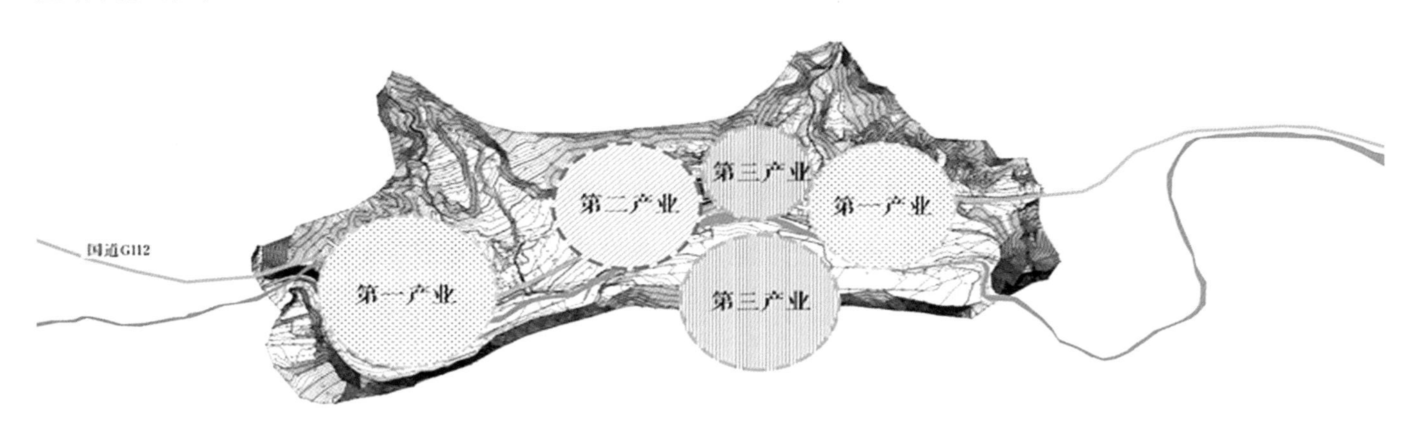

郭家庄空间格局——区域现有四个空间组团分布，左侧两部分民居组团组成了西台子民居组团，右侧为东台子民居组团，中间为德隆酒厂，置入的叉点为新兴文化产业注入的区域，即南天博园和影视基地的位置。

设计概念

郭家庄是一个第一、第二和第三产业同时并存的区域，是一个很典型的国家历史发展的缩影，也就是一个由乡土中国到城市中国的中间阶段，处于城乡中国的变革期的典型城镇模型，而现有的第一、第二、第三产业，都像是一个个孤岛，在这片区域中，三个产业各自为阵，如何通过一种边界的重建让一、二、三产业形成良性互动，形成产业微循环，成为本次设计的出发点。

通过生产性公共景观的构建、让不同的人群、不同的阶层在这里汇聚、交流，纵观整个郭家庄村落的空间构成，唯一一条东西通向的国道和水域，成为贯穿整个村落的连接，亦成贯穿和连接了三个产业集聚地，也是郭家庄唯一对外沟通的渠道。

围绕这两个带状区域的景观空间设计，以及对于这两个平行带状区域的连接，成为建立整个村落景观系统的骨架，生产性景观元素作为其骨架内容的充盈，可以赋予整个村落的景观生态系统新的动力因素，通过新景观带的建立，景观节点与现状区域发生碰撞与交汇，形成了对南北方向区域的蔓延影响。

生产性景观带的建立，使得当地的自然地理资源、经济效益与当地的人文社会资源形成拉动郭家庄经济的三驾马车，三者各取所需，相互影响，共同带动区域经济的循环互动，形成以新农业生产为基础导向，以人文社会资源为内核，用资本来驱动的循环农业新经济。

通道
Passageway

匈牙利佩奇大学工程与信息技术学院
Faculty of Engineering and Information
Technology，University of Pécs
Gabriella Bocz

姓　名：Gabriella Bocz
导　师：Dr. Rétfalvi Donát
学　校：University of Pécs, Hungary
专　业：Architecture

The scene of the diploma work is the city of Dombóvár in south part of Hungary. Within this area the exact location is a fishing lake called Tüskei. The lake is situated just near the city. The main activity around the lake is fishing, and at the same time there is association for observing birds. This association organizes programs, and camps specially for children. So, this place is used as a part of the city but basically it is not anything else but the nature itself.

毕业设计的选址地点是在匈牙利南部的多博瓦尔市，确切位置是一个名叫图斯基的渔湖。该湖与城市相连。在湖周围主要进行的是钓鱼活动，同时还会有观察鸟类的协会在此区域活动。该协会专门为儿童组织节目和野营。所以，这个地方是作为城市中的一部分来使用，但又留存了自然的本真。

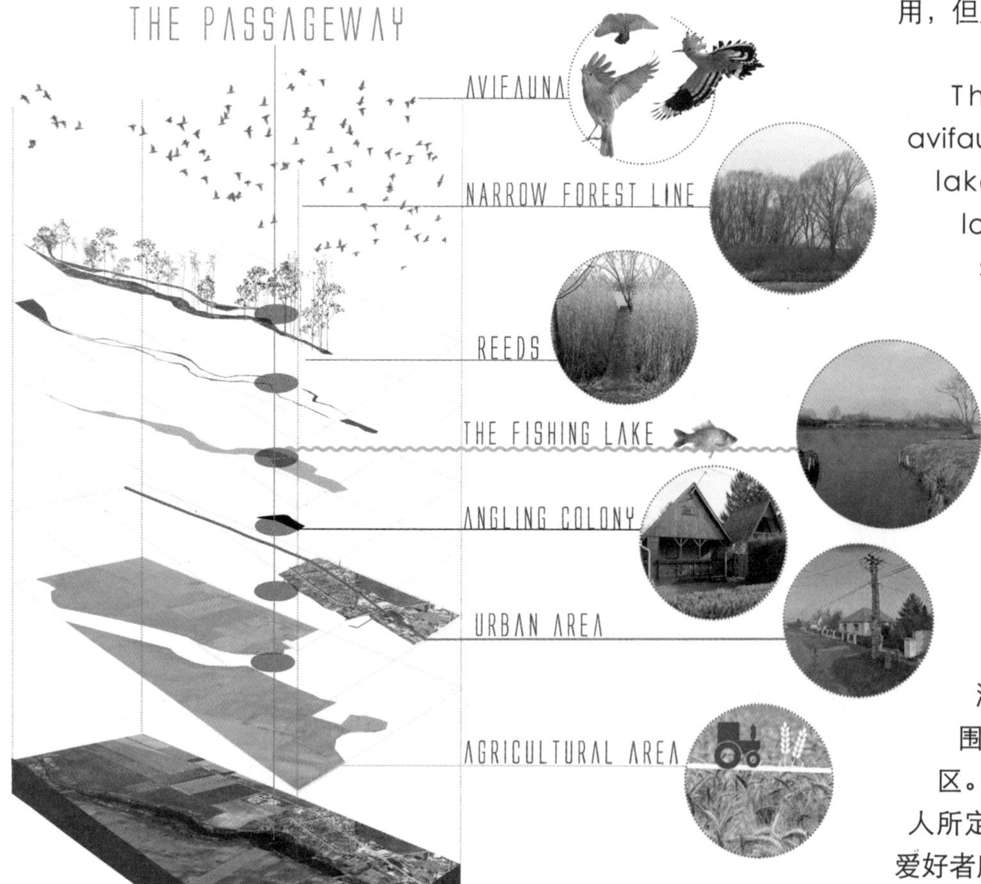

The area has a unique avifauna.The eastern bank of the lake is surrounded by fishing lodges, the western bank is surrounded with a narrow forest, and behind the forest we can find an agricultural area. The spirit of the place not is defined by just the locals but also the visitors as lovers of nature.

此地区有一种独特的鸟类。湖的东岸被渔舍所包围，湖的西岸被一片狭窄的森林所围绕，森林的后方则是一片农业区。这里的场所精神不仅仅被当地人所定义，同时也由前来参观的自然爱好者所阐释。

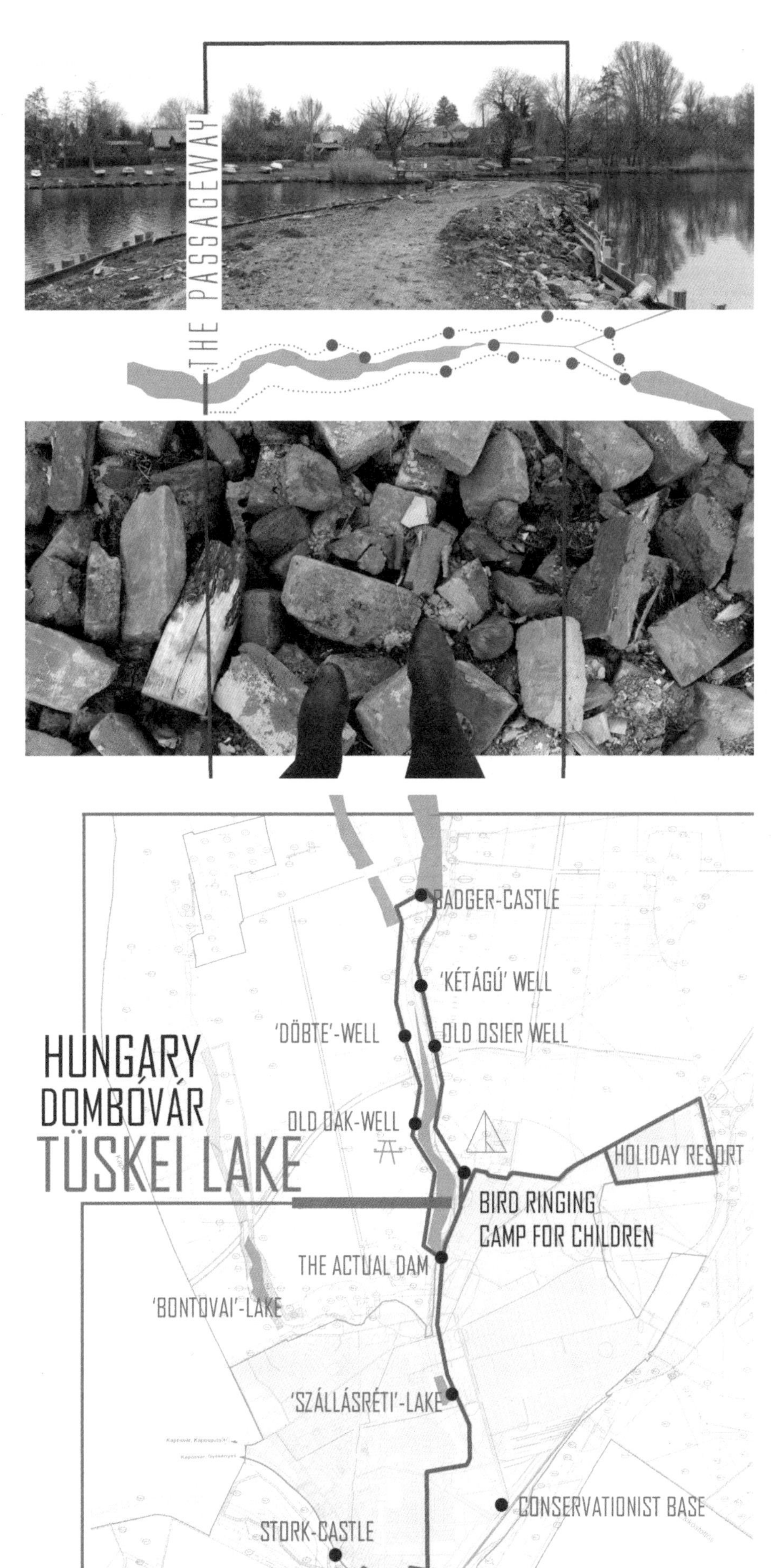

Around the lake there is a hiking trail, which is in connection with my project. We can find also a passage way, witch goes crosses the lake, but actually is not in an acceptable state0(as is shown in the picture) It was realized by. My attention is focused on this object as problem, or an unsolved situation.

在湖的周围有一条与我的项目有关的徒步小径。我们能够找到一条穿过湖面的通道，但实际上是在一个不连通的状态。(如图所示) 它是由碎片组成的，我的注意力便集中在这里，作为一个未解的问题与情况。

But why this passageway is so important? Because we can say these object can be the heart of this area, it's specially because it has a symbolic meaning too. It is represent the passage between the nature and the city. All over these it is a part of the journey which contains the main important city sight elements. So we have got a beautiful natural place connected with the city, with a really rude, and unsolved problem. With my plan I want to react to this. The question was how?

但为什么这条通道如此重要呢？因为它能够成为此区域的中心，它是特别的，因为它有象征意义。它代表了自然和城市之间的通道。所有这些都是旅程的一部分，它包含了主要的重要城市景观元素。所以我们得到了一个与城市相连的美丽自然的地方，而这个地方有一个非常明显且尚未解决的问题。我想用我的计划对此问题做出反溃。

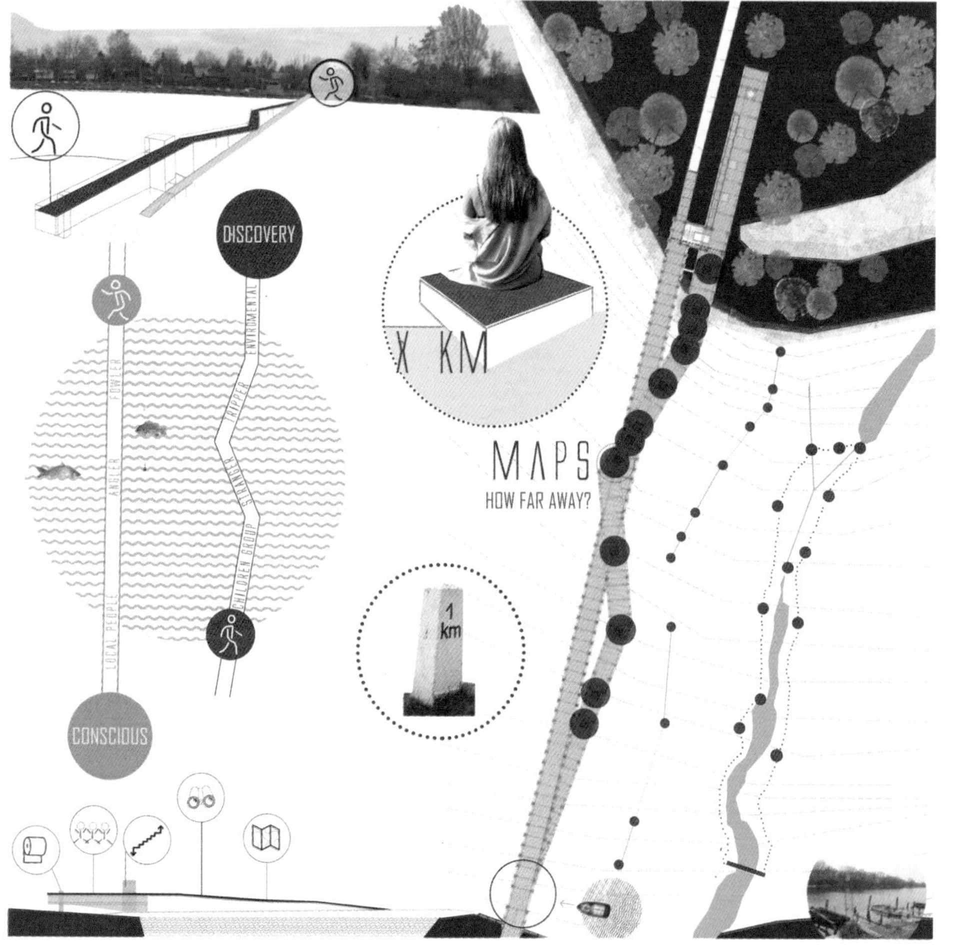

At the beginning as a solution, I was thinking not just the renovation of the passageway, but planing a building as the main attraction, and I was looking for good functions to this. After the consultations with several local people and spending my time just watching and thinking at the place, I had to recognize that everything is already giving on this place and no needs any other function combined with a real building just a respectful movement focusing on the passageway. After this relevation I no longer wanted to design a real building around the lake. I wanted to design the passageway itself, knowing exactly in the traditional sense it never will be a building, but maybe can be a real architectural answer to a problem.

作为解决方案，一开始我考虑的不仅仅是通道的改造，而是规划设计一个建筑作为主要具有吸引力且兼具功能性的地方。然而，经过与当地人的讨论以及自己对该设计地块的观察与思考之后，我不得不认识到，这个地方的一切建筑功能都已完备，不需要新增其他任何建筑功能，采用一种出于对此处尊重的设计活动，我将注意力集中在了通道的设计上。在这之后，我不再有在湖边设计建筑的想法。取而代之的是设计一种连接的通道，确切地说，传统意义上，我知道它永远不会是一座建筑，但这可能是一个真正建筑式的答案。

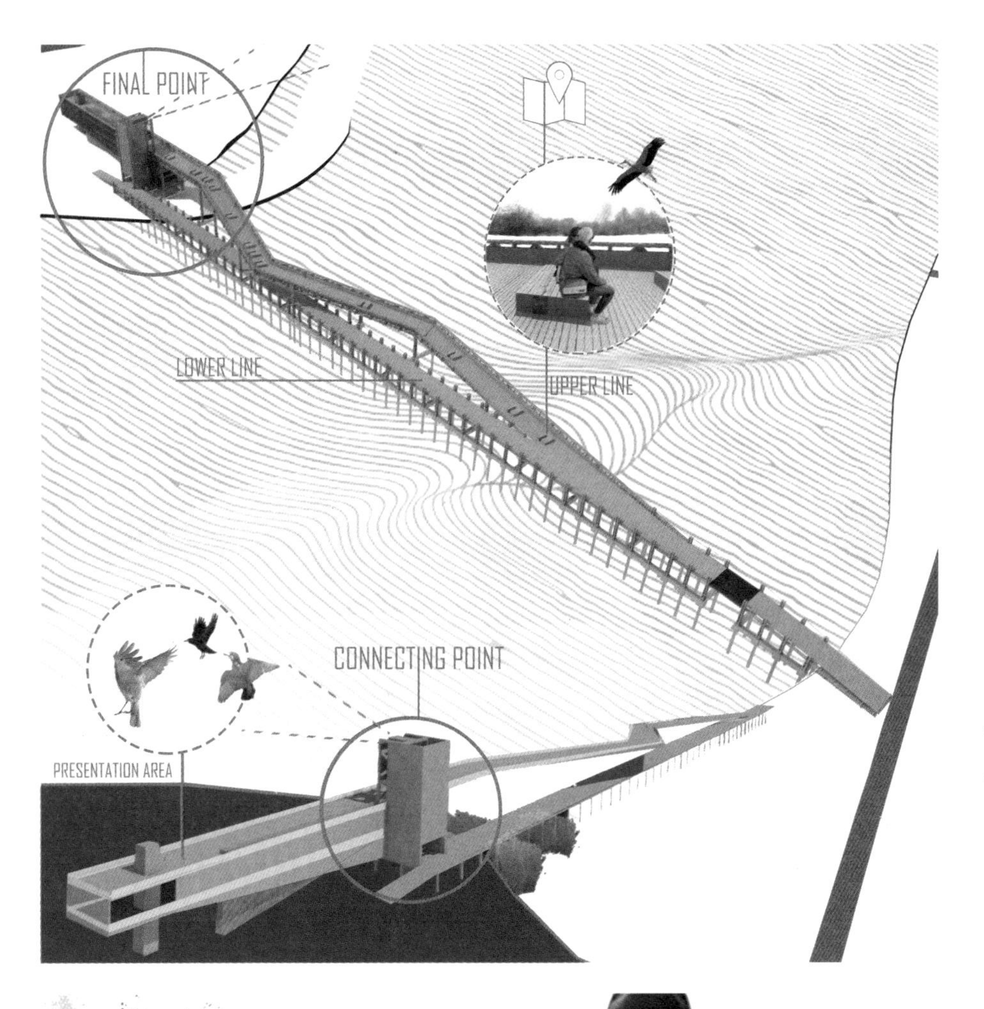

The next question was, what is this object exactly, and who, why and how use it.

下一个问题是，这个物体到底是什么，为谁所用，为什么以及如何使用它。

After a couple of day observation I found the following: There are two different behaviors. The locals, fishers and fowlers would rather get across the lake as fast as they can.

经过几天的观察，我发现有两种不同的行为：当地人、渔民和猎禽者都希望尽快地穿过湖泊。

The tourists would rather spend more time to enjoy the site and discover the place. They have a fragmented, slow motion.

游客宁愿花更多的时间来享受这里、发现这里，他们的活动是分散而缓慢的。

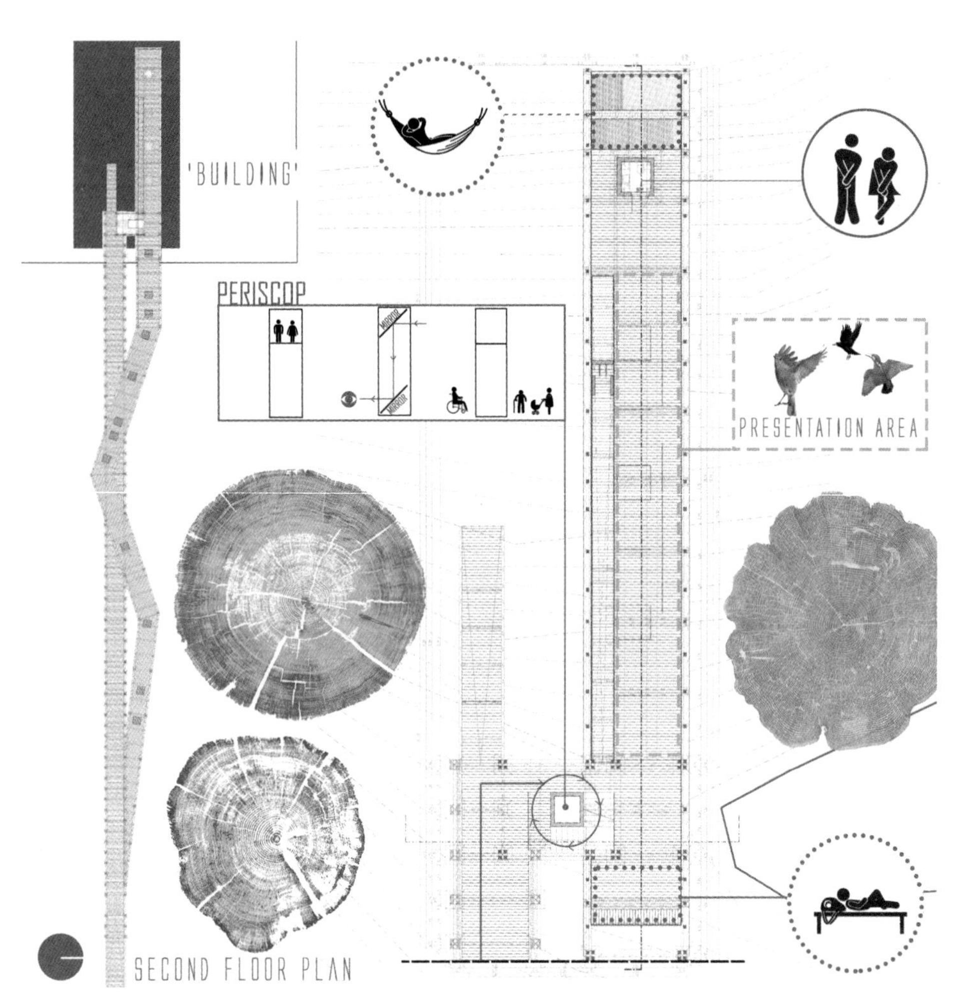

When I was creating the basic form of my passageway I was keeping in mind those two methods of moving.

当我创建通道的基本形式时，我一直牢记着两种移动的方法。

The bottom straight line symbolize the fast way and short time.

底部的直线代表的是最快途径和最短的时间。

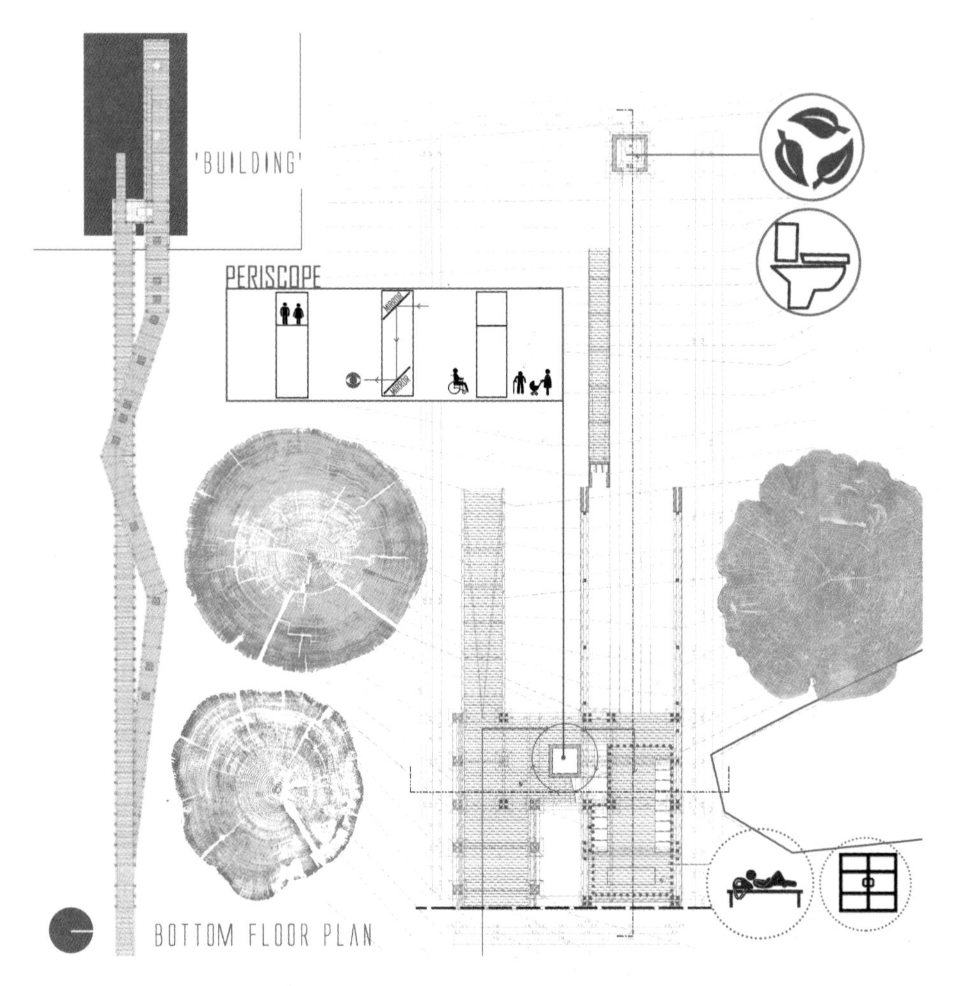

The upper level is more than a crossing line. This line symbolizes, how the visitors is moving around the lake, and at the same time it is working a map showing all the sights of the hiking trail.

上层不只是一条通道。这条动线象征着游客们如何在湖上移动的轨迹，同时它也在绘制一张徒步旅行路线的地图。

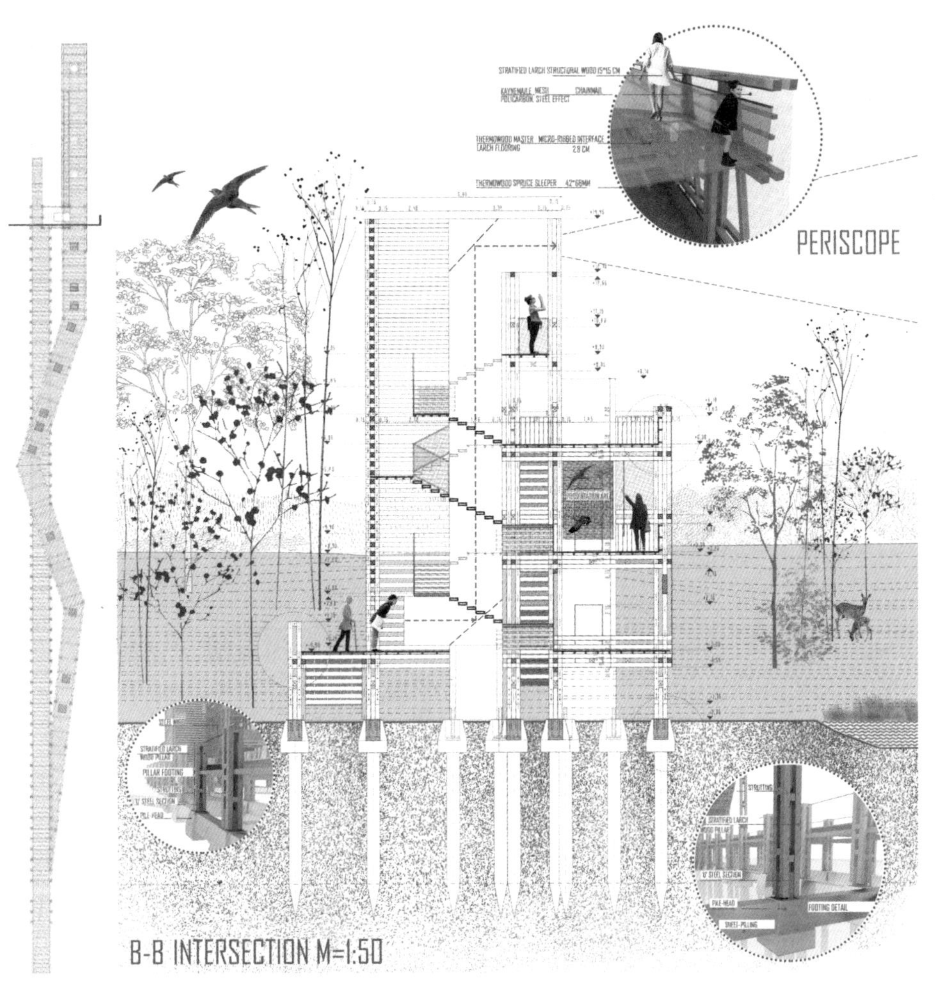

I put 12 seats on the upper level as signs of the sights with names and distances, so every seat represents a place on the real hiking trail showing how far away the actual point from the actual seat.

我在上层放置了12张座椅作为景点名称和距离的标志，所以每张座椅都代表了真实的徒步旅行路线上的一个地点，展示了真实的地点与座椅之间的距离。

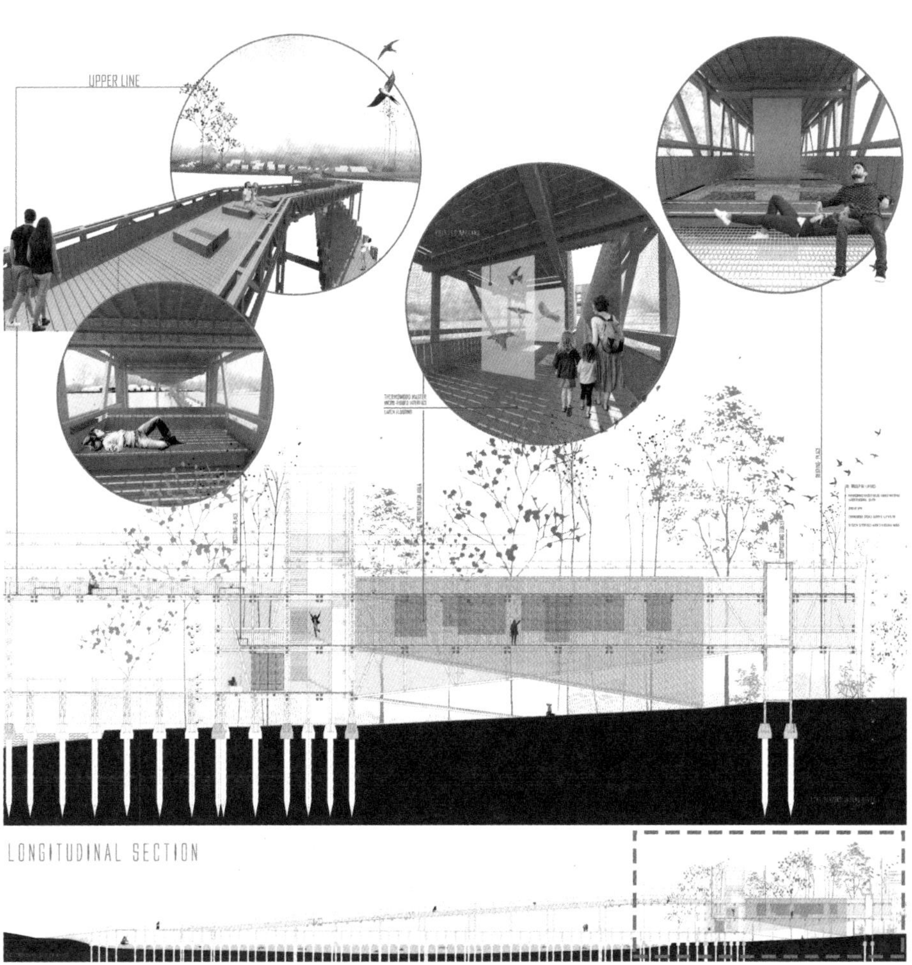

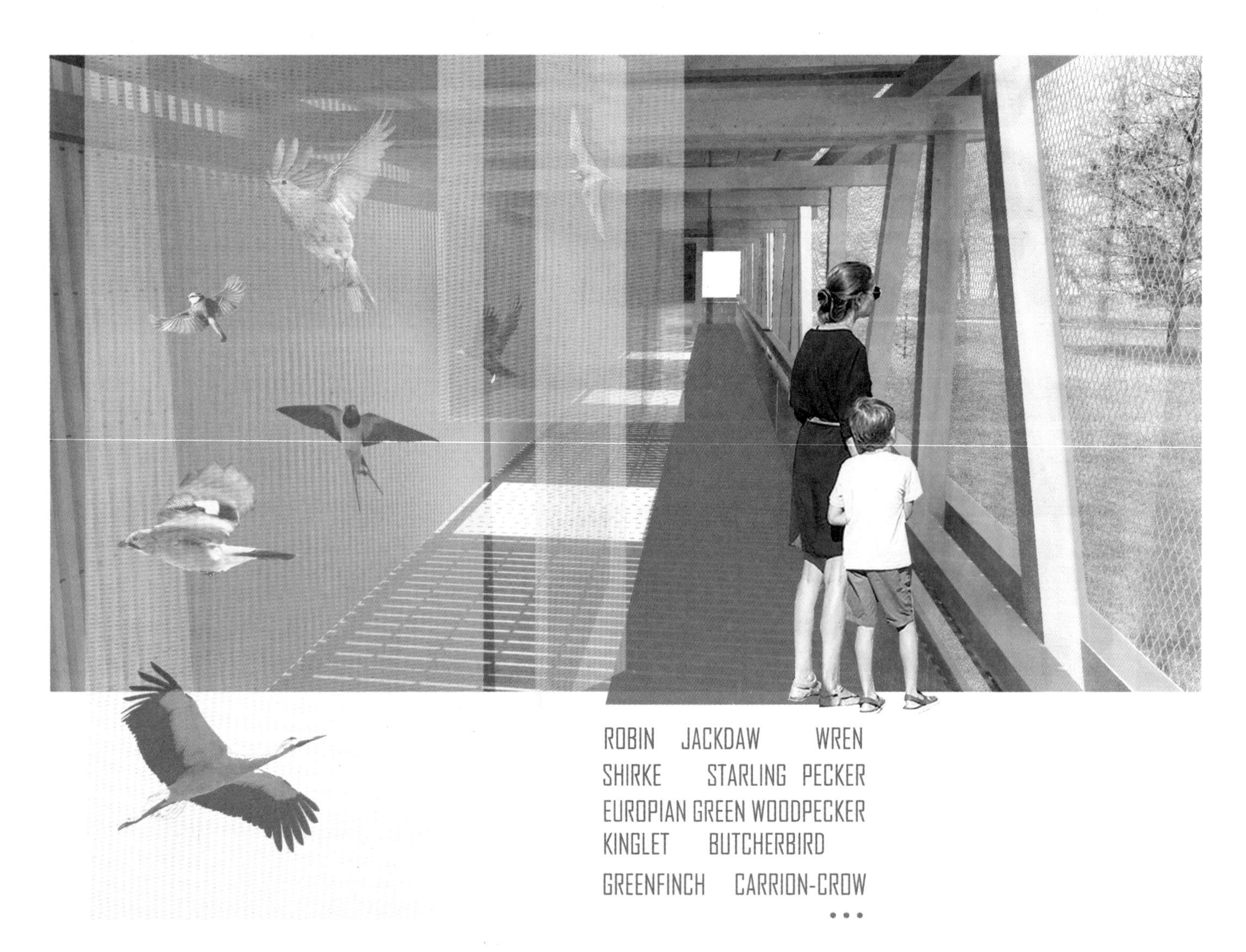
ROBIN JACKDAW WREN
SHIRKE STARLING PECKER
EUROPIAN GREEN WOODPECKER
KINGLET BUTCHERBIRD
GREENFINCH CARRION-CROW
...

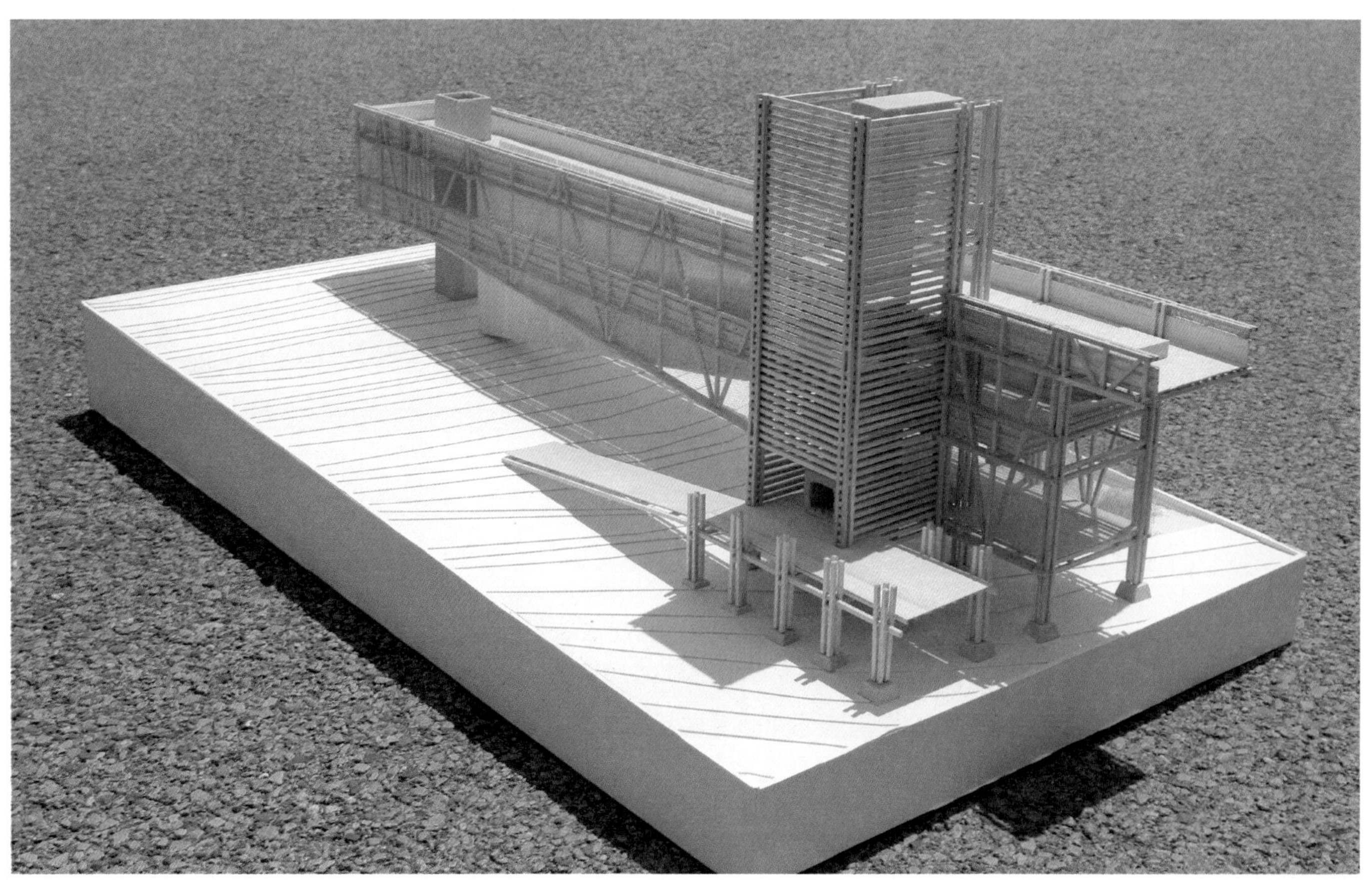

二等奖学生获奖作品

Works of the Second Prize Winning Students

郭家庄综合共享驿站设计研究

Guojiazhuang Comprehensive Sharing Station Design

清华大学 美术学院　王琨

Academy of Arts & Design,Tsinghua University

Wang Kun

姓　名：王琨 硕士研究生三年级

导　师：张月 教授

学　校：清华大学美术学院

专　业：环境艺术设计系

学　号：2016213390

备　注：1. 论文　2. 设计

郭家庄综合共享驿站设计研究

Guojiazhuang Comprehensive Sharing Station

摘要：随着中国社会的城市化发展，与乡村越来越分离。中国地域辽阔，人口众多。拥有众多村镇，各地村镇发展非常不均衡。每个地方的基本情况各有差异，因此设计应因地制宜，因时制宜，而非模式化地在全国复制农村建设模式。首先要对村子的现有资源进行分析，整合了村子的自然资源、物产资源及文化资源，运用设计的手段去将它们整合。在建筑选材和景观设计方面，利用低干预的手法，使得城市的设计语言没有很强地植入农村设计中，尊重当地自然风貌及特点。并且对当地村子进行文化调研，挖掘出文化民俗特色和村史等，用合理的方式向外来人展示。使得村民参与到村镇建设中，切实提高村民的生活水平。

关键词：乡村资源；地干预设计；共享驿站；窗口

Abstract: With the urbanization development of Chinese society, China is increasingly separated from the countryside. For townships and towns, China has a vast territory and a large population of villages and towns. The basic situation of each place is different, so the design should adapt to the local conditions and The Times, instead of copying the rural construction model in a model nationwide. First of all, we should analyze the existing resources of the village, integrate the natural resources, material resources and cultural resources of the village, and integrate them by means of design. In terms of building materials selection and landscape design, the low-intervention method is used to make urban design language not strongly implanted in rural design and respect local natural features and characteristics. In addition, cultural investigation was carried out on the local villages to explore the characteristics of cultural and folk customs and village history, so as to display them in a reasonable way to outsiders. Make the villagers participate in the construction of villages and towns, and improve the living standards of villagers.

Key words: Rural resources；Ground intervention design；Sharing post；Window

第1章 绪论

1.1 研究的缘起和背景

现阶段，中央提出文化乡村振兴，乡村建设，美丽乡村。所以各地区投身于乡镇建设，此地区位于河北兴隆县郭家庄，自然环境优美，已被评为河北省十大满族文化乡之一。现阶段计划发挥其核心文化价值及自然景观价值，基于以上特点对其进行规划设计。

发展政策：河北省委、省政府在全省范围组织关于美丽乡村建设的“四美五改”行动。承德市出台《中共承德市委承德市人民政府关于大力推进美丽乡村建设实施意见》，要求加快承德城乡统筹发展，推进农业现代化，让村民富足。兴隆县燕山峡谷片区列入2016年全省美丽乡村重点建设片区，郭家村所在的南天门成为兴隆山片区旅游线的重点组成部分。在国家民委2017年发布的《关于命名第二批中国少数民族特色村寨的通知》（民委发〔2017〕34号）中郭家村被评为中国少数民族特色村寨。

1.2 研究的目的及意义

目的是建设乡村内部生态文明，实现整洁乡村，生态文明乡村，美丽乡村。发展乡村生态产业，改善乡村人居环境，最终激发农村活力。显示出乡村特色，打破农村发展的惯性，坚持因时制宜，整合各地资源，挖掘文化，有效利用乡土材料、乡土工艺。根据农村的自然环境建设相应的山水风光，或者田园、古村、休闲等多形态、多特色的乡村。

意义：使居民安居乐业，参与到文化建设和乡村建设中。使乡村的自然环境得以保护。整合乡村各方资源，使得其健康全面发展。在水平质量提高的同时，探索出一条有别于城市发展的农村发展新路。

1.3 国内外研究现状及分析

国外新农村建设概况：

1．日韩地区：推进乡村地方经济发展，使得农村脱贫致富。

（1）先进行规划，政府从制定规划认识新农村建设的重要性，从而进行规划设计确保完整全面，一步一步进行，政府由上而下逐步实施。

（2）定位人群准确，韩国政府村民是发展主体，而政府在农村建设中只是引导者的存在。

（3）援助是指导基础设施发展的方向。通过村民选举，优化科学激励乡村发展机制，采取分类激励，加强村民会议，调动农村社区的积极性。

图1 日本乡村（来自百度）

图2 法国乡村（来自百度）

总结：日本和韩国新农村建设的意义是从政府和人民共同开始的全面农村建设运动。

2．法国地区：没有农业税，农业补贴却很多。

法国位于欧洲大陆的西部，拥有耕地。1950年以前，法国的农业落后于其他国家，小农经济是主要的生产方式。换句话说，法国处于一个低级别的恶性循环中。

法国新农村建设的改革：一，乡村基础设施条件的建设；二，农业的经济补贴；三，注重农业科普；四，乡村农业服务体系的完备；五，减小城乡差距。

在法国小版本的新农村建设，即新农村建设的花园版，在法国乡村经常在村庄和小镇的入口，有农场花园标志。40年以来法国乡村发生了很大的变化，总人口中农业人口减少到4%。然而，四分之一的法国人仍然喜欢住在农村花园，春天小镇的活动是法国的生活之路，成为生态旅游品牌的一个象征。它也是一个重要的保护手段和法国农村的文化遗产。

3．荷兰地区：把农民变成企业家。

荷兰是一个农业大国，超过十年在世界农产品进出口排名中，荷兰占据了最高的位置。农产品出口也是世界上最好的，可以与美国进行比较。在19世纪，在欧洲许多国家，如荷兰，把重点放在保护农民的利益上。通过农业发展，农业科技创造议程条件增加研究投入，发展高质量教育，扩大服务和为农民提供职业培训，农民有更高的生产力，也为农村地区的发展做出贡献，在企业中，政府的作用是制定适当的法律和制度，合理地分配农民和政府之间利润。

国外新农村建设的启示：

需要选择适合自己国情的新农村发展模式，准确定位新农村建设各个机构的作用，建设科学有效的激励机制，投资农村公共设施建设将保持长期用于完善新农村建设的法律法规，必须保持长期的活动意识，建立社会主义新农村，我们必须加强对理论的研究和探索。

1.4 研究内容

通过实地调研各地乡村发展模式和现状，来探索出一条适合当地农村发展的特色道路。因地制宜、因时制宜，整合乡村资源，分析乡村地域文化及其上位规划。

图3 荷兰乡村（来自百度）

1.5 研究方法

低干预设计

在社会转型时期，中国乡村景观及建筑设计应该以低干预、低成本设计为基本理论。应该较好地消耗资源及较少地影响环境，使得农村景观与城市天际线相分离。

第2章 相关概念界定

2.1 乡村振兴三步走战略

继党的十九大首次提出实施乡村振兴战略后，中央农村工作会议又立足当前、面向长远，就如何实施乡村振兴战略做出了具体部署。会议将实施乡村振兴战略作为新时代做好“三农”工作的总抓手、新旗帜，并将实施乡村振兴战略的目标和任务明确为：到2020年，乡村振兴取得重要进展，制度框架和政策体系基本形成；到2035年，乡村振兴取得决定性进展，农业农村现代化基本实现；到2050年，乡村全面振兴，农业强、农村美、农民富全面实现。

2.1.1 新时代乡村文化怎样推动乡村振兴

农村文化建设应该进步，农村文化是农村社会延续的核心。在人们的怀旧中，不仅是村庄的绿色山川，还有当地社区的社会关系、祖先的崇拜、乡村戏剧的传承，这些规则和活动，在没有乡村文化的情况下，农村生活如何凝聚，形成一个村庄？村里开几家餐厅茶馆就能增加就业，增加收入，提高农村生活水平？不是的，农村地区农村振兴的核心是振兴农村文化。

首先，文化赋予了生活意义。乡土社会是由人组成的，同时又超越了个体的人，是文化将这些个体联系在一起，并赋予乡村生活价值，比如说乡村有很多节日，每个节日有着不同的意义，许多农耕文化和一些果蔬文化，是沟通人和自然的一个纽带。

其次，文化也赋予了农村社会秩序。农村文化为农村振兴奠定了精神基础。中国农村重建的目标之一是充分利用农村文化角色和振兴，通过文化发展保持文化和谐，实现有序发展。乡村的文化建设可以从基层开始，如寻找和整理村庄的历史，建设村庄博物馆，进行文化表演等。但是，在物质层面上，农村文化建设不是终点，而是农村文化建设的手段，精神文化建设才能得以维持，但尚未完成，物质的文化已经消失了很多。农民应该加入村里的建设。

2.1.2 美丽乡村建设

美丽乡村建设概念：

美丽乡村的提出：中国共产党第十八次全国代表大会报告明确提出：“要努力建设美丽中国，实现中华民族永续发展”，第一次提出了城乡统筹协调发展、共建“美丽中国”的全新概念，强调把生态文明建设放在突出地位，融入经济建设、政治建设、文化建设、社会建设各方面和全过程。而随即出台的2013年中央一号文件，依据“美丽中国”的理念第一次提出了要建设“美丽乡村”的奋斗目标，新农村建设以“美丽乡村”建设的提法首次在国家层面明确提出。

中国要强、农业必须强；中国要富、农民必须富；中国要美、农村必须美。建设美丽中国，必须建设好“美丽乡村”。——习近平总书记在2013年年底召开的中央农村工作会议上强调。

美丽乡村建设的重要意义：在2015年10月举行的第18届中央委员会第五届大会上，“美丽中国”被列入“十三五”规划，并在5年计划中首次纳入。建设美丽的国家对实现美好的中国目标至关重要。美丽的农村建设是美丽中国建设的重要组成部分，在全面推进农村改革的基础上，生态文明建设的新理念是全面建设富裕社会的主要手段，走向社会发展的潮流，是一个升级匹配的新农村建设版本。除了继承和发展“生产发展，富裕生活，农村文明，民主管理”的目标，还要了解和跟进自然客观法、市场经济法、社会发展法。一个美丽村庄的建设实践更加注重人与自然的和谐共处，更加注重生态环境资源的保护和有效利用，更加注重农业发展方式的转变，更加注重农业发展模式的发展。农业功能多样化，更加注重农村可持续发展，保护和继承农业文明。

2.2 什么是新农村建设

定义：新社会主义农村，按照农村的发展建设，以新时代的要求，实现农村经济、政治、文化、社会和经济的繁荣，在社会主义下改善美好的环境。

自20世纪50年代以来，反复使用类似的措辞，“建设社会主义新农村”并不是一个新概念，而是作为一个新的历史背景，党提出建设社会主义新农村具有广泛的意义和更全面的要求。新农村建设，农村发展在全面面向中国的新阶段和新的目标，促进农业和城市产业发展是时代的必然要求，我正在建设和谐社会。工业化建立了一定的基础后，世界上许多国家都采用工业发展战略来支持农业和城市的农村地区。国民经济的主要产业是非农产业的农业，它是非农产业经济增长的主要动力，根据国际经验，我国现在正进入培育农业的产业阶段。因此，实施中国新农村建设的关键战略举措是一个好时机。

第3章 对于整合乡村资源的研究

3.1 整合乡村资源

整合乡村内外资源，重塑乡村的品牌。

城市没有通畅的交通，比较拥挤，但是乡村却有自然生态景观，没有空气污染的烦恼，很多人想到这样一个小镇，有良好的基础设施和公共服务，经济也不错，可以找到可与城市相媲美的工作。

在美丽乡村建设特色的背景下，重塑建设农村特色小城镇，其结构是传统的农业转型升级的基础。在消费升级以及旅游业升级的背景下，独特的文化城镇和美丽村庄的建设需要更多创新的逻辑。

从目前的实践和案例研究来看，城镇的功能是嵌入城市，可分为以下两种形式：1．城镇，它位于大都市区，比较靠近城市。但在大都市区内，在城市边缘，现代交通把它和城市连接起来。2．自然乡村，离城市较远，山水优美，自然资源丰富。

目前，在广州和成都等大城市，大都市区周边都有特色城镇。这些小城镇是城市化进程和大城市工业化完成后，信息化建设的产物。这些城镇为了能够消除高效交通系统和互联网信息网络的“边缘性”，城市发展不能像摊大饼一样无限制扩张，城市郊区发展应该受到限制，根据特色而发展，而不是沦为拆迁后新的城市高楼的复制废墟，其他自然环境很好的村落，远离城市，应该抓住互联网的机会，依赖现代交通，谋求与城市发展相补的方向发展，例如：城市是大尺度的，繁华的。村落要营造小尺度的人居环境，要亲近自然，具有闲适的情调；城市的生活节奏是很快的，村落要有缓慢的生活氛围。

大都市的资源丰富，所有人才资源都向城市涌入，而乡村资源资金人才流失严重。归根到底还是因为基础设施和国家财力重点没有放到乡村建设上。应发掘城镇的特色，以及那些城市里很难体会到的东西、乡村特有的资源。我们得积极协调外来资源，促进城镇和周边城市的合作发展。

村镇的特色已经将它和城市区别开来，广大的西部农村的发展可以依靠城镇的主要自然资源特点来建设。农村特色城镇的建设取代了传统的市政体系，建立了新的城市村庄体系。

独具特色的城镇将成为整合村内外资源的重要基础。同时，农村城镇发展的特点需要充分利用现有的工业基础、乡土自然资源和人力资源基础，必须立足于现有产业转型和农村地区的发展。同时，这个独特的城镇将成为通过资本，人才和创新企业元素的积累是连接农村外部资源的重要基础。

城乡之间要素流动的制度屏障有望被逐步化解，以及特色小镇在乡村地区的建设，这些对乡村建设而言，都意味着绝佳的时代契机。方塘智库认为，特色小镇对美丽乡村建设的价值是多个层面的，主要包括如下几个层面：

第一，特色小镇是就地城镇化的重要平台。

第二，特色小镇是乡村文化符号进行表达的重要支撑。

第三，特色小镇是乡村地区产业重塑的关键平台。

第四，特色小镇是乡村旅游资源整合和游客集散的依托。

第五，特色小镇是农业现代化发展的重要路径。

1．农业资源

乡村农业资源丰富，是一个自然的科普场地，有寓教于乐的农业科普资源。

2．文化资源

广阔的农村地区拥有丰富的文化资源。为了促进农村文化的振兴，有必要改造和利用这些资源来丰富农村，帮助改善农民的精神面貌。比如房屋空间特质、民俗活动、食物特征、村民的生活习惯、一些民族志、村的历史、村子里特有的农作物及居民生活方式等，对于这些宝贵的文化资源，我们需要去发掘，然后将它传达给来乡村的人。比如说郭家庄，它具有满族的文化特征，不管是房屋性质还是村民的生活习惯，都有着浓烈的满族特点。而且位于两个山体之间，有河流穿过，位于主要的道路两侧。这样的村子，急需要一套自己的文化IP。这样可以整合村子里的文化资源，对外进行宣传。

郭家庄村的位置距清朝东陵不到30公里，所以早在清朝就被划为皇家的“后龙风水”，并设为禁区。守陵人翻山到此采集野果、野物作为祭祀供品，发现该地水草丰茂、土地肥厚。清朝灭亡后，守陵人后裔便来此生活，主要是郭络罗氏，后更名郭氏，自此便有了郭家庄。民国之后，作为满族文化村落与汉族不断融合，全乡满族比例逐渐减少至28%，但至今仍保留着一些满族人的生活习俗和文化特色传承，如饮食习惯、剪纸等。

3．自然资源

农村的自然资源是农村的一大宝库，这是农村景观有别于城市景观的重要原因之一。当很多地方还在盲目地过度开发农村的时候，我们是否应该想一想，对农村自然资源的保护，低开发才是农村振兴的正确道路。

农村风格的可持续发展。实施农村建设和农民的景观保护，尊重农民的生活方式、利益的需求，调动国家的积极性，保护其自然美和住房建设。结合休闲农业、乡村旅游、农村服务业发展，农民利用农村收入，实现村庄风貌，保护农村和乡村建设的自然质地和历史特色，填充池塘、不砍树，不推山。保护自然环境，实现资源利用的双赢。

景观设计师应寻求平衡农民的经济收入和景观中的自然资源保护，以支持政府保护耕地。若盲目保护自然资源，我们倡导农民的收入和生活质量问题则可能得不到解决。

城市发展的问题令人失望，但在看到乡村自然的风景时，一种“国家的希望”的感觉产生了：首先，大多数美丽的乡村仍然在遭受建设性的破坏，有机会发展成更好的生活环境。但几千年来，传统农业模式蓬勃发展的乡村景观面临着旧的工业模式、传统村落的废墟、农村人口的减少，农村发展的动力不足。

这是由两个问题引起的：一是如何保护具有传统和区域特色的农村景观，二是实现更好的乡村景观的可持续发展机制和如何建立模式。特定问题可能超出专业范围，但必须清楚解决问题的方法。

4．交通资源

经济发展城市化，人民回归需求的本质，调整生活节奏，释放压力。回归乡村生活，乡村民俗和田园风光出现，以乡村旅游为特色，乡村旅游不是社会主义市场经济的唯一需要，行业的地方经济正在成为一个特色，也是构建社会主义和谐社会必不可少的。

旅游活动的成功不仅要求吸引旅游资源，还要影响游客在食品、服装和住房等各个方面的体验。由于交通可达性差，交通基础设施不完善，交通运输等服务质量问题严重阻碍了乡村旅游业的生存和发展。作为一个郊区小镇需要，交通是旅游业发展的必要条件，支持旅游业的发展，在促进农村经济的同时处理交通问题。这种联系可以促进农村农业和工业等其他产业的发展，实现城乡和谐发展。

依据2002年和2008年学者关于旅游交通的研究文献，我们发现了：(1) 旅游交通系统发展不平衡，与先进地区相比，相对落后地区交通落后，旅游开发发展相对落后，交通发展差距较大；(2) 长期垄断影响运输业务效率和服务质量；(3) 由于规划设计漫长，道路条件差，道路拥堵，交通安全和教育不足，中国旅游业交通安全条件应得到改善；(4) 由于旅游交通缺乏科学规划，旅游交通状况不理想。

5. 村民资源

乡村很混乱，一方面，它是城市的障碍，另一方面很难离开。在老龄化、医疗保险、养老、婚姻、家庭、道德和各种发展问题之后，农民越来越多地面临回家的问题。在城市工作的农民大多数不会留在城市，为了留下一个巨大的城市“剩余价值”，这是不平等的交换。有个故事说，60岁以上的阿姨，他的儿子出去赚钱，村里留着由她照看的孙子，每月寄一些的生活费来给他们。几代人之间不在一个地域生活，他们不想离开家乡，但是黑土地无法支持他们生活的希望和物质的保障。

事实上，在目前的农村地区，他们拿着“金碗”包含大量资源，我们无法合理分配这些有形和无形的财富。为了解决这些问题，有必要对农村资源进行重组。通过经济手段，农民可以感受到他们的家乡能够提供更好的生活。当地政府的义务是为农民搭建选择平台，建立各种合作社、经济组织，把资源集中在专家手上解决没有工业支柱的问题。

社会组织和经济组织是农村发展的必要条件。市场是很重要的，因为当地资源可以自由流动，并为农村工业化奠定基础。要发展农村金融，首先要解决农村经济的冻结问题。

3.2 整合手段及规划研究

将乡村资源合理整合。高校及农村发展项目结合。利用高校的优秀设计资源来替乡村规划出谋划策，将乡村的已有资源连接起来。对乡村文化及未来规划进行定位。例如：结合白箬铺资源优势及实际调研成果，清华大学和中南大学的设计团队在白箬铺镇乡村振兴课题研究展示会上，为白箬铺镇“诗与田野梦”的实现，提供了一整套规划设计建议：建议采取区域降低开发、生态高度保护、空间体系完整的模式，为长沙近郊留住一份宝贵的生态净土，围绕酣畅乐园、方塘野趣、松谷蝶梦、风流人物、国学大观等功能板块，打造一个儿童寓教于乐、成人舒压解乏、村民高度参与的高品质研学旅行目的地，再现“青箬笠，绿蓑衣，斜风细雨不须归”的乡村之美。

将理论知识与实践经验相互融合，规划设计高品质打造“研学旅游”方案，为乡村振兴事业注入发展新动能。设计团队提供一整套规划设计建议，清华大学美术学院环境艺术设计系原系主任张月教授和中南大学建筑与艺术学院副院长朱力教授带领若干博士、硕士研究生，在白箬铺镇开展了为期一周的乡村振兴考察调研和规划设计活动，为全镇乡村振兴工作和光明大观园文化旅游发展提供学术指导和设计支持。

“白箬铺生态环境好，定位精准，交通方便，但是人车混乱，而且闲置民居多。”中南大学朱力教授在总结白箬铺镇特点后，针对性地提出了四点建议，一是聚焦园区主题，做强核心IP，呈现鲜明特色；二是寻找文化脉络，营造文化氛围，加强文化的传承与互动；三是整合园区形象，利用游览线路和观光驿站将景区串联起来，实现功能分区；四是改进乡村自组织建设，增强农民的参与精神与责任意识。

清华大学张月教授则认为，生态开发是文旅发展的最大优势，在项目引进和建设开发上要尤其注重保护生态；要突出整体效应，利用设计理念对片区进行景观改造，加强文旅业态之间的联系性和互动性；要强调村民参与，改变项目与村民的分割状态，开拓更科学的合作思路。

研究团队根据规划设计需要，将小组成员分为三个小组，分别是道路交通组、景观设计组、文化IP组。道路交通组负责旅游线路的设计、沿线道路基础设施的规划、导游标识标牌的设计、交通枢纽和交通驿站的设计；景观设计组负责整个大观园片区的景观再造，包括道路景观、入口景观、水系景观、驿站景观等；文化IP组负责梳理文化脉络、整理文化素材、构想核心IP。三个规划小组分工协作、密切配合，白天各自为战、深入调研，晚上汇总成果、形成方案。深夜，夏日的天空星罗棋布，讨论室里依然灯火通明，山谷中的悠悠虫鸣仿佛在演奏着一曲乡村振兴的乐章。

本次规划设计成果将共享给白箬铺镇人民政府，以此进一步完善光明大观园文旅配套设施，在原有“研学旅行”业态上注入艺术元素和文化活水，塑造大观园品牌新形象。通过科学的蓝图规划，构建白箬核心产业群，全面推动产业振兴，带动群众就业增收。下一步，白箬铺镇将与两所高校深化校地合作，在学术调研支持、规划设计指导、实践基地建设、科学技术合作等方面建立全面的“产、学、研”合作关系。

第4章 对于文化传承的乡村低干预设计的研究

4.1 低干预设计

（1）什么是低干预设计

秉承低成本、低消耗、低维护、低排放的设计理念，实现对自然资源最大限度的利用，对环境最小限度的人工介入与自然高度结合的设计。生态环境的日益恶化警醒人类重新思考人与自然环境的关系。

（2）为什么要做低干预设计

大自然的繁衍与发展蕴含了无穷的奥秘与深刻的规律，对大自然的尊重与保护是实现人与自然和谐共存，社会可持续发展的必要条件。

自然界蕴含着永不湮灭的无穷能量，自然界历经万千年仍稳定的向前发展，形成了丰富的生态系统，创造了百态的世间风景。尊重自然，利用自然的力量，让自然做功，人类也将得到来自自然的回馈。

（3）怎么做低干预景观

最大限度地利用自然资源和能源，提高资源和能源利用率，减少前期投入，运用恰当的设计方法和适当的技术手段，引导自然做功，实现低维护、低废弃；遵循地方性，结合乡土知识背景，满足人们合理的物质与精神文化需求；权衡生态效益、人文效益、环境和景观效益，实现综合效益最大化。

案例分析

关注土地、关注自然，而不仅仅关注设计技巧。大提顿国际公园Craig Thomas探索与游客中心的景观设计

设计公司：Swift Company llc

位置：美国

类型：休闲娱乐文化建筑旅游设施游客中心

设计理念：“绝不尝试驯化这种空间体验”

游客中心位于丛林和草地的交会处，与大自然和谐相处。

Craig Thomas探索与游客中心坐落于怀俄明州小城Moose附近，大提顿国家公园的南侧入口处，一边是蛇河，另一边是壮丽的提顿山脉。在郁郁葱葱的河流森林圣地牧场有12英亩的土地，丰满的杨树、棉花杨树和云杉带来各种视觉和生态效果。

设计原则

（1）原始破坏不可取，永远不会因设计而改变。

（2）旅游体验的空间秩序需要同时触及游客最原始的感知和合理的思考。

（3）可持续性是设计的基本原则。

设计感受

对自然环境的保护和管理的承诺严格地定义了设计过程，最终的设计结果将使游客偏离暴力世俗生活并专注于原始性质。现有空间结构、大小、体验、景观元素的保留和夸张，触动访客的原始感觉，让人感受到这个独特地方的奇迹。

选址和体验空间的顺序是设计的重中之重。该设计的重点是加强访客到达和旅游过程的仪式感，逐渐退出世俗生活。

设计总结

如果人为干预保持在最低限度，自然就会成为宇宙的主导部分，人类世界的混乱将会退却。只有在必要时才会出现诸如道路标志之类的人造痕迹。所有设计元素都非常简洁和优雅，旨在最大限度地发挥景观的力量。设计将季节性变化与站点内的生态系统相结合。它充分体现了低干预的设计理念，注重保护原生态属性、人与自然的情感交流。从生态伦理的角度来看，它为下一代留下了自然的天堂。

4.2 从传统文化角度选择建筑手法

标新立异的建筑明显不适于乡村建筑的发展，中国传统文化在建筑中应体现其价值。

当我们建设时，因为建筑的核心是文化，我们不仅要考虑其实用价值，还要考虑文化价值。因此，基于实际经验和对文化的理解，我们讨论了建筑师的文化意识，以及中国传统建筑文化的各个方面。

中国有着深厚的文化基础，对我们生活的方方面面都有着非常重要的影响。对建筑的影响是一个非常重要的方面和内容。

目前，我们抬头看着起重机，看着工业和经济发展的快速增长和时代建设的高潮，但我们是沉重的，我们缺乏文化，建筑问题本身就是文化问题。陕西省是一个具有深厚文化底蕴和意义的大型文化区，文化结构较多，文化是建筑的灵魂，不可抛弃。建筑设计和文化意识和意义，不仅是建造了几座建筑，也不仅仅意味着生活，而且还具有文化感。文化最初由泰勒提出，它主要指一种不断整合的社会现象，人们逐渐积累在他们的生活中。同时，它也是社会历史发展过程中形成的一种历史现象。具体而言，文化必须是国家或国家的思想、价值观、传统习俗。

文化表达建筑不仅是技术的，也是艺术的，反映了建筑时代的思想、观念和美。所以，例如你可以从建筑物中看到审美趣味的想法。在许多情况下，用作装饰图案的中国传统建筑的神灵表达了高科技的话语，即渴望更好的生活。不仅如此，通过建筑可以了解城市的历史，通过建筑的独特存在，可以看到城市的发展。因此，我们不能忽视建筑的文化意义，通过不断地分析和挖掘，我们将继承建筑文化。

4.3 低干预建筑设计材料及空间形制研究

应该通过了解当地乡村的建筑、植物特性及风土地貌，而决定用什么材料，不能够将城市中的混凝土等现代化的材料复制到农村，使农村变成标准化没有特色的建筑景观。应运用环保生态的材料来减少建筑垃圾，例如西北的窑洞、南方的竹楼等。

案例一：传统材料、创新结构

墨西哥Sierra Nororiental de Puebla的社会住房/Comunal Taller de Arquitectura设计公司，类型：住宅建筑，材料：混凝土、砖、竹子。

新建筑的结构避免了使用不稳定的传统材料，第二次住房实践中的建筑保留了竹木面板的设计，模块化的预制结构使用了三个元件：两个桁架结构、一个面板和它的变体。一旦完成结构的框架，预制的元件可以快速组装，显著减少了现场施工的时间。此外，一周的装配时间可以降低劳动力成本和项目预算。安装完成后，竹木面板上涂上一种名叫istle的涂料，这是当地制作咖啡袋的材料；以及一层薄薄的砂浆。一旦地基的结构完成建设，梁和面板会被固定在基本结构之上。然后一种由食品级铝废料制成的产品会被运用在建筑的建造过程中。这种产品有着优异的声学、热学和抗菌性能。除了使用当地的传统建筑材料之外，村民可以亲身参与到建筑的建造过程中，降低了家庭住房的建设成本，得到了极佳的环境效果。

案例二：贵州明镜台/李豪

由玻璃和竹子构成的塔，反射古城生活，为人们提供非日常体验。装置分为两层，上层供人眺望赏景，下层则是休憩与停留的空间。装置由古城与河流形成的两道轴线明确了与基地的关系，南北侧立面由完全不同的材料区分开来。北侧立面采用当地竹材密布，轴线与隆里古城轴线平行；南侧立面采用单透玻璃，轴线与河流平行，因而形成了西宽东窄的夹角；装置入口则面向古老的石桥，将装置与古城联系在了一起。

图4（来自百度）

图5 背部结构（来自百度）

总结：材料是构成建筑物的主要元素之一，不同的材料具有不同的属性，为人类的灵感提供了广阔的世界。材料随着时代而变化，社会属性被添加到自然属性中。人们的依赖不仅是物质的，也是心理的。

随着建筑的形式不断变化，发明新材料、新技术和人类审美价值的变化，传统建筑材料再也不能超过传统建筑的性能。那么，我们是否面临消除传统物质并放弃它们？现代建筑的传统材料是否会失去活力？

4.4 低干预景观设计研究

从干预到自组织——试论景观低干预“度”的问题

尊重当前场地的设计，运用自然科学的原始外观和对场地的细致分析，试图保持低干预设计的起点，采用多层次景观安全模式，利用土地的不同性质有助于更有效地协调土地结合人工干预和自治，为开发和使用之间的空间交易提供了基础，开放并加速自然生态系统的建设和恢复。

低干预和高干预的概念

低干预是试图减少干预地点的范围，使用自然和生态原则，可再生能源援助减少人为干预的设计，以达到最大化满意的使用功能，在自然过程中发挥作用，干预程度低，通过科学发展场所减少外部灾害。通过这样做，我们将减少手工开发活动，实现自然环境和生态干预，并减少建设成本。

最大干预意味着管理能力与低干预程度成正比，并且基于生态继承、地位和具体的人类价值目标。具体的频率和前向干预可能是沿着生态系统的原始路径或其他掩体的演变，可以形成特定生态系统的结构或功能，并且可以以不同的方式进行调整，补偿突出了其连续路径的重建原始容量。

第5章 基于乡村地域文化的综合共享驿站的设计要点

5.1 综合共享驿站概念

乡村驿站释义

驿站，在古代，是供驿吏或来往官员歇宿、换马之地，想来和现在的“汽车旅馆”差不多，而在今天，正是遍布世界各地的数以万计的路由交换设备，构成了因特网这个在我们身边日夜不停地运转的巨型信息网络“驿站”。而乡村驿站则是现在的一个新名词，包括农家乐、休闲广场、娱乐设施、文化驿站等，可以说是群众精神寄托的场所。

5.2 国内外驿站发展现状

日本的乡村驿站建设

近年来，中国城市化进程迅速发展，城乡差距扩大和农村经济衰退等问题日益突出。重建农村发展活力，促进城乡合作发展，是当前城乡建设的重要问题。在这方面，日本农村地区的建设是值得我们研究和借鉴的宝贵经验。第二次世界大战后，随着日本经济的快速发展，农村发展出现了与中国类似的问题，如“过度减产”和“老龄化”。在20世纪80年代，经过农村恢复重大经济发展后，主要推动了日本外部资金的引入，以及大型工业设施、旅游休闲设施的建设。在20世纪90年代泡沫经济破灭之后，日本农村的建设是以自制为导向，乡村旅馆充满活力的村民就是在这种背景下。

1993年日本建设省（现国土交通省）批准建设了第一批复合多功能型休憩设施，这是乡村驿站的发端。当时建设的目的主要是为了提供安全、舒适的道路交通环境和振兴乡村经济。此后，乡村驿站逐渐吸引了其他社会团体、组织和机构加入，开始为村民提供医疗、教育培训、文化活动等多种形式的公共服务，并逐渐成为一种以交通配套服务为先导的复合多功能设施。据日本国土交通省统计，1993年第一批建设的乡村驿站共113处，2000年增至610处，2016年增加为1107处（日本国土交通省资料：https://www.mlit.go.jp/road/Michi-no-Eki/list.html）。2012年，日本村庄的销售额达到了2100亿日元，这使其成为日本乡村的壮观景观。

在本文中，我们将通过对日本几个地方政府的实地考察和相关的文献报告和案例研究，探讨农村的建设路线和经验。希望这项调查能够为中国城乡一体化和农村振兴工作提供借鉴。

1．日本乡村驿站的建立与运营

（1）乡村驿站

日本农村的驿站地区是普通公路（非高速公路）旁给用户提供舒适安全的休息环境的地方，可以推进沿线地区各区域城镇的特色经济发展。其余设施的基本思想是成为一个显示区域特征、区域生产和生命激活的节点。

乡村驿站的主要功能有四个方面：一是休憩功能，即通过缓解驾驶者的疲劳以减少交通事故，因此驿站均必须配备24小时可免费使用的停车场和公厕；二是展示功能，即为道路使用者提供所在区域的交通、旅游、物产、紧急医疗等信息；三是商业功能，即开展各种商业活动，以带动活化沿线地经济；四是组织功能，即驿站成为联系所在地区周边农户、企业、政府、社会组织和道路使用者的纽带。

（2）乡村驿站的设立

日本乡村驿站的设立采用申请—许可制的方式。设立计划主要由各地方政府（市町村）发起，由道路管理部门和市町村的相关部门对建设驿站的必要性进行论证。论证通过后交由市町村的相关部门制定详细的驿站建设规划，之后根据规划要求分别由道路管理部门和市町村等建设相关设施。设施建成后，市町村作为申请人向国土交通省提出注册申请。申请批准后，市町村等对驿站的经营管理方法进行充分论证后方能开业。

乡村驿站一般有两类设施：一类是公厕、停车场、休息场所和信息中心等基础设施；另一类是区域振兴设施，包括农产品直卖场、餐厅、农产品的加工和销售设施、文化教育和旅游观光设施等。一般而言，前者由道路管理部门负责，后者由市町村的相关部门负责建设（联合式）。不过也有一些驿站包括基础设施和区域振兴设施在内由国土交通省基于以下基准审核驿站的注册：①有免费的足够大的停车场；②24小时可使用的干净公厕；③24小时可使用的公共电话；④提供道路周边地区的相关信息；⑤设施方便女性、儿童、老人以及残疾人使用；⑥设施的申请主体为市町村或相当的公共团体。此外，还会综合考虑乡村驿站和乡村景观规划的关系，是否有利于交通安全等。对于驿站设置地点没有明确的要求，但在实际规划建设上一般要求相隔大于10公里。间隔在10公里以下的需综合交通量、区域实际情况以及与周边驿站的差异化等进行综合判断。

日本政府各部门对乡村驿站的建设提供了许多鼓励措施，如总务省、农林水产省、经济产业省、国土交通省、观光厅等，均提供了相应的项目资助。其中，代表性的如2007年由农林水产省设立的“农山渔村活化项目支持交付金”和2010年由国土交通省设立的“社会资本建设综合交付金”。前者主要资助激发村民创意的乡村活化项目，后者主要资助道路、港口、地方营造等建设项目。这些项目对于日本乡村驿站的建设均起到了重要的助推和保障作用。

2．日本乡村驿站的功能复合化

（1）窗口功能

该村的历史、文化、生活方式和景观可以吸引城市居民，将城市资本、人才和信息传递到农村，促进农村发展。就是其窗口功能。1996年登记注册的群马县“川场田园广场”乡村驿站得以发展的契机，正是由于东京都世田谷区与川场村的交流合作。1981年，川场村与世田谷区签订“世田谷区民健康村合作协议”，城乡开始互动。随着公民、商业、信息、旅游、项目等服务的增加。1992年，签署了“友好森林合作协议”，并同意共同保护森林和Kawaba村的自然环境。在这种情况下，川昌田园广场村站开工建设，建设农业生产、加工、销售设施。

2005年，在世田谷和Tadashi村发布联合声明，村站设施得到进一步改善，两个地方进入了充分沟通的时期。两个基地的文化交流，保护川昌村的自然环境、农产品品牌建设、文化的传承和发展，城乡联合交流，共同发展。

（2）枢纽功能

作为农村经济和社会发展的一部分，农村地区在区域创新和环境可持续性方面发挥着重要作用。东昌田园广场站通过将农业生产不可或缺的自然资本与当地文化和文化等国家文化资本相结合，提供该地区的优质产品。该车站的牛奶车间基于“房地产销售”的概念，专注于当地牛奶的加工和销售。啤酒厂以日本饮酒文化为基础，通过在村里使用优质水生产当地啤酒赢得了许多奖项。在Pan Workshop，使用川崎产品牌大米开发和销售米粉面包。该站提供基于传统农村产品的高质量产品和服务，允许与其他站点的差异化发展和区域品牌。

（3）平台功能

随着人口减少，乡村的商店和诊所等设施即将消亡，村民很难获得日常生活服务。与此同时，老龄化加速了农村地区的衰退，造成人口稀少的村庄生活质量恶化。为应对老龄化的问题，引发了该省2013年部门称“省内小生活基地”建设农村旅馆，作为服务平台。例如，京都府南丹市的“美感广场”是一个示范站“村的小生活基地”，不断关注与村民生活有关的各种设施。由于广泛地合并农业合作社（JA），取消当地分支机构，村民面临日常购物问题。为解决这一问题，84名当地居民共同投资购买农民分支机构并将其交给村站。此外，还有公共场所，卫生中心和医疗服务行政办公室，如健康检查和疾病预防和治疗。为了促进村民的交流，还有一个老年人活动中心和一个文化促进中心。为了方便村民使用设施，“梅山一广场”不仅有农村的广域公交车站，还有区内的“社区公交车”。在公共交通无法到达的村落则运行“呼叫的士”（on demand taxi）。

5.3 综合共享驿站对当地发展的影响力分析

建设农村是一项区域发展战略，将经济周期带入农村。它将有助于增加农产品的销售，增加农民的收入，同时促进农业、工业和商业的一体化。自2000年以来，由于制造业的海外搬迁和日本政府结构改革的进展，农村发展的困境日益突出。农村将注重统一计划，鼓励公民参与管理和监督管理，并注重加强驾驶功能和制定差异化战略。农村发展逐步难以解决因农村发展过度减少和老龄化导致的农村人才短缺问题，引领农村经济复苏、促进城市农村交流，能够有助于摆脱这样的局面。此外，村站不断加强载体和平台的功能，传达村民的各种日常生活服务和农村生活空间的建设。

中国正在进入农村农民+老年和农村衰退期。随着中国经济的快速发展，城市规划和农村规划工作变得越来越困难。如何引导城市居民从事农村消费，如何扩大城乡交流，日本的农村建设理念可以提供可行的思路。特别是由于人气和近期汽车道路网络的改善，城乡人口流动逐渐增加，人口和信息流连接建设增加了农村发展，这是一个可供参考的发展战略。

要在中国建立一个农村驿站，首先需要关注其生产功能。农村地区的可持续发展需要有活力和创造性的工业支持。因此，国家建设需要尊重和保护农村生活，有效地结合丰富的自然资本和村庄的文化资本，实现生产空间的重组和环境的可持续发展。工业一体化以农村产品为基础，在生产、加工、分销和销售方面实现价值改善和区域创新。为城镇居民提供优质农村产品和优质服务，深化城乡居民对农村的认识，促进城乡合作与融合。同时，原始资本的积累孵化内部资金流通，实现新农村产业的共同发展。

其次，农村可以发展农村基础设施建设。中国大多数农村地区的生活相关设施很少，如购物、医疗、教育和培训。农村驿站可以与当地村庄和草地相结合，有效地与当地公司、政府和社会团体合作，建设各种生活设施。因为它促进了宜居农村的建设，在一定范围内为村民提供相关服务，制造了良好的生活环境和良好的生活条件，全面解决了他们生活中的问题，提高福利待遇。

此外，农村地区可以作为促进城乡之间广泛合作的平台，也可以成为避免农村地区城市化的先行者。城市周边农村促进了与周边城市的集体交流，实现了城市的向外发展。促进城市周边乡村旅游、城乡之间的交流互动，探索农村资源、文化传承和农村生活的创造，以实现发展中的区域差异。值得考虑的是20世纪80年代日本外来农村重建失败的教训。因此，在村庄各种资源的保护和建设中，必须提高村民的所有权意识，必须加强主观的努力。在农村地区的建设和运营中，内部组织形成的网络是中心，应该试图参与相关主题。在此基础上，我们准确地吸收和消化外部知识，把握城市消费者的需求、新农村的各种有效结合，不断提供价值，推动农村建设。

5.4 内部展示及地域文化民俗的挖掘

随着农村的窗口功能，村庄的历史、文化、生活方式、景观吸引了城市居民，将城市资本、人才和信息推向农村，促进了农村的发展。城市与农村地区的合作促进了农村地区驿站的发展。

第6章 地域文化新型乡村景观设计研究——河北省兴隆县郭家庄综合共享驿站设计

6.1 项目概况

郭家庄位于河北省兴隆县。项目占地：9.1平方公里/现有耕地：680亩/现有住户226户/726口人/7个居民小组。

1. 地域特征

（1）地形地貌：郭家庄是典型的深山区村庄，总面积9.1平方公里。现有耕地0.45平方公里，荒山山场4平方公里。

（2）气候特点：郭家庄年平均气温在8℃左右，气温变化大。

（3）水文状况：村域范围内有一条发源于南天门乡八品叶村的小河贯穿全村南北，在南天门，乡大营盘村汇入澈河。

（4）土壤概况：山地由早期燕山运动所形成，主要岩石种类为石灰岩、花岗岩、片麻岩、玄武岩、砂岩和页岩等。受坡积物及河流两岸的冲积物影响，植被率较高，水肥条件都较好。周边村落大致都分布在中山、低山地带。

(5) 森林植被：郭家庄村周边片区植被覆盖率极高，远望一片黛青色，山楂、板栗产业种植基础雄厚，村域内退耕还林680亩。

2. 人文历史

(1) 人口概况：郭家庄村有226户，人口数量726。

(2) 历史：郭家庄村的位置距清朝东陵不到30公里，所以早在清朝就被划为皇家的“后龙风水”，并设为禁区。守陵人翻山到此采集野果、野物作为祭祀供品，发现该地水草丰茂、土地肥厚。清朝灭亡后，守陵人后裔便来此生活，主要是郭络罗氏，后更名郭氏，自此便有了郭家庄。民国之后，作为满族文化村落与汉族不断融合，全乡满族比例逐渐减少至28%，但至今仍保留着一些满族人的生活习俗和文化特色传承，如饮食习惯、剪纸等。经济条件：兴隆县2013年的城镇居民人均年收入约1.7万元，农民人均纯收入达到0.71万元。郭家庄村年人均收入0.65万元，略低于平均值。

3. 发展政策

河北省委、省政府在全省范围组织关于美丽乡村建设的“四美五改”行动。

承德市出台《中共承德市委承德市人民政府关于大力推进美丽乡村建设实施意见》，要求加快承德城乡统筹发展，推进农业现代化，让村民富足。

兴隆县燕山峡谷片区列入2016年全省美丽乡村重点建设片区，郭家庄村所在的南天门乡被纳入兴隆山片区旅游线路的重点组成部分。

郭家庄村在国家民委2017年发布的《关于命名第二批中国少数民族特色村寨的通知》（民委发〔2017）34号）中被评为中国少数民族特色村寨。

4. 院落分析

郭家庄村的民居院落以一合院、二合院为主，属于北方传统合院。每户院落内部面积较大，除了堆放农具、仓储杂物和厕所的功能，村民在院落内种植果树、葱、玉米等农作物，布置水井、地窖，饲养牲畜。

6.2 总体理念

经过合理分析现状，希望通过低干预的设计方式设计村子的对外的一个窗口——郭家庄综合共享驿站设计

6.3 建筑地域化设计营造方法运用

设计具体内容：郭家庄综合共享驿站设计

设计用地面积约：2971平方米，其中路北部建筑场地1346平方米，路南河道景观场地1625平方米。

区位分析：

(1) 地处央美写生基地，酒厂、影视中心、希望小学、党群服务中心位置与周边业态相对一致，远离居民区。

(2) 靠近道路，建筑比较明显，对于在机动车道行驶靠线性思维来感受空间的外来人来说，可达性比较强。

(3) 地形平坦无坡。

外来的人口分布：老年游客，家庭游客，考察游客。老年游客：需要呼唤记忆，回味乡愁。家庭游客：需要亲近自然，寓教于乐。考察游客：需要民族特色，中国故事。外来游客来到这个地方需要休息上厕所，了解当地的一些民俗和土特产，还有了解当地的民族志，以及自然观光游览。当地村民拥有很好的景色，有村子的历史知识，有当地的土特产，还有很多分布于村子中间的民宿，以及衣食文化。

根据调研采访分析，将从三个方面开始设计。基本的需求互补、资源统筹、双赢促进当地人和外来人之间的需求互补。第一步，需要吸引人们进入郭家庄。可以通过满足外来人的基本需求来吸引他们进入村子，在同样的空间中，两组之间的关系是相对独立的，它是物理的并置。第二步，间隙连接。当两个组同时存在于这个空间时，我们需要为了打破两种人群之间的需求障碍，促使这两组人开始有交集，开始有互动。在这一阶段，这两组人开始在空间上创造一种并列关系，不仅是身体上的，而且是在空间上的、心理上的并列。第三步为两组人之间的互动创造可能性。设计师通过空间形制和设计来使两组人为了达到各自的需求而聚在一起。第四步共生关系。建立新的社会关系。在这一阶段，两组人相互交流，形成一种共生关系。

每个功能都有紧密的联系，一个自下而上的服务共享空间，一个郭家庄对外的“交互界面”。采用低干预的建

筑形制，我打算用木材和玻璃等材质去设计驿站。

设计中将驿站的所有功能布局于室内。希望能够成为一个村子对外交往的窗口，外来的人通过驿站认识村子。村民通过驿站去宣传他们的本地文化及特产，这是一个互惠互利的设计方式。这个驿站相当于一个整合资源的平台。

6.4 本章小结

通过设计体现出了对村子资源集合优化的思想，设计整合了村子的自然资源、物产资源及文化资源，运用建筑的手段去将它们整合并形成对外宣传村镇的窗口。在建筑选材和景观设计方面，利用了低干预的手法，使得城市的设计语言没有很强地植入农村设计中，尊重了当地的自然风貌及特点。另外，还对当地进行了文化调研，挖掘出文化民俗特色，用合理的方式向外来人展示。

第7章 结语

7.1 主要研究结论

我认为在农村低干预、低维护、低排放、低成本的设计策略是很行之有效的。应因地制宜顺应当地的自然发展需求，不可急于求成，盲目引进项目，造成大规模的对村子的破坏。

引进的建筑类型需要密切地结合当地的交通环境、人文环境、自然环境，来做决定。国家政策已经给予了非常宽裕的发展条件，所以说接下来的农村振兴、美丽乡村建设，我们应该投入更多的关注及设计思想。高校介入村镇规划等设计发展，可使乡村更加地优化发展。

7.2 展望

我希望在未来的十年之内。中国可以探索出一条符合自己国情的农村发展道路。现代社会人才济济，应合理利用人才优势。现阶段，中国已经有很多成功的乡村建设的范例，但是仍然存在很多发展欠佳的农村。因为中国地域辽阔，人口众多，各地村镇发展非常不均衡。每个地方的基本情况各有差异，设计应因地制宜，因时制宜，而非模式化地在全国复制农村建设模式。我相信在不久的未来，中国的乡村建设将进入成熟化、特色化的阶段。各个地区人们生活安居乐业，农村与城市差距减小。更多的人喜欢生活在农村，因为农村的基础设施条件得到了非常大的提升。

参考文献

1. 专著

[1] （日）进士五十八，（日）铃木诚，（日）一场博幸．乡土景观设计手法［M］．李树华，杨秀娟，董建军译．北京：中国林业出版社，2008.

[2] 伯纳德·鲁道夫斯基．没有建筑师的建筑［M］．高军译．北京：天津大学出版社，2011.

[3] 彭一刚．传统村镇聚落景观分析［M］．北京：中国建筑工业出版社，1992.

[4] 陈威．景观新农村［M］．北京：中国电力出版社，2007.

[5] 王铁等．踏实积累——中国高等院校学科带头人设计教育学术论文ISBN978-112-20068-9（29521）．中国建筑工业出版社，2016.

[6] 舒尔茨著．存在·空间·建筑［M］．尹培桐译．北京：中国建筑工业出版社，1990.

2. 学位论文

[1] 陈煜彬．当代地景建筑形态生成研究［D］．华南理工大学硕士学位论文．

[2] 唐恺．基于场所精神的城市地景建筑研究［D］．西南交通大学硕士学位论文．

[3] 王晓艳. 地景建筑设计研究 [D]. 北方工业大学硕士学位论文，2013.
[4] 周瑞. 基于非线性的当代地景建筑形态设计研究 [D]. 湖南大学硕士学位论文.

3. 学术期刊
[1] 李明娟，孟培. 地景建筑理论基础刍议 [J].
[2] 李明娟. 分形思想在地景建筑形态生成中的转译 [J]. 中国包装工业.
[3] 黄文珊. 当代地景建筑学科内涵探究 [J]. 规划师.
[4] 刘逸飞. 地景建筑设计初探 [J]. 智能城市.
[5] 李颖. 地景建筑设计理论初探——以敦煌莫高窟游客中心为例 [J]. 江西建材.

郭家庄综合共享驿站设计

Guojiazhuang Comprehensive Sharing

项目概况

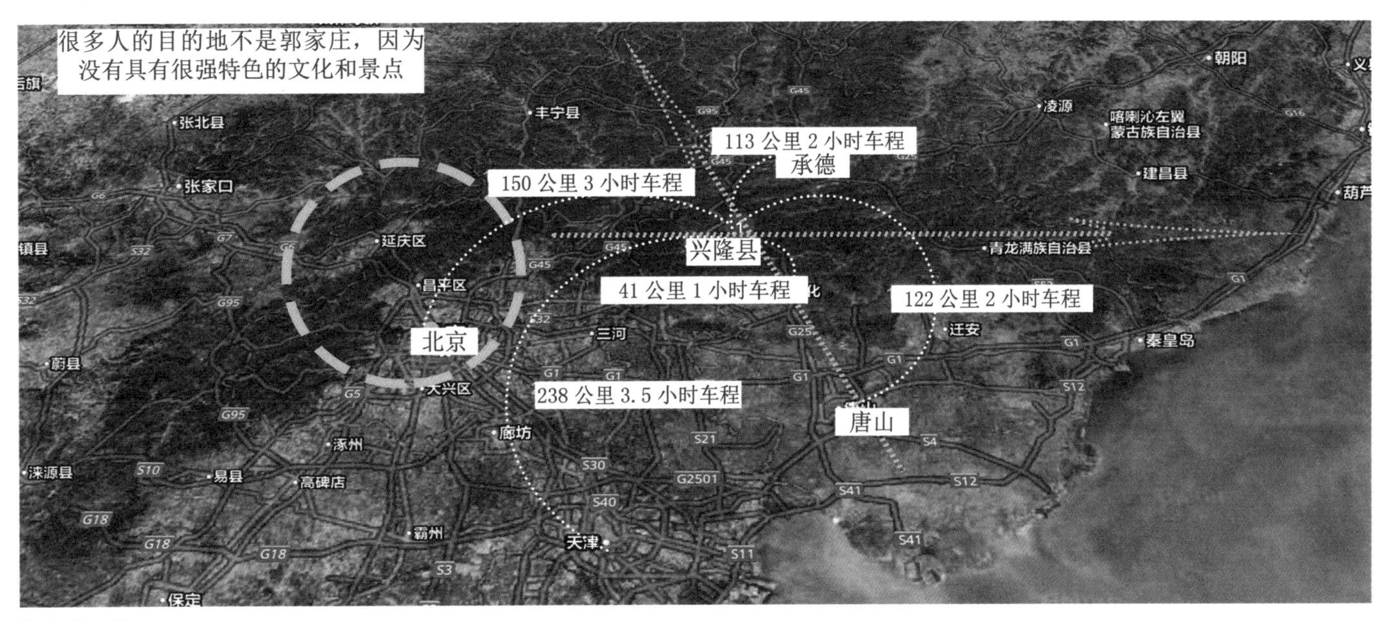

郭家庄区位

郭家庄位于河北省兴隆县。项目占地：9.1平方公里/现有耕地：680亩/现有住户226户/726口人/7个居民小组。

区位分析

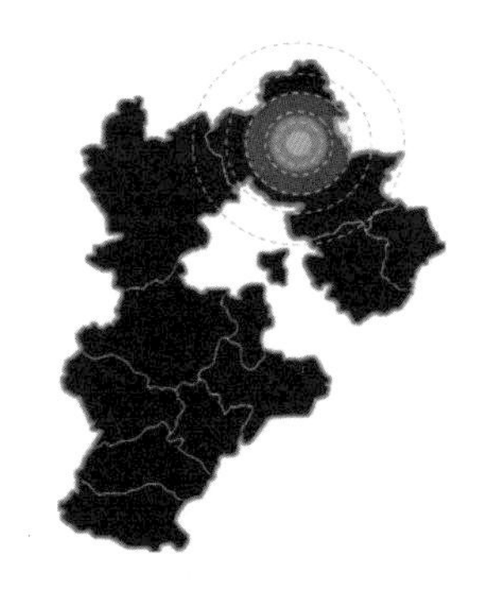

河北 / Hebei

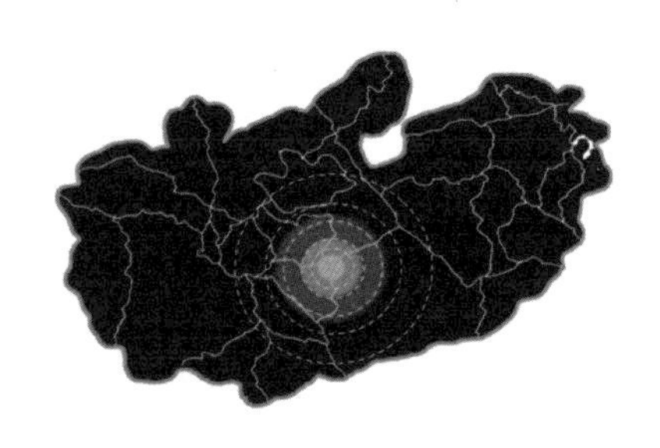

兴隆县 / Xinglong

交通 / the traffic

景点 / attractions

地域特征和人文历史

气候／climate

温热带半湿润季风气候

冬季吹西北季风，寒冷干燥

夏季吹东南季风，炎热多雨

水文／hydrological

1. 洒河是滦河水系一级支流

流域面积：965.85平方公里

流域内多年平均降雨量744.6毫米

实测最大洪峰流量2180米每秒（1962年7月25日）

2. 水量季节性明显

经济／economic

农村收入较高，经济主要是旅游接待、外出打工、林果种植，其中，旅游接待单户年均收入占45.5%，单户一年收入约9万

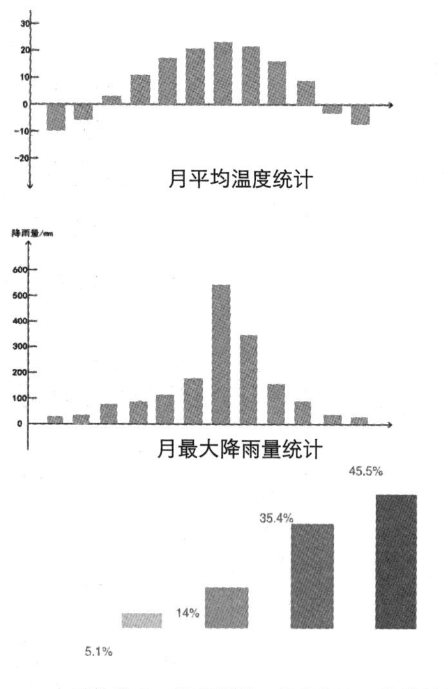

其他收入　林果种植　外出打工　旅游接待

单户年均收入

总体理念

经过合理分析现状，希望通过低干预的设计方式设计村子对外的一个窗口——郭家庄综合共享驿站设计。

设计具体内容：郭家庄综合共享驿站设计。

设计用地面积约：2971平方米，其中路北部建筑场地：1346平方米，路南河道景观场地：1625平方米。

区位分析：1. 地处央美写生基地，酒厂、影视中心、希望小学及党群服务中心位置与周边业态相对一致，远离居民区。2. 靠近道路，建筑比较明显，对于在机动车道行驶靠线性思维来感受空间的外来人来说，可达性比较高。3. 地形平坦无坡。

基地与周围环境的关系

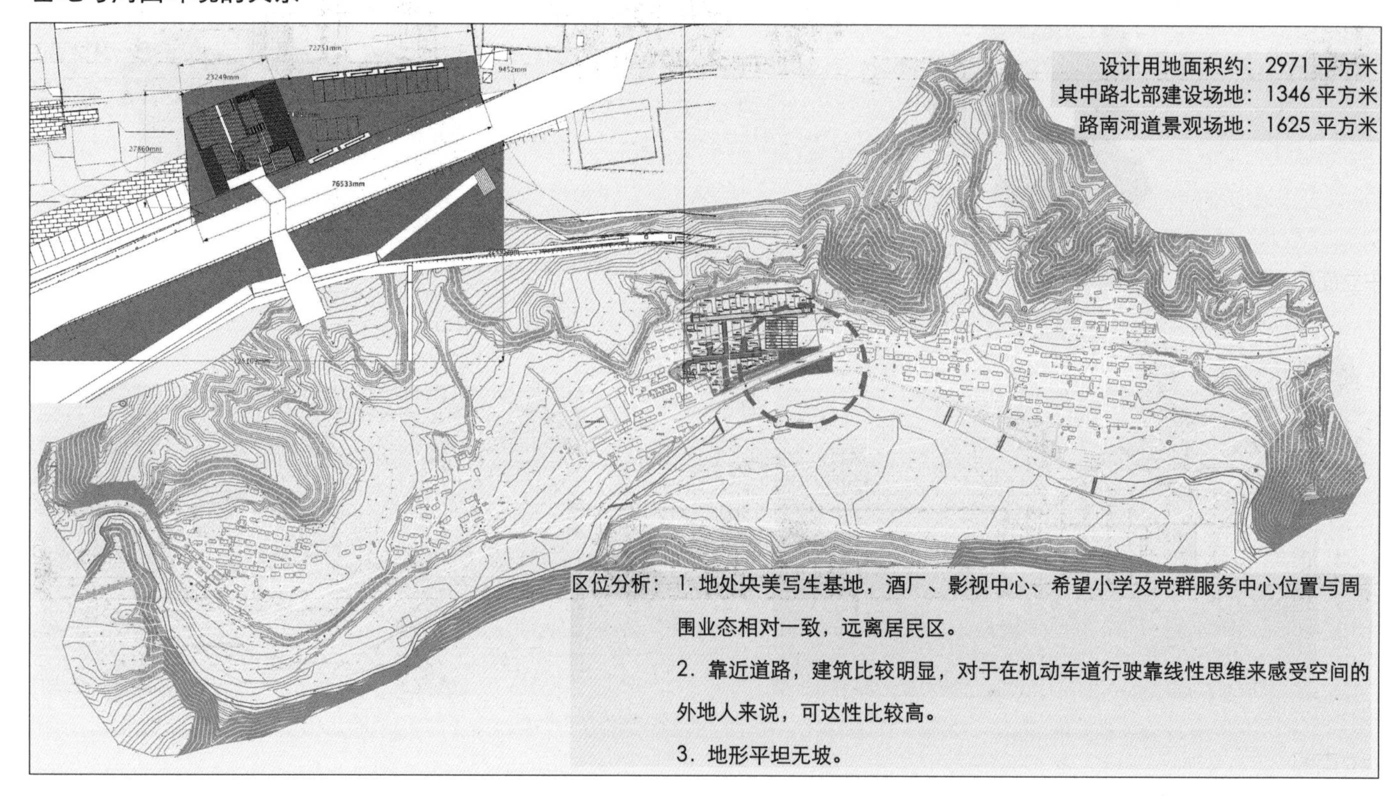

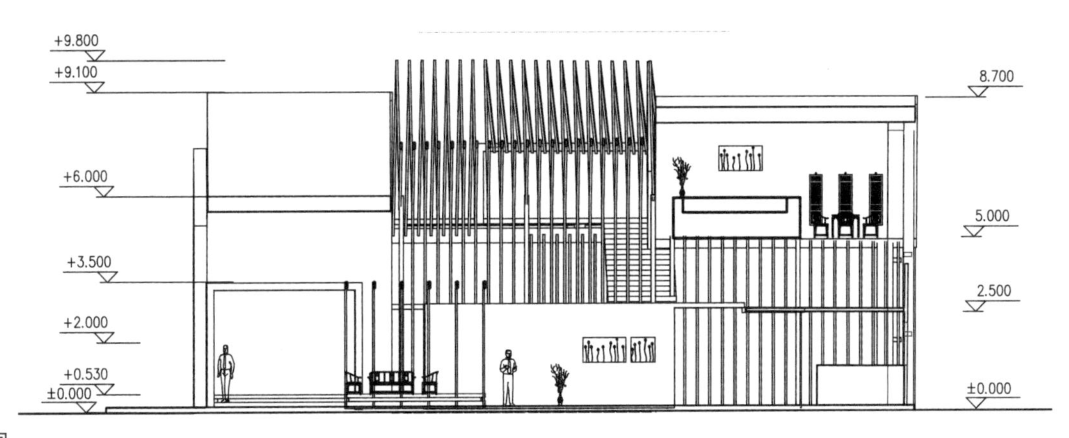

②-②立面图

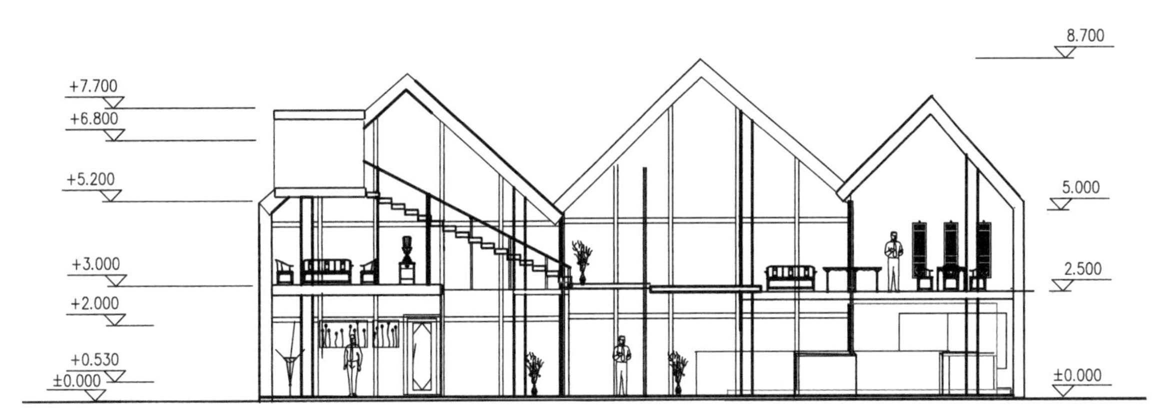

①-① 剖面图

东立面图

西立面图

负向再生理念下的乡村民宿建筑设计研究

Research on Architecture Design of Rural Homestay under the Concept of Negative Regeneration

湖北工业大学　何蒙蒙
Hubei University of Technology
He Mengmeng

姓　名：何蒙蒙 硕士研究生二年级
导　师：郑革委 教授
学　校：湖北工业大学
专　业：环境艺术设计
学　号：120151470
备　注：1. 论文　2. 设计

负向再生民宿建筑设计

负向再生理念下的乡村民宿建筑设计研究

Research on Architecture Design of Rural Homestay under the Concept of Negative Regeneration

摘要：近年来，中国的新农村发展持续推进，乡村旅游发展业如火如荼地进行，新兴的乡村民宿成为了旅游特色小镇的重要吸引点，乡村休闲旅游成为城市人放松娱乐的新目的地。乡村民宿的发展存在一定的现实性问题，例如对生态环境的大肆破坏、基础设施的不完善、民宿定位的不准确等对于乡村民宿建筑的未来发展产生不定因素。

针对以上问题，负向再生建筑理念作为新兴理论，对旅游乡村的建筑发展有着指导意义，对以前农家乐式的民宿建筑有了重新的规划与定位，本文着眼于负向再生建筑理念与旅游特色小镇的乡村民宿建筑的结合应用，通过兴隆县郭家庄村民宿建筑实践分析民宿建筑与负向再生建筑结合的特殊性与必要性，通过设计要点的阐述，从规划布局分析，到建筑空间的要素，再到景观空间的分析，细致阐述了乡村民宿建筑从布局到形态的逻辑性与连贯性，为乡村民宿建筑提供新的发展可能方向。

负向再生建筑将建筑边界的消融、空间层次的丰富、尺度的消解融入乡村民宿中，使建筑与环境形成统一的有机结合体，乡村民宿是乡村历史文脉的传承载体，承担着乡土特色文化的传承与发展，融合乡村生态景观，立足传统乡村建筑基础上延伸与发展，有助于郭家庄村经济利益、环境利益、社会利益的多方位发展。

关键词：乡村民宿；弱建筑；建筑设计

Abstract: In recent years, continue to promote our country's new rural development, rural tourism industry in full swing, the emerging rural home stay facility has become an important point of interest, tourism characteristic town of rural leisure tourism become a new destination city people relax entertainment. The development of the rural home stay facility has certain practical problems, such as creating havoc on the ecological environment, infrastructure is imperfect, the home stay facility location is not accurate, etc for the country and the future development of home stay facility construction to produce adverse factors.

To solve above problems, as a new theory, weak construction concept of tourism has a guiding significance to the construction development of countryside, to the organic type of home stay facility construction before the new planning and positioning, this paper focuses on weak architectural concept and the integrated application of rural tourism features small town home stay facility construction, through the xinglong Guo Guzhuang villagers lodge architectural practice analysis of home stay facility construction and weak in combination with the particularity and necessity, through the design key points are discussed from planning layout analysis to the elements of architectural space and landscape space analysis, detailed in this paper the countryside in the form of a home stay facility construction from the layout to the logic and consistency, Provide a new development direction for rural residential buildings.

Weak buildings will boundary melting, space level of rich, scale dissolve into the village of home stay facility, make form a unified organic combination of buildings and environment, rural village home stay facility is the historical context of the carrier, take the local characteristics of the heritage and development of culture, rural ecological landscape, based on the traditional rural buildings based on the extension and development, help Guo Guzhuang village economic benefits, environmental benefits, social benefits with all-round development.

Key words: Rural residential; Weak architecture; Architectural design

第1章 绪论

1.1 研究的背景

旅游业繁荣的特色小镇作为新兴的发展趋势，引领全国小城镇的发展，打造了城乡一体化的新型城镇化模式，在建设特色农业景观的同时促进农旅融合性发展。在乡村旅游业高度发展的今天，乡村生态景观：山地生态、水域风光、生物生态；乡村田园景观：农业生产景观、田园风光景观、林区风光景观；乡村遗产及建筑景观：乡村历史遗迹和遗址、聚落文化、乡村人文旅游地、建筑景观与附属型建筑；乡村旅游商品：特色商品；乡村人文活动与民俗文化：历史文化、民间习俗、现代节庆等乡村旅游资源成为乡村民宿商业发展的重要基础。本文主要从乡村旅游资源中的乡村遗迹和遗址、建筑景观与附属性建筑的角度寻找乡村民宿建筑设计的结合点进行论述。

在城镇化建设加速发展的同时，原始的农家乐形式逐渐衍生为新兴的文旅特色产业，致使旅游特色小镇的民宿建筑设计存在许多现状问题，生态环境破坏日趋明显。从建设规划看，空间分离、功能拼凑，缺乏旅游设施及公共设施；从产业发展看，主业不强、高端不够，缺乏具有特色的旅游吸引点；从建设形态看，特色不强、千镇一面，城市建筑手法硬套用到乡村民宿中。针对这些问题，如何让乡村民宿建筑设计与环境融为一体，在保持乡村民宿特色鲜明性的同时，保持乡土文化的原生性、鲜活性，并且在保持农业与商业发展相融合的同时，赋予乡村生态旅游功能统筹、系统设计，最大限度地缓解乡村存在的本质矛盾，使特色小镇以更加回归自然的方式结合村落建筑与周围环境，发展其产业与旅游业，创造出新的乡村民宿建筑群，带动当地特色产业及旅游业的发展，提高居民生产生活的积极性，使特色小镇乡村旅游资源得到最大化发挥。其次，特色小镇的乡村民宿建筑设计的发展如何做到让游客驻足休憩，满足游客的基本住宿的同时满足农家休闲娱乐，如何将游客的基本需求与乡村民宿发展、各居民自身的经济发展相结合，将居民自营式民宿运用到旅游小镇的发展中将是一个全新的经济发展方向，在调动村民发展乡村经济的积极性的同时促进整个旅游乡村第一、第二、第三产业的全面发展，该发展战略基于经济问题并以未来乡村经济发展为导向，解决社会、农业、经济与环境的多层次问题。

1.2 研究目的和意义

1.2.1 研究目的

本论文通过研究弱建筑理论，研究其建筑发展的脉络，归纳总结出弱建筑设计的设计理念、设计手法等，将其在村落建筑景观设计中应用，并且与特色小镇建筑设计的特点相结合，其具体研究目的如下：

首先，设计理论指导实践实施：试图通过对弱建筑理论进行更全面充分的理解，针对特色小镇村落民宿建筑及景观的现状问题，找到相应理论应用于实践中。对当下发展中的弱建筑设计理论具有极大的补充和拓展作用，整体的把握各项设计方法，立体式地综合运用弱建筑在各空间的设计理论，有效地发展空间设计思维，形成立体式的多维度设计理论视角。

其次，实践实施验证设计理论：通过对现有弱建筑理念下的设计案例分析，对不同条件下村落民宿建筑设计进行分析探讨，将弱建筑理论运用到村落民宿建筑设计中，从而形成更加完善的弱建筑设计理论体系，提出一些新的民宿建筑观点及弱建筑设计手法的结合运用，使设计手法表达符合人类心理需求的情景，从而产生意境的联想，使空间的设计能达到让心灵产生呼应、让生命得到提升的境界。同时设计出来的建筑空间环境以及建筑附属综合设施，通过与旅游乡村经济体制相衔接，发挥其服务居民的空间属性，使特色小镇建设更有效地发挥其社会公益性价值。

最后，弱建筑设计手法与旅游乡村民宿结合运用：深入学习了解弱建筑设计手法，结合郭家庄村场地实际情况，将民宿建筑设计落于实地，并且从建筑设计要素出发，研究弱建筑设计手法如何具体解决特色小镇旅游民宿建筑景观设计的现实性问题。

1.2.2 研究意义

本文将弱建筑理念进行延伸、分析与归纳，应用于河北省兴隆县郭家庄村的民宿建筑及景观设计中，在丰富理论研究的同时完成自我完善与突破。由于弱建筑设计理念来源于日本设计师藤本壮介，该理念的首次提出是在2000年青森县美术馆的设计竞赛中，提出建筑应该拥有相对柔弱的关联关系，延伸至无序性与不确定性的相互融合，这种理念在国内的理论研究中相对较少，将该理念运用于乡村建筑的改造上更是少之又少。本文的论述不但能补缺弱建筑理论在国内的运用研究，同时对于国内特色乡村旅游小镇的建筑改造及设计提出新的设计方向，使弱建筑设计理论与乡村旅游小镇建筑相结合寻找新的乡村民宿改造设计方法，试图解决旅游小镇设计的现实问题。与此同时，针对可行性的原则，我们试图将旅游特色小镇的民宿建筑与景观达到共生的一体化设计。使民宿建筑与景观之间形成共生的生态体系，弱建筑的概念更多地体现了使用者处在特定的空间环境中的自由舒适、治愈与抚慰感，强调建筑本身和人的关系，弱化建筑强加给人的功能性界定，将建筑融入景观环境中，反映了人们对于环境、人与建筑之间新的思考，使其有独特的形态与方式呈现，使建筑功能与乡村历史文脉传承有机结合，真正做到民宿商业建筑改善旅游小镇的第三产业发展模式，促进乡村旅游业及乡村经济的发展，改善居民的生活。

1.3 国内外研究现状及分析

1.3.1 国外乡村民宿建筑研究现状

国外的民宿发展历史悠久，希腊、罗马时期的朝圣活动带动了早期民宿的出现，朝圣者借住在民家或者寺庙。在欧美国家，民宿其实是旅馆业的开山始祖，英国、法国则是民宿的发源地，采用副业的方式开发经营农庄，战后欧洲开始扶持农业转型，出现农庄形式。事实上，英国最早出现民宿，也称B & B（Bed and Breakfast）家庭式旅馆，主要为旅游者提供早餐和床铺，依托民宿周边风景区、著名旅游景点及自然风景观光点，为旅游者提供当地详细的旅游信息及旅游推荐。美国的民宿多以青年旅社、家庭旅馆这种居家式为特点，发展相对成熟。

日本是亚洲乡村民宿的起源地，兴起于1950～1960年间，了解日本民宿是了解日本最直接的方式，1970年后出现了民宿热潮，在日本旅游胜地，冬季滑雪旅游者激增，出现住宿接待不足的情况，当地居民自发经营民宿来为旅游者提供住宿，民宿的经营者为旅游者提供不同的体验项目来提高吸引力，除了农林牧渔业等的体验，还有民宿体验、运动体验等。日本相关法律规定任何民宿需要经过官方的组织审核、认证、登记才能对外经营，禁止一切无经营许可的非法经营，因此，日本民宿相对规范化、系统化。

1.3.2 国内乡村民宿建筑研究现状

国内还处于起步阶段，国内民宿最早出现于台湾地区。1980年，位于台湾最南端的垦丁，由于其良好的自然条件，景区发展迅速，吸引众多游人，是最早的大规模民宿发展片区，为了解决假期旅馆住宿供应不足的问题兴起民宿。结合当地自然生态景观体验当地风情，随着发展，民宿开始走向高端化、精品化，由以周边自然风光为核心吸引点向以民宿本身作为核心竞争力转变，1990年台湾出现各相关部门协调推进民宿的发展。

2003年家庭式旅馆的概念引入，随着旅游旺季旅客的逐年增多，2010年上海世博会民宿住宿得到更多的关注，在我国厦门、丽江、杭州民宿发展迅速，由于历史因素，鼓浪屿聚集、保留了大量不同风格的中外建筑，有“万国建筑博览”之称并得到政府的重视，民宿产业的发展转向休闲度假型，丽江、杭州地区旅游资源独特，民宿发展显著。国内民宿产业以乡村民宿为主，各地处于探索发展阶段，民宿大多有选址小众化、运营非标准化、产品体量小等特点，在民宿发展较早的地区已经摸索出适合的经营管理办法并制定了相关条例，但并未普及，也未有国家层面统一的规章制度。

1.4 研究内容

论文共分为五部分。

第一部分：阐述论文研究背景、研究目的及意义、国内外研究现状、研究内容与方法，初步确立框架。

第二部分：理论分析部分和相关概念阐述。梳理弱建筑理念产生的背景、理论定义、设计特征以及相关案例的分析。研究乡村民宿建筑设计，并提出现阶段面临的主要问题。

第三部分：分析弱建筑理论在乡村民宿建筑设计的应用。提出乡村民宿的特殊性、弱建筑设计在乡村民宿建筑设计中应用的必要性。探讨通过弱建筑理论在旅游乡村民宿上应用设计要素的研究，分析乡村历史文脉的传承、乡村生态景观的融合、乡村民宿建筑的空间尺度以及乡村民宿建筑室内空间的功能的要求等特殊性。同时从乡村民宿建筑边界的消融、空间层次的丰富以及建筑尺度的消解分析弱建筑理念在乡村民宿建筑设计中的必要性。

第四部分：分析乡村民宿建筑设计的要素，从乡村的整体格局到乡村交通动线的分析延伸至建筑空间设计以及景观空间设计要素的分析。在建筑空间设计中细化建筑的形态与色彩、结构与材料、装饰与地域文化研究，在景观空间的设计中从中庭空间、公共空间以及灰空间的处理中细化景观节点的设计。

第五部分：理论指导实践，实际项目设计研究。从实际项目的基础概况出发，运用弱建筑理论进行郭家庄乡村民宿建筑景观设计研究，营造郭家庄建筑景观空间的一体化设计。实践验证理论，由实践设计项目过程所引发的对于弱建筑设计理论的思考与总结，总结乡村民宿建筑景观设计的一些方法与经验，并且对问题的解决过程以及结果做出评价与分析。

1.5 研究方法

本文的研究方法包括：文献研究法、比较分析法、案例研究法、实地调研法、归纳分析法五类。

论文第一部分研究的起源与背景主要运用文献研究法、实地调研法对乡村民宿建筑的相关文献资料进行归纳总结。

论文第二部分采用文献研究法、比较分析法，归纳分析法对乡村民宿建筑理论及设计方法进行归纳梳理。

论文第三部分采用归纳分析法、比较分析法，侧重于分析弱建筑理论及设计方法，突出乡村民宿建筑的特殊性以及弱建筑设计在乡村民宿建筑设计中应用的必要性研究。

论文第四部分采用案例研究法、归纳分析法对乡村民宿建筑设计的要素进行整体分析。

论文第五部分采用实地调研法、归纳分析法分析兴隆县郭家庄村的村域问题，提出解决方法，同时总结设计过程中发现的问题，与弱建筑理念相结合，找到相应设计策略，提出新的设计方法与发展方向。

论文第六部分采用归纳分析法总结设计，并对未来进行展望。

第2章 相关概念阐述

2.1 弱建筑理念产生的背景

2.1.1 弱建筑的产生

首先在国际整体环境中，第二次世界大战结束后的20世纪60～70年代，世界经济动荡中出现转机，经济的复苏使得世界设计大会在日本东京召开，促使东西方建筑界的学术交流加深，以丹下健三、黑川纪章为代表的新陈代谢理论派逐渐被后现代主义所重视的理性与功能取代。20世纪80年代的日本经济高度发展，泡沫经济开始影响日本经济大环境，后现代主义思潮兴起，开始接纳建筑上的装饰主义与场所精神的营造。西方建筑师弗兰克·盖里设计的神户鱼舞餐厅、彼得艾·森曼的布谷大楼、格里夫斯的横滨住宅大楼等一系列后现代主义建筑的出现为弱建筑的产生奠定了基础。20世纪90年代日本经济的大萧条促使建筑师之间的相互合作，发挥资源最大化的优势，日本建筑从正统化逐渐转向品牌化再到建筑多元化，从理性至上向暧昧化转变，这对于包括藤本壮介在内的70年代出生、90年代毕业的新生代建筑师有着潜移默化的影响。

其次由于日本所处的地理位置的特殊性，在亚欧板块与太平洋板块交界处，导致整个国家的自然条件相对恶劣，也使日本本土建筑师更加深入了解建筑的脆弱性，对于生态环境的熟悉致使日本对于短暂的侘寂之美有着独特的喜爱，极强的自然生态观促使了人与自然协调发展，弱建筑的理念也深入人心，以探索全新的处理建筑与人之间关系的方式寻求回归生活，与自然和谐相处。

2.1.2 弱建筑的定义

弱建筑理论源于日本新锐设计师藤本壮介，在2000年青森县美术馆的设计竞赛（图1）当中，藤本壮介首次提出了“弱建筑”的概念。他曾说“让建筑回归到诞生的原初，并加以重新解构，对我来说是非常想尝试的奇妙体验，我认为也是未来建筑的方向。”他认为弱建筑，更多的是体现一种退让型设计，为了促进人与人之间的可选择性交流，寻求新的处理人际关系的方式，改变建筑空间，消除距离感，这种放弃建筑强加于人的功能的界定，减少设计师的个人设计意识和参与度，鼓励以使用者的使用导向为主导，增强空间的参与性的同时削弱建筑视觉感受的设计，藤本壮介称之为“弱建筑”。在他2005年以前的作品中，弱建筑理念尤为明显。该理念更多的是从系统、结构、元素中体现建筑对于环境与人的关注，强调建筑的互动性与客观现实性，建筑在重心转移、渐变模糊与非程式化的设计中摆脱固有的传统建筑功能性至上的禁锢，建立建筑的联系性与普遍性的可能。

而隈研吾将弱建筑定义为有着抚慰治愈性的、展现建筑与人本身关系的使人感到舒服的建筑。曾有评论认为隈研吾是坚持在弱建筑道路上的王者，他曾在龟老山观景台（图2）的设计中提出了建筑的反造型，通过透明弱隐藏的方法将建筑实体隐藏在山体中，彻底摒弃建筑造型化，提出“缝隙”的概念，使建筑嵌于山体之中。这样弱化建筑造型的理念摒弃了浮躁的后现代装饰手法，真正意义上达到建筑、环境与人三者关系的融合。

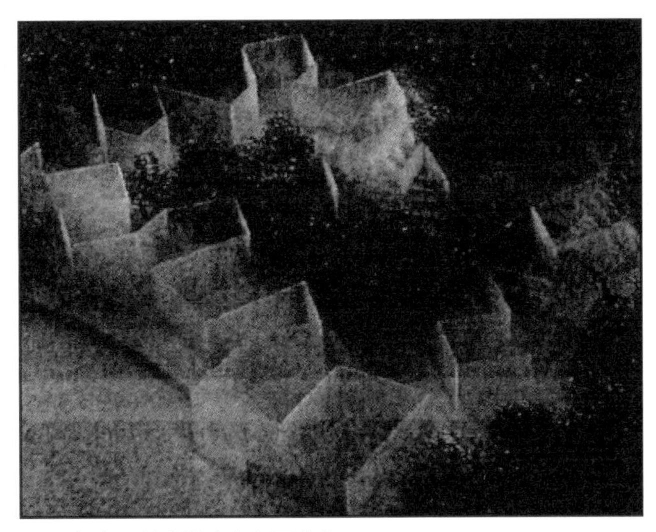

图1 青森县美术馆（来自百度）

图2 龟老山观景台（来自百度）

2.1.3 弱建筑的设计特征

弱建筑最突出的特征是设计重心的转移，从传统建筑的建筑师作为设计主导的框架中挣脱出来，转变为以建筑使用者的活动作为主导协调自然，以退为进，放弃建筑师小范围的话语权，获得使用者更大范围内参与权的新的建筑设计理论和手法。

弱建筑也包含临时性、轻盈性、消隐性以及空间的暧昧性等特征，弱建筑的临时性体现在随着新事物的产生、旧事物的灭亡，建筑应随时代的变化而转变，建筑空间也就有了渐变性、不明确性、偶发性与双重性，这种建筑与库哈斯提出的程式化设计相反，程式化设计解决不了偶发性、不确定性的行为，而弱建筑可以呈现这样动态的行为需求，使使用者更加自由。

弱建筑的轻盈性体现在与高大的冲击性极强的摩天大楼为主的现代建筑的对比上，在这样结构性极强的强势建筑中给人带来的压迫感与审美疲劳致使设计焦点转变到透明轻盈的建筑上。这种轻盈在妹岛和世设计的东京Dior旗舰店设计和藤本壮介的House Na设计中展现得淋漓尽致，剔除传统建筑的围合界面，使用透明玻璃幕墙，展现建筑的柔和与包容、轻松与自由，使得弱建筑的空间功能性增强。

弱建筑的消隐体性现在建筑界面的消失，强调建筑、自然与人三者之间的联系关系，消失的一个方式是采用玻璃幕墙结构削弱建筑的体积感，但归根结底是和自然形成一定程度上的融合，让建筑消失，突显人在建筑中的体验，以柔性美的方式展现建筑与自然的结合，室内外景观融合玻璃幕墙，建筑实体的存在感自然消隐。

弱建筑空间的暧昧性在藤本壮介设计的T-house中体现明显，建筑空间之间彼此独立又相互连接，暧昧空间的模糊性使得建筑动态交互性增强，建筑的多样性、差异性形成含糊的暧昧空间，在藤本壮介的儿童心理疾患康复中心设计中，由于主体空间关系的弱化，单一元素之间的联系关系反而凸显，形成一种温和的、暧昧的关系，这种暧昧空间的使用模糊了空间之间的界线，使得空间有序嵌套。

2.1.4 弱建筑的国内外研究现状

对于弱建筑理论的国外研究现状，理论基础源于日本，在2000年青森县美术馆的设计竞赛当中，藤本壮介首次提出了“弱建筑”这个词。在他所著的《原初性的未来建筑》中对弱建筑进行阐述并对建筑作为信息场所的可能性进行研究，他认为在设计中，建筑与森林通过成因状态的类似性，进而延伸出了两者间弱势的连锁关系。与建筑本身的淡薄印象带来的孱弱感相比，藤本壮介关于弱建筑概念的提出则并不局限于这些表面上的存在形式，而更倾向于一种柔弱的连锁关系，这也进一步带来不确定性与无序性的融合。这成为藤本壮介早期作品的一个重要特征，本文所讨论的“弱建筑”基于藤本壮介的理论与思考，以下为理论指导下的设计实践：

国内对于藤本壮介的理论研究多数基于其本身的理论著作加以展开，从单一的角度来分析其设计思想，进而扩展到有关日本现代建筑以及日本新生代建筑师（多以“70后”建筑师为主）的横向对比，研究深度多以期刊论文为主。论文期刊以建筑师部分的空间原型被着重分析，如《弱建筑——住在暧昧的空间里》（杜小辉著，2011）。《浅析“弱建筑”设计理念在日本建筑设计中的体现》（雍有龙著，2013）也简介了以藤本壮介为主的

日本建筑师对“弱建筑”理念的设计理解与建筑实践。魏春雨的《一次弱建筑的尝试——长沙天心阁文物交

易中心》作为乡土地域以及文化传承的实践性建筑尝试为弱建筑提供新的发展方向。《弱建筑与若建筑》（王绍森著，2014），介绍了弱建筑与若建筑的结合，延伸出抽象环境系统与直观自由反应。还有《乡村弱建筑》（何葳著，2016）提出了海绵乡村的概念，将弱建筑设计理念贯穿到乡村建筑中，提出设计以退为进，寻找另类设计思路。

由于弱建筑理论源于日本新锐设计师藤本壮介，国内的研究还处于初步阶段，国内没有相关的弱建筑理论专著，而国内对于弱建筑理论的设计实践部分大致分为两个方向，一是对于日本弱建筑理论的转述，研究方式多以期刊论文为主；二则是专注于与实际相结合的案例，多以回归自然的建筑改造为主，体现弱建筑对于整体乡村建筑改造与新建的影响。

关于弱建筑理念在国内实践项目的运用同样处于初步阶段，在何葳工作室设计的信阳市新线西河粮油博物馆中，力求建筑以退为进，让建筑设计本身弱下来，乡村建筑设计不以建筑设计为开始，力求用设计转变居民生活方式。在福建溪源乡上坪古村复新计划中沿用了该理念，以人的活动导向作为设计出发点，建筑协调自然。在山东沂蒙山朱家林与山东日照凤凰措艺术乡村的改造中同样弱化了建筑体积感。回归自然、模糊空间、保留乡土气息的方式将建筑与自然协调。

总结：弱建筑理念与乡村民宿建筑景观设计相结合的相关研究目前较多着重于实际案例本身的探索，对于其理论研究应用目前并没有系统的乡村民宿建筑景观设计的方法，而对于乡村民宿在特色小镇建筑景观设计应用的研究也比较少，有一定研究价值。

2.2 乡村民宿

2.2.1 乡村民宿的概念

在2017年8月1日出台的《北京市旅游条例》中，首次对民宿的概念进行界定，指由小村落发展而来，多以公寓大楼式的形式呈现，以现代风格的建筑为特色的城市民宿和以乡村文化为内涵，多依托景区或者地域特色资源而发展乡土气息浓厚的乡村民宿。所谓乡村民宿是经营者使用自家乡村住宅或闲置住房，结合当地的风土人情、自然景观以及生态环境和乡村资源等整合改造，为游客提供乡野生活的住宿，打造特色文化主题的田园养生生活，体验乡村风土、自然风光、民俗风情的度假之旅。在乡村民宿中提倡低碳环保、绿色消费以及乡村特色等多种家庭式经营方式，乡村民宿具有一定的私人服务性质，旨在为广大游客提供舒适休闲的住宿空间。

党的十九大报告中提出了“乡村振兴战略”，民宿占领着乡村旅游的住宿市场，成为乡村振兴战略的重点。将乡村民宿区别于农家乐，并打造为乡村旅游的核心吸引点，成为乡村民宿发展的新方向。受到乡村旅游和利益的驱动，乡村从第一产业向第三产业转变，越来越多的旧民居被改造成适合民宿经营的建筑类型，这种改造实质是乡村民居建筑的现代化转型，给闲置的农宅植入新的生命，发挥出新的价值，这种赋予新生命的转型方式需要正确的改造方法作为指导，而弱建筑理念作为指导思想恰好可以指导转型中的乡村民宿建筑的发展。

2.2.2 乡村民宿的类型

民宿按地理位置分为城市民宿和乡村民宿，城市民宿按功能分为纯粹型民宿和特色服务型民宿，按产权分为传统民宿和社会性民宿。乡村民宿属于集住宿与特色服务于一体的传统型民宿，主要依靠周边景区人气发展而来，是结合周边资源提供农业体验、生态观光的以家庭副业方式经营的民宿类型。

乡村民宿的类型按旅游资源种类分为文化建筑型、自然风光型、农业休闲型。文化建筑型民宿注重历史承载下的建筑带给游客的室内视觉体验，自然风光型民宿借助得天独厚的自然条件将游客视觉向外引导，建筑多采用玻璃幕墙横向开窗，以更贴近自然的方式让游客享受乡村的宁静。农业休闲型民宿以农业种植、采摘、农家休闲娱乐为吸引点，一站式农家体验搭配民宿住宿、依托周边的农业资源，打造一体化的休闲体验民宿。自然肌理的开发和利用，打破一味机械式的建筑模板，做到与自然相结合，与当地文化相结合，体现地域特色，区别于世界趋同性。

2.2.3 乡村民宿的实践案例

文化建筑型民宿以黄山宏村张公馆为例，在徽派古建筑的基础上，以旧建筑保护修缮为主，加以新的功能空间，300年历史的老建筑在宏村的烟雨朦胧中探寻徽派建筑古老的故事成为该民宿最大的特点，民宿改造位于宏村核心景区，在闹中取静，风景优美。在这样一个幽静而闲适的环境里，体验徽派建筑粉墙黛瓦的古色古香。

2.3 本章小结

本章主要分析弱建筑理论的产生、定义和特征以及乡村民宿的概念、类型、实际案例等，弱建筑的产生受日本经济、后现代主义建筑、国际建筑环境的影响，弱化建筑让建筑消失成为建筑设计的新的方向。结合自然、协调环境是乡村民宿设计必要的途径，弱建筑理论运用到乡村民宿中将使乡村民宿设计成为乡村风情、民俗文化融合的核心竞争力，让游客的旅行真正感受到“诗和远方”。

第3章 弱建筑理念下的乡村民宿建筑分析

3.1 乡村民宿建筑设计的特殊性

3.1.1 乡村历史文脉的传承

乡村历史文化的传承是乡村旅游发展的奠基石，基于有历史价值的文化古迹、建筑、文物，与乡村自然环境、地方特色农业、乡土风情相结合，让乡村旅游与现代文化相接轨，让新旧农村文化和谐共存，既有历史文化底蕴又丰富了农村产业形态，推进了美丽乡村的建设。现代文明高度发展，城市居民对乡土文化有着强烈的回归情愫，对于快速嘈杂的现代化城市的逆反心理造就了回归乡村自然性的追求，乡村民宿的乡土区位所带来的地域差异性与文化特殊性正是民宿的核心竞争力，应加大对当地地域风情、传统民俗等非物质文化的发掘与传承。

民宿建筑设计灵感源于乡土建筑，在民宿设计中传承乡村传统文化、不盲目搬袭外来文化，保护历史文化遗产，活化非物质文化遗产，体现其文化与内涵，势必应该在当地历史文化中提炼出建筑设计元素与语言。应注重民宿主人与客人之间的互动和提供的管家服务，力图打造家庭式服务与细节关怀，这种人情味浓厚的主客互动正是根植于乡村文化的朴素人际交往形式与乡村历史文脉发展，从而带来民风习俗、思维意识差异的独特体验。乡村民宿是乡村历史文脉传承的载体，需要在民宿中植入当地文化特色、民间艺术形式和乡土文化构建形态等，重新唤起乡村居民对当地乡土文化的认同感与自豪感，挽救日益削减的乡村意象和日益衰败的乡村特色文化。

3.1.2 乡村生态景观的融合

住房和城乡建设部发布的《住房和城乡建设部关于保持和彰显特色小镇特色若干问题的通知》提到：一是尊重小镇现有格局，不盲目拆老街区，顺应地形地貌、保持现状肌理、延续传统风貌。因此，乡村民宿建筑的发展基于当地自然条件与生态景观，在乡村的生态景观中，包括地形地貌、气候水纹、动植物、农林景观等都是影响乡村民宿与景观结合发展的因素。我们可以从景观生态学理论出发，发掘乡村道路、河流、乡村聚落景观形态，关注以农田果园、农业基础设施为主的乡村人工景观与自然景观之间的联系。也可以从有机更新理论出发，结合乡村聚居的自然肌理，分析景观的格局与形态、比例与尺度，将建筑实体与乡村景观改造相结合，在不破坏乡村生态环境的同时发展其经济景观。从乡村景观再生理论出发，追求本土、生态、可持续发展原则，将乡土景观中自然资源、农业资源为主的物质景观与风土民俗、地域特色为主的非物质景观结合，打造传承与发展并存的乡村生态景观。

3.1.3 乡村民宿建筑的空间整合

在《乡村民宿服务质量等级划分与评定》中将民宿分为标准民宿、优品民宿与精品民宿三种，乡村民宿力图打造有主题特色的精品民宿，因此在融合外部环境的同时需整合内部空间，营造出适合游客居住游乐的空间场所，标准的民宿建筑空间包括居住空间、公共空间、餐饮空间、中庭庭院等，对于空间功能的更新，可增设休闲娱乐的茶室、咖啡厅等。

著名美国建筑师，普利策奖获得者约翰·波特曼曾说：“建筑不仅在功能形式上适合人的居住，更在空间感知上使人住得舒服，要尽量满足人们提出来的各种需求。”民宿建筑在功能形式上力求丰富多样，在空间布局上力图灵活多变，增加乡村民宿建筑的多功能趣味性，提升民宿经营的经济性效益。在建筑空间注入新功能的同时需要建筑空间形式的转变，乡村民宿建筑通常以改造与新建并存，在改造中，新的建筑形态依托于旧的建筑形式、对空间上独特的视觉效果与历史性承载的表达，空间整合上多置入乡村记忆性建筑情怀。在新建建筑中，需要新旧交融，传统空间元素的叠加与创新型建构体系结合，赋予建筑空间全新的内涵，使新旧空间重新整合，和谐共生。

3.1.4 乡村民宿建筑的室内功能与尺度

在乡村建筑中，室内空间大多使用率低、缺乏完善的基础设施与照明系统、高挑空导致室内采光不好。可通过室内功能空间的变形与空间层次的重构解决这一系列的问题。增设室内空间，改变原始功能空间组合，公共空间的餐厅、茶室、中庭等相互连接变形，整合大空间尺度连接小空间，开设天窗补充合院房间采光，改变传统民居空间构成方式，改变传统民居封闭、内向的空间格局来营造丰富新颖的室内空间与场所。空间功能层次再定义，封闭内向的功能空间增加公共性与开放性，以更好的服务与开放式的社会关系，抽离与增加空间层次，使室内空间更加优化，提升使用效率。

在《住房和城乡建设部关于保持和彰显特色小镇特色若干问题的通知》的规定中，特色小镇乡村建筑尺度要求保持宜居尺度、不盲目盖高楼。建设小尺度开放式街坊住区，尺度宜为100～150米，营造宜人的街巷空间，新建生活型道路的高宽比宜为1:1至2:1，需要适宜的建筑高度和体量，建筑高度一般不宜超过20米。在这样的要求下，旅游特色小镇的民宿建筑空间需要满足乡村实际建筑高度和乡村聚落的建筑肌理，室内空间的尺度也随之限定。人在室内空间的活动构成完整的室内流线体系，流线中需要满足私密空间、交往空间与公共空间中人际交往的适宜尺度。例如：私密空间的尺度约为0～1米，适合熟人间的交流安抚；交往空间的尺度约为1～3米，适合商务会谈；公共空间的尺度约3～7米，适合公共场所接触与形体语言表达。室内的功能空间的比例尺度对人的身体、视觉、心理感受都相互影响。

3.2 弱建筑理念在乡村民宿建筑设计中应用的必要性

3.2.1 弱建筑理念下乡村民宿建筑边界的消融

弱建筑理念作为新兴的理论可以指导乡村民宿建筑设计，建筑边界的消融多融合于自然环境与地形地貌中，将建筑单元空间清晰的轮廓与体积感进行模糊消解，弱化强有力的建筑装饰形式。藤本壮介在他的设计手法的表达中，以暧昧空间的方式将绝对的建筑分界弱化，同时不影响各个空间之间的流动与联系，以消融边界带来丰富的活动层次，形成建筑与环境的融合性。在乡村的民宿建筑设计中同样适用，模糊建筑的造型，关注民宿建筑与自然环境的联系，强调人在建筑中的体验，模糊建筑与自然的边界，使得建筑以消失的方式藏于自然环境中，建筑墙面可用透明的玻璃材质消去立面存在感，强调人在建筑中的体验，尊重使用者的空间选择性，使得20世纪以造型主导的建筑开始向多元化的共生方向发展。乡村民宿建筑的设计不是盲目地盖高楼，造型主义不适用于乡村民宿的建设，而弱建筑理念与“绿水青山就是金山银山”的发展理念相契合，让建筑融入环境，打造一体化的空间体验。

3.2.2 弱建筑理念下乡村民宿建筑空间层次的丰富

反对外部造型的复杂势必需要扭转建筑的视觉形式来消除外部体积感，改变空间层次，从内部环境出发，楼梯可作为丰富层次的一大元素，扩大建筑空间容积，缓解僵化的空间固定使用途径，灵活的空间分割、强烈连续性的天花和地面图案处理、线性感强烈的墙面造型都是空间丰富的处理方式。毗邻空间之间的高矮对比、开阔与封闭空间的对比、实体空间与灰空间之间的衔接与过渡、流动空间与固定空间的串联渗透都可呈现出丰富的层次变化。在乡村民宿建筑设计中，空间的主次关系决定空间的完整性，主次的差异性形成建筑内部空间之间的协调关系，以简单的几何形状达成空间层次的统一，通过主从与重点、均衡与稳定、对比与微差、韵律与节奏、比例与尺度来形成建筑空间层次，形成有机的整体。格罗皮乌斯在《新建筑与包豪斯》中强调：“现代结构方法越来越大胆的轻巧感，已经消除了与砖石结构的厚墙和粗大基础分不开的厚重感对人的压抑作用。随着它的消失，古来难以摆脱的虚有其表的中轴线对称形式，正在让位于只有不对称自合的生动、有韵律的均衡形式。”由此看出，空间层次丰富依赖于对称空间与不对称空间之间保持均衡的制约关系，空间层次的处理通过主从、均衡、韵律、比例、尺度完成。

3.2.3 弱建筑理念下乡村民宿建筑尺度的消解

边界的消融与层次的丰富，削弱了建筑尺度的存在感。建筑与室内的大小尺度从某种意义上来说被重新定义，扩大的视线可达性可以使建筑的原始尺度模糊改变，新的尺度与功能的定义变得灵活多变。

从建筑的体量入手来推敲民宿建筑体量长、宽、高的尺度关系，再利用空间组合灵活地调整建筑的室内外尺度，以含混、并置、嵌套的暧昧手法消解建筑的尺度。含混的手法是单一单元空间的凹陷，单一的空间随着多尺度的变化而转化，含糊暧昧消解建筑尺度；并置是相同空间元素之间的阵列，弱化主体建筑的尺度而使局部空间凸现出来，看似混乱实则有序，消解建筑主体尺度；嵌套的暧昧手法则是多空间的叠置，由多层嵌套的空间结构形成有序高效的排列扩张，再将建筑外表皮层叠，建立渐变关系，形成无限过渡空间。建筑边界的消融、空间层次的丰富、建筑尺度的消解三者之间形成一个模糊的暧昧循环关系，形成弱建筑理念下的乡村民宿建筑必要性研究。

3.3 本章小结

本章主要研究乡村民宿建筑，它作为乡村历史文脉的传承载体，承担着乡土特色文化的传承与发展，融合乡村生态景观、整合乡村资源是民宿建筑发展的基础性要求，以弱建筑理念为理论基础的乡村民宿建筑实践需要在建筑空间尺度、空间层次及建筑尺度的消解上满足特色小镇的乡村旅游建筑设计要求。

第4章 乡村民宿建筑设计营造

4.1 乡村民宿规划布局分析

乡村民宿建筑在特色小镇的规划布局上需保持适宜的密度与高度，同时彰显当地地域文化传统特色与周边环境相融合。小镇中的整体风貌来自于以民宿为核心亮点的旅游特色建筑群，居民则扮演民宿产业发展的主导者，以自营式的发展模式带动当地服务业发展，形成“民宿自营型旅游特色小镇”。然而北方乡村偏远地区的总体规划中，道路系统尚未完善，各级道路普遍偏窄；村内小巷狭窄弯曲，道路附属基础设施不齐全。村民住宅多坐北朝南沿公路线或河流线呈带状分布，建筑风貌参差不齐，建筑风貌传统建筑混杂农家乐砖混结构形式，公共教育、医疗、商业设施不齐全，排水系统不完善，有火灾隐患等，需要在整体规划上做出改变。

建筑规划布局上，中国北方乡村住宅多为传统平房住宅，以合院形式为主，新建的乡村住宅增加了东或西厢房，形成非对称式的合院建筑，宅基多为矩形，住宅增设前院、后院。北方民居用地空间模式分为二分地模式、二分半模式与三分地模式，以三分地模式的200平方米的宅基地居多，在布局上有9.6米×21米带前后院的两间半小户型形式、10.8米×18米带前后院的三间中户型形式、12米×15米内设车库与内院中户型形式和13.8米×13.8米设后院的大间大户型形式。因此，自营式乡村民宿建筑的设计需要以此作为参考。

4.2 乡村民宿交通要素分析

交通道路是限制乡村民宿发展的重要因素，交通脉络的形成影响着游客在乡村民宿中的整体行走路线。交流通线的便捷性首先体现在乡村村域内交通与外界交通的连接上，需考虑村域内的交通网络，实现多连接口横向纵向连接，根据游客数量、交通方式、游览路线等确定主干道与次干道的宽窄、同级道路间的横向连接，以及主次级干道之间的纵向连接，形成完整的村落交通路网，保证道路资源的最大化使用，形成一级、二级、三级道路，分流出机动车道、自行车道以及人行道的人车分流，保证旅游休闲质量。

4.3 乡村民宿建筑空间设计要素

4.3.1 建筑形态与结构

建筑形态上遵从因地制宜的总原则，山地建筑的结构顺应地形以获得更多的使用空间，多以地下式、地表式、架空式三种形态模式为主。平地建筑酒店大而全，民宿小而美。与基础设施的酒店相比，民宿的优势在于小而精致，乡村的民宿设计有别于都市的生活形态，回归乡野，保留本土气息，建筑形态延续老建筑的基本风貌，如广西桂林的云庐精品生态酒店（图3、图4），保持古建筑原有的建筑形态，增加图书馆、咖啡馆、瑜伽馆、温泉、画室和禅修馆等功能空间，建筑结构延续坡屋顶，新增钢结构和玻璃中轴门窗系统与毛石外墙建筑形态与结构之间新旧的融合。再如爷爷家青年旅社，恢复原有的木构架，尊重原有传统村落的结构与建筑形态，保留夯土墙的自然野性，将建筑空间重组，使村落恢复活力。

4.3.2 建筑材料与色彩

常见的民宿建筑材料有石材、木材、钢材、竹子、瓦片、砖等，乡村民宿建筑在材料的选择上遵从因地制宜和就地取材的原则，北方以石材与木材为主，有浓郁的地域特色，乡村民宿建筑以弱建筑理论作为支撑，与城市强装饰性的建筑不同，更倾向于回归自然，在新旧建筑的改造新建上营造出独特的乡村意境。以莫干山凤凰居民

图3 广西桂林云庐酒店1（来自百度）

图4 广西桂林云庐酒店2（来自百度）

宿为例（图5），天然石材与木材的搭配形成厚重与轻松的对比，追求山居民宿素雅稳重的色调。除此之外，石材与不锈钢的对比同样强烈，如山东日照的凤凰措艺术乡村改造（图6），材料的使用上保护与再生相结合，保留原街巷院落肌理、旧建筑，采用新旧材料冲击对比以及运用乡村记忆材料的方式，保留老房子、院墙、树木和街巷肌理的同时保留乡土自然的野性。竹子在民宿中的使用最著名的例子是竹屋的设计，位于厦门环岛南路北侧曾山的半山林间那厢设计（图7），以收敛朴质的竹子贯穿于设计，带来慢生活宁静的氛围；瓦片，作为传统建筑屋顶的标志性材料，在现代民宿建筑的发展上更多元化地运用于建筑立面、庭院铺路、表皮装饰中；青砖，常见的建筑围护材料，粗糙的质感体现出建筑乡野粗犷的气息，如南京公塘头民宿（图8），真实的砖墙保护了传统建筑的气质。乡村建筑的色彩以青、白、灰为主调，砖石木雕等传统手工艺与现代钢筋混凝土相结合，是建筑结构与肌理的多样化表达。

4.3.3 建筑装饰与地域文化

图5 莫干山凤凰居民宿（来自百度）

图6 凤凰措艺术乡村（来自百度）

图7 厦门那厢民宿（来自百度）

图8 南京公塘头民宿（来自百度）

乡村民宿的装饰采用地域特征材料，如浙江湖州的莫干山三秋民宿（图9），青瓦、白墙、石梯、柴门，这些装饰元素组成了建筑的多维立面，老建筑的木梁、实木风扇、凹洞、刮痕、过往生活过的痕迹都刻意被保留下来成为记忆性装饰，粗石白墙的、建筑内部的黄铜元素，成为装饰的新亮点，取其粗犷中的质朴沉静。广西桂林阳朔县兴坪镇杨家村的云庐酒店（图10）便是从地域文化特色浓厚的老农宅改造开始，逐步梳理宅与宅之间的空间，并将一栋老宅拆除，扩建为餐厅和客人可聚集的场所。同时保持乡土民居的泥砖房，泥砖房底部是用石头砌的墙基，有防潮的作用，泥砖很厚，耐久性好，同时保温，所以砌成的房子冬暖夏凉。泥砖房子改革开放以后慢慢被钢筋结构水泥楼房取代，云庐以新旧建筑共生的手法将酒店融入乡村意境中，保留新老建筑空间的延续感。

图9 莫干山三秋民宿（来自百度）

图10 广西桂林云庐酒店墙面（来自百度）

4.4 乡村民宿建筑中景观空间分析

灰空间作为建筑景观的过渡空间，是消除室内外环境界限的连接空间，在传统合院式民居中对于灰空间的运用十分娴熟，廊、檐、屋顶、阳台、中庭等主要承担建筑物质与精神烘托的功能。以沿街檐廊为例，这种半开敞的公共空间具有生活、休息、交通、娱乐、商业等功能，它是建筑的私密空间向公共空间转化的过渡性空间，屋顶花园景观阳台的自然连接缓解空间的封闭性。

乡村民宿建筑中景观公共空间部分多以庭院休闲空间为主，植物作为景观要素在庭院中的运用尤为重要，乡村庭院注重实用性，同时考虑到游客观赏性，庭院中种植的经济型瓜果蔬菜是民宿庭院的一大特色，随着时间的推移，庭院景色随之改变。《交往与空间》一书中提到公共空间的活动分为必要性活动、自发性活动与社会性活动，民宿的庭院兼备自发性活动与社会性活动，开放性的空间促进人自发性与社会性的公共交流，休闲空间氛围更加活跃。庭院的立体景观绿化分为墙面绿化、悬挂绿化、花架绿化、栅栏绿化等，爬藤植物是墙面绿化装饰最简单经济的方式；兰草绿萝等悬挂植物是小空间绿化装饰的点睛植物；金银花、紫藤类的观赏性植物与黄瓜、葡萄等瓜果类植物则是吸引眼球的花架类立体景观装饰；乡村民宿中栅栏多以防护分隔功能为主，是庭院内外空间的过渡，栅栏搭配藤蔓的栅栏绿化有助于庭院空间视野的宽阔与空间氛围的营造。同时乡村民宿的门牌、导视牌、休憩座椅等景观小品需融合于乡村生态景观中。

4.5 本章小结

本章从民宿的空间布局、交通要分析、民宿建筑空间及建筑中的景观要素四大类分析乡村民宿建筑的整体营造方法，从乡村本土性多元化发展的角度出发，提出乡村民宿建筑需要满足的旅游特色小镇设计要求，通过保持乡野性、保护原始旧建筑，再注入新的设计元素，达到建筑与环境的共生，真正意义上从建筑规划入手，完善交通道路脉络系统，细化到建筑形态、材料、色彩、装饰纹样、地域文化的融合，再在建筑与环境的融合中突出建筑的细节亮点，形成完整的乡村民宿建筑设计思路。

第5章“负向再生”民宿建筑设计——以河北省兴隆县郭家庄村为例

5.1 项目概况

5.1.1 场地概况

建筑内部装饰以简洁为主要基调，建筑立面除大面积的玻璃幕墙以外，长条的横向长窗在丰富建筑立面的同时，也为建筑室内提供光线补充；建筑入口处采用混凝土和木条装饰，配合景观绿化，形成独特的入口景观节点，为整体环境添加新的看点；白石画院建筑作为一个营利性的艺术建筑，一切以满足消费者的消费需求为主要出发点，营造符合现代生活需求的人居环境；室内装饰以白色墙面为主以方便展览和商业经营，深色木纹线条的装饰强化室内空间感；透光的石材和木条丰富室内的光线和视线。该项目位于河北省承德市兴隆县南天门满族乡郭家庄村，位于北纬40.43° 东经117.52° ，全村的总面积为9.1平方公里（图11），村域内耕地面积约680亩，荒山面积约6000亩，全村人口有226户，属于北方传统合院式乡村，由于经济的发展，年轻人出村打工，村域内仅剩老人与小孩，成为空心村。村域内主要农产品有玉米、大豆、谷子、高粱、板栗、山楂、锦丰梨、苹果、猕猴桃等，这些也是空心村内老人的经济来源。郭家庄村42公里内有东极仙谷自然风景区、云岫谷自然风景区、雾灵山森林公园、六里坪国家森林公园等（图12）。交通路网上，112国道贯穿村庄，使之与外界的联系，但同时也产生了噪声污染，无防护设施，安全隐患明显，村内道路较窄，限制了村域的未来发展，有待统一整改与重新规划。

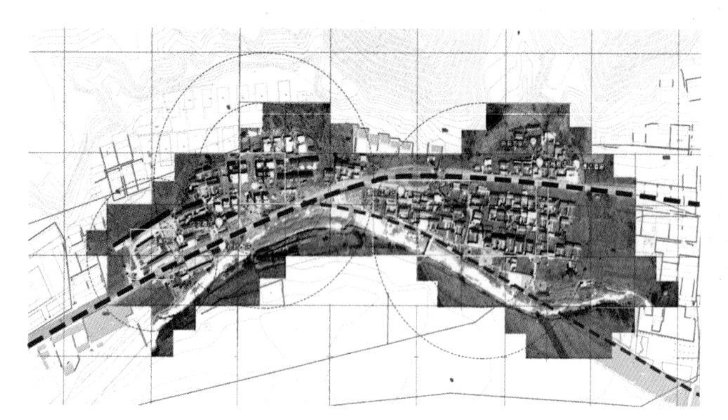
图11 基地分析图（作者自绘）

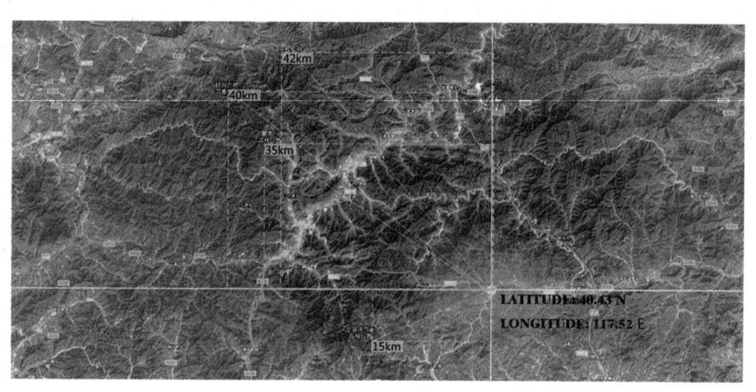

图12 区位分析图（作者自绘）

5.1.2 自然要素

气候上，该地区隶属温带季风性气候，冬季吹西北季风，寒冷干旱，夏季吹东南季风，炎热多雨。水文上，洒河水系穿过整个村域（图13），洒河是滦河水系一级支流，流域面积大约在965.85平方公里，该地的年平均降雨量约为744.6毫米，年最大洪峰流量约为2180米/秒，该水系的水量季节性明显（图14）。乡村地域文化活动包括剪纸、满绣、八大碗、戏曲表演等，这些地理人文条件是打造满族文化旅游风景区和旅游目的地、打造旅游目标村庄的重要优势。

建筑入口景观作为重要的景观节点，一方面要满足建筑内外交通的流畅，另一方面，也需要做必要的景观处理。根据景区整体规划和建筑设计标准，场内交通以人行道为主，考虑到消防安全及货物运输的需要，主人行道设置为5米的路面宽度，方便必要时车辆的通行；次人行道则设置为3米的路面宽度。入口广场景观选用当地野生植物，经过合理的乔木、灌木及地被植物搭配，形成独特的小型景观。

图13 交通分析图（作者自绘）

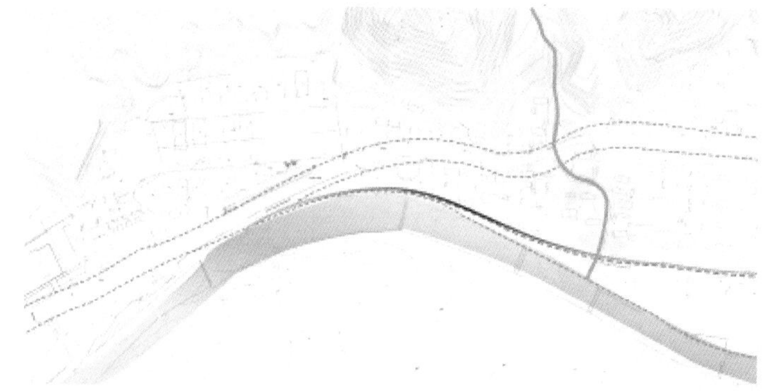
图14 水文分析图（作者自绘）

5.1.3 人文要素

满族特色文化植根于郭家庄村，在清朝没落后郭络罗氏守陵人来此定居生活，带来了延续至今的满族风俗，村庄隶属燕山山脉,地势起伏大，自然资源与矿产资源丰富，满族特色文化独特之处在生活习惯、服饰、民间活动、礼俗中体现。早期满族主要以捕鱼狩猎为生，生活居住流动性大，“八大碗”是满族文化中最常见的菜肴，康乾盛世时期，“八大碗”成为满汉全席之一的“下八珍”。刺绣与剪纸文化是满族文化最突出的表现，刺绣通过帽子、鞋子、被面、枕头等都能展现事物本质，提炼出事物的基本特征，表达满族人民对美好生活的向往；剪纸文化受萨满教的影响，崇尚自然，敬畏神灵，剪纸以艺术符号的形式表达吉祥的寓意。

随着历史的更替、社会的发展，满族的特色旗袍、刺绣、剪纸艺术有了传承历史、文化、科学的价值，这些特色文化对于郭家庄村建设特色小镇满族文化旅游村的发展有着奠基作用，满族特色文化成为郭家庄村打造旅游目标村庄的重要人文要素。

5.1.4 建筑分析

满族建筑由巢居演变而来，随着经济文化发展水平的提升，建筑形式开始完善，选址多依山傍水，建筑结构多为木构架的合院式结构，清朝鼎盛时期的满族建筑发展速度极快，出现了民间建筑与宫廷建筑两种风格。近些年，文化同化问题与民间手工艺逐渐失传导致满族特色建筑的完整度缺失，满族传统建筑保留下来的也越来越少，郭家庄村地主老宅则是该村保存最完整的传统满族建筑。满族传统建筑与合院式为基本单元体呈对称分布，北面的正房、东西侧的厢房与南侧大门区域形成完整的平面布局，民间传统建筑没有严格的四合院要求，多为三开间或五开间，改革开放以来，受西方现代主义建筑形式的冲击，传统民居建筑开始简化，保留下来的建筑很少。

在合院式的传统建筑中每户居民的院落规划层次清晰，整齐有序，主次道路分明，这些传统文化建筑有一定的科研价值、对满族民俗文化深度更新发展的社会价值、建筑形态与装饰延续性的艺术价值与带动当地文化旅游业发展的经济价值。满族传统建筑形式无论在建筑还是文化领域，都是满族文化精神的象征，建筑的尺度、布局方式、装饰样式表达出满族封建社会时期的尊卑有别、宗族至上与家庭制度的方式。这对研究满族民间传统建筑、传统文化文明的继承与发展有着重要价值。

5.2 设计理念

5.2.1 特色商业民宿建筑

在郭家庄村前期分析上，整个村庄坐北朝南，沿河流112国道呈带状分布，以村民活动中心为轴心点形成横向轴线，村域内纵向交通线将村落南北串联，纵向村内交通沿周边建筑将成为村庄的重要脉络并辐射全村，形成整个村庄的骨架。因此在村域的前期规划中三条纵向村域内干道的中间干道将成为一期工程的重点规划区域，村庄的交通网络改造将原有步行道串联到河对岸，形成村庄主体完整的交通脉络。沿三条纵向交通线周边所占用的居民住宅区域将原地还建给居民，配备完善的基础设施，保证居民利益，在还建建筑的地下部分将成为特色商业民宿建筑群，以自营的方式，在促进居民就业的同时调动当地居民的积极性。

打造具有旅游、休闲、商业功能于一体的乡村旅游民宿建筑群，形成辐射全村域的中心建筑景观街区、乡村休闲需求与度假商业相结合的建筑群体，带动地区经济的发展、村庄满族文化的发展，结合田园娱乐休闲，带动农业配合商业的健康发展。

5.2.2 坡地地形与建筑融合

对于一期工程的村域内中心交通道路沿线建筑群的重新设计与改造，由于该地块北临112国道，南临村民广场及洒河，北高南低，高差约有8米，建筑设计需顺应地形地势的高差关系，“负向再生”的设计灵感源于山石开裂形成的峡谷状，建筑依次沿地形分散，建筑藏于峡谷裂缝之中，营造负向再生感，建筑表面使用人造石与地方特有的岩石，弱化建筑边界的同时丰富空间层次，使建筑藏于乡村聚落之中。建筑分两层，地上部分为居民正常生活区，地下部分为自营式民宿商业区，二者功能区使用互不打扰。城市建筑的正向生长与乡村建筑的负向再生犹如阴阳两极，和谐统一。乡村民宿设计在环境、人与建筑之间的关系中以人的活动导向为主、协调于自然从而弱化建筑，因此建筑边界通过模糊、渐变、重心转移而消融，使得建筑融入坡地地形中。顺应的地形形态使得建筑的空间层次得到丰富，建筑空间之间的流动、衔接与过渡呈现出层层递进的建筑形态。坡地地形使得建筑尺度感在一定程度上弱化，建筑立面藏于地形高差中，建筑空间通过叠置嵌套融于坡地地形中。

5.3 弱建筑设计方法的实践与运用

5.3.1 民宿建筑推演

根据《住房和城乡建设部关于保持和彰显特色小镇特色若干问题的通知》，建设小尺度开放式街坊住区尺度宜为100～150米，适宜的建筑高度和体量建筑高度一般不宜超过20米，民居改造原则为“旧宅修旧如旧、新宅修新如旧”，因此，建筑过高会导致观景视线受阻，在确定建筑地块范围、地块内的交通流线后将建筑重新划分区块，沿南北高低落差的地形由北向南建筑呈梯形递减，设计灵感中的山石开裂形成峡谷状，建筑依次沿地形分散，建筑层高统一定在3.5米，设置为两层，地上一层部分为建筑原地还建区域，地下一层为民宿商业街。在建筑群的经济技术指标中，建筑地上部分还建总面积为1535.50平方米，地下民宿商业的总面积为3231.87平方米。

郭家庄村绿化面积相对较小，在建筑推导中留出中庭部分将绿化引入室内，中庭成为景观的一部分，同时承担灰空间、休闲空间的功能。中庭是本地居民从民宿区进入自家住宅的通道，楼梯设置在中庭一侧，在满足使用功能的同时成为中庭一景。建筑分为两层坡地，由南向北，第一层为两栋建筑改造院落，一层北向的两栋建筑为新建建筑，新建建筑东西两侧与坡地连接，以弱建筑理念为支撑，将东西向的建筑边界消融于坡地地形当中。在建筑边界留出1.5米的沟渠，完善给排水系统，建筑生活污水通过坡地地形顺势而下，连接整个村域的给水排水。

5.3.2 民宿建筑交通流线

整个建筑群的交通流线以裂开的峡谷带状主街道为主干道，开裂的细缝为次干道，次干道的楼梯连接东西向的坡地，形成完整的村域内交通回路。南北主干道贯穿整个建筑群，北接112国道，南临村域休闲广场，重要节点相连，使得村庄整体交通系统更完善，各流线之间相互贯穿。整修村庄内部交通在保持原路网的情况下，加固完善路面基层，沿线设置道路照明系统，在沿国道的闲置用地上重新规划停车场，满足旅游观光基础设施要求。

建筑内部交通流线有游客住宿、游客休闲流线、食品运输流线、员工活动路线等，住宿房间交通线路较长，保证其隐私性，餐饮休闲区与住宿区分离，保证公共区与人员流动不影响民宿住宿。食品运输的便利店位于建筑进门处，不打扰民宿内部各功能区的流线。

5.3.3 民宿建筑功能布局

由于郭家庄村规划定位为目标特色旅游乡村，突出地域特色、旅游的接待以及如何将游客吸引至此并留宿下来是旅游服务型乡村考虑的必要因素，将民宿建筑群在功能布局上重新规划，建筑功能分为住宿功能、休闲功能、餐饮功能。临街入口为接待大厅，两侧为民宿餐饮功能的餐厅厨房以及便利店，沿走道进入建筑内部，为休闲住宿功能的客房、茶室、书吧、储物间，中庭部分满足地下建筑的整体通风采光换气等。结合玻璃幕墙搭配砖石材料形成强烈的材质对比，休闲空间除了地下民宿建筑之外，沿中庭进入还建建筑上部，大开放式庭院满足居民自身的休闲娱乐，二者互不干扰。在各个功能空间中，建筑尺度感得到消解，内部功能空间的高低变化、功能空间尺度的对比、暧昧的灰空间的使用都呈现出丰富的层次变化，给予功能空间多元的形态。

5.4 本章小结

本章系统介绍了兴隆县郭家庄村概况以及设计方法与思路，方案整体设计将弱建筑边界的消融、空间层次的丰富、尺度的消解运用到民宿建筑中，边界的消融将民宿建筑的轮廓与体积感模糊，暧昧的灰空间弱化建筑分界，从均衡、韵律、比例、尺度上丰富民宿建筑层次，单元空间之间的含混、并置、嵌套消解空间尺度。从民宿建筑推演、设计灵感来源，细化到交通流线及功能布局，以全新的弱建筑手法提炼民宿建筑形态与坡地建筑的连接关系。

第6章 结语

6.1 主要研究结论

在现代建筑蓬勃发展的当今社会，摩天大楼式的高耸给人带来的压迫感与恐惧感致使人们开始向往乡村惬意的休闲时光，与城市耸立的商业建筑综合体不同，民宿建筑力图回归自然乡野。旅游特色小镇的弱建筑设计需要对特色小镇旅游发展资源与潜在价值进行评估，郭家庄村的旅游业发展，满族文化与自然资源是影响民宿建筑形态的制约因素，尊重历史文脉的传承与发展、利用自然资源与建筑形态和谐统一，是乡村民宿建筑的首要要求。

以特色小镇乡村旅游为主题的民宿建筑，其建筑元素需牢牢把握其主题，抽象简化出特色文化内涵的建筑形式，在更新民宿建筑的功能与运营模式上，结合现代游客的生活习性和社会需求，对民宿建筑的改造与新建提供新的设计思路。

本文研究的乡村民宿建筑设计，以弱建筑作为理论支点，建筑从历史文脉传承到生态景观融合再到建筑功能主体层层深入，结合乡村民宿优秀案例总结出乡村建筑的设计要点与设计思路，注重建筑空间营造、采光日照呈现的空间氛围，把握弱建筑理念在乡村民宿建筑中运用的特殊性与必要性，为未来的乡村民宿建筑提供新的方向。

6.2 未来展望

我国的旅游业发展迅速，国家对特色旅游乡村产业大力扶持，在乡村民宿设计中，建筑空间意境营造有待提升，民宿的主题特色有待加强，弱建筑理念与乡村民宿建筑的融合度有待巩固。提取特色文化元素，结合乡村合院式建筑空间实践，打造与环境相融合、建筑功能与形式相协调的乡村民宿建筑，力图保持乡村建筑的自然乡野性、多元共生性，从建筑空间形态到色彩、结构，到材料、装饰，再到地域文化，全方位地表达弱建筑理念在乡村民宿中的运用与表达，将乡村民宿推向新的发展阶段。

参考文献

[1] 隈研吾．负建筑［M］．计丽屏译．济南：山东人民出版社，2008.

[2] 刘书宏．台湾民宿的特色、空间与型态［M］．厦门：厦门大学，2009.

[3] 肯尼思·弗兰姆普顿．建构文化研究［M］．王骏阳译．中国建筑工业出版社，2010,3.

[4] 北京大学旅游研究规划中心．乡村旅游 乡村度假［M］．中国建筑工业出版社，2013,7.

[5] 王铁等．价值九载——中国高等院校学科带头人设计教育学术论文［M］．中国建筑工业出版社，2017.

[6] 彭一刚．建筑空间组合论［M］．中国建筑工业出版社，2006

[7] ［丹麦］扬·盖尔．交往与空间［M］．何人可译．中国建筑工业出版社，2015

[8] 张俊玲．中国传统园林天人合一之人与自然和谐交融［D］．东北林业大学，2011.

[9] 刘津津．当代地域性建筑的场地设计研究［D］．天津大学，2013.

[10] 黄炜．乡村旅游开发中的村落更新改造研究［D］．北京建筑工程学院，2007.

负向再生乡村民宿建筑设计

Rural Residential Architectural Design of Negative regeneration

基地概况

该项目位于河北省承德市兴隆县南天门满族乡郭家庄村，位于北纬40.43°，东经117.52°，全村的总面积为9.1平方公里，村域内耕地面积约680亩，荒山面积约6000亩，全村人口有226户，属于北方传统合院式乡村。由于经济的发展，年轻人出村打工，村域内仅剩老人与小孩，成为空心村。村域内主要农产品有玉米、大豆、谷子、高粱、板栗、山楂、锦丰梨、苹果、猕猴桃等，这些也是空心村内老人的经济来源。郭家庄村42公里内有东极仙谷自然风景区、云岫谷自然风景区、雾灵山森林公园、六里坪国家森林公园等，自然环境优越。交通路网上，112国道贯穿村庄，使之与外界联系，但同时也产生了噪声污染，无防护设施，安全隐患明显，村内道路较窄，限制了村域的未来发展、有待统一整改与重新规划。

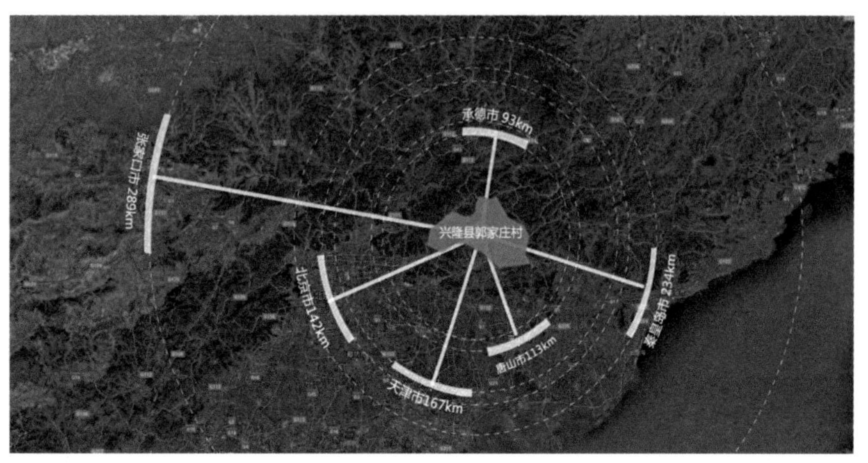

郭家庄村区位

场地鸟瞰

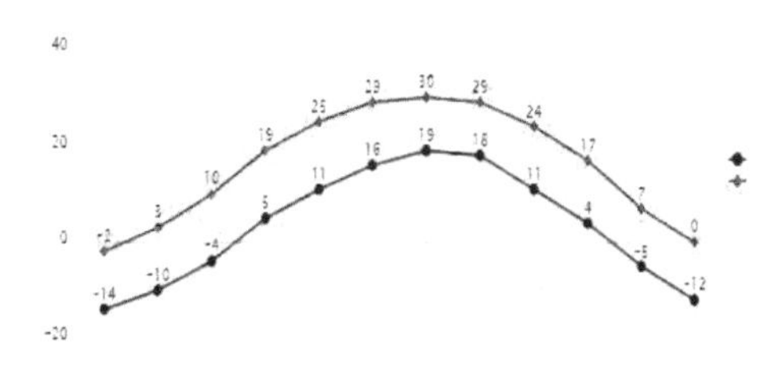

气候/climate

温带季风性气候
冬季吹西北季风，寒冷干旱
夏季吹东南季风，炎热多雨

气温变化表（图片来源：百度图片）

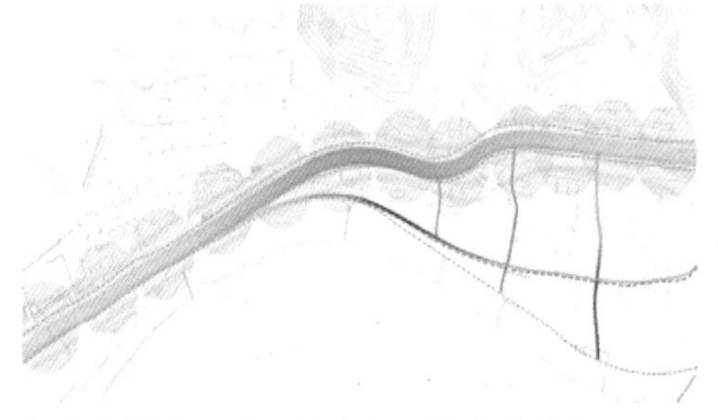

交通/transportation

112国道贯穿村庄的交通，使之与外界联系，但同时也产生了噪声污染，无防护设施，安全隐患明显
村内道路较窄

郭家庄村交通（图片来源：作者自绘）

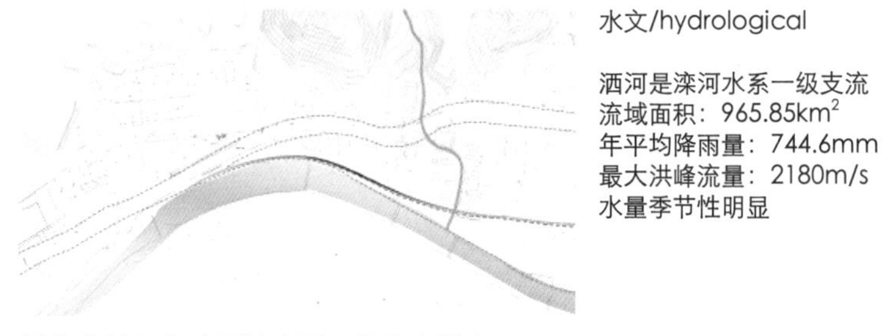

水文/hydrological

洒河是滦河水系一级支流
流域面积：965.85km^2
年平均降雨量：744.6mm
最大洪峰流量：2180m/s
水量季节性明显

郭家庄村水文（图片来源：作者自绘）

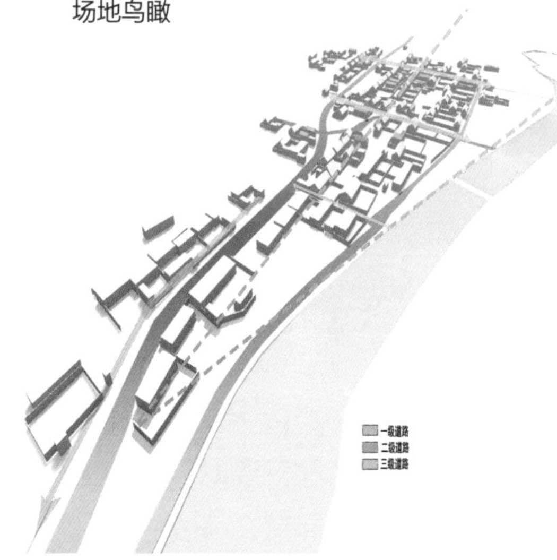

郭家庄村交通分析（图片来源：作者自绘）

满族特色文化根植于郭家庄村，在清朝没落后郭络罗氏守陵人来此定居生活，带来了延续至今的满族风俗，村庄隶属燕山山脉，地势起伏大，自然资源与矿产资源丰富。满族特色文化独特之处在生活习惯、服饰、民间活动、礼俗中体现。早期满族主要以捕鱼狩猎为生，生活居住流动性大。“八大碗”是满族文化中最常见的菜肴，康乾盛世时期，“八大碗”成为满汉全席之一的“下八珍”。

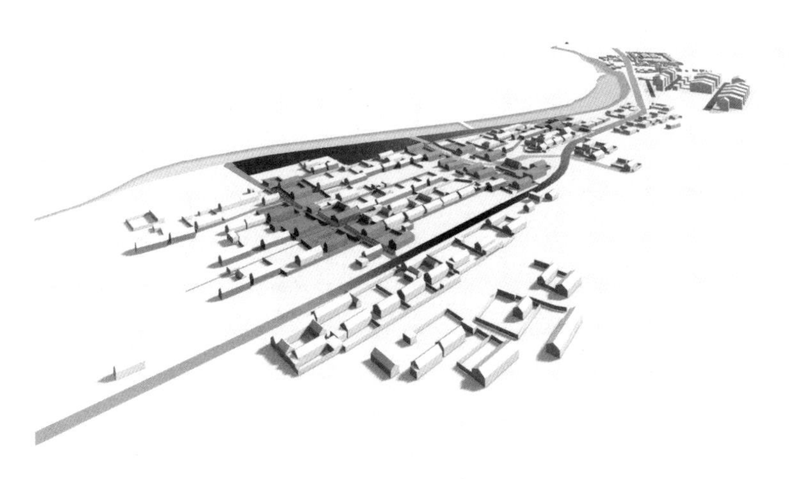

村域道路延伸分析（图片来源：作者自绘）

村落规划分析

在郭家庄村前期分析上，整个村庄坐北朝南，沿河流112国道呈带状分布，以村民活动中心为轴心点形成横向轴线，村域内纵向交通线将村落南北串联，纵向村内交通沿周边建筑将成为村庄的重要脉络并辐射全村，形成整个村庄的骨架。因此在村域的前期规划中三条纵向村域内干道的中间干道将成为一期工程的重点规划区域，通过村庄的交通网络改造，将原有步行道串联到河对岸，形成完整的交通脉络。

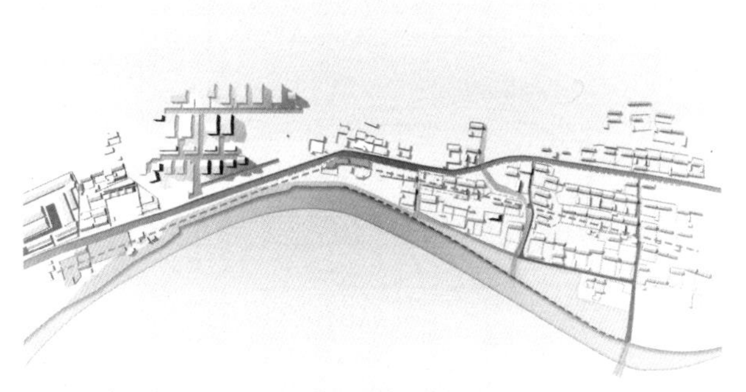

村域原始轴线分析（图片来源：作者自绘）

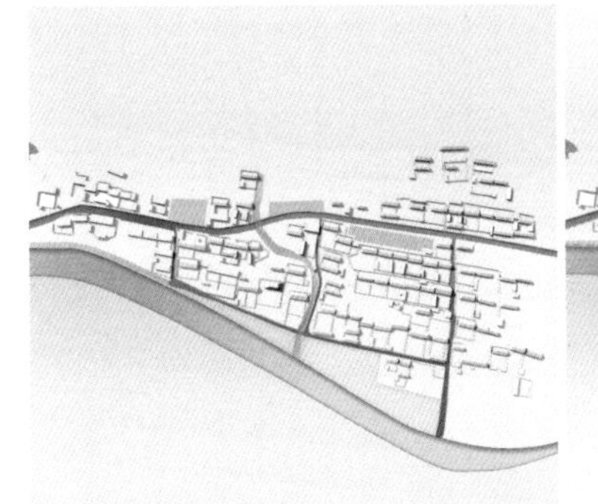

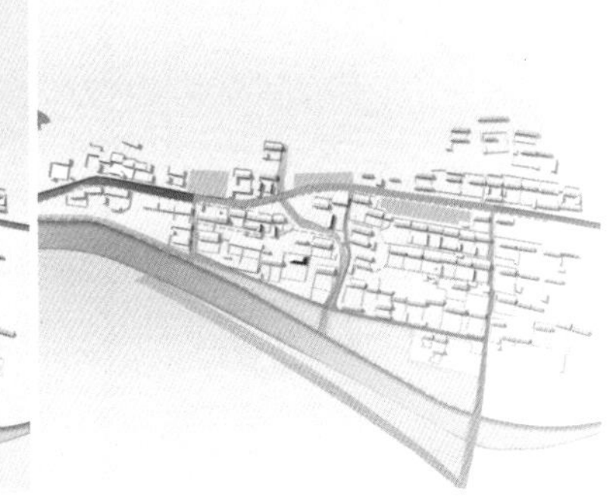

村域交通改造前后分析（图片来源：作者自绘）

沿三条纵向交通线周边所占用的居民住宅区域将原地还建给居民，配备完善的基础设施，保证居民利益，还建建筑的地下部分将成为特色商业民宿建筑群，以自营的方式，在促进居民就业的同时刺激当地居民的积极性。打造具有旅游、休闲、商业功能于一体的乡村旅游民宿建筑群，形成辐射全村域的中心建筑景观街区、乡村休闲需求与度假商业相结合的建筑群体，带动地区经济的发展、村庄满族文化的发展，结合田园娱乐休闲，带动农业配合商业的健康发展。

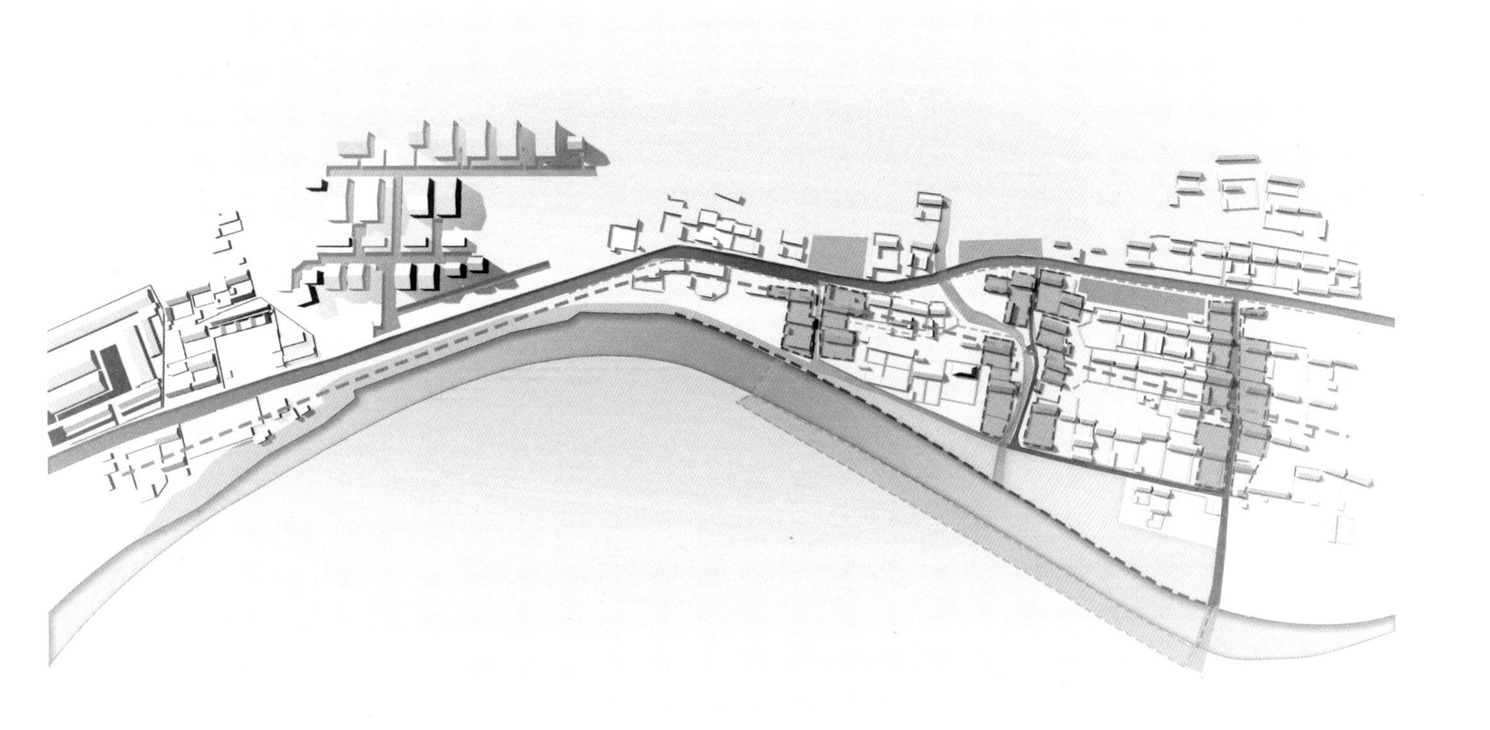

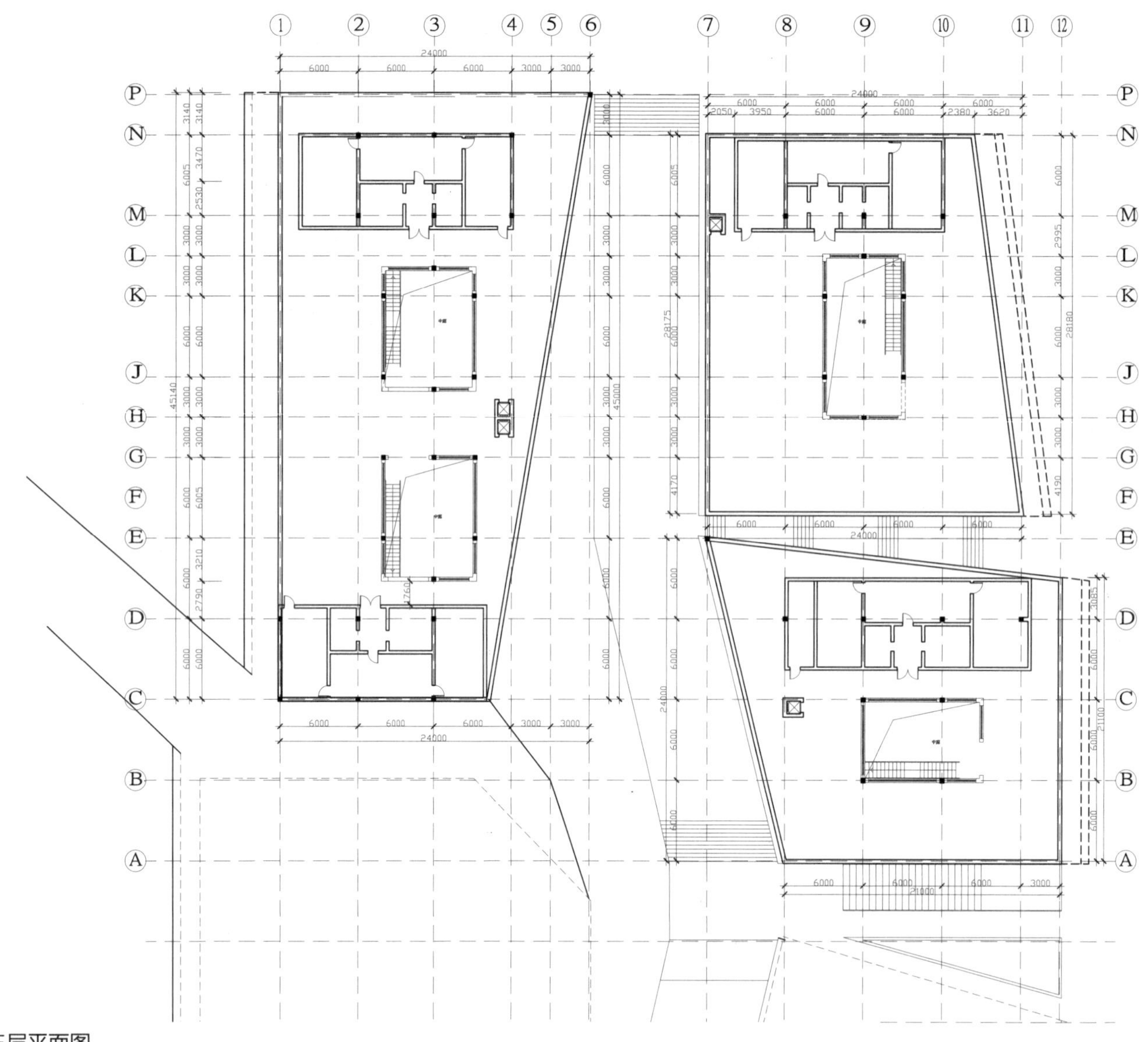

三层平面图

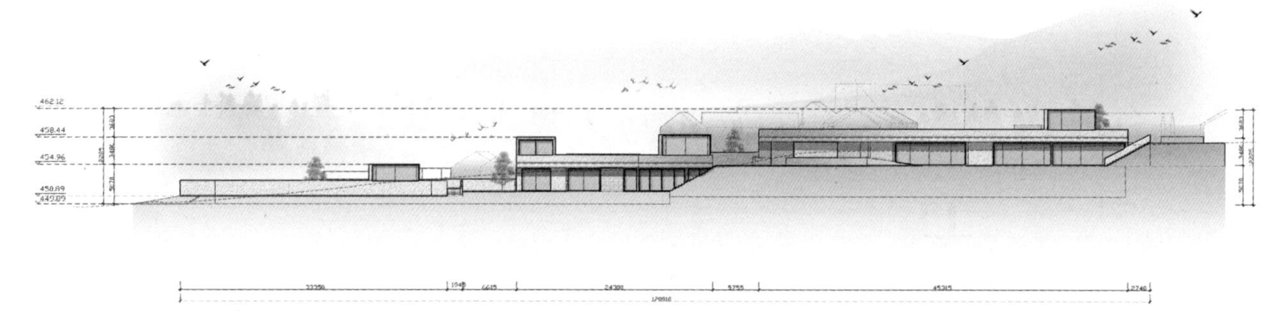

B立面图

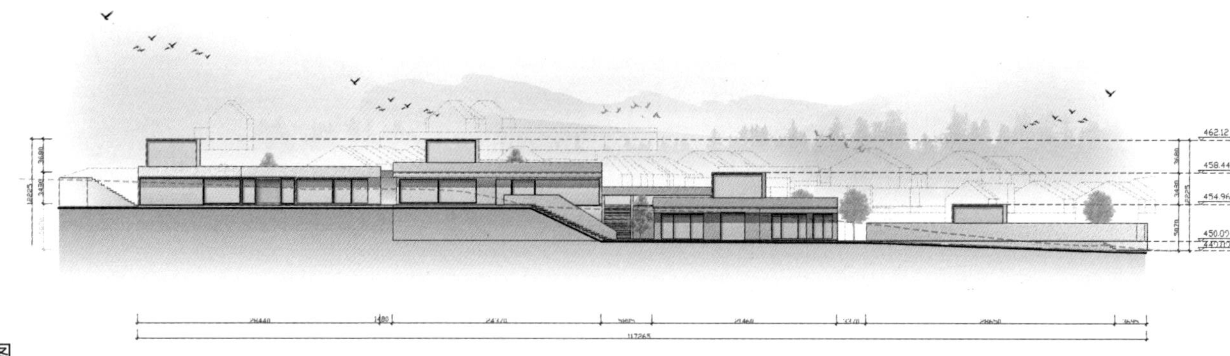

D立面图

郭家庄满族特色乡村人居环境的设计研究

The Design of the Manchu Characteristic Rural Human Settlement Environment in Guo Jiazhuang

天津美术学院 环境与建筑艺术学院 张赛楠

School of Environment and Architectural Design, Tianjin Academy of Fine Arts

Zhang Sainan

姓 名：张赛楠 硕士研究生二年级

导 师：彭军 教授

学 校：天津美术学院

环境与建筑艺术学院

专 业：景观设计

学 号：1512013203

备 注：1. 论文 2. 设计

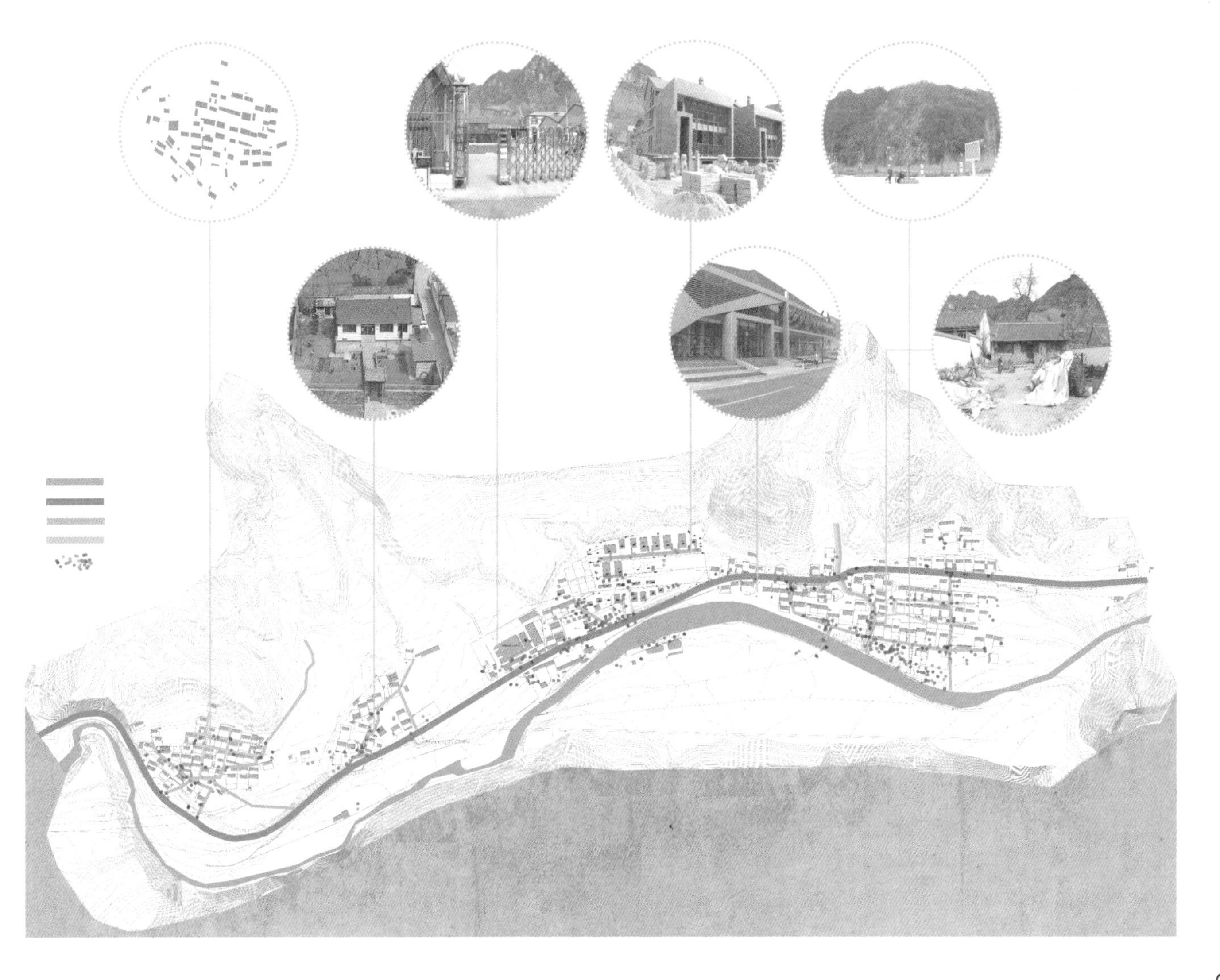

郭家庄满族特色乡村人居环境的设计研究

The Design of the Manchu Characteristic Rural Human Settlement Environment in Guo Jiazhuang

摘要：2013年国家民族事务委员会发布《国家民委关于开展中国少数民族特色村寨命名挂牌工作的意见》后，学术界关于少数民族特色村寨的研究日益增多，其中，以保护与发展的论述居多，并且多停留在文化、旅游等策略方面，以少数民族特色村寨人居环境为题的设计研究与实践微乎其微，对于满族特色村寨人居环境的设计研究甚微，因此本文从乡村人居环境这一大课题着眼，以满族特色村寨人居环境的设计为研究题目，通过对乡村人居环境的设计研究、满族特色村寨概况的分析，指导对满族特色村寨的设计研究，以一个具体的满族特色村寨设计实践为例，对理论研究进行实践论证，探讨对满族特色村寨人居环境的设计方法。

关键词：满族特色村寨；乡村人居环境

Abstract: After the State ethnic Affairs Commission issued the "opinions of the State people's Commission on the Development of naming and listing of villages with Chinese Minority characteristics" in 2013, the academic research on villages with minority characteristics has increased day by day, among which, The discussion of protection and development is the majority, and more stay in the culture, tourism and other strategies, the design and practice of residential environment with minority characteristics is very little, the design and research of Manchu characteristic residential environment is still blank. Therefore, from the point of view of the rural human settlement environment, this paper takes the design of the residential environment of Manchu villages as the research topic, through the study of rural human settlements. The environment design research, the Manchu characteristic village general situation analysis, the instruction Manchu characteristic village design research, with a concrete Manchu characteristic village design practice carries on the practice demonstration to the theory research, This paper discusses the design method of the residential environment of Manchu villages.

Key words: Manchu characteristic villages; Rural human settlements

第1章 绪论

1.1 研究背景

随着社会的快速发展，中国在城市建设的大浪潮中，出现了“千城一面”的城市发展问题，城市原有的历史风貌、文化底蕴遭到不同程度的破坏。中国大多数的村落是千年来逐渐发展演变而来的，留存着乡土中国的血脉与文化，不同的区域、不同的民族各具特色，形成了众多的少数民族村落，但这些村落多处于山区或者较为偏远的地区，发展滞后，乡村的人居环境堪忧。近年来，在政府高度的重视下，乡村建设如火如荼地开展，这些鼓励的政策对提升乡村的人居环境有着不可小觑的作用，但在改善乡村人居环境的同时，城市发展曾经走过的弯路，乡村建设是否可以避免重蹈覆辙，成了相关学者热切关注的问题。

1.1.1 国内乡村人居环境现状

在经济高速发展的今天，维系着乡村的传统文化被现代文明与价值观冲击，廉价便捷的现代建筑材料涌入，以及现代材料构筑的简单建筑如骤雨般袭入，乡村的建筑对城市建筑的模仿形成了不可阻挡的趋势，尤其是对少数民族村落影响颇深，多年留存下来的民族特色与文化传统被逐渐淡忘与遗弃。与此同时，在管理力度不强、追求个人利益的情形下，无序的建筑使乡村的人居环境进一步遭到破坏。在乡村的公共环境中，公共设施的落后与缺失，致使乡村的人居环境亟待专业的规划建设与设计提升。

1.1.2 “少数民族特色村寨”命名挂牌政策

少数民族特色村寨是指少数民族人口相对聚居且比例较高、生产生活功能较为完备、少数民族文化特征及其聚落特征明显的自然村或行政村。2013年12月6日，国家民族事务委员会印发了《关于开展少数民族村寨命名挂牌工作的意见通知》，2014年9月23日，国家民委颁布了首批340个少数民族村寨命名挂牌名单，2017年3月3日，第二批717个少数民族特色村寨名单应运而生。少数民族特色村寨的命名挂牌表明了国家对少数民族特色村寨保护与发展的重视，通过对少数民族特色村寨命名挂牌，希望对村寨中的民居特色、民族文化、人居环境、民族关系等有更好的推动作用与示范作用，是践行民族地区乡村振兴与美丽乡村建设的重要举措。

1.2 研究对象

本文研究对象的范围是国家民委挂牌命名的满族少数民族特色村寨，以乡村人居环境为研究的切入点，对承德市兴隆县郭家庄满族特色村寨的人居环境进行具体的设计研究。

1.3 研究现状

1.3.1 国外研究现状

《21世纪议程》将人居环境建设这个重要课题引入人们的视野，1978年联合国人居中心成立，标志着人居环境问题的探讨已经提升到了世界层级。2004年“城市——乡村发展的动力”作为联合国世界人居日的主题，将城市与乡村的人居建设关联，肯定了城市的发展带动作用，表明了乡村人居环境改善的迫切性。乡村人居环境是乡村区域内农村居民生产、生活所需的物质与非物质的有机结合体，西方学术界对于乡村人居环境的研究相对零碎，没有系统的梳理，并且多集中于乡村的物质空间层面研究，对乡村人居环境的研究文献相对较少，但是，在乡村人居环境提升改善的实际工作却提供了众多值得借鉴的经验。例如，在20世纪，德国、瑞士等国家对村庄进行的有机更新，完善提升住宅以及基础设施，战后的日本在乡村的建设中，极力保留乡村原有的建筑形制、文化传统和民族特色，改善民居内部的居住条件和公共设施，引导居民在乡村人居环境的改善中发挥主导作用。

1.3.2 国内研究现状

吴良墉先生提出：“人居环境的核心是‘人’，人居环境研究以满足‘人类聚居’需要为目的”，并且借鉴道萨迪亚斯的人类聚居学说，将人居环境分为五大系统，分别是：自然系统、人类系统、居住系统、社会系统与支撑系统，称人居环境科学是一个开放的学科体系，不同学科之间要相互交叉，鼓励不同专业的学者探究人居环境。近年来，乡村的人居环境随着社会快速的发展，越来越多地进入人们的视野，成了人居环境研究中的一大课题。这些村落既是传统不可或缺的文化载体，也是农民居住环境的现实，传统与现代、技术与文明、经济与历史文化价值之间的冲突，越来越多地在当代村落发展中凸显，在国家政策的鼓励与引导下，众多学者将视线转向广大的乡村，然而如何在保护中发展提升乡村的人居环境成为重要的研究课题之一。（表1、表2）

国内相关文献检索数据（检索时间截至 2018 年 9 月 17 日） 表 1

相关题目	中国学术期刊网络出版总库	中国博士学位论文全文数据库	中国优秀学术学位论文全文数据库	重要会议论文全文数据库	中国学术辑刊全文数据库
乡村人家环境	320 篇	33 篇	149 篇	21 篇	10 篇
少数民族特色村寨	222 篇	59 篇	95 篇	18 篇	3 篇
满族村	33 篇	4 篇	22 篇	0 篇	1 篇

（图表为笔者根据中国知网检索数据绘制）

关于乡村人居环境的部分论文与主要观点 表 2

作者	论文	时间	主要观点
李伯华，刘沛林	乡村人居环境：人居环境科学研究的新领域	2010 年	提出了乡村人居环境研究的多维视角
顾姗姗	乡村人居环境空间规划研究	2007 年	不可照搬城市规划理论，总结出乡村规划的特殊性
李伯华，曾菊新，胡娟	乡村人居环境研究进展与展望	2008 年	指出乡村人居环境研究存在的问题与研究的方向
王竹，钱振澜	乡村人居环境有机更新理念与策略	2015 年	从秩序与功能的属性中提出有机更新的理念与策略
李文祎	“美丽乡村”背景下人居环境建设模式研究	2017 年	在提升人居环境的同时最大限度地保护遗产区的传统风貌
杨悦	传统村落人居环境评价	2017 年	探讨传统村落人居环境的特殊性并提出改善意见和措施

（此表为笔者根据中国知网检索数据绘制）

被大家称为“传统村落保护第一人”的冯骥才先生在文章中指出：“在进入21世纪时（2000年），我国自然村落总数为363万个，到2010年，仅仅过去十年，总数锐减271万个，十年内减少90万个自然村。对于我们这个传统的农耕国家是个惊天数字。”（冯骥才：《传统村落的困境与出路》，贵州民族报，2014年2月18日）传统村落的消失引发社会的关注与思考，我们在叹息的同时不能忽视的则是导致村落数量锐减的多方原因，基于乡村建设的视角，村民对于乡村内人居环境改善的迫切需求也成了自然村落数量减少的主要原因之一。

自少数民族特色村寨开始命名挂牌以来，关于少数民族特色村寨的理论研究多围绕着保护与发展开展，建设与发展的具体实践多沿用相关的理论作为指导。在实例研究方面，南方的少数民族特色村寨的研究多于北方的少数民族特色村寨，在名称的概念认知方面，多数人对“村寨”一词仍然仅仅联想到南方少数民族聚居的村落，因此，对于国家民委命名挂牌的北方少数民族特色村寨的理论研究较少，对满族少数民族特色村寨人居环境的研究甚微（表3）。

关于少数民族特色村寨的部分论文与主要观点　　表 3

作者	论文	时间	主要观点
张显伟	少数民族特色村寨保护与发展的基本原则	2015 年	保护与发展应该坚持依法、政府主导、多方参与、积极、人本、完整、保护与发展、尊重习惯等基本原则
李忠斌，郑甘甜	论少数民族特色村寨建设中的文化保护与发展	2014 年	提出联动发展、教育先行、合理规划和保护生态的可持续发展道路
龙晔生	少数民族特色村寨建设问题研究	2015 年	指出要树立生态文明的发展观，发展文化特色经济
谢　菲	少数民族特色村寨空间建构的过程性研究：一个整合性框架	2018 年	在建设性后现代主义“过程转向”和新人文地理“文化转向”究其学理基础与现实因素
彭晓烈，高　鑫	乡村振兴视角下少数民族特色村寨建筑文化的传承与创新	2018 年	从乡村振兴的角度出发，避免民族村寨建筑文化的衰败和异化

（此表为笔者根据中国知网检索数据绘制）

1.4 研究内容

本文将以如何设计满族特色村寨人居环境为题，按照发现问题、分析问题、解决问题、论证问题的思路展开论述，探讨如何在更好地提升乡村人居环境的同时保护民族文化特色。全文分为六个章节，首先通过第一章节提出问题：如何提升满族特色村寨的人居环境，在第二章与第三章分别对满族特色村寨与乡村人居环境进行问题深入的探讨与分析，其分析结果将会在第四章对设计进行研究，并在第五章的设计实践中得以论证，最后一章总结。

1.5 研究目的及意义

2017年党的十九大报告提出实施乡村振兴战略，2018年党中央的一号文件更是首次提出了乡村经济要多元发展，对实施乡村振兴战略进行了全面部署。2018年9月26日，《乡村振兴战略规划（2018—2022年）》公开发布，《规划》对实施乡村振兴战略第一个五年工作做出具体部署，是对乡村发展大变革、大转型时期的关键规划，其中，《规划》将乡村分为四类分类推进，提出特色保护类村庄首要是将改善村民的居住条件与保护自然人文遗产结合发展，在加强村落风貌整体保护的情况下，适度开发，适度发展旅游业。

2014年与2017年国家民族事务委员会颁布了两批共1057个少数民族特色村寨，国家对少数民族村寨的发展高度重视，山区的少数民族特色民居、特色文化的保护、传承，与提升山区特色村寨的人居环境二者相互融合，是少数民族特色村寨发展的必经之路。通过对少数民族特色村寨人居环境提升的设计研究，有利于帮助少数民族村寨的发展提供思路与方向。

少数民族特色村寨处在多方鼓励与支持的振兴时期，通过人居环境的改善加强对少数民族特色的保护，带动村寨经济的发展刻不容缓。

1.6 研究方法

本文的研究方法主要包括：实地调研法、文献研究法、案例研究法、比较分析法、归纳分析法五类。通过“实地调研法”与“文献研究法”确立了本文的研究方向，在论文的论述中多次运用“文献研究法”、“案例分析法”、“比较分析法”等研究方法，对乡村人居环境与满族特色村寨进行论述，在论文最后的章节运用到“归纳分析法”，在郭家庄满族特色村寨的设计实践过程中，验证得出设计理论，并对设计进行总结，提出对未来的展望。

第2章 乡村人居环境的设计研究

人居环境是人类聚居生活的地方，是与人类生存活动密切相关的地表空间，它是人类在大自然中赖以生存的基地，是人类利用自然、改造自然的主要场所。按照对人类生存活动的功能作用和影响程度的高低，在空间上，人居环境又可以再分为生态绿地系统和人工建筑系统，从物质的角度来看，人居环境又可以分为物质环境和非物质环境，其中，非物质环境指的便是社会环境。在本章节中，将乡村人居环境的探讨分为“硬”环境与“软”环境，“硬”环境指的是居住环境、自然景观环境与基础、公共设施；“软”环境指的是社会与人文环境。

2.1 “硬”环境的设计研究

2.1.1 改善居住环境的设计思路

近些年来，部分乡村人口逐渐转为城市劳动力，通过外出务工，经济条件有所提升，生活方式与生活需求也在逐渐发生变化。在此变化下，不少破败的居住空间在村民自主修缮的时候，多数选择摒弃掉传统的民居样式，用普通砖混结构建筑代替原有特色的民居。从居住条件来看，传统的民居确实有些存在易漏雨、漏风、寒冷、采光度不够、厨卫功能空间缺失等诸多问题，不再能符合现代人的生活方式，但是当下廉价的建筑材料快速构筑的民居并非唯一选择，保护民居的多样性势在必行。

因此，在乡村人居环境提升的设计中，必须注重以人为本，要考虑到居住者的需求，不能盲目地照搬城市的居住环境，在结合当地居民生活生产方式的同时，尊重传统民居形式，尊重民族特色文化，可以从内部功能空间入手，优化与提升居住环境。保留建筑原有的特色外延，利用现代的技术手法，在不改变原貌的前提下加以修缮，在其居住环境的室外空间，当地政府可以进行环境提升的引导与规范。

2.1.2 自然景观环境的设计要求

在乡村的“硬”环境中，居住环境与自然环境虽然紧密结合却又各自独立，农业生产劳作离不开自然生态，但是在众多偏远地区的乡村中，由于没有垃圾处理点，生活垃圾随处堆放、污水直接排到河流的现象丛生，破坏着生态环境，除此以外，许多没有生态环境保护意识的乡村，为了谋求经济利益，还出现了众多过度开发与污染环境的企业入驻，导致自然生态环境遭到严重的破坏。

在乡村自然景观环境的设计中，宏观的有农业景观和森林地带的景观设计，中观的有村内开阔的绿地广场等景观设计，微观的有民居间绿化种植的景观设计。这些设计都需要基于对自然环境保护的前提下开展，这是对设计的要求，同时也是对可持续发展理论的具体实践。

2.1.3 完善基础、公共服务设施的设计策略

随着社会发展的步伐，村民的物质需求逐渐向精神需求转换，对公共空间、基础设施、公共服务设施的需求逐渐增加，城镇居民对乡村生活的体验需求也在持续增长，仅仅以民居聚落为主的、传统落后的乡村人居环境已经不再能满足其需求。因此，对公共开放场所的需求日益增长，例如文化中心、集会广场、群众图书室、剧场、商业性场所、公共卫生间、公共浴室、餐厅、体育活动场地等需求成为乡村人居环境的必备。道路交通网的完善也成了必要条件，路网设计在保证合理性、安全性的同时，还需要满足医疗、消防等特殊需求。

在完善基础、公共服务设施的设计中，应该依据当地居民的空间行为进行设计，并且，在设计中强化当地的文化与特色，将场所精神的理论运用在设计实践中。在完善基础、公共服务设施的过程中积极调动当地居民的主动性与主导性，引导当地居民参与建设，从而增强其归属感与文化认同感。

2.2 “软”环境

2.2.1 社会环境

相较于2005年提出的社会主义新农村建设要求，2017年党的十九大报告提出实施乡村振兴战略总要求有所提高。随着农村建设的不断发展，生产发展已经不只是农业，还应该有新产业、新业态，一、二、三产业融合发展，让农村富裕起来，让村庄融入青山绿水当中。从村容风貌向生态宜居转变，更加注重生态环境与人居关系，以人为本，乡村建设是一条生态文化宜居的发展路线。无论是社会主义新农村，还是美丽乡村、特色小镇的建设，或乡村振兴战略的全面部署，国家对农民、农村、农业的关注从未减少，乡村人居环境的社会环境正处于政

府的大力支持时期，是乡村人居环境改善提升的关键时期，同时，对乡村人居环境的设计研究也是从事相关专业人员的重要课题。

2.2.2 人文环境

中国大部分的乡村留存着不可多得的文化与记忆，很多乡村历史悠久，不但有宗祠，还有维系着当地居民的乡约，并且拥有较为完整的文化体系，无论是地域文化还是特有的民族文化，都创造了乡村特有的文化环境。在经历了社会的变迁，城乡差距不断被拉大的大变革下，乡村的人文环境也不断地被冲击，部分乡村的人文环境遭到破坏，当地居民对其原有的文化认同感也随之越来越低，但随着社会的进步，无论是当地居民内部的需求，还是城镇居民对乡村生活的向往，都对乡村的人文环境越来越重视。乡村的人文环境是体现乡村文脉、历史与文化等重要的“软”环境，在乡村人居环境的设计研究中，人文环境的振兴也是课题中非常重要的一个部分。

第3章 满族特色村寨的概况

3.1 满族特色村寨的分布与形成

根据2010年中国人口普查显示，满族的人口数量为1038.7958万人，约占全国少数民族人口的8.71%，约占中国人口总数的0.77%（图1）。

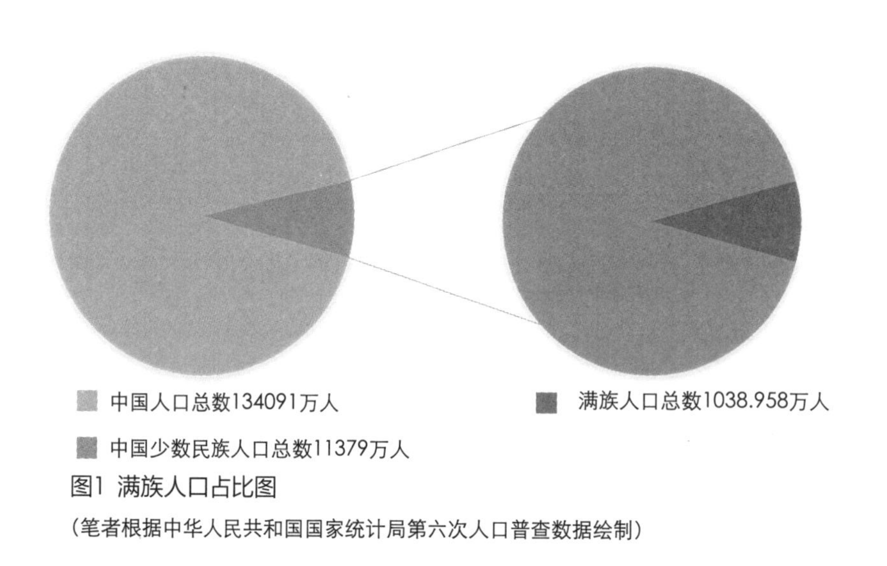

图1 满族人口占比图

（笔者根据中华人民共和国国家统计局第六次人口普查数据绘制）

在省级行政区中，辽宁省与河北省的满族居住人口超过百万。其中辽宁省拥有满族人口533.6895万人，占辽宁省人口的12.20%，占全国满族人口的51.26%，为满族人口的主要集中之地；河北省拥有满族人口211.8711万人，占河北省少数民族人口的70.80%，占全国满族人口的20.35%。

除了辽宁省与河北省聚居着大量的满族人口，吉林省、黑龙江省、内蒙古自治区和北京市的满族人口均超过十万；天津市与河南省等17个省级行政区各有数万满族人口；安徽省、福建省等7个省级行政区各有数千满族人口；西藏自治区的满族人口最少，约为153人。

满族人口分布于全国各地，以辽宁省、河北省、黑龙江省、吉林省和内蒙古自治区、北京市等省、自治区、直辖市为主，其他散居于新疆、甘肃、宁夏、山东、湖北、贵州等省区，以及西安市、成都市、广州市、福州市等大中城市。在辽宁省、河北省、黑龙江省和北京市，满族是当地省、自治区、直辖市中第一大少数民族。尤其在辽宁省、河北省与黑龙江省这三省，满族人口占当地少数民族人口的比例均超过了50%；在吉林省、内蒙古自治区、天津市、宁夏回族自治区、陕西省与山西省，满族人口为当地第二大少数民族；在河南省、山东省与安徽省，满族人口则位列当地各少数民族人口数的第三。

东北地区的“白山黑水”是满族的故乡。关于满族这个民族的起源，可以追溯到两千多年前的肃慎，以及后来的挹娄、勿吉、靺鞨和女真。清顺治元年（1644年），清军入关，逐步统一全国，从此开始了满族贵族对全国的统治。自康熙九年（1670年）始，至乾隆年间，满族人口大批进入华北地区，三百多年来，满族人民用自己的智慧与双手，勤劳地发展着自己民族的特色，并且分布全国各地。

清朝时期，满族民族迅速发展壮大，除了东北地区满族民族的故地，在长期的历史发展中，在政治、经济、文化等各因素的影响下，满族不断分散、迁徙，停留某地或聚居某地，得以形成了不少满族聚居村落。同时也与其他少数民族、汉族相互融合，杂居通婚，对各地满族民族的文化特色与风俗习惯的形成产生了巨大的影响。

根据国家民委两次共颁布的1057个少数民族特色村寨名录，笔者筛选出满族少数民族特色村寨，因为名录是分省级行政区统计的，并没有明确标注少数民族的名称，因此，笔者致电国家民委相关的办公单位，咨询并确认了所有的满族少数民族特色村寨，共计53个，绘制了表格，并在地图上进行了逐个标注，方便后期更直观地进行满族特色村寨分布情况的分析，根据表格可以总结出国家民委颁布的国家级满族特色村寨中，河北省与辽宁省的数量最多。在河北省的满族少数民族村寨中承德市有12个满族少数民族村寨，是少数民族村寨分布最多的城市。

3.2 满族民居的特色

提及满族民居的特色，一句民间的谚语将其淋漓尽致地体现——“口袋房，万字炕，烟囱出在地面上”。传统的、典型的满族民居多为三开间与五开间，四开间次之，其中五开间的民居则是当时满族的大户人家的四合院。满族民居三开间的在东面开门，四开间的在东侧第二间开门，五开间的则在中间开门，开门的位置其实与满族民居室内的构造相关，满族的民居，一般进门便是厨房，住宿的屋子多为南北大炕，并且在两条炕之间有一条靠着西面墙的连接炕，连接炕不住人，多用来供奉祖先，这就是民间谚语说的“万字炕”，其实原意为“蔓枝炕”、“拐子炕”。满族民居的居住特点是几代人居住在一起，长辈住南炕，晚辈住北炕，只是在家中儿子结婚时，挂上幔帐，晚上睡觉的时候将幔帐放下，当有了孩子时，还会在房梁或者天花板上挂两个钩环，用来悬挂孩子的“摇车”。满族民居的窗户是上、下两大扇，可以大启大合，并且在窗户外都糊有高丽纸。除此以外，满族民居的另一大特色便是烟囱的位置，满族民居的烟囱多坐落在房屋的西侧、后侧，用烟道与其相连，被称为“落地烟囱”、“跨海烟囱”，在满语里称为“呼兰”，烟囱与炕相连的一段矮墙被称作“烟囱桥子”、“烟囱脖子”，不仅具有取暖的效果，还具有防止冷风倒灌的作用。满族民居的院落里会树立祭祀用的索罗杆，索罗杆一般高约六七尺，上端有木斗，祭祀时里面会盛有猪的内脏、五谷等，供喜鹊、乌鸦食用，据相传，喜鹊、乌鸦救过满族的祖先老罕王，所以，此祭祀习俗流传至今。

满族特色的民居是满族文化中的瑰宝。满族民居适应北方气候、地势等自然因素，也是满族人民生活习惯下的产物，民族特色浓厚。在民居形式日趋同一化的形势下，对少数民族特色民居的保护与建设意义深远。满族民居的保护与建设既要着眼于建筑本身又要时刻铭记以人为本，在尽可能地保留原有特色的基础上进行建筑的修缮，切实改善居住条件，同时更要纵观村寨，考虑到整体村镇结构规划、路网规划、建筑群落规划等，并根据当地居民的生活方式，合理安排村寨的功能分区，与此同时，还要依据各地自然因素，具体问题具体分析，让建筑与自然环境做到真正意义上的共生。

3.3 满族特色文化的传承

由于清朝是最后一个统治全国的少数民族，无论是文献资料、影视作品都对其进行了广泛的传播，因此，满族特色文化的传承具有一定的优势，但因为社会的动荡，也致使不少特色文化的传承受到冲击。

满族历史悠久，拥有自己的文字、语言，属于阿尔泰语系满通古斯语族满语支，在黑龙江省齐齐哈尔市富裕县三家子满族村，建立了全国第一所满语学校（政府），在高校中设立满族文化传承的有：黑龙江大学建立了满文专业，哈尔滨工程大学成立了满通古斯语言研究会，中国人民大学成立了满族文化交流协会。这对满族文化的传承和发展起到了重要的作用。

满族及其先民长期居住在山林地区，擅长骑射。满族的孩子刚出生时，家人便在门前悬挂弓箭，希望孩子长大后可以成为一名优秀的弓箭手，在孩子六七岁时便训练孩子的骑射能力，使之成为一项必备的基本技能，代代相传。清太祖努尔哈赤在统一女真各部的过程中，进行了创造性的改造，建立了著名的八旗制度。在清代的满族人民基本都生活在八旗制度之下，清顺治元年（1644年），清军入关，逐步统一全国，从此开始了满族贵族对全国的统治。

满族特色村寨名录

表 4

序号	省级行政区	少数民族特色村寨名称
1	北京市	北京市密云县古北口镇古北口村
2		北京市怀柔区喇叭沟门满族乡中榆树店村
3		北京市怀柔区喇叭沟门满族乡对角沟门村
4		北京市怀柔区喇叭沟门满族乡苗营村
5		北京市怀柔区长哨营满族乡七道梁村
6		北京市怀柔区长哨营满族乡西沟村
7		北京市怀柔区长哨营满族乡二道河村
8		北京市延庆区井庄镇王仲营村
9	天津市	天津市蓟县孙各庄满族乡隆福寺村
10		天津市蓟县渔阳镇桃花寺村
11	河北省	河北省秦皇岛市青龙满族自治县安子岭乡东山村
12		河北省唐山市迁西县汉儿庄乡太阳峪村
13		河北省唐山市玉田县唐自头镇小陵村
14		河北省保定市易县西陵镇凤凰台村
15		河北省保定市易县西陵镇忠义村
16		河北省唐山市遵化市马兰峪镇官房满族村
17		河北省保定市涞水县娄村满族乡福山营村
18		河北省承德市宽城县化皮溜子乡西岔沟村
19		河北省承德市承德县两家满族乡大杨树林村
20		河北省承德市承德县岗子满族乡郑栅子村
21		河北省承德市兴隆县南天门满族乡郭家庄村
22		河北省承德市平泉县柳溪镇大窝铺村
23		河北省承德市平泉县党坝镇永安社区
24		河北省承德市滦平县涝洼乡三岔口满族村
25		河北省承德市滦平县两间房乡苇塘满族村
26		河北省承德市丰宁满族自治县黄旗镇西村
27		河北省承德市丰宁满族自治县南关蒙族乡云雾山村
28		河北省承德市围场满族蒙古族自治县哈里哈乡扣花营村
29		河北省承德市宽城满族自治县塌山乡尖宝山村
30	内蒙古自治区	内蒙古自治区兴安盟科右前旗满族屯满族乡满族屯嘎查
31	辽宁省	辽宁省抚顺市新宾满族自治县永陵镇赫图阿拉村
32		辽宁省丹东市凤城市凤山区大梨树村
33		辽宁省沈阳市新民市后大河泡村
34		辽宁省沈阳市辽中区冷子堡镇社甲村
35		辽宁省大连市金普新区石河街道石河村
36		辽宁省抚顺市新宾满族自治县大房子村
37		辽宁省本溪市本溪县东营坊乡湖里村
38		辽宁省本溪市本溪县小市镇同江峪村
39		辽宁省本溪市桓仁满族自治县华来镇木孟子管委会木孟子村
40		辽宁省丹东市东港市小甸子镇海青房村
41		辽宁省丹东市宽甸满族自治县青山沟镇青山沟村
42		辽宁省锦州市北镇市常兴店镇杏叶村
43		辽宁省辽阳市辽阳县吉洞峪满族乡吉洞峪村
44		辽宁省铁岭市清河区张相镇石家堡子村
45		辽宁省铁岭市铁岭县白旗寨满族乡夹河厂村
46	吉林省	吉林省白山市抚松县漫江镇锦江满族木屋村
47		吉林省吉林市龙潭区乌拉街满族镇韩屯村
48	黑龙江省	黑龙江省哈尔滨市南岗区红旗满族乡东升村
49		黑龙江省哈尔滨市双城区希勤乡希勤满族村
50		黑龙江省哈尔滨市双城区幸福街道办事处久援满族村
51	福建省	福建省福州市长乐市航城街道琴江满族村
52	河南省	河南省洛阳市栾川县城关镇大南沟村
53	贵州省	贵州省毕节市黔西县百里杜鹃管委会金坡彝族苗族满族乡附源村

（此表为笔者根据国家民委颁布的少数民族特色村寨挂牌名单绘制）

满族的传统服饰在经历过时代的变更后，流传到今日，仍富有生命力与影响力，例如坎肩、旗袍。改良后的旗袍，不再仅仅是满族的传统服饰，更是当代女性展现身材、体现气质的日常着装或盛装。满族也是擅长歌舞的民族，舞蹈形式多种多样，民歌质朴简明。而传统的体育项目多与狩猎有关，有摔跤、跳马、举重等。在饮食方面，大家耳熟能详的便是“满汉全席”、“满点汉菜”，如今大家喜食的“萨其马”便是满族特色的糕点。

3.4 满族特色村寨建设案例

3.4.1 河北省满族特色村寨

（1）河北省承德市宽城县化皮溜子乡西岔沟村

西岔沟满族特色村寨中的满族人口占该村总人口的80.4%，是少有的满族人口聚居的村落。其中，村内有众多满族镶黄旗迟姓后裔，直至今日，仍然非常好地保持着满族的传统文化与习俗。在特色村寨的发展方面，将满族的图腾、影壁、索罗杆以及萨满等极具特色的部分加以保留，做成了村内的公共景观，增加了满族村寨的特色建设。

该村具有非常便捷的交通，在承秦出海公路附近，特产苹果、板栗与山楂，注册了“富硒”牌苹果，因其口感好、甜度高，为特色村寨的经济发展增加了强大的动力。

（2）保定市易县西陵镇凤凰台村与忠义村

凤凰台村与忠义村相邻，均为满族少数民族特色村寨，两个满族特色村寨在历史长河中由于守陵人及其后代在附近安居，所以成了满族聚居的村落。其中，凤凰台村满族人口占村内居民的96%以上，忠义村全部为满族人。

凤凰台村在满族特色的保护与发展中，重点发展了“满家乐”，打造了一批高要求下的“满家乐”，特别推出了二十多道满族特色菜，从饮食方向着重打造满族特色村寨，同时，利用礼仪文化、艺术表演等方面丰富了凤凰台村的旅游内容。

忠义村在满族特色的保护与发展中，在国家民委、河北省民宗厅和保定市民宗局的直接指导下，以“灰砖青瓦，砖木结构”为原则，对民居进行了整体的修缮与改造，在提升当地居民人居环境的同时，打造了清西陵的旅游窗口。除此以外，该村还将满族的摆字龙灯发扬光大，将“文龙”传承了下来。

3.4.2 辽宁省的满族特色村寨

（1）辽宁省抚顺市新宾满族自治县永陵镇赫图阿拉满族村

赫图阿拉满族村素有“中华满族第一村”的称号，1644年清朝迁都到北京之后，便将赫图阿拉称为老城，因此得名“老城村”。“赫图阿拉”在满语里的意思是平顶小山岗，这与该村所处的地势有关。在村落中，每家每户的门口都用满汉两种文字书写着家户的名字，并且通过村落的文化墙还有村内老人关长胜做的满族剪纸，向大家讲述着关于满族的传说与神话。

2018年1月20日，该县举办了“农庄过大年”活动，为当地居民与游客还原了一场热闹非凡的过年场景，整个活动持续了两个月，该县的部分乡镇主要负责开设置办年货的集市，赫图阿拉村因为其显著的民族特色以及历史文化的优势，主要负责接待体验年俗的游客。

（2）丹东市凤城市凤山区大梨树村

大梨树村内的满族人口数占总人数的76.6%，于2014年9月被国家民委评为少数民族特色村寨。村内主要分为人文景观与自然景观，其中，村内的人文景观以建筑为主，仿照清末民初的建筑建成了北方影视城。因为该村村域面积较大，所以拥有许多自然景观资源，根据其地域特色，发展较为成熟的有药王谷、龙潭、瑶池与花果山。通过人文景观与自然景观两方面的打造，带动了特色村寨的发展。

3.4.3 案例对比总结

河北省满族特色村寨相较于东北满族特色村寨，民居形式并非典型的满族特色民居，但是满族的文化特色依旧得到了发扬与传承，在满族特色村寨的建设中尝试着融入满族文化开展旅游业，以文化为导向做村内的规划建设。赫图阿拉满族村作为“中华满族第一村”，在依托历史古城发展的同时，以体验经济的方式吸引游客，带动经济的发展，可作为其他满族村寨提升人居环境设计的借鉴参考。以大梨树村为代表的一些山区的少数民族特色村寨，将特色村寨的发展建立在自然景观资源富有的情况下，对满族文化的传承与发展稍显欠缺。

在提升满族特色村寨的人居环境问题上，以人为本始终是建设之根本，要深入挖掘村内的文化与特色，将其融入整个村寨的发展之中。

3.5 特色村寨保护与开发过程中出现的问题

3.5.1 传统村落向民族特色村寨的转变

在传统村寨向新型村寨转变的道路中，涌现出许多人居环境得到提升的村落，但是，还有很多的村落在发展建设中，出现了诸多问题，例如，一些村落摒弃自己传统文化，一味向城市靠拢，日趋同一，还有一些过度开发的村落，将文化过度包装，商业气息过重，丢失了村落原有的风貌。在传统村落向民族特色村寨的转变中，将问题进行梳理，可分为以下几点：传统村落日趋同一化、过度开发旅游业、村寨功能结构不合理、忽视生态环境。

（1）传统村落日趋同一化

在城镇化建设发展的浪潮下，众多传统民族特色的民居逐渐演变成砖混建筑结构的现代化建筑，破坏了传统民居文化。传统建筑材料变成了砖与混凝土，瓷砖饰面的房屋变成了“贵气的洋房”，成了财富的象征，居住者相互攀比追求着“贵气的洋房”已经成为村寨中不争的事实。越来越多的村寨走向了城市建设发展中“千城一面”的老路，同一化的现象不应该在这些留存着乡土中国血脉的乡村再度上演。

然而，这些传统村落的居住者追求新建筑的原因、自身发展的真正需要，是相关研究最需要注意的问题，同时，也是保护与建设民族特色居住环境首先要考虑解决的问题。

（2）过度开发旅游业

在少数民族特色村寨的保护与建设中，有些地区存在着过度开发旅游业的现状，其旅游开发并不适应当地少数民族特色文化发展、不符合当地民居与生活形式、不顺应自然生态环境，给民族文化、生态环境等多方面的人居体验带去了不可挽回的伤害。例如，在少数民族村寨的旅游中，部分游客的旅游初衷是对不同民族文化的观赏与体验，因此，部分少数民族特色村寨在开发旅游业时认为，越是具有文化差异的民族文化越能够吸引游客，由于这种所谓的“旅游效应”的影响，在少数民族特色村寨的旅游开发中，存在着过度开发当地民族文化的情况，有的区域生搬硬套，将所谓的“特色”嫁接到当地民族文化中，弘扬所谓的特色文化。更有甚者，出现一些不健康、不文明的形式，不仅游客没能体验感受到当地的文化，同时也极大地影响了生活在村寨中少数民族同胞原有的生产生活，使得民族特色村寨失去了原有的味道。

少数民族特色村寨旅游业的开发中，我们应该转变原有以利益为目的的发展方式，在开发前以保护为先、以当地居民的意愿为先，向健康的生态文化旅游转化，合理规划、慎重开发。

（3）村寨功能结构不合理

少数民族拥有自己民族特色文化、传统民居形式，在特色村寨建设中，如果一味地保护文化、保护民居，会忽视村寨内不合理的功能结构、落后缺失的基础服务设施，从而造成村寨结构的不平衡，影响少数民族特色村寨的人居环境的提升。

在少数民族特色村寨现代化的发展中，需要配套公共性功能空间，例如：商店、集会广场、公共卫生间、卫生门诊、群众图书室、剧场等，除此以外，路网的提升改善也尤为重要，有些少数民族特色村寨由于原有村落布局、地势限定，导致通向村寨的道路不便，以及村寨内的入户道路条件较差，这些都是需要转变提升的。基础设施、服务性公共建筑、路网结构等都是保护与建设特色村寨、改善村寨功能结构、提升人居环境的重要方面。

（4）忽视生态环境

由于少数民族特色村寨多处于山区或较为偏远的地区，经济发展较为落后，因此，部分少数民族特色村寨在发展经济时，对自然的肆意攫取与破坏，给生态环境带来了诸多压力。

在传统村落向民族特色村寨的转变中，对生态环境、景观的规划不容忽视。与此同时，应响应国家“厕所革命”的号召，重点考虑排污系统、垃圾处理方式，从当地居民生活入手谋求改变。

3.5.2 少数民族群众对自己民族文化的传承意愿有待提升

少数民族与其他民族同胞长期交流、通婚杂居，民族差异化日渐减小。社会迅速发展，外来文化的影响也在逐渐加深，传统节日习俗渐渐被忽视淡忘，越来越多的少数民族不了解自己民族的文化，对少数民族传统的语言文字更是知之甚少。在传统村落日趋同一化的现象中，人们看到的是新型建筑的优势，却忽略了千百年留下的民族记忆，民族文化形式逐渐被摒弃，村民对自己民族文化的认识薄弱，缺少民族文化传承意识。在这种情况下，务必对村寨村民开展民族文化教育，唤起他们对本民族文化的保护意识、传承意识与责任意识。

发展较为落后的少数民族村寨的居民由于与外界沟通尚少，当外界被鼓吹的新鲜事物、新文化传入时，与本土文化发生碰撞，部分居民会对新文化产生好奇与好感，从而乐于去追求新的文化，对本土的旧文化产生消极的态度。因此提高少数民族对本民族自身文化的认同感与自豪感，提高传承的意愿尤为重要。民族文化意义与价值是不可比拟的，只有多民族文化才能组成中华民族文化。因此在少数民族村寨的设计中，一定要有开展民族文化教育的意识，并在规划设计中预留出教育属性的空间。

第4章 满族特色村寨人居环境的设计研究

4.1 民居的设计研究

满族传统特色民居形式成熟、完整，民族特色显著，适应满足人民的生活方式与生活需要，同时与满族人民的宗教信仰相互吻合。提升满族特色村寨人居环境，需要在保护满族传统特色民居的前提下进行。保留原有传统民居形式中的元素，使用相同或相近的建筑材料，最大程度尊重满族传统民居形式。

在满族民居特色明显的村寨，民居的设计应保留原有的万字炕，但可以将传统烧柴火的炉灶改成更加节能清洁的沼气或者天然气。传统的满族民居西房为卧室与起居室，东房多为杂物间，因此，在设计提升时，可将东房进行功能的优化布局，例如，可将东房划分为另一间卧室与卫生间，从而方便居民的生活起居。在满族特色民居的院落中，有祭祀用的索罗杆、醒目的大门和影壁的特色，在院落设计中可将其保留，并对大门和影壁进行重点设计。根据不同住户的需求，可将院落空间划分为休闲型庭院与耕种型庭院。在休闲型庭院中，将硬质铺装与软质庭院景观相结合，耕种型庭院则应将院内耕种的地块进行合理的划分，并设置杂物间，对农具进行有效的收纳。

在保持原有建筑特色的同时，根据新的生活方式、新的需求，合理规划建筑单体内部功能，并注意设计的通风、采光与当地气候、环境相适宜。实现民居保护与建设的意义，提升居住环境。

4.2 特色村寨景观的设计研究

满族特色村寨多处于北方，冬季气候寒冷。村寨景观的设计在尊重生态环境的基础上，应权衡四季之景，依据地形地势，在景观规划设计中，考虑空间、时间，多维度地考虑景观层次。在少数民族村寨的景观设计中，还需考虑景观的观赏价值与经济价值，合理地进行特色村寨的景观规划。

在景观节点、小品的设计中可以提取满族文化的元素进行设计，将抽象的文化元素物化、具体化，将满族独特的文化融入人居环境中，增加村寨满族文化的特色与气息。

4.3 满族特色公共建筑的设计

在建设满族特色公共建筑时，应依据当地具体情况，具体分析所需要的基础服务设施以及公共建筑。在满足村寨内需求的同时用以传播、传承满族的文化。例如，满族文化馆的设计，在设计时，将文化馆与村内的满族概况相结合，并且预留出用于满族文化传播的空间，使文化馆对内可以作为文化传承的学习场所，对外则可以作为满族文化展示展览的空间。

以上相关建筑的规划设计务必建立在当地实际情况、实际需求之上，以村民生活、生产的便利性为重要依据，务必尊重民族传统文化、尊重自然生态环境，考虑当地发展现状、发展方向以及村民需要。与此同时，在设计时融入满族的文化元素，参考满族民居的特色进行设计，从而使公共建筑在村寨的建设发展中成为最具民族特色的一部分。

第5章 兴隆县郭家庄满族特色村寨设计实践

5.1 项目概况

承德市兴隆县南天门乡郭家庄村于2017年被国家民族事务委员会评为少数民族特色村寨，为村寨的发展提供了一个新的契机。由于郭家庄临近北京、天津等城市，近年来，村内植入了众多新的建筑群体与业态，一同加强了这个山区的少数民族特色村寨与外界的联系。

5.1.1 区位分析

（1）地理区位

郭家庄村位于兴隆县城东南，“一县连三省”，是北京、天津、唐山、承德四市的近邻。距离北京直线距离约120公里、距天津约150公里、距承德约66公里、距唐山约90公里。

（2）路网分析

目前临近的火车站有兴隆站，驾车距离基地约33公里，遵化北站距基地约40公里。建设中的京沈高铁中承德

（河北）段将设兴隆西站。现所通列车基本为普快、快车。基地路网系统较为便利，铁路较差，附近无机场，待高铁通达后可为其提供更快速便捷的交通方式。

（3）地形地貌

承德市兴隆县总面积约为3123平方公里，其中山地面积约占84%，县域整体的地势西北高、东南低，形成了由西北向东南倾斜的塔形地势，县域境内以丘陵地带为主，沟壑纵横，山峦起伏，是典型的“九山半水半分田”的山区。

兴隆县郭家庄村是典型的山区村落，其村域面积约为9.1平方公里，在并不大的村域面积里，荒山山场的面积就占了4000平方米，耕地仅为0.45平方公里。项目地为石质山区，不适宜做大规模的第一产业振兴乡村。可推动发展第二产业和第三产业，利用山地进行设计，将现状变为设计的优势。

（4）气候特点

兴隆县年平均气温在6.5～10.3℃之间，而郭家庄村的年平均气温约为8℃，由于境内多山，所以垂直气温变化明显。冬季时，西北季风盛行，一月平均气温约为-7.5℃，夏季炎热多雨，盛行西南季风，七月平均气温约为22℃。全年无霜期约为135天，全年平均降水量约为740.1毫米，属于河北北部较为多雨的地区之一，气候属于中温带半湿润区。因为项目地降雨充沛，并且雨热同期，适合农作物、经济作物的种植。

（5）水文状况

兴隆县县域内的河流较多，其中，流经项目地的是澈河的支流，其最大的洪峰流量6590立方米/秒，汛水期为550毫米，枯水期为500毫米。项目地的河水水位较低，河岸可利用较为平缓的岸线，根据设计需要进行景观设计，可以保留部分区域继续作为亲水区，但不建议保留村民用河水清洗衣物的旧习。

（6）土壤概况

兴隆县的土壤类型主要是以棕壤、褐土为主，土壤的质地以轻壤、中壤为主，土壤呈弱碱性，PH值约为7.28。因项目地属于山区，大片的耕地较少，可将耕地继续保留在民宅院内作为家庭日常蔬菜供给。

（7）森林植被

兴隆县的主要用材树种有：杨树、桦树、椴树、柞树、榆树、云杉、落叶松、油松、洋槐，经济林有：板栗、核桃、花椒、梨、苹果、山楂、柿子、沙果、李子、槟子、桃、杏等几十个属和上百个品种。整个兴隆县的森林覆盖率达到65.76%，但并非是均匀分布，因此，一些区域仍然存在着水土流失的现象。项目场地为山谷区，山上森林覆盖率较高，可加强对现有场地经济林的种植，根据不同季节植物的变化，搭配主要用材林，在增加经济收入的同时增加场地景观的可观赏性。

（8）人口

兴隆县郭家庄村共有226户，726人。通过调研发现村中留守儿童、空巢老人较多，在景观设计中对老年人与儿童的人性化设计要更多一些。

（9）人文历史

郭家庄村距离清东陵约30公里，因为此区域被划为“后龙风水”，所以曾被设为禁区。守陵人翻山越岭寻找野果野物，发现此区域水草丰美、物产丰富，于是，清朝灭亡之后守陵人的后代便来此居住，其中主要是郭络罗氏，后来便成了郭氏，有了项目地郭家庄村。郭家庄村在漫长的发展中，这个满族少数民族聚居的村落不断地和汉族同胞融合，使得整个南天门乡里满族少数民族的比例下降到28%，但是，郭家庄村内仍然保持着一些满族的文化传统与习俗，例如满族特色的餐饮与满族剪纸，都是村内传承下来的历史文脉与满族特色。

（10）经济条件

2013年兴隆县的人均年收入约为1.7万元，郭家庄村的人均年收入约为0.65万元，在经济产业方面，郭家庄虽然目前略低于兴隆县年人均平均值，但拥有满族文化旅游、德隆酒厂、民宿等产业，主要农作物产量较好，经济发展具有一定的潜力。

（11）周围旅游资源

在距离项目30公里内，典型的、具有吸引力的旅游资源分别是：青松岭大峡谷九龙潭自然风景区、雾灵山国家级自然保护区、兴隆溶洞、六里坪国家森林公园与清东陵。在郭家庄村30公里的范围内旅游产品多以自然风光、历史遗迹等竞品为主，因此在进行项目地的规划设计时可以结合当地的第二产业实现错位发展。

（12）发展政策

2017年党的十九大报告提出实施乡村振兴战略，2018年党中央一号文件更是对乡村振兴进行了全面部署，

2018年9月中共中央、国务院印发了《乡村振兴战略规划（2018—2022年）》，并要求各地区各部门结合实际认真贯彻落实乡村振兴战略的规划。

河北省美丽乡村建设小组印发《2016年河北省美丽乡村建设实施方案》，河北省委、省政府在全省范围内组织了关于美丽乡村建设“四美五改”的行动。承德市出台《中共承德市委承德市人民政府关于大力推进美丽乡村建设实施意见》，并且要求加快承德城乡统筹发展，推进农业现代化，让村民富足起来。在项目地兴隆县所在的燕山峡谷区被列入了河北省美丽乡村重点建设区域，郭家庄村是其旅游线路中重要的组成部分，并且，郭家庄村在国家民委2017年发布的《关于命名第二批中国少数民族特色村寨的通知》［民委发（2017）34号］中被评为中国少数民族特色村寨，更为其发展带来机遇。

在乡村振兴战略、美丽乡村建设的大背景下，郭家庄作为满族村寨，拥有特色发展的优势，更应该借着此等发展机会，加大发展力度，从而带动郭家庄村开创新的发展。

5.1.2 村落现状分析

（1）乡村肌理

村落分为东西两部分，东部村落较西部村落更为规整，西部更为密集，村落整体均呈横排分布。村落中部有酒厂、中央美院写生基地与影视基地等功能布局，有新型的肌理植入。

（2）院落肌理

院落以坐北朝南的合院为主，但多只有三开间的正房，部分搭建厢房作为灶房或者卫生间。

（3）村内民居分析

村内民居建筑多为翻修或重建的砖混结构，坡屋顶，一层建筑，部分建筑外墙贴砖，民居的满族特色不复存在。

村内原有的功能分区布局中，横向贯穿村落的国道与中部植入的第二产业与新型业态将村落分为了东西两大部分，其中村落的公共建筑、广场等服务设施集中在占地较大且较为聚集的东部，随着村内不同业态的发展，中部与东部将会吸引更多的人群，其公共建筑以及公共服务设施也需进一步的提升。

5.2 设计理念

笔者在调研期间发现郭家庄村是属于深山区的少数民族特色村寨，村落处在两条山脉中间较为平缓的地带，呈带状分布，群山环绕，村落被山包围，在村中随处都可以望到山，因此该项目将会以“望山”与满族特色为设计理念。

5.2.1 山的理念

在传统的中国山水中宋代的郭熙在《林泉高致》中提出了“三远”：

“自山前而窥山后谓之深远”，在前去调研的途中，所看到的山景与关仝的《关山行旅图》所表现出来的深远十分相似。

“自山下而仰山巅谓之高远”，在项目地的山脚下，抬头仰望山巅时，人之渺小，山之雄伟，会使人不由得对大自然产生敬畏之情。

“自近山而望远山谓之平远”，在村落北侧望向南侧的山脉时，连绵起伏的山峦边缘将天与地画出了一道最美、最自然的天际线。

传统山水画提出的“三远”不只是在绘画构图中才可以运用，其理论在设计中颇具指导意义，在设计实践中将会围绕人与山、建筑与山、村落与山展开。

5.2.2 融入满族特色的设计理念

满族特色村寨的命名挂牌，促使村落进一步重视满族特色、满族文化的提升，在村落未来的发展中，走少数民族特色建设是其必经之路，因此，在设计中要融入满族特色。

5.3 设计方案

该项目的设计方案将分为三个部分，首先是对村内一处被废弃的满族旧宅进行改造，因为年久失修，无人居住，因此将其改造成满族文化体验馆，对内可以作为村民学习满族文化的场所，对外则是满族文化展示与体验的基地，设计的第二部分是满族文化体验馆对面民族广场的提升改造设计，使其成为具备开展满族祭祀活动、体育运动以及休闲娱乐活动的场所，并设立停车场，满足村内居民、外来游客的停车需要。第三部分是坐落在山腰平坦地段的望山体验营，是一组主要面向外来游客的体验营地，集望山、交流、野营、住宿、当地特产文创衍生品体验为一身的建筑群组。

5.3.1 满族旧宅改造设计——满族文化体验馆

项目地的旧宅是一处年久失修、被废弃旧的老宅子，院落里还保留着索罗杆，是一处满族民宅，因无人居住，所以将旧宅改造定位为满族文化体验馆，馆内将包含：满族传统民居的复原展示、满族文化的展厅、体验剪纸的手工坊、满族文化讲堂、满族服饰的展示、满族文创产品的展卖以及满族文化书屋。其空间功能主要分为展览空间、体验空间、交通空间与瞭望空间。

旧宅长约34米，宽约15米。以中轴对称的方式在原有的宅基地内进行加建。在旧宅的后方加建二层建筑，一层作为文化讲堂，二层因拥有更好的观景效果作为书屋。在前院增设门房与东西厢房，用作展览展示空间，中间的区域利用玻璃与木格栅作为过渡的灰空间，丰富空间的层次。增设廊道，在加强建筑之间联系的同时，丰富场地的观景平台。将门房的入口向内延伸，在保持中轴对称的同时，通过加长左侧面，引导进入的参观者从右侧逆时针方向进行观展。

在动线设计上，主要分为参观路线、书屋路线与望山路线。当参观者进入满族文化体验馆后，首先映入眼帘的是满族文化的介绍，随后进入满族民俗展厅，穿过展厅来到旧宅，在旧宅的西房是满族传统民居万字炕的展示，旧宅的东房是满族剪纸体验工坊，穿过旧宅就进入到满族文化讲堂，通过内部楼梯可以上到二楼的观景平台，进入书屋阅读空间，出来后便可顺着观景坡道与楼梯返回到院内地面，进入西厢房满族服饰馆进行参观，回到门房后的最后一个区域是满族文创的展卖空间，来此的参观者可以挑选喜欢的纪念品带走。第二条路线是书屋路线，村内的居民可以直接穿过院子从旧宅侧面的楼梯进入书屋。第三条路线是望山路线，从二楼的观景平台沿着廊道可以穿越西厢房的屋顶，最后从门房西侧的楼梯下到地面。

5.3.2 村寨景观设计——民族广场

民族广场位于旧宅的南面，东面有小型的戏楼，西面为圆形的硬质铺地的广场，在圆形广场西侧被排水沟相隔的景观绿地，矗立着四根景观柱。在民族广场的更新规划中，考虑到满族特色村寨未来的发展，将民族广场的功能分区进行优化提升，保留中间的圆形广场，将其设计成为节庆广场，为了增加节庆广场的观演效果，将圆形的节庆广场下沉1.35米，利用高差在靠近主路的一侧设置三层座凳，配以踏步可以直达下沉广场。在另一侧设置两个半弧的坡道，方便轮椅等从地面下至广场。在广场的中间设置圆形舞台，舞台中间矗立满族祭祀活动用的索罗杆，在圆形舞台的南面半围绕着八根图腾柱，增强其仪式感。在节庆广场的东部保留戏楼的区域，并在一侧的空置场地增设标准的篮球场、羽毛球场与乒乓球台，设为民族广场的运动区域，在节庆广场与运动区域相连的地方设置卫生间，方便在广场活动的人群及时如厕。为满足村内居民以及来满族文化体验馆的游客停车的需求，将节庆广场西侧的空地设置成停车场，缓解村内停车的需求。

在整个民族广场的景观设计中，将满族文字的形象抽离作为绿地的规划设计，设置慢步道，在滨水处设置不同高差的观水望山平台，丰富场地的活动属性，让村民可以在空闲时在广场交流、活动。

5.3.3 公共建筑设计——望山体验营

望山体验营位于村落中部北侧山腰较为平坦的一块空地上，海拔高出村落十余米，拥有非常好的望山位置，望山体验营分为望山野宿体验区、住宿区和板栗文创产品体验区。望山营地内的建筑、构筑物的设计理念均来自于满族特色民居中“万字炕”的形态，将室内元素室外化，通过放大、平面组合、立体旋转、叠搭形成了同一元素不同的转变。利用木材搭出框架并进行排列重复，形成既分隔又有连接、既通透又有阻挡的构筑物，丰富建筑语言的同时增加区域的形式美感。

通过登山台阶来到望山体验营首先映入眼帘的便是望山体验营的服务中心，穿过服务中心便是望山“客厅”，大家可以坐在这里交流，或者安静地望望山，放空思绪。在“望山客厅”的北侧，山腰较为避风的平坦区域设立望山野宿体验营，在宿营平台上可以扎帐篷，也可以租借望山体验营的营帐户外野宿，感受大自然独特的魅力。

在野宿体验营的西侧是住宿区，住宿区是三栋建筑的组合，分别为单层建筑、二层建筑以及三层建筑，每一栋建筑每一层的模数都是一样的，两间4米×4米的房间，并且每一个房间都有抹角全景玻璃窗，可以纵览壮美的山景。通过外挂楼梯向上一层、下一层的屋顶便成为最好的望山平台。

项目地的山上有种植板栗、山楂、桃树等植物，其中板栗和山楂是当地的特产，望山体验营南侧较大的单体建筑便是板栗、山楂的衍生品体验功能区，通过对农副产品的再加工，抽离文化内涵，增加经济作物的文创产品，带动村内的经济，达到一、二、三产业的联动发展。

在望山体验营既可以望山，又可以住宿，还可以体验当地的特产，集多种功能于一身，是村内满族文化体验馆的“望山”版。

第6章 结语

6.1 设计研究的总结

为了解决满族特色村寨人居环境设计的问题，笔者将问题抽离，逐一分析，首先通过对乡村人居环境所涵盖的“硬”环境与“软”环境进行分析，探讨当下对乡村人居环境应该从哪些方面进行设计研究，随后又针对满族特色村寨进行详细的梳理，从满族特色村寨在全国的分布与村寨概况入手，利用案例分析法得出现阶段满族特色村寨出现的问题以及可以借鉴的经验进行比较总结，得出满族特色村寨设计中的要点与方法，进而指导项目地的设计实践，以设计实践论证了在满族特色村寨人居环境中对民居、景观、公共建筑设计要点的可行性。

6.2 启示与展望

少数民族独特的文化是我国文化发展中不可或缺、最闪耀的文化之一，小到每一个少数民族同胞，大到民族聚居的村落、省市，都是承载文化的重要载体，但是随着现代化进程的加快、民族不断的融合等原因，部分少数民族特色村寨的发展走向了“歧途”，因此本文以满族特色村寨的设计研究为例，试图探究其设计要点。通过相关理论的分析、设计的研究，得出在满族特色村寨的设计中，首先要考虑到的就是乡村人居环境的改善，改善其居住条件、自然景观环境、基础公共服务设施等，通过以人为本的设计，将民族特色融入其中，进而强化场所精神，唤起少数民族同胞对民族文化的重视与传承。

随着《乡村振兴战略规划（2018—2022年）》的颁布，为未来乡村的发展、少数民族特色村寨的提升改善，提出了政策性的指导。在不久的将来，乡村建设必定会取得更大的成功。

参考文献

[1] 费孝通．乡土重建［M］．岳麓书社，2012．

[2] 吴良镛．人居环境科学导论［M］．中国建筑工业出版社，2001．

[3] 顾姗姗．乡村人居环境空间规划研究［D］．苏州科技学院，2007．

[4] 李伯华，刘沛林．乡村人居环境：人居环境科学研究的新领域［J］．资源开发与市场，2010，(06)．

[5] 李伯华，曾菊新，胡娟．乡村人居环境研究进展与展望［J］．地理与地理信息科学，2008，(05)．

[6] 王竹，钱振澜．乡村人居环境有机更新理念与策略［J］．西部人居环境学刊，2015，(02)．

[7] 彭晓烈，高鑫．乡村振兴视角下少数民族特色村寨建筑文化的传承与创新［J］．中南民族大学学报（人文社会科学版），2018，(03)．

[8] 张显伟．少数民族特色村寨保护与发展的基本原则［J］．广西民族研究，2014，(05)．

[9] 李忠斌，李军，文晓国．固本扩边：少数民族特色村寨建设的理论探讨．2016，(01)．

[10] 项翔．少数民族村寨建筑形态与营建工艺特色的研究［J］．绿色环保建材，2018，(02)．

[11] 谢菲．少数民族特色村寨空间建构的过程性研究：一个整合性框架［J］．西北民族大学学报（哲学社会科学版），2018，(01)．

[12] 彭晓烈，高鑫．乡村振兴视角下少数民族特色村寨建筑文化的传承与创新［J］．2018，(03)．

[13] 李安辉．少数民族特色村寨保护与发展政策探析［J］．中南民族大学学报（人文社会科学版），2014，(04)．

[14] 王长柳，赵兵，麦贤敏，聂康才．基于特征尺度的少数民族特色村寨保护规划实践［J］．规划师，2017，(04)．

[15] 张丽娜．承德满族传统民居空间形态及演变研究——以丰宁满族自治县为例［D］．吉林建筑大学，2017．

[16] 朱彦华．满族民间故事的区域性特征——承德与东北满族故事比较［J］．满族研究，1992，(04)．

[17] 特克寒．承德满族的形成与发展［J］．满族研究，2000，(06)．

望山

Look at the Mountains

区位交通

火车站：目前临近火车站有兴隆站，驾车距离基地约33公里，遵化北站距基地约40公里。建设中的京沈高铁中承德（河北）段将设兴隆西站。

铁路：现所通列车基本为普快、快车。

高速公路：临近长深高速公路。

国道：G112从境内穿过。

水文状况

兴隆河流较多，多源于县内中部山地，呈辐射状向邻县分流。主要河流有滦河、柳河、洒河、黑河等。流经郭家庄村的小河汇入的是撒河，撒河属于滦河水系一级支流，发源于兴隆县东八叶品，流经南天门、半壁山、蓝旗营、三道河等乡镇入迁西县境内。

周围环境

周围环境在旅游资源方面，在郭家庄三十公里的范围内旅游产品多以自然风光、历史遗迹等竞品，可以结合当地的第二产业实现错位发展。

人口

郭家庄村有226户，726人。通过调研发现村中留守儿童、空巢老人较多，在景观设计中针对老年与孩子的人性化设计要更多一些。

土壤概况

兴隆县土壤类型以棕壤、褐土为主，土壤质地以轻壤、中壤为主，土壤pH值为7.28。因项目地属于深山区，耕地较少，可将耕地继续保留在民宅院内作为家庭日常蔬菜供给用地。

人文历史

郭家庄的位置距清东陵不到30公里，所以早在清朝年间就被划为皇家的“后龙风水”并设为禁区。大清灭亡后，守陵人的后代便来此生活，主要是郭络罗氏，后来便更名为郭氏，自此便有了郭家庄。

植物种植情况

全县主要用材和经济林树种有杨、桦、椴、柞、榆、云杉、落叶松、油松、洋槐，经济林树种有：板栗、核桃、花椒、梨、苹果、山楂、柿子、沙果、李子、槟子、桃、杏等几十个属和上百个品种。

全县森林覆盖率达到65.76%，但因为林地分布不均，在一些区域水土流失较为严重。

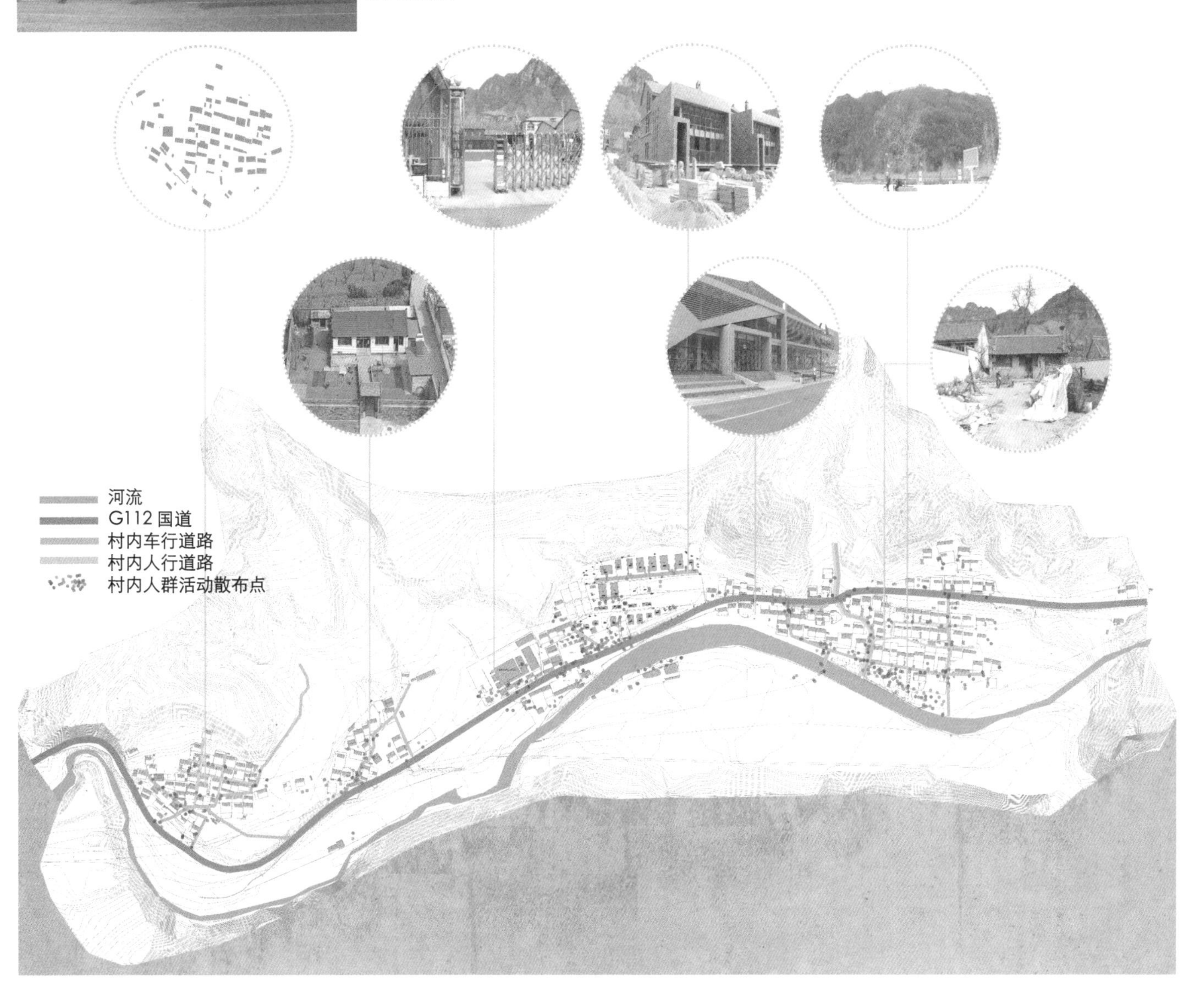

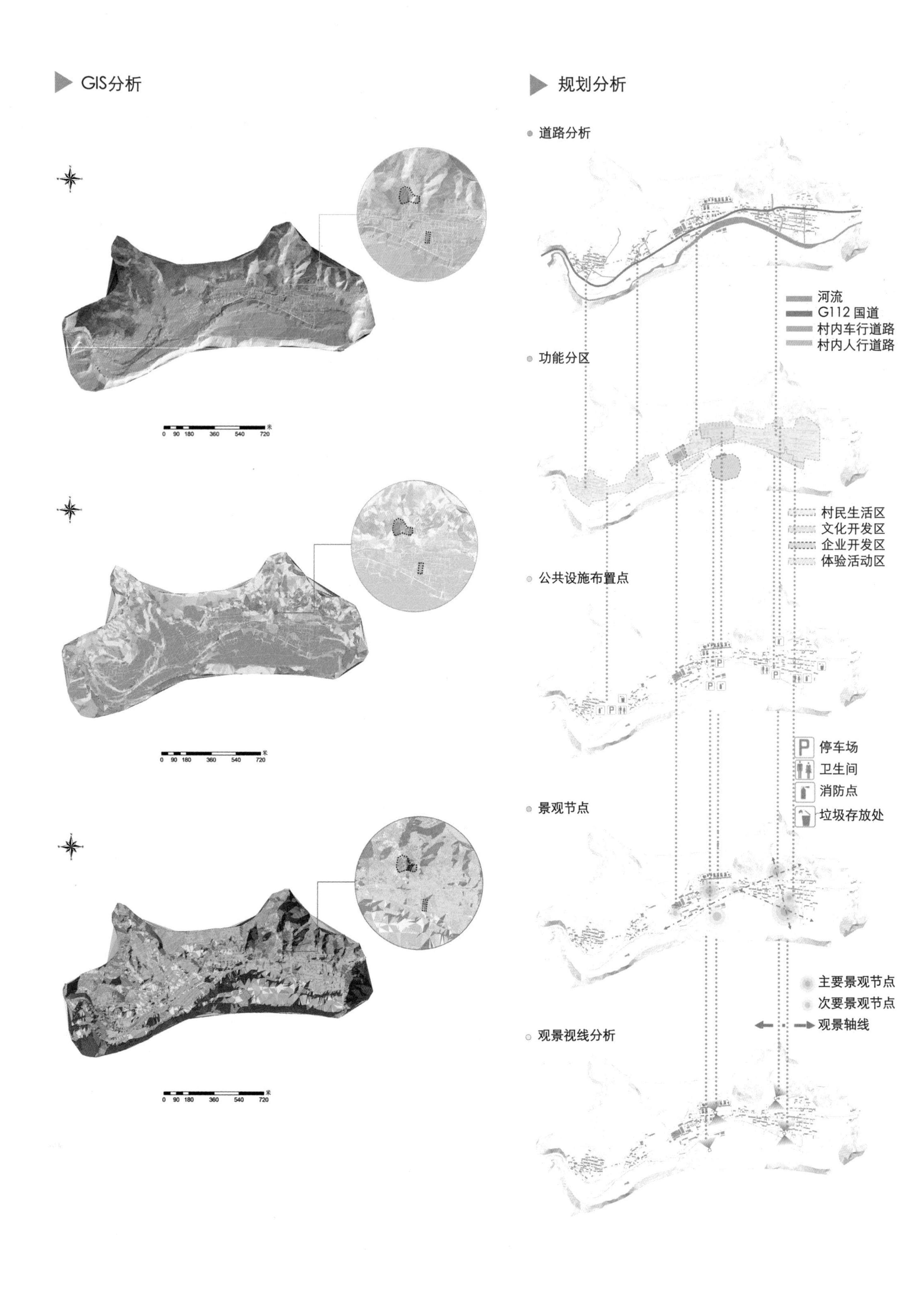
GIS分析
0 90 180 360 540 720
米
规划分析
道路分析
河流
G112 国道
村内车行道路
村内人行道路
功能分区
村民生活区
文化开发区
企业开发区
体验活动区
公共设施布置点
停车场
卫生间
消防点
垃圾存放处
景观节点
主要景观节点
次要景观节点
观景轴线
观景视线分析

三等奖学生获奖作品

Works of the Third Prize Winning Students

兴隆县特色小镇农舍设计研究

Study on Farmhouse Design of Characteristic Town in Xinglong County

四川美术学院　郭倩

Sichuan Fine Arts Institute

Guo Qian

姓　名：郭倩 硕士研究生二年级

导　师：潘召南 教授

学　校：四川美术学院

专　业：环境艺术设计

学　号：2016110047

备　注：1. 论文　2. 设计

农舍概览图

兴隆县特色小镇农舍设计研究

Study on Farmhouse Design of Characteristic Town in Xinglong County

摘要：近年来，传统文化复兴和地域特色重构渐渐走入人们的视野。从中国设计萌起初期依赖学习西方的设计文化，到现阶段正慢慢寻求自身文化的价值，确立自身文化的不可替代性，朝着文化自信的方向发展。新农村建设如火如荼、日新月异的今天，随着物质生活的极大丰富，人们对于自己的居住环境提出了更高的要求。不仅仅只是满足于基本的生活需要，更高层次的精神审美同样要得到满足。这就为我们提出了新的问题和挑战，适应当下新农村建设的发展需求。针对现代新农村的建设需要，围合式的院落关系，院落中土地的预留，为生活提供多种种植可行性；半地下的贮藏空间，为粮食及作物提供仓储空间，开创性的智能遮阳板设计为谷物晾晒及纳凉提供了规划性的新场所。

关键词：围合建筑；新农村；农舍

Abstact: In recent years, with the rapid enrichment of material life, people have put forward higher requirements for their living environment. It is not only satisfied with the basic needs of life, but also a higher level of spiritual aesthetics. This raises new questions and challenges for us to adapt to the development needs of the new rural construction. The enclosed courtyard relationship and the reserved land in the courtyard provide a variety of planting possibilities for life. Semi-underground storage space provides storage space for grain and crops, and the groundbreaking smart sun visor design provides a new planning place for grain drying and cooling.

Key words: Enclosed buildings; New countryside; The farmhouse

第1章 绪论

1.1 研究背景

近年来，传统文化复兴和地域特色重构渐渐走入人们的视野。从中国设计萌起初期依赖学习西方的设计文化到现阶段正慢慢寻求自身文化的价值，确立自身文化的不可替代性，朝着文化自信的方向发展。在经济方面，我国属于发展中国家，然而我们拥有难以数计的文化资源，国际社会越来越多地将聚焦点放在发展中国家，而建筑文化是其重要的组成部分和呈现形式。伴随着经济全球化的发展，各国家和地区的文化交流变得愈加频繁，受到其他国家和地区的文化冲击和文化输出影响也变得越来越多，各国的设计文化呈现“同一”的发展趋势，这在一定程度上促进了国家的设计文化进步，而这种发展趋势也对各国家和地区的设计文化造成趋向“同一”化发展。然物极必反，人们越来越强调设计的个性发展。可以发现，现在的设计研究大家都在有针对性地寻觅具有象征意义的文化符号，强调文化的民族性和地域性特征。结合目前的情况来看，现阶段我国人民的居住条件得到了一定的改善，在此基础上，如何在当下的人居环境中保留我们的文化特征，提升人居环境的质量成为值得深入探究的问题。在不断地追逐物质条件的同时，对精神追求而产生的认同感、自豪感、安全感和归属感，都是对生活质量高要求的体现。是否具有民族特色、新时代精神、乡土风情被越来越多发展中国家的设计师所重视。我国拥有着悠久的建筑历史和各具特色的区域居住特点，打造具有地域在地性特色的人居环境，成为社会当下热议的研究课题。我国的传统民居建筑修筑史恢宏而漫长，而围合式建筑作为颇具特色的中国传统民居建筑形制，经过时间的积淀，时至今日仍然适应现代中国普通百姓的民居居住特点。传统的家庭成员关系及邻里构成关系，采用异化的空间设计方法来构建合理的居住空间环境，对环境设计有着非常重要的参考作用和借鉴意义。对探究我国区域性传统民居建筑，寻求更好的当代建筑设计有着特殊的意义。

1.2 研究目的与意义

本文将会围绕研究围合式建筑在当下的研究及应用意义，探讨围合式民居空间对当代住宅空间的启示和布局影响。我国的很多地方都有围合式建筑，围合式建筑一般是以“院落空间”为核心进行布局的。因为我国的院落式居住形态呈现多种多样、各有特色的特征，院落布局更有弹性和可塑性。它们既科学有效地运用环境特性，还加入了地方文化和中国传统的文化概念。“院落”指的是通过人工的强制隔离手段或周边自然环境的聚合及构筑物的相互融合，以满足人们对生活所需空间的基本组合要求，这种空间的组合形式既是自然的环境空间向人们居住环境空间的进一步蔓延，又属于居住建筑空间的外沿。“院落”是居住空间的重要组成部分，同样也是自然环境过渡到居住环境的一个淡化过程，可以作为居住的外部建筑空间，又是居住的一部分，可以视为居住建筑的中枢。建筑在满意民居自己的基本生活要求的状况下，可以建立合院式的形成方法，构成特色的院落形式，丰富现今的建筑文化。围合式的空间布局，可以让人们更好地享受现代生活，也让人们得到更多的精神慰藉。我国城市化进程的步伐不断加快，如今大城市里的居民，大多数居住在高层或超高层公寓，由于客观的因素，户型、公共空间等的局限性，空气循环和采光率差，人与人之间的交往渐渐减少，邻里互助也缺少，关系变得紧张。我国的人民不断寻求的是一种居住的理想形式，院落符合了我们的理想，可是在当前高楼大厦的城市中，院落也被人遗忘了。可以在高楼中运用美妙的空间设计，推行立体化的院落建筑，在平面建起院落，在高层里重现院落的布置。垂直的院落更新了时代对院落的观念，可以发展到大都市在高层里的院落，提高了院落的可行性。此文章是客观分析总结，通过实际分析中国的北方传统合院式建筑比较和归纳，由此可以多方向辨析和论证，探究中国北方民居人与人、地域之间的差异性，对北方地区形成传统的合院式空间布局有一种新的认知。联系相关的资料和文件，翻阅与其相关的信息，细细探究地域文化的差异性、空间布局的多样性、思想观念的多元性等方向，是对中国北方地方合院式传统民居文化风格、源远历史和设计方法的概述。本文主要研究的是北方围合式建筑的空间设计和布局，在研究过程中找到围合式建筑再生的意义，同时针对如今住宅存在的问题，提出具有针对性的解决方案，从围合式建筑找到设计灵感，将围合式布局融入现代家居设计的文化内涵中。如何将围合式建筑风格与当代人的审美相结合，这是传统围合式建筑的精髓能否得到传承的关键所在。

1.3 国内外现状分析

伴随我国房地产行业的快速发展，住宅建设越来越受到重视。从数据来看，每年完成工程的城镇住宅面积是80年代的3倍，数值接近3亿平方米。结合人们的实际需求，笔者在研究围合式建筑的基础上，对住宅的布局进行创新设计。

根据以往的研究来看，围合式建筑是以传统民居为代表，换句话说，围合式建筑的发展，是伴随着传统民居的持续发展而前进的。对传统民居的探索，建筑理论师从不同的角度出发，作出深刻的领会和清晰的意见。刘敦祯在《中国住宅概率》对民居进行研究并得出结论，从各个方位出发，辅以大量研究实例。学者孙大章在相关书籍中提及我国民居的空间构成、民居保护、种类、美学表现、不同的民居形式、演变历史以及变化的影响因素，是较为全面的探究结果。迄今为止，“芙蓉古城”、“运河上的院子”、“北京 · 印象”、“菊儿胡同”等项目是传承与创新围合式民居空间的建筑案例。从整体层面来看，围合式建筑仍然处于发展、探索的阶段，需要进一步的突破和创新。这些院落建筑例子对我国现代的继承传统经验起了非比寻常的参考价值。在社会文化学、文化地理学、美学、民族文化学等学科上，可以阐明传统的合院式对我国发展的历史缘由和优点。我国传统民居的建筑文化相对外国的建筑研究还是存在着一定的差距与不足。传统保守的民居有自身特色的居住环境。人们的居住环境在不断进步改善着，世代居住已经有一个相对平稳和完善的建筑，对居住者身心上的变化有着微妙的影响。

1.4 研究内容

本文主要研究的是围合式构筑布局式建筑对当下居住空间的影响，通过阅读文献、实地探访等方式，本文章通过利用北方地区特有的合院式传统民居空间对比现代住宅空间，经过相当多的实例分析和现场探究，结合材料的分析和结果，讨论合院式传统民居空间对现代住宅空间的影响和相关的应用。探究内容包括以下几个方面：第一个方面，结合传统建筑中的合院形制和中国合院式传统民居的空间特征等进行阐述，具体的案例可以参考晋中民居院落、北京的四合院等。第二个方面，探讨北方地区合院式传统民居体系的建设。第三个方面，现代住宅中公共空间对北方地区传统合院式民居空间的吸收和发展，将院落住宅和北方合院式民居完美结合，建造新的风格建筑。

1.5 研究方法

通过查阅大量的文献，并对文献进行分析与整理，找到围合式建筑的特征和布局方式，接着进行实地考察，对采集的数据进行分析，将理论与实际情况相结合，研究影响围合式建筑的主要因素。除此之外，还使用问卷调查的方式，找到围合式建筑存在的问题，并找出具有针对性的应对方案。

第2章 概念阐述

2.1 建筑布局

围合式建筑是汉族最多见的民居方式。所谓围合式，意味着“由屋宇和墙四面围合，中间则是天井或是院落的民居格局”，并且还囊括不同的组合变化。换种方式表达，围合式建筑，意味着“由四面房子围合构成的内院式民居”，老北京人称其为“四合院”。围合式建筑分布范围广泛，是国内常见的民居方式。围合式建筑的布局，意味着在外部，建筑以墙包围，而建筑内部朝着内院开门窗，建筑室内和室外存在一定的区别。围合式建筑内部的院落较大，是人们日常悠闲娱乐的活动场所。夏季，人们可以在院落内纳凉；冬季，人们可以抵御西北寒风的干扰。除此之外，人们还可以在院内种植花草、树木等。

四合院

所谓四合是指构筑物的围合形制。“四”是指其东、南、西、北四面的方位。“合”是指四个方位的构筑物围合在一起，形成“口”字形的排布形制。

围合式建筑

围合式建筑的空间结构很有特色，各建筑之间呈现出分离状态，建筑与建筑之间并没有相互融合，各个建筑外围都有坚实的石头，院落围合的面积较大，院落内的门窗都朝向内院，框架结构可以选择抬梁式。这些形式的建筑可以在屋内设置一些悠闲娱乐的地方，也可以在夏季收纳凉爽的自然风，在冬季得到充裕的阳光，躲避寒冷的袭击，因此围合式建筑是我国人民常见的居住形态。在围合空间布局中，大门口一般在院落的东南方向。大型院落里书房和游园一般在另外的轴线上。而各座的建筑都有独自的属性和功能，正厅的构造包括会议室、客厅；倒座房的构造包括门房、账房、外部接待厅等；后罩房通常是仆人使用；厢房通常是子侄生活的场所；正房通常是家长和长辈所用。住的方法按一定的品级或位置划分，如内与外、长于幼、贵与贱，具有传统宗法性的封建封闭式居住环境特点。围合式建筑有多种形态，例如宁夏回族民居，这种围合式建筑的朝向可以任意选择，与此同时还可以建设花园，形式不受拘束；关中民居，围合空间较为狭小，一般来说，厢房以一面坡来呈现；晋东南民居，这种形式的民居有两层或是三层的建筑；晋中民居的布局呈现的是南北狭长形态；平顶的四合院代表是青海庄窠，外墙由夯土堆成；而吉林省的满族民居一般院落比较开阔，正房是西间为主房，另三方向是万字炕；大理地区建筑的典型代表类型是白族民居。“三坊加一照壁”和“四合五天井”是白族民居的特色；纳西族民居建筑与白族民居建筑相似点颇多，都参考了藏族民居长廊的房屋模式。

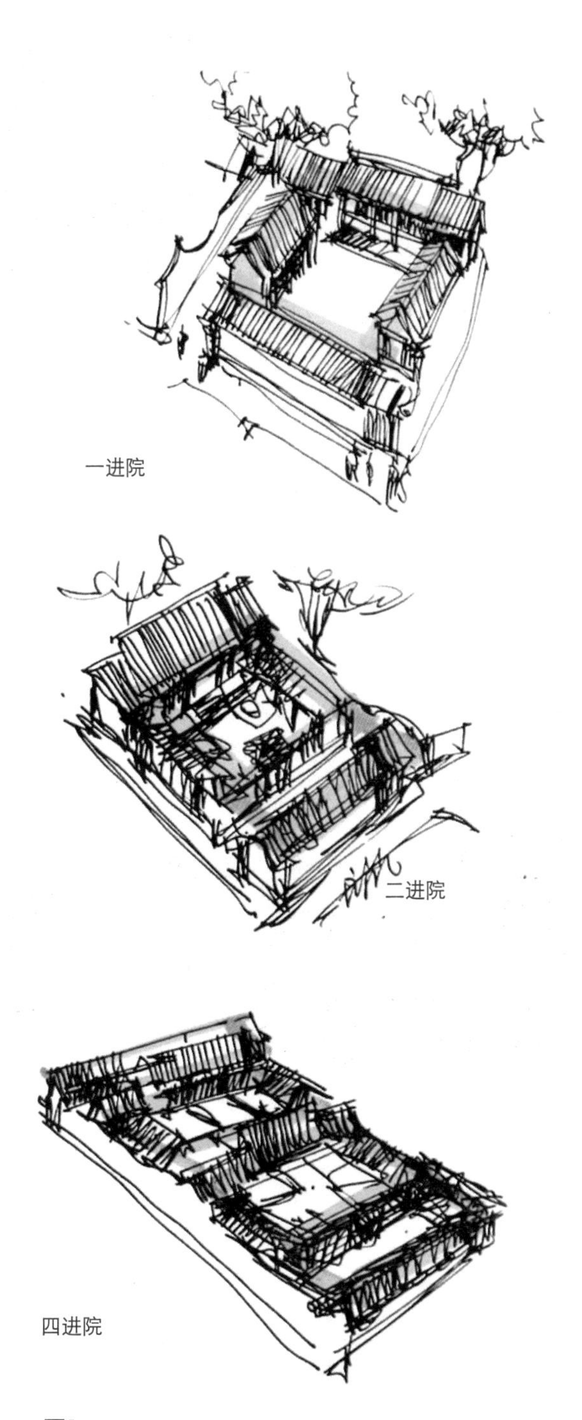

图1
（图片来源：作者自绘）

案例研究

树屋

Vo Trong Nghia建筑事务所

地址：越南 胡志明市

项目年份：2014年

面积：226m²

散点状的空间聚合形成了围合式的建筑空间布局。零散的小空间组成一个相对闭合的围合空间。

案例研究

英格兰锡德茅斯WOOLBROOK RESEVOIR

通过附土来模糊建筑与自然的界限

自然地生长于地表之上的建筑

图2

（图片来源于网络）

2.2 建筑类型

2.2.1 公共服务类建筑

围合的空间以居住为中心，四周是围墙围合而成，这样的建筑称为院落。院落的构成是规划空间最简单快捷和相对合理可行的方案。中心院落的长度和宽度决定了围合的范围，而构建的院落大小与围合的范围息息相关。不论是公共服务类建筑，还是居住生活类建筑，形成的围合空间，都是根据主观因素决定的，人们根据主观愿望设计院落的空间布局。围合的出入口以及周边与中心院落构成整体的生态系统。公共服务类中心院落都向内敞开，外墙的保护意识加强，并且不影响院落的美观性。大多数情况下，传统院落里的家庭是较为复杂的宗族，专门设计的院落出入口在一定程度上隔绝了外面的干扰，实现了院落良好的防卫性。公共服务类院落提供了沟通交流的场所，让人们加深对彼此的认识，院落让人们产生亲切感与安全感。

人们从室内走到院落中心，只需要几步，这种设计让人与人变得更加亲密。建筑的门窗向中心院落打开，这也可以视为让人们更亲密的方式。公共服务类院落让居住在此的人体验自然的变化过程，让人们更容易获得欢乐、舒畅的心情。院落是互通的生活空间，有静态的建筑和动态的交通空间交互呼应，形成建筑生态。显而易见，这可以表达出建筑和建筑之间的关联以及建筑所表达出的个性和文化内容。在公共服务类院落的围合空间中，人们之间的沟通交流成为一种必然。在当代，绿地发挥着过往的交流作用，但通过观察可以发现人们的交流机会并没有增加，因此绿地发挥的作用是极为有限的。

2.2.2 居住生活类建筑

目的在于在中国传统的建筑文化和空间设计的根基里，找到一种既能符合传统特色也能符合现今发展趋势的空间设计结构。院落的空间应由传统走到现代的今天，院落的空间布局、各处的细节、建筑物的特性也应随之改变到现代的设计和审美观念，在不影响核心文化的情况下，加以创新和完善。在空间的核心里，由于形成方式的不同，就有不同的核心，大概可以分为两种：一种是常见的四合院中建筑相对有序的中心型院落；另一种是普通建筑与普通建筑、普通建筑与墙体结合形成的角落型院落。以上的两个空间种类是我国传统院落建筑的根本原型，将传统的建筑文化提升了一个新高度，由封闭的建筑文化走向室内外空间的建筑新方向。围合式建筑的形态从固态变为流动型，这种形态较容易融入日常的生活场景，这些充满想象且灵动的空间，是我国传统院落的特色。

第3章 影响建筑布局的要素

3.1 自然环境因素

3.1.1 日照条件

阳光是地球生物必需的要素，所以人类也离不开阳光，还有空气和水。充足的阳光可以使生命更加有活力，可以令人的一天生活更饱满。在我国北方的居民建筑中，围合空间的面积较大，因此可以收集白天日照的阳光，为居民提供温暖且舒适的生活条件。主流的建筑都将中心围合院放置到通风采光较多的中心主要建筑前。中心围合空间能够收集到最多的日光，直达室内的各个角落。可以不断地为居住在建筑内的人带来舒适感，此种形式的建筑布局和中国建筑文化中的北方传统有着千丝万缕的关系。中国传统民居建筑的围合空间和民居建筑与建筑之间要有一种距离感，并可以适当控制。增加围合式建筑中建筑与相邻建筑之间的间隔距离，从而使院落的面积增加，这样可以让人们享受到更多的阳光。以北方特色小镇民舍设计为例，在我国北方较为寒冷的地方，围合院落的空间较大，这样可以让院落收集更多的阳光，从而减少寒冷对人们的干扰。

3.1.2 风环境

根据数据分析，人类经常活动的2公里范围内地区的风速会直接影响人体的感觉，人体舒适性可能会因为强烈的冷风而受到影响。为了减少风对院落产生的负面影响，人们会采取一些措施，例如缩短两侧建筑之间的距离，控制两侧建筑的间隔距离，增强住宅的舒适性。良好的通风效果可以令人感到身心轻松，流动的微风能促使空气循环，排出不良空气的同时也能使环境更加洁净，人体更加健康。在夏季炎热的气候环境下，通过科学布局让风进行循环，这体现出传统民居院落的特点，可以让住宅保持自然通风。

3.2 人文环境因素

传统的围合式建筑受到了儒家思想的影响，崇尚“中庸”、“礼”之道。不管是北方的围合式建筑，还是南方的围合式建筑，建筑都注重中轴对称，起码主要空间呈现中轴对称的形态，这便是“中庸”之道的体现。在家中，长辈住正房，正房是装修最好、面积最大的房间，其他房间按照年龄、性别、亲疏关系来划分，并且通过空间布局，展现“权威”等级的存在。比如，北京四合院位于皇城脚下，明清时期的四合院会受到当时封建体制的影响，所以大部分合院建筑使用单层建筑平铺展开的布局形式，所建房屋屋顶不得高于紫禁城建筑物屋顶的高度，从另一个方面来思考，低矮的院墙可以减轻人们心理层面的压抑感。

第4章 围合式建筑布局的应用

4.1 北方乡村环境的独特性

一般院落建筑文化都体现在北房，因春夏季度风较平常大，为了避免风沙的吹袭，房屋的门都是向院的中心打开，北房的地基会高于其他的地方，利于冬日里的阳光照射。夏天东南风盛行，有利于地方高的建筑受风，从而令院落冬暖夏凉。北方的大部分民居都为砖石的墙加上护檐，为了保护山墙多采用悬山顶的屋顶。在我国，北方地区气候寒冷，因此防寒保暖变成人们在设计民居时候必须思考的问题。在晋中，陕西关中以及晋东南地区的大多数楼层都是一层半，下面那层用来住人，上面那层用来储存东西，上面的楼层比较矮。这样的设计可以形成隔寒层，也可以增加使用面积，有利于发挥围合式建筑的保温作用。在北京，大的窗口会做成两层的支架窗，夏季可以去掉窗扇，打开窗扇，这样可以满足两季人们对温度的需求。在建筑风格方面，北方的院落占地面积较多，风格偏向稳重，用色较为保守，建筑显得十分有气派。北方院落中房屋是彼此独立存在的，均以平房的形式存在，较少情况下会出现楼房。

4.2 围合方式的可行性分析

院落的围合式已经有长达两千多年的悠久历史。合院的演变成为大家关注中国建筑历史文化的重点对象，本文透过研究经典的合院式住宅的空间结构得出了结论，并得到了相关的参考价值，可以应用到不同的建筑体系中。传统的合院住宅让我们感到稳定和舒适，可以适应各种自然环境带来的利弊，也是我们传承历史文化的重要载体。随着经济的发展，传统的围合式建筑无法满足人们当下对居住条件的要求，所以我们需要在尊重地域差异的基础上，解决传统围合式建筑缺乏邻里交往空间，以达到拥有更好私密性的目的。当代的围合式建筑，在为人们提供居住空间的时候，需要提供适合人们互相交流的场所，让人和人之间的关系更加融洽。建筑属于时代的产物，与时代的发展息息相关，围合式建筑与西方引入的建筑，无论是风格上还是空间布局上，都存在一定的差异，他们各有自身的优势和缺陷，如何将两者的优势结合起来，并克服其中存在的缺陷，是我们需要认真思考的问题。合院式现代的排屋可以妥善地解决以上的问题，可以更进一步地探究，将其中的优点利用到更多的现代建设上，可以设计出丰富多彩的设计方案。

第5章 设计要点

5.1 体量组合与形态处理

我们不是简单地复制和模仿我国的传统民居空间结构，在城市围合空间居住模式里，我们还要确定中国自身的发展情况，好好利用中国建筑结构文化，将其与现代建筑文化融合，勾画出符合现代人的生活活动空间。传统的围合空间对现代人来说可能已经过时，但从另一面看传统的围合空间，是久经考验而演化到现在的，可以将其符号化和抽象化，令更多人接受，继而运用到现代建筑中，让世界感受到东方另一种美态。

结合目前的发展情况，我们需要对建筑进行“体量组合”，在垂直方向的居住空间加入围合式布局，这种形态处理的方式，是一种新颖的形式，也是被越来越多人接受的形式。一般情况下，我们需要对原有元素进行无序分裂，将这些元素进行科学的重组，从而变成能够满足人们日常需求的空间布局。

5.2 自然流露与刻意表现

在各个相对独立的围合空间里建立自身的个性特点，可以从各种角度表达围合空间的居民住户对自然生态的向往及优质生活的期盼，这是一种自然流露的表达方式。垂直的围合空间以高层的居住建筑居多，结合实际情况来看，高层建筑成为现代社会发展趋势。通过研究可以发现，居住向垂直方向发展，并非邻居之间减少沟通交流的根本理由，根本理由在于如何应用“以人为本”的人文涵义。我们不仅要传承围合式建筑的精髓，还要将围合式建筑的精髓融入高层建筑中，这种看似刻意的设计，可以为人们营造围合式布局空间和立体化道路的意境。自然流露与刻意表现的有机融合，既传承了围合式建筑的精髓，又满足了人们对居住环境的要求。总结近年来中国居民居住模式的演变和进步发展的步伐，无论是传统的围合空间还是大杂院，或是住宅小区的中高层建筑，或是市郊的杂乱建筑，或是偏僻远郊的独幢建筑，最后都回到了围合空间的居住模式，这些变化的过程不是单纯的覆盖演变，整个变化过程呈螺旋式上升，居住空间的布局和设计随着时代的进步而变化。围合式建筑的再生，不只是代表传统的围合式空间，而是文化与思想不断碰撞的结果。

小结

我国北方的民舍设计受到传统文化、风俗习惯、社会发展等影响，与北方的气候、地理环境息息相关，这些因素对围合式建筑的发展产生了很大的影响。院落是我国传统的空间形态，也是人们常见的住宅形式，围合式建筑具有东方特色，对我们当地改善住宅空间布局提供具有参考价值的意见。本文在介绍国内外围合式建筑发展状况的基础上，对围合式相关的概念进行解释，研究围合式建筑的布局、建筑元素等，并研究影响建筑布局的因素，全面了解北方围合式建筑的特色和风格，以北方特色小镇民舍为例，分析围合方式的可行性，并针对存在的问题，提出具有参考价值的改善方案，以达到推动居住空间设计创新、提高人们的居住水平、建设新时代背景下围合式建筑的目的。

参考文献

1. 专著
[1] （日）中村好文著. 住宅巡礼2［M］. 天下文化出版社，2013. 01.
[2] （美）文丘里（Robert Venturi）著. 建筑的复杂性与矛盾性［M］. 周卜颐译. 北京：中国建筑工业出版社，1991.
[3] （日）原研哉（Hara Kenya）著. 设计中的设计［M］. 朱锷译. 济南：山东人民出版社，2006.

2. 学位论文
[1] 刘珂鑫. 寒地校园围合式外部空间环境设计研究［D］. 哈尔滨工业大学，2013.
[2] 赵炎. 住宅小区室外热环境的实测与模拟［D］. 重庆大学，2008.

3. 学术期刊
[1] 张妍. 建筑布局对住宅小区风环境的影响探究［J］. 门窗，2018，(01).
[2] 袁文岑，施维琳. 从文化看中国传统建筑布局［J］. 山西建筑，2006，(22).
[3] 朱俊仪，翟天然. 中华民族性格与传统建筑空间［J］. 绿色环保建材，2017，(07).
[4] 苏敏静. 高层建筑布局中城市生态环境因素浅析以太原市为例［J］. 太原大学学报，2011，(01).
[5] 高新凯. 高层建筑布局规划方法研究［J］. 科技创新导报，2008，(17).

结庐——兴隆县特色小镇农舍设计

Farmhouse Design of characteristic Town in Xinglong County

设计思路

围合式建筑构架
退合式结构布局
下沉的空间复合
模糊边界的植被引入

日新月异的今天，随着物质生活的极大丰富，人们对于自己的居住环境提出了更高的要求。不仅仅只是满足于基本的生活需要，更高层次的精神审美同样要得到满足。这就为我们提出了新的问题和挑战，适应当下新农村建设的发展需求。围合式的院落关系、院落中土地的预留，为生活提供多种种植可行性。半地下的贮藏空间，为粮食及作物提供仓储空间，开创性的智能遮阳板设计为谷物晾晒及纳凉提供了规划性的新场所。

建筑围合形式探索

基于郭家庄当地的气候条件（风、日照等）及地理环境影响，民舍的聚集围合能够调整居住环境的微气候。打破以前较为单一的横排聚落形式，形成新的公共空间和围合形制。围合聚集的组团关系也使当地形成新的邻里聚落关系。

郭家庄现状

郭家村村民现有生活问题的呈现

· 院落农具随意摆放所造成的视觉杂乱

· 晾晒作物的场地凌乱

· 院落全硬化，果蔬无法种植

· 设置半地下的储藏空间，保障采光的前提下冬暖夏凉，利于粮食作物贮存

· 采用现代化设备配合农作物的晾晒，大工业化下的农民劳作方式的改变

· 预留种植池，保留农民种植生活方式的同时，优化住宅环境

The opening report of 4&4 Workshop Project
SXSDS
2018创基金4X4实验教学课题汇报展览
作品名称：结庐 学校：四川美术学院 导师：潘召南 作者：郭倩
2 Two
Build House
结庐
郭家村村民生活现有问题的呈现
·院落农具随意摆放所造成的视觉杂乱
·晾晒作物所的场地凌乱
·院落全硬化，果蔬无法种植
解决方法
·设置半地下的储藏空间，保障采光的前提下冬暖夏凉 ，利于粮食作物贮存
·采用现代化设备配合农作物的晾晒，大工业话下的农民劳作方式的改变。
·预留种植池，保留农民种植生活方式的同事，优化住宅环境。
The present problem of the villagers' life in guo jia village
· the visual clutter caused by the random arrangement of farm tools in the yard
· the field for drying crops is messy
· the courtyard is completely hardened, and fruits and vegetables cannot be planted
The solution
· semi-underground storage space is set up to ensure warm winter and cool summer under the premise of daylighting, which is conducive to the storage of food crops
· adopt modern equipment to cooperate with the airing and drying of crops, and change the working methods of farmers in big industrial words.
· reserve planting ponds, keep colleagues of farmers' planting lifestyle, and optimize Residential environment.
智能遮阳板
当智能遮阳板收起时，阳光可以通过遮阳板直接到达地面，形成阳光直射区；当智能遮阳板展开时，阳光无法通过遮阳板抵达地面，形成阳光无法直射的阴凉区域，根据阳光的需求量在不同的季节随意调整使用遮阳板。
Smart sunshade
When the smart visor is closed, the sunlight can reach the ground directly through the visor, forming a direct sunlight zone. When intelligent sunshading expansion, the sun can't arrived in the ground through the visor, form the sunshine can't direct cool area, according to the demand of sunlight in different season adjusted freely use the visor.

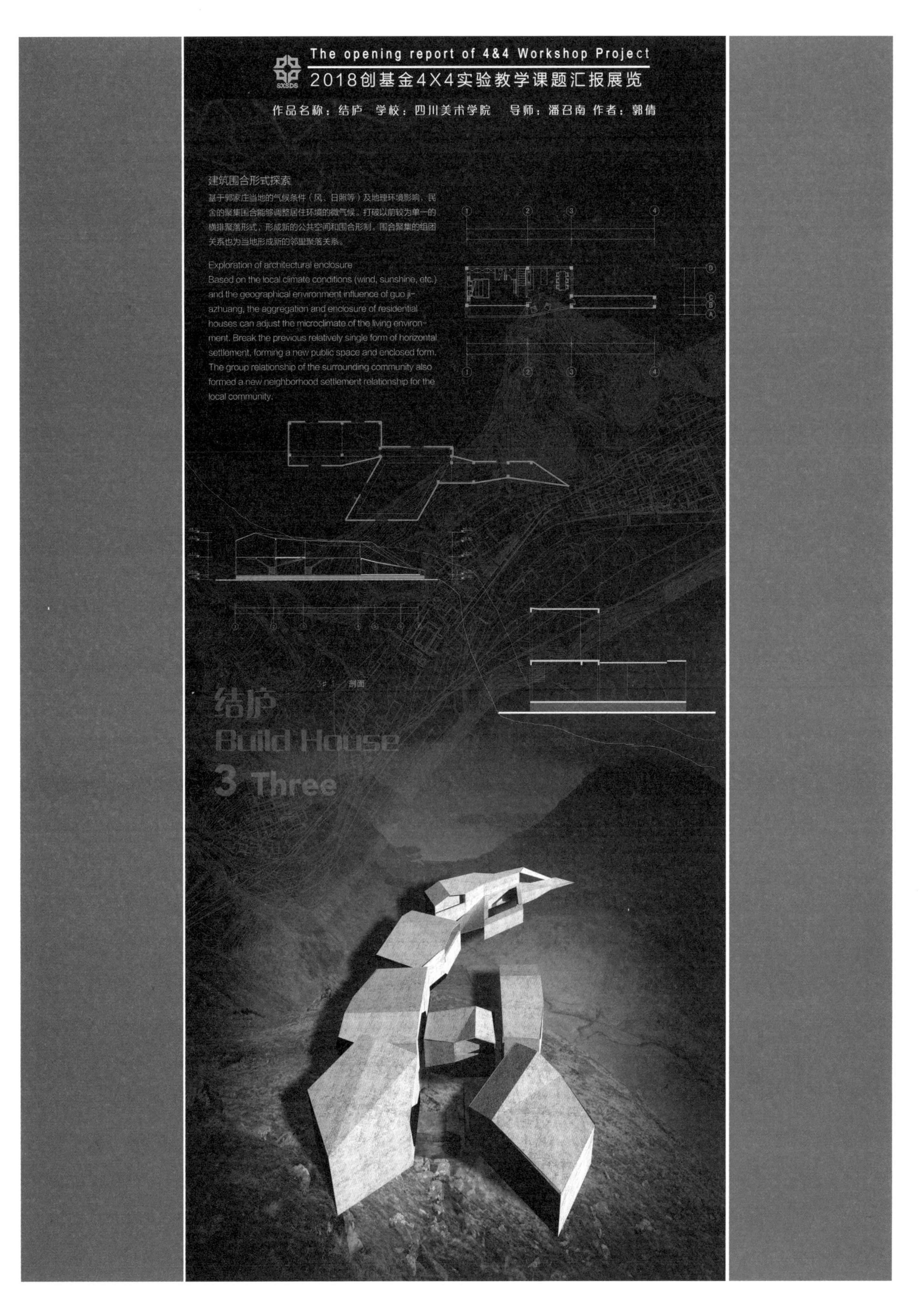

The opening report of 4&4 Workshop Project
SXSDS
2018创基金4X4实验教学课题汇报展览
作品名称：结庐 学校：四川美术学院 导师：潘召南 作者：郭倩
建筑围合形式探索
基于郭家庄当地的气候条件（风、日照等）及地理环境影响，民舍的聚集围合能够调整居住环境的微气候。打破以前较为单一的横排聚落形式，形成新的公共空间和围合形制。围合聚集的组团关系也为当地形成新的邻里聚落关系。
Exploration of architectural enclosure
Based on the local climate conditions (wind, sunshine, etc.) and the geographical environment influence of guo ji-azhuang, the aggregation and enclosure of residential houses can adjust the microclimate of the living environment. Break the previous relatively single form of horizontal settlement, forming a new public space and enclosed form. The group relationship of the surrounding community also formed a new neighborhood settlement relationship for the local community.
剖面
结庐
Build House
3 Three

兴隆县郭家庄景观规划设计研究

Study on Landscape Planning and Desigh of Guojiazhuang in Xinglong County

苏州大学 金螳螂建筑学院　王爽

Gold Mantis School of Architecture, Soochow University

Wang Shuang

姓　名：王爽 硕士研究生二年级

导　师：钱晓宏

学　校：苏州大学金螳螂建筑学院

专　业：风景园林学

学　号：20164241006

备　注：1. 论文　2. 设计

兴隆县郭家庄景观规划设计研究

Study on Landscape Planning and Desigh of Guojiazhuang in Xinglong County

摘要：随着国民经济发展水平的提高，城乡差距逐渐增大，乡村建设成为新时代背景下人居环境研究的主要问题，为了缩小城乡差距，改善乡村生活水平，我国提出美丽乡村建设计划。美丽乡村建设在全国如火如荼地展开，其中以休闲旅游型的美丽乡村建设应用最广泛，但在此类乡村建设中也暴露出诸多问题尚待解决。如何突出美丽乡村特色，使乡村旅游与乡村环境协调并可持续发展是当前美丽乡村建设面临的重大挑战。针对以上问题，从共享理论出发，以互联网和高科技为载体，建设智慧型乡村，引导城市消费与乡村产业进行有机结合，使旅游附加值最大化，为休闲旅游型美丽乡村特色化营造提供一种新的解决思路。本文以美丽乡村建设为背景、以乡村休闲旅游的兴起为发展契机，对美丽乡村建设的现状和模式、发展思路及遇到的问题进行梳理归纳与问题总结，其次结合相关文献资料对休闲旅游型美丽乡村的建设要点做了分析。最后以郭家庄村景观设计为例，应用共享理念对美丽乡村景观规划设计做出探索性尝试。

关键词：共享理论；休闲旅游；美丽乡村；景观规划

Abstract: The gap between urban and rural areas has gradually increased within the improvement of the level of national economic development. Rural construction has become the main issue in the study of human settlements in the new era. In order to narrow the gap between urban and rural areas, improve the quality of rural life, China put forward a policy named Construction of Beautiful Village. This policy has a great influence and has been correspondingly across the country, and the most widely used type is leisure-tourism village type. However, many problems have also been exposed in the construction of this type. How to highlight the characteristics of countryside, coordinate tourism and environment sustainable development becomes to the major challenges. Research based on sharing theory, construct the smart villages using the Internet and high-tech. This article takes the Construction of Beautiful Village as the background and the rise of rural leisure tourism as the opportunity for development. It summarizes the status quo and patterns of the rural construction, development ideas and problems encountered, and then combines relevant literature materials with leisure tourism. Finally, taking the landscape design of Guojiazhuang as an example, the sharing concept was used to make an exploratory attempt on the planning and design of the beautiful rural landscape.

Key words: Sharing theory;Tourism;Beautiful countryside; Landscape planning

第1章 绪论

1.1 研究背景

1.1.1 美丽乡村建设受到高度重视

改革开放后，我国的国民经济发展水平逐渐提高，城市化进程不断加快，城市精神文明、物质文明都达到较高水平。城乡物质基础的巨大差异使得乡村人口不断向城市流入，带来城市负载过大、乡村空心化等诸多问题，引起政府的高度重视，乡村建设成为新时代背景下人居环境研究的主要问题。为缩小城乡差距、改善乡村生活水平，2005年10月，党的十六届五中全会提出建设社会主义新农村的重大历史任务，提出了“生产发展、生活宽裕、乡风文明、村容整洁、管理民主”的具体要求；2008年，浙江省安吉县正式提出“中国美丽乡村”计划，出台《建设“中国美丽乡村”行动纲要》；2015年5月，习近平总书记到浙江舟山考察调研时提出：美丽中国要靠美丽乡村打基础；2017年2月，新华社受权发布了2017年中央一号文件，全面且重点突出地部署了深入推进农业供给侧结构性改革和加快培育农业农村发展新动能的工作，其中建设美丽乡村是重点之一。

1.1.2 休闲旅游型美丽乡村盲目发展

美丽乡村建设的最终目标是提升农村生活质量，除了村容美化、环境改善外，还应实现乡村经济发展振兴，但大部分乡村缺乏产业发展指导与规划，单一地发展农业，经济结构不稳定且经济回报率低，难以支撑乡村更新发展。随着城市生活质量的提高，旅游休闲逐渐成为城市居民的重要消费内容。不同于城市的自然乡村景观与传统的乡土文化，旅游休闲为乡村旅游业发展带来了巨大的机遇，许多建成的产业型美丽乡村纷纷转型为旅游休闲型，未开始美丽乡村建设的也将目标定位为旅游休闲型，这使得美丽乡村建设类型过于单一，形成巨大的旅游市场竞争压力，反而不利于乡村的可持续发展。另一方面，缺乏科学规划指导的旅游村建设使得乡村的环境资源、人文资源遭到严重破坏，如：古老的历史保护建筑被拆除、挖山填湖开发人工景观等，出现千村一面的现象，使乡村景观失去原有风貌，乡村旅游不再具有吸引力。

1.1.3 共享理念成为新时代主题

党的十八届五中全会提出的五大发展理念，其中“共享”发展理念，实际上是在强调人民群众共同享受国家改革的成果，是我国以利民为主思想理念的集中体现。虽然“共享”理念的具体提出时间较短，但是“共享”理念确为“十三五”时期推进中国特色社会主义和新型智慧城市的发展进一步指明方向。随着互联网和电子科技的发展，共享经济随之繁荣起来，从出行工具——共享汽车、共享单车，到生活用品——共享洗衣机、共享雨伞，共享理念融入生活中的方方面面。在此基础上，共享帐篷、共享攻略、拼车、拼团等以租赁平台和社交网络为依托的共享旅游模式也逐步得到发展。

1.2 研究的目的及意义

1.2.1 研究目的

随着美丽乡村建设进程的加快，一些美丽乡村在建设中暴露出诸多问题，例如，对乡村拥有的资源利用不充分，大肆兴造与乡村人文历史不符的建筑、景观；忽视农业对乡村经济的作用；盲目效仿使乡村失去特色。如何在休闲旅游型美丽乡村规划中更好地融合乡村的农业资源、景观资源和旅游资源并充分体现乡村的独特优势是美丽乡村建设面临的重要难题，基于此，本文对休闲旅游型美丽乡村规划的研究目的有：

①解决农村经济发展面临的困境，引起社会对休闲旅游型美丽乡村建设的重视，充分考虑乡村经济产业的可持续发展问题，基于共享经济的理论指导下，科学规划农村地区的产业发展，实现乡村环境资源的充分开发与利用；

②拓展休闲旅游型美丽乡村规划的思路，充分考虑乡村资源的共享问题，打破原有的旅游规划定式思维，建立新的乡村旅游规划机制；

③丰富乡村旅游形式与内容，重新诠释传统的乡村旅游模式，并对共享的概念进行拓展定义，不单单是休闲农家乐、民宿的形式。

1.2.2 研究意义

为了更好地提升美丽乡村建设水平，突出美丽乡村特色，提高休闲旅游型美丽乡村竞争力，拓展既有的乡村规划思路，将乡村发展与城市发展有机地联系起来，本文通过共享理念的指导，结合现代智慧城市建设，借鉴优秀案例，以河北省承德市兴隆县郭家庄村为例，探索出共享理念下休闲旅游型美丽乡村的发展模式和景观规划方法。

1.3 国内外研究现状及分析

对于休闲旅游型美丽乡村的规划，国外多见于乡村景观研究，开展的应用研究主要集中针对乡村景观规划的研究，其中付诸实践的主要是西方世界经济体发达的国家及地区，一般认为开始于20世纪的中叶，通过不断的实践已经形成了较成熟的指导理论和方法体系，亚洲国家中经济较发达的日、韩等国也逐渐基本走完了这一过程，形成了规范化的体系，研究这些国家及地区的乡村景观规划对于本文着眼的国内休闲旅游型“美丽乡村”规划研究具有重要的借鉴指导意义。

美国在乡村景观规划方面，最初是以乡村环境规划研究为基础的。美国景观规划之父奥姆斯特德（Olmsted）提出将研究对象转移到乡村地区，他认为景观规划设计不仅仅是给人类创造健康的城市环境，也要提供一个健康环保的乡村环境。而福曼（Forman）则提出了一种基于生态空间理论的景观空间规划模式和景观规划原则，研究强调生态价值和历史文化的融合在乡村景观规划中的体现。随着美国经济的大发展与大跨越，乡村地区的经济也开始飞速发展，乡村地区的科学规划也越来越受到政府及民众的重视，生态及可持续发展理念深入到乡村景观规划的实践中，不断完善的法律法规增强了民众的环境保护意识，为乡村景观创造了良好的法制基础及舆论氛围。

德国在战后的城市建设上快速发展，而乡村建设则经历了较长期的摸索，可以概括归纳为三个阶段，即用地整理、景观规划和村庄更新规划。1954年西德政府制订并实施了《土地整治法》，结合农业基础设施和公共服务系统的建设，改善农业生产经营条件，扩大农业生产规模，为乡村景观的健康发展奠定了法制基础；至20世纪70年代左右，维持了较长时期的乡村用地格局出现了改变，伴随着重工业的兴起以及经济的快速发展，德国大部分地区出现了严重的生态环境危机，政府在这样的背景下出台了《自然与环境保护法》，希望通过相关法规进行有效监督与法制约束，改善乡村地区不断恶化的环境问题，促进乡村环境、经济彼此协调发展。在此后，德国政府推行了“村庄更新规划”，逐步完善相关法律、法规，结合可持续发展理念，逐步形成系统全面的乡村景观规划建设理论体系。

20世纪60年代，日本兴起强大的草根性运动——造町运动，其对保护日本传统的乡村景观起了决定性的作用。20世纪70年代兴起的“一村一品”运动和“美丽的日本乡村景观竞赛”，活动通过提高村民参与度，形成村民参与机制，有效鼓舞了村民的参与积极性，使建设、改变家乡面貌的热情得到彻底激发，形成了有效的责任机制，对乡村地区的规划注重挖掘乡村特色，发展具有鲜明地域特色的主导产业，从而形成了产业的集群效应，将农村劳动力就地转移，提高农业效益，使农民增收，改变了村庄风貌。

韩国通过开展“新村运动”，前期采用以政府主导为主的发展模式，政府无偿提供基础建设物资和政策支持，培养新村干部来指导政策行动具体落实。“新村运动”通过前期的基础服务设施建设投资，充分调动起村民的配合参与积极性，至后期时，“新村运动”从最初的政府主导阶段过渡到政府支持、民间主导阶段，再转变到完全的民间主导阶段，成功调动起村民建设的积极性，从根本上促使韩国的广大农村地区改变了贫穷落后的面貌，乡村旅游逐渐发展起来，村民的年收入持续增加，其生活环境及质量得到彻底改善。

国内美丽乡村建设的大部分研究侧重于美丽乡村建设的政策方面，对于结合乡村景观规划的研究目前还处于一个起步的阶段。相对于国外发达国家的乡村景观研究，国内对于乡村景观的研究还未形成完整的理论体系，研究的深度及层次还较低，没有适应当前的乡村建设浪潮。其中与美丽乡村建设相关的研究内容主要着眼于乡村农业景观、乡村聚落景观、乡村景观规划、乡村景观旅游等 4 个方面。

国内美丽乡村建设主要研究内容（作者自绘）　　表 1

研究主题	作者	主要内容
乡村农业景观	孙冬玲等	从农业景观、旅游和农村建设的互动关系进行研究，认为农业旅游对新农村建设的促进作用是巨大的，同时村庄的相关建设也反过来对农业景观旅游起推动作用
	左晓娟	从现代农业景观旅游，对贫困地区农村建设的角度来研究，认为发展现代农业景观是体现我国贫困地区乡村资源特色、实现资源价值的主要手段
乡村聚落景观	蔡为民等	对近 20 年黄河三角洲典型农村居民点格局的演进进行分析，发现居民点布局最初与自然条件密切相关，在其后的变化发展中则较多受到地方经济工业及交通等方面的影响
	刘沛林	对古村落环境进行了深入的研究，认为古村落是最为理想的人居环境，其选址布局与营建充分体现古人的和谐观、自然观等
乡村景观规划	郭焕城	从乡村地理学方向着手，对黄淮海平原乡村发展模式与乡村城镇化进行研究，总结了农业乡村景观相关问题，探讨了区域城乡发展机制与模式
	刘黎明	提出乡村景观规划，必须合理解决乡村土地及土地上的物质和空间问题，为人民创造安全健康、舒适优美的环境和可持续发展的整体乡村生态系统
乡村景观旅游	王云才	乡村旅游的经济效益

1.4 研究内容与方法

1.4.1 研究内容

本研究主要内容主要包括以下三个方面：

①研究“休闲旅游”、“美丽乡村”、“乡村景观”的相关概念和国内外发展情况，通过研究进展与案例的分析得出休闲旅游乡村规划理论与实践中存在的问题及影响机制；

②根据相关政策与法规对美丽乡村建设的要求，探索共享理念下休闲旅游型美丽乡村景观规划的方法、原则和重点内容；

③分析研究优秀成功案例的思路，总结出有参考价值的美丽乡村景观规划建设经验，探索共享理念下休闲旅游村景观规划的策略。

1.4.2 研究方法

①文献归纳法：借助图书馆图书资源及广泛的网络资源，通过万方数据库、知网全文期刊库查阅并解析大量国际国内相关文献资料及优秀硕士、博士论文，了解了国内、国外乡村景观规划发展的现状及趋势，对目前乡村景观学术研究前沿领域的研究内容熟悉、了解。通过对相关学术理论的分析、总结及思考。为分析构建休闲旅游型“美丽乡村”建设模式提供强力的理论支撑和实践基础；

②案例分析法：通过对大量相关规划设计案例及国内外典型成功案例的分析和比较研究，对研究案例中比较好的规划思路及方法做巧纳总结，深入研究美丽乡村景观规划存在的主要问题，在美丽乡村建设的要求和农业行业特点相结合的基础上，进一步提高美丽乡村景观规划的设计水平；

③实证研究法：依据之前所掌握的相关理论知识与相关实践经验的积累，结合兴隆县郭家庄村设计实际项目，将研究成果运用到实际项目中，脚踏实地地将美丽乡村景观的规划做出特色、做出亮点、做出新意。

1.5 论文研究框架

本论文共分为六个部分：第一部分、第二部分为理论基础研究；第三部分、第四部分为规划方法与要点研究；第五部分、第六部分为基于理论的实践项目研究。

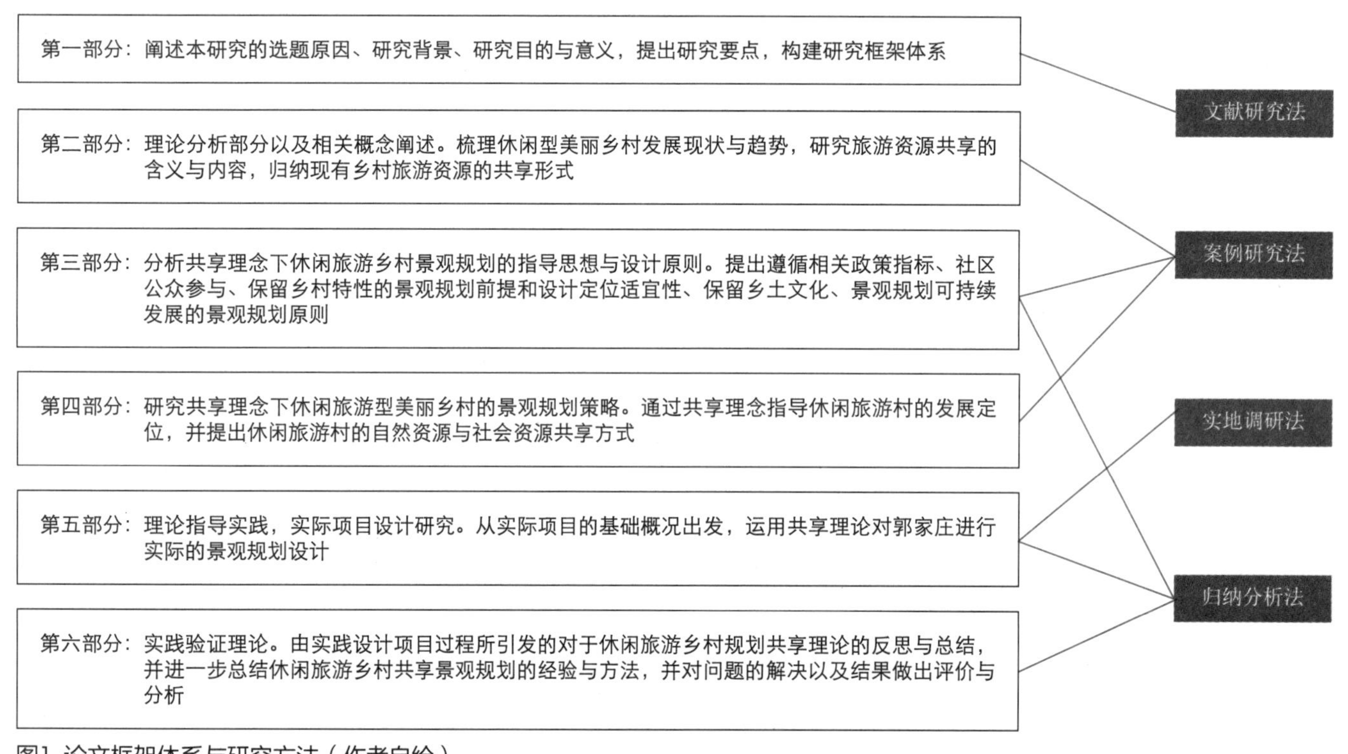

图1 论文框架体系与研究方法（作者自绘）

1.6 研究基础

1. 通过图书馆、互联网等方式可获得用以研究美丽乡村景观规划的相关文献和案例；
2. 已有研究为本研究的研究方法提供了良好的研究基础；
3. 对兴隆县郭家庄村进行了实地考察，获得了比较全面的资料。

第2章 概念界定与理论研究

2.1 休闲旅游型美丽乡村

2.1.1 概念界定

美丽乡村的概念是由建设“社会主义新农村”这一概念逐步发展来的，而建设“社会主义新农村”这一说法的提出，从党的历史文献表明，早在20世纪50年代左右就已经提出和使用过这一说法，改革开放后“新农村”被提到中央发布的相关文件中，并逐步发展为“美丽乡村”。2014年2月24日，在第二届中国美丽乡村·万峰林峰会——美丽乡村建设国际研讨会上，中国农业部科技教育司发布中国“美丽乡村”十大创建模式，分别是：产业发展型模式、生态保护型模式、城郊集约型模式、社会综治型模式、文化传承型模式、渔业开发型模式、草原牧场型模式、环境整治型模式、休闲旅游型模式和高效农业型模式，其中对休闲旅游型美丽乡村的定义是：主要是在适宜发展乡村旅游的地区，其特点是旅游资源丰富，住宿、餐饮、休闲娱乐设施完善齐备，交通便捷，距离城市较近，适合休闲度假，发展乡村旅游潜力大。

2.1.2 发展乡村旅游与美丽乡村建设的相互作用

发展乡村旅游对乡村的建设有着积极促进的作用。从经济上讲，乡村旅游业的发展能够带动乡村经济的提升，促使农民脱贫致富，使乡村的经济结构更加丰富和稳定，从而增强乡村活力，防止人口流失。从文化上讲，乡村旅游增强了城市居民与乡村居民的交流与联系，城市人口来到乡村，为乡村带来新的思想、新的科技，有利于乡村固有思想的更新；反之，乡村旅游业的发展离不开乡村特色文化的发掘与传承，城市人口到达乡村体验了解当地传统文化，有利于传统文化的传承发扬。从环境上讲，乡村旅游业的发展推动了乡村基础设施的更新建设，提升乡村整体的环境质量与居住品质，而乡村旅游的合理规划与开发也使得乡村自然生态环境保护得到科学指导。

良好的美丽乡村建设对乡村旅游的发展具有协调带动作用。美丽乡村的建设为乡村旅游的开发建立了很好的物质基础，为旅游发展提供了空间载体。通过提供良好的自然景观、农业景观、人文景观等旅游资料，使乡村旅游具有更多的吸引力，乡村劳动力还为乡村旅游提供了充足的服务型人力资源。

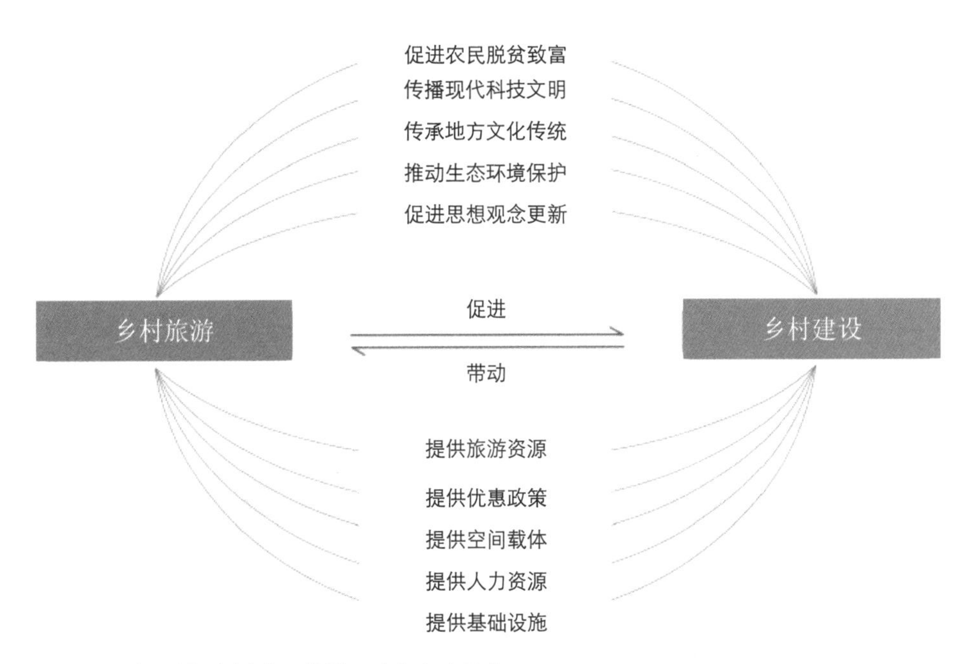

图2 乡村旅游与乡村建设的关系（作者自绘）

2.2 相关理论

2.2.1 共享理论

共享发展是马克思在对资本主义两极分化式发展批判的基础上，对未来社会主义社会发展方式的科学揭示。共享发展理念是毛泽东为人民服务思想、邓小平共同富裕思想以及科学发展观的继承发展。党的十八大以来，习近平提出五大发展理念，针对发展动力、发展结构、发展代价、发展环境、发展结果等方面存在的问题，提出了系统性解决方案——以人民为中心的发展观，强调共有特性。

本研究以共享理论作为核心思想理论，探索乡村旅游资源的利用以及乡村旅游的共享形式，从共享理论出发，研究共享理念下休闲旅游乡村的景观规划特色。

2.2.2 可持续发展理论

“可持续发展”又叫作“持续发展”，概念起源于生态学，最早于1972年于斯德哥尔摩举行的联合国人类环境研讨会上正式讨论且提出。1987年联合国世界环境与发展委员会的报告《我们共同的未来》中，将可持续发展定义为：既满足当代人的需要，又不对后代人满足其需要的能力构成危害的发展。这一定义后来得到广泛接受，并在1992年联合国环境与发展大会上取得共识，其后被广泛应用于经济学和社会学范畴，是一个涉及经济、社会、文化、技术和自然环境的综合的动态的概念。

我国乡村环境比较脆弱、污染比较严重，如何以有限的资源和环境承载能力满足日益增长的人口及其物资文化生活提高的需要，是我国乡村可持续发展面临的一个重大挑战。本研究以可持续发展理论作为指导，在进行乡村景观规划时最大限度地考虑乡村的经济、环境可持续发展。

2.2.3 人居环境理论

人居环境是一门以所有人类聚居形式为研究对象的科学，着重研究人与环境之间的相互关系，强调把人类聚居作为一个研究整体，从政治、社会、文化、科学技术等各个方面，全面系统地加以研究。

国外研究方面，国外学者主要是从人类居住区的构成元素方面进行研究，扩展了研究领域的视野，倡导有效地推进人居环境的建设。国内研究方面，1993年，吴良镛等发表了“我国建筑事业的今天和明天”的报告，报告提出了对于人居环境学的展望，即要建立和发展以环境、人的生产、人类生活活动为基点，研究从建筑到城镇的人工与自然环境的“保护与发展”的学科。这是从单一学科走向广义的、综合的学科，有助于我们能够解释当前由于加速城镇化进程到来所出现的种种问题。人居环境理论可以在村落建设布局规划、环境整治等方面对休闲旅游型乡村景观规划具有指导意义。

2.3 乡村旅游资源共享

乡村旅游资源的含义与类型

乡村旅游资源是指能吸引旅游者前来进行旅游活动，为旅游业所利用，并能产生经济、社会、生态等综合效益的乡村景观客体。它是以自然环境为基础、人文因素为主导的人类文化与自然环境紧密结合的文化景观，是由自然环境、物质和非物质要素共同组成的和谐的乡村地域复合体。

按旅游资源的结构、组合方式，将乡村旅游资源划分为五个类型：

乡村旅游资源类型（作者自绘）　　表2

类型	特征
乡村田园景观型	自然田园风光是乡村旅游资源中最主要的构成部分，包括大规模连片的农田带、多种类型的经济果林与蔬菜园区一定面积的天然或人工水面等
乡村聚落景观型	聚落是人类活动的中心，它既是人们居住、生活、休息和进行社会活动的场所，也是人们进行生产劳动的场所。我国乡村聚落分为聚集型、散漫型和特殊型。乡村聚落的形态、分布特点及建筑布局构成了乡村聚落景观旅游资源丰富的内涵。这些旅游资源景观具有整体性、独特性和传统性等特点，反映了村民们的居住方式，往往成为区别于其他乡村的显著标志
乡村建筑景观型	乡村建筑包括乡村民居、乡村宗祠建筑以及其他建筑形式。不同地域的乡村民居均代表一定的地方特色，其风格迥异，给游客以不同的感受。乡村宗祠建筑，如气派恢宏的祠堂、高大挺拔的文笔塔、装饰华美的寺庙等，是乡村发展的历史见证，反映出乡村居民生活的某一侧面
乡村农耕文化景观型	我国农业生产源远流长，乡村劳作形式种类繁多，有刀耕火种、水车灌溉、围湖造田、鱼鹰捕鱼、采药摘茶等，这些都充满了浓郁的乡土文化气息，体现出不同的农耕文化，对于城市居民、外国游客极具吸引力
乡村民俗文化景观型	乡风民俗反映出特定地域乡村居民的生活习惯、风土人情，是乡村民俗文化长期积淀的结果，乡村传统节日五彩纷呈，藏族有浴佛节等，彝族有火把节等，傣族有泼水节等。还有乡村的各种民俗活动都具有较高的旅游开发价值。乡村风俗习惯，如我国各地的舞龙灯、舞狮子，陕北的大秧歌，东北的二人转，西南的芦笙盛会等都脍炙人口。还有各地民间工艺品，如潍坊年画、贵州蜡染、南通扎染、青田石刻以及各种刺绣、草编、泥人、面人等，无不因其浓郁的乡土特色而深受游客青睐

2.4 本章小结

本章通过对休闲旅游型美丽乡村进行概念阐述，界定了本文研究的对象范围，并通过研究相关理论，确定旅游资源共享的含义与内容，归纳了现有乡村旅游资源的共享形式。

第3章 案例分析

3.1 田园综合体——无锡东方田园

3.1.1 项目概况

无锡阳山田园东方项目位于“中国水蜜桃之乡”无锡市惠山区阳山镇，规划总面积约为416公顷，由东方园林产业集团投资50亿元建设，是国内首个田园综合体项目。田园东方以“美丽乡村”的大环境营造为背景，以“田园生活”为目标核心，将田园东方与阳山的发展融为一体，贯穿生态与环保的理念。项目包含现代农业、休闲文旅、田园社区三大板块，园区整体规划分为乡村旅游主力项目集群、田园主题乐园（兼华德福教育基地）、健康养生建筑群、农业产业项目集群、田园小镇群、主题酒店及文化博览等六大板块。

图3 田园东方鸟瞰图（图片来自于百度）

3.1.2 田园东方的规划设计内容

田园东方是集现代农业、休闲旅游、田园社区等产业为一体的田园综合体，倡导人与自然的和谐共融与可持续发展，通过“三生”（生产、生活、生态）、“三产”（农业、加工业、服务业）的有机结合与关联共生，实现生态农业、休闲旅游、田园居住等复合功能，是东方园林产业集团实施“建设美丽中国，创造美好生活”战略主张的重要载体，成为新时代区域发展格局下城乡一体化建设的重要力量。

1．农业板块规划

田园东方的农业板块共规划四园（水蜜桃生产示范园、果品设施栽培示范园、有机农场示范园、蔬果水产种养示范园)、三区（休闲农业观光示范区、果品加工物流园区、苗木育苗区)、一中心（综合管理服务中心）。将整合东方园林产业集团的集团优势，导入当代农业产业链上的特色、优势资源，在阳山镇既有农业资源上进行深化和优化的双重提升，开拓阳山镇农业发展的新方向，开辟阳山镇“新农村”的新面貌，全面建成空间布局合理、产业持续发展、资源节约利用、生态环境友好、区域特色鲜明的现代科技农业产业园。农业板块的四园具体为：

（1）有机农场示范园，包括7个部分：科技研发与成果孵化中心、标准化育苗中心、智慧果园、有机水蜜桃种植示范区、富硒桃种植示范区、新品种水蜜桃种植示范区、水蜜桃标准化种植区。

（2）果品设施栽培示范园，包括6个部分：水蜜桃设施栽培示范区、优质蜜梨果园、优质枇杷果园、特色柑橘果园、优质猕猴桃和葡萄果园、水蜜桃标准化种植区。

（3）水蜜桃生产示范园，设计有水蜜桃标准化种植果园。

（4）蔬菜水产种养示范园，包括4个部分：设施蔬菜、露天蔬菜、水产养殖区、水蜜桃标准化种植果园。

图4 田园东方——拾房清境文化市集（图片来自于百度）

图5 田园东方——田园生活馆（图片来自于百度）

2. 文旅板块规划

项目首期文旅板块借助东方园林产业集团旗下文旅公司的优势资源，按照培育战略品牌和打造核心竞争力的发展要求，以“创新发展”为思路，最大限度整合文化旅游资源，与品牌商家建立良好共赢的战略合作关系。文旅板块目前已引入拾房清境文化市集、华德福教育基地等顶级合作资源。文旅板块的设计具体为：

（1）拾房清境文化市集。拾房清境文化市集包括7个部分：飨·主题餐厅，是以“蔬食”为主题的时尚概念餐厅；井·咖啡，是“禅意”风格的概念咖啡厅；窑·烧手感面包坊，是“自然”风格的窑·烧面包坊；圣甲虫乡村铺子，是以“回归自然”为主题的乡村铺子；拾房书院，是以“师法自然，复兴文化”为主题的书院；邸·主题民宿，是“旧居民宿”风格的宅邸式酒店；绿乐园，位于市集西侧，是国内首个专业研创儿童教育第二课堂的模式品牌，包括5大主题区：蚂蚁王国主题区、小农夫主题区、香草园主题区、农夫果园主题区、白鹭牧场主题区。

（2）华德福教育基地。华德福教育（Waldorf Education）起源于德国，在世界各地已有90多年实践历史，是一种完整而独立的教育体系、一种人性化的教育方法。华德福教育，简单地说是一种以人为本，注重身体和心灵整体健康和谐发展的全人教育，华德福体系主张按照人的意识发展规律，针对意识的成长阶段来设置教学内容，以便于人的身体、生命体、灵魂体和精神体都得到恰如其分地发展。

田园东方居住板块的产品以美国建筑大师杜安尼“新田园主义空间”理论为指导，将土地、农耕、有机、生态、健康、阳光、收获与都市人的生活体验交融在一起，打造现代都市人的梦里桃花源。1期田园小镇“拾房桃溪”规划形似佛手，意为向西侧的千年古寺“朝阳禅寺”行佛礼，对阳山的历史文脉表示尊重。其首期为低密度社区，为97～230平方米赖特草原风格田园别墅，外围户户邻水，为广大田园人构建一幅“有花有业锄作田”的美好人居图景。破坏：其巨大的中式传统屋顶与整个建筑体量比例不协调。立面的材料质感粗糙，使整个建筑与环境格格不入。

3.1.3 案例总结

田园东方项目旨在活化乡村，感知田园城乡生活，将生活与休闲相互融合。为了使江南农村田园风光得到原汁原味的呈现，项目选址于曾经的拾房村旧址，并按照修旧如旧的方式，选取十座老房子修缮和保护，还保留了村庄内的古井、池塘、原生树木，最大限度地保持了村庄的自然形态。在原有村落格局得到较好保留的基础上，设计又赋予了这片场地新的生命活力。

3.2 国内外共享乡村案例分析

3.2.1 美国艾米农场

源于美国南加利福尼亚州的艾米农场，以共享为核心理念，采用门随便进、活儿随便干、菜随便摘、钱随便给的共享形式。该农庄设置了一些收费项目，百货店内的蛋、肉、奶酪还有限定的新鲜蔬菜都是以自助的形式对外出售，商品明码标价，未设营业员，自取所需。农庄还与周边学校合作，打造了系列性的亲子主题活动，为农庄的经营带来了十分可观的收益。

3.2.2 日本Ma农场

Ma农场创立十余年，包括都市小农园、专业农业学校、农场产品直营和农园土地租赁平台四大块。都市小农园在日本有120多个，拥有会员10000人；专业农业学校在日本多个城市设有务农技术、农业经营和蜜蜂养殖三个专业；Ma农场还拥有三家自营的蔬菜直营店，设计风格独特，所售食材均为天然健康绿色食品；在农园土地租赁

图6 美国艾米农场（图片来源于百度）

平台内，Ma农场作为一个专业的“第三方”为买卖双方搭建桥梁，有闲置农地的人可以上网登记自己的土地位置，想租赁土地的人可以在平台上搜索，相互交易。

3.2.3 三亚南田农场

三亚首个落户南田农场（三亚东大门，依傍海榆东线公路及环岛高速，具有良好的旅游区位条件及生态资源），建设分为生态种植基地（农业双创基地）、农垦新型社区、国际知名农业休闲旅游度假农庄三大类，预计2018年建成，该农场占地约3838亩，总投资68亿元人民币，将打造成集教育科研、旅游观光于一体的现代农业旅游示范综合体。

图7 日本Ma农场（图片来源于百度）

3.2.4 广州艾米农场

广州艾米农场通过闲置农田托管计划，面向全国范围整合相关地方政府、合作社、乡村旅游度假项目、特色小镇等单位的闲置优质农田。经过环境审核后的土地，艾米进行统一建设，统一管理，实现共享农场的双统一化运营。通过“互联网+农业”的方式，实现线上预订下单，线下农场体验，形成互联网订单农业模式。

3.3 本章小结

通过分析国内优秀的美丽乡村建设案例——无锡东方田园，学习了解休闲旅游型美丽乡村建设的整体思路与主题特色营造方法；通过分析国内外共享乡村的案例，为休闲旅游型美丽乡村的共享策略提供新的思路。

图8 三亚南田农场（图片来源于百度）

图9 广州艾米农场（图片来源于百度）

第4章 共享型休闲旅游村景观规划设计战略

4.1 美丽乡村建设的总体要求

美丽乡村建设的总体要求就是创建“和谐文明、富裕生活、生态宜居”的美丽乡村。按照生产、生活、生态和谐发展的要求，坚持“科学规划、目标引导、试点先行、注重实效”的原则，以政策、人才、科技、组织为支撑，以发展农业生产、改善人居环境、传承生态文化、培育文明新风为途径，构建与资源环境相协调的农村生产生活方式，打造“生态宜居、生产高效、生活美好、人文和谐”的示范典型，形成各具特色的“美丽乡村”发展模式，进一步丰富和提升新农村建设内涵，全面推进现代农业发展、生态文明建设和农村社会管理。

4.2 休闲旅游型美丽乡村规划要点

4.2.1 规划思想

休闲旅游型美丽乡村规划的指导思想是坚持以科学发展观为指导，城乡统筹，因地制宜，尊重地方与民族特色和优良传统，立足于改善村庄面貌与人居环境，切实规划带动解决一系列相关联的实际问题。立足生态农业和自然环境，突出村庄的特色，引导和支持村庄依靠一定的自然条件和便利的交通优势，大力发展乡村旅游，全面建设宜居、宜业、宜游的美丽乡村，提高城乡居民生活品质，促进生态文明和提升群众幸福感。大体可以概括为以下三个方面：

（1）生态理念

遵循可持续发展的规划思路，以景观生态安全格局理论为指导，秉持保护生态环境第一，旅游项目开发第二的原则，综合考虑乡村风貌、生态系统与旅游活动之间的关系，努力促进生态系统的相对稳定，美化周边的自然景观。

（2）人文理念

通过对乡村民俗、历史典故的深刻探究，规划时必须体现场所的人文特色，借文化之力促进当地的经济发展。可以通过保护当地的特色建筑，使旅游者参与到村民的生产生活中去，必须了解村落所特有的文化和民俗风情。同时规划数量适宜的文化展示窗口，让游客深入了解当地的风土人情以及文化习俗。

（3）自然理念

在进行休闲旅游型美丽乡村的景观规划设计时，必须充分体现乡村自然风光。始终坚定不移地以自然为主旨，在进行周边村庄景点的开发与组织时，立足于自然，考虑人的心理需求和行为规律，有针对性地组织旅游线路和旅游活动。

4.2.2 规划原则

综合美丽乡村建设的总体规划的原则与要求，笔者认为当前我国的休闲旅游型美丽乡村在规划时应该遵循以下几个原则：

（1）人性化原则

人是场地的使用者，因此在规划时首先考虑使用者的要求，重视人类文化的归属感，重视游客的天性，在规划时，对采摘、农事体验、观光游览等参与性活动给予文化的编排，赋予更多的文化内涵，使游客置身于充满人性化的氛围中。

（2）生态性原则

本着因地制宜、减少工程量的原则，规划时必须最大限度地尊重原有地形地貌及周边景观，创造自然的、生态的自然景观，同时尽量利用村庄现有的道路系统、水体、建筑、农业设施等，将生产规律、技术要求、景观功能、景观特色、经营管理相同或相近的产业或项目规划安排在同一区域，便于后期的施工和管理，避免对周围的生态环境造成较大的破坏。

（3）文脉性原则

在园区的景观设计中应充分挖掘场地的文化，开发利用一些场地特有的乡土文化和民间技艺，在提升乡村旅游的文化品位的同时，实现景观资源的可持续发展。

（4）参与性原则

根据游客在旅游过程中的体验需求，在规划设计方面在突出传统的静态式、观光式旅游的同时，也必须重点突出乡村文化展示、民风民俗等动态的项目，吸引游客主动参与。

（5）经济性原则

以尽可能少的经济代价换取最佳的景观效果，充分利用现有地形、建设材料、农业设施以及农村剩余劳动力等建设资源，有效节约资金及环境开发成本，实现生态规划的目标。

4.3 休闲旅游村规划策略

通过对休闲旅游型美丽乡村规划的指导思想及原则的分析把握，在规划时应遵循一定的规划方法。乡村作为规划对象，其不同于一般的场地，在地形地貌上具有较大的变化，景观肌理的多变性带来规划的不确定性。而且有区别于村庄的规划设计，在对发展乡村休闲旅游业为主的村庄规划时，需要更多地考虑其具有的独特的旅游性质，注重对于旅游资源的开发利用，村庄周边的农田、水利设施、山体、农业生产道路、河流等，都将成为景观规划设计的独特元素。因此，针对这一特殊的要求，结合普通乡村规划方法，提出休闲旅游型乡村规划的策略：

（1）尊重村庄肌理，构建村落格局

一个传统持续居住的村落从其选址开建，已经经历过数百甚至上千年的历史风雨的洗刷，通过对周边自然环境的改造及适应，村庄本身已经较好地融入了自然之中，成为大地生命肌理的重要组成部分。不同村庄所形成的村落格局则是各不相同的，具有独特性和唯一性。对于村落格局的有效保护更新利用有利于形成生产互助和对于村庄感情的交流。因此要求在进行村庄规划时，应当从村落原始形态出发，充分挖掘对保护及更新村落格局的过程中的决定性因素，比如建筑景观立面、集聚点、村居的空间位置、植物景观保护、水系的贯通及维护等，从而建立起富有历史情感的村落格局。

（2）发扬光大地域特色

乡村的地域特色包含了乡村传统的历史文化、乡风民俗，是村庄及村民宝贵的精神财富。因此，在村庄的规划设计上，特别要发扬光大村庄的地域特色，在村庄的景观营造上，要善于利用村庄的地域特色元素，特别是村庄的建筑、乡土植物、道路系统、水系特点等。发扬光大乡村地域特色，目的是让村庄更大程度上与自然环境相融合，同时要体现地域文化的内涵，提升乡村景观的魅力。

（3）打造便捷生活

乡村生活应是缓慢的，应是将时间概念拉长的地方，更是人们理想生活状态的体现，但是这些绝不意味着生活设施的不完善、不便利。构建尺度合宜、生活便捷的公共服务设施，就像是为乡村生活插上梦的翅膀。比较合适的公共服务设施规划半径应在900米以内，村庄的建设不能盲目地扩大，应有序合理安排建设。

（4）参与体验生活

乡村旅游是城市居民对长久的城市生活压力的一种释放，是对身心的一种解放，因此在村庄旅游项目的规划上，应做到充分挖掘项目的游客参与性与体验性，增加旅游项目的体验价值，丰富村庄的生活内涵，从而形成良好的村庄风貌，可持续发展。在规划时，选择区域竞争力较强的体验项目，以及规模上、内涵上、带动力上具有一定发展优势的项目。注重项目间的合理分区，做到与村庄景观的营造主题相一致，形象定位相同步。

4.4 本章小结

通过对休闲旅游型模式规划要点进行分析，阐述了规划思想及规划原则，针对休闲旅游型美丽乡村规划的特殊性，针对村庄肌理及村落格局、村庄的地域特色、服务设施以及旅游项目的体验性等规划方法进行了探讨，而村庄的建设重点则指导了村庄的前期规划设计，在村庄的农业景观建设、人文景观建设、基础服务性设施建设这三大方面助力村庄的可持续发展。

第5章 郭家庄满族文化共享村景观规划设计

5.1 项目概况分析

5.1.1 区位与背景分析

郭家庄村位于河北省承德市兴隆县南天门乡政府东侧，地处“九山半水半分田”的深山区，整体地势西北高，东南低，位于丘陵地带。地处京津冀发展圈，距离北京、天津、唐山分别是125公里、150公里，90公里。乡村现有耕地面积680亩，荒山山场面积6000亩。

5.1.2 产业发展现状分析

郭家庄的传统产业以农业为主，盛产山楂、板栗等农作物，林果方面种植板栗，年产15万斤，山楂年产40万斤，还种植锦丰梨400多亩，以及少量苹果。村中常住人口740人，居民的年平均收入6482元。村内有兴隆县德隆酿酒有限公司一家企业，解决了一部分附近乡村居民的就业。在全国城乡一体化的大背景、河北省美丽乡村建设

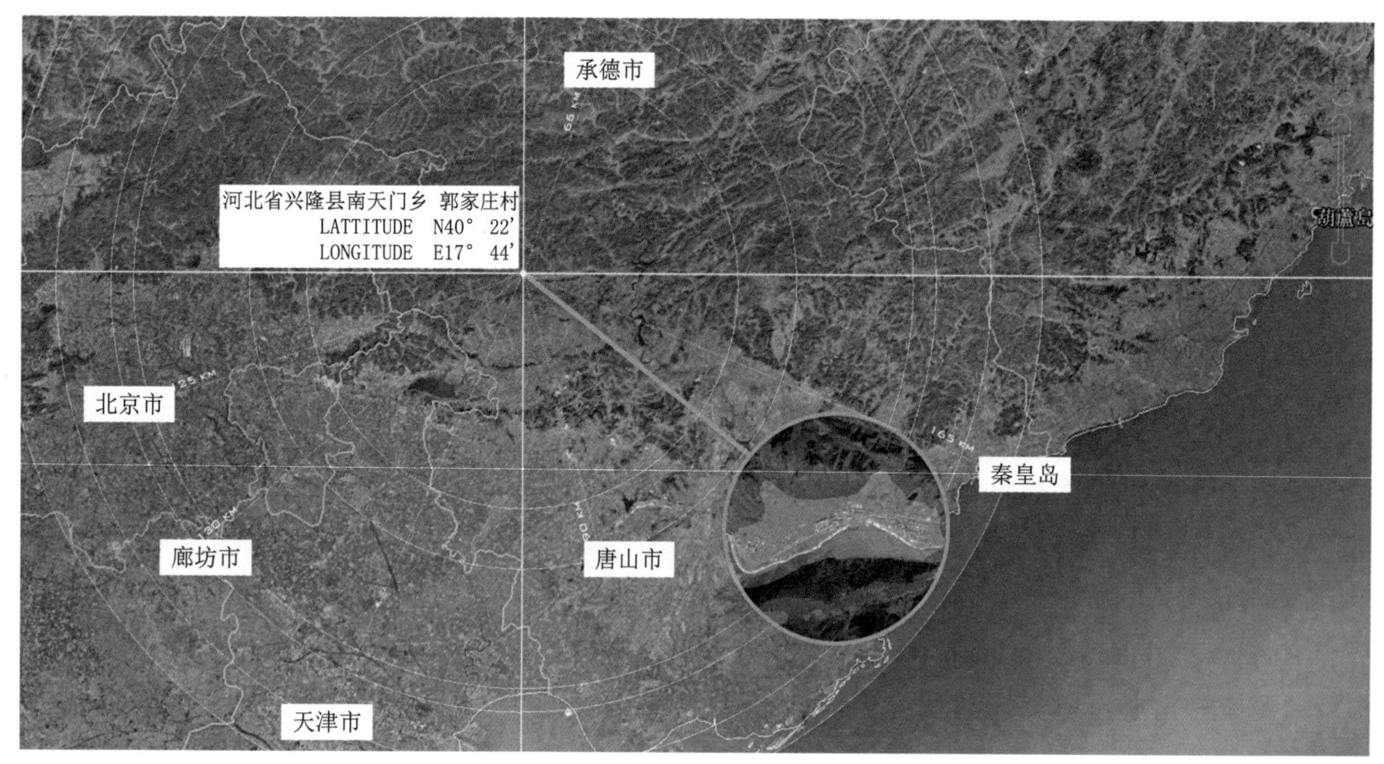

图10 郭家庄村区位分析图（作者自绘）

要求下，郭家庄村从2013年开始进行乡村面貌整治，发展乡村旅游作为郭家庄村的支柱产业，由此吸引越来越多的游客来这里游山玩水，也有美术类院校组织学生前来写生，农家乐及写生基地逐渐兴起，带动村民的就业，提高了经济收入。

5.1.3 交通与用地分析

乡村整体沿G112国道呈带状向东西两侧发展，内部无分级道路，有零散的未经规划的道路，贯通性比较差，且不满足消防要求。

东部建筑与道路已进行过翻新整治，村容现状良好；西部建筑未经翻修，较为破败。村内现有用地类型有居住用地、行政办公用地、科研教育用地、艺术传媒用地、工业用地、道路与交通设施用地、绿地与广场用地等，此外还有少量耕地，其余部分为荒山。

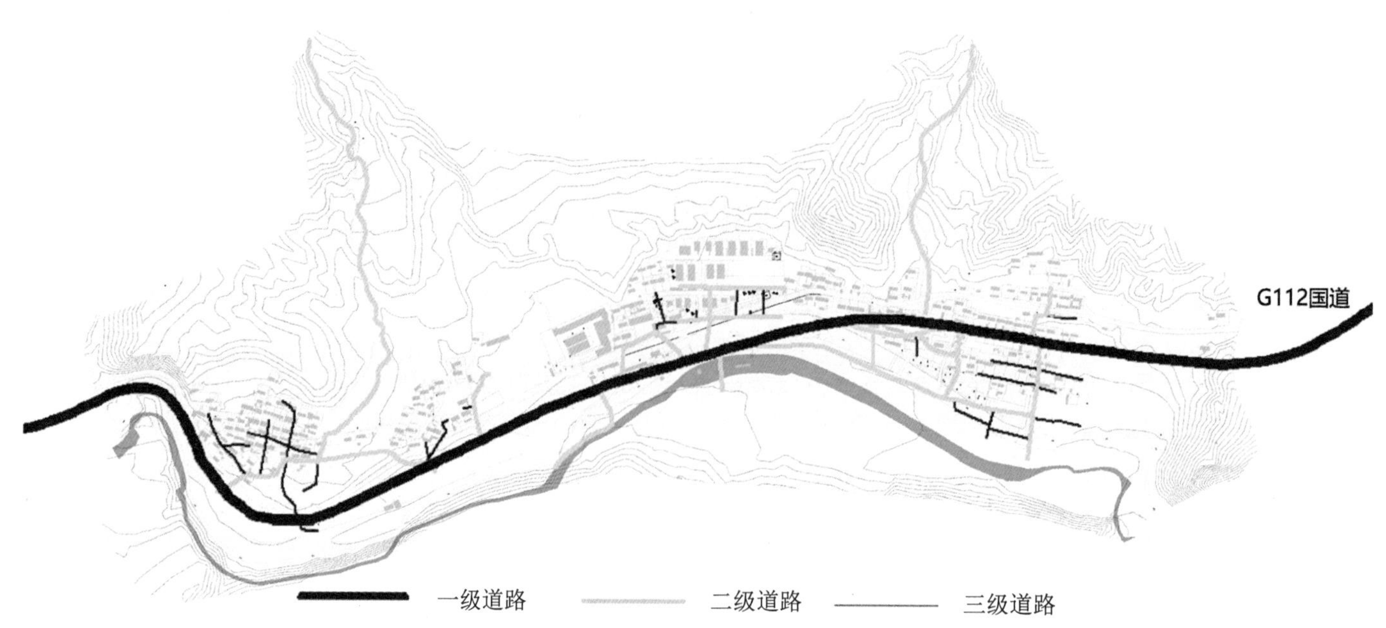

图11 郭家庄村交通现状分析图（作者自绘）

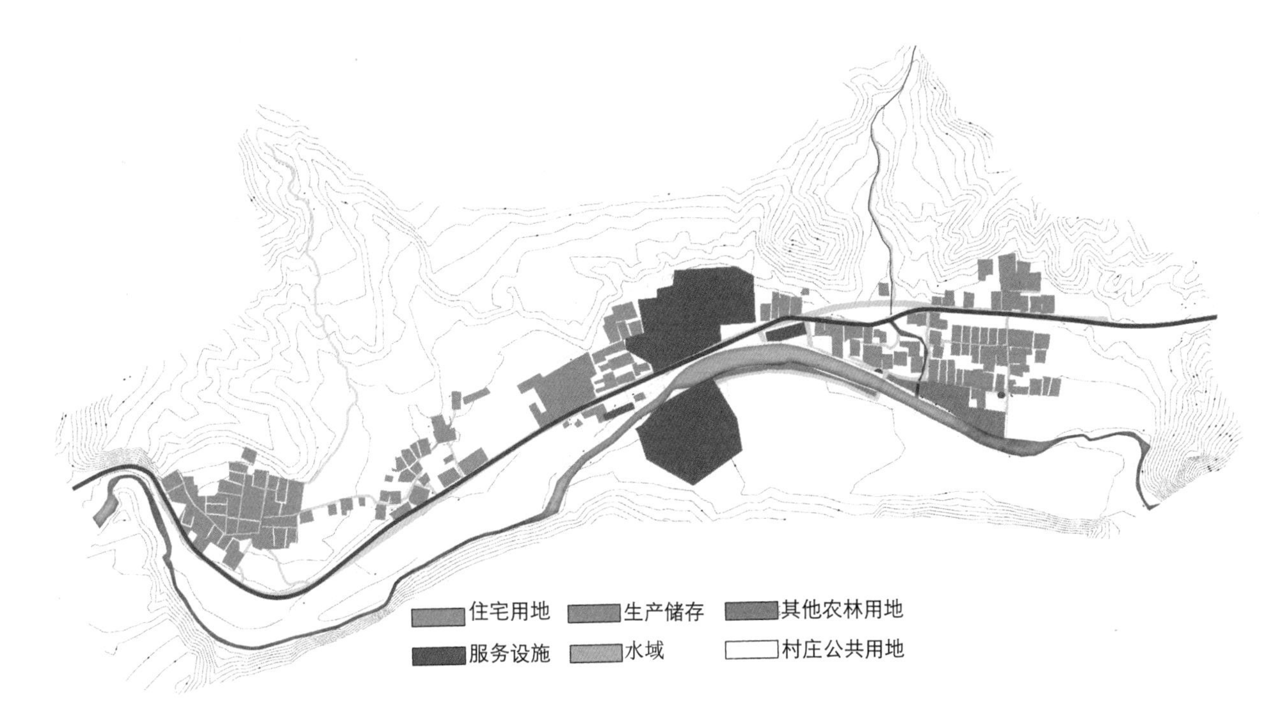

图12 郭家庄村用地性质分析图（作者自绘）

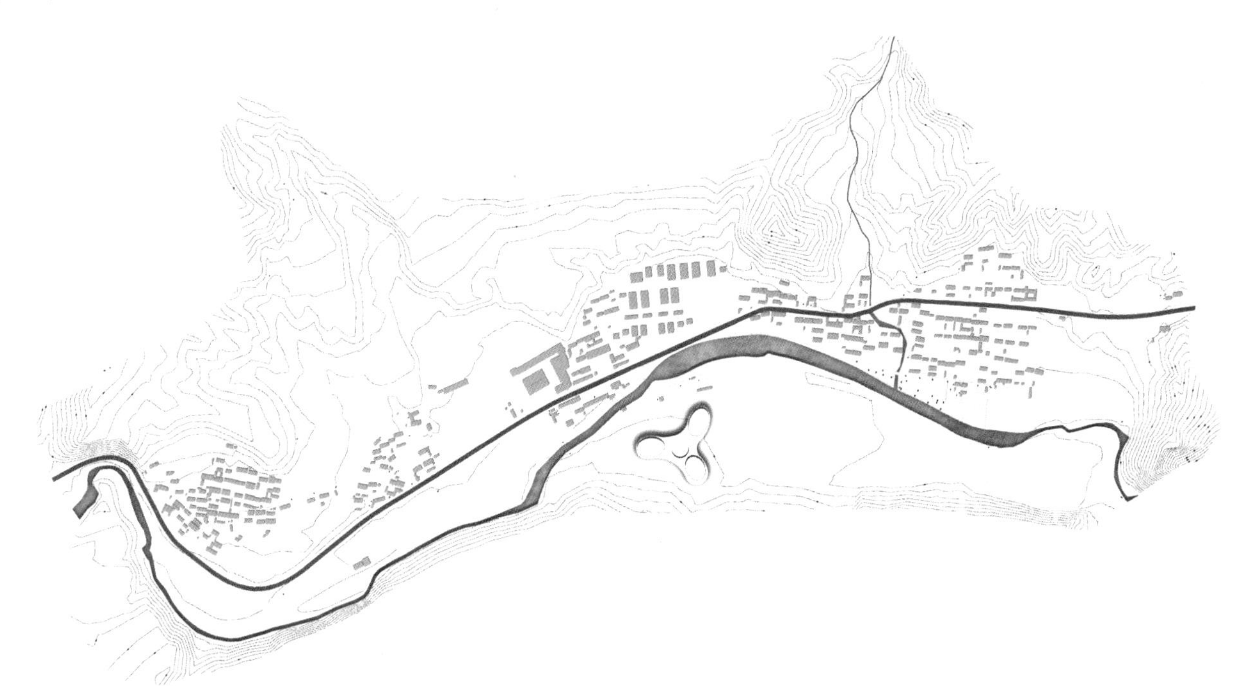
图13 郭家庄村建筑现状分布图（作者自绘）

5.1.4 乡村资源分析

郭家庄村现有资源类型丰富，依托丘陵形成的自然山水景观为乡村旅游业的发展奠定了基础；现有板栗、山楂等农业资源为观光农业的发展提供了载体；满族特色少数民族文化背景使得郭家庄拥有独特的民居与民俗文化，增强了乡村旅游的吸引力和旅游活动类型；已建成的南天博院和影视基地丰富了乡村的文化产业资源，为旅游文化的发展形成铺垫。

5.1.5 SWOT分析

优势：根据场地调研现状，分析村庄现有优势：地处兴隆山景区带，山水资源丰富，拥有得天独厚的景观条件；拥有发展光农业、采摘农业的自然条件和土地资源；美丽乡村建设的不断推进使郭家庄村现有基础设施条件相对完善；村落整体空心化程度低，人力资源相对充沛，拥有发展转型的内在动力；满族特色的文化背景使得乡村旅游业结构层次丰富；已建成南天博院、影视基地，为乡村旅游文化创意产业打下良好基础。

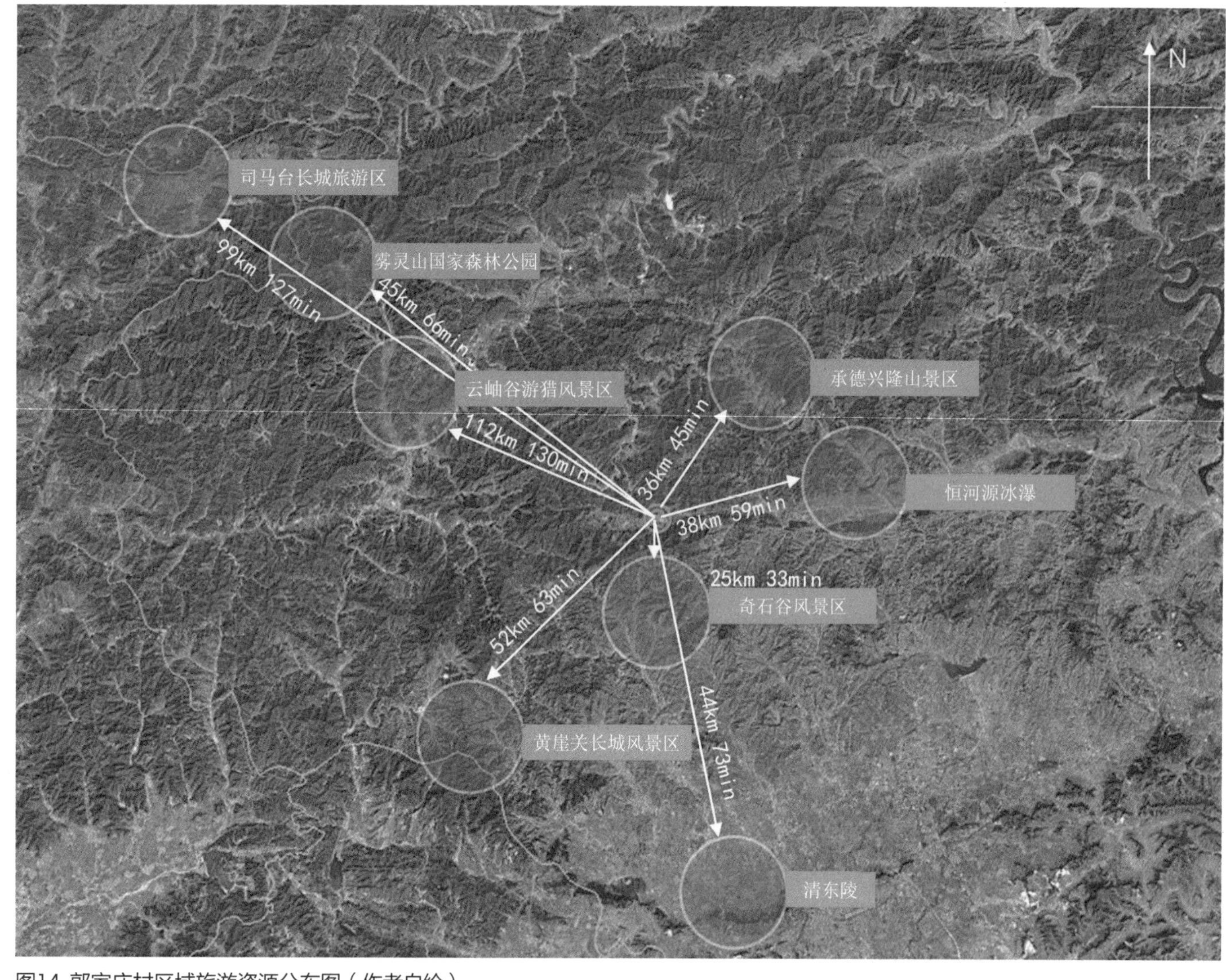

图14 郭家庄村区域旅游资源分布图（作者自绘）

劣势：郭家庄目前的规划体系零落，狭长的村型使得东村与西村连接度低；居于深山的地理位置使得乡村在工作日难以吸引到周边城市中的游客；乡村旅游景观开发程度低，缺乏观赏游玩内容，缺乏旅游吸引因子；农产品类型单一、植物种类较少，农业经济发展不稳定；满族文化在发展的过程中被汉化，非物质文化传承面临威胁。

机遇与挑战：自2013年起，河北省推出一系列美丽乡村建设政策，对郭家庄村逐步实施环境综合治理与改造，河北省全域旅游规划将郭家庄村纳入兴隆山景区片区中，为郭家庄村休闲旅游美丽乡村建设提供了巨大的发展机遇。但郭家庄所处区域范围内同类景区过多，形成竞争，挤压了郭家庄旅游发展市场，也为郭家庄村的发展带来挑战。

图15 郭家庄村区现状（作者拍摄）

5.2 总体定位与规划布局

5.2.1 发展定位与规划理念

分析郭家庄村现有资源，其中具有旅游吸引力的因子主要是满族民俗文化、乡村生产景观和乡村农产品种植，结合现代城市背景和共享理念，将乡村定位为共享经济旅游文化村，以共享为发展的核心理念，围绕乡村既有条件，将郭家庄村打造成集农业共享与文化共享为一体的休闲旅游型美丽乡村。通过共享乡村的闲置资源，增强城市与乡村之间的联系和资源交换，带动乡村经济与科技发展，同时丰富乡村经济结构，实现利润共享、风险共担。

5.2.2 规划结构与功能分区

郭家庄村整体景观规划的结构是“两环、三带、多片区”。

（1）两带：道路景观带、滨水景观带；

（2）三环：农业体验环、文化体验环、居住生活环；

（3）三区：休闲旅游区、农业生产区、文化产业区。

通过对郭家庄村现状用地分析，对村庄居住用地进行整合调整，以文化产业区为核心，对村庄布局进行合理整合，对农业产业区进行科学合理的规划，使其既方便村民进行生产活动，又将耕地与居住地有效隔离，对周边各项产业合理布局，以共享农业产业开发、绿色生态农业以及美丽乡村建设为基础，根据村庄建设情况、林果种植及农业观光体验等具体要求，将郭家庄村大体规划为以下七个区域：生产林地区、果园采摘区、共享农田区、山地公园区、滨水景观区、文化产业区、居住生活区。

5.2.3 其他规划

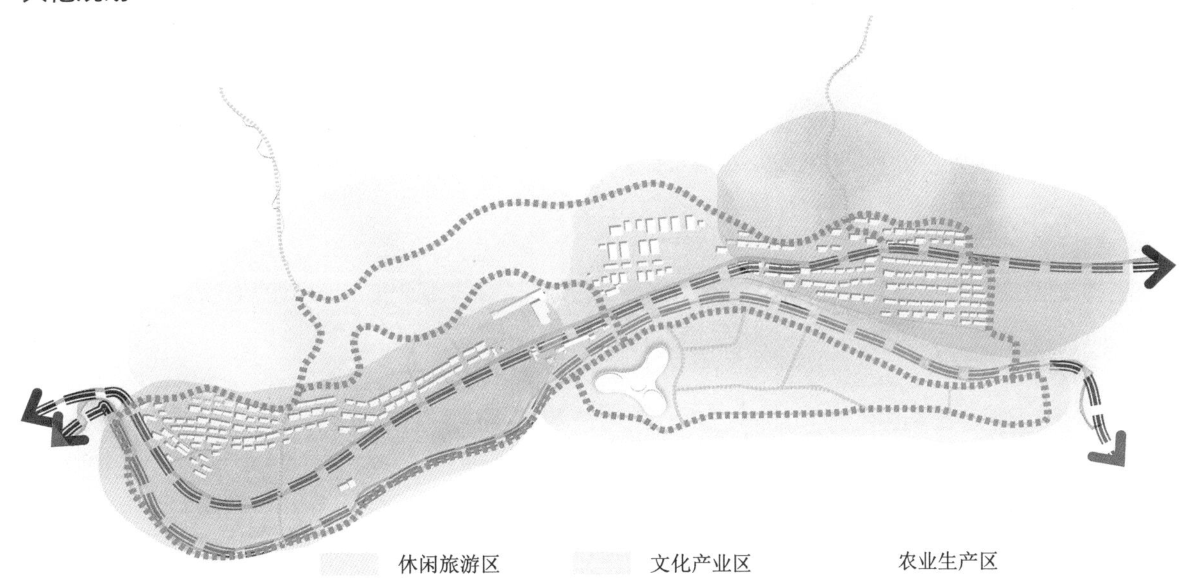

图16 郭家庄村规划结构图（作者自绘）

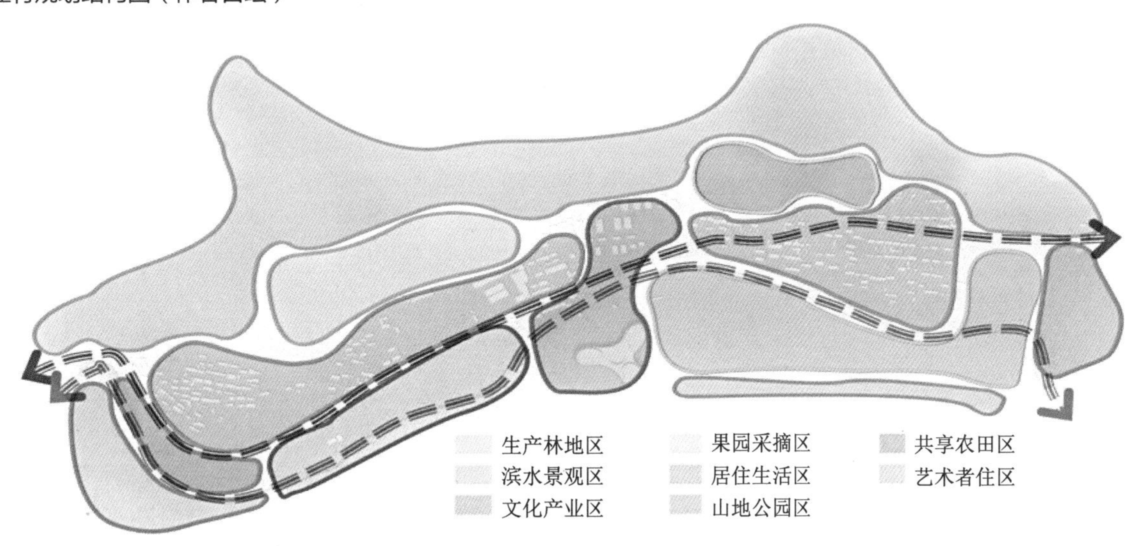

图17 郭家庄村功能规划图（作者自绘）

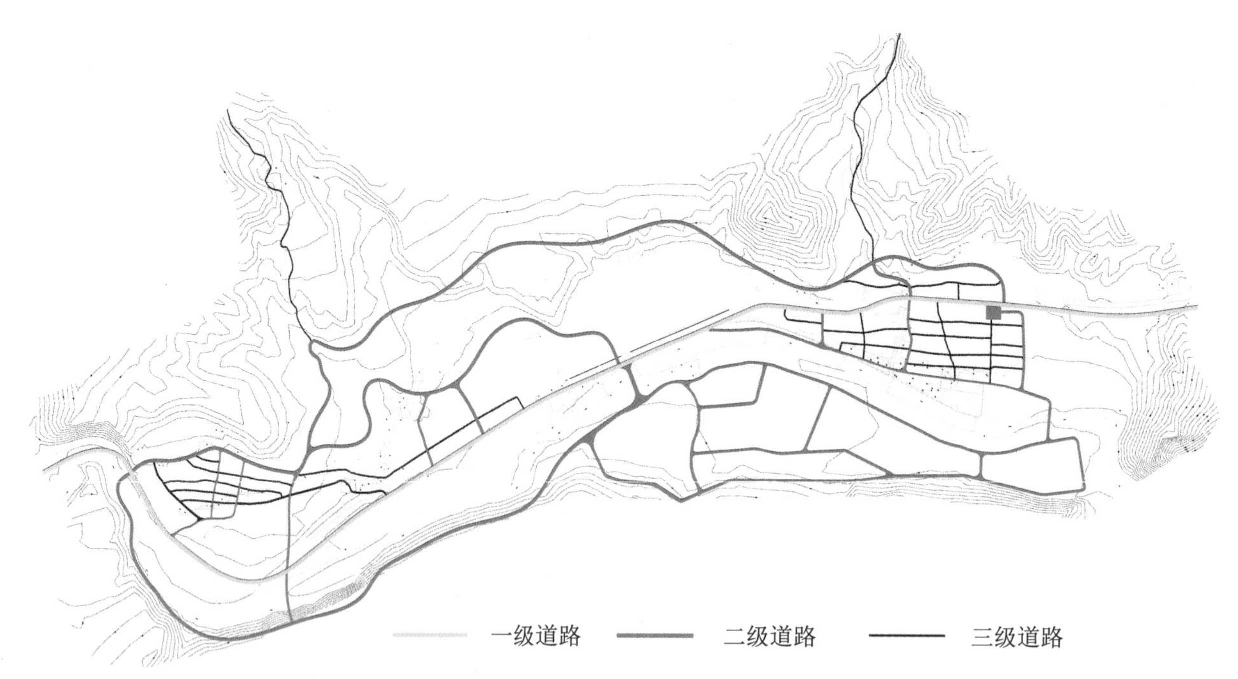

图18 郭家庄村道路规划图（作者自绘）

1. 道路规划

郭家庄村道路交通规划利用现状周边道路和村内道路基础，根据项目场地地形、功能分区和景点分布，结合农业旅游开展的需求，进行优化布局和功能完善，综合考虑形成有利于农业生产、休闲观光的道路交通系统。道路分为三级：一级道路为宽5米的主干道，形成环路。二级道路为宽3.5米的次干道，与一级道路相接，形成村庄内部道路网络。三级道路为2米的步行道路，以“井”字形连接民居与二级道路。

2. 共享区域规划

通过借鉴国内外先进的共享乡村案例经验，基于郭家庄村共享型休闲旅游型美丽乡村的战略定位，结合郭家庄村地理位置和资源优势，规划出如下共享区域：

（1）共享果林区：在现有山地果林区域，安装云端摄像头等可进行实时监控的设备，依托运营网站和手机App等通讯路径对外运营，利用游客挂牌认养、托管运营、网络订购等方式，实现果林在城市与乡村之间的共享。乡村管理者定期对共享果树进行维护与管理，并将记录上传网络，城市共享者可通过网络实时掌握认养果树的生长状态。城市共享者可以通过App在线预约，在假日到达郭家庄村进行自主管理体验。果实成熟期时，城市共享者可在线预定，乡村管理者通过预定信息将果品打包，第一时间通过物联网送达。

（2）共享采摘区：在沿居住区、主要道路等地理位置较好的地区规划出共享采摘区，供短途旅行的游客进行采摘体验和果品购买，增强休闲旅游的参与体验性。共享采摘区采用自主采摘、计量收费的方式运营。

（3）共享农田区：在现有耕种用地的基础上将闲置农田通过共享的方式运营，依托运营网站和手机App等通讯路径对外宣传租赁，城市居民可以通过网络签约并进行私人农产品的定制，也可以在节假日到郭家庄村度假，管理自己的共享农田。

（4）共享居住区：对郭家庄村中的闲置民居，或外出者的空置房间进行统一登记，并进行适当的设施增补与改造，达到游客居住标准后再通过运营网站和手机App等通讯路径对外租赁，游客可以通过网络预定心仪的房间，也可以到达郭家庄村后，到达游客服务中心根据需求进行预定。入住到共享居住区的游客可以与当地居民进行更多的交流，更直接地感受当地的民俗文化风情。

（5）游客共享中心：规划建立一个共享交流中心，用来进行村内从事共享服务的人员培训、信息管理，同时兼具游客中心的作用，进行共享民宿的分配等工作。

3. 旅游观光系统规划

旅游线路是各分区和各景点的连接桥梁，形成景观层次，使游客能全面欣赏乡村景观。村内设一个旅游服务中心，包含游客中心、停车场等，在各个景观功能区内设置接驳车站点，自驾和旅行团的游客到达郭家庄村游客交流中心后将车停至游客停车场，乘村内游览接驳车到各个站点进行游玩。以1000米的服务半径在功能区内规划

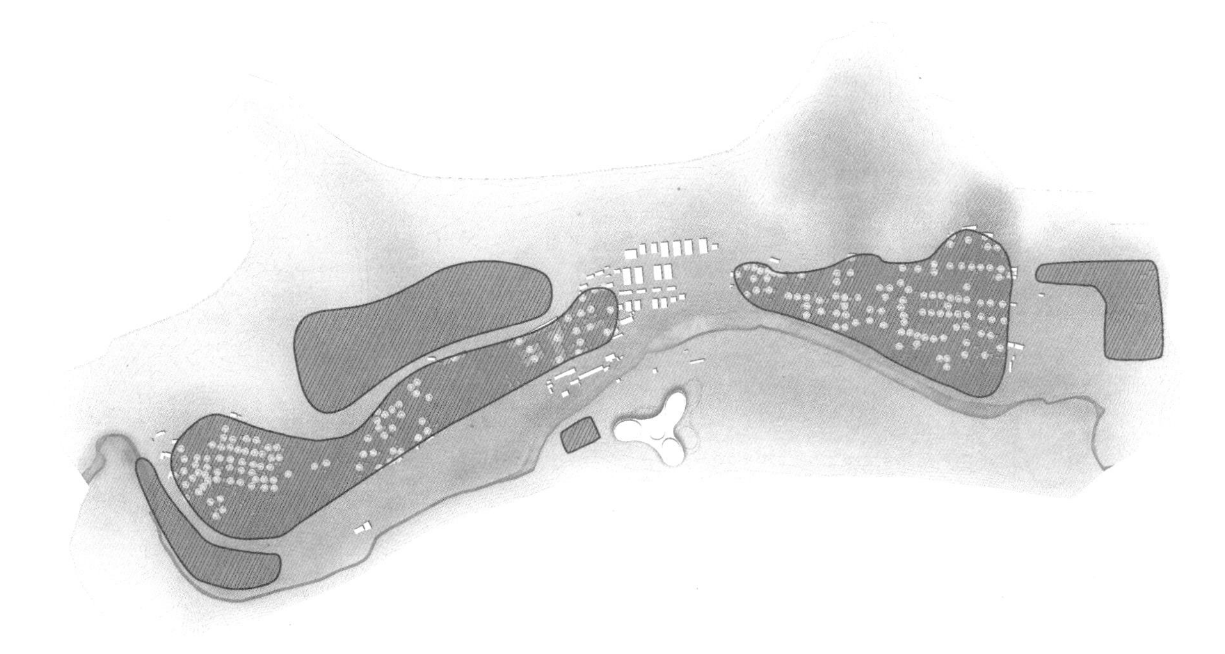

图19 郭家庄村共享区域规划图（作者自绘）

休憩驿站，包含休憩区、商店、卫生间、共享单车驿站等内容。

5.2.4 美丽乡村环境整治

村庄整体建筑的整治思路分为三个部分；（1）对村庄内已进行整改的建筑保留现状；（2）对村庄具有历史价值的老旧建筑进行室内功能空间的规划与外立面修缮；（3）对村庄破损严重的建筑进行拆除新建。在进行建筑整治时注意突出满族传统民居特色。

村庄现有居住建筑分布较零散，在进行建筑整治时考虑对拆除建筑进行搬迁，使民居整合在较为集中的区域；建筑院落进行标准化管理，对于占用道路的部分院墙进行拆迁，考虑为乡村居民配备标准的庭院设施，如石桌、秋千、晒谷床等，供村民进行日常农作物处理、休闲活动和招待游客使用。

5.3 活动策划

今天城市居民的旅游观发生了巨大的转变，不满足于以往走走看看的参观旅游模式，而更加侧重于体验性与参与性，使旅游者获得更直接地参与到项目中的体验已经成为休闲旅游型项目建设的基本要求。在此背景下，郭家庄村结合场地特征策划了多项特色活动，希望可以使游客有更多的参与性和体验性。

第6章 结语

6.1 研究结论

本文在乡村休闲旅游业蓬勃发展和人们对于旅游参与性、体验性的要求越来越高的大环境下，结合乡村景观规划的相关理论，以郭家庄村共享美丽乡村景观规划设计为实践研究，提出了休闲旅游型美丽乡村建设模式。主要得出以下结论：

（1）通过对美丽乡村建设模式的深入分析，得出了休闲旅游型模式的规划方法。

①尊重村庄肌理，构建村落格局；②发扬光大地域特色；③打造便捷生活；④参与体验生活。

（2）积极探索产业的发展与布局，以乡村休闲旅游、原生态精品农业为重点产业，积极拓宽产业发展的渠道，充分发挥农业景观的作用，全面打造环境优美、居住舒适、产业发达的新农村。

（3）在规划时必须突出重点、打造精品乡村旅游已经成为大众休闲旅游的重要选择。应当在充分调查、研究周边资源的基础上，充分挖掘地域文化内涵，将乡村景观与地域文化内涵相结合，做到差异化发展，提高乡村休闲旅游产品的档次，打造精品。

（4）立足生态优势，将环境保护优化作为重点，把环境作为实现可持续发展的生命线，将生态文明理念体现在规划设计的各个环节。一是要着力保护和改善生态环境；二是要引导培育和提升村民的精神素养；三是规划一

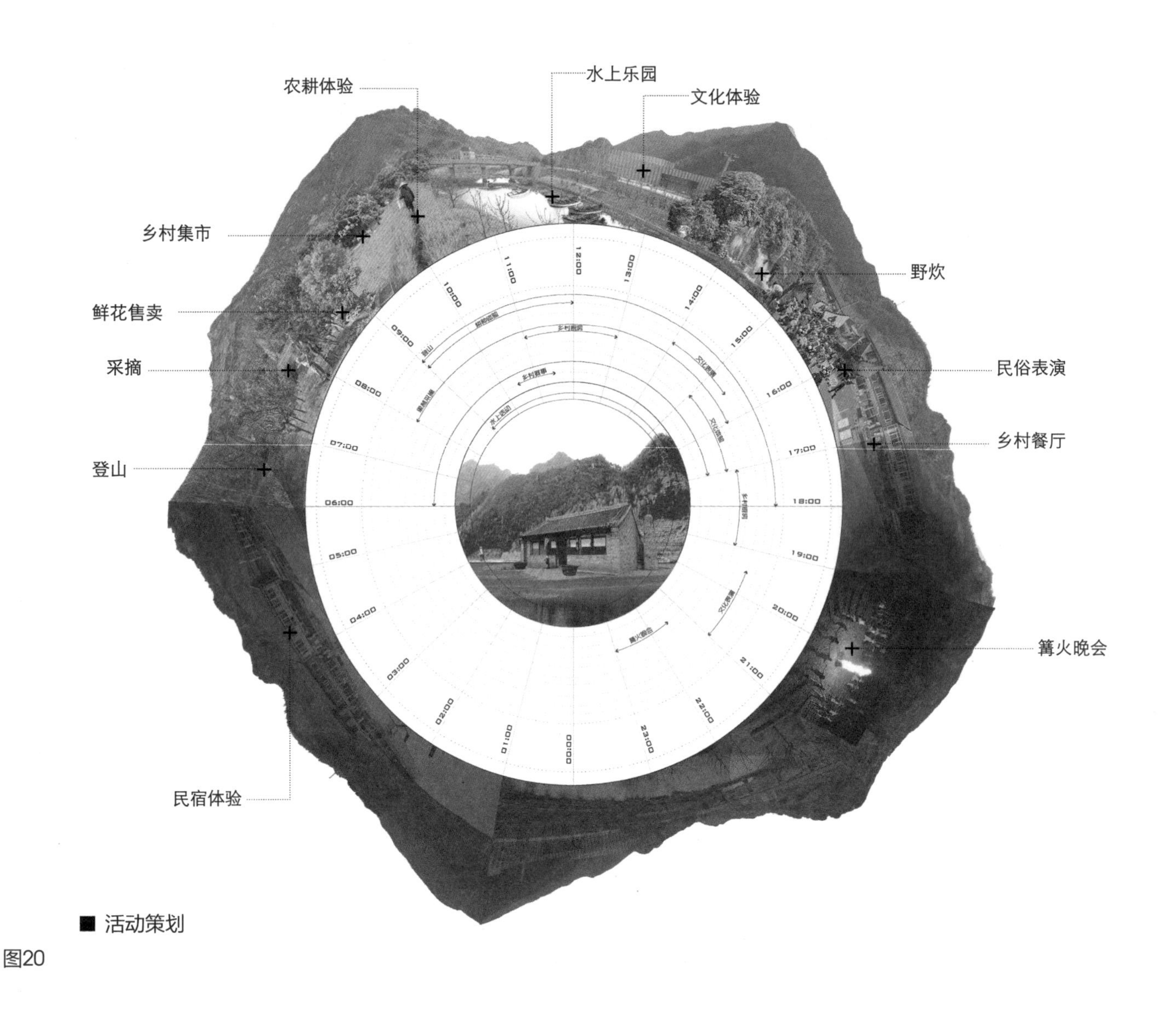

■ 活动策划

图20

定的生态产业链，为村庄的可持续发展提供充足的动力。

（5）基于上述理论研究，指出深入把握美丽乡村建设的内涵在休闲旅游型乡村景观规划设计中的重要意义。规划设计中要以“生态、人文、自然”理念为指导，结合景观生态学和旅游地理学，在乡村农业景观设计、植物群落、建筑整治、村庄环境整治、旅游项目活动策划及运营等方面体现规划理念、原则与方法。

6.2 展望

美丽乡村建设与乡村休闲旅游正在快速发展，涉及多个学科的内容，如城市社会地理、经济建设、人居环境、景观生态学、农业经济循环、农业产业、乡村旅游策划与管理等多学科的内容，必然导致本文目前无法铺开全面进行叙述。本研究以小见大，立足于自身的现场调研和目前学识所能理解的理论，但在研究过程中，由于调研规划时间的限制以及自身目前知识背景的局限性，论文中仍存在许多不足之处，对于美丽乡村建设的相关设计内涵、景观手法的营造、乡村旅游项目的规划等较为浅薄。本研究希望在美丽乡村建设的大背景之下，能为科学合理的休闲旅游型开发模式建言献策，提供一个开发建设的思路，能够起到一定的抛砖引玉的作用，让后续的景观设计师、城乡规划师及许多我国农村建设的有识之士，能够把更多的研究关注和深入思考放入休闲旅游型美丽乡村建设之中，把符合条件发展休闲旅游的乡村规划得更好，使村民的居住环境更优美、物质生活条件更丰富，也为广大城市居民及游客提供一个休闲养生、节日度假、旅游体验的场所，促成我国的城镇化发展、经济发展及社会建设与广大村民安居乐业，乡村文化遗产保护、乡村生态环境建设良性互动发展的美好局面，成为美丽中国建设的一个缩影。

参考文献

[1] （日）进士五十八，（日）铃木诚，（日）一场博幸．乡土景观设计手法［M］．李树华，杨秀娟，董建军译．北京：中国林业出版社，2008.

[2] 彭一刚．传统村镇聚落景观分析［M］．北京：中国建筑工业出版社，1992.

[3] 陈威．景观新农村［M］．北京：中国电力出版社，2007.

[4] 王铁等．踏实积累——中国高等院校学科带头人设计教育学术论文［M］．中国建筑工业出版社，2016.

[5] 西蒙咨．景观设计学［M］．俞孔坚译．北京：高等教育出版社，2008.

[6] 芦原义信著．外部空间设计［M］．尹培桐译．北京：中国建筑工业出版社，1985.

[7] 孙筱祥．园林设计和园林艺术［M］．北京：中国建筑工业出版社，2011.

[8] （美）克莱尔·库珀·马库斯，（美）卡罗琳·弗朗西斯．人性场所：城市开放空间设计导则［M］．俞孔坚译．北京：中国建筑工业出版社，2001.

[9] 周维权．中国古典园林史［M］．北京：清华大学出版社，2010.

[10] 赵乐．“共享”理念研究［D］．黑龙江省社会科学院，2017.

[11] 苗长虹．中国乡村可持续发展：理论分析与制度选择［M］．中国环境科学出版社，1999.

[12] 刘晓东．乡建中的民宿建筑研究［D］．中央美术学院，2017.

[13] 刘亚骋．休闲旅游型乡村景观规划设计研究［D］．南京农业大学，2015.

[14] 方兴．休闲旅游型美丽乡村开发研究［D］．福建农林大学，2013.

[15] 田韫智．美丽乡村建设背景下乡村景观规划分析［J］．中国农业资源与区划，2016，37（09）：229-232.

兴隆县郭家庄景观规划设计

The Landscape Design of Guojiazhuang in XingLong

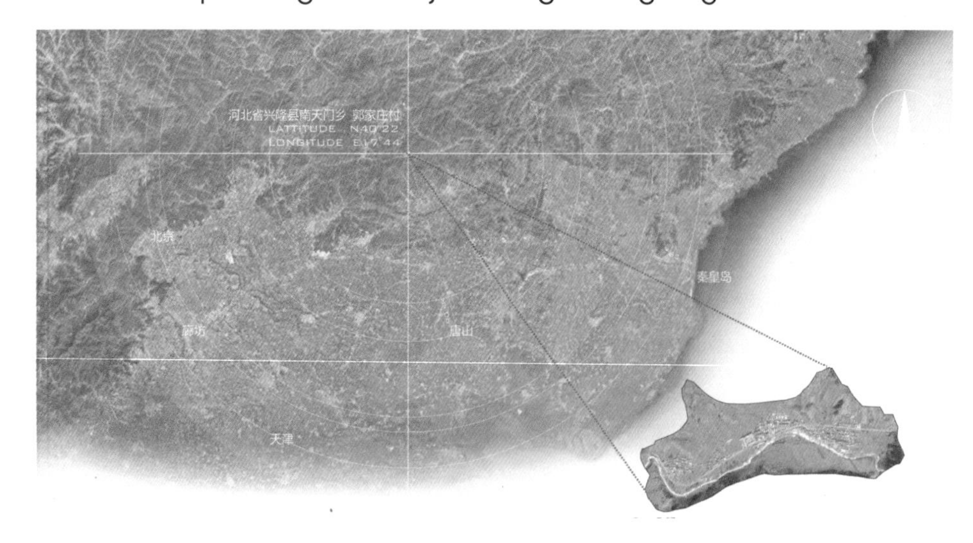

区位介绍

郭家庄村位于河北省承德市兴隆县南天门乡政府东侧，地处“九山半水半分田”的深山区，整体地势西北高，东南低，位于丘陵地带。地处京津冀发展圈，河北省全域旅游兴隆山景区范围内。乡村现有耕地面积680亩，荒山山场面积6000亩。

■ 现场照片

优势：地处兴隆山景区带，山水资源丰富，拥有有得天独厚的景观条件；拥有发展光农业、采摘农业的自然条件和土地资源；美丽乡村建设的不断推进使郭家庄村现有基础设施条件相对完善；村落整体空心化程度低，人力资源相对充沛，拥有发展转型的内在动力；满族特色的文化背景使得乡村旅游业结构层次丰富；已建成南天博院、影视基地，为乡村旅游文化创意产业打下良好基础。

劣势：郭家庄目前的规划体系零落，狭长的村形使得东村与西村连接度低；居于深山的地理位置使得乡村在工作日难以吸引到周边城市中的游客；乡村旅游景观开发程度低，缺乏观赏游玩内容，缺乏旅游吸引因子；农产品类型单一、植物种类较少，农业经济发展不稳定；当地的满族文化在发展的过程中被汉化，非物质文化传承面临威胁。

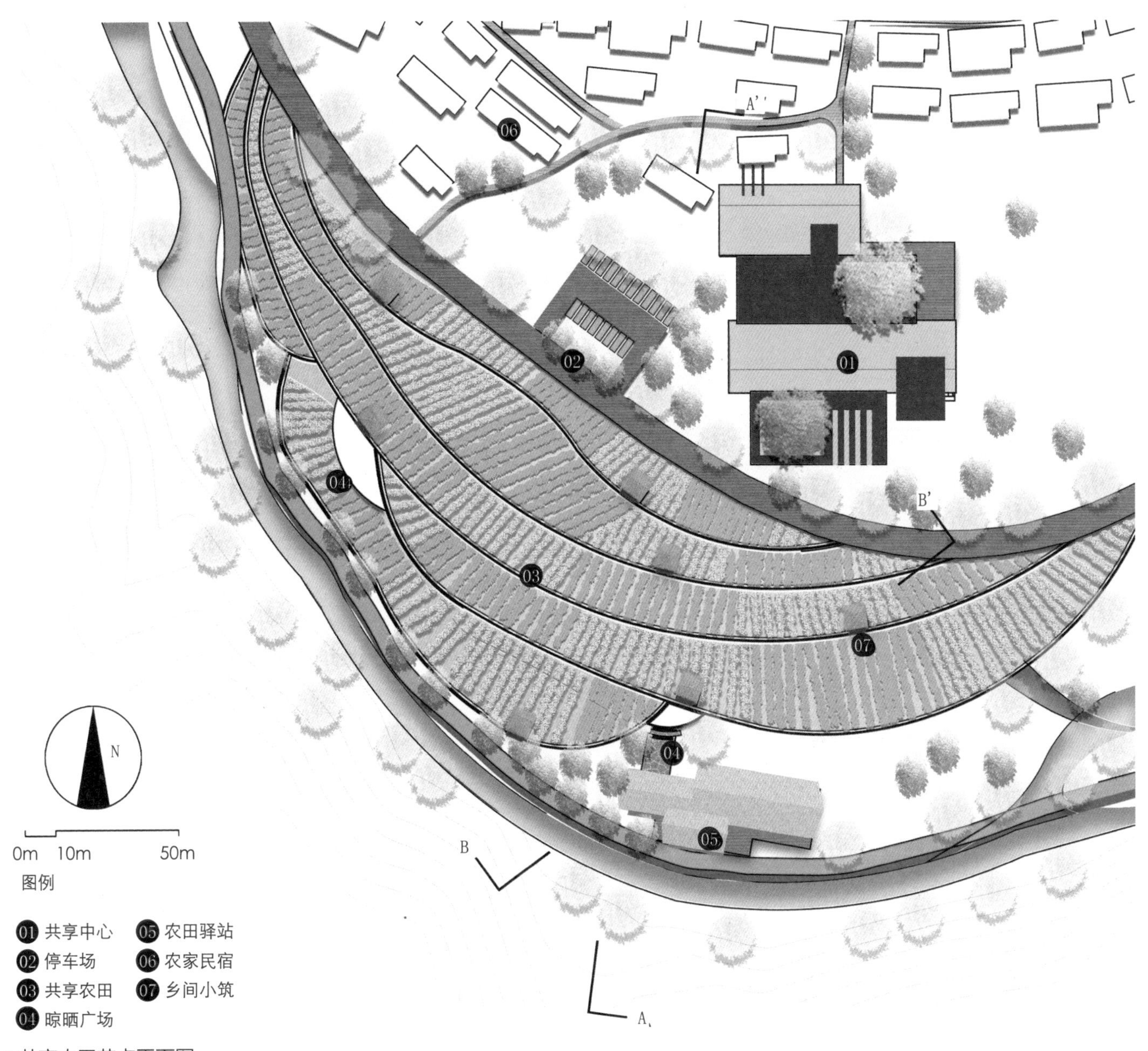

■ 共享农田节点平面图

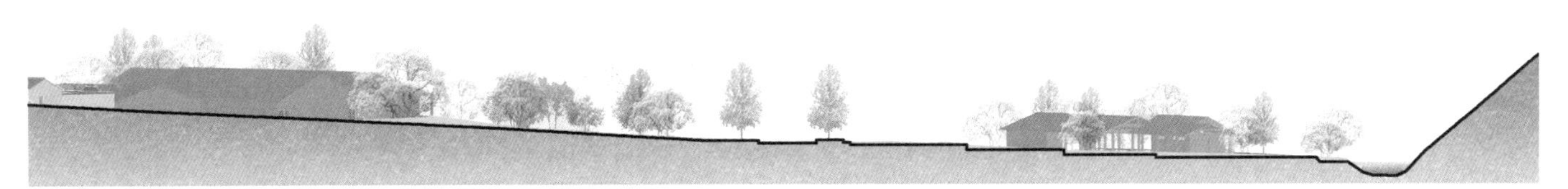

■ A-A'剖面图

■ B-B'剖面图

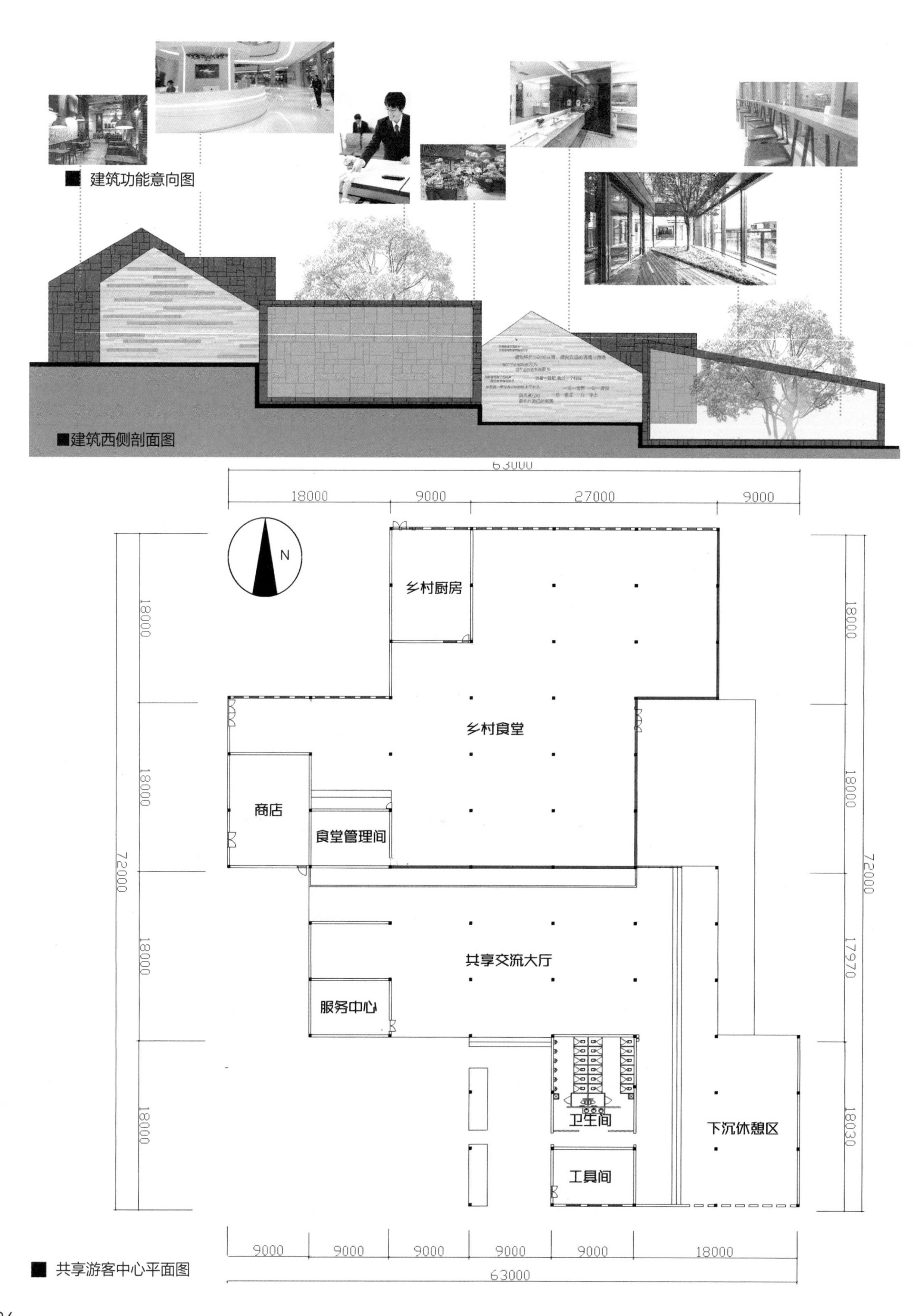
建筑功能意向图
建筑西侧剖面图
63000
18000
9000
27000
9000
N
乡村厨房
乡村食堂
商店
食堂管理间
共享交流大厅
服务中心
卫生间
工具间
下沉休憩区
18000
18000
72000
18000
18000
18000
18000
72000
17970
18030
9000
9000
9000
9000
9000
18000
63000
共享游客中心平面图

艺术家的社区互动
House of Art

匈牙利佩奇大学工程与信息科学学院
Faculty of Engineering and Information Technology, University of Pécs
Kata Varju

姓　名：Kata Varju
导　师：Dr. Rétfalvi Donát
学　校：University of Pécs, Hungary
专　业：Architecture

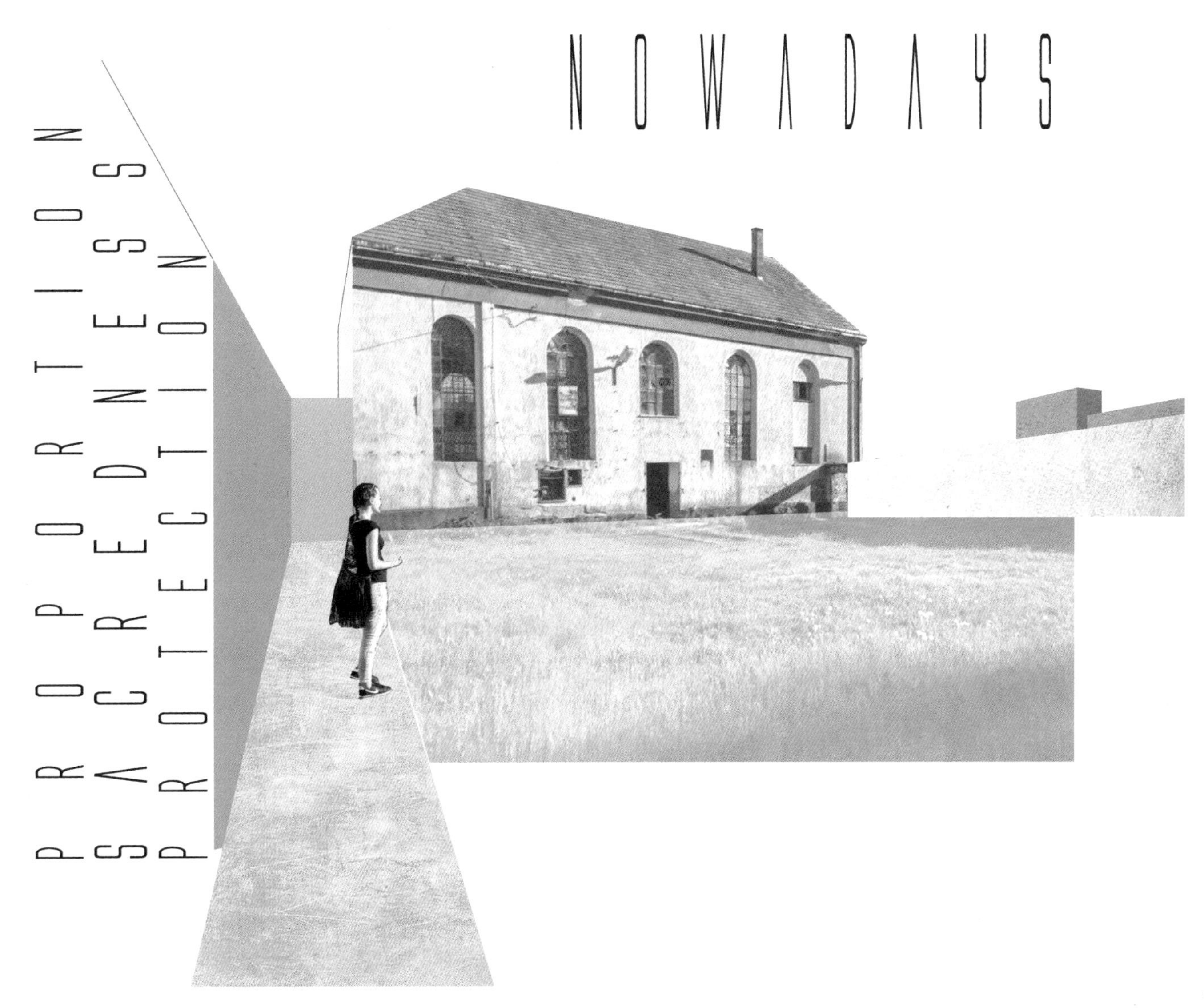

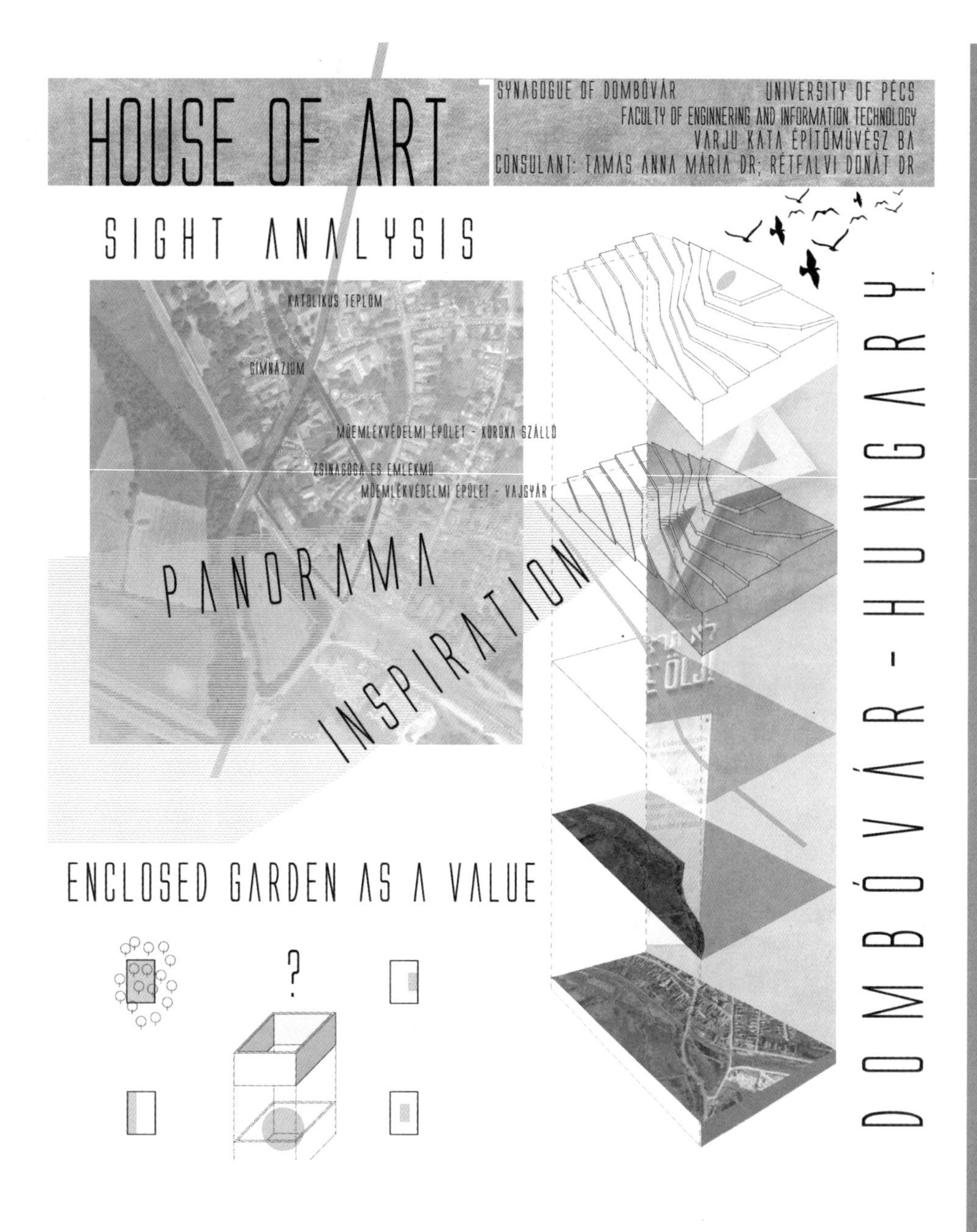

The place of my diploma work was a small Hungarian city, called Dombóvár. The chosen area has special importance in the city structure. The area stands on the top of a hill, but also on the border of the nature and inhabited area. The chosen area is surrounded by several areas with various use. For example, agricultural fields, forests, public institutions, railway and railway station, industrial areas and protected buildings. In this place, there is the old synagogue which was built at the end of the 19th century. Next to these we have to talk about the narrow surroundings of the building. It was essential to recognize, that one of the oldest gesture of the architecture was already in the immediate surroundings of the synagogue, before the beginning of designing.

我毕业设计的场地是叫多博瓦尔的匈牙利小城。选择的区域在城市结构中具有特殊的重要性。该地区位于山顶，但也处于自然和居住区的边界，被选定的区域被几个具有不同用途的区域包围着，例如农田、森林、公共机构、铁路和火车站、工业区和受保护建筑，这里有一座建于19世纪末的老犹太教堂。除此之外，还需讨论建筑的狭窄环境，在开始设计之前必须认识到，最古老的建筑形态之一就已存在于犹太教堂附近了。

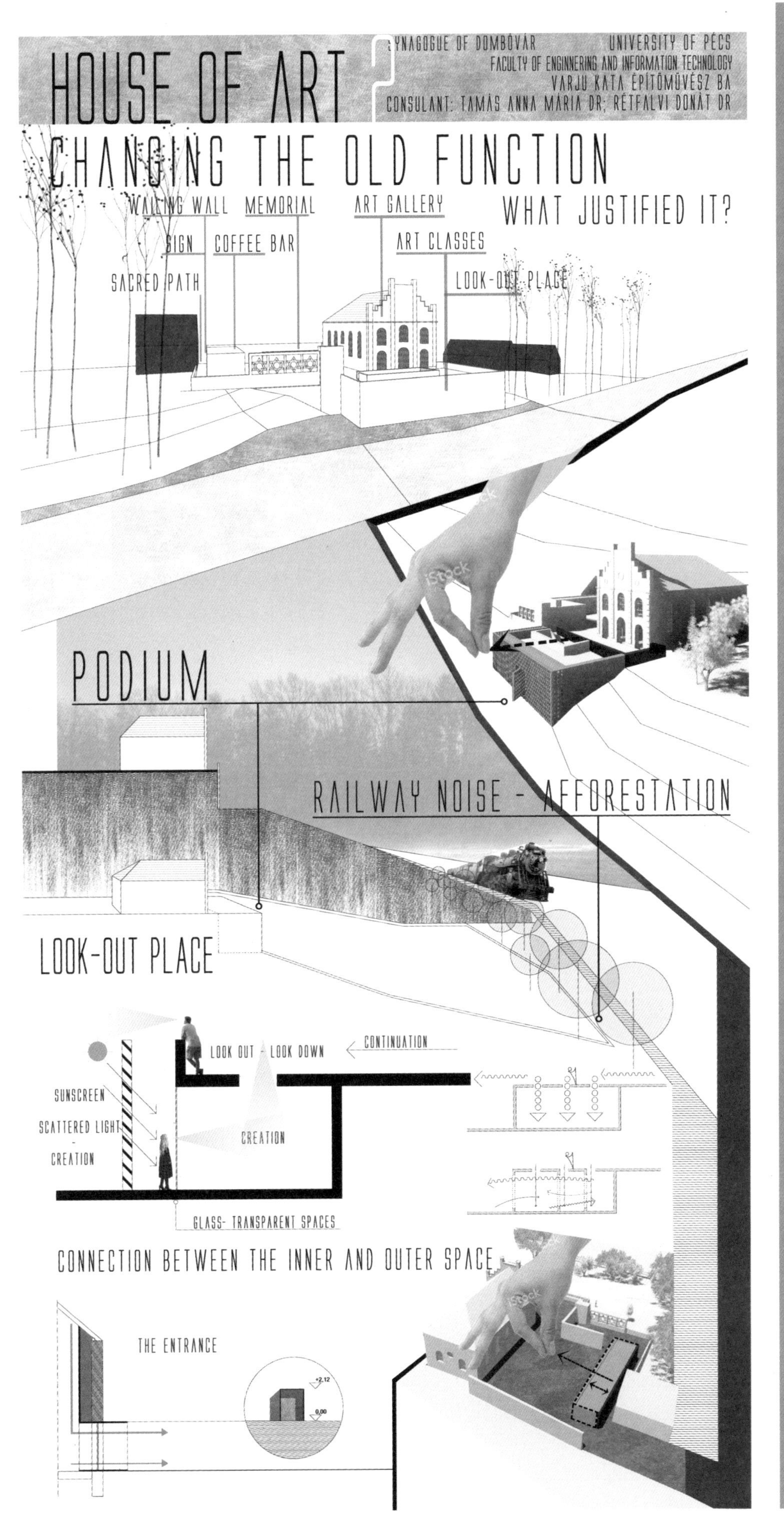

It is surrounded by an enclosed garden. Because of this, the building is part of a system, examining and understanding this system was a great part of the design task. The scale and proportions of the garden is a value on it's own in the surroundings. On one hand, it is a garden in garden situation because of the nearness of the nature. On the other hand, the goal is not to hide, but highlight the building with its surrounded walls. So that values and history has made my focus on reconstruct the original synagogue based on these principles.

它被一个封闭的花园包围着。因此，建筑是一个系统的一部分，检查和理解这个系统是设计任务的一个重要部分。花园的规模和比例是它在周围环境中的价值所在。一方面，由于接近大自然，它是一个园中园。另一方面，设计目的不是隐藏，而是突出建筑周围的墙壁。所以设计理念和历史文化让我专注于在这些原则的基础上重建最初的犹太教堂。

The diminishing community was unable to maintain the building, therefore it became the property of the city council. The building, which was under monument protection was used as a renewable warehouse. Nowadays it is empty and abandoned. In the pictures you can see the current state of the building and the memorial which was made for the victims of holokcaust after the second word war. The original function was able to use the building as a religious place where Jews could celebrate, pray or just meet other Jewish families.

逐渐减少的社区无法继续保持对这幢建筑的维护，因此它成了市议会的财产。该建筑处于纪念碑保护之下，被用作可再生仓库。现在它是空的且废弃的。在资料照片中，你可以看到建筑的现状和为二战受害者建立的纪念馆。最初的功能是将建筑用作宗教场所，犹太人可以在这里庆祝、祈祷或会见其他犹太家庭。

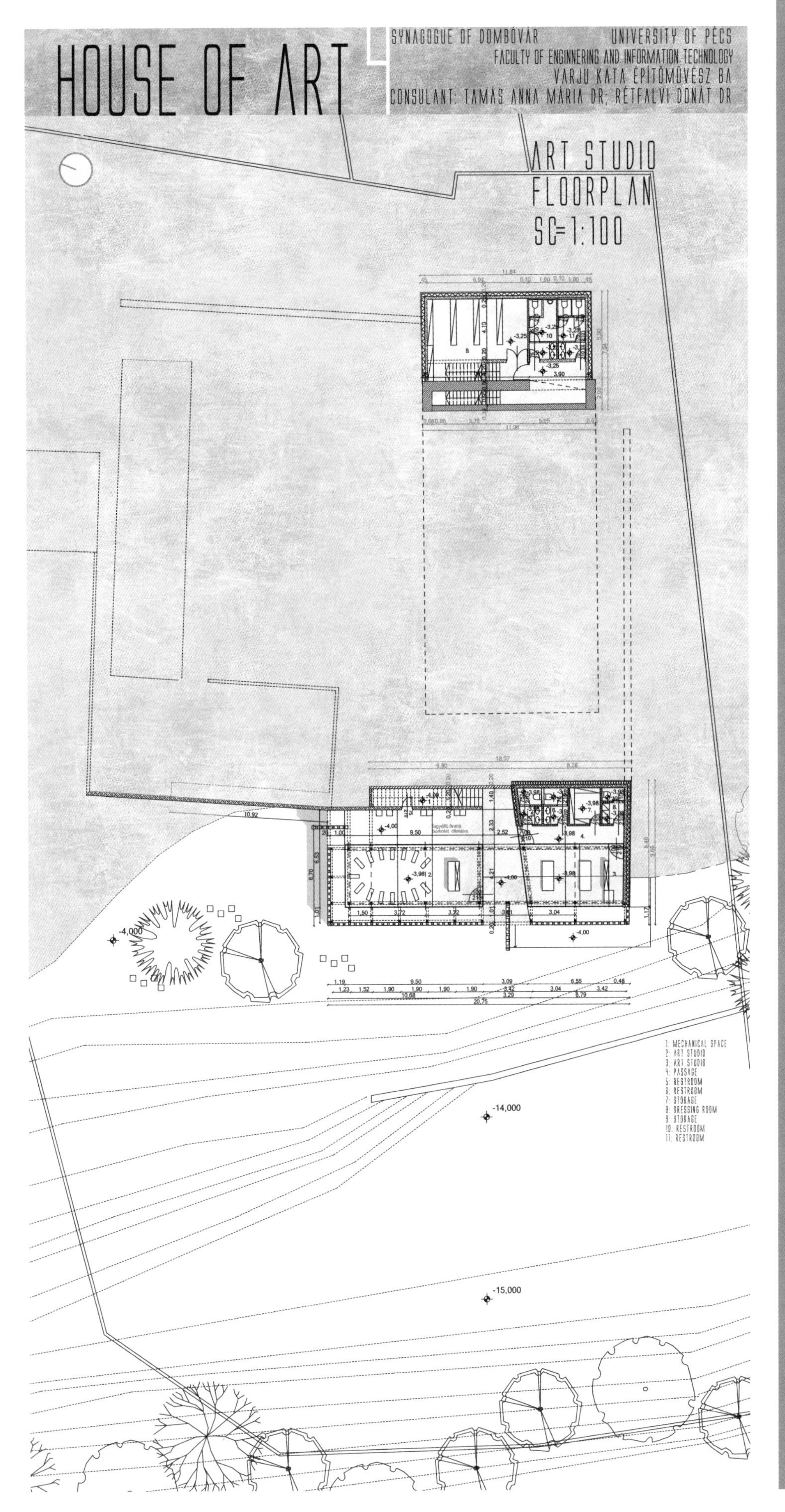

Only reconstruction couldn't be an answer to the problems of the area and the surroundings, because the Jewish community has almost diminished, so they can't maintain the renewed building. The goal with giving a new function was to fill the area with life beside the respectation for the monument of holokcaust and the old religious function. Based on these the new function became an art gallery which is completed with other functions like an art studio and a coffee shop.

只有重建不能解决这个地区和周围的问题，因为犹太人社区几乎已经很少了，所以他们无法维持重建建筑。除了对霍拉克斯特纪念碑和旧宗教功能的尊重，赋予地块新功能的目的是让该地区充满生机。在此基础上，新的功能是将其打造成为一个画廊，与艺术工作室和咖啡店等其他功能一起完成。

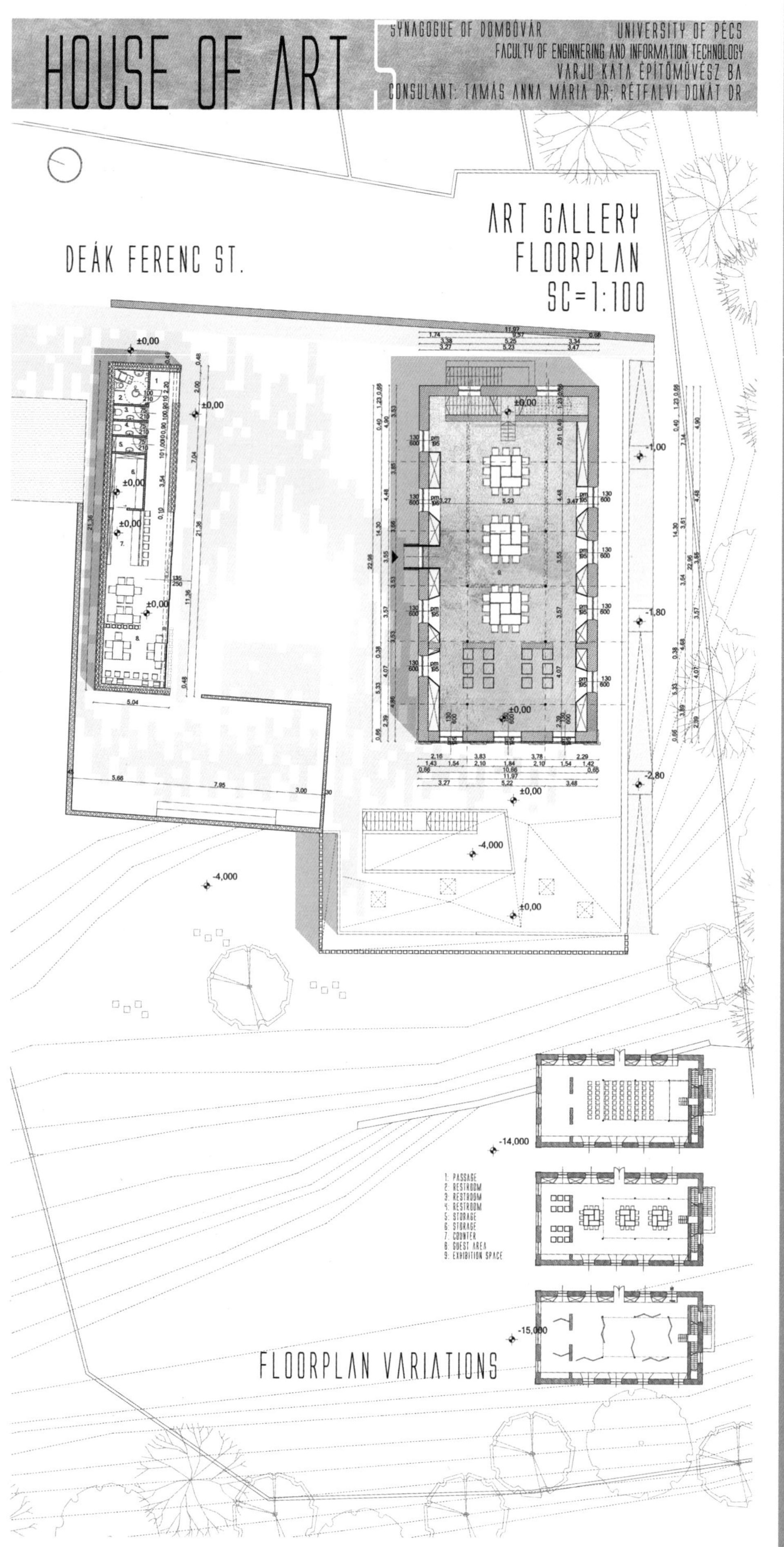

Next to the new art function, I kept in mind the religious past with the memorial. It has got a "sacred path", which is an other passage between the entrance and the memorial. Next to the passage I made a modern wailing wall, which can represent a bit of the Jewish religion to catholic people. It was important to realize that the main value is the synagogue, which stands at the top of the area as a statue. So I have designed my building like to be a podium under the synagogue, so when we look to the building from the main road, it's like a gesture to celebrate the old building. the podium was created from the continuation of the surrounding garden. It has became a look out place which helps of the enforcement of the panorama. I have put some skylight there so the guest can also look down to see the artistic creation.

旁边的新艺术功能，让我想起了宗教的过去与纪念馆。它有“神圣的道路”，这是一个入口和纪念馆之间的通道。在通道旁边，我设计了一个现代的哀悼墙，可以哀悼犹太教的天主教人民。重要的是要意识到犹太教堂的主要价值，它作为一尊雕像矗立在该地区的顶部。所以我把我的建筑设计成犹太教堂下面的讲台，当我们从主干道上看建筑时，这就像是在向旧建筑致敬。这个平台是由周围花园的延续创造的。它已经成为一个有助于加强全景的观景场所。我在那里设置了一些天窗，这样客人也可以向下看，看到艺术创作。

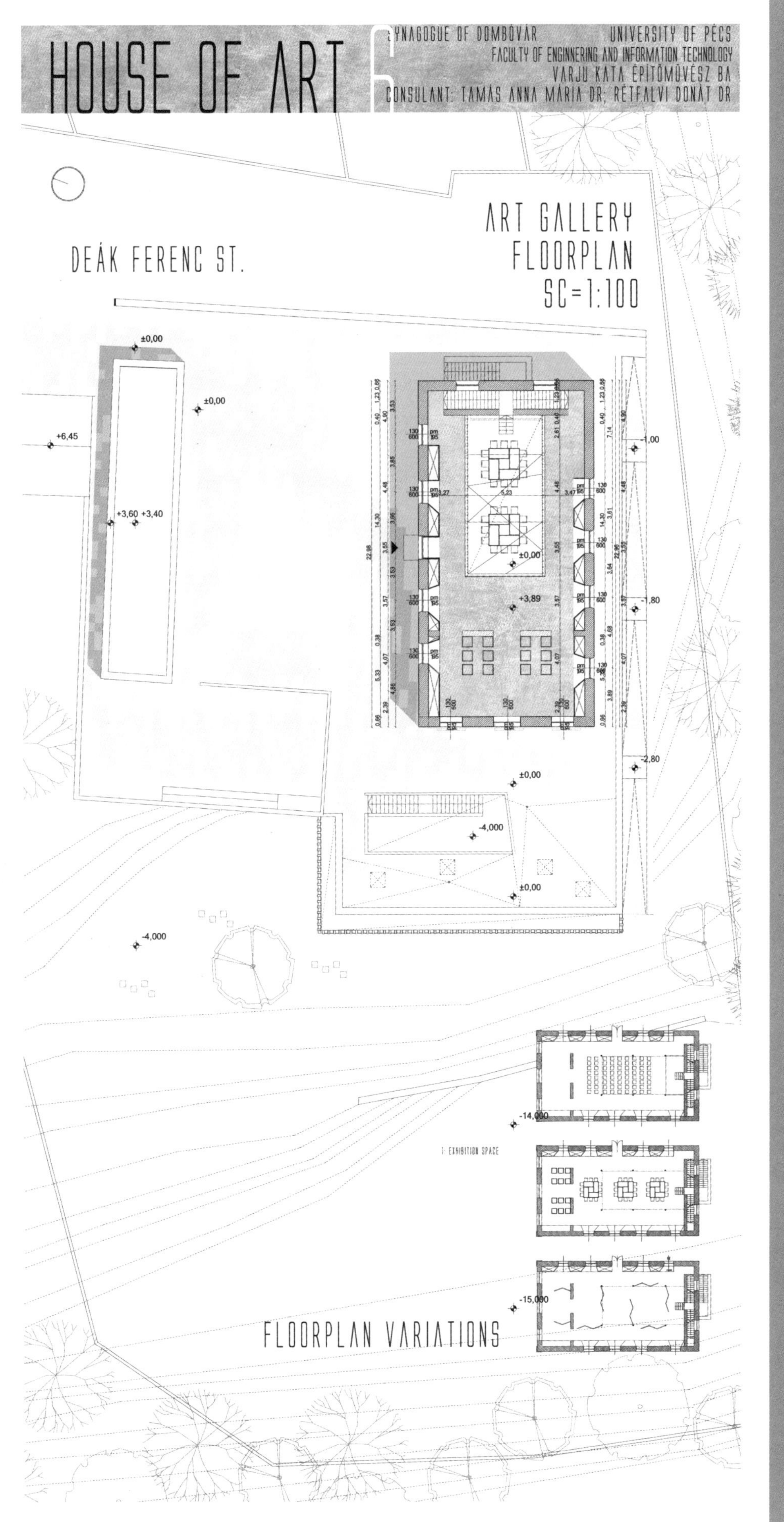

One of the the floor plans shows the two studios. One for teaching art, and the other one for the teachers to art. Both have glass around to make the artistic creation visible for guests. Because artistic activities don't need direct light, I made a sunscreen, which lets in the scattered light. Between the sunscreen and the glasses there is a passage where guest can walk throught to see every perspective of the artistic work. The huge glasses make the space as transparent as possible, so the border of inner and other spaces has faded. The floor plan of the synagogue and coffee shop: The ground floor of the synagogue is a multi-functional place where can be exhibitions, or art lessons for school classes, or can give place for performances.

其中一个平面图展示了两个工作室。一个是教艺术的，另一个给老师进行艺术创造。两者都由玻璃组成四周，使客人可见艺术创作。因为艺术活动不需要直射的光线，所以我做了一个防晒屏障，可以让散射的光线进来。在防晒屏障和玻璃罩之间有一个通道，客人可以通过这个通道看到艺术作品的每个角度。巨大的玻璃使空间尽可能透明，所以内部和其他空间的边界已经模糊。犹太教堂和咖啡厅的平面图：犹太教堂的底层是一个多功能的场所，可以举办展览、为学校班级上美术课，也可以举办演出。

I've designed some multifunctional furnitures, because in the protected building I couldn't made a lot of place to store, because I wanted to keep the original propotion of the space. These can be used as tables when it's an art class but also podiums for objects when it's an exhibition. I made a built in furniture on the whole wall behind the windows. The design of these furnitures are highligt the huge windows and make the light more sacred. The materials in the inner space is exposed concrete, brass and black colored pine tree. Other sections show the art studio and art classes. You can see that the synagogue is like standing on the top of it, so it shows this part of the building is for highlight the old value. Furthermore, it shows the passage between the sunscreen and art studios, where the artistic creation become visible to guests.

由于在受保护的建筑里没有很多存储空间，同时也想保留原来的空间设计，所以设计了多功能家具。当进行一门艺术课时，它可以用作桌子，当进行一场展览时，它也可以用作展览的平台。在窗户后面的整面墙上做了一个嵌入式家具。家具的设计是高大的窗户，使光更加神圣。内部空间的材料是裸露的混凝土、黄铜和黑色松树。其他部分展示了艺术工作室和艺术课程。你可以看到犹太教堂，就像站在它的顶部，所以这部分建筑是为了突出旧的价值。此外，展示了防晒屏障和艺术工作室之间的通道，在那里客人可以与艺术家共享空间。

One of the elevations shows the wailing wall, which is next to the sacred path which is another entrance to the garden and the memorial of holocaust. This wall begins with a sign, that shows it's another entrance for those people who arrive here for commemoration. The sign contains the date of the jewish deportation. The wailing wall was made of perforated stainless steel, so guests can put small pieces of paper in it, for let their wishes and prayer come true.

其中一个立面为哀悼墙，在神圣的道路旁边，这条路是花园和纪念馆的另一个入口。这堵墙从一个标志开始，表明它是那些前来纪念的人们的另一个入口。这块牌子上写着犹太人被驱逐出境的日期。哀悼墙是不锈钢穿孔的，客人可以在里面放些小纸片，祝他们的愿望和祈祷成真。

郭家庄村落公共空间的更新及设计策略研究

Study on Renewal and Design Strategy of Public Space in Guojiazhuang Village

北京林业大学　张哲浩
Beijing Forestry University
Zhang Zhehao

姓　名：张哲浩 硕士研究生二年级
导　师：公伟 副教授
学　校：北京林业大学
专　业：环境设计
学　号：3160821
备　注：1. 论文　2. 设计

陈列馆效果图

郭家庄村落公共空间的更新及设计策略研究

Study on the Renewal and Design Strategy of Village Public Space

摘要：随着经济的快速发展和社会的进步，人们的生活水平得到了很大的提高。城市发展和农村发展是社会主义发展的重要组成部分。建设美丽中国、美丽乡村，是实现新农村建设的有力手段，应遵循“以人为本”的思想理念。目前的自然村正在以无法想象的速度萎缩。因此，应对村落的公共空间进行合理的评估，采取一定的方式，健康发展，以满足人们的物质文化需求。

关键词：美丽乡村；公共空间；更新；提升策略；郭家庄村

Abstract: With the rapid development of the economy and the progress of society, people's living standards have been greatly improved. Urban development and rural development are important components of socialist development. Building beautiful China and beautiful villages is a powerful means to realize the construction of a new countryside, and follows the “people-oriented” philosophy. The current natural village is shrinking at an unimaginable rate. Therefore, we should make a reasonable assessment of the public space of the village, adopt a certain way, and develop healthily to meet people's material and cultural needs.

Key words: Beautiful village; Public space; renewal; Promotion strategy; Guojiazhuang village

第1章 绪论

1.1 研究背景

2015年中国城市化率达到56.1%，城市人口达到7.7亿人。但是，农业安置人口城市化进程仍然较晚，家庭人口城镇化率仍然较低。正如习主席所说，未来城市化率将达到70%，但农村仍将有4亿。这表明农村地区是整个中国社会发展的一部分。城市发展政策中提出的“地方公民”是农村发展的良好战略。

现代化的进程促进了许多村庄的崩溃和重建，包括许多历史文化村和传统村庄。在全国范围内，每天有80～100个自然村消失，每天有1.6个具有历史和文化价值的传统村庄消失。随着工业化和城市化的进程，村庄的外部环境不断变化，村民的生活方式不断受到影响和变化。由于建筑业，许多农村地区已经消失。许多农村地区已走上高密度破坏生态环境的道路，实现经济发展。有许多农村地区的年轻工人迁移，只有老人和剩下的村庄仍留在村里。面对各个村庄出现的诸多问题，拯救村庄、发展村庄是当务之急。许多村庄非物质文化的活动空间和表演空间也在加速和消失。速度已经损害了非物质文化的继承。近年来，各方开始强调对传统村庄的保护，但传统村庄仍然面临着严重破坏等严重问题，村落的发展情况并不那么乐观。

村民的公共生活是在村里的公共空间完成的。乡村文化和民俗风情也以乡村公共空间为基础。因此，如何发展村庄的公共空间与当地居民的利益有关。没有村庄，村里的公共空间是什么？做好农村建设是实现社会主义新农村建设的重要内容。美丽的乡村建设在全国范围内全面展开。村庄的公共空间在美丽的农村建设过程中增加了发展机会，发展形式也多样化。但与此同时，在美丽的农村建设过程中，也存在与村庄公共空间无关的现象，村里的一些公共空间严重受损甚至消失。村庄公共空间的发展存在一系列严峻挑战。我们怎样才能更好地发展村庄的公共空间，建设一个美丽的村庄？

1.2 研究目的和意义

1.2.1 研究目的

通过阅读各种文献，进行实地调研，采访郭家庄村村民，总结了郭家庄村公共空间的特点，对郭家庄村的公共空间按类型进行了重新分类。通过美丽乡村的规划及其公共空间的发展分析，根据实际情况和不同要求，总结了郭家庄村公共空间发展中存在的问题，并提出了相应的解决方案。

1.2.2 研究意义

(1) 理论意义

村庄公共空间的更新研究是村庄保护计划中最重要的内容之一。提出了村庄公共空间的发展，以吸引村民的注意力，响应中央政府的号召，协调社会主义新农村建设。实现“以人为本”的理念，实现城乡一体化。在开发村庄公共空间时制定有机更新理论。纳入村庄规划和保护，为其他农村规划提供一定的理论依据，提出美好乡村建设的方向，为地域文化的传承提供良好的途径。村庄公共空间的质量可以作为判断村庄文明程度的直接依据;同时，村庄公共空间的发展将是评价美丽乡村建设成功的要素之一。

(2) 实践意义

公共空间，是人们公共生活的重要载体，不仅满足人们的生活需求，它显示了历史背景，并从时间尺度体现乡村的文化沉淀。这是对村民文化认同的良好支持。村庄公共空间作为一种乡村文化的体现，构成了村庄的文化底蕴，是整个村庄的灵魂。村庄公共空间是影响村庄肌理、街道和其他村庄空间形态的重要因素。因此，改善村庄公共空间的物质环境、增强村民的精神意义，是乡村恢复活力的必要手段。实现村庄公共空间的良性发展是更好地沟通和延续村庄非物质文化的一种方式。美丽乡村建设的提出和实施，为研究村庄文化保护和村庄公共空间的各种发展形式提供了可能。同时，注重村落公共空间的发展，找出存在的问题，提供相应的解决方案，美丽村庄的施工会更好。希望这篇文章可以为美丽乡村建设和村里公共空间的发展提供理论指导。

1.3 国内外研究现状

1.3.1 国外乡村建设研究和实践现状

在国外，类似于“美丽村庄”的概念，它被称为“乡村发展”或“乡村建设”。国外学者主要研究农村建设的两个方面，包括城乡发展理论和农村建设实践研究。英国的埃比尼泽·霍华德提出了“田园城市”理论。该理论提出结合城乡优势，强调政治和农村栖息地，保护生态环境的农村城市建设。恩格斯于1914年提出了“城乡一体化”的概念。他认为，要使所有成员全面发展，必须结束旧的分工，实现城乡一体化生产。1987年，舒尔茨提出了“经济增长与农业”的城乡发展理论，强调了农业和农村发展的重要性。他认为，只有工农业实现共同发展，才能实现真正的社现代化。在20世纪80年代，加拿大学者TGMcgee提出了Desakota模型，该模型提出了城市和乡村空间的概念，从传统的封闭式枷锁中完全解放出来。他认为，通过高强度、高密度的事物交换，城市和乡村可以完全创造一个与前一个完全不同的空间系统。在20世纪90年代初，丹麦学者罗伯特·吉尔曼提出了“生态村”的概念。他认为，生态村是在不破坏自然环境的人类和以保护自然环境为特征的居住区的基础上发展起来的，即一系列人类活动和自然资源的可持续利用。

国外农村实践研究可分为三大项：乡村景观规划研究、地方特色研究和乡村旅游研究。

(1) 乡村景观规划研究

在20世纪中期，德国、捷克、荷兰、英国等一些西方国家，包括美国，首次应用景观生态学，在扩大乡村景观规划的实践中，逐渐形成相对成熟的理论形式和方法系统。大多数都促进了世界农业的发展、国家景观的建设和保护。相对而言，亚洲国家如韩国和日本的农村地形调查是从开始到发展相对成熟，它有一个比较完整的过程。韩国和日本各自推出了自己的乡村景观改善运动，并取得了很好的成绩。

(2) 地方特色研究

在20世纪40年代，西方国家开始研究当地的风景。美国考虑到当地特色和地方在乡镇发展中的重要性，并强调公民的参与。考虑到当地景观规划期间当地社区的需求，有些发达国家已将一些具有地方特色的旅游农场纳入其中。

(3) 乡村旅游研究

外国乡村旅游最初是在19世纪70年代发展起来的。近年来，国外乡村旅游研究侧重于规划、市场、农村文化资源、农村可持续发展。在法国，农村地区的旅游业正在发展，因此农村地区的家庭旅馆业诞生了。英国农业和乡村旅游的风景正在引起游客的关注。日本的乡村旅游显示了规模、多样性和专业知识。在韩国乡村旅游发展过程中，自然生态系统优美、特色鲜明、文化多样性的村庄被纳入旅游项目的开发。基于北美的农村建设，值得学习以下几点：一是农村建设规划优先，农村建设模式多样化。其次，积极推进农村信息化建设，强调社区能力建设。最后，得到了政府等机构的支持。

1.3.2 国外村落公共空间发展的相关研究

在20世纪50年代，“公共空间”首次出现在社会学和政治学领域。直到60年代初，简·雅各布斯的《美国大城市的生与死》显示公共空间进入城市规划和相关领域。20世纪70年代，第二次世界大战后美国的城市空间经历了快速重建。目前，“公共空间”的概念首先得到了国家和美国公民的认可。国外学者还运用多学科对传统村庄的公共空间进行学术研究，见表1。

关于传统聚落公共空间的国外研究（作者整理） 表1

序号	作者	内容
1	藤井明	《聚落探访》运用文化人类学的研究方法，从传统聚落内部所观察到的物理性质等现象所应有的状态出发，对聚落进行调查研究
2	伯纳德·鲁道夫斯基	《Architecture without Architecture》对聚落和乡土建筑的分析研究扩展到了建筑史的深度和广度
3	西蒙兹	《大地景观·环境规划指南》针对美国乡村开发活动必须集中在居住公园、工业化、商业办公区或商业中心区内，明确规定基本农业范围，禁止将它们用于其他类型的开发

1.3.3 国内乡村建设研究和实践现状

“农村建设”的概念首先由山东省农村建设研究实验室提出。当时，农村环境恶化，中国农村居民人口超过总人口的80%，因此主要是在农村建设中解决三农问题。中国学者梁恕认为，“乡村建设”的概念不仅具有表现力，而且具有积极意义。因此，“村庄建设”于1931年被广泛使用。但是，在不同的历史阶段和不同的地区，人们对“建设村庄”的具体含义的理解也有所不同。

由于历史的局限，中国在改革开放之前没有开始实行中国农村发展的相关理论。这主要涉及在内部子系统与农村和外部环境的内部子系统之间建立协同作用，以便有效地改善各子系统之间的平衡。2005年，在党的十六届五中全会上，再次提出了进一步推进新农村建设的问题。此时，中国已进入农村建设快速发展阶段。

国内对美丽乡村的调查分为乡村景观调查、模型调查、路线探索和建设评价四个方面。

1.3.4 国内村落公共空间研究现状

我国最初对“公共空间”的关注也是局限于城市中，国内各学者对城市公共空间的定义见表2。

“城市公共空间”定义（作者整理） 表2

作者	书名	定义
王建国	《城市设计》	意指城市的公共外部空间，包括自然风景、硬质景观、公园、娱乐空间等
李德华	《城市规划原理》	狭义的概念是指那些供城市居民日常生活和社会生活公共使用的室外空间
王鹏	《城市公共空间的系统化建设》	在建筑实体之间存在着的开放空间体，是城市居民进行公共交往活动的开放性场所，也是人类与自然进行物质、能量和信息交流的重要之处

随着我国新农村建设持续的大力推进，越来越多的学者开始将更多的注意力置于村落公共空间上，并以此作为课题展开了一系列研究。现如今，针对“村落公共空间”这一研究点，各学科有着不用的研究侧重点，见表3。

“村落公共空间”各学科研究侧重点表（作者整理） 表3

学科	研究侧重点	代表学者及文献
规划学科	场所观点	戴林琳、徐洪涛《京郊历史文化村落公共空间的形成动因、体系构成及发展变迁》
社会学科	社会关联形式和人际交往结构	曹海林《村落公共空间：透视乡村社会秩序生成与重构的一个分析视角》、《村落公共空间演变及其对村庄秩序重构的意义》
人文与社会学科	文化、政治方面	朱海龙《哈贝马斯的公共领域与中国农村公共空间》 黄磊明《村庄公共空间的萎缩与拓展》 王春光《村民自治的社会基础和文化网络——对贵州省安顺市村农村公共空间的社会学研究》 吴燕霞《村落公共空间与乡村文化建设——以福建省屏南县廊桥为例》

此外，关于乡村公共空间的国内调查对于村庄类型来说通常相对较宽。戴林琳和徐洪涛对历史文化村的公共空间进行了研究。马新尧、丁绍刚研究了新农村的公共空间。张健研究了古村落的公共空间。杨林平研究了少数民族聚居地的公共空间。苏方谈到村庄公共空间保护方法和村庄公共空间变化机制的使用策略。随着社会经济的持续发展，村庄公共空间的意义和功能发生了变化。一些村庄的公共空间显示出这种趋势，显示出目前的减少情况。研究表明，社会、经济、人力和其他等诸多因素对村庄公共空间的发展有直接影响。这些因素为村庄公共空间的发展带来了许多可能性。

1.4 研究内容、方法和框架

1.4.1 研究内容

本研究通过实地调查，对全国公共空间的现状进行了调查和分析，并对村庄公共空间的特点、意义和现状进行了整理。结合郭家庄村规划设计，考虑了郭家庄村的城镇居民和村民，针对郭家庄村公共空间的不同需求，希望实现郭家庄村公共空间的良好发展，从而促进村内类似公共空间的生存和发展。

1.4.2 研究方法

（1）文献分析方法：在研究开始时，主要通过各种文献资料来进行研究。本文主要是指使用学校图书馆数据库的搜索查询。

（2）调查和研究方法：对当地村民及相关人员进行相关信息的收集采访，对乡村进行了实地调查。

（3）分类研究方法：根据相关数据，与郭家庄村的实际情况相结合，对郭家庄村公共空间重新建立分类。

第2章 村落公共空间发展研究

2.1 相关概念诠释

村落公共空间发展研究中涉及的相关概念包括村落、公共空间以及村落公共空间。通过概念的梳理，将它们之间的关系分辨清晰，进一步明确本文的研究对象及范围。

2.1.1 村落

村落是在漫长的历史发展长河中，适应自然环境逐渐形成的，积淀和传承了厚重的历史文化人居环境聚落。人类在这个场所内进行居住、生产、社交等一系列活动，既能满足生存需求中的安全需求，也能满足温饱需求。村落是人类聚落中最基本的聚居单元，也是我国数量最多、分布最广泛的一种人类聚落类型。

2.1.2 公共空间

“公共空间”这一概念目前在很多个学科中被频繁地使用，不同的学科在使用这一概念时所指的对象在一定程度上略有相似，但从具体内涵上而言，却有着比较大的区别。在政治学、社会学、地理学和规划学这些不同的学科中，公共空间被解读所赋予的内涵都不同。

2.1.3 村落公共空间

关于“乡村公共空间”的定义，国内研究人员对此有不同的理解，尚无统一的定义。戴林琳和徐洪涛解释了村落的公共空间。首先，它是一个重要的空间，服务对象是村民，它具有一个与村民的公共生活和周边交流相对应的功能，村民自由进出，执行日常生活，是社交生活、社交活动和参与公共服务的重要场所。陈金泉、谢艳仪、蒋晓刚对农村公共空间的定义如下：村民自由的地方，随时交换意见，讲述信息并参加各种活动。这些地方有不同的功能，如景观、花园、市场、井、池塘、寺庙、舞台、祖庙、茶馆、树下、景观、宗教、商业等。曹海林认为，村庄的公共空间一般由两个层次组成。第一种村民们可以随时出入，如寺庙、集市等。第二种是已经制度化的许多组织或村庄中存在的活动形式，例如村里现有的商业组织，可供村民日常聚会以及举办私人活动。经过深入调查，王玲提出了村里公共空间的定义。村庄的公共空间介于村民拥有的私人空间和家庭以及国家赋予的公共权力之间。朱海龙认为，村里的公共空间是具有坚实边界的坚实社区，是一个具有许多外在属性的文化范畴。董雷明将村庄公共空间的基本含义概括为四个方面：有形的场所、权威与规范、公共活动与事件、公共资源。

总之，我们可以初步概括：村落公共空间具有公共和空间这两重属性，一方面是涉及社会、人文、政治等相互关系的社会“公共性”；另一方面则涉及了空间场所理论和物质形态，即物质的“空间性”，是多学科意义上的交叉和融合。简单而言，村落公共空间是指人们进行生产活动、文体娱乐、休闲交流且具有开放性的公共场所，它是一个有序的系统，村落自然环境是背景，公共场所是物质载体，公共活动和事件是系统中的内核，这三者相互作用和影响，构成了村落这个有机整体。

2.2 村落公共空间面临的问题

（1）公共空间的布局各不相同，规模也不恰当

空间尺度作为空间的重要属性之一，对那里人们的心理情感有着最直接的影响。过于空旷的空间让人感到不安，甚至会让人觉得无所适从。当空间太窄时，人们会觉得他们是封闭的、沮丧的。由于村落本身具有复杂的地理环境，加之村落基本的公共设施尚处于欠完善的阶段，故总体而言村落公共空间布局没有规律性可言。为了满足村民的需求，创建和开发了原始村庄的公共空间。然而，随着社会经济的不断发展，许多青年农民进入大城市，村里有许多留守儿童和老人，使得村落公共空间变得更加分散。在相当一些村落的公共空间建设中，只为在形式上追求美观而脱离实际，缺少大尺度空间，因而无法支撑村民相互间进行交往等活动。上述情况，均是村落公共空间丧失了其本身应有功能的表现。

（2）邻里氛围淡化

因为在很多村落空间设计中，四周房屋时常呈现出相同的样式，空间表现极端单一，导致户与户之间缺乏一种自然且具有共识性的汇聚点，往往造成住户对周边环境在精神上感到孤独和空虚，打破了传统邻里氛围融洽、和谐的场面。

（3）地理特征消失

随着社会经济、科学技术的高速发展，各地的文化逐渐显现出同质化，原有的地理特征也渐渐消失。原始村庄的公共空间是一个长期适应自然环境，符合历史条件的有机空间。它在布局、形式和特征上都是独一无二的。如今，许多建筑物有序地被安置在村庄的公共空间中，便失去了活力，似乎这个地方的“精神”正在减弱。甚至一些村庄的公共空间也盲目地模仿城市的设计，忽视了自己的特色。

（4）与现代生活的需求相矛盾

随着社会和科学技术的发展，有很多的生活经验和村民的生活风格受到显著的影响。村庄基础设施、建筑布局、公共空间规划因现代生活而无法满足村民的需求。村落中的原生道路也已经无法负担不断增多的现代交通工具。

（5）与村民人口增加相矛盾

所有村庄都以农业生产为主要生产方式，在有限的村庄空间中，公共空间已无法满足村民的日常需求。

（6）与未来发展的矛盾

发展是一个永恒的主题，村庄一直在动态发展。但是，很多村落的整体发展长期追求经济利益，这样一来，便忽略了公共空间的开发和保护。

2.3 村落公共空间发展原则

村落公共空间并不是固定不变的，换言之，村落公共空间恰是在历史进程中不断改变并且进步的。村落公共空间的内涵以及多样性的功能正在高速发展的社会经济巨轮中发生了巨大的变化，大量的村落公共空间正在慢慢消亡或呈现出衰败的景象，也有的村落公共空间正在被不断地蚕食或者挤占，还有的村落公共空间已经随着地缘血缘的消亡而走向终结。为了避免村落公共空间的缺失，其发展是必然需要的。发展是村落公共空间保持长久的活力经久不衰的唯一方式，其在发展过程中需要注意遵循以下几个原则。

（1）坚持整体性原则

村庄是一个有机综合体，融合了自然、历史和人文的各种元素。由于每个村庄都有自己的价值和意义，村庄的发展是当务之急。只有在村庄发展良好的情况下，才能谈论村里公共空间的发展。整体性原则，不仅要关注传统建筑的保护和发展，还要注重特定范围内生态环境的可持续性，对于村落中不合理的部分应该着手予以整治。

（2）坚持公众参与原则

村落使用者是本村的村民，所以对于村落公共空间的营造、维护、保护、维持其活力是村民必须参与其中的。首先通过政府的积极规划和引导，创造适合村民、符合村民生活的村落公共空间。随后不断提升村民的重视以及对村落公共空间的保护意识，提升村民的参与感，不仅指村民在村落公共空间中活动，更是指村民对村落公共空间的维持和保护以及发展出一份自己的力，能够不断维持其活力。这样既保证了村落公共空间的合理性、实用性，也满足了村民的自身需求。

（3）发展中保护原则

保护的概念包括但不限于村落公共空间的静态防护，应从发展的角度处理。因此，保护可以被理解为开发方

法之一。保护和发展既是手段也是目的，发展是村庄公共空间生存和延续的未来主题。首先，我们意识到现有的村落公共空间，然后建立保护和发展意识，必须坚持使用保护手段，在整个过程中，保护和发展都是相互加强的，不能相互分离。只有当它是受保护的，才会用发展的眼光对待，在开发过程中不断进行保护，这样才能使得村落公共空间不断发挥其作用，焕发活力，更好地为人服务。

（4）平衡协调原则

平衡原则是采取保护和发展手段时必须遵循的原则。首先，村落公共空间的功能完善是村民最基本和最重要的目标。保护和发展是这一基本目标的实施手段。但是，在实现这一目标的过程中，有必要调整各种开发方法之间的关系。不同的情况采取不同的发展方法，切不可不明所以地用一种方法一味地实施。

2.4 村落公共空间发展方法

实现美丽乡村村落公共空间发展，维持其活力的方法不止一种，主要概括为以下几点：首先保护村庄肌理；再结合自身资源优势，确定优势产业和主导产业，合理情况下发展旅游业；最后根据不同人群的诉求，对公共空间进行业态化利用以及进行必要的功能置换。具体手段为保护、更新、改造和重构。几个概念之间并未存在明显的划分界限。

（1）保护

保护是指免受外界伤害。这里的保护是指静态保护，保持现有村庄的空间形式，保持其原有的功能，并更多的为人提供服务。

（2）更新

在计划中，“更新”一词的含义更加详细，它是指必要的调整和改变目前的环境的各种要素，以改善整体环境质量。重建、翻新、内部翻新、添加、维护，甚至全部或部分清都属于更新的方式。更新的过程以小规模、渐进式的改造方式为主导，避免大拆大建。

（3）改造

改造一词在辞海中有两重含义，针对村落公共空间，其意思为：就原有的事物加以修改或变更，使适合需要。

（4）重构

空间重构是在满足新的社会需求的前提下改造原有的公共空间。

第3章 实证分析——以河北省兴隆县郭家庄村为例

3.1 现状概述

3.1.1 地域环境

兴隆县范围内的八成面积是山地，总人口32.8万人中的农业人口占77.1%，其中少数民族人口3万人。兴隆县位于京、津、唐、承四座城市的衔接位置，与北京接壤113公里。郭家庄村地属兴隆县的南天门乡，从南天门乡向东2公里即可到达，是当地的少数民族村。

地形地貌：郭家庄是典型的深山区村庄，总面积9.1平方公里。现有耕地0.45平方公里，荒山山场4平方公里。除山体部分，地块中相对高差小，中间部分为村落，较平坦。设计中采用适当的方法，顺势处理坡地与建筑、景观的关系。坡度对建筑物的建设和植物生长均产生较大影响。小于25°适宜建筑建设以及植物生长。南坡能充分接受光照且逆风，有利于植物的生长。基地大部分地块为南坡和东坡。

3.1.2 人文历史

人口概况：郭家庄村有226户，人口数量726。

村庄历史：郭家庄村的位置距清朝东陵不到30公里，所以早在清朝年间就被划为皇家的“后龙风水”，并设为禁区。守陵人翻山到此采集野果、野物作为祭祀供品，发现该地水草丰茂、土地肥厚。大清灭亡后，守陵人后裔便来此生活，主要是郭络罗氏，后更名郭氏，自此便有了郭家庄。民国之后，作为满族文化村落与汉族不断融合，全乡满族比例逐渐减少至28%，但至今仍保留着一些满族人的生活习俗和文化特色传承，如饮食习惯、剪纸等。

图1 郭家庄村在兴隆县的位置（来源：百度地图）

郭家庄及周边村落经济数据表（来源：4X4 课题组提供） 表 4

村落名称	人口（人）	产业	主要农作物	年人均收入（元）
郭家庄村	726	满族文化旅游、德隆酒厂、民俗	玉米、大豆、谷子、高粱、板栗、山楂	6482
南天门村	637	南天丽景景区	玉米、大豆、谷子、高粱、板栗、山楂	6488
大营盘村	494	农业种植	玉米、大豆、谷子、高粱	4860
杨树岭村	325	养殖、农业种植	玉米、大豆、谷子、高粱	2730

3.1.3 经济条件

兴隆县2013年的城镇居民人均年收入约1.7万元，农民人均收入达到0.71万元。郭家庄村年人均收入0.65万元，略低于平均值。

3.1.4 发展政策

河北省委、省政府在全省范围组织关于美丽乡村建设的“四美五改”行动。承德市出台《中共承德市委承德市人民政府关于大力推进美丽乡村建设实施意见》，要求加快承德城乡统筹发展，推进农业现代化，让村民富足。

兴隆县燕山峡谷片区列入2016年全省美丽乡村重点建设片区，郭家庄村所在的南天门乡被纳入兴隆山片区旅游线路的重点组成部分。郭家庄村在国家民委2017年发布的《关于命名第二批中国少数民族特色村寨的通知》（民委发〔2017〕34号）中被评为中国少数民族特色村寨。

3.1.5 院落分析

郭家庄村的民居院落以一合院、二合院为主（图2），属于北方传统合院。每户院落内部面积较大，除了堆放农具、仓储杂物和厕所的功能，村民还在院落内种植果树、葱、玉米等农作物，布置水井、地窖，饲养牲畜。

3.2 现状分析

3.2.1 现状功能分区

红色代表的是村民的居民楼，黄色代表农业。

从图3中可以看出农业是郭家庄村的主要产业，产业类型比较单一，也是村民收入低于平均值的主要原因，村庄没有统一的规划，只是在原有的基础上重建或者是翻新。河道贯穿全村南北，最后汇入澈河。

图2 郭家庄村东台子民居院落群鸟瞰图（来源：google地图）

图3 郭家庄村现状功能分区（来源：作者自绘）

3.2.2 现状交通分析

112国道是该村落的主干道，道路共分为三级。

村民的居民楼主要沿112国道两侧分布，虽然交通便利，但很容易出现噪声污染的问题。村落内的支路较少，且崎岖不平，宽度较窄，私家车很难停入自家的庭院。

3.2.3 现状节点分析

（1）乡村景点游憩功能比较单一。

（2）交通组织缺乏系统性。

（3）动态、体验性的参与项目缺乏。

（4）对游客食、宿、购等方面的需求考虑不足。此外，由于乡村旅游地处市郊或乡村，各项旅游服务商品及市政配套设施不够完善。

（5）受城市化的影响，景观形式单调，传统文化流失严重。

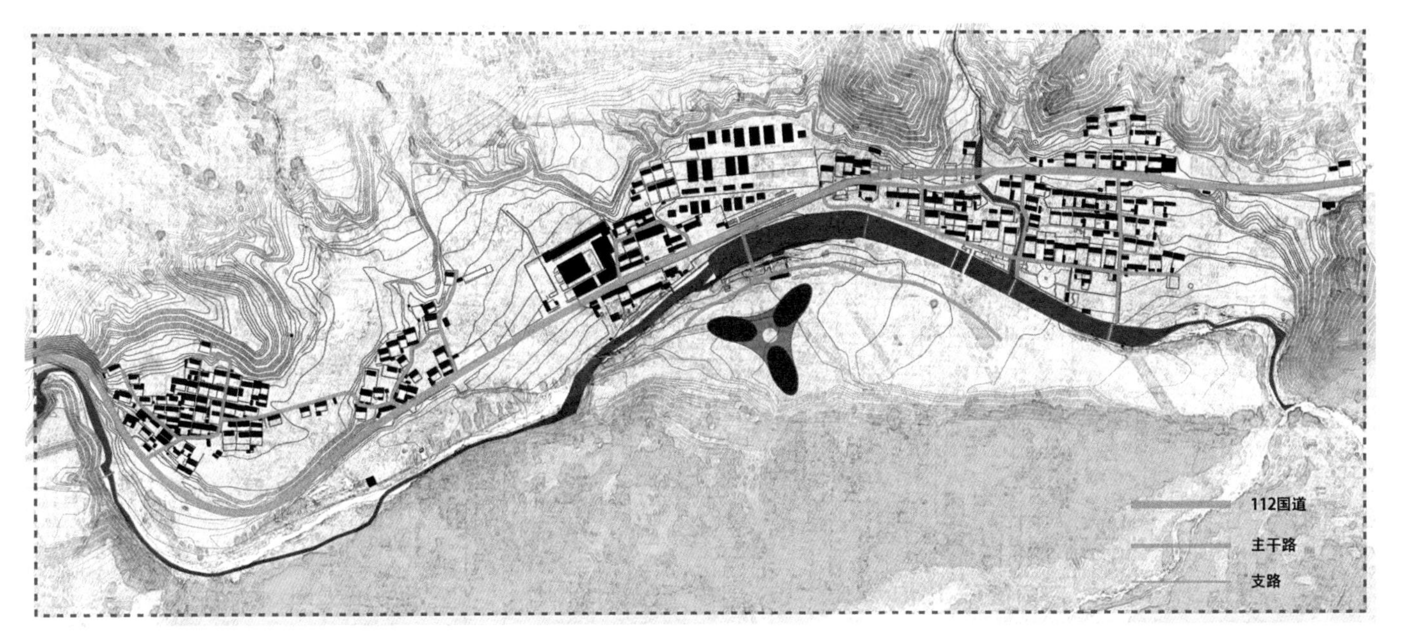

图4 郭家庄村现状交通（来源：作者自绘）

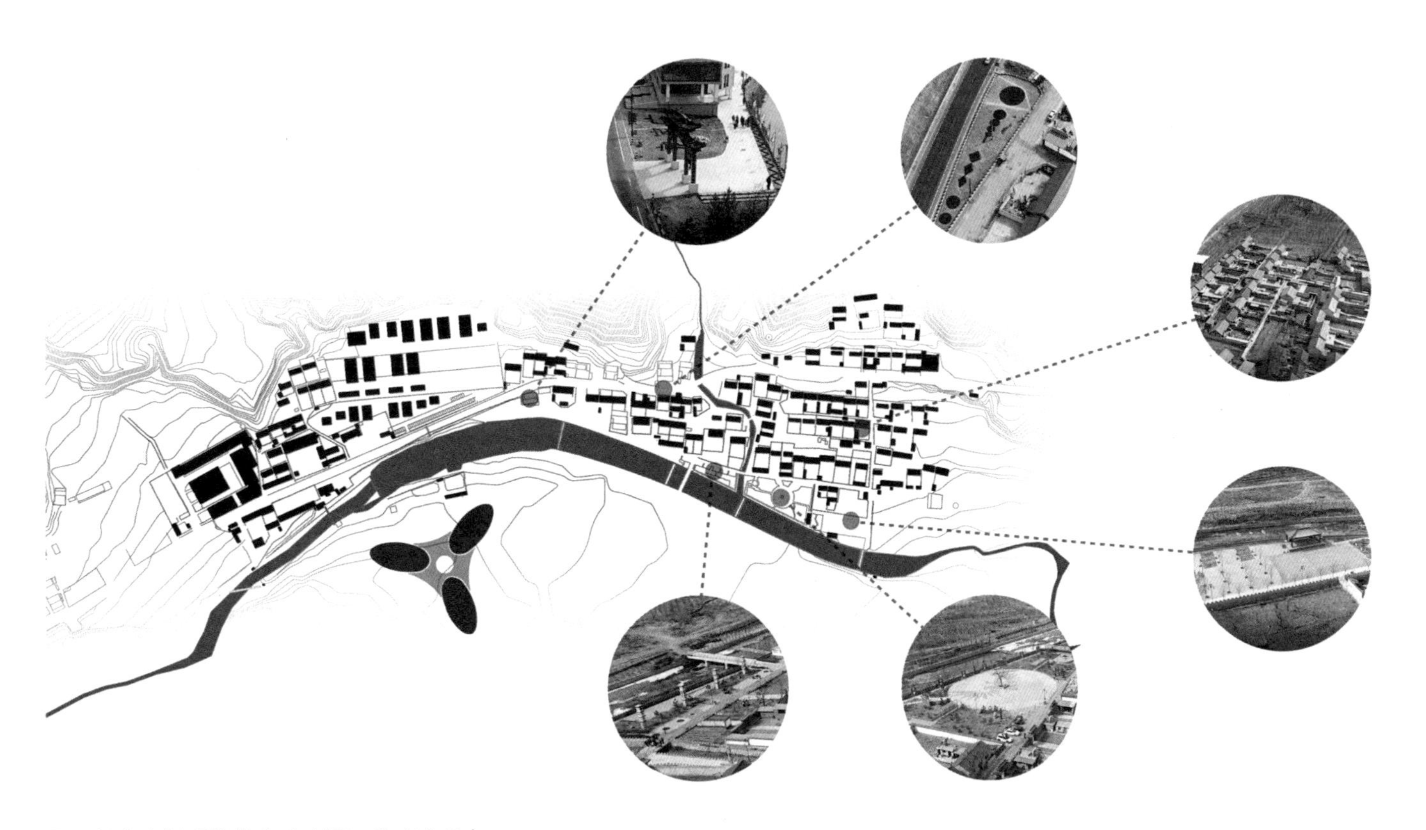
图5 郭家庄村现状节点（来源：作者自绘）

第4章 设计策略——以河北省兴隆县郭家庄村为例

4.1 兴隆县郭家庄村落规划发展定位

功能定位是以美丽乡村建设为契机，依托有利的区位优势、便捷的交通、地域特色和农业产业优势，发展观光农业和休闲旅游业，将郭家庄村打造成“都市人的后花园、农事体验游乐园”，成为兴隆县“美丽乡村精品村”的示范村。郭家庄村产业规划需要遵循生态性原则、高效性原则、特色性原则、文化性原则。明确以农业特色主导产业为发展基础，确定在规划期内在保持粮食生产能力的基础上，重点培育当地特色农作物。第二产业则是依托现有的种植基础，大力发展农副产品加工业。第三产业则是大力发展农业休闲旅游产业、农家乐、生态农业观光、农事体验、文化游览等，并且积极推动联动旅游模式开发。

4.2 兴隆县郭家庄村建设目标

围绕“美居、美业、美游、美文”的创建要求，通过产业提升、旅游带动、文化挖掘、村庄整治、土地整理、生态保护等综合实施，体现出具有当地文化新农村建设特色的风情韵味。

美居：充分考虑当地居民对提高生活环境质量的需求，通过科学合理的规划布局，对新区与旧区，以及住宅用地、公建用地与产业发展用地之间的关系进行梳理整顿；对村内道路交通等基础设施和公共服务设施进行一系列的必要完善；同时对街巷、街景、公园、广场等重要开场空间及其周边建筑进行综合整治。

美业：在发展当地特色产业的基础上，明确今后产业的发展方向，细化产业类别，将特色产业与特色旅游业有机结合，借此提高郭家庄村的经济和人民生活水平。

美游：充分利用郭家庄村的文化、产业以及生态环境等多方面的资源优势，通过旅游业这个载体，合理配置旅游资源，完善相关的旅游服务设施，提升乡村旅游品质。

美文：充分挖掘地方特色和人文要素，结合郭家庄村居民的生活方式和当地的民俗文化，发展健康的郭家庄村风尚，丰富精神文化生活。

4.3 兴隆县郭家庄村村落公共空间发展规划

对村落道路进行了重新的梳理，调整了村落整体的规划，局部空间通过现代的手法对传统文化做了景观上的营造。改造后的村落具备休闲、采摘、体验、学习等多位一体的功能，来提升村落的乡土性、趣味性、多样性。对影响交通，或者是存在严重安全隐患的房屋，比如距离主干道过近等，进行了选择性的拆除。从山体到路面，再到沿河，交通都做了新的调整。让村民和游客在观光、游览时对道路可以有更多的选择性。在村落的规划当中，融入了新的商业和文化体验，比如季节性集市中心、沿山的观光栈道、村落文化体验馆等。

建筑设计与生态性相结合，以满足人们对建筑物的使用功能为目标，禁止忽视甚至无视建造和使用过程中的资源消耗费和环境污染。在设计过程中把资源消耗和环境污染作为考虑的基本因素，在充分满足人们对建筑物的使用功能的同时，尽可能实现对自然生态环境的保护。

村落公共文化陈列馆，体现出郭家庄村落的形态与文化特色设计理念，本着遵循可持续发展的基本原则，充分体现现代村落文化，倡导自然与建筑共生的理念，集成应用“自然通风、自然采光、低能耗围护结构、光伏光电一体化、雨水利用、绿色建材和智能控制”等先进的技术、材料和设备，要充分展现建筑和人文、环境与科技的和谐统一，更要将村落文化底蕴在展览馆建筑中充分地表达并体现出来。

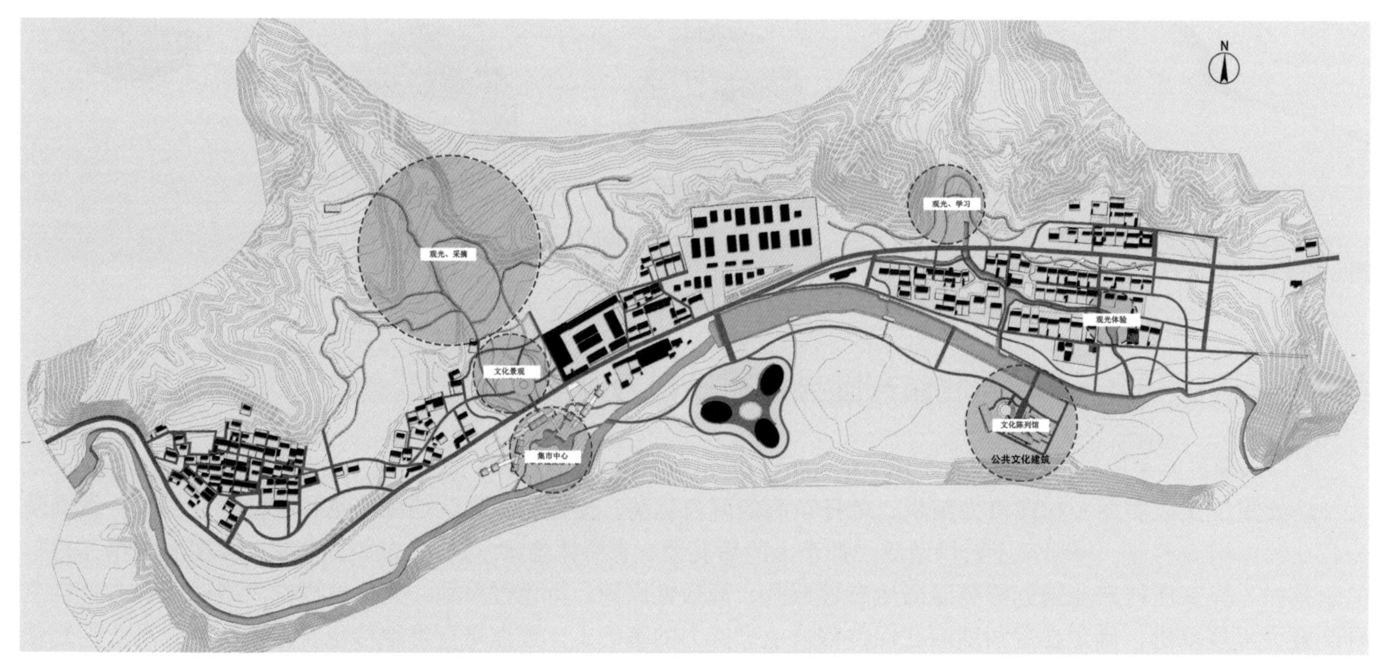

图6 郭家庄村落改造后总平面（来源：作者自绘）

图7 郭家庄村落改造后交通网（来源：作者自绘）

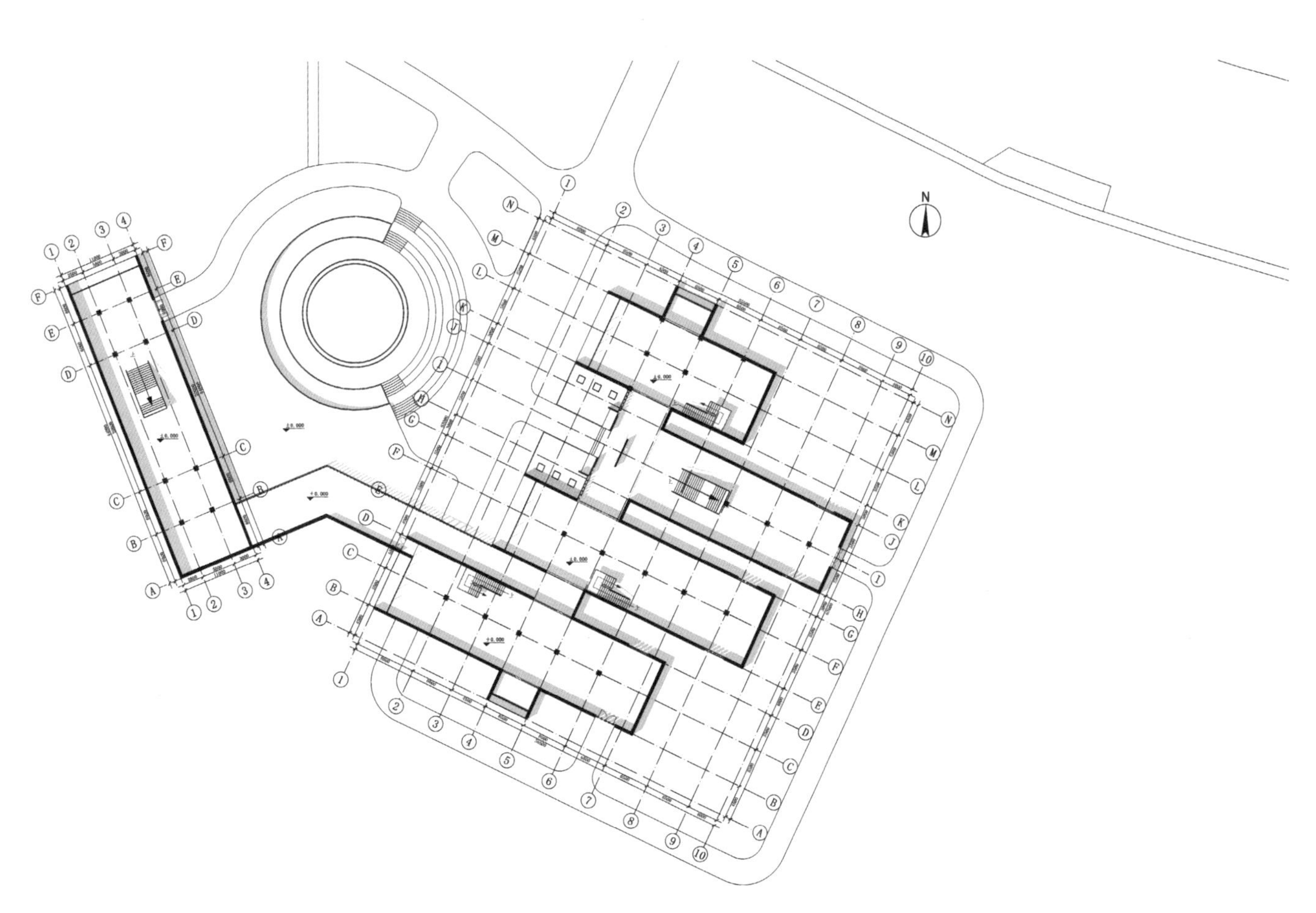
图8 陈列馆建筑一层平面（来源：作者自绘）

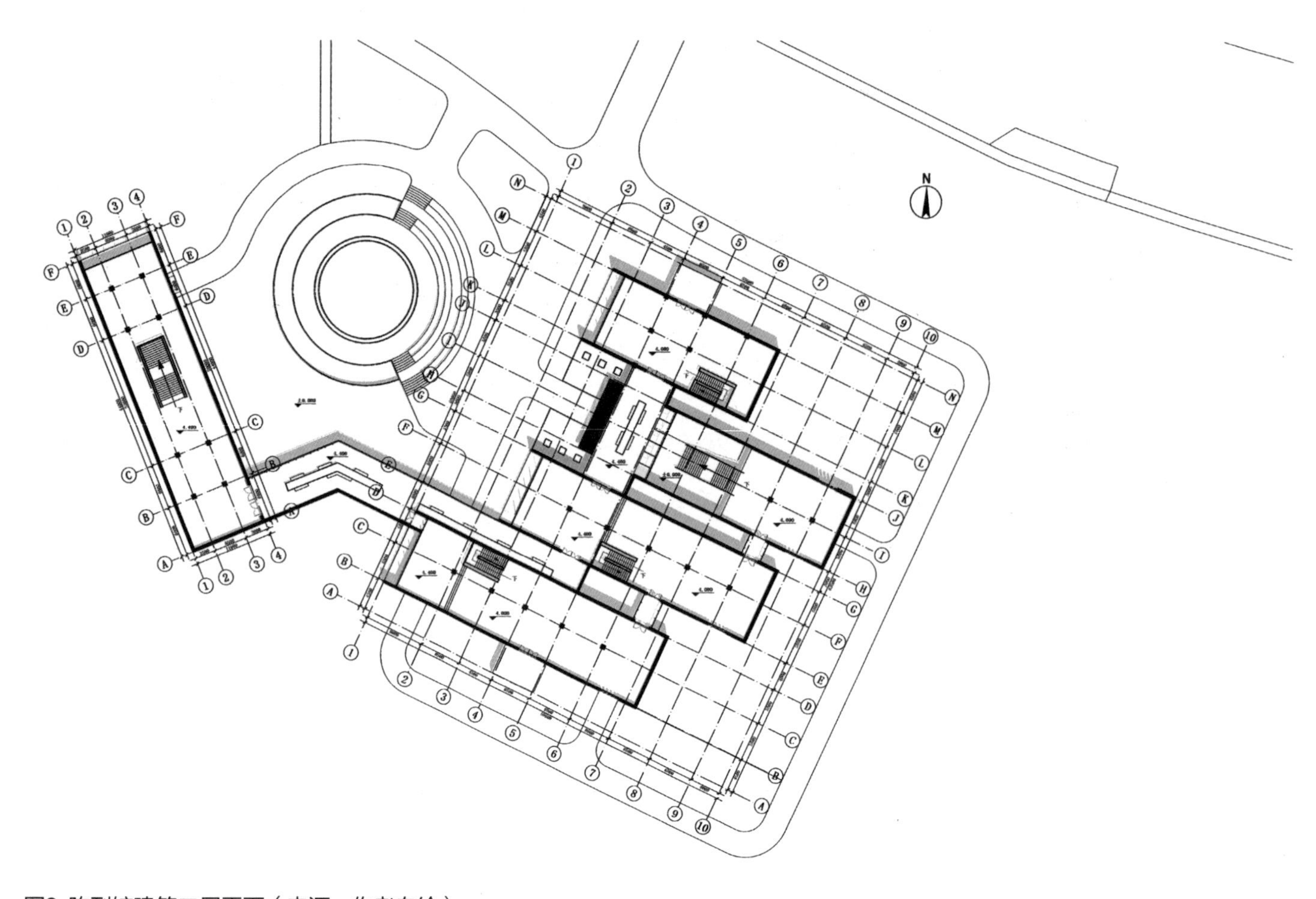

图9 陈列馆建筑二层平面（来源：作者自绘）

图10 陈列馆建筑北立面（来源：作者自绘）

图11 陈列馆建筑西立面（来源：作者自绘）

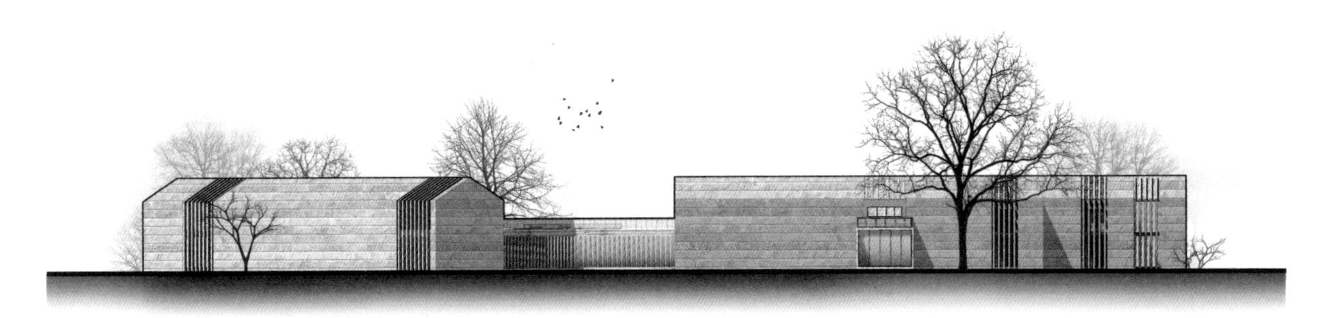

图12 陈列馆建筑南立面（来源：作者自绘）

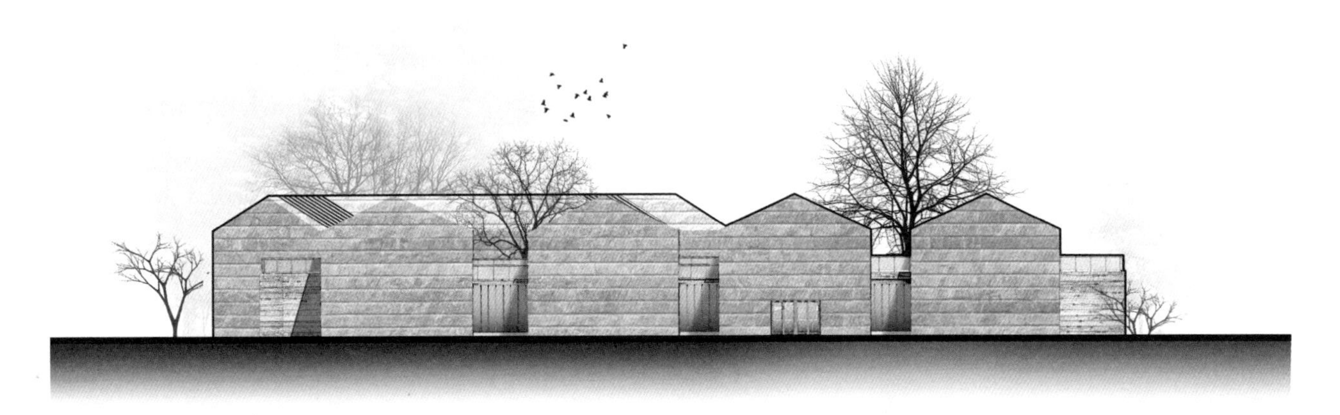

图13 陈列馆建筑东立面（来源：作者自绘）

图14 陈列馆建筑效果图（来源：作者自绘）

4.4 郭家庄村落文化景观提升策略

通过一些转化手法，如模仿、隐喻、寓意等，可将当地许多地域文化元素应用到现代景观设计中来。

4.4.1 模仿

模仿需要深刻理解艺术的典型化或艺术概况，进行更深一步的创造，而不是一味机械地、不加取舍地对现实进行模仿。进行模仿再创造时，应该更有集中性，更典型，这样就会更具普遍性，模仿原型的“意”。取其“形”，从而传其“神”。现代景观设计中有很多仿古典园林建筑，但在材料上应用的是现代建筑材料，如塑钢、混凝土、不锈钢等来建造，它可避免古典园林建筑木构架易着火的弊端，充分考虑了人的安全性。

4.4.2 简化与抽象

简化要求设计师抓住地域文化元素的主要结构、色彩及形象特征，有条理地进行处理，而不是盲目地简单化。简化也就是取其精华、去其糟粕，取简去繁，把碍于艺术造型及审美构图的部分加以简化，以提炼、概括的手法进行加工，呈现出高度概括的造型形态。简化的另一层面即可发展成为抽象，抽象是对地域文化元素的局部进行提炼，甚至可以简化抽象为一种符号，但是人们一看便知其来源于哪种元素的符号。建筑艺术受其严格的实用性的限制，不能直接模仿和再现自然，而是结合功能进行造型并以特殊的方式进行比较抽象的、象征的表现。黑格尔说，“建筑是与象征型艺术形式相对应的，它最适宜于实现象征型艺术的原则，因为建筑一般只能用外在环境中的东西去暗示移植到它里面去的意义”，也就是说各地区的文化是通过浓缩的符号的运用和演化来延续的。

4×4实践教学课题中，针对郭家庄特色小镇的满族文化进行了深入的研究，通过景观设计来传达满族文化的内涵。水对满族文化、农业都有重要的意义，因此，在方案中选择水纹纹样作为景观形式的切入点，模仿简单、优美的流水曲线造型，选择当地特色植被，来体现出当地景观的文化特色。

图15 郭家庄景观设计（来源：作者自绘）

4.4.3 寓意

在景观设计中应注重对其意境的创造，这样就不会变得空泛、苍白，没有内涵。可通过对古典园林的借鉴，以精炼浓缩的方法组织空间，运用与地域历史、名人、传说、动植物形象相结合的方式，使人产生联想与归属感。

在景观设计中，通过对传统设计手法的借鉴，将地域文化设计理念贯穿于整个设计过程。中国传统的设计思想注重“意境”的表达，这不仅体现在绘画、建筑中，也体现在园林景观中。在很多对地域性文化元素进行设计的手法中，是应用模仿、抽象或寓意进行创作的，尊重并利用自然环境，注重人与自然的整体和谐性，并将情感寓意于环境，从而达到“天人合一”的环境观。

图16 郭家庄观光集市中心效果图（来源：作者自绘）

4.4.4 创新与融合

创新是设计的灵魂，没有创新就没有发展。设计师在进行设计时应运用地域性文化元素，并通过与现代设计手法的结合，不拘泥于传统形式和材料，达到传统与现代的完美结合。融合主要指不同地域文化元素之间以及对国外文化元素的借鉴与利用。在运用国外设计手法进行融合时，我们不应该一味的“拿来主义”，而是应该保持自己的独立性与地域特色，在充分了解国外设计手法的观念上进行借鉴，用中国人的审美方式来表现出中国式的情景交融的文化内涵。设计师可将中国古典园林设计中重意境、重氛围、重内涵、重人的参与性与国外设计中重节奏、重形式有机结合，创造出新的设计理念。

4.5 郭家庄村落季节性集市中心规划方案

展望：希望本文的例证分析与设计方案能够为村落公共空间的发展带来一定的借鉴意义，引起大众在美丽乡村建设过程中对村落公共空间的重视。今后可以对不同类型的村落进行研究，进一步归纳出村落公共空间发展的整体类型和不同的方法；整理归纳美丽乡村建设下对村落公共空间重视程度不同的案例，以及其所面临的现实问题，切实找到应对的方法；研究一套评价体系，确定影响村落公共空间发展的相关要素是哪些，评价村落公共空间的发展情况。

参考文献

[1] 吴家骅著．景观形态学［M］．叶南译．中国建筑工业出版社，1999.

[2] 刘滨谊．现代景观规划设计［M］．东南大学出版社，1999.

[3] 周维权．园林·风景·建筑［M］．百花文艺出版社，2006.

[4] 王向荣．西方现代景观设计的理论与实践［M］．中国建筑工业出版社，2002.

[5] 贺业拒．考工记营制度研究［M］．中国建筑工业出版社，1985.

[6] 王景慧，阮仪三，王林．历史文化名城保护与规划［M］．同济大学出版社，1995.

[7] 俞孔坚．生态、文化与感知［M］．北京科学出版社，1998.

[8] 丁俊清．中国居住文化［M］．同济大学出版社，2000.

[9] 刘敦祯．中国古代建筑史［M］．中国建筑工业出版社，2008.

[10] 王祥荣．生态建设论［M］．东南大学出版社，2004.

[11] 戴天兴．城市环境生态学［M］．中国建材工业出版社，2004.

[12] 曹锦清．黄河边的中国——一个学者对乡村社会的观察与思考［M］．上海文艺出版社，2003.

[13] 熊培云．一个村庄里的中国［M］．新星出版社，2011.

[14] 周武忠．旅游景区规划研究［M］．东南大学出版社，2008.

[15] 卢松．历史文化村落对旅游影响的感知与态度模式研究［M］．合肥：安徽人民出版社，2009.

[16] 肖笃宁．景观生态学研究进展［M］．长沙：湖南科学技术出版社，1999.

[17] 肖笃宁．景观生态学：理论、方法与应用［M］．北京：中国林业出版社，1991.

[18] 邓辉．世界文化地理［M］．北京：北京大学出版社，2010.

[19] 顾朝林，于涛方，李王鸣．中国城市化格局、过程、肌理［M］．北京：科学出版社，2008.

[20] 金其铭，董听，张小林．乡村地理学［M］．南京：江苏教育出版社，1990.

[21] 戴念慈，齐康．建筑学［M］．中国大百科全书出版社，1988.

[22] 伯纳德·鲁道夫斯基，编著．没有建筑师的建筑［M］．高军，译．天津大学出版社，2011.

[23] 陈立旭．都市文化与都市精神——中外城市文化比较［M］．东南大学出版社，2002.

[24] 济南市政协文史资料委员会．济南名胜古迹辞典［M］．中国文史出版社，1999.

[25] 于希贤，于涌，黄建军．旅游规划的艺术——地方文脉原理及应用［M］．重庆出版社，2006.

佳作奖学生获奖作品
Works of the Fine Prize Winning Students

布达佩斯中心的试验村庄
Probative Village in the Heart of Budapest

匈牙利布达佩斯城市大学 建筑设计学院
Faculty of Architecture design, Metropolitan University of Budapest
Dürgő Athéna

姓 名：Dürgő Athéna
导 师：Bachmann Bálint
学 校：Metropolitan University of Budapest, Hungary
专 业：Arhitecture design

Public park in the probative village 试验村庄里的中心公园

Location

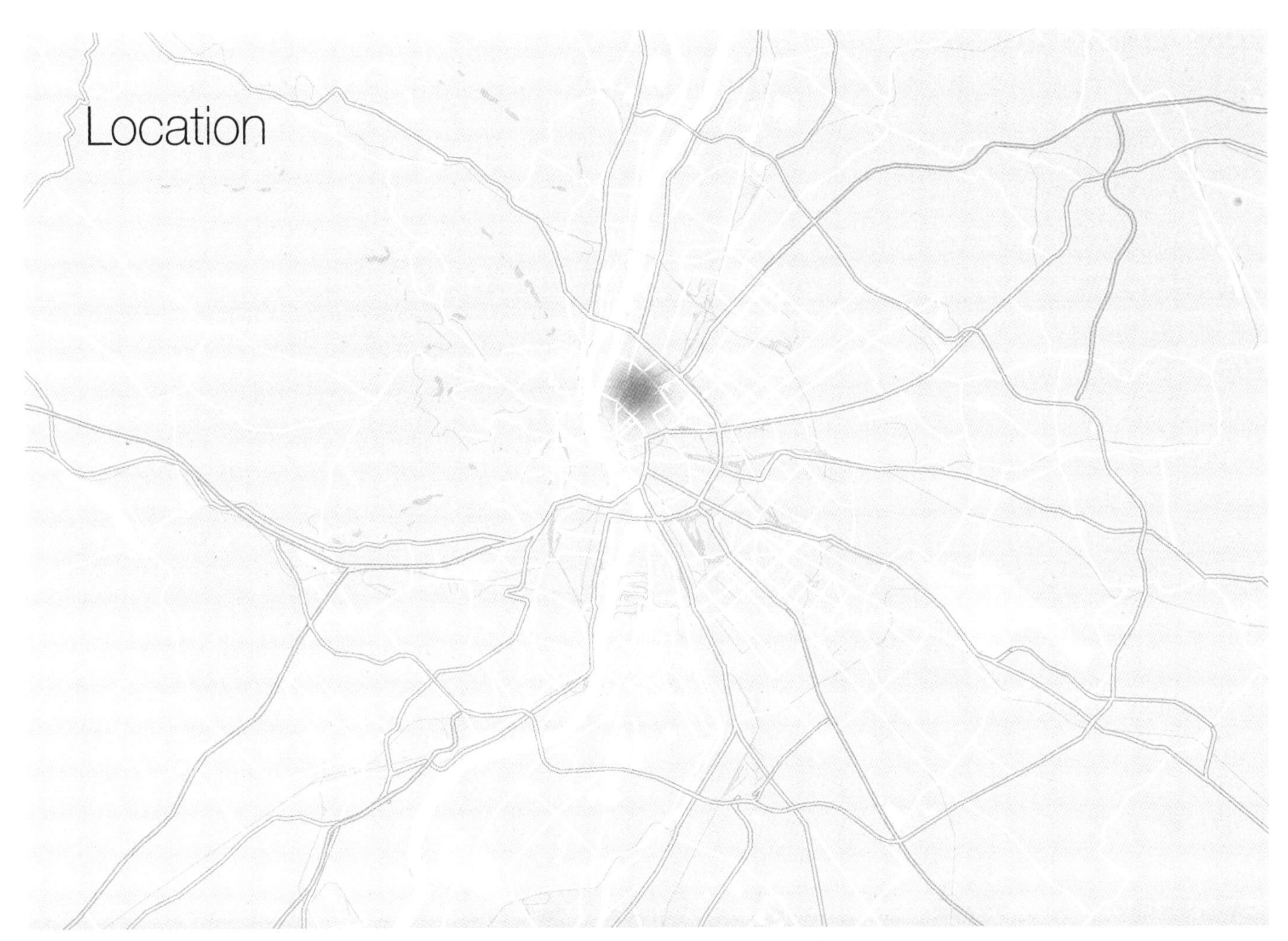

Map of the chosen place in the center of Budapest 布达佩斯中心所选设计用地图

The chosen place is a brownfield belt in an industrial area in the center of Budapest. This area is 1.3 kms long and 300 ms wide.

It connects two monumental places of the city. One of them is a symbolic building, works as a train station, built in 1877. The other is a very precious big park, called Városliget. There are train tracks situated at this place currently. We made this area free and moved the train tracks to underground from the edge of Városliget where they could run towards to the train station.

所选择的地点是布达佩斯市中心工业区的棕色地带。这个区域总长1.3公里，宽度为300米。

设计用地连接了这座城市两个意义非凡的地方。其中一个是1877年建造的具有象征意义的火车站，另一个是非常珍贵的大公园，名为瓦罗斯莱杰。现在这里有火车轨道，我们将这个区域清理出来，将火车轨道从瓦罗斯莱杰公园的边缘移到地下区域，从地下便可以通往火车站。

Location Analysis 区位分析

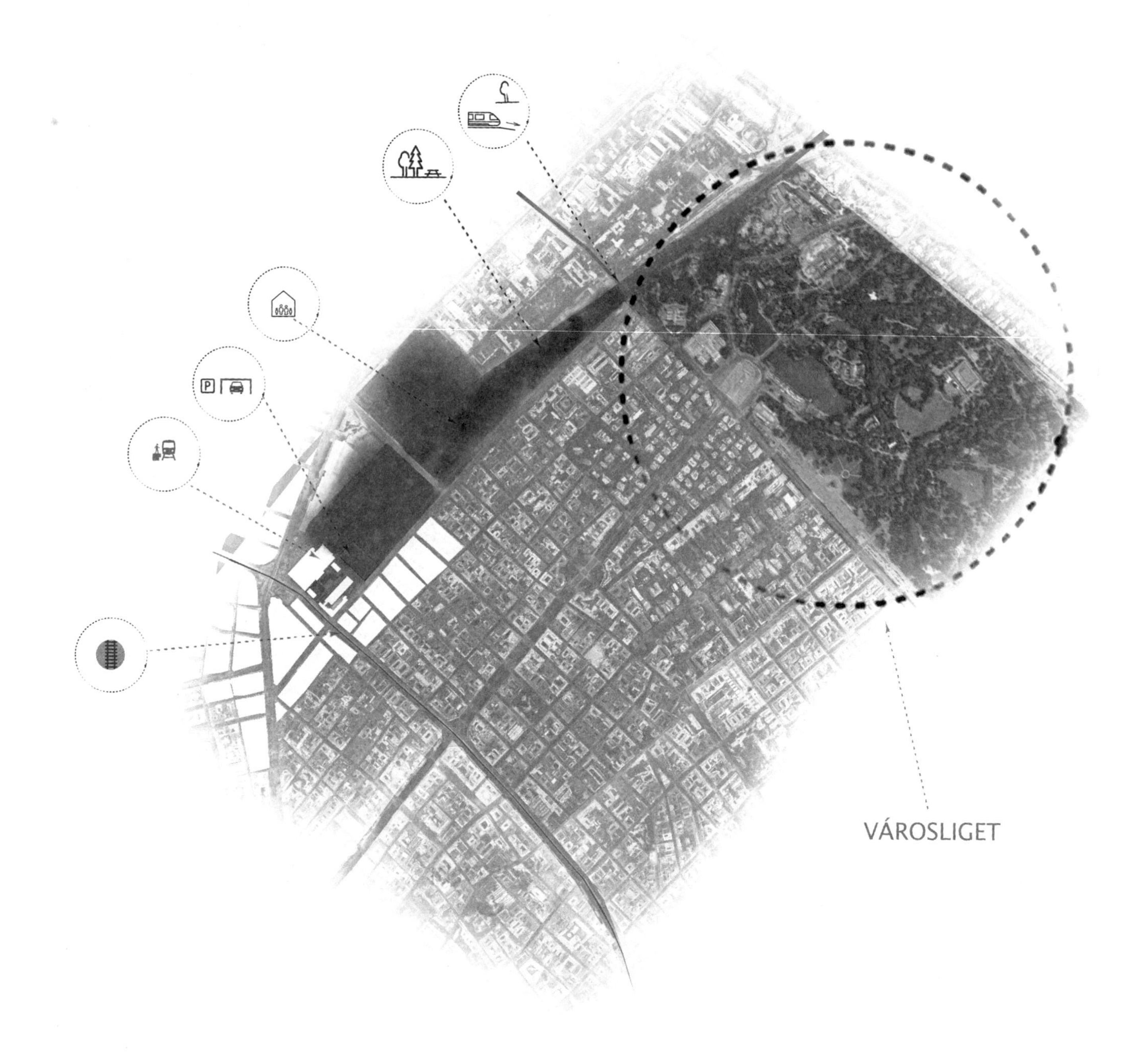

Analysis of the surrounding area 周边环境分析

Városliget is one of the first public parks in the world. The original wildlife of this park had softwood substance. It is artificially planted mostly with trees on one hundred hectare. It was planted in the 18th century.

The original wildlife got ruined in the 14th century by hunting animals there. In this place were many trees cut out recently by revolted people. By using this kind of vegetation for planting the area is a way of keeping a worth of Budapest.

瓦罗斯莱杰是世界上最早的公园之一。这个公园最初只有一些软木植物，大部分是人工种植于18世纪，面积约100公顷。

最初的野生动植物在14世纪因捕猎动物而遭到破坏，这个地方的造反者最近砍伐了许多树木。在此地区种植植被是维持布达佩斯价值的一种方式。

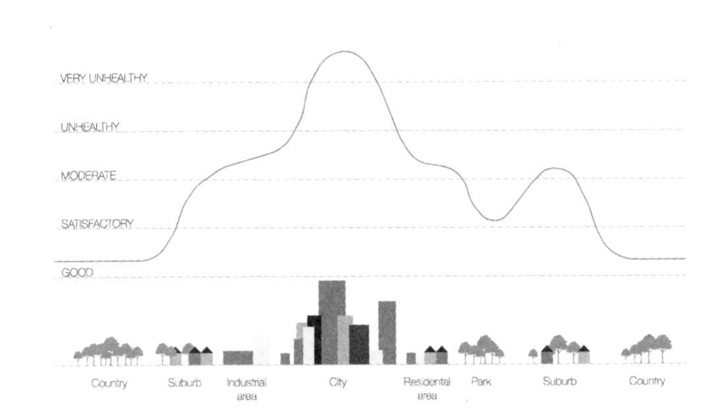

The achievement of a tree

Gives 150 sqm of shadow.

The surface of it's leaves takes 1 tonnes of dust in a year.

On a hot summer day it perspires 400 liters of water, what reduces the temperature with 3 Celsius under the tree.

It produces 1.75 kg of oxygen in one hour.

A tree like this has oxygen production to 10 people keep alive.

The smog proved to be at harmful status in the city, which effects badly for health and the environment. Because of this problem, would be very important to plant more and more trees and green areas in Budapest. This diagram shows it's level at different places. As you see the smog level is much higher in a city or industrial area, it can reach the unhealthy factor, while in a country or even in a park the green areas take responsible for the fresh air.

A tree gives 150 sqm of shadow. The surface of it's leaves takes 1 tonnes of dust in a year. On a hot summer day it perspires 400 liters of water, what reduces the temperature with 3 Celsius under the tree. It produces 1,75 kg of oxygen in one hour. A tree like this has oxygen production to 10 people keep alive.

事实证明，雾霾在城市中处于有害状态，对健康和环境造成了严重影响。由于这个问题，在布达佩斯种植越来越多的树木和绿地将是非常重要的。这张图显示了它在不同地方的水平。正如你所看到的，雾霾水平在城市或工业区更高，它可以上升至不健康的因素，而一个国家，甚至在一个公园的绿色区域需肩负起提供新鲜空气的责任。

一棵树能产生150平方米的阴影。它的叶子表面一年要吸收1吨的灰尘。在炎热的夏天，它会渗出400升的水，这使得树下的温度降低了3摄氏度，它在一小时内能够产生1.75公斤的氧气。像这样的树可以产生供10个人生存的氧气。

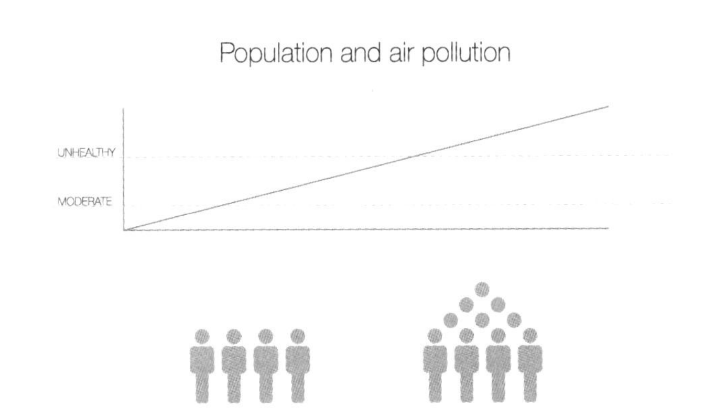

Population and air pollution 人口与空气污染的概念

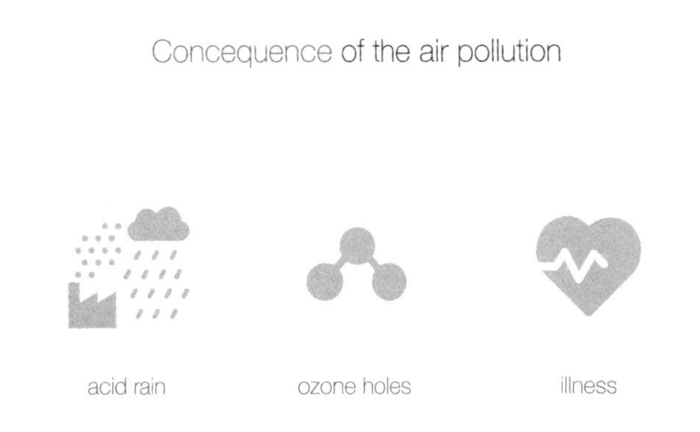

Consequence of the air pollution 空气污染的结果

The population also have context with the air pollution. The places where more people live the air can be much more harmful.

The consequence of the air pollution can be acid rain, it can cause ozone holes, and illness for people and the wildlife.

人口也与空气污染有关，在有更多的人居住的地方其空气可能更加有害。

空气污染的后果可能是酸雨，它可以导致臭氧空洞以及人和野生动物的疾病。

Prevention of the air pollution 防治空气污染

Unsolved problems 未解决的问题

If we prevent the air pollution by using renewable energies, electric vehicles, doing recycling and placing rain grooving systems and green areas, the pollution processes could be turned back.

如果我们利用可再生能源、电动汽车，循环利用能源，设置雨槽系统与绿地来防止空气污染，那么污染过程便可以逆转。

The main conception 主要理念

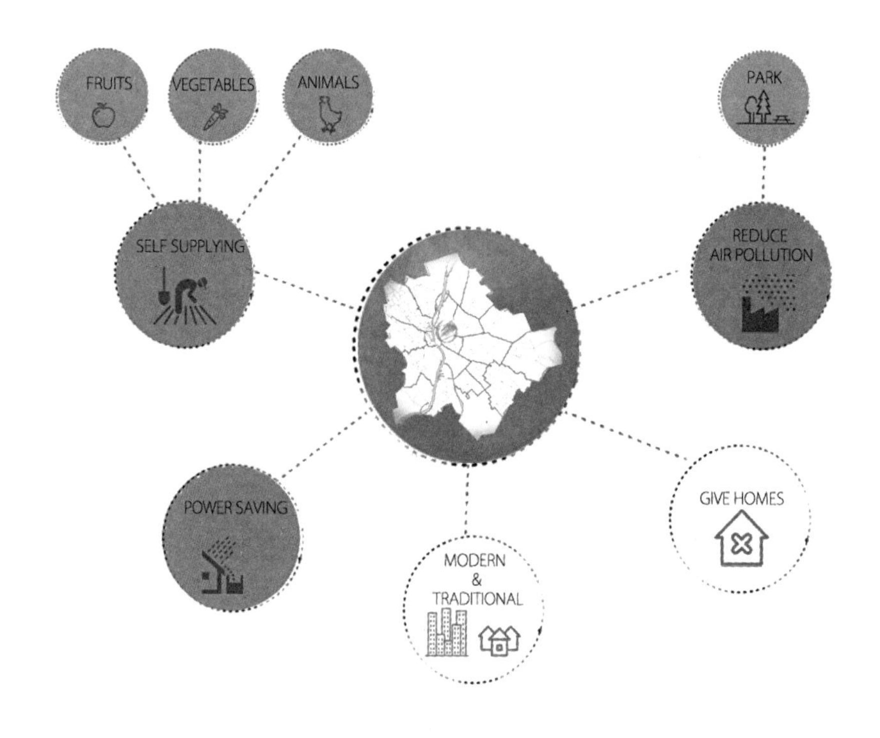

The conception is to make resolution for these nowadays problems by creating a probative small town in the heart of Budapest. This small town is self-supplying, by energy use on bio way, saving water, composting and growing plants or breed animals. It gives home to needy people by giving jobs to them. It works like a big family together and makes people more sociable and concious. I would like to bring back the moral of the rural lifestyle.

其理念是通过在布达佩斯市中心创建一个可验证的小镇来解决这些当今的问题。这个小镇是自给自足的，通过生物能源的使用、节约用水、堆肥和种植植物或饲养动物。它通过给有需要的人工作来给予他们家。它就像一个大家庭在一起，使人们更善于交际，更容易相处。我想带回农村的生活方式。

The resolution 解决方法

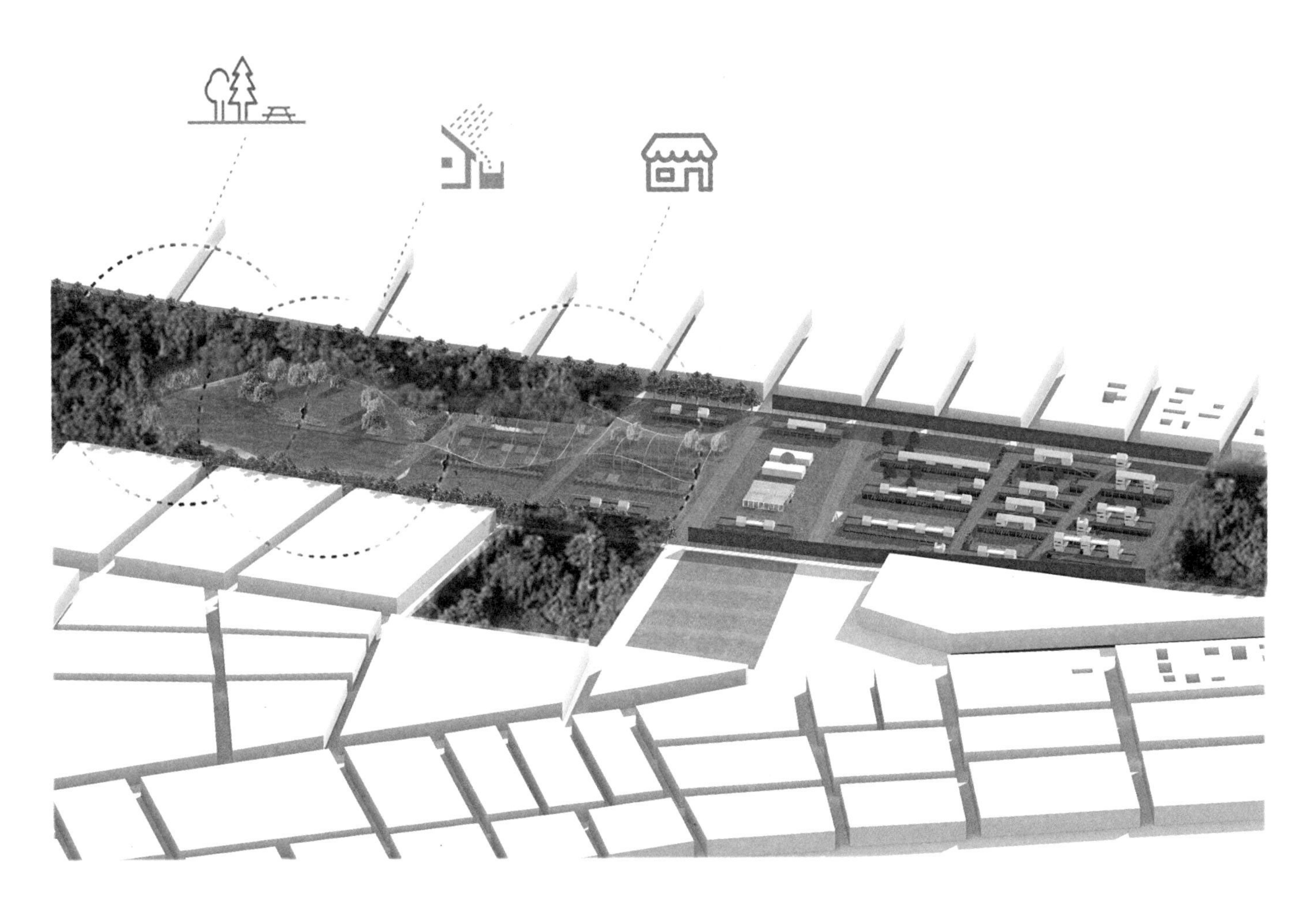

The partition of the area 区域的划分

The main motto of the project is back to the nature. The construction of the buildings are making a nice transition to the nature which is starting with an organic form as a big glasshouse. This glasshouse has the response of a very big part of the food supplying for the small town. There are big garderns with fruits, vegetables and fruittrees. The glasshouse has a market inside what is able to take food from the gardens there and sell them. This market is open for any occupant, so anybody can visit it who would like to have organic fruits and vegetables. The existence of the market is very important for the people who are needy, because they can work here as a gardener or a seller at the market.

The other natural part of the plan is a rain grooving system, which helps the water service of this small town, it lays on the whole area. From underneath the houses, to the park where it ends in a lake. This system goes through the glasshouse and it supplies the watering of the gardens.

该项目的主要设计主题是回归自然。建筑的建造是从一个有机形式的大温室开始的，是向自然的一个很好的过渡。这个温室为小镇提供了很大一部分的食物。温室里面有大花园，包含了水果、蔬菜和果树。温室内部有一个市场，可以从那里的花园中获取食物并出售。这个市场对任何想要有机水果和蔬菜的人都是开放的。市场的存在对有需要的人来说是非常重要的，因为他们可以在这里做园丁或在市场上卖东西。

规划的另一个自然部分是雨水沟槽系统，它帮助这个小镇提供供水服务，在整个地区铺设，从房子下面通到公园的湖。这个系统穿过温室，为花园提供水资源。

Market place in the glasshouse 温室中的集市

Gardens in the glasshouse 温室中的花园

Worthkeeping garden with softwood substance, reflecting to Városliget
值得保留的软木植物公园，是瓦罗斯莱杰公园的影射

公益住宅，餐厅，堆肥中心

Probative Village in the Heart of Budapest,
Social Homes, Restaurant, Composting Center

匈牙利布达佩斯城市大学建筑设计学院
Faculty of Architecture design, Metropolitan
University of Budapest
Mezei Flóra

姓　名：Mezei Flóra
导　师：Bachmann Bálint
学　校：Metropolitan University of Budapest, Hungary
专　业：Arhitecture design

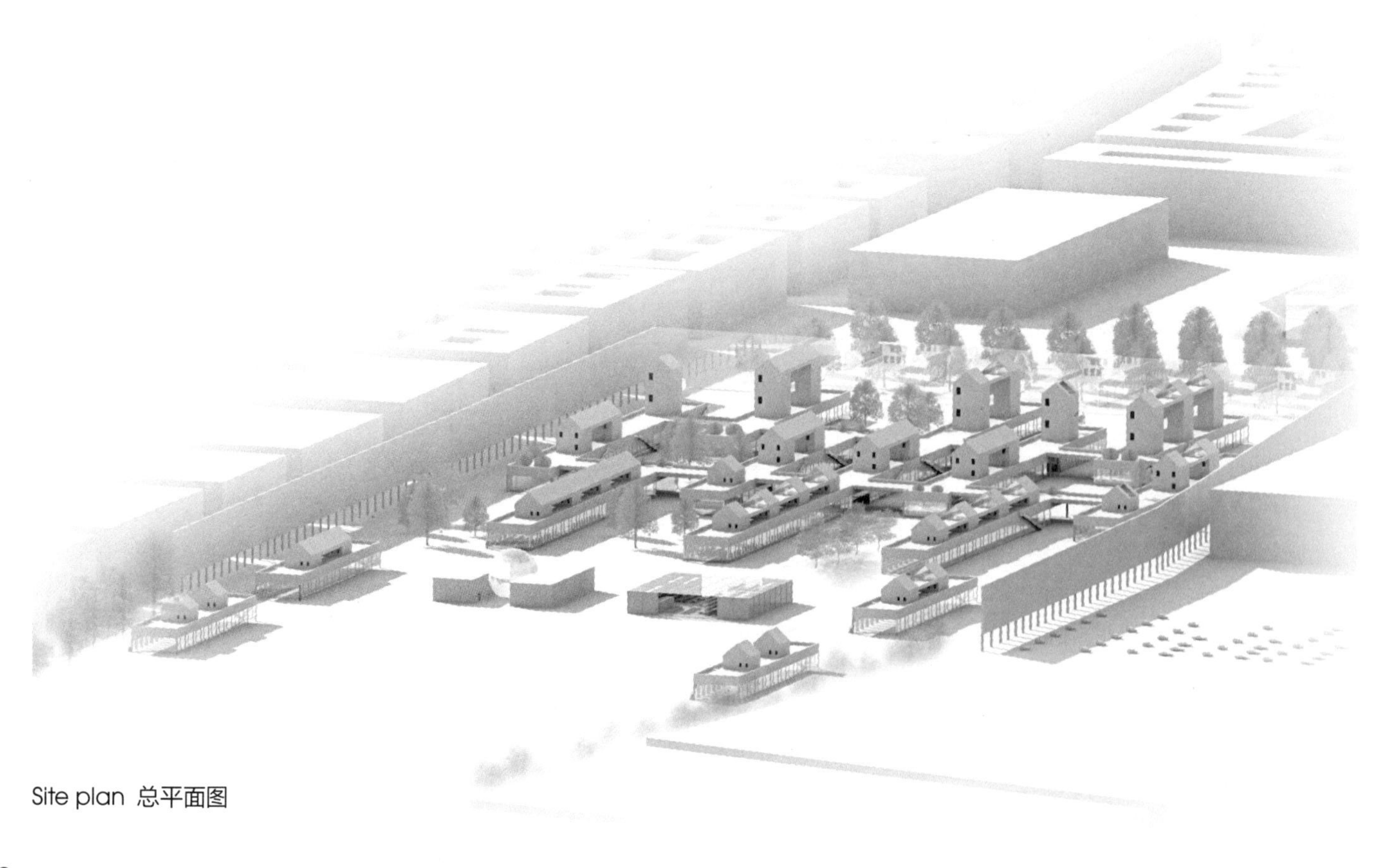

Site plan 总平面图

Map of Budapest 布达佩斯地图

The place where I planned this probative village is in the heart of Budapest. Nowadays it is a brownfield belt in an industrial area.Trains and line of rails are there. In the past living spaces died out in this place, which I would like to recall.

我计划在布达佩斯的市中心建造“验证村”，现在它是工业区的棕色地带，火车和铁轨的遗迹都在那里，我想回忆一下这个过去生活空间消失的地方。

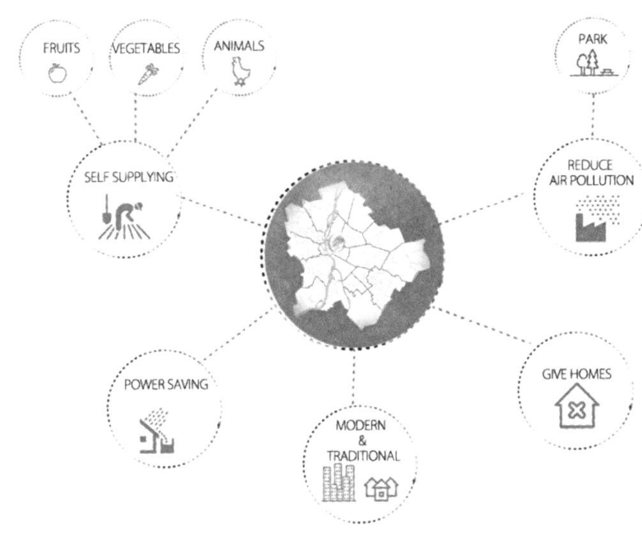

Conceptual photo 概念图

During planning we have defined the same main conception with Athéna Dürgő. The aim is to create unique living spaces in this destroyed area.

在规划的过程中我们对此地的设计运用了与Athéna Dürgő一致的设计理念，主要的目标是对被毁坏的区域创造一种独一无二的生活空间。

Our conception is the next: make free the place where nowadays trains and cars are parking, take the trains and the parking area underground and in this area create a small village which reflects nowadays problems.

我们的理念如下：把现有的火车和汽车停放区域解放出来，将火车和停车的场地都搬到地下，在这里建造一个小村庄，以此反映现在所出现的问题。

Conceptual photo 概念图

During our research we separated our works. My goal is to develop a kind of built environment that can integrate with the metropolitan scale, but at the same time, recalls the rural character. Which decomposes from urban to rural scale. There are many problems nowadays. For example, urbanization, social enstrangement, no healthy food. My plan reflects to this problems.

在我们的研究中，把工作进行了分工。我的目标是营造既能与大都市规模相融合，又能让人们想起乡村特色的建筑环境，且由城市规模向农村规模分解。如今有很多问题未解决，例如：城市化、社会隔离、食品健康问题。我的设计计划反映了上述的问题。

Conceptual photo 概念图

Illustration from the place 当地的插图

I designed homes, a restaurant and a composting center for this plot.
我为这个地块设计了住宅、餐厅和堆肥中心。

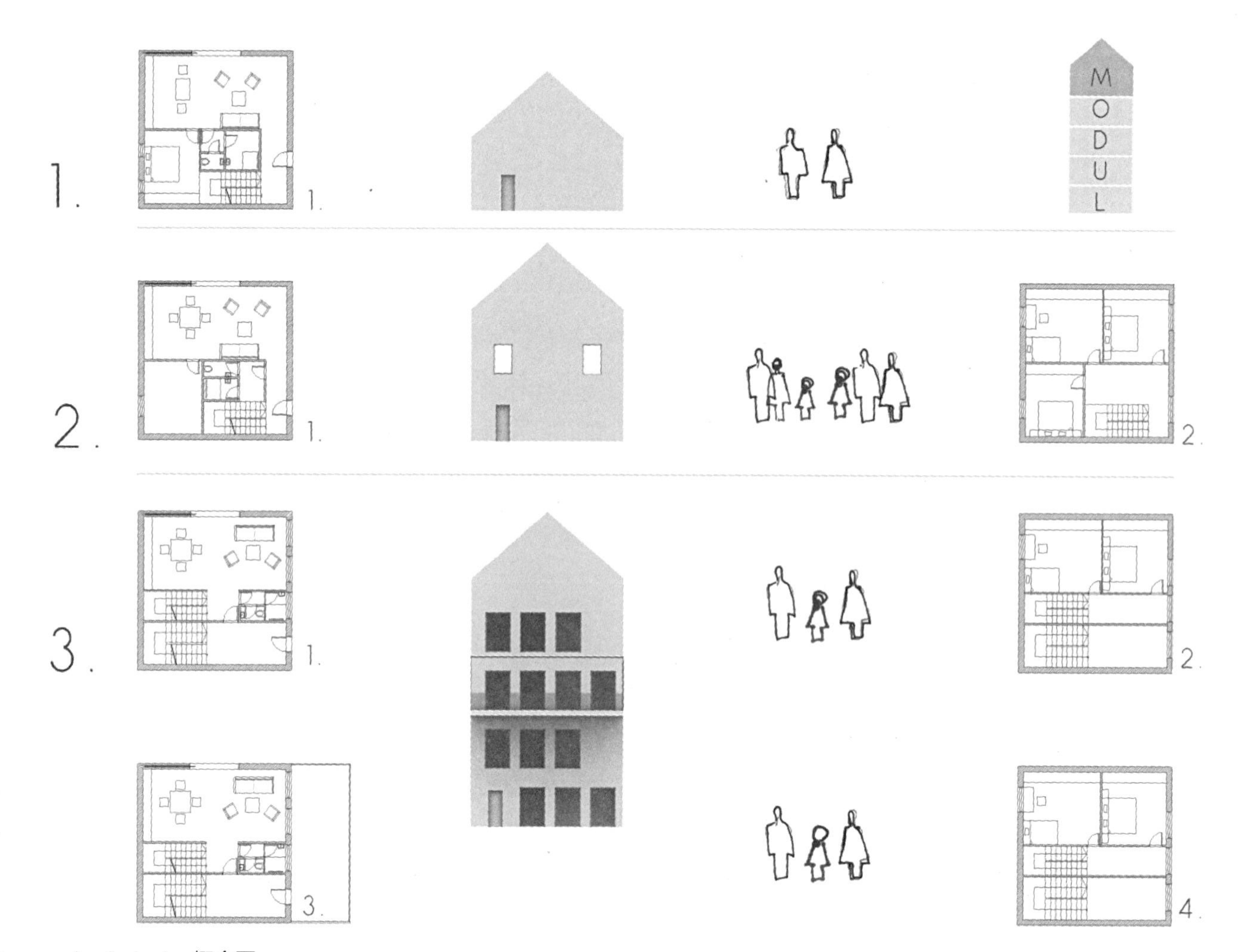

Conceptual photo 概念图

There are approximately 9.8 million people living in Hungary. Out of which, 150 thousand doesn't own a home. The homes i designed, can solve this problem by providing a place to live for the ones in need.

匈牙利大约有980万人，其中有15万人无家可归。我设计的住宅可以解决这个问题，为有需要的人提供一个居住的地方。

Sketch from research 手稿形态研究

The designed buildings would also reflect to the rural, town and urban scale, at the same time emphasizing the “back to nature” motto.

设计的建筑也会反映出农村、城镇和城市的规模，同时强调了“回归自然”的主题。

Separated buildings are connected with long roofs, this creating a playful effect. During the winter, when the amount of sunny hours decreases, the size of the surfaces with solar cells can be increased. In the summer, they can be turned into terraces.

独立的建筑与长屋顶相连，创造了有趣的效果。在冬季期间，当日照的时间减少时，太阳能电池表面的尺寸面积可以增大，当夏天来临时，它们可以转变成露台。

The buildings would live with the water system of the area.

这些建筑将与该地区的水系共存。

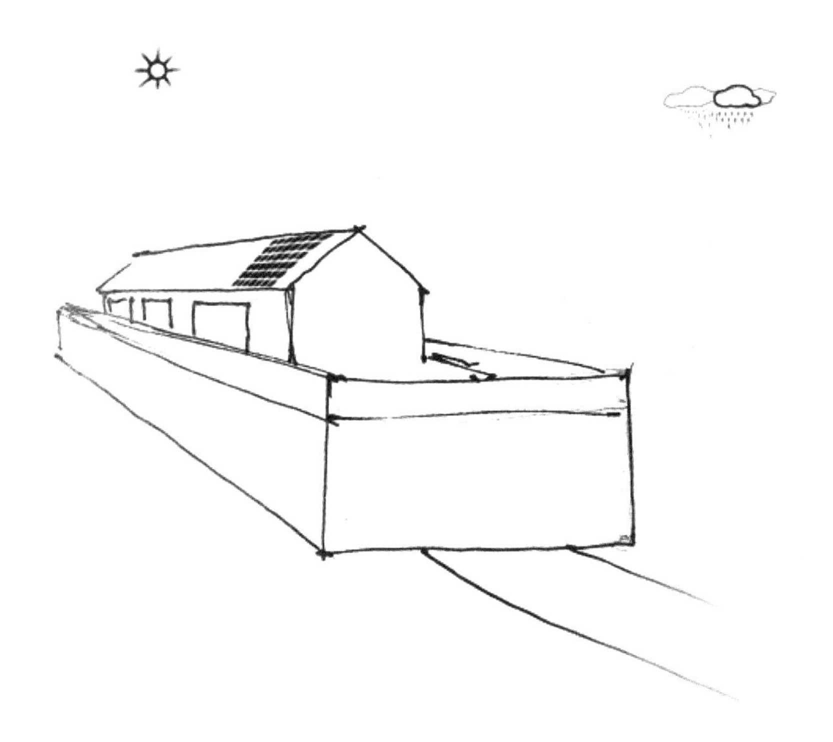

The houses would be constructed on seven meters high stripes. The ground below them would be cultivated by the inhabitants and the city dwellers, by providing the possibility of renting and farming their own plots. Visitors could walk under the stripes and could visit the upper gardens as well.

这些房子将建在7米高的条形建筑上，其土地可由当地居民和城市居民耕种，为他们耕种自己的土地而提供可能性，游客可以从条形建筑的下方穿行，也可以参观其上层的花园。

View of the gardens 花园效果图

View of the restaurant 餐厅效果图

I placed a cozy restaurant in the area, with vertical green partitions. There is a fish section standing at its center, where the stream flows through. The restaurant would use local ingredients only.

我在这个区域布置了一个舒适且带有绿色垂直隔板的餐厅。在它的中心设置钓鱼的区域，有小溪从那里流过。这家餐馆只使用当地的食材。

View of the composting center 堆肥中心效果图

I also developed a composting center. One of the most important global problems of today is starvation. 950 million people are starving on Earth. Every day, 24,000 people die of malnutrition, while half of the food that is disposed, would be enough to stop starvation. My aim is to draw attention to a more conscious and more sensible way of life.

我还设计了一个堆肥中心。当今最重要的全球性问题之一是饥饿，世界上有9.5亿人在挨饿，每天都有24000人死于营养不良，而处理掉的一半食物足以阻止饥饿，我的目标是让人们注意到一种更清醒、更明智的生活方式。

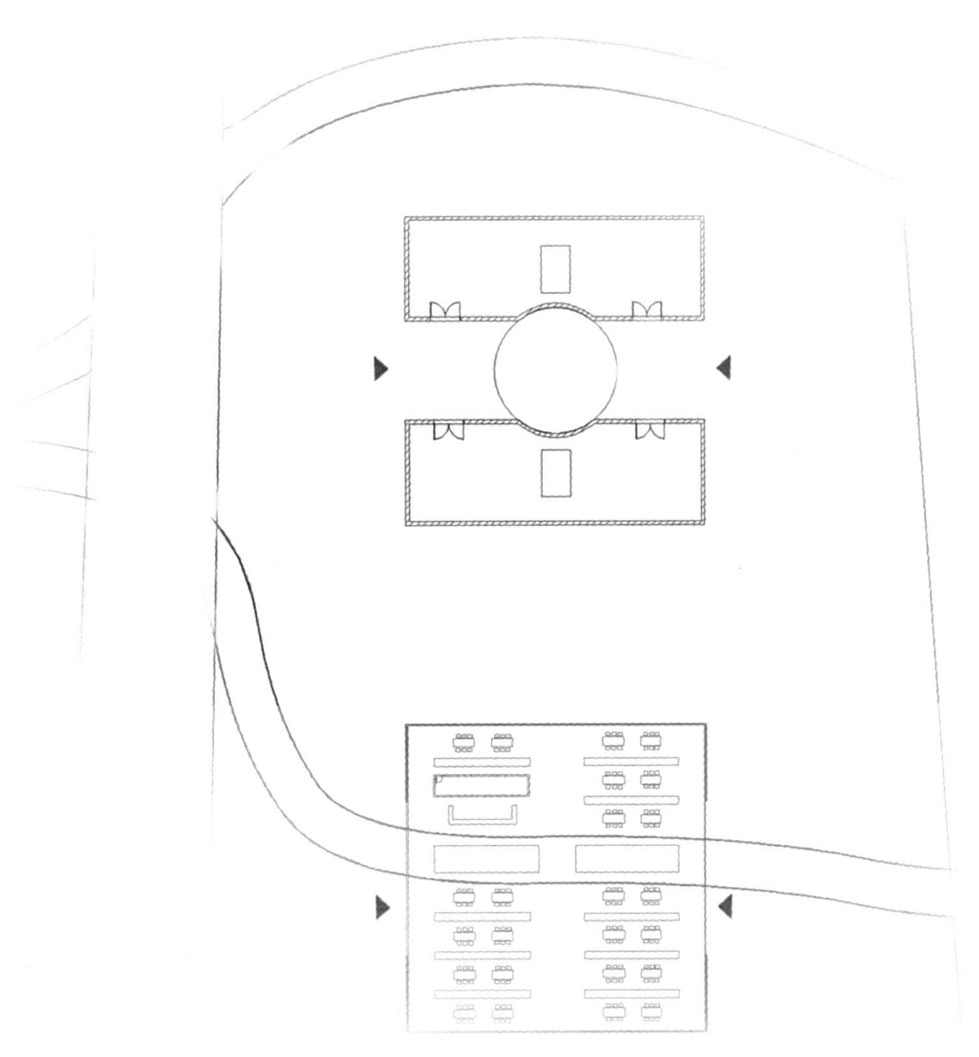

Plan of the restaurant and the composting center 餐厅和堆肥中心平面图

The compost system provides the restaurant, the surrounding residents, gardens and the market. It gives the opportunity to bring the remaining organic material here. It could be regarded as an alternative energy source, as the heat produced here could be used to heat the houses of the area. If we produce fewer waste, our ecological footprint would be significantly reduced.

堆肥系统将供给餐厅、周边居民、花园和市场。它提供了将剩余有机材料带到这里的机会，由堆肥所产生的能源可被视为一种替代能源，因为这里产生的热量可以为该地区的房屋提供热能。如果我们生产的废物越少，那我们的生态足迹则更少。

美丽乡村郭家庄满族特色村寨景观与建筑设计研究

Study on the Landscape and Architectural Design of the Manchu Characteristic Villages in Guo jiazhuang

广西艺术学院　庄严

Guangxi Arts University

Zhuang Yan

姓　名：庄严 硕士研究生二年级

导　师：陈建国 教授

学　校：广西艺术学院

专　业：城市景观艺术设计

学　号：20161413375

备　注：1. 论文　2. 设计

美丽乡村郭家庄满族特色村寨景观与建筑设计研究

Study on the Landscape and Architectural Design of the Manchu Characteristic Villages in Guo jiazhuang

摘要：满族特色村寨景观设计研究是满族特色文化与现代景观设计融合性研究的一部分，也是保护和传承中国传统文化的途径之一。“美丽乡村”建设是具有中国特色的新农村建设政策，旨在构建宜人的乡村人居环境，改善乡村生态和延续乡村地域性风貌。特色小镇是旅游业蓬勃发展的产物，是近年来新兴的产业模式，其一出现就得到了广泛的关注和应用，是“美丽乡村”建设的主要形式之一。郭家庄村位于中国河北省兴隆乡南天门乡，是满族聚集地也是少数民族特色村寨。本论文通过研究满族的特色文化、村寨景观与村寨的发展和特点，并以国内外优秀设计案例作为借鉴，遵循国家建设“美丽乡村”的大政策，对郭家庄村进行景观拟建设计，希望能为现代特色小镇建设提供一些思想与理念，对于“美丽乡村”建设和提升村寨人居环境有一定的借鉴意义。

关键词：满族特色文化；美丽乡村；景观与建筑设计；特色小镇；人居环境

Abstract: The research on the landscape design of Manchu village and town is not only part of the study of the integration of Manchu culture and modern landscape design but also one of the ways to protect and inherit Chinese national culture. ‘Beautiful Countryside’ is a new rural construction policy with Chinese characteristic which aims at Building pleasant rural human settlements, improve the condition of ecology and inherit regional style and features. Characteristic Town is the result of the developing tourism trade, a new model which has been widely concerned and used, and it is the main form of ‘Beautiful Countryside’ construction. Guojiazhuang village lacates at Nantianmen township in Hebei Province, and it is a gathering place of Manchu people. It has been awarded Ethnic minority villages in 2017. In order to accomplish the landscape design of Guojiazhuang village, the article makes a research on Manchu culture, countryside landscape, the development and feature of village, and uses perfect cases of domestic and abroad as reference and follows the policy of ‘Beautiful Countryside’. The plan focuses on provide some ideas and theory for the construction of modern Characteristic Town, and it may also help promote the countryside human settlements.

Key word: Manchu culture; Beautiful countryside; Landscape & Architecture design; Characteristic town; Human settlements

第1章 绪论

1.1 研究背景

改革开放以来，随着政策的不断深入与社会的发展，我国国民经济总量实现了持续、快速、稳定的增长，乡村从自发式的缓慢发展逐渐演变为被动式的快速发展。城镇化的工业式发展，迅速蔓延到了乡村，乡村城市化的冲击已经对我国的乡村景观、古村落风貌产生了前所未有的影响。中国共产党第十六届五中全会提出的“美丽乡村”建设，是具有中国特色的社会主义新农村的重大历史任务。党的十八大、十八届三中全会、中央一号文件和习近平总书记系列重要讲话精神，进一步推进了生态文明和美丽中国的建设。在国家政策领导、旅游业冲击、人民物质文化需求不断提高等因素的介入下，乡村建设的发展无法很好地传承其地域性和文化性，而是更趋向于同质化。近年来，随着“美丽乡村”建设如火如荼地展开，中国的乡村建筑几乎呈现千篇一律的风格和形式。

在“美丽乡村”建设大潮中，以“特色小镇”为代表的旅游方式开始兴起，这些小镇并不是行政意义上的镇，而是一种集旅游休闲、传统文化传播、美丽宜居等特色于一体的新型城镇一体化模式，是具有景观产业导向的综合体。随着大量游客涌入乡村，旅游景区垃圾随意丢弃、乱涂乱画等不文明举止屡禁不止，给乡村的生态带来了很大的影响，对乡村原住居民的人居环境造成了极大的破坏。

我国自1978年以来，城镇化经历了快速发展阶段和加速发展阶段，2016年达到57.35%，较1978年大幅提升39.45%。与此同时，大城市出现的社会问题，如人口膨胀、交通拥堵、房价飞涨等，不利于企业、人才发展，而乡村则面临土地大量流失、宅地废弃、人口大规模转移等诸多问题，高速城市化导致的“大城市病”和“乡村病”日益加剧。在此背景下，发展特色小镇、统筹城乡发展已经成为国内城镇化建设的关键一环。

为全面开展社会主义新农村的建设，加快新农村建设的步伐，同时保证新农村建设的质量，达到“美丽乡村”建设的可持续发展，党中央提出构建“规划布局协调美、村容整洁环境美、村强民富生活美、村风文明身心美、村稳民安和谐美”的“五美乡村”建设模式，为新农村建设提供参考标准，按照“科学规划、重点保护、资源整合、统一建设”的原则，不断提高乡村建设的整体水平，力求更快、更稳、更好地完成城镇化建设。

1.2 研究目的和意义

1.2.1 研究目的

在当代旅游业的迅猛发展下，乡村景观具有的文化性、地域性和生态性都在遭受破坏，乡村的特色正逐渐消失。除此之外，生态污染愈演愈烈，环境破坏日益严重，乡村也不可幸免地遭受一系列生态问题的影响。通过对郭家庄村现状的研究和满族特色文化的探索，以构建环境优美、生态稳定的新时代“美丽乡村”为出发点，以保护和传承满族当地特色文化为基础，对郭家庄村进行景观规划设计，寻求新时代景观设计背景下的满族特色村寨美丽乡村建设，希望能为现代特色小镇建设提供一些思想与理念，对于“美丽乡村”建设和提升村寨人居环境有一定的借鉴意义。在人民提高生活水平的前提下，运用景观设计保证乡村固有的乡土风貌和文化景观得以延续和发展，使城乡协调并向可持续的方向发展，最终实现人与自然的和谐相处。

1.2.2 研究意义

首先，对郭家庄现状问题的研究表明传统文化在现代社会中的应用日益减少，一些传统的文化表现形式甚至难以立足，“千城一面”在越来越多的城市、乡村里出现，地域性特色缺失的问题亟待解决。研究满族特色景观设计对于保护和传承满族传统文化具有巨大促进作用。其次，传统文化的延续需要顺应时代的发展，摒弃不必要的情怀，这就是将传统满族特色与现代化村寨建设融和设计，对于中国特色“美丽乡村”的建设和特色小镇的规划设计具有重要意义。再次，对村寨进行景观设计是将人文景观与自然结合的过程，设计者们有责任去探寻人与自然和谐相处的方式，有义务通过规划设计实现双赢，从而使人们生活的环境更加美好。

1.3 国内外相关研究的现状

1.3.1 国内村寨景观设计研究

国内的村寨景观设计开始于20世纪80年代的城镇化建设。在早期的农村，景观的占有比例远小于建筑，大多数村民或改造自家房屋，或圈地重建楼房，对于建筑的需求明确，而对于“景观”并没有太多的意识和概念。早期的乡村建设既没有专业的设计团队参与也没有景观设计或建筑的相关理论基础，导致乡村环境越来越杂乱。早期的乡村建筑形象粗陋、施工技术落后、缺乏成型的景观体系等，更谈不上对能源的节约和环境的保护。近年来，国家也意识到乡村地域性和生态性的重要性，对乡村的景观规划设计和建设制定了多项政策并给予资金支持来促进乡村景观建设的发展。除了统一乡村建筑规范等制度外，构建“美丽乡村”村寨景观也被提出。

随着新农村景观建设的不断深入，乡村景观改造和设计逐渐取得了令人惊喜的成果。浙江丽水杨山村充分发挥出当地富有特色的地域资源文化，突出表现出茶资源的地域资源特色，大力发展健康养生文化，打造具有本土特色的休闲产业带。广西南宁南阳古岳坡依托当地的原始环境，融入少数民族地域性特色，建设集休闲、养生、户外娱乐等功能为一体的新农村，打造具有民族风情和现代融合的生态文化旅游景区。台湾“宁静的产业革命”立足于基于健康、效率、永续经营的施政理念，运用源源不断的创意驱动文化更新与传播，钟情于乡村本土风情，不求“大而全”，追求“小而美”，并将这种理念做到极致，大胆使用各种新型营销方式，使乡村旅游发展事半功倍。现阶段国内的村寨景观建设还处于初期发展阶段，在正确的引导和努力下必将迎来崭新的发展期。

参照国外发展经验来看，以“产业”为灵魂的特色小镇是解决大中城市发展差距过大、稳步推进城镇化建设的重要途径和有利抓手，作为人口、产业、经济的重要载体，未来的发展机遇无可限量。国内对于乡村景观设计研究还不够深入，鲜有成熟的理论基础和方法体系，但我国近年来不断学习和借鉴国外优秀案例，结合我国国情与乡村具体情况，在一大批具有极高热情和责任心的设计师的努力下，乡村景观设计正在朝着越来越好的方向发展。

1.3.2 国外村寨景观设计研究

早在1950年前后，欧美国家便出现了乡村景观设计的理论和方法体系。西方发达国家的乡村经济在由传统农业向现代农业转变过程中，政府出台了一系列关于土地整理、自然保护、景观保护、历史古迹保护等法案，来保护和谐的乡村景观，希望在经济发展的同时最大限度地避免农业现代化和农村城市化对乡村造成的伤害。捷克斯洛伐克景观生态规划与优化研究方法LANDEP系统，德国Haber等人建立的以GIS与景观生态学的应用研究为基础的用于集约化农业与自然保护规划DLU策略系统，都在乡村景观的重新规划和与城市土地利用协调上起了重要作用。发达国家对乡村建设极为重视，每年都对其投入大量的财政经费和技术支持。以美国为例，自20世纪80年代起，投入乡村建设的生物科技年均增幅可达16%之高。

日本的景观研究历经近百年，以1922年柳田国男编《乡土志论》为标志，随着城市对乡村人口土地的侵占压迫，延续千年的传统田舍风貌与业态都岌岌可危。明治维新后，产业革命使得大量农业人口涌入城市。1920年日本的城市化比率仅有18%，到1955年超过50%，经济高速成长期的1970年城市化率甚至超过70%。1930年后，地理学者积极介入景观研究领域。日本乡土景观研究的发生和发展，既来源于也承载着他们对"乡土"的认同、对"景观"的认知：一是以人为本，始终坚持以共同体的生活为根本，坚持每个研究对象有独自的历史存续依据，重视"自体"本真确实的存在。二是应用优先，秉承连续与变化统一的思想，对每个时代乡土生活场景加以清晰辨识，并将具体化的历史研究落实于景观复原和景观再生事业当中。

英国自然式风景园的出现在当时的欧洲社会可谓空前，它的最初来源正是英国大量出现的农业景观——牧场风光。这是当时的英格兰人将乡村风貌改造成景观的主流方法。哲学思想、文学艺术、社会政治和产业经济等因素都在影响着英国乡村景观改造的发展。启蒙运动中，自由、平等、民主和法制等思想原则得到广泛传播，形成了强大的社会思潮。启蒙运动者坚信艺术要模仿自然，其在艺术上的反映，就是要忠实地临摹自然，不求改善或者美化。其对于18世纪英国景观设计的影响在于：人们追求完整的再现自然，希望能够在乡村中再现一种与土地面貌相和谐的风景。那个时期的英国人在进行乡村景观设计时总会"追随自然"，最后呈现出的作品大多是以模仿自然为主，具有英国特色的乡村结合自然的景观应运而生。英国造园家营造的自然风景园往往面积广、尺度大，具有观赏性与生产性的双重功能，在形式上是对乡村景观的模仿；同时他们的视野突破了花园，对周边的乡村环境也做出了改良。总的来说，英国的乡村景观最初以牧场为模本，兼具观赏性与实用性，在当时的社会背景下推崇人与自然的和谐统一。同时，英国的景观设计还在乡村营造了一个有生产力的、经营有效的环境：树木可以生产果实和提供木材，牲畜可以代替剪草机并生产农产品，人既是景观的创造者也是景观的一部分。乡村景观设计促进了村寨及其周围农林、畜牧等产业的发展，从而使乡村的风貌得以改观。

1.3.3 小结

我国的村寨景观设计研究起步晚，与国外相比，受到经济水平发展、政策落实不到位、国民综合素质水平不够高等因素的影响，发展缓慢。但几年来随着对自身条件的不断认识、对国外优秀案例的不断学习和思考、对国内成功产业模式案例的不断分析和总结，乡村景观建设正在逐渐进入新时期。

1.4 研究方法

文献研究法。文献研究法是根据本论文的研究目的，通过研究文献来获得相关信息，从而有根据地、准确地理解掌握所要研究的问题实质。文献研究法对于了解本案的历史沿革和现有状态，确立本文研究内容和研究方向具有重要意义，是论文的重要理论来源。本文对美丽乡村建设、景观设计规划、特色小镇建设等方面的文献进行了研究，尽可能地搜集各方面的资料以便与现场资料进行对比分析，有助于了解郭家庄村的整体性和变化趋势。除了要研究与本文观点相同的文献，还应研究不同观点甚至相反观点的文献，不能轻易忽视与自己观点相左的文献，更不能轻易否定。

案例比较分析法，即通过对不同相关案例差异性的比较，分析和判断它们有无关系、有何种关系的方法，是一种同中求异，异中求同的研究方法。案例比较分析法可以把琐碎的、不成体系的案例系统化、整体化，通过比较找出它们之间的相同点和不同点，把相似之处融和、总结、归纳，寻求之中的联系。本文研究中的对比是将国内外的相关村寨景观设计案例进行对比，从而可以将满族特色小镇规划、美丽乡村建设和人居环境改善等方面的信息进行整理和分析，从案例比较分析中吸收可取之处，完善研究和设计方案。

实地考察实践法，即对郭家庄村进行实地走访，对其地理条件、人居环境、村落发展等资料进行收集调查，通过拍照、摄影、走访村民等方式全面把握郭家庄的历史沿革。

第2章 相关概念解析与理论综述

2.1 相关概念

2.1.1 美丽乡村

“十一五”期间，全国很多省市按十六届五中全会的要求，为加快社会主义新农村建设，努力实现生产发展、生活富裕、生态良好的目标，纷纷制定美丽乡村建设行动计划并付之行动，并取得了一定的成效。

2008年，浙江省安吉县正式提出“中国美丽乡村”计划，出台《建设“中国美丽乡村”行动纲要》，这是我国首次提出“美丽乡村”计划。

“十二五”期间，受安吉县“中国美丽乡村”建设的成功影响，浙江省制定了《浙江省美丽乡村建设行动计划》，广东省增城、花都、从化等市县从2011年开始也启动美丽乡村建设。

2012年海南省也明确提出将以推进“美丽乡村”工程为抓手，加快推进全省农村危房改造建设和新农村建设的步伐。“美丽乡村”建设已成为中国社会主义新农村建设的代名词，全国各地正在掀起美丽乡村建设的新热潮。

“美丽乡村”是指中国共产党第十六届五中全会提出的建设社会主义新农村的重大历史任务时提出的“生产发展、生活宽裕、乡风文明、村容整洁、管理民主”等具体要求。国家农业部于2013年启动了“美丽乡村”创建活动，于2014年2月正式对外发布美丽乡村建设十大模式，分别为产业发展型模式、生态保护型模式、城郊集约型模式、社会综治型模式、文化传承型模式、渔业开发型模式、草原牧场型模式、环境整治型模式、休闲旅游型模式和高效农业型模式。

“美丽乡村”是具有鲜明中国特色的建设政策，它暂时没有固定的建设模式和套路，但是也必须遵循生态保护、村落保护、文化保护等原则，在景观规划学、风景园林学、环境学等学科的理论指导下以改善村落人居环境为目标，从乡村的实际情况出发运用现代景观规划原理建设社会主义美丽新农村。

2.1.2 特色小镇

特色小镇的提出源于世界主要发达国家的发展经验。在我国，特色小镇的概念最早在2014年被浙江省提出，其核心在于以新载体的形式进行旅游产业转型升级，为正处于繁荣向上发展的旅游业更添了一把火，得到了全国的广泛关注。在住建部、发改委、财政部的力推下，这种在块状经济和县域经济基础上发展而来的创新经济模式在全国范围内逐渐展开。此后相应的特色小镇政策及规划纷纷在国内得到力推，范围之广，力度之大，实属空前。特色小镇建设的特色性体现主要表现为在产业上坚持特色产业、旅游产业两大发展架构；功能上实现“生产”+“生活”+“生态”，形成产城乡一体化功能聚集区；形态上具备独特的风格、风貌、风尚与风情；机制上是以政府为主导、以企业为主体、社会共同参与的创新模式。2017年，住房和城乡建设部发布《住房和城乡建设部关于保持和彰显特色小镇特色若干问题的通知》特色小镇建设原则：尊重小镇现有格局、不盲目拆老街区；保持小镇宜居尺度、不盲目盖高楼；传承小镇传统文化、不盲目搬袭外来文化。

国家政策的出台为特色小镇提供了巨大发展契机。《国家新型城镇化规划（2014-2020年）》指出，目前中国正面临着产业的升级与转移，资本与劳动力在城市间的流动更加频繁，在经历了大城市的不断扩张后，中国城市的发展真正进入到以城市圈为主体形态的阶段。2016年2月，国务院颁发《关于深入推进新型城镇化建设的若干意见》，明确提出加快培育具有特色优势的小城镇，带动农业现代化和农民就近城镇化。7月《关于做好2016年特色小镇推荐工作的通知》的下发，又将特色小镇建设提升到国家高度，肯定了特色小镇为发展趋势的旅游业产业模式转变。与此同时，不少优惠政策也相应出台，为特色小镇的发展创造了可遇不可求的发展契机。

特色小镇这一形式的快速发展也存在一些弊端。截至2018年2月，全国两批特色小镇试点403个，再加上各地方创建的省级特色小镇，总数量超过2000个。中国社科院发布的《中国住房发展报告》指出，一些地方快速发展的特色小镇，很大程度被房地产商“绑架”，以特色小镇的名义进行无规划的圈地开发，但收效甚微，不仅没有达到预期的产业效益还加大了房地产库存。特色小镇出现房地产化苗头，原因在于一些地方的传统路径依赖。政府缺钱，房地产商缺地，二者一拍即合，即使不具备产业基础也要盲目跟风，常常出现利用空乏的大概念炒作。在这样的环境下建设出来的“特色小镇”聚不起人气，造出的新镇可能会变“空镇”，是对资源极大的浪费。

2.1.3 乡村景观设计

景观设计是指在协调人与自然关系的过程中为某些使用目的安排最合适的地方以及在特定地方安排最合适的土地利用。景观设计相对于规划没有涉及大范围的场地，而更多情况下是一个针对具体场地的资源利用。

乡村被解释为主要从事农业、人口分布较城镇分散的地方，它与城市空间的区别在于其环境破坏程度低，人口分布较疏散，产业结构以农业经济为主。乡村的独特性在于其更能保留当地的文化特色与风土人情，更能体现不同时代留下的烙印。根据《辞海》给出的定义，地理学家把景观作为一个科学名词，定义为一种地表现象，或综合自然地理区，或是一种类型单位的统称。而在景观设计中，景观更多地被定义为因史、因地、因人、因文建设的人文景观。《乡村景观规划设计》一书中写道："乡村景观是具有特定景观行为、形态、内涵和过程的景观类型，是聚落形态由分散的农舍到提供生产和生活服务功能的集镇代表的地区，是土地利用以粗放型为特征、人口密度较小、具有明显田园特征的景观区域。"乡村景观是在"乡村"这一特定环境下形成的景观，可包括乡村固有的自然景观和经过改造建设的人文景观。乡村自然景观大多离不开田园特征，而随着环境被破坏，乡村自然景观已逐渐消弭，人文景观渐渐占据乡村景观建设的主导地位。乡村景观设计即利用一定的景观规划设计原理、手法，遵循景观设计原则和乡村发展规律，结合乡村地理环境、气候特征、人文历史等，对乡村的自然景观进行改造重建，形成自然与人文相结合的新景观。

2.1.4 人居环境

人居环境概念最早由吴良镛先生提出。他将人居环境定义为是人类聚居生活的地方，是与人类生存活动密切相关的地表空间，它是人类在大自然中赖以生存的基地，是人类利用自然、改造自然的主要场所。并进一步认为，包括城镇与乡村在内的人居环境可以分为自然、人类、社会、居住、支撑五个系统。长期以来，城市人居环境研究一直受到人们的重点关注，而对乡村人居环境的研究成果较少，其定义和内涵也不统一，众多学者都是根据吴良镛先生的定义，再结合农村人居环境特点以及自身理解所出科学的解释。本文认为人居环境是指与人的日常生活息息相关的环境，这个环境受到自然环境、经济条件、人文环境等因素的制约，同时也影响着这些因素。

国务院办公厅于2014年5月发布的《关于改善农村人居环境的指导意见》，从改善农村人居环境角度提出了方向引领和政策指导。这一系列中央发布出台的政策措施是我国政府新时期以来为改变农村面貌、提升乡村人居环境做出的制度安排，体现了党和政府在保障和改善农村民生方面的信心与决心。改善乡村人居环境是城乡一体化的总抓手，是全面建成小康社会重要的基础性保障。随着国家对乡村人居环境问题的不断关注，运用景观设计认真落实《关于改善农村人居环境的指导意见》中"因地制宜、分类指导"基本原则，对新时期我国乡村区域人居环境发展战略的制定与实施具有非常重要的现实意义。

2.2 理论基础综述

2.2.1 风景园林学

新时代的风景园林学应具有以下特征：以资源合理利用和环境保护为优先目标，以地域性文化传承为意向，发现和解决城市问题，连接生态经济和绿色产业，强调公众参与性和公众环境教育，以实现观赏性和功能性兼备、生态型和精神型的人居环境为最终目标。以保护为优先目标的风景园林学，可以对中国人居环境和自然环境做出重大贡献。在保护和建设的天平上，作为人居环境学科群的三个"主导"学科之一，风景园林学扮演着十分重要的角色。风景园林学的根本使命是"协调人和自然的关系"，这就决定了它有别于建筑学和城乡规划学的性质和任务。风景园林实践从保护强度上可分为自然文化遗产地的保护管理和（生态与文化）保护前提下的景观规划设计两个层次。极端情况下甚至可以说，风景园林学的一切实践都是某种程度上的保护性实践。

2.2.2 生态学

生态学是一门科学，也是一种世界观。作为科学，它解释了自然环境中物种、气候、土壤演替生长的关系，证实了自然是一个平衡的、系统的、动态的整体。作为一种世界观，它引导人们相信自然的本质是要趋于和谐和平衡，强调遵循自然之道。景观设计首先应保护农村原有的山水环境，使其自然生态系统维持在一个平衡状态，实现初级自然生态化目标；其次应在维系乡村基础生态格局的基础上充分利用当地自然资源，以智力和科技能力开发绿色资源，发展高效科技生态，使不可再生的自然资源得到有效保护和循环利用，实现集约式经济生态化和社会生态化的终极目标。乡村景观设计的核心就是生态规划，是解决如何合理地安排土地使用和物质分配，为人们创造高效、安全、健康、舒适、优美的环境的科学与艺术。

2.2.3 美学

美学关注各类艺术与环境融合统一的形象美感。美的环境必然是净化的，追求美的环境必然促进环境的净化，因此美学理念成为美化环境的原则，成为从事经济活动和其他一切社会活动的最高行为准则。人与自然的关系，是美学关注的基本问题。人对自然美的兴趣，其实质是人回归自然、与自然相统一的渴求的表现。美观化是美学在景观规划中的美感表达，意指景观要有整齐美好的外表形象，要看上去感觉舒服，具有艺术性，能够体现人们的独特审美情趣。美观化的景观应该是赏心悦目的。农村美观化首先要求外观是整洁净化的，其次要具有景观艺术性。前者是景观设计的低层次目标，后者则是高层次目标。人们对景观的一般理解主要基于一种综合的、直观的视觉感受，乡村景观的美观化就是视觉上的美化，即错落有致的聚落景观、整洁有序的设施景观及山清水秀、树郁花香的自然景观等。人类行为过程模式研究认为，人类偏爱含有植被覆盖的、具有水域特征和视野穿透性的景观。信息处理论认为，美的景观必须具备探索的复杂性和神秘性，是有秩序的、连贯的、可理解的和清晰的景观。乡村自然、怀旧、朴素的景观资源极具这样的潜力，因此要对村寨景观进行美观化就具有了良好的基础。农村景观美观化的过程是新农村景观规划不断完善和修正的过程。乡村景观有着深厚的乡土文化积淀，具有浓烈的乡土气息，同时承载着历史变迁和文脉传承，因此将美学运用到乡村景观设计的实质是传统与现代审美观念的一次强烈碰撞，是传统的传承与发展以及现代观念的输入与沉淀。

第3章“美丽乡村”景观设计研究

3.1 特点

“美丽乡村”景观设计应具备以下特点:

1．充分体现乡村特色。“美丽乡村”是中国特色政策，中国乡村发展很大程度上区别于国外的村寨，乡村具有最朴素、最天然的景观，乡村景观建设应大力保留其原有的环境和风貌，以保护为主，改造设计为辅，展现出新时代乡村的独特魅力。

2．充分体现“美丽”。早期的乡村建设因其没有规划、急功近利、盲目攀比等现象对环境造成了很大的破坏，最终景观形成了但不具有美观性，甚至不可称之为景观。“美丽乡村”建设就是要在设计合理的同时兼顾观赏性，既要功能也要美，全面推进社会主义新农村建设。

3．不脱离现代社会。乡村正在走向现代化，乡村景观也应与现代化景观融合，摒弃不必要的情怀，舍弃已被时代淘汰的元素。新时代的“美丽乡村”应该成为集乡村特色、休闲娱乐、文化传承等为一体的乡村综合体，兼备乡村环境和现代化环境。

4．自然景观与人文景观紧密结合。乡村景观是叠加了现代人文元素的自然景观，也是融合了传统文化、自然风貌的人文景观，二者相互影响，相互联系，是保护自然与保护文化的纽带。乡村景观设计既不是将现代景观硬塞进乡村环境中，也不是将乡村改造成城市，而是结合多方面因素让自然景观和人文景观和谐相处，达到“虽由人作，宛如天开”的效果，最终实现人与自然和谐统一的目标。

3.2 原则探索

“美丽乡村”是个新兴的模式，对于乡村景观设计并无固定的章法，但也应遵循以下原则:

1．生态保护原则。生态保护原则即对于村寨的天气情况、地理条件等要充分考虑，因地制宜，最大限度地保留当地固有环境，包括山川走势、水系、乡土植物等，让这些场地原有的元素继续发挥维持生态稳定的作用。景观规划不应对地形大动干戈，例如郭家庄村地处华北平原，地势较平缓，不宜强行堆砌山体进行设计，应让自然优先。水系的保护要注重于水质环境的提高和防护堤的建设，可根据水系现状开辟沿河绿地和亲水景观。植物的保护侧重于原植物群落的保留，有必要时需对一些珍稀树种进行特别保护。只有深入调查了解当地的自然条件，才能最大限度地对场地进行生态保护。村寨景观要接近自然、反映自然才会更有生活气息，对人更具有吸引力，也更能反映人性的特点。

2．文化保护原则。景观不仅要从传统中发觉反映村寨的风貌，从环境中塑造新农村的风貌特色，更重要的是还要从文化中升华乡村的风貌特色。对于具有特色的“美丽乡村”景观规划，在设计中对当地文化的应用必不可少。首先要保证文化的历史延续性，虽然传统文化的一些表现形式可能与现代社会格格不入，但文化的延续才能赋予一个地区新的生命力，每个村落都在不断成长，其文化也在不断演变、充实，其发展必然要打上每个时代的烙印，留下每个时代特有的痕迹，同时保留不同时期的特色，正是文化的历史沿革见证了地方的历史变迁。文化的传承可以借助现代景观规划手法实现，最重要的是不忘初心，铭记历史。其次对于特色构筑物，如历史街区、民居建筑等，可选择特色鲜明且具有历史文化内涵和价值的构筑物进行保留。总的来说，景观设计要积极保护当地特色，除了进行新景观的营造，还要进行文化传承。

3．可持续发展原则。建设“美丽乡村”不是一朝一夕能完成的，同时“美丽乡村”对景观和环境的影响也不应该是昙花一现。成功的乡村景观设计案例应该建成的是具有可持续发展潜力的新农村，可以随着时代的发展不断衍生新的功能，可以随着时代的不同不断焕发新的生命力。乡村景观设计的过程就是实现可持续发展的过程，“美丽乡村”建设应该以实现资源的永续利用为原则，不能只顾眼前利益，进行破坏性开发。这样才能最终实现乡村景观的良性循环，达到可持续发展的最终目的。

4．以人为本原则。人是村寨的创造者和使用者，“美丽乡村”的建设离不开人的智慧和人的感受，在进行景观规划时除了要考虑对自然的保护，还要考虑人的需求，例如尽量不打扰原住居民的生活模式，建设人性化的现代景观和休闲空间，例如小型集散广场、休闲长廊甚至祭祀台、戏楼等以人的活动为中心的场所。人始终是空间的主角，有了人空间才有意义。构筑物的尺度要有所考究，在符合规范的前提下尽量达到宜人的标准。再者，人与自然的和谐相处是个永恒的话题，村寨景观设计应将人文景观与自然景观有机结合，将自然元素糅合进规划设计，运用自然环境条件和景观设计手法展现当地风俗人情。

3.3 影响因素

“美丽乡村”景观规划设计建立在我国“新农村建设”背景下，受到政策的制约和多种社会因素的影响，主要有以下几点：

1．经济发展状况。“美丽乡村”建设主要在城镇、乡村地区展开，这些地区的经济水平远比不上城市，在进行总体规划、景观设计的过程中容易出现设计蓝图与实际经济能力不匹配、资源利用不当等问题，极可能限制了乡村景观建设的潜力抑或是加重实际建设的经济负担，无论哪一种情况都是对资源的浪费。所以在进行乡村景观设计时应充分考虑当的经济实力，做出合理的预算。

2．国民综合素质水平。我国是人口大国，人口基数大、增长快，国民教育的普及起步晚，发展慢，这就导致了在一些村寨、乡镇等地区的人民受教育程度不高，综合素质水平不高。而在一些经济水平相对较高、受教育程度普及较好的地区也会存在素质水平较低的人。当村寨景观建成后，既需要政府的监督管理，更需要人们的爱惜维护，享有景观设计成果的人才是更应该去爱护景观的人。然而因为一些村民、游客的不自觉，许多建好的特色小镇、特色庄园等新兴旅游产业模式仍然逃不开垃圾乱扔、乱涂乱画、基础设施被破坏的命运。提高国民综合素质任重而道远，“美丽乡村”建设之路亦任重而道远。

3．设计师的理念与能力。设计者是乡村景观建设的主角之一，把握着景观设计的方向。设计师的理念会影响乡村建设的规划定位，提出适合特定的乡村的理念更有助于独特性的突出和景观的呈现，能将资源利用最大化。反之，不当的理念应用则有可能将乡村的特色深深埋没，无法突出其地域性。设计师的能力决定了他能否将设计理念准确地表达出来，并且落实到实际建设中。优秀的设计师应不断学习积累，开阔眼界，锻炼能力，提升自我价值。

3.4 小结

“美丽乡村”虽然是新兴的产业模式，但对其特点、原则、影响因素仍有路可寻。从国内外的研究成果以及丰富的案例可以看出“美丽乡村”景观设计体现了先进、科学的价值取向，全面关注农村经济、文化、社会、生态等问题，丰富了城镇村寨的规划内容，以先进的理念和思路、综合的视角研究乡村景观设计，有利于推进社会主义新农村建设和城乡统筹。

第4章 相关案例分析

4.1 丽江玫瑰小镇

4.1.1 项目概况

位于丽江市古城区七河镇金龙村，九色玫瑰小镇是美丽中国“双百”玫瑰园区（乡村）工程率先启动的项目，由云南丽江玫瑰小镇旅游开发公司投资开发，打造一个集旅游观光、生物加工、健康养老等多业态为一体的玫瑰生态全产业链项目。

4.1.2 项目分析

九色玫瑰小镇的名字起源于金龙村422户居民，一共包含了纳西族、白族等9个生活在这里的少数民族，所以用了9种不同的颜色表示，村民们为自家的房子挑选颜色，艺术感十足。项目结合村内9个民族主题文化元素，开发面积约3.6平方公里，分六个板块，规划用5年时间，投资约5亿元，集玫瑰种植、玫瑰产品研发生产、旅游观光、电子商务销售为一体，建成“玫瑰爱情主题小镇旅游生态圈”、“玫瑰全产业链生态圈”、“婚庆全产业链生态圈”、“金融资本对接经济圈”、“村域+区域联动经济圈”；玫瑰小镇主干道上将绘制一条长500米、面积3500平方米，主体背景为泸沽湖和长江第一湾的巨幅3D地画，这条主干道正在申请吉尼斯世界纪录。

4.1.3 经验与启示

打造生态旅游型小镇，一是要小镇生态环境良好，宜居宜游；二是产业特点以绿色低碳为主，可持续性较强；三是小镇以生态观光、康体休闲为主。

4.2 成都三圣乡“五朵金花”

4.2.1 项目概况

“五朵金花”是指成都三圣乡东郊由红砂、幸福、万福、驸马、江家堰、大安桥等6个行政村组成的5个乡村旅游风景区，通过以“花香农居”、“幸福梅林”、“江家菜地”、“东篱菊园”、“荷塘月色”为主题的休闲观光农业区的打造，现已成为国内外享有盛名的休闲旅游娱乐度假区和国家5A级风景旅游区。其成功之处就是在乡村休闲的一个主题下，按照每个乡村的不同产业基础，打造不同特色的休闲业态和功能配套，将乡村旅游与农业休闲观光、古镇旅游、节庆活动有机地结合起来，形成了以农家乐、乡村酒店、国家农业旅游示范区、旅游古镇等为主体的农村旅游发展业态。

图1 成都三圣乡“五朵金花”

4.2.2 项目分析

“五朵金花”的前身是城乡接合部的“垃圾村”，也是“城中村”改造的难点村，又是未来成都市市区的风口绿地。市区两级政府提出了“开发、保护并举，利用、发展并重，建设国际化大都市周边环境”的思路。

1. 坚持高起点规划

2000年在规划“五朵金花”建设规模时，成都市政府提出了用景点形式打造国家级品牌“农家乐”的总体方案，一是推进城乡一体化协调发展，能够给城乡居民提供市外休闲娱乐场所，有利于当地农民就地转市民；二是有利于保护大城市环境，按照国家5A级风景区标准，突出蜀文化民居风格，建成成都市郊区靓丽的风景线；三是有利于形成“一村一品一业”产业特色，为失地农民就地安置提供就业支持等。对市政府的规划建设方案，多次举行由社会各界和规划区农民参加的听证会，广泛听取各方面的意见和建议。对确定的规划方案，政府、企业和农户一张蓝图干到底。通过5年的建设和经营，“五朵金花”一直保持着5A级风景区的风貌。

2. 坚持把农民摆在创业的主体位置

在5年的建设发展中，没有因拆迁、占地等问题出现农民“告状”、“上访”，或非法修建、违法经营等现象，而是农民和政府拧成一股绳加快发展。做到官民一条心最根本的就是把农民摆在创业和受益的主体位置，从规划设计、建设发展到经营管理等重要环节，各级政府都坚持让农民受益，尊重农民的意愿，利用农民传统产业优势，提升农民产业规模，在发展中提高农民的生活水平。

3. 坚持连片开发经营

“五朵金花”之所以能够快速发展，主要得益于规模化经营，连片联户开发，共同扩大发展的市场空间，破解农民单家独户闯市场的风险，走出了一条专业化、产业化、规模化的发展之路。在产业布局上，围绕共同做大做强“农家乐”这一主导产业，五个景区实现一区一景一业错位发展的格局。“花香农居”以建设中国花卉基地为重点，全方位深度开发符合观光产业的现代化农业，主办各种花卉艺术节，促进人流集聚。“荷塘月色”以现有水面为基础，大力发展水岸经济，建设融人、水、莲、蛙为一体的自然景观。“东篱菊园”依托丘陵地貌，构建菊文化村，引导游客养菊、赏菊、品菊，陶冶情操。“幸福梅林”建设以梅花博物馆为主要景点的梅林风景。“江家菜地”把500余亩土地平整成0.1亩为一小块的菜地，租给城市市民种植，激发了市民和儿童对发展绿色产业的兴趣。由于连片联户经营和“一村一景一业”创意新颖，打造出了乡村酒店、休闲会所、艺术村相互借景的和谐休闲娱乐场所，使“五朵金花”成为国内外负有盛名的“农字号”休闲娱乐品牌。

4.2.3 经验与启示

打造“美丽乡村”特色小镇，必须充分了解当地的历史沿革、发展脉络，明确场地优势和劣势，明确设计目的和意义，设计中要充分体现当地的文化特色与内涵，最重要的是理解这类特色小镇的意义在于延续历史文脉，尊重和沿袭当地文化。

4.3 北京蟹岛绿色生态度假村

4.3.1 项目概况

北京蟹岛绿色生态度假村位于北京市朝阳区金盏乡境内，紧临首都机场高速路，距首都国际机场仅7公里，是一个集生态农业与旅游度假为一体的大型项目。总占地面积3300亩，以餐饮、娱乐、健身为载体，以让客人享受清新自然、远离污染的高品质生活为经营宗旨，以生态农业为轴心，将种植业、养殖业、水产业、有机农业技术开发、农产品加工、销售、餐饮住宿、旅游会议等产业构建成为相互依存、相互转化、互为资源的完善的循环经济产业系统，成为一个环保、高效、和谐的经济生态园区，包括大田种植区、蔬菜种植区、苗木花卉种植区、养殖区、休闲旅游服务区等功能区。

图2 北京蟹岛绿色生态度假村

4.3.2 项目分析

该项目以销售绿色、生态、生产、生活“三生合一”为核心理念，其发展目标是以开发、生产、加工、销售有机食品为根本，以旅游度假为载体，建设集种植养殖、生物能源、田园观光于一体的绿色环保休闲观光度假项目，塑造“绿色的乡村生活”体验。

蟹岛绿色生态度假村具有独特的经营模式。首先是“前店后园”的空间布局。蟹岛按照“以（农业）园养（旅游）店、以（旅游）店促（农业）园”经营思想，在布局上采取“前店后园”的方式，“园”有种植园区、养殖园区、科技园区；“店”有可容纳1000人同时就餐的“开饭楼”、四季可垂钓的“蟹宫”、综合性大型康乐宫、特色农家小院客房和仿古农庄、各种动物观赏的“宠物乐园”、夏日室外冲浪的海景水上乐园、各类农家民俗表演、农业观光、采摘、自捡生态蛋等项目。园塑造绿色的旅游环境，提供消费的产品，是成本中心，店是消费场所，为园的产品提供顾客，是利润中心。前店后园的布局保证了农业与旅游的互补与融合。

其次是从各方面塑造绿色的乡村生活体验，成功吸引消费者。通过独特的项目特色与“农、游”合一的双渠道盈利模式，项目获得极佳的经营业绩。蟹岛度假村具有农业、旅游双收入渠道，降低了风险，并互相强化提高，而绿色蔬菜的价格是一般同类商品价格的4倍以上，垂钓鱼类的价格也在市场价的4倍以上，从外地采购来的转卖商品的价格也在收购成本的3倍以上。在种植业子系统中，农产品大部分被游客消费，而现场消费降低了农产品的运输成本，使得农产品的促销成本降低，利润增加，项目的双盈利模式得以充分发挥效力。

4.3.3 经验与启示

蟹岛绿色生态度假村具有三大特色。其一是特色理念，即以旅游度假村为载体，打造集生态、生产、生活“三生合一”的环保生态旅游项目。其二是特色布局，即实现“前店后园”的功能布局，园塑造大面积的绿色旅游环境，提供丰富的消费产品，店是消费场所，虽然规模有限，但为园的产品提供顾客，保证了农业旅游的互补与融合。其三是规划设计特色，充分与乡村特有的自然生态风格融合，还原独特的乡村风味，让游客能够真正地脱离城市的束缚，充分投入对乡村生态、生产、生活的体验。

4.4 小结

“美丽乡村”特色小镇的建设离不开大环境的产业驱动力、旅游市场的辐射力、场地的文化生命力，要根据当地实际情况因时、因地、因人制宜，避免“千城一面”，努力发掘场地的旅游潜力和景观特色所在，避免被房地产绑架。

第5章 郭家庄乡村景观设计初步研究

5.1 项目概况

5.1.1 区位分析

郭家庄村位于河北省承德市兴隆县南天门乡，距离北京113公里，北接承德，南临唐山、廊坊，交通便利，国道112线横贯全村，满族文化特色浓厚，处于清东陵“后龙风水禁地”核心区。郭家庄村现全村占地面积约9.1平方公里，现有耕地600亩，荒山山地6000亩，是当地著名少数民族村。周围30～50公里范围内有六里坪国家森林公园、雾灵山森林公园、云岫谷自然风景区等绿地。本案位于潵河畔，地势平坦，视野开阔，具有很大的景观规划发挥空间。

5.1.2 历史沿革

在国家民委2017年发布的《关于命名第二批中国少数民族特色村寨的通知》[民委发（2017）34号] 中，郭家庄村入选其中，被评为中国少数民族特色村寨。全村目前有226户，726口人，7个居民小组。郭家庄自然资源优越，着重打造满族文化旅游风景区和旅游目的地。据资料记载，郭家庄村的许多村民是清东陵守陵士兵后裔，具有沿袭和传承当地文化的意识。村里一些建筑还保留着传统“四合院”风格，逢年过节饮食上还以“郭氏八大碗”为主。郭家庄村作为满族聚集地具有发展旅游产业的先天优势，建立旅游合作社，开展满族文化周活动，建立满族风情婚庆体验基地；村中酒厂依托此次美丽乡村建设就势发展，同时为郭家庄未来的旅游提供更多的体验项目。花会、剪纸等满族手工艺和民俗以及戏曲表演活动在群众中还广为流传。村落内自然景观独特，每年都有京、津、唐等地画家慕名来此写生，文化部承德“十里画廊”中国美术创作基地坐落在郭家庄村中心，享有“画家第一村”的美誉。当地政府还大力发展果树种植业、旅游业，有效、合理利用村落资源，增收致富。

5.2 场地存在问题

根据现场考察调研结果，郭家庄村山清水秀，交通便利，水电充沛，基础设施便利，但也存在着一些问题，主要有以下几点：

1. 村庄道路缺乏统一规划，内部交通系统条件较差。
2. 绿化缺乏全局布局，绿化率不足。
3. 现状河道渠化，不利于雨洪管理及景观营造。
4. 缺乏公共活动场所，不利于原住居民进行娱乐活动。
5. 旅游服务项目单一，设施粗放，同质化严重。

5.3 小结

如何吸引游客到访与吸引游客留宿，是郭家庄村发展的关键。郭家庄作为邻近北京的旅游区，缺乏具有特色的产业吸引点。郭家庄目前的旅游产业形式以少量农家院为主，基础设施缺乏，没有充分利用景观优势。郭家庄村要想能够吸引旅游者，必须借助兴隆县特有的自然资源和文化资源，创造出具有足够吸引力的主题，才能够走出突围。郭家庄村具有政策先导优势、环境资源和地理区位优势以及文化优势，给村寨景观设计提供了夯实的基础。除此之外，当代社会大旅游环境稳定、方向明确。旅游模式从传统的风光旅游逐步发展为学习旅游、文化旅游等方式，为郭家庄村的特色景观设计提供了发展机会。与此同时，“千城一面”的同质化威胁和区域竞争对设计带来的挑战和难题也不容忽视，只有守住自身的文化独特性和定位，合理运用景观规划手法，才能更好地建设新时代的“美丽乡村”。

第6章 郭家庄乡村景观设计实践

6.1 场地现状

本案红线范围内场地多为居住用地，其次是行政用地与工业用地，绿地与广场用地占比率最低。沿澈河两岸地势较平缓，南北向均有山地，北缓南陡。在不同天气下场地可产生谷风或山风。村内本土植物主要有桦树、白杨树、杜鹃花、丁香花等，经济作物主要有苹果、板栗、山楂等。本案属于温带大陆性气候，夏季炎热多雨，冬季寒冷少雪，四季分明。冬季均降雨量极少，夏季稍多。

6.2 满族特色文化提取

6.2.1 满族历史沿革

满族先民生活在我国东北，早在约7000年前就在广袤的草原和神秘的森林中繁衍生息，当时被称为肃慎族。公元10世纪，形成以女真族为主的多民族族群。17世纪以后女真族以“侵略者”的身份登上历史舞台，皇太极以“满洲”作为民族称谓，1644年彻底推翻明王朝的统治，建立大清帝国。清王朝灭亡后，满洲正式改称满族，成为中华民国“汉满蒙回藏”五族共和的成员之一。1952年，中华人民共和国正式承认满族为中国境内的少数民族之一，恢复了满族作为少数民族应有的待遇。

6.2.2 满族特色文化

满族是善于学习的民族，在数百年的进化发展中，继承和吸纳了女真文明、蒙古文明、辽金文明和汉文明。从满族入主中原以来，满族文化不断与汉文化融合，随着时代的变迁，许多元素早已完全融入了中华文化的大家庭中，并从生活衣食住行的各个方面体现满族文化是中国民族文化的重要组成部分。

萨满文化在满族文化中占有极其重要的地位。满族信仰萨满教由来已久，萨满教几乎与满族的历史并存，其兴衰变迁都与满族的生活息息相关。萨满教以万物有灵为基础，其内容主要是自然崇拜、图腾崇拜、动植物崇拜、祖先崇拜等各种祭祀活动仪式。“文革”之后，由于政治、经济等因素的影响，萨满文化正逐渐消失。

距今三百多年历史的剪纸，是满族文化最突出的项目之一。剪纸在早期原始社会是用以计数，而非装饰。满族先民过着稳定的部落生活，以农耕和游牧、渔猎为生，妻子为了统计丈夫每天打猎的数量，把树叶和树皮剪成动物的形状，贴在桌子上、墙上、窗上，不仅能计数，还能记住所获猎物的种类。因此剪纸的线条粗犷豪放，形状以意向见长，并不写实。在皇太极时期女真人有了纸，满族开始形成真正的剪纸文化。在逢年过节期间，满族的剪纸文化更是被运用得淋漓尽致。满族的挂签是其剪纸文化中浓墨重彩的一笔。最初挂签被称为“挂旗”，将各种图案组合在一起来表达各种美好寓意。

普通满族四合院式住宅，一般都是由坐北面南的正房以及东西厢房围合成四方形的院落，其中，正房为三间或为五间。正房之中分为东西两房，其中以西屋为上房，也称为“上屋”，由辈分最尊者居住。满族的建筑具有地域性和宗教性。几乎所有传统满族民居都在院落的东南方向立“索罗杆”，也叫“神杆”。传统满族住宅的室内，专设了进行祭祀仪式的空间。满族住宅西屋的西面墙上，供奉着满族的祖匣“窝澈库”。

6.3 设计理念与概念生成

根据上位规划，郭家庄村位于环京津城镇带，旅游空间布局属于诗画田园片区，本次规划突出“布局集中、用地集约、突出特色、协调发展”的思路，采取长远规划，重点建设的方针。以“产业美、生态美、环境美、精神美”的美丽乡村建设为指导，以“科学发展、优化环境、改善民生、巩固新农村”为理念，彻底改变村容村貌，进一步壮大村级企业，发展主导产业，千方百计增加农民收入，改善人居环境，建设和谐新农村。本方案借助“美丽乡村”建设，实现环境、产业全面提升，利用景观、建筑实现民族文化传承。本方案属于“美丽乡村”建设中的休闲旅游型模式，希望形成具有文化特色的休闲度假乡村景观设计。

6.4 总体设计

针对郭家庄村对游客还不具有吸引力的问题，本次设计通过整体景观的重新梳理规划、新建满族特色综合体建筑、营造新颖的入口景观、对沿河民居进行提升美化、完善基础设施等方式给郭家庄村注入新的生命力，唤醒郭家庄村的文化积淀，达到吸引游客的目的，打造具有满族特色的乡村景观旅游区。响应“美丽乡村”建设和改善郭家庄村人居环境也是本次设计的主要目标，方案拟通过增加绿化面积提升村庄环境质量，改善道路系统，新建特色民宿，促进游客与当地居民之间的交流，用景观吸引游客，最终留住游客，发展旅游业，促成郭家庄村经济发展。

6.4.1 设计原则

1．生态优先原则：防治环境污染，严格控制新污染的产生，建设项目严格执行“三同时”，保护害虫天敌，使用农家肥，减少农药和化肥污染；将秸秆加工成饲料，转化成能源还田，杜绝农作秸秆燃烧现象，减少大气污染，改善环境质量。

2．交通引导原则：充分尊重道路原有脉络，同时满足区域内通达性和安全性及消防等要求。尽快使村内道宽达5～7米，采用水泥路面，与进村主干道连接；完成秋收采摘作业路硬化工程。

3．可操作性原则：设计应符合当地的具体经济条件，开发建设主体和建设方式多元化的特征，符合现行规划管理和规划实施的要求，以保证项目落地的可实施性。

6.4.2 设计目标

1．建立符合城镇总体发展目标的乡村新风貌，重塑现代化和传统文化结合的人居环境，带动郭家庄村旅游业发展。

2．提升郭家庄村街道、环境品质，新增公共活动场所，满足居民和游客的需求。

3．新增植物应用，提升绿化率。

4．丰富旅游项目，深入挖掘场地特色，避免同质化。

6.4.3 平面总方案

本方案具一轴一带双核多点，“一轴”即贯穿全村的国道景观轴，“一带”即沿河景观带，“双核”即主出入口景观、满族特色建筑组团两大核心景区，“多点”即散布在村庄各个角落的景观改造点。

6.5 方案分析

6.5.1 景观设计分析

1．道路美化

郭家庄村依水而建，红线范围内主干道即沿着澈河的公路，是连接郭家庄村和外界的重要纽带。进行美化的主要是主干道两侧的街边绿化以及村落民居之间小路的环境美化。主干道为国道，其绿化首先要增加植物种类，以乡土树种为主，主要应用银白杨、国槐、银杏等，在美化道路景观的同时又起到减少噪声的功能，营造流畅的线性景观，使整个村庄看起来更加整齐统一，干净舒适。民居小路的美化主要应用点植植物、民居墙面美化的方式，在条件允许的情况下在墙边种植适量植物或在墙面进行文化彩绘，丰富村庄道路的景观性。道路系统经过合理的美化设计后，郭家庄村的整体形象将更加整洁舒适，力求做到道路景观与自然景观、人文景观相融合与相协调。

2．滨河景观带设计

滨河空地原为硬质水泥地，现拟将其变成绿地，种植植物形成景观。植物主要以花镜、花带的形式呈现，配合游步道，既具有良好的景观效果又能满足居民的健身需求。除此之外，在面积较大的空地设休闲广场，配合小型户外健身器械和基础设施，提升人居环境品质。

3．小结

郭家庄村整体景观梳理以改造为主，新建为辅，主要运用植物和文化元素，结合现代景观设计手法，形成“多点”景观节点，由点成面逐渐覆盖全村，逐步完成景观建设。

6.5.2 建筑设计分析

1．满族文化展示体验中心

满族文化展示体验中心在外形上借鉴参考了满族萨满文化中“索伦杆”的形式，为回字倒楔形。

建筑一层以服务游客的角度布置各功能空间，以观赏游览为主，包括游客服务中心、贵宾接待室、文化创意展示厅、常展展示厅等。建筑一层的垂直平面较多采用玻璃材质，能够实现室内外空间的可流通性。一层的预计游客路线为穿插式。

建筑二层空间较多为体验式的功能空间，主要包括文化特色餐厅、小型阅览室、茶室、儿童活动室、特色文化体验厅、展品制作修复厅等。几个不同的功能空间通过一条回字形游览流线贯穿，可以很好地实现分流。二层的预计游客路线为闭合式。

建筑三层为屋顶花园，根据建筑顶层的承重选择种植土，并注意排水，利用植物增加绿化率，同时在冬天给建筑保温。

2．特色民宿设计

特色民居设计在现有当地民居形式的基础上加以改造。郭家庄村的现存民居多为前院后屋或回字形院落，每家每户相对独立。民宿设计将院落和建筑的关系重新拆分整合，形成的格局，把院落空间分割成多个小空间，使院落空间和建筑空间穿插联系更加紧密。

3．小结

郭家庄村建筑设计是景观设计不可或缺的部分，鉴于原场地已具有不少大体量建筑，本方案设计的体验中心和民宿除了与中央美院写生基地、影视城等遥相呼应意外，还添加了满族特色文化元素，在满足基本功能的前提下针对发展旅游业的目标新增了文化展示和文化特色，传承当地文脉，吸引游客。

第7章 结语

7.1 主要结论

在国家及国际大趋势发展下，特色小镇作为集多种功能为一身的新兴产业综合体，越来越不能适应传统模式的景观布局，而需要更多的创作灵感和突破。随着特色小镇的兴起，越来越严重的同质化现象随之产生，景观识别性越来越模糊，慢慢开始缺乏地域性和独特性。一些设计师没有认真创作的动力，缺乏深入探索、细心钻研的精神。在浮躁的社会背景下，连一些景观设计都开始走上了“快消费”之路。景观特色的缺失已越来越多地得到关注，但并没有被解决。其主要原因是设计中缺乏对景观的战略定位，只局限于简单且整齐统一的复制，或者说“拿来主义”。

对旅游业为特色的乡村而言，景观设计首先影响乡村环境，可以改善生态破坏，还可以促进生态可持续发展，直接影响消费者对旅游品质的满意度和旅游区的品质。良好的生态环境、景观效果对招商引资、产业发展、人民安居都有积极稳定的推动作用。景观设计可以很大程度影响乡村的人居环境，塑造乡村的独特新风貌，形成具有文化特色的地方性印象。

处在环京旅游区的郭家庄村，场地资源还待开发，文化内涵还待发掘，能合理利用物质和非物质资源并塑造具有景观独特性的村寨是“美丽乡村”建设的重要环节。依托国家大力发展特色小镇新兴旅游产业的政策，借鉴国内外优秀案例，研究相应的旅游特色小镇景观设计的理论基础和景观设计的技术手段，具有非常现实的意义。

7.2 不足与展望

由于时间、资料等客观原因和本人学术水平等主观原因的限制，本研究仅对于小部分国内外乡村景观设计做了案例分析，对郭家庄村进行了休闲旅游型景观设计，而对于景观设计的历史沿革、发展走向以及文化特色小镇的研究还不够深入。希望今后可以继续开展对其他类别的“美丽乡村”建设和特色小镇的景观规划研究，进一步分析研究景观设计在“美丽乡村”建设中的重要地位，在各类小镇发展中的应用理论和实践。

参考文献

[1] 朱建宁．西方园林史——19世纪之前［M］．中国林业出版社，2012.

[2] （日）进士五十八，（日）铃木诚，（日）一场博幸．乡土景观设计手法［M］．李树华，杨秀娟，董建军译．北京：中国林业出版社，2008.

[3] 伯纳德·鲁道夫斯基．没有建筑师的建筑［M］．高军译．北京：天津大学出版社，2011.

[4] 彭一刚．传统村镇聚落景观分析［M］．北京：中国建筑工业出版社，1992.

[5] 关晓轶．北方满族建筑文化在村镇建筑设计中的应用研究［D］．齐齐哈尔大学，2015.

[6] 王汉超．乡村景观变迁及现代乡村景观设计研究——以德州市乐陵市黄夹镇为例［D］．贵州大学，2015.

[7] 孙亚菲．“美丽乡村”——欢潭村景观规划设计实践［D］．河南大学，2016.

[8] 周雨濛．旅游特色小镇景观规划与实践研究——以苏州望亭老镇区为例［D］．苏州大学，2017.

[9] 刘蓉芳．基于“美丽乡村”建设背景下的关中地区乡村住宅设计与改造方法研究［D］．长安大学，2017.

郭家庄满族特色村寨景观与建筑设计

The Landscape & Architecture Design of Guojiazhuang

村庄鸟瞰图

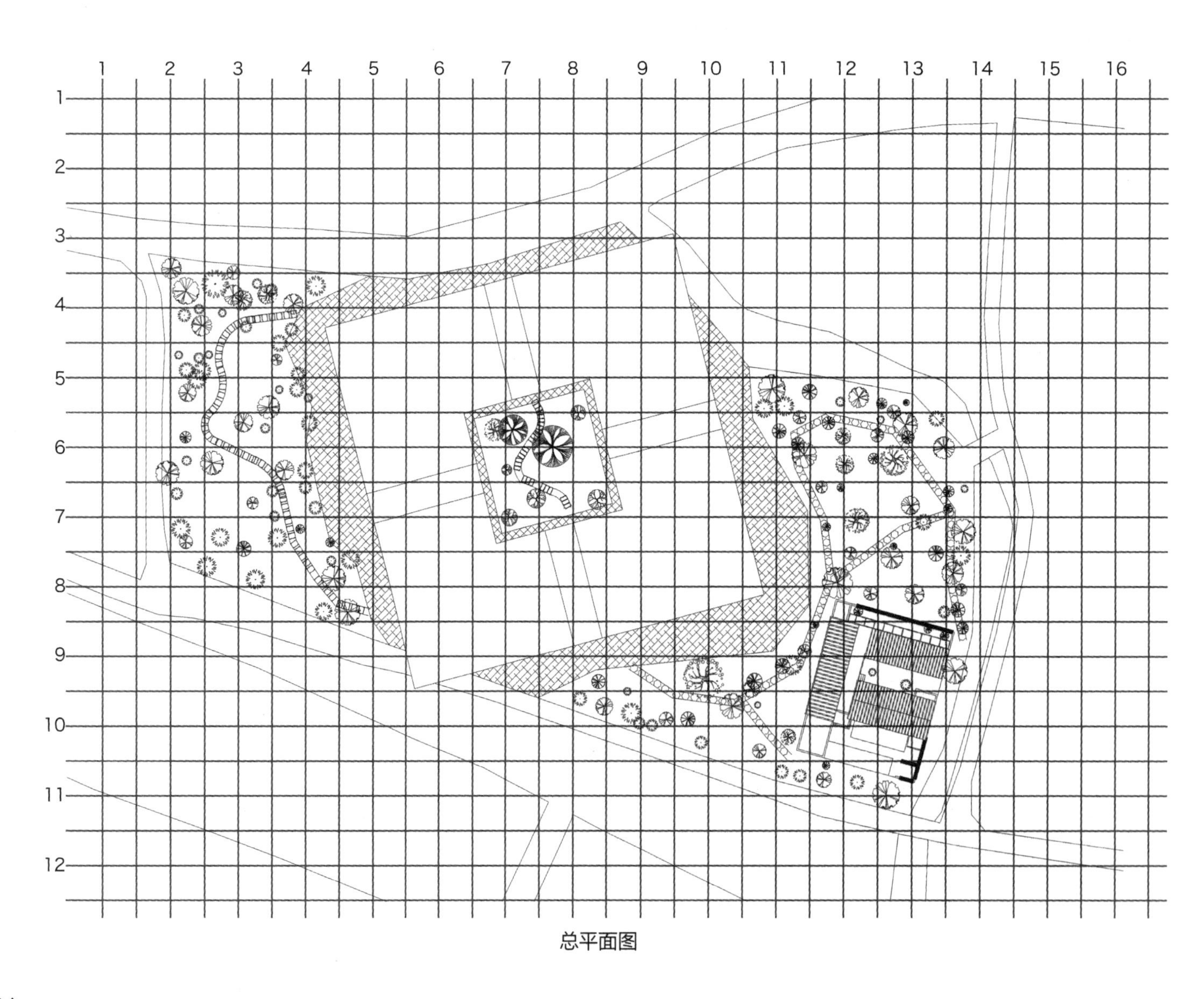

总平面图

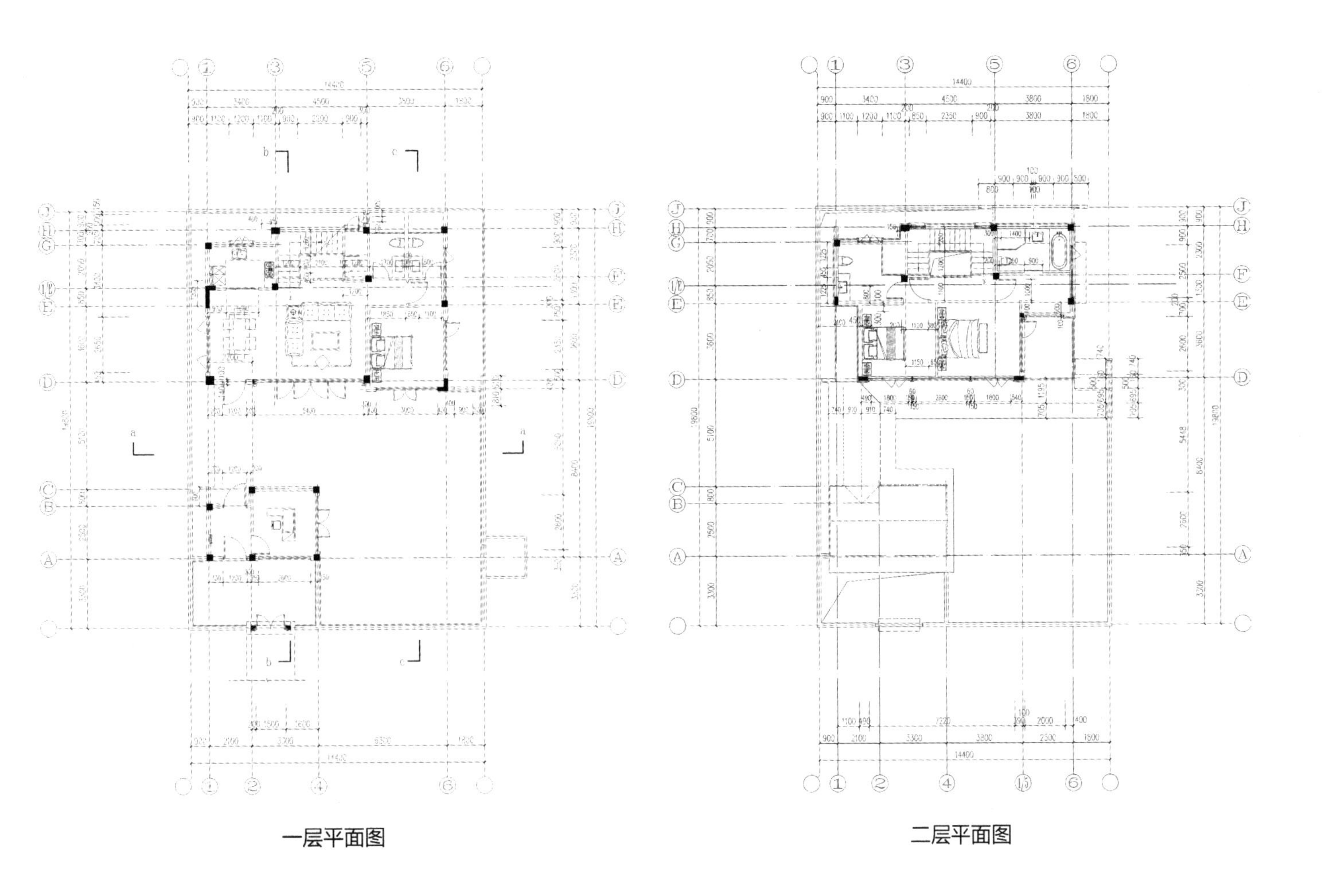

一层平面图

二层平面图

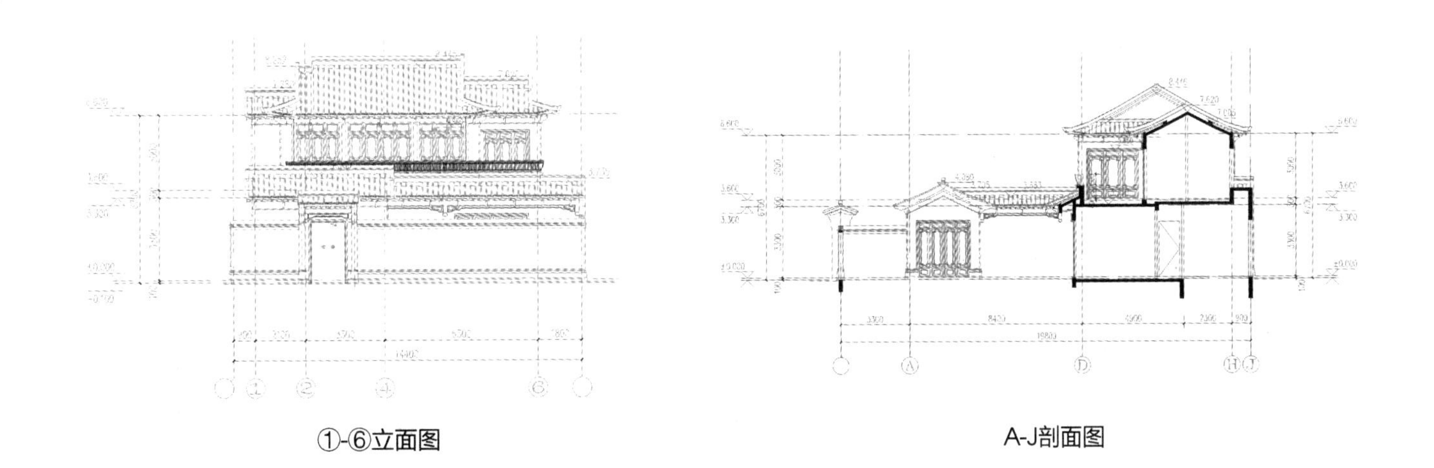

①-⑥立面图

A-J剖面图

冀北地区郭家庄庭院景观设计研究

Study on the landscape Design of Guojiazhuang Courtyard in Northern Hebei Province

武汉理工大学　叶绿洲

Wuhan University of Technology

Ye Lüzhou

姓　名：叶绿洲 硕士研究生二年级

导　师：王双全 教授

学　校：武汉理工大学

专　业：环境艺术设计

学　号：1049731513407

备　注：1．论文　2．设计

冀北地区郭家庄庭院景观设计研究

Study on the landscape Design of Guojiazhuang courtyard in Northern Hebei Province

摘要：随着新农村建设的快速发展，乡村整体环境不断优化。河北省提出到2020年，基本实现全省美丽乡村建设全覆盖，具备条件的农村全部建成“环境美、产业美、精神美、生态美”的四美乡村。乡村庭院作为居住空间重要的一部分，具有非常重要的研究意义和价值。论文在此背景下，研究相关文献资料以及相对应的实地调研，提出冀北地区乡村庭院景观设计理论和设计方法。

关键词：地域文化；乡村庭院；景观设计

Abstract: With the rapid development of new rural construction, the overall rural environment has been optimized. Hebei province proposed that by 2020, the construction of beautiful villages in the whole province should be fully covered, and all eligible rural areas should be built into four beautiful villages, namely, “environmental beauty, industrial beauty, spiritual beauty and ecological beauty”. As an important part of living space, rural courtyard has very important research significance and value. In this context, this paper studies the relevant literature and data as well as the corresponding field research, and puts forward the theory and design method of rural courtyard landscape design in north hebei region.

Key words: Regional culture; Rural courtyard; landscape design

第1章 绪论

1.1 研究背景

2014年5月16日，国务院办公厅印发了《关于改善农村人居环境的指导意见》，提出到2020年，全国农村居住房、饮水和出行等基本条件明显改善，人居环境基本实现干净、整洁、便捷，建成一批各具特色的美丽宜居村庄的要求。

全面建成小康社会这一项伟大事业，这份事业的基础在于农业，难点在于农村，关键在于农民。乡村是建成美丽中国至关重要的不容忽视的一环，是中国农业现代化建设、生态可持续发展、乡村建设能否让新一代遗留乡愁、农民拥有健康、丰富的物质生活和精神生活的重要载体。当前，已经进入了全面建成小康社会的决胜阶段，而在这个重要时期，中国乡村的建设更需要全体人民共同全方位、多角度地提升软实力。在刚刚过去的2017年，党的十九大报告提出，实施乡村振兴战略。十九大报告所提出的实施乡村振兴战略的新发展理念，让我国各族人民和广大农民充满了憧憬，拥有了生活的新盼头。伟大的乡村振兴战略，是当前时期，全国人民群众的生活新蓝图，也是党为广大劳动人民在希望的田野上绘出的一幅美丽壮阔的、值得全国人民期待的中国乡愁新愿景。

乡村庭院，从古至今一直是农村居民最主要的生产生活场地，是乡村人居环境建设的决胜环节，是中国人民自古以来乡愁的情感寄托。同时，能否建设宜居优雅的乡村庭院对美丽乡村建设的整体规划、地域文化、新时代乡村面貌、农民生产生活质量都起到关键的作用，十分具有现实意义。所以，许多城市也已经将“美丽庭院”建设活动列为乡村振兴战略和“美丽乡村”创建活动实施的具体举措和有力抓手。

乡村庭院是乡村居民在离开了乡村居民的住宅主体以后接触自然的第一个环境和活动空间，乡村居民日常的生产、生活等都与乡村庭院有着密不可分的关系。可以概括地说，乡村庭院承载了所有乡村居民日常活动需求的全部生产、生活、娱乐功能。农村的社会主义精神文明和物质文明建设是农业发展和农村进步的重要手段，在农村中两个文明建设最主要的场所就是在乡村庭院当中进行的。作为农民来讲，有2/3以上的时间应该是在乡村庭院里度过的。所以，乡村庭院生态环境质量和精神文明氛围，对广大乡村人口的道德修养、身心健康和精神状态有着非常重要的保证作用。四美乡村庭院中的景观营造状况，在一定程度上直接决定了新时代乡村的人居环境建设工程质量能否得到全面提升、广大乡村居民的生活质量能否得到保证，是否符合居民自身的期盼。

所以，建设功能完善、景观宜人、人文关怀、永续发展的乡村庭院景观可以说是优质的乡村生态环境和舒适人居环境的重要基础和实现前提。同时美丽乡村庭院景观建设对于美丽乡村建设的生态自然环境、乡村整体面貌以及乡村第三产业发展等许多环节都起到了至关重要的作用。而经过科学合理的规划以及完善优美设计的美丽乡村庭院景观可以展现出浓郁的具有特色以及中国传统文化气息的地方风情，传承地方历史文化。

1.2 研究目的和意义

1.2.1 研究目的

解决当前时期乡村的生态环境建设难题，研究宜居庭院设计存在的现实问题，从理论文字出发，到建立方案设计的逻辑和梳理能力，提高全面的整合分析能力，把握理论应用在实践上的指导意义。整个课题的研究建立在前期调研与理论分析的基础上，从数据统计到价值体系立体思考，构建设计场域的生态安全识别理念，挖掘可行性实施价值，研究风景园林与建筑空间设计反推相关原理，提供有价值理论及可实施设计方案。

技能目标：掌握风景园林与建筑空间设计相关原理与建筑场地设计、景观设计的综合原理和表现。学习景观建筑建造的基本原理、规范、标准、法律等常识，提高场地分析、数据统计、调查研究的能力，掌握研究的学理思想意识。

能力目标：培养思考的综合应用能力、团队的协调工作能力、独立思考的工作能力，培养逻辑体系思维，同时还要培养在工作过程中的执行能力及知识的获取能力。建立在立体思考理论框架下，拓展思维，学会对项目进行研究与实践，用数据、图文说话，重视用理论指导解决相关问题。

课题研究范围内乡村庭院景观设计包括以下方面：

（1）设计具有地域文化特色的乡村庭院

中国传统庭院是古代先民与自然和谐发展的结果，在广大乡村庭院建设和成果体现中，蕴含了中国劳动人民深层次的文化心理以及中国传统文化的源远流长。而新时代的乡村庭院景观，随着乡村人口的流失，渐渐失去了文化、风俗、信仰、自然等重要条件的依托。所以在景观设计时，考虑将不同庭院的景观与空间形态区别开来，体现出冀北地区的文化特点，表现出冀北地区劳动人民的生活面貌。

（2）提升乡村人居环境

我国城乡一体化建设的脚步稳固加快，城市居民的人居环境已经发生了翻天覆地的变化，人居环境改善的意识比起改革开放之初更是有了显著的提升。然而与此同时，乡村居民的人居环境依然值得重视。广大乡村居民在城乡发展中也迫切希望改善人居环境。所以乡村庭院作为乡村居民生产生活的重要场地，不可否认地成为乡村人居环境改造的一项关键环节。

（3）深入学习乡村庭院景观设计手法

在设计中，应当充分结合冀北地区乡村庭院场地的实际情况，做好调研考察工作。将设计落于实地，从景观设计要素出发，研究地域文化如何体现在乡村庭院景观设计中的现实性问题。

1.2.2 研究意义

当前时期，大多数学者对人居类型的庭院研究主要以皇家（或高等级）庭院以及传统私家庭院为主，针对乡村庭院特别是具有地域特色的乡村庭院的研究较少。所以研究冀北地区乡村庭院景观设计具有丰富的社会、经济、文化意义。

（1）社会意义

城乡一体化建设、“美丽乡村”建设等新农村建设活动已经开展得如火如荼，庭院景观是乡村景观的主要内容之一。建设功能完善、景观宜人、人文关怀、永续发展的乡村庭院景观可以说是优质的乡村生态环境和舒适人居环境的重要基础和实现前提。所以，研究冀北地区乡村庭院景观设计可以为新农村人居环境设计特别是乡村庭院的景观设计提供理论指导。

（2）经济意义

城市化进程影响下，乡村庭院设计与经济发展密切相关。乡村庭院本身就是农业生产活动的重要场地之一。是整个农业生产经济效益的一个重要组成部分。乡村庭院景观的研究有助于转变庭院经济模式。例如在乡村庭院设计中融入乡村民宿、乡村养生等。

(3) 文化意义

乡村庭院从某种意义上来说就是一种人居文化。中国传统文化中，庭院寄托了家庭、乡愁等文化情感，尤其是不同地域的具有地域文化特色的乡村庭院其实都有着独特的、浓郁的、显著的地域文化特征。随着我国经济的迅速腾飞，随着乡村人口的流失，使得当前的乡村庭院平庸无味，千篇一律，毫无优美景观可言。

1.3 国内外研究现状

1.3.1 国外研究现状

在研究分析郭家庄村庭院的过程中继承具有代表性的地域文化特色，在探索乡村庭院设计中，为中国庭院的文化传承发展提供一定的理论基础。对于丰富中国庭院文化、提升郭家庄村人居环境有着重要意义。

20世纪50年代，希腊建筑规划学家道萨迪亚斯（Doxiadis）首次提出了人类聚居学理论，理论阐述了人类聚居的一些生活环境。人类聚居学理论认为人类居住环境由自然界、人、社会、建筑物和支撑网络五个要素组成，这些要素又细分为15级层次单位。西方大部分国家的乡村庭院往往会以花园、景观小品为依托来设计生态的人居环境，且这些庭院中的住宅多是独栋的，土地面积比起我国的花园要大很多，庭院内外部的景观较为开敞优美。

东方国家与西方国家虽然存在地域和环境的差异，但对庭院的研究也有所成。在印度的班加罗尔庭院研究中，研究人员从民居庭院中居民即人的日常生活体验的便利程度和舒适程度出发，评定了民居庭院周围的日光辐射状况与住宅气候等影响民居庭院的环境，研究中着重阐述了庭院功能与庭院内部景观的协调配合，依托这些才能营造出宜人的庭院人居环境（Vivek Shastry，2016）。

美国人向往自然的植被景观、生态景观，对自然景观的保留与尊重是其现代景观营造中的重要途径。美国乡村别墅庭院空间面积较大，作为美国人家庭聚会、举办活动的重要场所，庭院中不但注重自然属性的营造，更加注重对庭院内建筑外观细节的刻画。美国乡村庭院景观的研究发展与生态平衡紧密结合，将乡村景观环境的保护上升到立法的高度加以保障实施（Paul H. Gobster，2007）。

欧洲的庭院历史悠久，早在罗马时期就有了庭院的建筑雏形。在罗马帝国统治欧洲大陆时期，其文化、政治等得以迅速传播。古罗马的建筑文化历史对欧洲建筑及庭院发展影响深远。以法国庭园为代表西方园林整体布局采用规则式，通过台地、雕塑、喷泉、花坛等院落小品，丰富庭院内容；庭园内大量栽植造型树，通过对造型树的精雕细琢，营造庭院的生命力；一些大型的庭园结合大面积的水面衬托庭院的幽静与庄重感（朱沅，2011）。

韩国乡村新村运动提出“与自然和谐共存”的发展理念。韩国人崇尚自然，在建造庭院时追求自然，但与中国传统的“源于自然而又高于自然”的造园思想不同，韩国人遵从“看起来比自然还要自然”的造园思想（傅嘉维，2011）。

日本的庭院文化，主要是受到由中国传入的禅宗佛教文化、茶文化和写意文化的影响，使其产生一种洗练、素雅、清幽的风格（李晓波，2013）。日本乡村庭院延续着传统园林庭院中“枯山水”的沉静、内敛的内在品质，这是日本庭院景观的人格化表现（三桥一夫，2003）。

1.3.2 国内研究现状

我国对于庭院文化的研究，从时间开始的顺序上主要可以分为传统庭院文化研究、乡村庭院经济研究、现代庭院绿化研究，这三个研究方向与社会发展密切相关。

庭院空间的研究：我国的庭院文化发展由来已久，传统庭院由原始的居住型庭院发展出：人居型庭院、城市空间型庭院和游赏型庭院。古代造园著作《园冶》论述了我国园林建造中庭院内部各个要素的特征与空间组合形式，为后世园林庭院的建筑提供了理论借鉴（王劲韬，2014）；我国的传统建筑围绕着庭院的布局。庭院通过庭院串联施工组形成完整的建筑系统。任君从传统文化的角度探索中国传统庭院的空间，并从传统文化中总结出传统庭院体系的特点，探索其传承。针对各个地方特色民居庭院也有了一定的发展，以四川民居庭院为对象的研究，从当地的庭院空间的构成要素分析庭院的空间意境的营造，进而探求四川民居庭院对地域文化传承与发展（王小军，2011）。叶光都的《中国园》一书着重梳理王室、绅士院、别墅对“国民”的意义。文学是诗人在自然之美与庭院之间的感情的产物。庭院也是理想的理想目的地。他在中国古典文学中运用了“轻盈，优雅，安静，冷静，超净”这五个词，概括园林设计的美学。任君的“文化视野中的中国传统庭院”，研究它在传统建筑中的核心性定位是如何出现和确定的，它对空间处理所起的作用是通过何种机制达到的，以及它数千年来成熟的空间处理方法。

乡村庭院绿化研究：庭院绿化是在庭院内种植各种花卉，种植景观亭等园林景观，让人们观赏、娱乐、休息，营造宜人舒适的户外生活空间。随着我国经济的发展，城乡居民的生活环境得到很大改善，城市居民的生活环境得到明显改善。乡村居民随着经济收入的增加，开始注重对人居环境的改善提升，而庭院的绿化就是极为有效的途径。目前，庭院绿化的研究主要从设计、生态、模式等方面入手，常见的有花园庭院式、花园式、森林果园式、森林园式（王飞，2013）。在一些乡村庭院的绿化中，绿化和庭院经济相结合，创造一个宜居的环境，同时追求一定的经济效益。农村庭院绿化的发展是对农村改善生活环境的探索，是美丽乡村建设的内容之一。

1.3.3 研究总体评述

1．国外研究现状的成就与不足

农村景观规划设计的研究和实践早已在世界范围内进行。特别是在文化领域，它突出了不同国家不同的地理和人文景观。“成功的环境设计不仅满足人们的生理需求，也满足人们的心理需求。”事实上，中国心脏深处的理想环境模式与地域文化密切相关。

德国在农村建设过程中遇到了很多问题，比如城乡之间的人流。1961年，德国为传播和建设乡村景观进行了“我的国家是更好的”设计比赛。这个活动每年举办一次，已经有50多年历史了。本次比赛不仅让村民自己建设自己的家乡，增加了农村文化意识，也为德国农村发展的未来奠定了良好的基础。1991年，丹麦学者罗伯特首次提出了循环自然村的概念。在报告“循环生态自然村及可持续的社会”中，他介绍了一个循环生态自然村的特点，它是人类本能与各种社会活动和自然环境的结合。我们可以不断利用人类活动来开发资源和环境。1991年，国外学者提出了循环型生态自然村的定义，指的是农村生活环境的可持续发展和周边环境。所有构成要素都是相互依存和相互关联的，这些要素构成了人类生活的方方面面。在这个概念中，我们特别关注人类在循环生态自然村庄中的作用。例如，位于瑞典Skor的Teglet村、位于德国汉堡的Bamfield村、位于美国北卡罗来纳州Rutherford县的Essuvin村。

目前，循环型生态村正在不断发展壮大，尤其是在英国、挪威等北欧国家。在1994年举行的第二届自行车生态学大会上，丹麦首次提出建立一个全球网络化的循环生态自然村—全球循环生态村（GEN）的项目。全球循环生态村网络的早期成员包括苏格兰的Findhom社区、美国田纳西州的农场和澳大利亚的Stal Waters。可持续住宅社区模式的突破目前是国外循环生态自然村研究的重点。

2．国内研究现状的成就与不足

随着社会经济的快速进展，城乡一体化建设稳步进行。每当我们观测我们国家的各个地区，无论是小城镇还是地域文化大都市，我们都在不断改变城市的面貌，呈现出繁荣的景象。但是，在某些地区，无论你身在何处，都会有一种似曾相识的感觉。原本具有独特文化特色的地区正在渐渐消失，都遵循相同的模式。正如浙江大学教授河清而言：“我一直认为，今天的中国建筑、艺术，甚至政治、经济问题，归根到底是文化问题，一种对自己文化价值先验否定而导致的文化自卑症，对于一个民族，这是最致命的心理癌症。”如何在整体建设过程中防止乡村文化和景观走旧城市建设模式，这就需要当代设计师正确认识当地文化特色，明确正确的文化价值观。当然，也有一些传统文化保留较为成功的区域。例如：常熟市和甸村因地制宜，传承新农村建设政策进行乡村文化与景观规划设计，将整个和甸村白墙黑瓦错落有致地布满大街小巷，体现出别样的乡土氛围和当地文化特色。与此同时，关于循环生态村的理论研究，中国在20世纪80年代逐渐开始。1987年，中国学者研究了云正明先生提出的平原农业主导的农村生态系统，他在庭院生态系统的基础上提出了“乡村生态系统”，并根据不同地貌地形村庄的农地和土地利用特点以及之间的相互联系进行了研究。随后，我国学者周道玮等提出了“乡村生态学”的基本概念，自然村落是人类社会活动与发展的重要结构，也是社会组成的基本单元，是村落行为、形态、结构与其周围环境的统一及相互关系。

1.4 研究内容、框架、方法

1.4.1 研究内容

以兴隆县郭家庄村民居庭院景观为研究对象，拟对以下内容进行研究：

郭家庄村民居庭院的地域性研究。对郭家庄村民居庭院的基本情况进行调研分析，从乡村村落布局、庭院平面布局、庭院景观要素三个方面入手，结合郭家庄村的自然环境、历史人文、社会经济等因素，进行梳理和研究，在研究过程中发掘地域文化特色在庭院景观中的意义和价值。

郭家庄村民居庭院空间研究。庭院空间反映了乡村居民审美、价值观、宗教信仰等深层次的文化心理，其景观特性表现出当地的空间形态及特有的空间处理方法。从庭院空间出发，对庭院特征、庭院中的村民活动情况以及庭院景观三个方面进行分析，研究其空间类型特征。

庭院景观设计方法。根据地域性及庭院空间的研究，对郭家庄村民居庭院景观设计进行分析与探讨，并在设计中得以实践。

1.4.2 研究方法

（1）文献调查法

本课题研究利用各种学术期刊、互联网信息及图书馆藏书等收集、查阅相关的文献资料，从而掌握了当前的最新动态和研究现状。

（2）案例研究法

案例研究法又称个案分析法。通过对大量国内外室内设计实例，提炼并归纳空间设计语言修辞中的表现手法。

（3）实地调研法

实地调研是在周详严密的框架之下，由调查人员直接向被访问者搜集第一手资料的互相来往过程。第一手资料又称为初级资料，是指首次搜集到的资料。由调查人员利用眼睛以直接观察具体事项的方式搜集资料。

（4）分析归纳法

根据一类事物的部分对象具有某种性质，分析这类事物的所有对象是否都具有这种性质。

第2章 冀北地域乡村庭院概述

2.1 冀北地域特征

2.1.1 历史文化

河北自古就被叫作燕赵大地，深受我国浓厚的传统儒家文化的影响。而河北的冀北大地也是一个多元文化复合的地域，自古至今，都是兵家所必争之地，尤其发生过很多与北方周边游牧民族的战乱。持续不绝的战争对冀北地区的人民生活改变很大，使得这里的生活条件较为艰苦，生存的环境竞争激烈。同样的，这样的环境造就了冀北地区民风淳朴、厚重踏实的性格，从而慢慢地养育了冀北地区特有的文化观念。

冀北地区存在很多历史上的重要城市，比如蔚县、怀安、宣化等城市在历史上都隶属燕赵大地。自古为交通要冲、军事政治重地，工商业繁荣，文化教育发达。史书记载，自“千古文明开琢鹿”起，冀北地区就经历古代各国的不断纷争，形成了民族融合的交汇之地。同时，历史沿革也让冀北地区成为北方文化的代表地。

2.1.2 自然地理

冀北地区位于河北省北部，东经113°49′～119°15′，北纬39°37′～42°38′。行政区包括张家口市和承德市，下辖2个市区和21个县，总面积7.63万平方千米。全区分为半湿润和半干旱两个干湿类型，前者包括承德市的绝大部分区域，后者包括张家口市的全部。冀北地区是半湿润到半干旱的农业和农牧交错区，人类活动相对频繁。该地区地形以山地为主，地处河北西北部山区，地质条件复杂，黄土覆盖较厚，地表形态千差万别，被周围山地所封闭。北部坝上地区属寒温区，冬季寒冷，夏季凉爽且昼夜温差大，日照时间长。境内由于海拔高，纬度低，土层深厚、气候干燥、雨量少，因此冀北这一带山干水瘦，雨少高寒。

2.1.3 经济

受经济、社会发展滞后的影响，冀北地区人口变动较快，劳动力人口占比低，人口素质低、保障水平低、老龄化水平高，“三低一高”特征日趋明显。张家口和承德地区，面积近9万平方公里，地域面积占河北的将近一半，自然资源匮乏和生态地区敏感，是京津冀区域重要的环境支撑区，也是河北贫困程度最深的区域。由于特殊的区位和长期贫困，冀北地区人口迁移速度加快，劳动力人口减少，素质持续下降、区域未富先老、生活水平不高等问题日益突出。

2.2 冀北地域乡村庭院特征

2.2.1 冀北地域乡村庭院的概念

在中国传统的解释中，“庭”指被实体围合的，并与建筑物具有特定位置关系的室外空地——门到堂之间的所谓阶前或堂前空地，也可以指建筑物的厅堂。而“院”则源于垣墙，指由垣墙围绕的，与建筑物密切相关的室外空地。因此，无论是“庭”还是“院”，指的都是被实体界面围合了的室外空地。从而可以推论，在我国传统意义上，庭院的含义是指位于建筑和建筑群中，由围合要素限定，顶部开敞，位于主要建筑物之前的室外空间。无论古汉语还是当今景观学科，对庭院的界定一般都是从空间角度入手的。“中国大百科全书”中对“庭院”的解读是：

"建筑物的前部和后部或建筑物周围的场地被称为庭院"。南京林业大学徐苏海在其2005年硕士论文"庭院的空间景观设计研究"中指出大多数庭院都是从建筑的角度进行研究，学术重点很容易集中在庭院的空间上，利用空间容易做出一个比较直接的界定，但空间背后的本质没有被挖掘。从景观学角度分析，将自然引进人工建筑中是其根本意义所在，自然性是根本属性，同时，空间上具有内向性。文中对庭院的界定：庭院不是一成不变的，最早是人们居住空间的一部分，以围墙或建筑围合，是室内空间的延伸，随着建筑形式的演变，庭院空间的内向性在减弱，随着空间布局的多样化，内容形式也多样，也从最初的生产活动增加了现在的休闲娱乐活动。

总结起来，庭院就是一个与建筑紧密相连的户外绿地，将自然元素引入人造建筑环境中。它的功能是从封闭的建筑、休息、观赏等方面满足人们的需求。庭院根据不同的分类标准分为不同的庭院类型。根据时间轴和风格分为两种类型：传统庭院和现代庭院。传统庭院主要指贵族、富商等所有的私人花园。传统庭院以江南庭院、岭南庭院和北方庭院为代表。现代庭院根据服务对象分为两种类型：私人庭院和公共庭院。私人庭院包括城市住宅区的底层花园、屋顶花园、别墅私人庭院和乡村住宅庭院。公共庭院包括酒店庭院、学校庭院和办公楼庭院。

从表面上看，乡村庭院似乎是一个由家庭组成的分散且有序的小单元，然而，在这个小范围内，它包括种植业、畜牧业、水果业、副业、工业、商业等人类社会活动的所有方面，如交通、建筑、金融、文化、教育、法律、社会服务、习俗和道德等。

根据估算，全国大约有农户庭院1.8～2亿个，乡村庭院总占地面积最少5400万亩（每户按0.3亩计算）；占全国总耕地面积15亿亩的3.6%，且冀北地区乡村庭院数量较多。

2.2.2 冀北地域乡村庭院的特征

冀北地区冬季气候寒冷，经常刮着凛冽的西北寒风。因此，当地乡村庭院结构的基本特征是以保温、采暖、防寒等功能为主，在房屋朝向上以坐北朝南和背山面水的格局为主。乡村庭院的平面布局主要分为四部分。1．居住用房、仓储用房、厕所等房屋的平面布局；2．院墙、宅门等辅助性建筑的平面安排，以及它们与房屋位置相关的平面关系；3．乡村庭院绿化树木的平面布局以及它们与人工建筑物的平面关系；4．庭院美化植物的平面布局，以及人工建筑与美化植物的平面关系。在人类活动的层次当中，一般要遵循后高前低的总体布局原则，以保证庭院合理的通风透光，给人敞亮舒畅的感觉，同时，为了提高乡村庭院有限平面空间的生产效率，须解决资源环境的多层次利用问题。因此，在不影响人类对环境条件要求的情况下，尽量考虑乡村庭院立面空间的多层次利用。以便把以人类生存为主的乡村庭院，建设成为一个高效益的空间环境。此外，冀北满族乡村庭院在庭院结构、庭院建筑风格方面都具有强烈的民族特征。

第3章 冀北地域乡村庭院景观空间分析

3.1 冀北地域乡村庭院空间形态

3.1.1 四合院

我国华北地区的传统庭院形式是四合院。四合院是四面有房屋、中间有院子的一种住宅结构，其规模有大有小。四合院由围墙封闭成矩形，房屋建筑按南北轴线对称排列。大门一般开在东南角上，门朝南开。住屋门窗皆朝内院，民居的院墙从堂屋山墙向前延伸，围成一个院落，不再设后院墙，这类院落较大的民居，庭院中植有树木、果蔬、花卉。这类庭院在夏季可以接纳凉爽的自然风，冬季可获得充沛的日照，并避免西北向寒风的侵袭。缺点是庭院空间较为狭小。

3.1.2 "L"形合院

冀北地区的庭院形式中，"L"形合院的建筑格局为一间正房和一间厢房。L形庭院具备了两个长方形或两个正方形的优点，两部分都很匀称。这种庭院中，堂屋通常的位置是坐北朝南，往往可能有两至三间房屋，厢房通常会被建设在东侧或者西侧。"L"形合院的庭院空间是比较多的，村民通常会在庭院中种植一些果树等，在调研过程中还发现，大部分庭院中有村民培育的蔬菜和花卉，可以满足乡村居民日常生活的需要。

3.1.3 "一"形合院

"一"形合院主要的建筑只有堂屋，大部分形式为几个房间呈"一"字形排开，所以"一"形合院中是没有厢房的。在冀北地区的乡村庭院形式中，"一"形合院的厕所通常设置在乡村庭院的南侧，与整个合院的宅门呈现东西相对的方向。"一"形合院因建设较为简单，房间数量少，所以已经不能满足现在乡村居民的居住需求。不过

“一”形合院的庭院空间较为宽敞，有开拓的地块可供改造。

3.2 冀北地域乡村庭院空间要素分析

3.2.1 建筑

建筑是人类由于生活和生产的需要而创造的人为空间，这种人为空间从来就包含着建筑的室内空间和外部环境空间，而在建筑的外部环境空间中，其主要部分，常常是建筑的庭院空间。民居建筑是界定庭院的主要因素之一，也是庭院中最为突出的组成要素。在整个建筑空间中，庭院空间是室内空间的谐调和补充，是室内空间的延伸和扩展。所以，室内空间是整个建筑空间内涵，庭院空间则是整个建筑空间外延；两者共同构成了建筑空间整体有机的组成部分。建筑也是庭院空间中最明显的边界线。庭院存在的基础是建筑的围合。建筑本身也具有虚实变化，使得庭院与建筑之间的界限变得模糊。建筑在界定庭院的同时，其本身也被弱化，从而达到民居整体统一的效果。

3.2.2 宅门

宅门是住宅的出入口，是整个宅院的门面。北方院落最与众不同的地方，就是由坊巷、宅门围合而成为独立院落，独门独院，不仅体现了中国传统大户人家的门第感，更造就了良好的私密感。有些北方院落采用大门、院门、宅门，三重递进式。华北地区，宅门通常会有两种方式：一类是屋宇式，这类门是由庭院内的建筑物本身构成的；另一类是墙垣式，这类门是在院墙上建造的。在冀北地区，多为墙垣式。现在冀北地区的宅门多用砖、瓦、木、水泥构成，部分为铁艺。

3.2.3 院墙

院墙在概念上简单来说就是围护了整个乡村庭院的全部墙体，它是所有乡村庭院中都存在的一种边缘要素。院墙区别了乡村庭院的内部和外部，并对乡村庭院的内部空间形成了一种保护与隔离。每一个庭院都有一个具有界限明确、私密性较强的固定空间，这个空间的边界，有的是以砖、土培、石头夯筑成墙和外界隔开，还有一些地方是用木棍、板皮等形成篱笆作为院墙。从上古时代开始，不同于南方人的聚族而居，北方人大多是以部落、村落的形式聚居，会存在较多土地纷争，所以冀北地区的乡村庭院自古就有院墙的存在，且庭院围墙多为1～1.8米，多用当地石材、水泥构成，样式统一。

3.2.4 影壁

影壁是北方宅院中常见的第一道门之后的一面墙壁，在古代被称作“萧墙”，在我国南方被叫做“照壁”。影壁是我国独特的一种建筑形式，多存在于大型宅院中，表现了中国人含蓄内敛的文化特质。影壁在功能上可以遮挡宅院内的情况，在影壁存在的条件下，即使宅门敞开，宅院外的人的视野也无法接触到宅院内部。除此之外，影壁因为它独特的文化性和符号性，也可以烘托整个宅院的气氛，在宅院内部和外部，都可以增强整个宅院的气势。北方宅院中，人们通常会利用雕刻、彩绘等形式装点影壁，对整个乡村庭院的景致也能起到很好的装饰作用。目前，冀北地区的影壁主要以当地石材、水泥粉刷、瓦为主，有些许特色但不够美观。

3.2.5 庭院植被

冀北乡村庭院中的植被多以农作物形成主要绿化，少量配以藤蔓和盆栽，景观粗放单一，通常有以下两种形式：

(1) 生产性植被

一般是人类在远古定居的时候，把经过长期驯化和培养的一些生活所需要的人工栽培植物，在田地不断扩散的同时，也在他们自己居住的庭院里保留的种群。主要包括蔬菜、瓜果等农作物。

(2) 观赏性植被

观赏性植被是指一些乡村庭院里为了环境效应而培植的一些生物种群。美国著名行为学家和心理学家马斯罗说的人类五大需求是生理需求、安全需求、社交需求、尊重需求、自我实现需求。除了生活所必须的衣、食、住、行以外，随着生产力的不断提高和生活质量不断改善，村民还需要身体和精神上的享受，而且这种需求会越来越强烈。观赏性种群给人类带来了美的享受、宁静的环境、清新的空气、宜人的景观。它们基本属于人类精神世界的范畴。观赏性植物种群主要包括乡村庭院栽培的花卉、庭院绿化用的草坪和木本植物。它们和乡村庭院构筑物一起构建了景观。

3.2.6 其他附属设施

常见冀北乡村庭院中的附属设施有仓房、厕所、浴室、禽舍、车位等。仓房、厕所、浴室等设施内部搭置简易，外立面多以水泥、砖构成；堆场位置较随意，摆布杂乱无遮掩；禽舍设施搭建形式简易。

3.3 冀北地域乡村庭院景观空间分析

3.3.1 庭院空间平面布局

冀北地区满族乡村庭院平面布局主要涉及的功能部分有房屋、围墙、禽舍、仓房、厕所、影壁、种植区、休闲平台等。这些功能主要分为房屋建筑的平面布局、附属建筑的平面布局、种植区的平面布局。乡村庭院空间平面布局的合理性直接影响庭院环境质量、景观结构和生产功能、交通功能的充分发挥。庭院空间的平面布局主要受庭院内部建筑的限制，其次是气候、地形地貌、植被、历史、人文等因素的影响。

3.3.2 庭院空间的初阶

乡村庭院的入口和出口都是宅门。在乡村庭院全部空间中，宅门和它所形成的“场”空间都属于整个空间序列的初阶，它是乡村庭院的内部空间与外部空间第一个产生了互换和连接的空间点，是乡村庭院内外空间的出入口。这个点空间是乡村庭院内部空间的开端，也是乡村庭院外部空间的终结，所以这个点保持了乡村庭院内外空间的所有秩序和约束力。在冀北地区的乡村庭院中，庭院空间的初阶形式较为单一，宅门多用砖、瓦、木、水泥构成，部分为铁艺。

3.3.3 庭院空间的转折

在北方地区乡村庭院中，影壁与宅门一起构成了一个空间有序转换的入口转折点。有的正对乡村庭院的宅门独立设置，形成了建筑的双向流线；有的则依靠乡村庭院内部厢房的山墙，构成了建筑的单一流线。在整个序列的组合中，这个转折点通常作为“楔子”存在。通过这个空间转折点的引导，有效地分割、界定了乡村庭院空间的内外，增添了空间层次，引导了秩序，酝酿了空间序列，它是中国传统建筑中不可或缺的一项特有的空间文化内涵。当人们经过由乡村庭院外部的坊巷进入宅门这一入口空间然后到达内部庭院的过程中，整个空间就随之发生变化。由乡村民居的宅门和影壁共同组成的这一入口界定空间非常必要：空间在此转换、视觉在此更替，欲扬先抑之后人们才会备感内部空间的宽敞和舒适。概括来讲，乡村庭院的影壁和宅门，起到了巧妙地组织过渡内外空间或转换空间的作用。

3.3.4 庭院空间的中心

通过转折空间就进入了乡村庭院，乡村庭院空间是居民各种生产生活活动的主要场地，它是整个乡村庭院空间序列的核心空间，连接了乡村庭院内部各个房屋。所以庭院空间不宜过小，才能使得院内各项生产生活活动有足够的空地。这个中心里，存在着庭院的各种生物种群，包括人、动物、植物等，乡村居民可以最大限度地获取乡村庭院的内外部相关信息，并感受乡村庭院内外部空间的横向与纵向空间，促进合理地布置庭院内各要素，营造宜居宜人的庭院生活环境。

3.3.5 庭院空间的末端

在北方民居中，在堂屋的前下方通常有一台基，台基与屋檐的延伸部分形成堂穿廊，营造出檐下空间。檐下空间也属于过渡空间，它区别于封闭的室内空间，又区别于开敞的庭院空间。檐下空间是庭院与室内之间的过渡性“灰空间”，檐下空间可以增加室内空间的进深，又可以延伸庭院空间，从而增加庭院空间的层次性。檐下空间的设置增加了建筑的光影关系变化，丰富了空间视觉层次，由于光影的变化，把时间引入了庭院的空间序列，产生了动静结合的空间效果（吴昊，2011）。居民通过檐下空间从庭院空间进入堂屋的室内空间，这是庭院空间的精神中心、庭院空间序列的终端，也是民居庭院中心轴线的末端。

第4章 冀北地域的乡村庭院景观设计原则及设计方法

4.1 冀北地域乡村庭院景观设计原则

4.1.1 尊重地域环境，亲近自然

除了乡村庭院所在地具有的大环境因子（比如气候因子）以外，同时还有街道、围墙、房屋、禽舍、仓房等人工建筑设施，以及因此而形成的独特的光照、温度、湿度、风、CO_2浓度等小气候或微气候因素和特殊的土壤、地形、地貌和水文因子。同时，除了我们人类这个主要生物种群，还存在着很多的伴生生物。比如家畜、家禽等人工饲养动物；树木、蔬菜、花卉等人工培养植物；也有依附于人类种群和庭院生态环境而生存的一些动物、植物。冀北地区农村每亩村镇土地上平均大约有6个人，每亩庭院土地上的人口数量则多达13个人。在如此有限的土地面积里集中了动物、植物、微生物。

乡村庭院的空间布局要考虑在减少占地的条件下，合理统一安排好农民的生产、生活。例如：农民生活水平

提高，要求比较舒适的居住环境；家庭副业发展，车辆、机械会进入农民家庭。

4.1.2 体现地域文化特征

在乡村庭院景观设计中，人文因素是除了自然环境、自然资源、社会经济因素以外的乡村庭院人工环境的重要干预因素。对乡村庭院人工环境的影响是无形的、深远的，冀北地区满族的风俗习惯、宗教信仰等都一定会强烈地反映到乡村庭院景观设计当中来。冀北地区特有的文化具有如下特性：满族先民，喜欢部落群居或者是四世同堂，在危急时刻可以迅速地团结以应对突发的危险；人们将房屋建在背山面水的朝阳地带；人们喜欢将院墙比前一家的院墙向前突出一段，即所谓高人一等，寓意这家人有“阳气”；错列式的布局，有利于采光通风，这种布局能更好地将风引向建筑群内部；满族人又总结出以种植绿化带的方式削弱风力，以有效地抵挡冬日的寒风，营造了室内冬暖夏凉的气候环境。

4.1.3 满足经济适当经济生产需求

美丽乡村建设中明确指出，美丽乡村要做到“创业增收生活美”。通过美丽乡村建设，稳步推进当代乡村产业集聚升级，发展新兴产业，促进农民创业就业，构建高效农村生态产业体系。在冀北地区，满族村民利用自家庭院种植果菜、饲养家禽的传统习惯，这是一个历史事实。但是，很长时期里种植、养殖的主要目的是为了自己的家庭消费，除了自给自足的这一部分，我们还可以实现庭院经济模式，建设高效和谐的功能性乡村庭院。例如：15平方米一间的7间一套住宅，它的建筑占地仅有0.16亩，这种住宅的庭院如果与果树（如葡萄等）栽培结合在一起，形成一个果园式庭院，就既能保证庭院环境的优美，夏天成为清凉遮阴休息地，又可以不减少土地的生产力。还有庭院＋果树、庭院＋畜牧、庭院＋农作物等方式。根据乡村生活的特殊性，把人类居住地与果园、养殖、加工、农作物种植等进行合理组合，把庭院生产和村民生活进行合理布局，融合成一个高效益的复合群体。例如河北承德市利用当地的旅游资源优势，在庭院里经营家庭旅店（民宿）。现总结出五种类型，庭园结合类型、场院结合类型、厂院结合类型、店院结合类型和庭院与服务业结合类型。

4.1.4 安全性和规范性

乡村庭院景观设计需要符合相应的安全性和规范性。河北省农村宅基地管理办法宅基地标准第十三条规定本省依法实行农村村民一户一处宅基地制度。(1)人均耕地不足1000平方米的平原或者山区县（市），每处宅基地不得超过200平方米；(2)人均耕地1000平方米以上的平原或者山区县（市），每处宅基地不得超过233平方米；(3)坝上地区，每处宅基地不得超过467平方米。县（市）人民政府可以根据当地实际情况，在前款规定的限额内规定农村宅基地的具体标准。

4.2 冀北地域乡村庭院景观设计方法

4.2.1 庭院空间设计方法

庭院空间尺度方面，主要影响因素是整个居住空间的建筑部分，在冀北地区农村建筑体量、形式上都较为统一、简单。庭院整体大小按照农村宅基地管理办法进行尺度把控。同时，正面尺度和断面尺度控制非常重要，断面尺度控制主要重视建筑的轮廓和体量在整个庭院空间中给人的视觉感觉，即庭院空间水平向进深（D）与围合庭院空间的建筑高度（H）的比值控制。D/H比值显示庭院空间在三维向度上的形象，影响到人对空间的认知。而正面尺度更多注重庭院空间与建筑界面之间的联系。主要进行外部空间（庭院）与建筑在尺度上的划分。冀北地区一般为小尺度的建筑和大尺度的庭院，建筑形式简单，没有过多尺度层次上的划分。或者对庭院空间进行再次分隔，弱化庭院与建筑之间的尺度矛盾。分隔后将会形成更为丰富的空间，例如休闲空间、交通空间、种植空间等。这些空间无论在形式上、功能上都能增强庭院的使用品质。

渗透性：庭院空间与建筑及本身产生的渗透能在心理上产生空间与空间之间相通的暗示，从而增强感知空间的范围。在冀北地区乡村庭院设计中主要考虑庭院与建筑之间的相互渗透，庭院本身各个空间之间相互穿插的渗透。同时，整个庭院围合空间上的设计应注重虚实关系，边界围合可以通过运用实墙与镂空装饰结合，形成虚实变化，增强庭院空间的通透性和流动感。

4.2.2 庭院装饰材料的运用

庭院装饰材料常分为景观装饰及铺装装饰。庭院中常见的装饰材料有砖材、仿古砖、天然石材、木材等。冀北地区的乡村庭院景观设计中，应更多地采用当地材料，更好地适应当地环境，注重庭院景观的可持续性。

4.2.3 庭院农作物景观配置

庭院农作物景观配置要强调个性化设计，同时注重美学原则。合理利用冀北地区有限的植物配置，同时考虑较长的冬期。农作物的选择要与整体乡村庭院的风格相互接近，做到空间上的层次，尺度上的美观和宜人。

农作物配置形式也应多样化。可以是自然式，也可以结合人工修剪、培育做到规则式。利用不同种类农作物的姿态、颜色、线条施以不同的景观小品，同时符合冀北地区农户的生产生活习惯，在保证景观美学性的同时，保有一定的经济合理适用性。

第5章 兴隆县郭家庄村庭院景观设计实践

5.1 项目背景

兴隆县范围内的八成面积是山地，总人口32.8万人中的农业人口占77.1%，其中少数民族人口3万人。兴隆县位于京、津、唐、承四座城市的衔接位置，与北京接壤113公里。郭家庄村地属兴隆县的南天门乡，从南天门乡向东2千米即可到达，是当地的少数民族村。

5.1.1 自然背景

郭家庄是典型的深山区村庄，总面积9.1平方公里。现有耕地0.45平方公里，荒山山场4平方公里。年平均气温在8摄氏度左右，气温变化大。村域范围内有一条发源于南天门乡八品叶村的小河贯穿全村南北，在南天门乡大营盘村汇入瀫河。山地由早期燕山运动所形成，主要岩石种类为石灰岩、花岗岩、片麻岩、玄武岩、砂岩和页岩等。受坡积物及河流两岸的冲积物影响，植被率较高，水肥条件都较好。周边村落大致都分布在中山、低山地带。郭家庄村周边片区植被覆盖率极高，远望一片黛青色，山楂、板栗产业种植基础雄厚，村域内退耕还林680亩。

5.1.2 文化背景

郭家庄村有226户，人口数量726人。郭家庄村的位置距清朝东陵不到30公里，所以早在清朝年间就被划为皇家的“后龙风水”，并设为禁区。守陵人翻山到此采集野果、野物作为祭祀供品，发现该地水草丰茂、土地肥厚。大清灭亡后，守陵人后裔便来此生活，主要是郭络罗氏，后更名郭氏，自此便有了郭家庄。民国之后，作为满族文化村落与汉族不断融合，全乡满族比例逐渐减少至28%，但至今仍保留着一些满族人的生活习俗和文化特色传承，如饮食习惯、剪纸等。

5.1.3 经济背景

兴隆县人均纯收入达到0.71万元，郭家庄村年人均收入0.65万元，略低于平均值。主要产业有满族旅游、民宿、德隆酒厂。农作物产收主要依靠玉米、大豆、谷子、高粱、板栗、山楂。

5.2 设计区域的庭院现状分析

5.2.1 空间布局分析

根据实际调查研究，目前郭家庄村庭院主要以“一”形分院和“二”形合院、“L”形合院等为主（表1）。

庭院类型（作者自制）　　表1

布局模式	样式	特征	郭家庄村实景图
分院		通常将园田地与活动场地以居住建筑隔开，居住建筑两侧留有交通空间；厕所一般与园田地结合，仓储和堆场分布在庭院周边	
合院		建筑布置在庭院边沿，中间场地以铺装或石砌实现用地功能划分；厕所一般远离居住建筑，设置在庭院角落，仓储和堆场布置在庭院周边	

5.2.2 庭院功能分析

郭家庄村庭院整体存在功能不协调、空间组织不合理、环境品质差等问题。主要有生活、生产、储存这三种使用功能。以园田地、活动场地、仓房、休息平台、堆场等为主。各个空间之间有联系，也有组织分割（表2）。

使用功能（作者自制） 表 2

使用功能		
生活功能	家庭重要的生活、待客场所；婚丧嫁娶、节庆仪式、就餐、纳凉、聊天	
生产功能	种植农作物（玉米、葱）；植物满足家庭食用所需；春季打苗、秋季打谷等	
存储功能	仓储、停车、晾晒	

庭院功能不协调主要体现在功能的缺失。随着村庄不断地发展建设，逐渐消减了许多公共空间，这些功能或完全丧失或以其他形式转换到庭院当中，而庭院空间的单一性和使用的杂糅又使得一些功能得不到很好的实现。在生活方面，庭院的休闲功能与村民作息贴合度低，设施缺乏，因而在庭院功能中逐渐弱化。同时，功能超负荷，在设施上，庭院晾晒场地面积有限，通风差，场地劳作超负荷；在环境上，养殖、厕所的卫生条件差；在交通上，人行与车行流线交织造成交通不便。因此庭院各功能之间协调差，未能发挥出庭院的使用价值。

空间组织没有合理利用。部分庭院场地闲，无法实现功能价值；大部分庭院内园田地面积超过总面积的一半，导致空间资源低效。同时，空间布局混乱，活动场地多被堆场、停车位占用，休闲锻炼和临时性活动被占用甚至根本没有；堆场空间因其临时特性造成空间布局混乱，部分与主房距离较近，有火灾隐患。

5.2.3 庭院环境情况分析

经调查个别新建庭院较为整洁，郭家庄村庭院基本环境品质较差，其主要体现在庭院围墙、部分大门形式单一、粗糙，绿植以农作物为主，缺失景观塑造，没有美感。在生态、生活和卫生方面：当地村民生态意识缺乏，养殖废弃物、种植等活动缺失有机配合，水泥铺装比例过高导致透水性差，堆场的杂乱也影响庭院整洁，同时庭院缺少休闲设施等基本基础设施（表3）。

庭院现状分析（作者自制） 表 3

类别	景观环境项目	现状	图示	
景观与生态环境	围墙	多用当地石材、水泥构成、样式统一		
	宅门	宅门多用砖、瓦、木、水泥构成，部分为铁艺		
	绿植	多以农作物形成主要绿化，少量配以藤蔓和盆栽，景观粗放单一		
	铺装	以铺装和水泥地面为主，裸地在雨雪天气易形成泥泞不洁		

续表

类别	景观环境项目	现状	图示	
景观与生态环境	影壁	以当地石材、水泥粉刷、瓦为主，有些许特色但不美观		
卫生环境	厕所、浴室、仓房	内部设施搭置简易，外立面多以水泥、瓦构成		
	堆场、禽舍	位置随意，摆布杂乱无遮掩		

第6章 兴隆县郭家庄村庭院景观设计方案

6.1 设计理念和创新

乡村居住空间设计中，建筑不再是唯一的首要形式，庭院同样是文化表现上的载体。庭院作为居民最主要的室外活动空间之一，是乡村人居环境建设的重要内容。优质的乡村庭院对整体环境、地域文化、村容村貌都有着重要的现实意义。

基地选址在中国河北省承德市兴隆县郭家庄村，村内基础设施单一、景观营造方式简单、功能缺失，最重要的是缺少现代的设计，导致庭院存在特性不突出、空间关系不合理等问题。为了提高人民生活水平，体现当地文化，带动经济发展，为之设计新型乡村庭院。针对兴隆县郭家庄村传统庭院中生活、生产方式的分析，以及当地深入发展旅游业的实际情况，提出新式的乡村庭院设计发展方向。改善现有乡村庭院空间布局混乱、形式单一、功能不突出等方面的缺陷，提高生活舒适度的同时，提供一个更加合理的民居庭院环境、民宿庭院环境、商业性庭院环境、生产性庭院环境。本章以河北省承德市兴隆县为案例，详细介绍了郭家庄村的自然条件、历史文化、经济现状，在此基础上提出乡村庭院的思路。最后具体设计出四个庭院景观案例，为乡村庭院景观建设做一次积极的尝试。

6.2 乡村庭院特殊性

因受地域特征、环境特点等诸多因素影响，乡村庭院具有它的特殊性，主要体现在生产性、生活方式、生态保护、可持续发展、季节性等五方面。乡村庭院绿化植被应多选择当地实用性和生产性的瓜果蔬菜，既能创造一定经济效益，又能美化环境，适宜游客、写生人群居住。生活方式上根据合院空间布局，功能体现当地村民的生活方式。同时，在设计中应保护自然风貌，避免生态系统遭到破坏，充分利用自然资源，实现资源的循环利用，保持乡村生态的自我循环能力。在设计中结合地理、气候等自然因素，恰当运用当地适宜性或欣赏性植物和食用性植物来突出当地自然文化特色。

根据当地实际情况，将庭院总分为生活、店营两种模式，细分为民居庭院、生产性庭院、商业性庭院和民宿庭院这四种类型。根据庭院空间功能类型分为三种标准来进行合理设计。

6.3 庭院类型

根据郭家庄村现有庭院类型，分为民居模式、民宿模式、商业模式（小型超市）、生产性模式（农作物种植）这四种类型，根据不同的需求，各个庭院的空间功能各不相同，例如当地开发旅游业，民宿庭院景观品质的好坏直接影响到访的游客，在设计中细化庭院空间功能布局使庭院更加丰富和多元化，从而使民宿庭院在室外空间上满足乡村旅游活动的需要；民居模式、生产性模式和商业模式的庭院属于私人场所，在设计上保留原有的种植区域和道路的情况下重新划分休闲区、晾晒区、室外餐饮区等空间。

6.4 庭院空间设计

在各个庭院中设计构筑物进行空间交错，这种错层变化形成了不同的灰空间，为人们的活动提供无限的可能。在民宿庭院设计中利用抬升的连廊增加了庭院空间面积，增强了空间变化，同时，通过庭院设计的高差变化界定不同的空间，使人们在不知不觉中感受庭院带来的变化。下沉式平台与其他休闲平台相呼应，为人们提供一个集休闲与活动于一体的庭院空间。在建筑与建筑之间或构筑物与景观之间形成的夹缝空间增强了空间的整体性，同时与镂空的院墙虚实结合。

6.5 满族传统纹样的运用

传统的满族装饰纹样常存在于石雕、砖雕中。满族人自古以来强悍、厚重，生活环境也多在干燥的北方。所以满族民居的建筑装饰往往在粗犷中带有细腻，简约中透着大气，同时，这些装饰可以充分展示满族特有的民族信仰和民族崇拜。例如满族民居的外墙通常会雕刻石狮子，或者屋檐上会有一些砖雕的图腾。这些雕饰往往象征着吉祥美满，表达了满族人民对美好生活的向往。在庭院细节设计中，还可以运用满族云纹、亚字纹、方胜纹、井字纹、套方纹、灯笼锦等传统纹样丰富空间装饰细节，凸显地域文化特色（图1）。

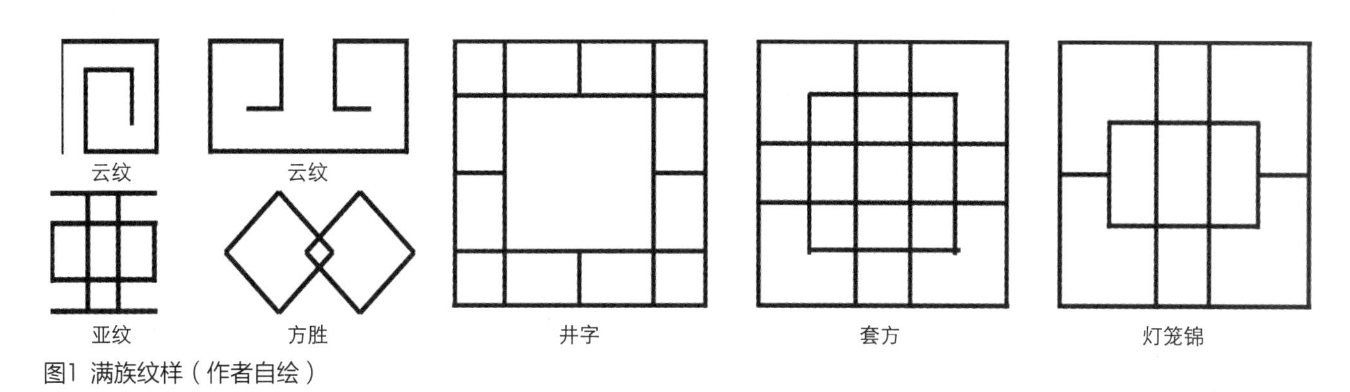

图1 满族纹样（作者自绘）

6.6 庭院植物配置

不同的庭院有不同的功能类型，所以在植物配置上除了与庭院类型相结合，还要考虑在不同的地理环境、气候条件、传统文化、经济条件与环境条件下如何将景观呈现最好的状态。郭家庄村是典型的深山村庄，周围植被覆盖率高，景色优美，例如在民宿庭院的植物配置上以种植单棵当地的果树为主（板栗树、山楂树、柿子树等），其他配置较矮的灌木来衬托庭院内部的空间设计。商业性庭院占地面积相对较少，所以在植物配置上以较矮的灌木和花卉为主。根据不同类型的庭院进行植物配置不但在构筑物和植物组合上增加了互动性，而且能够在色彩上相互协调，用丰富的植物突显色调较统一的建筑。

第7章 结论与展望

冀北地区乡村庭院不但涉及广大村民的日常生活，而且关系着地方经济、文化的发展，其庭院景观具有无须赘述的重要性。近年来，新农村建设发展迅速，旨在推进农村生态人居体系、农村生态环境体系、农村生态经济体系和农村生态文化体系建设，努力形成一批宜居、宜业、宜游美丽乡村。论文在此背景下，以乡村庭院景观为方向，进行相关资料、文献的收集，并以郭家庄村为实地调查研究范例，对郭家庄村的庭院类型、发展演变过程、现今状况进行分析研究，最后提出关于冀北地区乡村庭院的理论与设计模式，为今后的设计提供一定的实践意义。

参考文献

[1] 万俏．重庆地区当代农宅户型设计[D]．重庆大学，2016．

[2] 顾志兴．现代苏式建筑庭院的建构研究[D]．东南大学，2016．

[3] 冷红，康碧琦．严寒地区农村庭院空间优化策略研究[J]．城市建筑，2015（34）：117-121．

[4] 王巧斓．循环生态自然村国内外研究现状[J]．吉林农业，2014（15）：20．

[5] 倪云．美丽乡村建设背景下杭州地区乡村庭院景观设计研究[D]．浙江农林大学，2013．
[6] 倪云，徐文辉．杭州市“美丽乡村”庭院景观营造模式研究[J]．中国园艺文摘，2013，29（05）：103-105．
[7] 王鲁华．徽州古民居庭院景观研究[D]．合肥工业大学，2013．
[8] 翁良达．南安市圳林多功能林业生态村建设研究[D]．福建农林大学，2013．
[9] 张泽光，刘劲松．冀北地区生态风险评价研究[J]．安徽农业科学，2012，40（05）：2925-2927+3090．
[10] 郭文萍．潍坊新农村乡村文化景观设计研究[D]．山东轻工业学院，2011．
[11] 张波清．湖北省农村宅基地调查技术体系研究[D]．华中农业大学，2011．
[12] 侯佳．冀北窑洞建筑文化研究[D]．河北科技大学，2011．
[13] 张永萍．新农村建设背景下对农村宅基地使用权制度的创新思考[J]．太原城市职业技术学院学报，2011（01）：64-66．
[14] 王玉．辽宁满族民居建筑特色研究[D]．苏州大学，2010．
[15] 岳永兵．农村居民点用地集约利用的影响因素分析及整理模式研究[D]．南京农业大学，2009．
[16] 季文媚．浅议中国传统庭院空间围合与构成的基本方式[J]．安徽建筑，2008（03）：13+27．
[17] 于华江，王瑾．我国农村宅基地管理调查分析——基于陕西、浙江和河南等地的农户问卷调查[J]．中国农业大学学报（社会科学版），2008（02）：155-162．
[18] 胡云杰，高长征．传统庭院空间的现代转换与运用[J]．山西建筑，2008（14）：48-49．
[19] 吴汉红．生态村建设的理论与实践探讨[D]．华东师范大学，2007．
[20] 于鑫．我国农村宅基地使用权取得制度研究[D]．湖南师范大学，2007．
[21] 李宁．现代建筑庭院空间的设计构思及建筑处理[J]．丹东纺专学报，2005（02）：53-54．
[22] 王茜．基于GIS和RS的冀北地区土地利用与土壤侵蚀关系研究[D]．河北师范大学，2005．
[23] 徐苏海．庭院空间的景观设计研究[D]．南京林业大学，2005．
[24] 聂蕊．现代建筑的院落空间解析与设计[D]．东南大学，2005．
[25] 贾小叶．庭院的气候适应性设计策略研究[D]．北京建筑工程学院，2009．
[26] 李伟巍，靖建光．浅谈中国传统民居建筑中照壁的美学意义[J]．城市建设理论研究：电子版，2012（25）．
[27] 王岩．文化与艺术的灵光辉映——探求中国庭院空间的发展研究[D]．河北工业大学，2008．
[28] 卢向虎．新农村建设背景下的农村宅基地问题研究[D]．中国农业科学院，2008．

郭家庄村庭院改造设计

A Design of Guojiazhuang Village Courtyard Renovation

基地分析

基地选址在中国河北省承德市兴隆县郭家庄村，其主要问题体现在：设施单一、景观营造方式简单、部分功能缺失等方面，最重要的是缺少现代的设计，导致庭院存在特性不突出、空间关系不合理等问题。为了提高人民生活水平，体现当地文化，带动经济发展，从而设计了新型乡村庭院。

基地现状

自然乡村

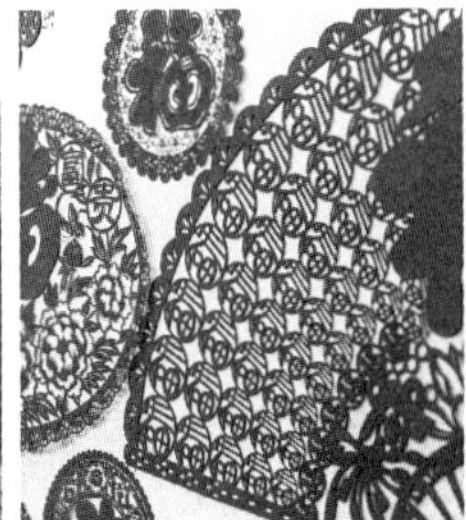

历史文脉

产业活化

设计说明

在乡村居住空间设计中，建筑不再是唯一的首要形式，庭院同样是文化表现上的载体。庭院作为居民最主要的室外活动空间之一，是乡村人居环境建设的重要内容。优质的乡村庭院对整体环境、地域文化、村容村貌都有着重要的现实意义。

基于对兴隆县郭家庄村传统庭院中生活、生产方式的分析，以及当地深入发展旅游业的实际情况，提出新式的乡村庭院设计发展方向，改善现有乡村庭院空间布局混乱、形式单一、功能不突出等方面的缺陷，提高生活舒适度的同时，提供一个更加合理的民居庭院环境、民宿庭院环境、商业性庭院环境、生产性庭院环境。

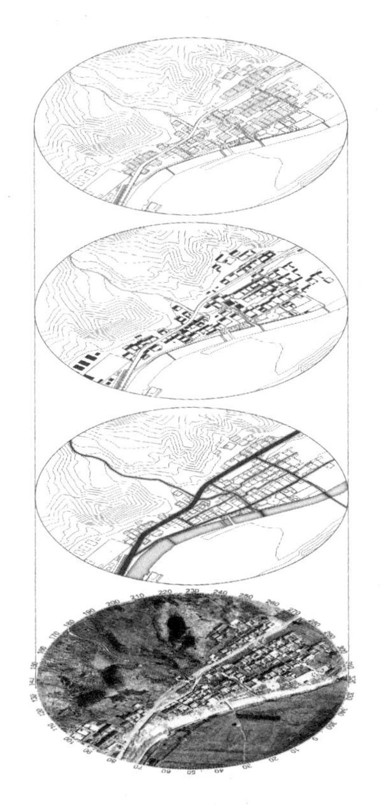

区位分析图

剖面图

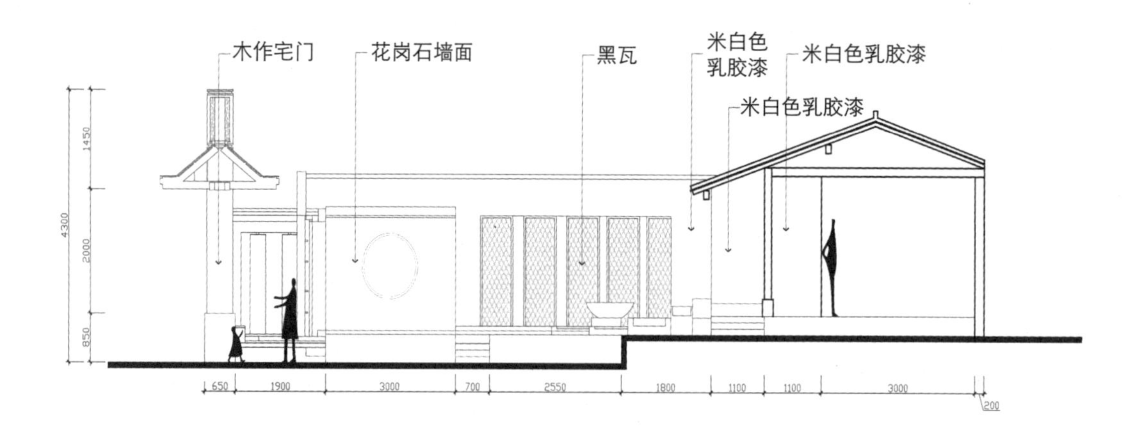
木作宅门
花岗石墙面
黑瓦
米白色
乳胶漆
米白色乳胶漆
米白色乳胶漆
1450
4300
2000
850
650
1900
3000
700
2550
1800
1100
1100
3000
200

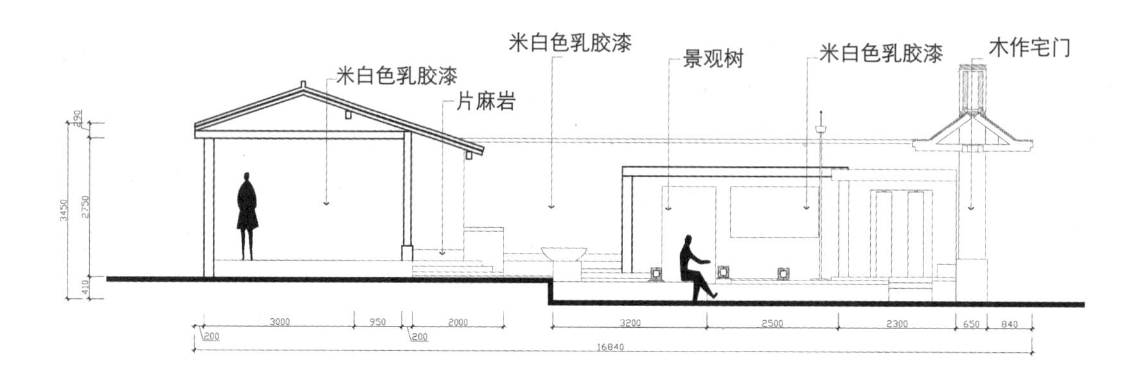
米白色乳胶漆
景观树
米白色乳胶漆
木作宅门
米白色乳胶漆
片麻岩
3450
2750
410
3000
950
2000
200
200
3200
2500
2300
650
840
16840

民居庭院效果图

承德市兴隆县郭家庄村游客中心设计

Design of Tourist Center of Guojiazhuang Village in Xinglong County of Chengde City

山东建筑大学 艺术学院　刘博韬

Shandong Jianzhu University

Liu Botao

姓　名：刘博韬 硕士研究生二年级

导　师：陈华新 教授

　　　　陈淑飞 副教授

学　校：山东建筑大学艺术学院

专　业：艺术设计

学　号：2016065103

备　注：1. 论文　2. 设计

游客中心鸟瞰

承德市兴隆县郭家庄村游客中心设计

Design of Tourist Center of Guojiazhuang Village in Xinglong County of Chengde City

摘要：人居环境科学在乡村建设中的应用经过近几年来的飞速发展，在各个领域均获得了丰硕的研究成果。人居环境科学区别于传统的乡村建设工作，指出乡村作为一个空间，在自然、人类、社会、居住、支撑五个系统之间存有潜在的联系和规律，其理论和实践在乡村建设中经过不断的摸索，人居环境理论获得了更全面的解析。

该实践研究是一个全方位的实验课题，为实现人居环境理论下的乡村人居环境优化设计，通过梳理和发掘与其形态和构造逻辑相适应的现代建造思维方式为切入点，分析人居环境和乡村发展的矛盾和统一点，通过对郭家庄村优化设计具体背景的实践总结和反思，对当代的乡村建设做创新性的实验设计，试图寻找合适恰当的营建方法。

关键词：乡村人居环境；乡村建筑；现代化设计；营建方法

Abstract: The application of Human Settlements Environment Science in rural construction has developed rapidly in recent years, has achieved fruitful research results in various fields. The science of human settlements environment is different from the traditional work. It points out that the countryside, as a space, has potential relations and laws among the five systems of nature, human, society, residence and support. Its theory and practice have been explored continuously in rural construction, and the theory of human settlements environment has been analyzed more comprehensively.

This practical research is an all-round experimental subject. In order to realize the optimal design of rural human settlements environment under the theory of human settlements environment, this paper analyzes the contradiction and unity of human settlements environment and rural development by combing and exploring the modern construction thinking mode which is suitable for its shape and structure logic, and through the analysis of Guojiazhuang village excellence Practice summary and reflection of the specific background of the design, innovative experimental design of contemporary rural construction, trying to find appropriate construction methods.

Key words: Rural residential environment; Rural architecture; Modern design; Construction methods

第1章 绪论

1.1 研究背景和来源

1.1.1 研究背景

2018年初，我国城镇化率已经达到58.52%，逐年攀升的数据一方面印证了城市在人居环境的建设中占据有越来越重要的地位，另一方面也看到了乡村人居环境质量的提升在面对现代化建设时是相对缓慢的，且步履艰难，部分乡村甚至出现了逐年凋敝的趋势。

自中共十九大提出“乡村振兴战略”这个重要节点，乡村建设迈进了振兴发展的新时代，从各地方的行动中来看，乡村建设也的确迎来了又一次的扩张热潮，然而在各地方依据自身优势条件，出台成系统的方针政策和规划方案的同时，也发现了原有乡村肌理经过不同时期的建设后而产生的问题。城市化的理想建设思路套用成为乡村建设的理论指导，直接冲击根植于乡村的价值体系，出现了多样风格的建筑混乱并置的现象，使得部分乡村的特色风貌受到不同程度的破坏。且由于村庄地理空间的限制，其基础设施的不完备、风貌保护规范不成熟、村民参与体系的不健全等原因，致使蓝图所追求的效果和标准往往较难达成，各地方“乡村振兴”进程推进困难。

1.1.2 研究来源

人居环境是人类工作劳动、生活居住、休息游乐和社会交往的空间场所。针对乡村人居环境的优化，从整体分析，结合当地人文环境，更好地建设符合于人类理想的聚居环境，是一个全面而系统的社会实践性课题。

笔者有幸参与了2018年创基金“四校四导师”实验教学课题，并对改善乡村环境的研究具有浓厚的兴趣，通过课题中以人居环境与乡村建筑设计研究的主题，调研河北省承德市南天门满族乡郭家庄村，并进行人居环境改造的设计实践研究，在历时近半年的方案设计实践中，通过总结过程中遇到的机遇与挑战，在乡村建筑和人居环境层面形成了自己的见解和观点，并对其相关领域进行更深入的探索和学习。

1.2 研究对象和内容

1.2.1 研究对象

本文研究对象是郭家庄村。郭家庄村位于河北省承德市兴隆县南天门满族乡，是国家民委命名的第二批“中国少数民族特色村寨”，村庄经过不断的提升改造，居住环境得到一定的提高，村域的辖区内也承建有几处成规模的大型建设项目。目前，村庄作为兴隆建重点村落，具备发展乡村旅游经济的初步基础。

1.2.2 研究内容

从人居环境和乡村建筑的研究方向，其中人居环境科学以自然、人类、社会、居住、支撑五个系统组成研究支点，人居环境相关理论为支撑，乡村建筑为研究的实践结果。

本文涉及的地点具有丰富的旅游资源和生态资源，在地方的政策规划中占据重要的地位，本文所述的实践研究——承德市南天门满族乡，是由多种旅游资源汇聚的区域，以休闲旅游为主要产业。

通过对乡村建筑的研究，采用公共服务建筑设计的手段实现乡村人居环境和地方特色产业的共同发展。

1.3 研究意义

本文面对“乡村振兴战略”建设过程中所出现的问题与挑战，在郭家庄村现状研究和设计实践的基础上，对该村落空间及人文活动现象下的原因进行剖析，通过对国内外乡村人居环境理论体系的研究与探索，设计用于郭家庄村实际需求的营建方案，并进一步探讨关于本方案进行相关地区的乡村设计思路，能够适用于乡村居民在现代化建设中的要求。挖掘有助于解决当代乡村建筑营建难点的方法，以适应村庄环境的变化演进，丰富相关地区的乡村建设理论，为人居环境与乡村建设研究提供设计依据和理论补充。

1.4 研究方法

本文以文献研究法、比较分析法、案例研究法、实地调研法、归纳分析法为主要的研究方法。

（1）通过文献研究法，归纳总结中国北方地区乡村人居环境建设为主的相关文献资料，通过多种渠道收集相关资料，为了保证研究的科学性、规范性与合理性，具体从相关的学术专著、论文、期刊、会议报告、学术影像等进行查阅，通过对人居环境和乡村建筑的概念、意义、问题等内容的梳理，整理出国内人居环境和乡村建筑研究发展的历程，借鉴本领域的发展过程中一些优秀的观点和理论思路，为接下来的人居环境优化设计积累扎实的文献基础。

（2）比较分析法用于针对国内外不同的环境背景，通过拓展视野，比较国内外乡村建设的相关资料和建设背景，发掘存在于国内的乡村建设领域中不同于国外建设的特殊性，以求获得具有中国特色的影响要素，通过分类和归纳，再结合郭家庄村的实际情况，为本次乡村设计实践提供更全面和精准的营建思路。

（3）在主要运用案例研究法的第3章，研究与郭家庄处于相似建设背景和环境因素的国内典型案例，分析部分国外发达国家中具有代表性的乡村建设活动。通过对以上两个部分的相关案例分析，以期获得其在所处环境中的科学的建设思路和有效的营建手段，同时客观地剖析方案中的特点和存在的不足，使郭家庄的设计趋向于更加切实可行。

（4）实地调研法的运用，是课题组成员通过对郭家庄全覆盖式的走访调研，体验该满族特色村落的经济生产模式以及具有风土人情的村民生活方式，又以各类方法收集资料，例如航拍、gopro运动摄像、现场测量、入户调研、访谈语音记录等方法丰富村落资料和数据，为郭家庄村的设计实践提供真实准确的一手资料。

（5）归纳分析法的使用存在于各章节，第1章概念性地阐述本研究的初步思路和方法。第2章通过对相关文献的查阅深入总结乡村建设的概念、意义等内容。第3章从国内外案例的分析归纳中获得其中的经验和不足。第4章通过对前三个章节资料内容的归纳，提出针对郭家庄村人居环境设计的营建思路和指导方法。第5章综合梳理各方面的资料，为郭家庄村量身订制一套设计方案，并对方案本身进行细致的剖析。最终章基于本文整体的研究进程，归纳出本研究的结论和不足，提出对乡村人居环境领域的展望。

1.5 论文框架

本文分为6个章节，第1章提出问题，即以“人居环境与乡村建筑”为课题的主题背景，针对郭家庄村的人居环境优化进行实践研究。第2章对国内目前人居环境科学的相关理论进行深入认识。第3章通过分析国内外典型案例，剖析各类方案在所处环境背景下的设计理念和营建方法，总结归纳其中的优势和不足。第4章通过分析影响郭家庄村优化设计的因素，总结乡村建设中的实际难题，生成针对性的营建理念和策略。第5章对郭家庄村的真实环境进行设计，针对前文分析的论点，得出用于解决实际问题的方案。

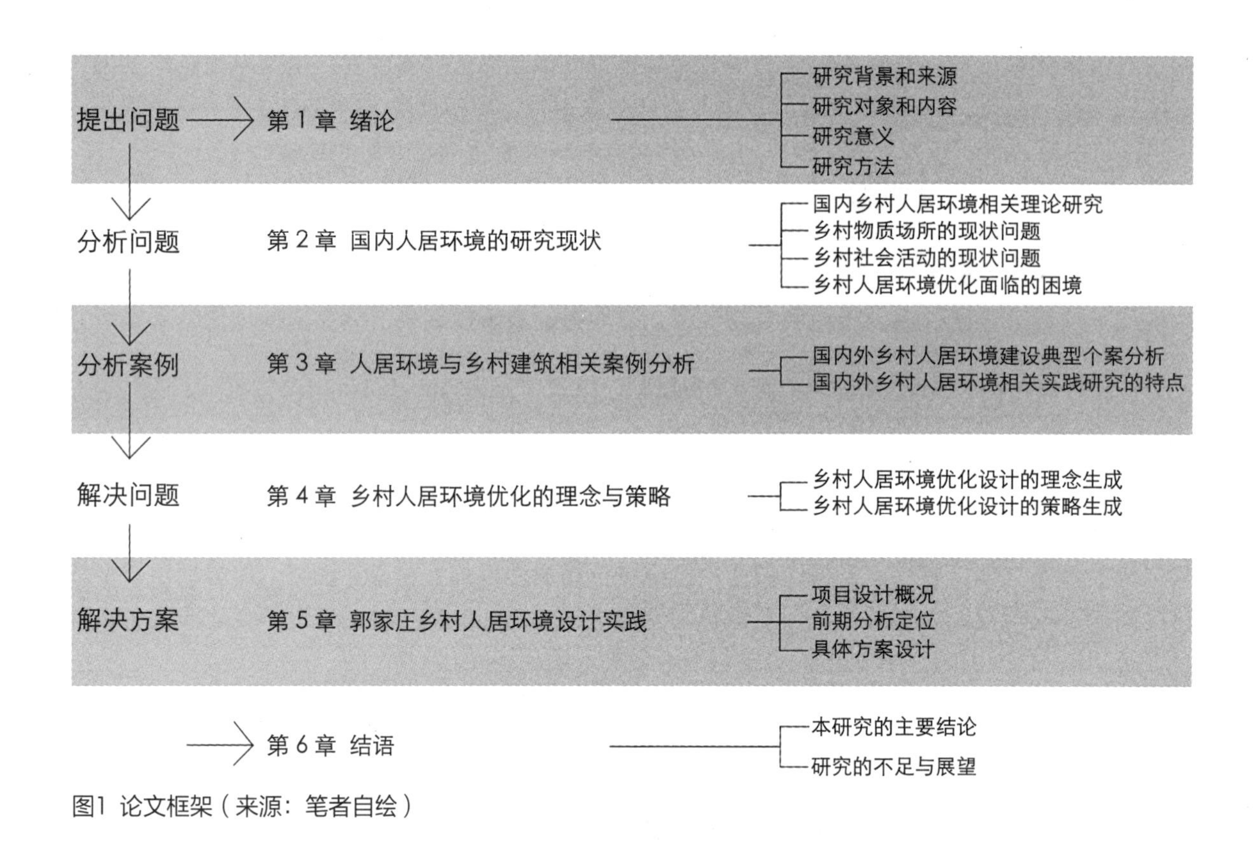

图1 论文框架（来源：笔者自绘）

第2章 国内人居环境的研究现状

2.1 国内乡村人居环境相关理论研究

2.1.1 人居环境科学五系统

人居环境的概念最早由吴良镛先生提出。他从建立人居环境科学体系最宏观的角度，将其定义为“人类的聚居生活的地方”，并进一步认为，包括城镇和乡村在内的人居环境可以分为自然、人类、社会、居住、支撑五个系统，是一个包含了复杂因素的动态庞大系统，在五个系统之间的功能协调和形态演变中存在内在规律。

本文所指的乡村人居环境，是乡村环境中人居环境五个系统的集合。自然系统为人类提供了生存发展所需要的自然环境和资源，是乡村聚落可生存、可持续的物质载体。人类系统是在自然环境中，主观能动地利用自然规律，创造适于自身的生存空间的个体聚居者。人类在进行物质生产过程中，联系具有共同特质的村民形成具有地域特征的聚落，构成了乡村人居环境的社会系统。居住系统是根据独特的自然环境，受到地理空间的限制，在管理制度、文化特征、价值观念和行为方式等因素的影响下，发展出的适宜当地人生存需要的人工构筑物。支撑系统是指人工的或自然的联系方式，其作用在于将聚落连为整体，如供电供水系统、法律制度和管理体系，以及河流、地形等。

2.1.2 乡村聚落与环境研究

乡村聚落研究部分：早期学者金其铭、陆玉麒认为，以服务职能分析县内聚落体系时，可以发现集镇和村庄是处于统一矛盾中的两个方面，他们不是孤立的存在，而是互相联结、互相贯通、互相依赖的。从早期的乡村建设理论研究中发现，已出现将乡村建设视为一个整体的动态有机系统。至中期发展阶段，范少言又将乡村聚落结构分为区域乡村聚落空间结构、群体乡村聚落空间结构和单体乡村聚落空间结构三部分。在多元化发展阶段，多学科交叉的趋势使研究更广泛和精准。采用数据分析等技术与聚落研究的融合，加速了对聚落空间特征、机制和优化方面的探索进程。通过运用数据化的手段，将乡村聚落演变过程和驱动机制模拟成数学模型，更科学地分析空间位置、分布、形态、形成和演变等信息。

乡村环境研究部分：城市化进程不断加快的同时，也加速了乡村环境的恶化。引起部分地理学者从自然因素等方面转向对乡村环境演变过程的分析。经济地理学者提出如何使乡村生态环境和乡村经济共同发展的问题。可以发现在乡村环境的研究进程中，也出现了乡村环境与地理、经济等学科结合的现象，形成了更庞大和广泛的研究环境。

2.1.3 乡村建筑秩序与功能理论

乡村建筑不同于人居环境的主要不同点之一在于人居环境是分析人类环境的秩序，所以人居环境研究中对五个系统的秩序性和功能性的解析并不能直接用于乡村建筑的实践，需要对秩序和功能进行更具体的分析，从整体的大视角落实到局部，分析人居环境下乡村建筑的理论指导。

秩序性的部分，是乡村建筑中需要着重考虑的核心，其秩序可分成四个层级，分别是格局、肌理、形制、形式。格局，是特指该村域范围内，自然环境和人工环境的整体关系和规律，是在乡村建筑部分中，最宏观的秩序。肌理，指在村域中建筑基底之间的图底关系，用于衡量建筑尺度和彼此间的大小、方位关系。形制，指个体建筑的共性特征，以规模、体量和尺度为决定要素。最终形成在更宏观的层面下的村域格局和建筑组团肌理。形式则是个体建筑单元的具体形态，包含结构、空间、材料、色彩等表现形式，是秩序四层级中基础的层级。

功能性的部分，针对乡村建设的多样性和特殊性可分为三个层级。第一个层级为村域功能，指村庄在该村域中所承担的主要职责，例如政策措施中的旅游、历史保护、经济发展、农业生产等规划定位。第二层级为村庄布局，指学校、医院、村委中心和相关产业建筑等布点，也包含道路系统和管线系统的铺设，其布点依据于对村庄定位的考量。第三层级为建筑功能定位，指村庄内具体建筑单体的功能配置，以及各类设施在村庄内承担的作用，其功能定位的着眼点是空间内群组的组成规律和建筑本身。

2.1.4 乡村文化转型研究

随着时代变迁，乡村文化也需要紧跟时代步伐做自身的转变，例如城市化发展背景下乡村的变迁，讨论城市文化的扩散对于乡村建设的影响，或是从宏观视角讨论乡村文化转型的原因、特点和对策，探索如何实现乡村文化的时代性，提升乡村文化建设在发展大潮中的作用。

2.2 乡村物质场所的现状问题

在过去几十年的建设中乡村一改以往的面貌，杂乱的砌石路被水泥铺面覆盖，散置街边的土地也被建造成广场。村庄在诸如此类方法的建设后，秩序性的确提高了，但与此同时，乡村印象被自上而下的建设方法逐渐抹去，呈现出了城市化、简单化的倾向。由于忽视了村庄公共空间的演变过程和价值作用，照搬城市模式的设计思路，村庄失去了其特有的风土人情。

2.2.1 村庄建筑形制混乱并置

乡村中存在盲目追求城市建筑风格民居的现象，且由于村庄管理能力有限，往往造成了各类风格形式的建筑同时出现在一个区域，乡村建筑形制失控，完全偏离了根植于乡村的生存智慧，影响了村庄组团的肌理秩序。

2.2.2 公共空间建设异化

城市设计模式不经改变，直接用于村庄公共空间的建设。规划采取具有强烈限定感的道路网线和功能区划的设计思路，与村民轻松闲适的生活情趣和生活方式相悖。形式的设计也简单粗暴地将图形化的符号运用在建设中，简单的几何形体和图画在村庄中显得十分扎眼，难以融入乡村长期形成的系统中，造成了不和谐的异化现象。

2.2.3 公共空间使用率不足

由于存在的一些复杂因素，相较于城市建设，大部分村庄的设计建设往往得不到足够的重视，对于村庄设计十分重要的实地调研也是仓促过场的泛泛而谈，图纸的勾画凌驾在村民的切身需要之上，都形成了具体使用中存在的问题。偌大的广场不仅少有村民涉足，还挤压了村民的正常生活空间，造成了空间和资源浪费。

2.2.4 古老宅院价值未充分利用

村庄的发展过程中，以保留一代、新建一代、发展一代为建设思路才能形成文脉的延续，积淀优秀文化为新建设打下基础。实际的村庄状况则不相同，由于对现代工业手段的过度依赖，在追求建设速度和追捧独特设计形式的思路影响下，忽视了老房的价值，老房未经修缮逐年凋敝成为一片废墟，其结果是形成了现代设计与传统文脉之间的断层，设计者找寻不到原有的建设理念，促成不了村庄世代文脉的延续，最终只是追求表面形式的空壳。

2.3 乡村社会活动的现状问题

曾经的乡村生活是丰富多彩的，村民间的社会活动可以以任何形式在任何地点开展，一棵树下、一块石板都可以是社交活动的场所。然而村庄极具生活气息的公共活动比以往少了很多，现代快节奏的生活、生存的危机感严重冲击了乡村的生活方式。

2.3.1 村庄生活方式的转变

以往乡村农耕中日出而作、日落而息的规律生活，被现代化产业所打破，由自然主导的作息规律被不间断的机械工作代替，此类单一模式的工业劳动并不适合原本乡村的生活模式。

2.3.2 村民活动积极性缺失现象

积极性的缺失造成的现象体现在很多方面，例如户户大门紧闭、杂草丛生的后院、村民低沉的精神面貌和更少的自发性建设等，是大部分乡村存在的普遍性问题。

2.3.3 村民对于现代化生活的追求

在乡村的建设中，不可以片面地指责村民追求城市生活的想法。从目前村庄的生活环境看，曾经的建设大部分已经不适合现代生活，虽有部分老房子仍然在用，由于使用效果很差，地方改造能力有限，也仅是短期内存在。

2.4 乡村人居环境优化面临的困境

2.4.1 村庄格局秩序受损

在村庄的发展过程中，房屋的使用和设计是同步进行的，坚持就地取材，与自然相融合，创造了属于本地区的特色乡村建筑。当城市化进程不断加快，随着各工业技术和建筑材料的不断发展，如今在乡村建设中，村庄内运用工业化手段建设的房屋越来越普遍。通过对乡村的实地调研发现，即使是远离县级单位20公里的村庄，也是以毫无特色的工业建设居多，乡村本身具有的类似“田园风光”和“历史积淀”等印象，随着不断批量化和单一性建设的覆盖，确实不易被发现。

近年来，大批设计师从城市转向农村，针对乡村人居环境建设提供各类方案，通过不断试验，总结出各样的规划和建设方案，其中有十分优秀的案例值得学习参考，也有部分方案由于不恰当的引导，影响了村庄原有的格局秩序，滞后了村庄的发展，造成目前乡村建设中存在更复杂的影响因素。

2.4.2 村民的现代化生活需求

由于相关规划在乡建方面的重视和阶段性的建设整治，村庄现代设施水平已获得了明显的提升。但从整体的视角下，乡村在教育、医疗、社会保障、产业发展等方面仍然有非常大的发展空间。但在生活舒适度方面，乡村内公共服务设施和生活设施配置尚不足以满足村民美好生活的基本要求。

在现代化的生活需求中，村民精神生活的提高也需谨慎而仔细。村庄内的树木和老宅院落，或是一处古桥，这些承载了历史记忆的物件经过些许修缮和改造，都能在新时代乡村发展中发挥作用，具有新的特色和价值。

2.4.3 基于乡村地域特点创新人居环境建设

曾经的乡村建设者是由村民中具有营建能力的工匠承担，是自下而上的建设方式，村民在生产生活中探索出的建设技术，其使用和制造是同时进行的，在不断的实践中形成了具有区域独特性的建筑技艺。现如今大多数的乡村建设则是以自上而下的方式为建设手段，由于乡村的建筑技术已不适合现代以统一的标准规范为依据的建设，村民即便参与设计，大多也是扮演较被动的角色，至多在地方特色和小规模的建设中发挥作用。

乡村人居环境的优化过程中，建筑是体现乡村特色的重要组成部分，同时需要看到建筑与乡村本身的关系和作用，以及对现代建筑的技术优势和传统乡村文脉关联的考虑，发挥地方风貌和文化的价值，减少设计标准化大量复制的办法。

2.5 本章小结

本章基于对国内乡村人居环境相关研究的概述，通过对乡村人居环境理论的解析和对乡村理论的分析，并且针对国内目前的乡村建设现状和存在的困境，从物质和精神层面对村庄现状进行整体剖析，总结本领域发展的迫切性，对人居环境和乡村建筑研究进行更深入而全面的学习。

第3章 人居环境与乡村建筑相关案例分析

3.1 国内外乡村人居环境建设典型个案分析

3.1.1 国内人居环境与乡村建筑相关案例

(1) 祝甸砖窑文化馆改造案例

祝甸砖窑文化馆位于江苏省苏州市昆山市祝家甸，是崔愷院士进行修复改造的建筑，其背景与郭家庄村类似，历史悠久，特色鲜明，由于产业落后，砖厂生产规模急剧萎缩，村庄空心化趋势严峻，亟待改造。

图2 祝甸砖窑文化馆区位规划（来源：百度图片）

祝家甸村的规划采取以点带线，以线带面的方式，从细小的点开始对村庄进行整治，该点就是甸砖窑文化馆，建筑本体通过对这个规模巨大的砖窑分配功能区，将餐饮区、小型主题课堂布局在一层，文化展示区和大型会议区等配套功能定位在二层，在保留建筑原有风貌的前提下，注入新的功能和业态，通过创新创业的方式实现祝家甸村的转型和升级。

在建筑与周边环境的衔接上，由于砖窑面向长白荡方向，将二层延伸出一处水岸平台，提供一处高视点的休闲空间，同时也是室内咖啡厅的延续和拓展。对二层展陈空间的营造，屋顶采用轻钢体系，架构在砖厂结构上，在玻璃到木屋顶的过渡带采用透孔的设计为屋内公共空间打造出轻松、自然的氛围。

图3 祝甸砖窑文化馆二层挑台（来源：谷德设计网）

图4 祝甸砖窑文化馆正立面（来源：谷德设计网）

图5 祝甸砖窑文化馆二层展厅室内效果（来源：谷德设计网）

祝甸砖窑改造项目采用了降低对建筑影响的设计思路，主要目的在于激活祝家甸村的活力，建筑本身的业态定位与村庄的发展相适应，建筑的形态围绕周边的自然环境，用简单平易的现代建造技术和当地生产的砖瓦结合，营造出具有祝甸村烧砖文化的特色建筑。

（2）河北省邢台市内丘县岗底村改造案例

岗底村与郭家庄村同属于河北省传统村落，有极其相似的自然、政治、经济、人文等背景。

在河北省的乡村人居环境建设中，岗底村的改造设计具有开创性和示范性。对于郭家庄村的设计具有指导价值。由于岗底村经历了科技扶贫等战略建设，村庄具备一定的经济优势，村庄建设主要可从两个部分进行分析：

在村庄规划部分，新建设保护村庄格局不受破坏，延续村庄的肌理，建筑高度以2～3层为主，在村庄西面采用了4层建筑，形成了西高东低的建筑布局特征，贴合了河北传统村落以层级排列布局的方式，减少建筑间的互相遮挡，使其都能获得较好的视界。同时在村中南面的重点位置，放置了村民中心，在岗底村带状分布的建筑群中，村民中心能在该位置起到核心性作用，发挥最大价值。

在岗底村的具体设计部分，为延续河北村落的传统风貌，采取了民居房屋平改坡的设计，建设中使用了当地的木材、石材和灰砖，因地制宜，就地取材，保护了地方村庄的特色，同时对整个村落的生活设施、公共服务设施进行了改善，同时满足了传统民居保护和现代化建设的需要。

3.1.2 国外乡土建筑与聚落营建相关案例

（1）日本白川乡合掌村规划案例

合掌村位于日本岐阜县白川乡山麓，具有地域特色的“合掌造”房屋是由于当地严冬和暴雪的自然气候，防止屋顶过度积雪的60度交角的斜面建筑形式，形状类似双手合掌，因此得名“合掌造”建筑。

曾经的合掌村由于交通闭塞，对外沟通不畅，也恰恰使得村民更加细心地呵护村庄的生态环境。在村庄内基本没有钢筋水泥的建筑，完全是运用地方的木材和茅草作为建筑主要的材料，并且由于需要对合掌造建筑进行周期性翻新，这一行为也演变成当地特殊的生活习俗，在建筑翻新的时候，会有近百人站在屋顶共同合作。

正是由于这样的生存环境，合掌村具有独特的村庄历史，对于村庄的规划，也同样具有针对性。在规划方案中严格保护村庄的原生态建筑，通过对建筑的保护有效地保留了合掌村的历史感和自然风貌，建筑与周边自然的关系十分和谐。其次，将旅游景观与农业发展相结合的定位，在促进村庄经济发展的同时，也能将地方农业产品纳入到特色建设的体系中。

值得更仔细讨论的是，在合掌村内有一座与企业联合建设的学校，是一座以自然环境教育为主题的研究基地。在规划思路方面，此项措施可以更好地宣传村庄文化，也具备一定的经济价值。在建筑设计方面，这座学校并不直接模仿周边的合掌造房屋，而是采用了较现代的设计形式，但整体仍然保持了村庄的整体肌理，建筑形制也相类似。在村庄中传统房屋和现代建筑之间存有细微的差别，但总体延续了村庄秩序，所以在如何保留老房子，如何建设新房屋的思路上面，合掌村的实践具有一定的启示作用。

图6 日本白川乡合掌村学校（来源：百度图片）

(2) 德国巴登—符腾堡州Achkarren村改造案例

德国是欧洲发达国家中乡村建设活动中具有研究参考价值的国家，原因有三点：第一，德国是老龄化问题最为严重的国家之一，比例也呈逐年上升的趋势。第二，德国是历史悠久的国家，到1817年才从散乱割据的封建领土走向了统一，国民也普遍具有乡土情结，与中国十分相似。第三，德国的实体经济是重点发展的产业，促进社会资源的优化配置，促进了乡村人居环境和经济社会的共同发展。

Achkarren村的改造建设背景源于2003年发起的一项示范性项目，项目目的在于如何加强农村社区的内生发展。在村庄的建设中采取的措施可分为以下几个方面：

第一，运用了信息技术系统协助村庄进行土地管理。第二，积极发展村庄内传统酿酒产业、酒文化旅游业和服务类行业。村庄的葡萄酒种植是地方的农业特色和优势，通过将农业优势转化为产业优势是村庄现代功能转型定位的有效措施。第三，加强公共空间的塑造，村庄的新建设围绕一处百年历史的教堂建筑开展，选择的教堂具有村庄主体标识的中心性作用。第四，基于建筑特征，保留基本的建筑形制，进行现代化功能更新，优化内部空间的使用水平。

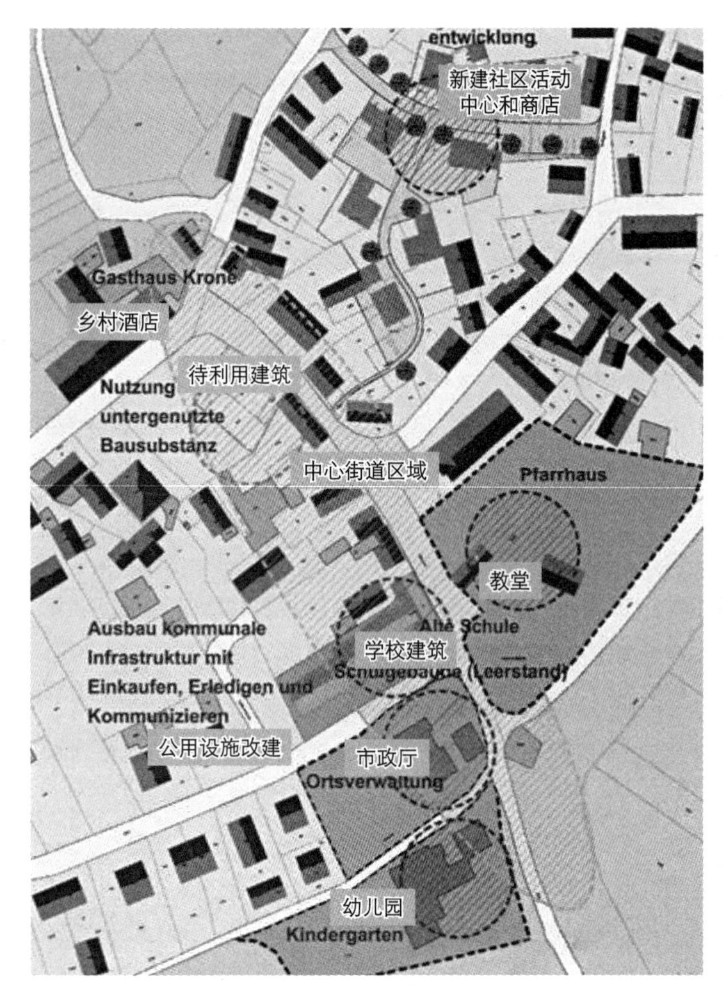

图7 德国Achkarren村规划图

图8 Achkarren村教堂（来源：上海城市规划杂志）

3.2 国内外乡村人居环境相关实践研究的特点

3.2.1 强调人居环境与经济社会的发展并重

乡村地区，农业发展需要考虑环境因素的改善，经济产业的发展需要考虑农业发展的基础地位。但乡村也面临着社会人口转型、劳动力外移、村庄的经济活力衰退等现象，发挥乡村的特色经济优势，是国内乡村振兴和人居环境协同发展的共同期望。

3.2.2 强调人居环境与村民生活环境的关系

在上述几个案例中，都通过不同的方式揭示了村民在乡村人居环境建设中不可忽视的地位，设计有意识地保护当地居民自发建设的弹性空间，在风貌和材料方面提供适当的引导和把控。

3.2.3 注重区域特征的建设

具有地方特色的文化本身就具有珍贵价值，运用区域文化特色建设当代的人居环境是延续历史和继承文脉的重要措施。无论是中国乡村建设还是国外的乡村建设，地区文化特色都在乡村发展的建设中被重点顾及，是优秀文化转化成经济发展的有效方法。

3.2.4 阐释现代化和传统之间的统一性

现代和传统方面有相关联的继承性，可以针对乡村建筑本身的特征，有针对性地改善内部使用功能。对于老建筑，保护其最原始的风貌，对于新建设，不盲目仿古，也不破坏乡村秩序。对于乡村新建设的设计，仅满足单一、片面物质生活需要会对产生破坏性的影响，需要设计师围绕地区的资源和环境，梳理合适、恰当的营建方式。

3.3 本章小结

本章总结了国内外在乡村人居环境建设领域中的理论研究结果和实践案例，分析了在相应的环境因素下，各国乡村建设的方法和思路。通过归纳各种案例的特点，总结不同背景下建设的相似性和特殊性，并指出目前国内乡村建设研究的不足。

第4章 乡村人居环境优化的理念与策略

4.1 乡村人居环境优化设计的理念生成

4.1.1 有机秩序理念

有机秩序的理念由亚历山大提出，他将有机秩序定义为：“在局部需求和整体需求达到完美平衡时所获得的秩序”。其提到的整体与局部可以体现在格局、肌理、形制、形式四个层面。

乡村在长期发展过程中，遵照自然规律，所涉及的村庄空间，例如道路系统、建筑布局等大多顺应地区自然条件进行调试，通过人为地最大化地发挥地区内的建设效果，形成了现有的村庄秩序。村庄的组团拓展和发展是缓慢的过程，新旧建筑间具有清晰可视的历史痕迹，存在建筑不断更新和被替换的新陈代谢的过程。发挥村庄内建设的自相连续的有机特征，围绕连续、有规律的生长秩序，是保持村庄肌理不突变的核心优势。

4.1.2 现代功能植入理念

乡村在发展过程中，因地理空间的限制，需要对周边的资源做最大化的利用，村庄的营造和运营过程也常常是统一的。在当下村庄面临文化转型的过程中，受到的现代化影响不同，使不同的村庄处在不同的发展阶段。通过村庄某一布点的现代功能的植入，利用此类外部元素推动村庄在变迁过程中的文化转型过程，由于现代功能作为一种外部因素介入村庄本身的发展，应考虑村庄的现代化程度，因地制宜地选择恰当可行的介入方式。

对于处在转型阶段中的村庄而言，为提高自身的发展活力，现代功能会起到助推的作用，引导村庄进行功能的整合和更新，通过对村庄原本中心的改造或是设立新中心场所，将村庄公共功能的设置作为对村庄现存建筑优化使用的策略，注重村庄的整体品质，提升村庄的生活环境。

4.1.3 乡土建筑现代化理念

本节论述现代建筑技术如何实现地域设计的问题，对于乡村建设而言，传统的建筑技术已不能满足目前乡村的发展需求，各村庄中出现了越来越多推翻原有老房，盖起新房的现象。在村民盖出五花八门的新房的现象背后，是仅有的几个方案选项。

在吴良镛先生的现代建筑地区化，地区建筑现代化的思路中，通过国内较多的实践案例已经得到了印证，以王澍主持的富阳文村民居建设为例，在村民的日常生活中，建筑获得了非常好的使用效果，还出现了在建筑中重新使用灶台的现象。

所以，国内乡村的地域性设计和现代建筑技术确实存有部分的一致性，当代的特色村落建设仍然可以通过现代建筑技术实现。需要设计师以现代技术为手段，以地区生存智慧为思路指引，结合具有本土特色的建设技法，创造出既适合当地使用，又可以满足村庄发展需要的当代乡村特色建筑。

当前对乡村的开发主要是以强调乡村特色为主，优化人居环境的建设为背景，既需要村庄保留地区文化特色，又需要跟上现代化发展的步伐。解决该困境的方法之一是要总结出可以适应地域特色，并且以现代化技术为手段的设计思路。

4.2 乡村人居环境优化设计的策略生成

4.2.1 乡村格局与肌理秩序的保护

郭家庄村的村庄格局是经由不断的演变发展形成了目前的村庄结构体系。该村地处山谷地带，紧邻澈河支流，河流北侧是一处缓坡地，用于村庄建设，河流南侧是一片较平坦的裸露土地，一条国道贯穿了村落。在从谷歌地图中截取的郭家庄村从2008年至2017年间八个时间节点的卫星图像中发现，郭家庄村的发展演变存有三个主要特征。

第一，郭家庄村的主要建设和村民生活居所主要集中在河流北侧。其布局特点源于地方民居“背山面水”和“坐北朝南”的生活习惯，这种布局可以使建筑借助周边自然优势获得更适宜人居的生活处所。

第二，民居沿等高线带状排列。沿等高线分布的民居是因地制宜的建设方法，房屋布局贴合自然条件，通过逐级递减或递增的台地，可以使各住户不相互遮挡，获得更优的视界，同时也促成了村内的道路体系。

第三，村庄沿蜿蜒的河流呈组团状分布生长。在最初的图像中，郭家庄村由于环境影响，几个建筑组团分布在河流北侧的平坦场地上，而后逐步对部分缓坡地进行开发，原有建筑组团的大小发生了变化。直到2012年中央美术学院在此地进行了“南天博院”的项目建设后，由于项目规模较大，郭家庄村的组团状布局发生了改变，东台子村民居组团和德隆酒厂建筑组团连成了一片沿河的带状建筑群，预示其具有形成更综合、更完整、更具规模的建设趋势。

通过以上分析，本方案的设计思路以保护郭家庄村格局肌理为首要考虑因素，在减低对村庄有机秩序影响的基础上，谨慎对待公共服务建筑点位的设计。通过对郭家庄村发展趋势的解析，如何处理好新旧建设区域之间的空白节段，是村庄格局肌理健康发展的主要问题。

4.2.2 地域特色与服务功能协同发展

在本文第2章所概述的乡村建筑理论研究部分中，对乡村建筑的功能性部分做了简要解析，在本方案中，建筑功能需要明确郭家庄村在所处村域中的主要职责。郭家庄村在国家民委发布的文件中被评为中国少数民族特色村寨。河北省地方政策明确了其以旅游强省的发展方针。村庄在兴隆县南天门满族乡辖区内也作为重点建设村落。通过剖析相关文件中的内容，明确郭家庄村的新建筑需要具备村域核心、旅游产业和民族文化三个必要特征的服务型公共建筑。

在宏观的功能定位后，当地村民的生活需求也同时应该考虑在内。在村庄的人居环境建设中，当地居住者的需求也是村庄优化设计的重要一环。在郭家庄村这个空间内，各个要素都紧密形成了一个相互协调的大系统，从建设的角度看，村庄虽然是一个可以包含万物的载体，但同时也是一个相对脆弱的系统，顾此失彼的设计方案对于乡村人居环境优化而言，是具有破坏性的。村民作为村庄的建设者，如果新的村庄建设不将这个群体的意愿纳入方案的设计中，对村民的积极性、村庄发展的主基调等方面都会产生不可逆的后果。这对于优化村庄人居环境的建设初衷，是相悖的。所以，有益于村民生活的新功能，也应该在方案中重点考虑。

综上，针对该方案中建筑功能的定位，需要寻找一处合适的建设地点以保证建筑的服务效果。通过对郭家庄村基础设施要素的分析，建筑应更靠近112国道交通线，最大化发挥建筑功能的效果。考虑到国道沿线存在民居民宅，交通线和居所的冲突是亟待解决的问题之一。

4.2.3 乡村本土秩序与建筑功能的结合

村庄由于地理空间的限制，在不断的发展过程中，逐渐形成了扎根于地域的独特文化，通过根据当地的人力、物力、经济等实际的资源做设计，当地人创造出了独具特色的人文景观和房屋形制，这样的营建方法就是本土的。例如山西的窑洞，安徽的马头墙、福建的土楼、广西的吊脚楼等，都积累了当地人的生存智慧，任何建立在其形式上复制的产品，都不能营建出属于它本身的地域特色。

营建设计也不能单从历史符号上理解，应从功能、材料和空间上对建设进行深入讨论，针对郭家庄村具有地域性和时代性的政治、文化、经济、技术、自然等多方面的发展背景，需要去剖析其每一方面产生的功能，和它们之间的潜在联系，将功能、需求与形式更紧密地联系在一起，营建符合当地生产生活背景的建设。

通过对村庄地域特征概念的剖析，针对郭家庄村人居环境优化建设的设计策略应该包含以下具体内容：

第一，发掘当地建设技术。郭家庄村是以满族文化为背景，地方建设具有独特的满族风情。要发掘当地特有的建设技术，需要查阅满族建筑技术相关的文献资料，以及针对郭家庄村的现存古建筑、村内工匠、村史簿等进行实地调研，获取可能存在的真实资料，来辅助或引导村庄新建设的设计思路，延续地方的建筑文化和建设智慧。

第二，选择适宜地域材料。使用地域材料的行为本身就是在进行地域特色的建设，地域材料取之于当地用之于当地，具有可持续性、整体性、宜居性等主要优势。以夯土墙为例，其冬暖夏凉的材料特性在房屋建设中广泛使用。郭家庄村地处偏远山区，使用地域材料取材方便，可以有效降低建造成本，且符合当地自然风貌，减少工业化建筑材料对自然环境的破坏。

第三，利用当地自然风貌。村庄由于建设强度低，自然风貌受到较小的影响，独有的山体、水体和林地等自然要素是有价值的乡村财富，应采用合适的手段充分利用，通过有限的开发手段，利用自然风貌提升建设价值是乡村人居环境优化中极具特色的自然优势。地处山谷地带的郭家庄，坐拥优美的天际线和层叠的山体，穿过的河流更提升了村庄价值，整合这些自然要素，使之成为建设中的一部分，是促成优化完整的人居环境系统中必要的手段。

第四，融合当地人文历史。通过将村庄历史融合在实际的建设中，在提升建设品位的同时，也传承了村庄历史文脉。郭家庄村的历史积淀中，与自然、生活、生产等方面都有相对应的历史故事，将抽象的历史符号暗含于一砖一瓦中，是当代建设方案中需要探索的重要领域。

4.2.4 乡村当代性与现代技术的表达

在村庄的营建方面，建筑材料选用当地资源可以使建设项目具有地区差异性，但传统的施工方法和材料会对建筑本身的空间有一定影响。例如村庄木结构的跨度有限，建造的方法对建筑也有限制，会制约现代功能在村庄的发展。因此选用更具自由性的现代建造体系，发挥现代设计对村庄的作用，使村庄的基础服务和现代功能获得改善和进步，在村庄建筑的当代性方面是一种认可。

对于乡村建筑本身，材料的选用来自于周边环境，形成了当地的建筑特点。在追求当代乡村建筑的发展背景下，既需要保护村庄特色，又需要提高村庄的服务生活水平，材料的选择和技术的采用也需要根据地方的特点进行。在农村，民居建筑是一种取之于山用之于山的建造方式，小巧轻灵的形制能很好地融入环境。新式的村庄公共建筑也需要与周边自然环境融合，保护村庄的整体风貌和肌理，采用对建筑的存在感影响更小的营建方式，使用现代构造结构和地方材料围护相结合的形式，使用对环境伤害更小、回收利用更便捷的钢结构，其具有对建筑的围护界面影响更小、工作周期更短、材料自重更轻的优势。

4.3 本章小结

本章主要以郭家庄村为背景，讨论村庄人居环境建设的思路方法。通过对郭家庄村特殊性的分析，围绕乡村建设如何更好地实现人居环境优化的问题，提出了具有针对性的建设理念，从实际建设的角度，采取因地制宜和量身定做的方法。在设计中处理好各因素之间的关系，既需要有侧重，又需要相互协调，万不可以用片面思路解决乡村问题。

第5章 郭家庄乡村人居环境设计实践

5.1 项目设计概况

基地位于河北省承德市兴隆县南天门满族乡，在兴隆县东面约21.5公里处，处于112国道中段位置，并紧邻国道。郭家庄村在区位、交通、生态、资源等方面都拥有明显优势和发展潜力。

5.1.1 宏观规划

“十一五”规划文件中以北京市为原点规划形成“京津冀城市群”经济圈，其中“北京七环”串联兴隆县及其他涵盖在内的各市县单位，实现“一小时轨道交通圈”，以利用河北省丰富的旅游资源和自然风貌，形成西北部生态涵养区用于缓解特大型城市的压力，带动河北省地方旅游经济服务体系。

地处112国道中段的郭家庄村，在2017年国家民委发布的《关于命名第二批中国少数民族特色村寨的通知》中被评为中国少数民族特色村寨，在兴隆县南天门满族乡辖区内作为重点建设村落。

5.1.2 周边概况

从区级层面，兴隆县由于国道的穿过，具有明显的交通优势，距北京市约120公里、承德市约65公里、遵化市约27公里、兴隆县约20公里。村域层面看，环郭家庄村半径15公里范围内，可涵盖四项国家重点景区，及周边100余处村寨，其他旅游资源若干。在郭家庄村内，已建成和在建的大型项目为德隆酒厂、南天博院和影视基地，预示郭家庄村作为域内重点地带，具备较强的发展潜力和优势。

5.1.3 自然因素

（1）地形特征

郭家庄村地处山谷中，距周边区县单位较远，是典型的深山区。村庄总面积9.1平方公里，耕地0.45平方公里，荒山山场4平方公里，森林资源丰富，沟壑山谷特征明显，具有较强的自然涵养能力和风貌景观吸引力。

（2）气候特征

郭家庄村在承德市南部山区，具有我国典型北方气候条件，四季分明，年平均气温在8摄氏度左右，季节性气温变化明显。因地处山谷，夏季干燥凉爽，是理想的避暑胜地。年平均降雪量63.5毫米，积雪时间长达150天，冬季美景也是地方特色之一。

（3）水文特征

郭家庄村处于潵河流域内，被其中一条支流穿过，河流流向为自西向东，河道向北面凸出，郭家庄村带状的村落布局沿河流形成，发展至目前的聚落形态。

（4）植被特征

郭家庄村域内山体绿化率高，村落内植被覆盖率较好，郭家庄村政府大力度治理果树，开发荒山修建果园，平地支援果树种植2000多亩，退耕还林680亩，林果以板栗、山楂、苹果为主，农作物以玉米、大豆、谷子、高粱为主，村落农业物产具有地方特色。

5.1.4 人文因素

村有庄户226户，常住人口740人，以地方习俗和环境优势大部分居住于河流北侧平坦开阔的区域。北面山脚下，沿112国道形成带状民居布局，沟谷中零星分布散落的破旧民居。由于民居多沿地形呈多层级带状分布，不同高差之间通过多段曲折小路相连，致东、西台子村没有明显的中心区域，平均布局致使村落向心性较差。目前村庄内青壮年劳动力呈外流趋势。

5.1.5 历史因素

郭家庄村在清朝时期被冠以“后龙风水”禁区，由于封山禁猎近三百年，造就了这里丛林密布、山清水秀的绝好自然环境。穿过郭家庄村的道路，十里画廊也是在这样的环境内产生的，如今被G112国道贯穿，连缀成一个非常佳美的自然景观群。这里属典型的燕山地形，山形陡峭，怪石嶙峋，森林覆盖率非常高，水资源非常丰富，形成了春有山花烂漫、夏有绿树成荫、秋有红叶遍野、冬有冰瀑雪峰的自然景观。至守陵人后裔来此生活时，主要是郭络罗氏，后更名郭氏，自此便有了郭家庄，所以至今仍保留着满族的生活习俗和文化特征，如节日庆典，生活习惯、民居形制等。

5.1.6 经济因素

在《2014年河北各县主要经济指标》中，从兴隆县人均收入看，城镇居民人均年收入约1.85万元，农民人均年收入约0.81万元。从产业结构看，兴隆县以第二产业和工业为主要产值行业。兴隆县的农业结构以园林水果产出为主。

县（市）					城镇居民人均可支配收入（元）	农村居民人均可支配收入（元）	粮食产量（吨）	油料产量（吨）	蔬菜产量（吨）	园林水果产量（吨）	肉类产量（吨）
	第一产业	第二产业	第三产业	工业							
兴隆县	206485	460873	270680	426073	18531	8131	30013	213	43931	373946	20851

图9 兴隆县2014年主要国民经济指标（来源：河北省政府）

5.1.7 政策因素

中共十九大首次做出了“实施乡村振兴战略”的重大决策部署，河北省自2016年开展环境整治、美化农村环境，出台《河北省美丽乡村建设村庄绿化专项行动五年工作计划（2016-2020年）》，2017年6月27日河北省委、省政府颁布《关于实施旅游产业化战略建设旅游强省的意见》，从而逐步提升域内乡村环境质量，通过各类具体方法推进河北省的乡村振兴建设进程。

5.2 前期分析定位

5.2.1 业态定位与选址

构建风景区网格体系

本方案的选址针对郭家庄在相关政策和规划中的定位，以发展旅游产业为首要目标，在南天门乡辖区内以郭家庄作为重点开发村落，以郭家庄村作为中心带动周边旅游资源发展，因此对于本方案中建筑的业态定位，确定为旅游信息服务中心。

郭家庄村在其不断的建设和改造过程中，重点在河流北侧，由于不断建设和优化各类基础设施和产业项目，从村庄的最初形态到2016年，德隆酒厂和东台子村属于相对独立的建筑组团，至南天博院的项目落地，三处组团连成一片，出现了村庄中心偏移的现象，由德隆酒厂和东台子村的两个组团中心向南天博院组团汇聚，如何解决村庄文化转型是方案的侧重点。

这一处场地被112国道穿过，位于郭家庄东台子村和南天博院相交的中心节点位置，在靠近中心位置道路两侧的空地应更好地发挥中心向周边的辐射作用，借力地方特色优势，发挥郭家庄村以点带线、以线带面的作用，更适合旅游相关业态的发展。

至此，基地位置选择在郭家庄的东台子村。其中一处位于112国道南侧，澈河支流北侧，紧贴东面的郭家庄村委服务中心，三者限制出一处东西向约50米，南北自东向西由16米缩至11米的梯形场地。另一处位于112国道对面的三角形场地，西面紧邻南天博院，东面为一处民居围墙限定界限，北面是郭家庄新建的12处两层民宅，中间被一道矮墙限定，是一处经过整理的平坦场地。

5.2.2 场地限制因素

鉴于郭家庄村不同于城市内的建设环境，和其村落本身复杂的人文、人文、经济、社会等影响因素，围绕相关政策方针和建设规范，将方案设计的限制因素总结归纳为以下几点：

第一，村庄建筑肌理在近十年间随着郭家庄村不断的开发，几项大型开发项目的落地，河流北侧出现了新旧肌理相互渗透的现象，虽有新建设的参与，但项目有意识地肌理保护行为使郭家庄村仍然保持了相对和谐的肌理演进。

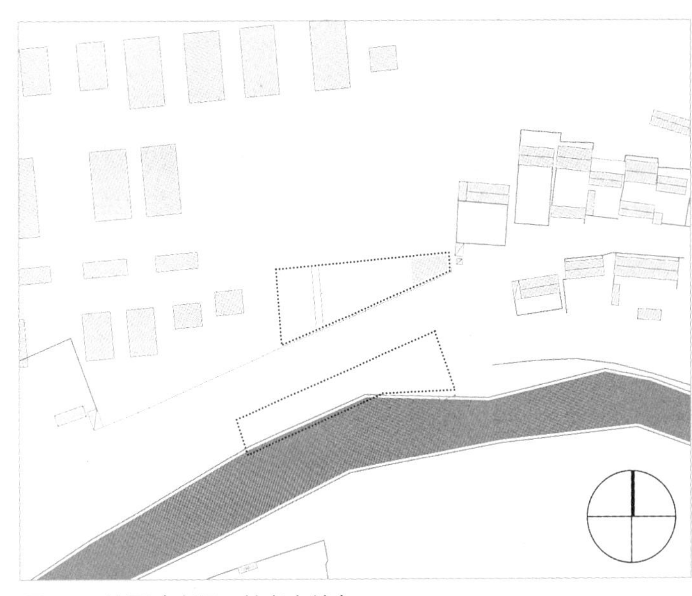

图10 区位图（来源：笔者自绘）

为实现产业经济、社会文化和空间环境一体发展的目的，本方案由于处于新建设项目和传统村落组团相接的中心位置，不仅要考虑传统村落建设中需要解决的延续传统建筑形制、保护乡村肌理的问题，同时也要考虑郭家庄村信息化乡村建设中如何借用现代技术促进乡村建筑设计。至此，本方案在肌理层面需要权衡上述两个方面，发现新建设在所处环境中的特殊性，挖掘有效的解决方案。

第二，基础设施方面，自2008年开展对郭家庄村基础设施的建设，十年间各项基础设施能力不断优化，村落内各电网管网呈带状布局，使方案基地出现了与目前基础设施重叠的问题。第一处发生在112国道北侧场地，由于上空有高架电缆线越过，依据《中华人民共和国道路交通安全法》，电缆线垂直距离需要保持5米安全净空区域。第二处为112国道两侧的道路安全绿化界面，公路法规定，穿越村庄的国道，相关建设需要距村级国道边界退让5米，形成两条道路的安全界面。

第三，在针对村庄内环境绿化部分的调研中发现，以本方案为分界点，西面以规整的人工绿地景观为主，东面以散乱的村庄栽植为主，方案既需要考虑有秩序的建设标准，同时也需要注意绿化的地方特色，从而形成丰富和整体的绿化界面。

第四，地形地势部分，112国道北侧场地地面平坦，与国道不存在高度落差，北面12处民居的台地与场地连接处存在半米的落差。国道南侧场地是一处被简易绿化覆盖的沿河坡地，进行建设时需要进行加固处理。

5.2.3 体量尺度

为保证周边建筑能获得较好的景观视廊，将建筑体东西轴线控制在50米处，减少对南天博院面向郭家庄村南面山体景观的遮挡影响。根据地方政策规定，村庄公共建筑不允许超过两层的标准，建筑方案综合多方面限制因素，确定为长度50米，宽度10米，高度约10米的两层坡屋顶排架结构建筑。

在建筑本身的尺度控制上，设计时将周边自然环境、建筑组团、景观要素纳入整体设计的范围之中。本方案由于建筑场地受各因素影响，建设场地略为紧凑，所以如何强化建筑体与周边环境的沟通协调也是方案的要点。

5.2.4 功能布局

对南北侧的场地进行整体设计，北侧场地从属于南侧场地。北侧确定为景观，用于服务建筑，沿国道安排游客集散地功能，以及贴近北面民居的村民广场。南侧为建筑，定位为游客服务中心，包含旅游服务、休憩、办公、展览展示、餐饮等功能。

5.2.5 形体生成

通过建筑与周边环境的关系，对建筑功能和景观轴线进行梳理和组织，形成引导具体设计的依据，将各功能依使用的主次和先后关系。在建筑排架结构的各区间中，划分具体的空间大小和使用顺序，通过不同形式的人流路线为使用者提供安全便捷的路线，再根据周边环境对设计的影响因素，处理建筑与环境的关系，将内部功能的使用同周边环境统一考虑，使各功能区域能得到最大化的利用，减少建筑中存在的死角和不便使用的暗角，寻求有限条件下建筑的最优形体。

5.3 具体方案设计

5.3.1 建筑主体设计

本方案中建筑主体可分为以下三个部分，分别是柱网、屋顶和外围护。

柱网的布局依据场地特殊的形状错位布置，呈带状，可以最大限度地将场地空间利用。由于需要保证5米国道安全界面的退让距离，场地宽度受限，对西建筑体的内部功能和流线采取单侧内廊式布置，东建筑体空间宽度相对宽松，预留出一条外廊，通过排列的H型钢强化立面的秩序感和仪式感。同时，这条外廊的柱列并不作为建筑本身的主要承重部分，所以采用更为便捷和可回收利用的钢材，支撑用于服务外廊的坡屋顶挑出部分。

屋顶部分的设计源自河北满族传统的屋顶。由于河北地处寒冷地带，气候少雨多雪，所以河北省民居屋顶是极为特殊的仰面瓦形式，通过将瓦片反向排列，瓦片凹面形成一条条走水道，当积雪融化时，减少雪水对瓦片搭接钩的侵蚀，可以有效减弱积雪期天气对房屋的破坏。

通过对河北满族民居特殊屋面的成因分析，着重解决两个主要问题，第一，需要延续村庄的建筑形制，采取坡屋顶的设计。第二，运用传统坡屋顶设计思路解决地方特殊的气候对建筑的影响。通过钢材架构坡屋顶，形成屋顶骨架，顶面运用木板和横向排列的方木对钢架封面和加固，而后以点式支撑装置和墨色pvc玻璃板做最终的屋面处理，形成以现代技术为手段的设计，具备可以与其他相关构件协调设计的基础。至此，屋顶部分的设计思路与传统屋顶相似，建筑肌理与村庄相协调，同时也具备实际的使用功能。

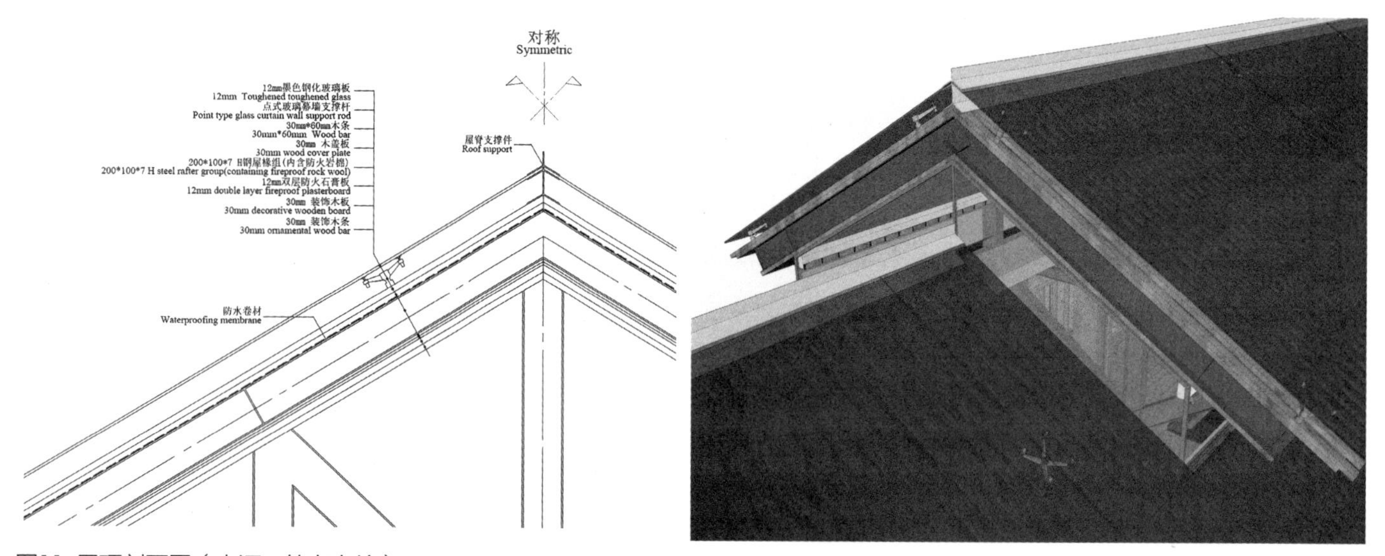

图11 屋顶剖面图（来源：笔者自绘）

图12 屋顶效果图（来源：笔者自绘）

外围护的设计主要体现在与周边环境的协调上，由于北立面沿街，还可沟通国道对面的景观场地，主要解决降噪问题和取景问题，西建筑体作为办公和餐饮区域采用标准窗形制，东建筑体的服务大厅采用落地窗沟通临国道的景观场地。南立面沿河，可利用河岸景观，亦可取景于山体，所以采用了更加开敞的大窗，增设西建筑体在二层的阳台。东西立面为主次入口，作为人群疏散口。东立面为中轴线对称设计，均衡大气，西立面顺应建筑布置单侧的内廊，末端设计出入口，且直冲向西，作为人流缓冲作用的滨河景观台。

5.3.2 建筑构件设计

由于场地较特殊的建设环境，建筑内部空间需要通过更有针对性的房屋构造和模块构件解决其特殊的使用需求，具体可从以下几个主要部分分析，分别是入口雨棚、双层屋顶、屋顶天窗、阳台合木支架、阳台遮阳雨棚、降噪板、不锈钢泛水板。

入口雨棚的设计顺应新式建筑屋顶，露出的支撑架强调入口的可进入性。双层屋顶的设计满足下方餐饮空间的漫射光采光需求和空间内的换气需要。屋顶天窗通过可调控的遮阳板可自由调整采光量，以服务于二层的望景平台。阳台下方的支架和上方的遮阳雨篷都运用较为简便经济的方法服务挑出的阳台。降噪板由于靠近国道，需要考虑降噪作用和构件的坚固耐用，所以将穿孔钢板和吸声木板结合，通过L型钢和栓钉固定在混凝土墙板中。考虑到郭家庄村的特殊气候环境，解决降水对墙面板材和固定件的侵蚀问题，采用了不锈钢泛水板包住窗脚，形成美观实用的窗套形式。

5.3.3 景观

该景观场地的形状十分特殊，是一处呈锐角三角形的广场，此类标准的几何形状不常出现在山区村落中，具有一定的特殊性。分析其形状成因，是源于郭家庄村近年在进行新项目的建设时，对村庄新建民用和公共建筑采取了更追求秩序的规划方法，切割了村内空地，形成目前的具有一定面积，并且呈标准几何形状的广场。

经由对场地背景的分析，方案中景观部分顺应该区域中统一的设计思路，并使用传统材料和当地植株，运用较为现代的设计手法，首先横向切割广场将其分为两个带状区域服务不同人群，并与就近的建筑设施相配套。纵向借用现有的一条步行道和东侧一处入口，对区域再一次进行切分，形成的五块场地运用不同功能尺度的设计，分区间通过不同形式的围合手段，相互连接。

场地内构筑物的设计主要为塔形构筑物和座椅设施。塔形构筑物提取方案中建筑的设计手法，用以呼应街对面的游客服务中心，进行一体化设计。座椅设施采用了空心水泥砖的小尺度建材。由于场地多采用地方传统材料，例如毛石、瓦片和青砖，为了可以使座椅更容易纳入场地环境，采用更为灵活的空心水泥砖，通过对其进行绿化处理，使座椅设施更具亲和力。

5.4 本章小结

在本章介绍了郭家庄村游客服务中心建筑和景观的设计过程，结合场地周边的环境，协调建筑景观与各影响因素的关系，采用了具有地方特点的现代设计手段，全面而系统地介绍方案的各个方面。

第6章 结语

6.1 本研究的主要结论

本研究方向作为乡村建设的一个方向，以人居环境和乡村建筑理论、技术为切入点，前后梳理案例经验特点、国内研究困境、乡村建设思路、乡村建设技术等方面的逻辑关系和发展脉络，探讨可以与乡村建设现代化相适应的营建方法。通过实际操作，探寻适用于地方特色的设计思维过程和工作方法，希望本文研究和实践的内容能够带来启发和参考价值。

6.2 研究的不足与展望

本文在即将完成之时，人居环境和乡村建筑研究和实践已经在目前的乡村建设中广泛展开，拥有更具时代性、更具可行性的应用案例。本文收集整理的研究对象和实践案例十分有限，文中案例的分析总结、理论和实践均处于较早的研究初期和中期，其中未被涉及和考虑的空白仍需笔者和其他研究者填充和扩展。

参考文献

1. 专著

[1] （日）进士五十八，（日）铃木诚，（日）一场博幸．乡土景观设计手法[M]．李树华，杨秀娟，董建军译．北京：中国林业出版社，2008．

[2] 伯纳德·鲁道夫斯基．没有建筑师的建筑[M]．高军译．北京：天津大学出版社，2011．

[3] 彭一刚．传统村镇聚落景观分析[M]．北京：中国建筑工业出版社，1992．

[4] 陈威．景观新农村[M]．北京：中国电力出版社，2007．

[5] 王铁主编．价值九载——中国高等院校学科带头人设计教育学术论文ISBN978-7-112-21528-7[M]．中国建筑工业出版社，2017．

[6] 舒尔茨著．存在·空间·建筑[M]．尹培桐译．北京：中国建筑工业出版社，1990．

2．论文与期刊

[1] 钱振澜．“韶山试验”——乡村人居环境有机更新方法与实践[D]．浙江大学学位论文．

[2] 崔愷，郭海鞍，张笛，沈一婷．江苏省苏州市昆山市锦溪乡祝家甸村 砖厂改造[J]．小城镇建设．

[3] 吴良镛．“人居二”与人居环境科学[J]．城市规划．

[4] 王云才，刘滨谊．论中国乡村景观及乡村景观规划[J]．中国园林．

[5] 王祯，杨贵庆．培育乡村内生发展动力的实践及经验启示——以德国巴登—符腾堡州Achkarren村为例[J]．上海城市规划．

[6] 吴良镛．系统的分析 统筹的战略——人居环境科学与新发展观[J]．城市规划．

[7] 王竹，钱振澜．乡村人居环境有机更新理念与策略[J]．西部人居环境学刊．

[8] 王一鼎．兴隆县郭家庄的美丽乡村实践研究[D]．中央美术学院学位论文．

[9] 严嘉伟．基于乡土记忆的乡村公共空间营建策略研究与实践[D]．浙江大学学位论文．

[10] 吴理财，吴孔凡．美丽乡村建设四种模式及比较——基于安吉、永嘉、高淳、江宁四地的调查[J]．华中农业大学学报．

郭家庄游客中心建筑与景观设计

Architecture and Landscape Design of Tourist Center of Guojiazhuang

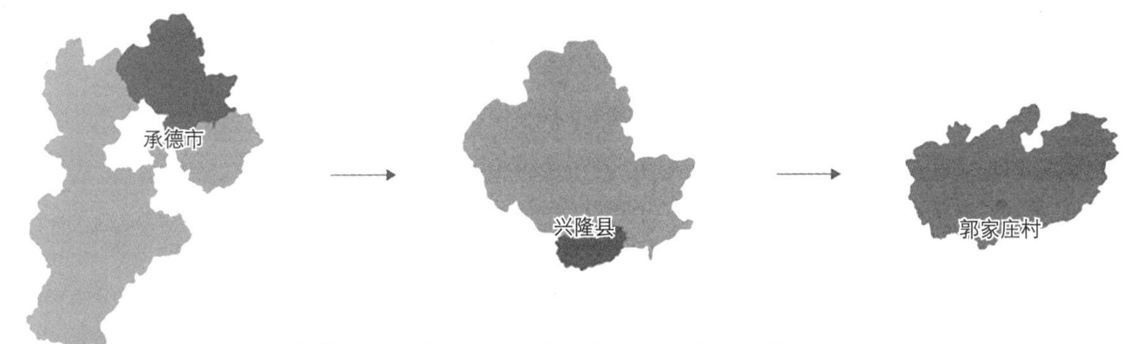

基地位于：河北省—承德市—兴隆县—南天门满族乡—郭家庄村

区位分析1

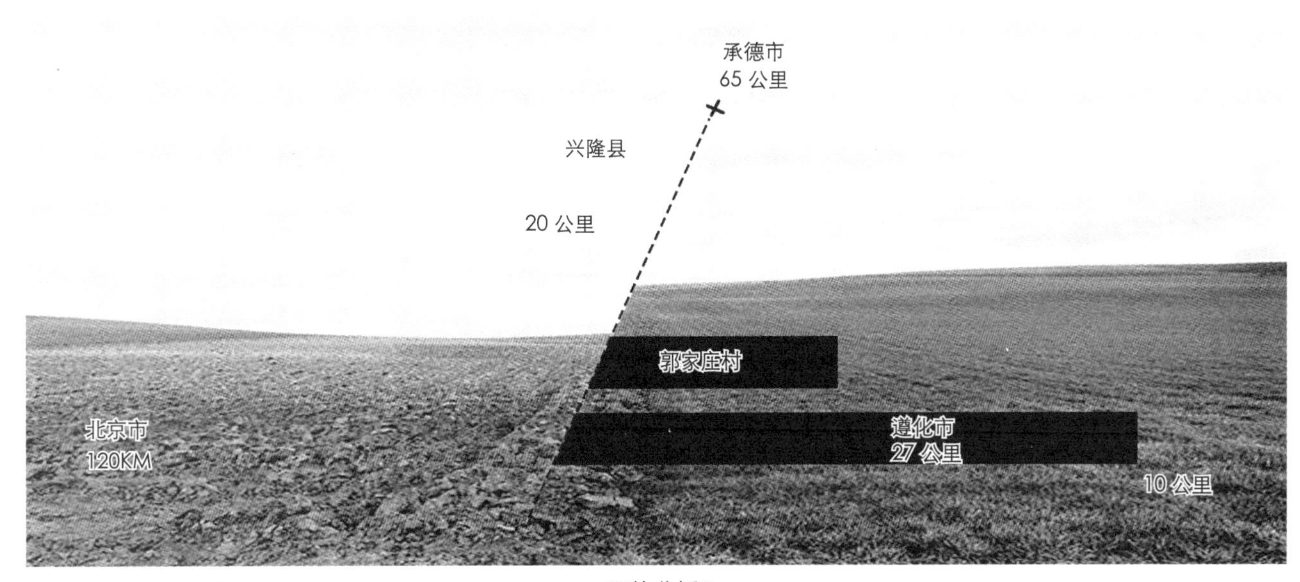

区位分析2

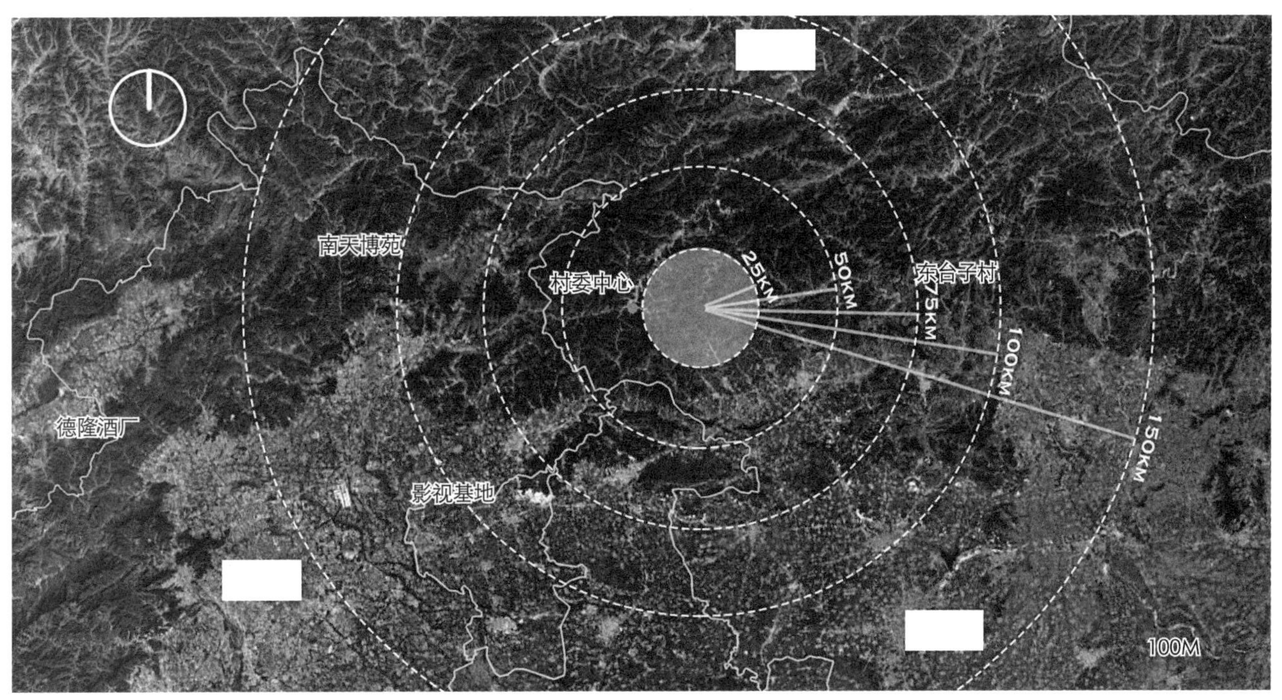

区位分析3

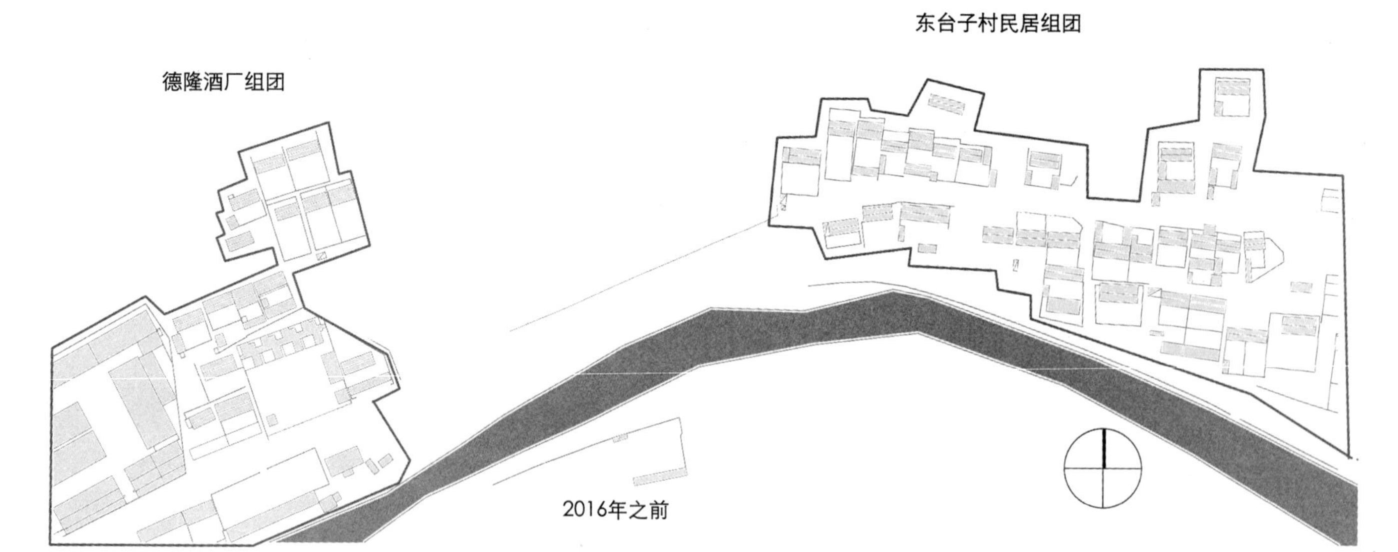
建筑群团状散布在河流沿岸
东台子村民居组团
德隆酒厂组团
2016年之前

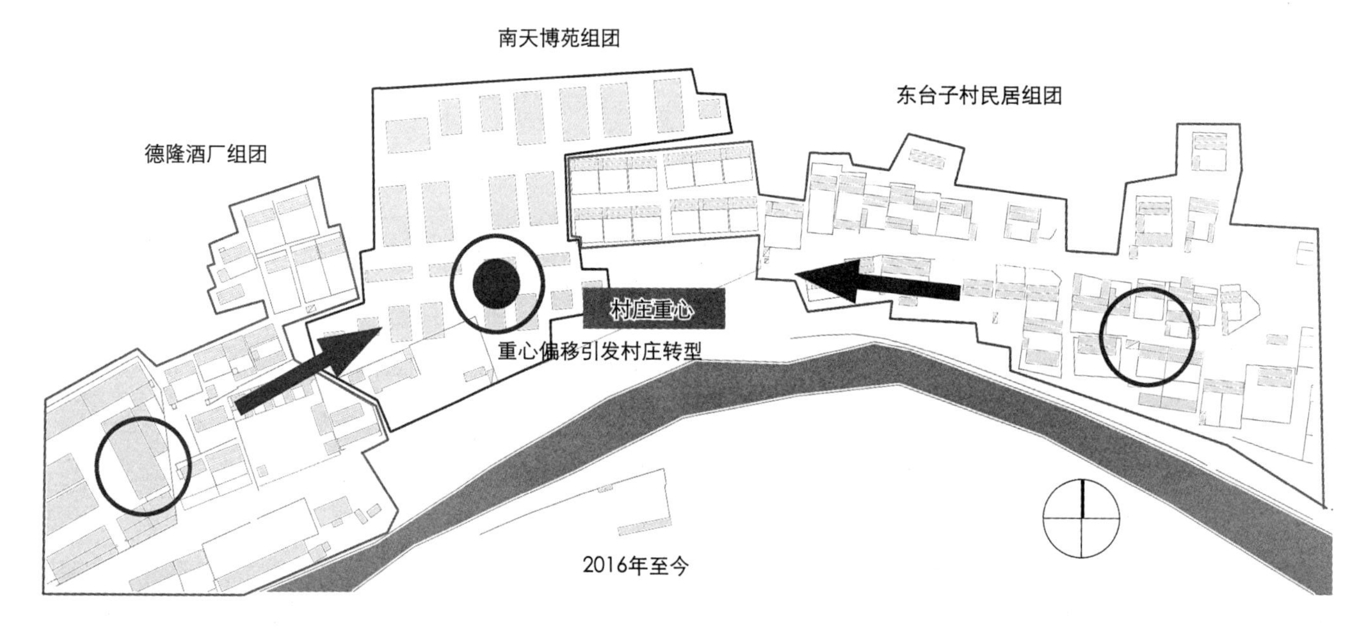
南天博苑组团
东台子村民居组团
德隆酒厂组团
村庄重心
重心偏移引发村庄转型
2016年至今

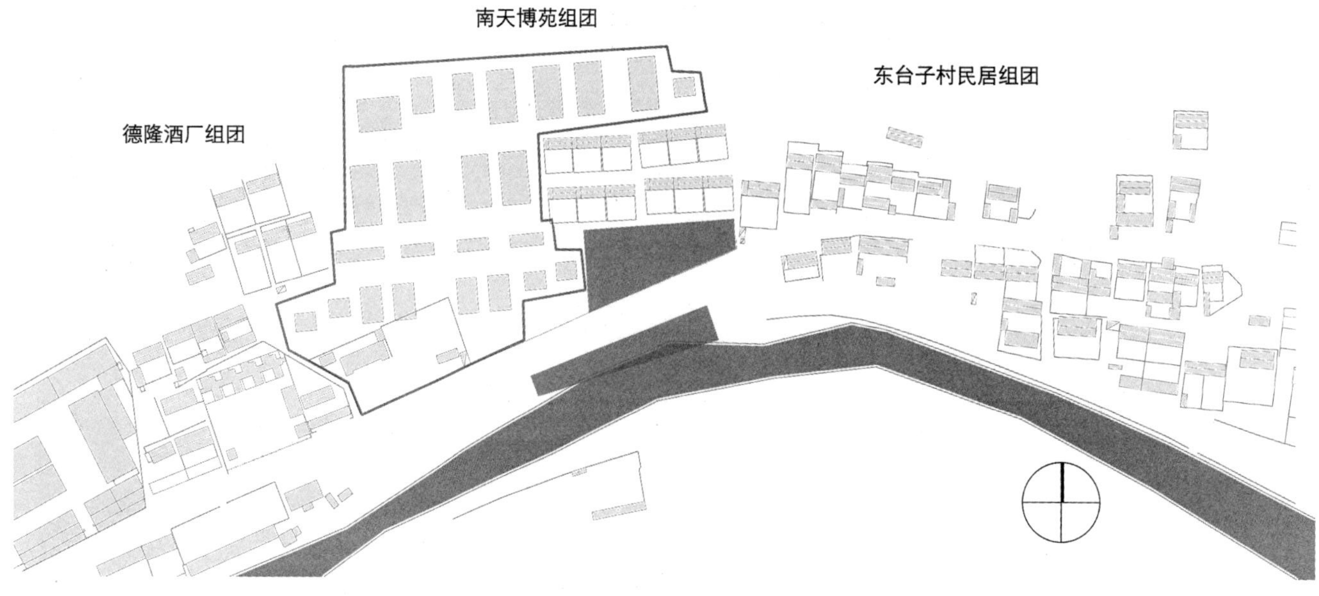
南天博苑组团
东台子村民居组团
德隆酒厂组团

场地选址

示范农场
Showcase Farm

匈牙利佩奇大学 工程与信息科学学院
Faculty of Engineering and Information Technology, University of Pécs
Sándor Mészáros

姓 名：Sándor Mészáros
导 师：Péter Zilahi
学 校：University of Pécs, Hungary
专 业：Architecture

From the garden

My project is about a village located near Pécs, called Hosszúhetény. About 10 million people live in Hungary, and 3000 people live in Hosszúhetény.

我的项目是关于佩奇附近的一个叫作霍斯祖赫特尼的村庄。匈牙利大约有1000万人，而霍斯祖赫特尼有3000人。

In My chosen area in the village, there are some existing long sites which can be merged and re-cultivated. This site in a residential area which is located on the border of an agricultural zone.

在我选择的村庄区域，有一些现存的地点可以进行合并和再种植，这个地点位于一个农业边界上的居民区。

I don't want to draw sharp boundaries around my area, because the main point is expansion and the elimination of boundaries and thus keeping the opportunity of further extension of the area. To protect the area from the elements, however, it is planned to line the site with fruit trees.

我不想在我的设计用地周围画出明显的边界线，因为我此次设计的重点在于扩展和消除边界，从而保持区域有进一步扩展的。

Hosszúhetény is an agricultural village, that influences your point of view. This image is very small, near-human, simple and poor. It's main income comes from agriculture and tourism.

Most of houses are gable roof and various farm buildings were built. Too long and narrow site were formed and they are not used.For me this is a problem which has to be solved. Unite the unused areas and use them reasonably. My goals are to improve production and to develop the tourism efficiently and economically.

霍斯祖赫特尼是一个农业村庄，这影响了你对于它的看法。这形象非常渺小，简单而可怜。该村庄的主要收入来自农业和旅游业。

大多数房屋是山墙屋顶，各种各样的农场建筑被建造。太长且狭窄的场地由此形成，它没有被好好利用。对我来说，这是一个必须要解决的问题。将未利用的区域统一起来，合理利用。我的目标是提高当地的生产力，高效、经济地发展旅游业。

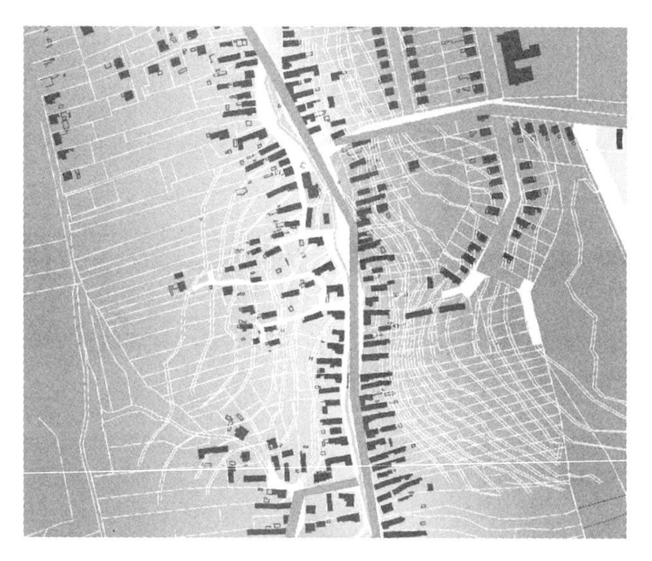

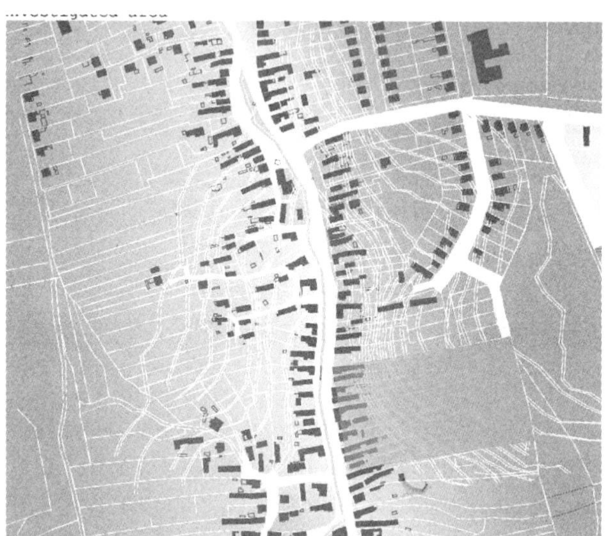

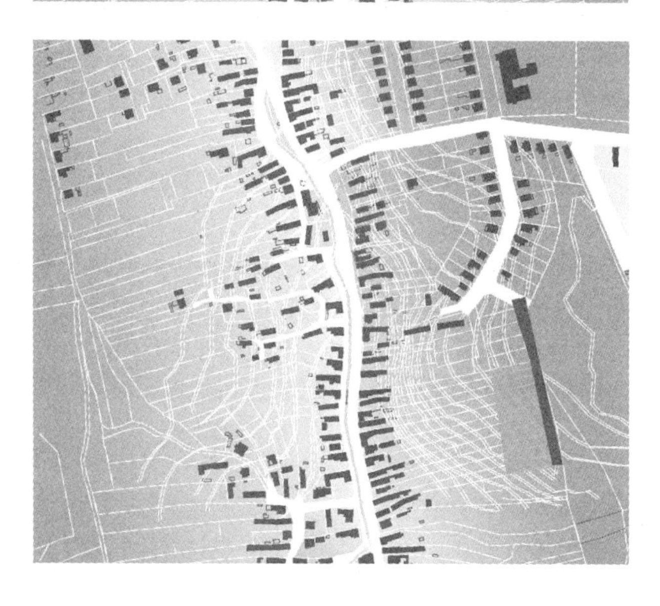

The idea is to create a vegetable farm with a processing facility, which is open to visitors. It will show and demonstrate the solution to the problems: production, processing and recycling. When designing, it the keywords are simplicity, reasonableness, economy and flexibility.

我们的想法是建立一个拥有加工设施的对游客开放的蔬菜农场。它将展示和演示问题的解决方案：生产、加工和回收。我设计的关键词是简单、合理、经济、灵活。

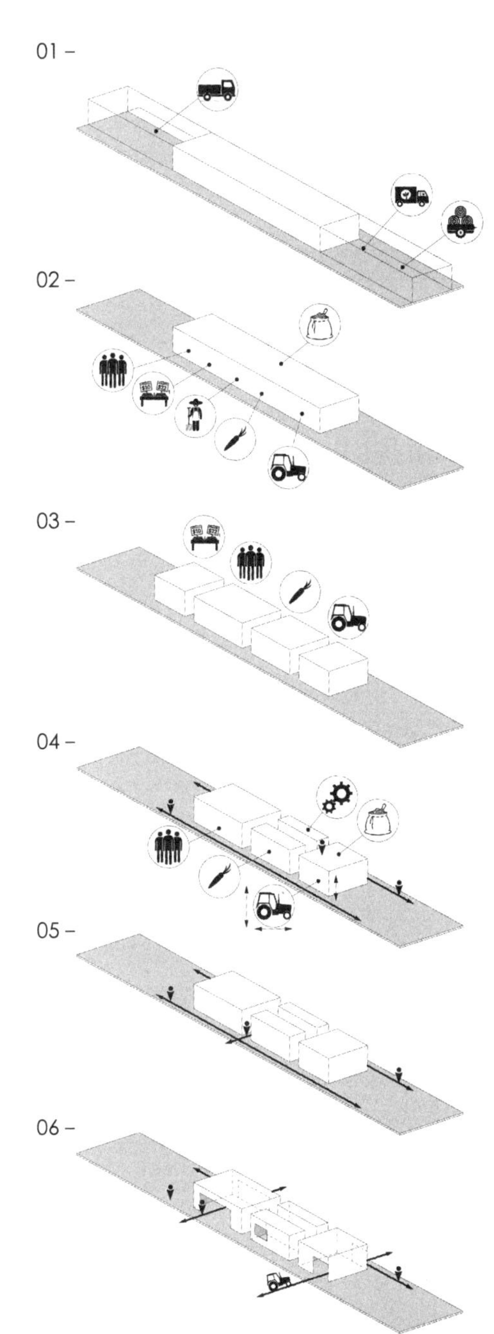

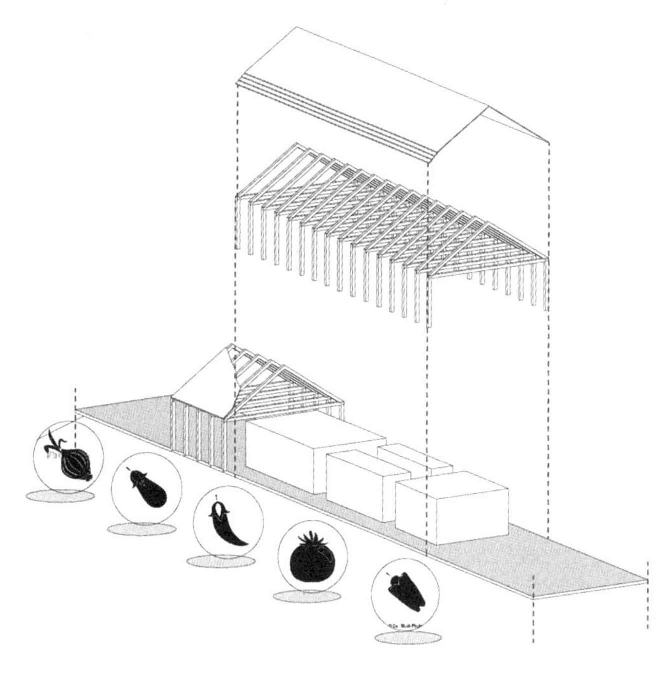

In my installation concept I used a straight base line strip and put down rammed earth boxes along the line, where i separate different functions, but i cover them with a timber frame and a simple timber roof. Furthermore there are heated and unheated spaces, or boxes.

在我的安装概念中，我使用了一条直线的基准线，并沿着这条线放置夯土箱。我在这里分离了不同的功能，但是我用一个木框架和一个简单的木屋顶覆盖它们。此外，还有传热和未传热的空间或盒子。

Considering the functionality of the building it can be used for farming purposes from spring to autumn. In winter The building has training sessions, events and maintenance work is carried out then too.

考虑到从春天到秋天用于农业目的的建筑功能，在冬季，建筑有培训课程，相关活动和维护工作也在进行。

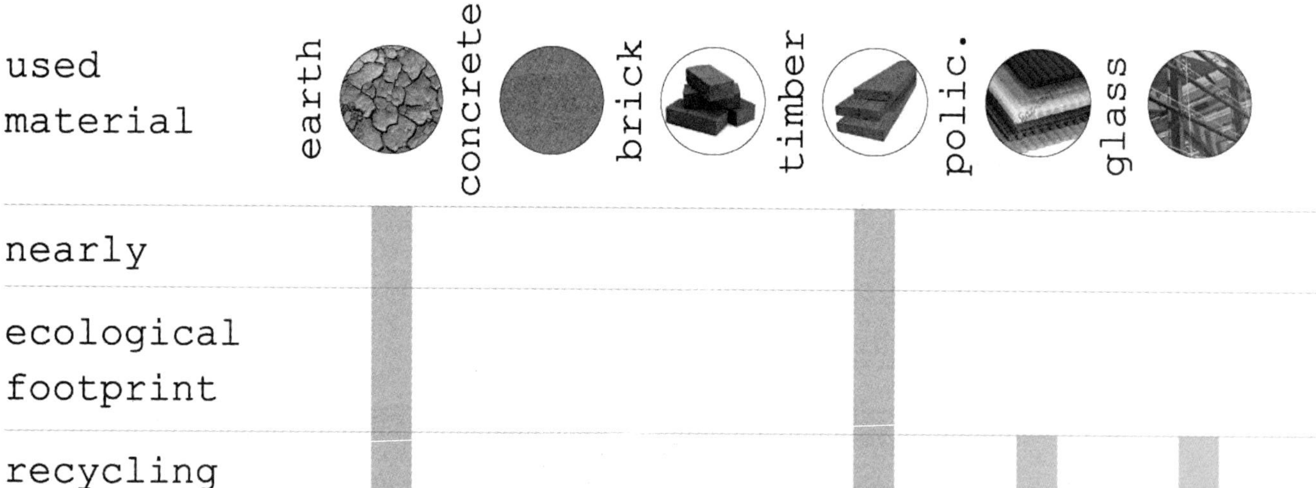

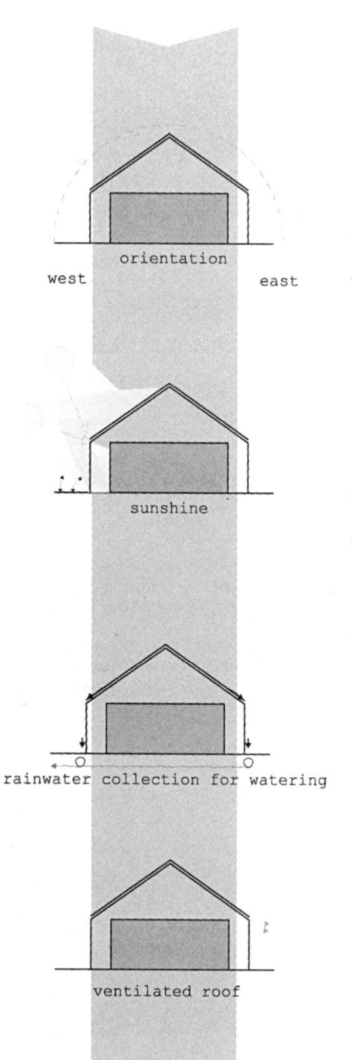

The table shows the rating of the materials used in the building according to various criteria. For example: earth was perfect. And i used concrete, wood, polycarbonat, glass and reed.

该表显示了根据各种标准所使用的建筑材料的等级，例如：泥土是完美的。我用了混凝土、木材、聚碳酸酯、玻璃和芦苇。

I analyse the orientation, and insolination in winter and summer, and the method of rainwater collection for watering, and ventilation, and the exsposure of the roof space to wind ventilation.

我分析了冬、夏两季的朝向和日照情况，雨水的收集、浇灌和通风的方法，以及屋顶空间的通风设计。

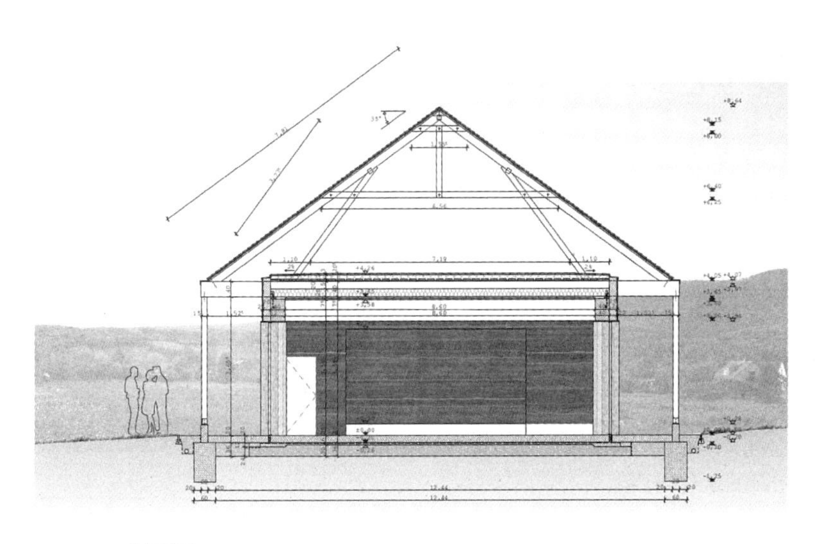

section 剖面图

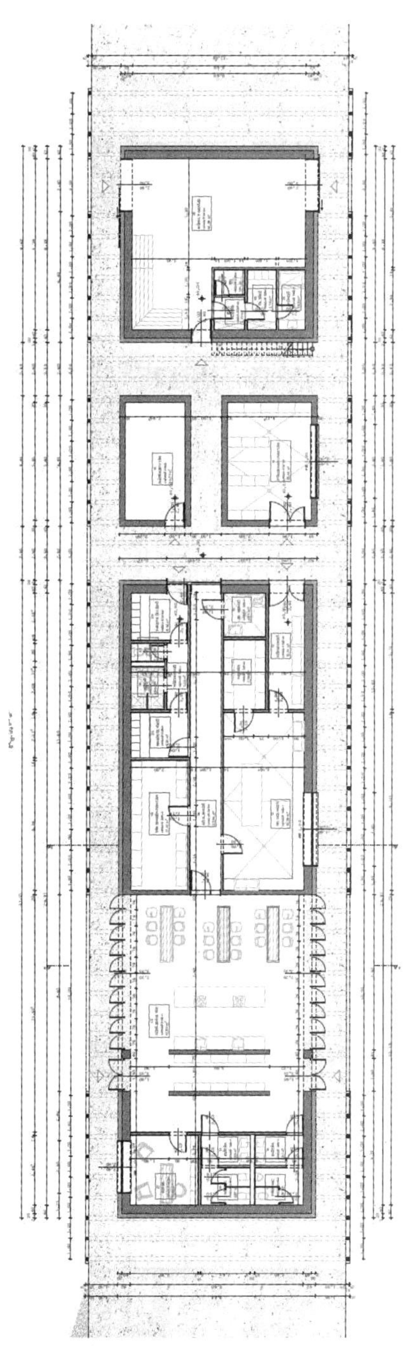

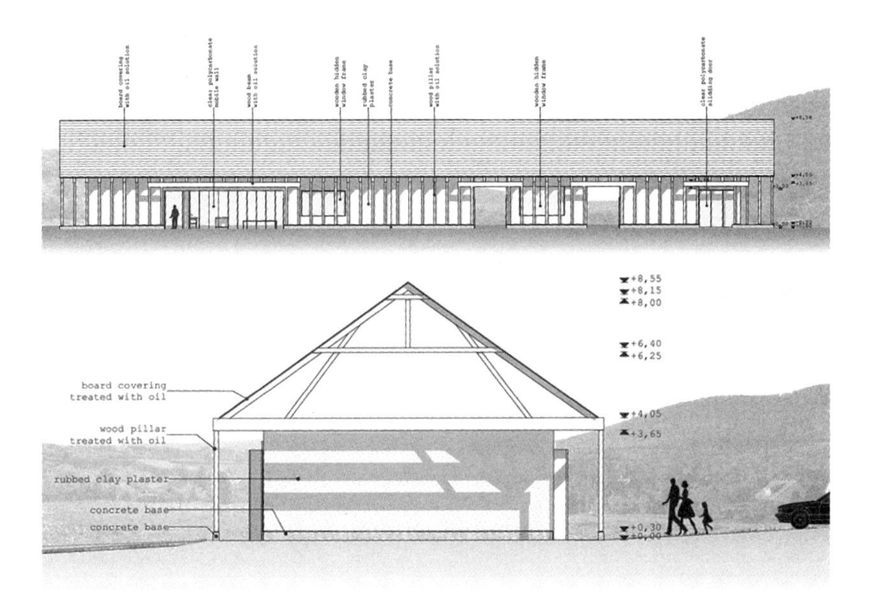

frontpages 立面图

In the kitchen 厨房效果图

振兴视角下郭家庄营建策略与实践研究

Study on the Construction Strategy and Practice of Guojiazhuang from the Perspective of Revitalization

广西艺术学院 建筑艺术学院　李洋

Academy of Architecture&Arts, Guangxi Arts University

Li Yang

姓　名：李洋 硕士研究生一年级

导　师：江波 教授

学　校：广西艺术学院 建筑艺术学院

专　业：设计学

学　号：20171113381

备　注：1. 论文　2. 设计

振兴视角下郭家庄营建策略与实践研究

Study on the Construction Strategy and Practice of Guojiazhuang from the Perspective of Revitalization

摘要：以乡村振兴的视野透视当下的城乡一体化建设。以冀北兴隆县郭家庄村的营建活动为基础，分析当下乡村营建行为中的人——文化——村落的相互影响模式。指出在乡村营建行为中如何从村落内部诉求出发，结合外部资源来因地制宜地制定营建策略，讨论营建策略对于村落建设的影响。在建筑视角的乡村建设中，村落的产业建设与经济发展是乡村振兴的主体。因此，只有对村落资源进行整合，运用现代化的乡村营建策略与科技化的建造手段去改善乡村的环境、优化产业结构，完善村落“造血功能”，打造“以人为本”的宜居乡村，才能实现乡村的真正振兴。

关键词：乡村营建；营建策略；乡村振兴

Abstract: This paper explores the complexity of the China's urban-rural integration from the perspective of rural revitalization, analyze the current urban-rural construction is viewpoint. Based on the construction activities of guo jiazhuang village, xinglong county, north hebei province, this paper discusses what the the influence mode of human culture on the construction of villages in the current rural construction behavior.This paper points out to China's urban-rural integration how to make construction strategies based on the internal demands of villages and external resources, and discusses the influence of construction strategies on village construction. In the rural construction from the building perspective, the industrial construction and economic development of villages are the main part of rural revitalization.in consequece, only by integrating resources, using modern rural construction strategies methods to improve the environment, optimizing economic structure,which further perfect village's industrial structure and try to remake livable villages that follow the principle "putting people first". The countryside can develop .

Key words: Rural construction; Construction strategy; Rural revitalization

第1章 绪论

改革开放以来，相较于城市化进程的发展，以传统农耕文明为基础的中国乡村，经历了缓慢的自发性发展，延续着以“没有建筑师的建筑”为主体的乡土聚落特征，呈现出以传统社会背景下凸显文化自觉的原生秩序。因此，面对城乡文明发展的冲突，确立一套符合以农村自发性发展为主体的乡土建筑营建方式是建筑学科面临的重大问题。

1.1 研究背景

乡村建设一直是我国发展建设的重要组成部分，自1978年家庭联产承包责任制确立以来，我国围绕乡村发展问题，经历了5个发展阶段：（1）1978～1984年突破探索阶段，初步发展乡镇企业，基本确立家庭联产承包责任制，农村改革取得突破进展；（2）1984～1992年城乡互动阶段，实施城市经济体制改革、促进农村劳动力转移城乡要素流动，农村改革稳步推进；（3）1992～2002年全面推进阶段，调整农村产业结构，乡镇产业体制创新，农村改革进一步深化；（4）2002～2012年城乡统筹阶段，建立城乡发展一体化，创新农村金融制度，农村改革进入城乡统筹阶段；（5）2012～2017年全面深化阶段，以全面建成小康社会为目标，推进农村综合改革，深化农村体制创新。随着社会经济的快速发展，乡村经济体制结构趋于稳定，我国社会主要矛盾从物质文化需求同落后的社会生产力之间的矛盾转化为人民日益增长的美好生活需要和不平衡、不充分的发展之间的矛盾，国家的发展重点开始围绕乡村的文化与环境。因此，党在十九大召开时提出了重大的发展决策，实施乡村振兴战略目标，提出“乡村振兴”策略，围绕产业、人才、文化、生态环境、组织五个部分发展乡村建设，在2018年中央一号文件中提出推进乡村绿色发展、繁荣兴盛农村文化、提高农村民生保障水平，塑造美丽乡村新风貌等系列发展要求。而对于当下的乡村建设而言，在发展村落发展建设的同时，也应基于时代背景融合文化、科技因素去思考中国乡村建设发展的前景。

我国乡村营建现状问题

我国的乡村建设自改革开放以来取得了重大的进展，不论是经济、文化还是建设方面都有着巨大改善，但在乡村整体条件日益改善的同时，其背后存在的问题也逐渐暴露出来。

（1）城乡一体化过程中地域文化弱化

在我国乡土建设如火如荼的时候，地域化特质与城市化的矛盾也被关注，在中国乡土文化遗存最为浓厚的中国农村，这种冲突与矛盾愈发明显，在乡村的营建过程中，无论是自发性的还是官方主导的营建活动，其成果最终都受到城市化潮流影响，自建房、小洋楼，因其造价相对低廉，居住环境相对舒适，逐渐林立在当下的乡村、城镇之中，导致在泛空间范围内，建筑形态“趋同”，呈现同质化特征，而乡土的地域文化特质也在不断地营建活动之中变得模糊，并逐渐消散。

（2）自发性营建过程中村落环境退化

我国自古对自然有着泛自然性的山水崇拜，这种感恩性的自然崇拜，经过漫长的历史而积淀为民族的文化心理结构，在哲学上表现为“天人合一”的思想，而中国传统村落的空间形态正是受到了文化心理结构和环境因素的影响，在当下的乡村营建过程中，人们利用、改造自然的能力受技术和资金力量的影响不断提升，曾经传统和谐的村落环境和空间形态不断地被破坏，对生态环境造成了诸多不可逆的影响，例如水体污染、水土流失等现象，导致现今的乡村营建活动成了对自然单向索取的发展模式，在村落环境恶化的问题中，不仅对当下的居住环境造成影响，更会对未来的生态环境形成巨大威胁。

（3）乡村振兴过程中乡土建筑不符合现代化潮流

当下的乡村营建过程中，呈现出的技术手段相对简陋，建造材料和技术受到所处地理环境、资本因素的影响，不符合现代化的建筑建设要求，更有甚者，不符合居住要求，但村落环境的扩张和生活条件的提升，使得这些简陋的建筑还是不断地出现在村落环境之中，其中映射的是村民居住观念的改变以及现代生活方式的向往，但更多的是对现代化进程的无措应对，这也从侧面反映出了乡村营建行为中理论指导的重要地位，在缺乏理论依托的营建过程中，其成果呈现出无序性、无力性特征。

（4）政府政策支持

2012年党在十八大会议上提出建设“美丽中国”的发展方向，在发展建设方面将生态文明建设放在首位，融入经济建设、文化建设、政治建设、社会建设各方面，实现中华民族的永续发展。2013年，党的十八届三中全会，提出要建设美丽中国的乡村发展新格局，并将基础设施建设和解决乡村环境脆弱问题列为乡村建设的首要任务。依此国家农业部启动了“美丽乡村”创建活动。

2017年党在十九大会议上提出乡村振兴的战略目标，将乡村的文化建设和环境建设任务列入国家发展计划中。

1.2 研究目的与意义

1.2.1 研究目的

（1）确立在乡村振兴视角下的乡村营建策略体系

中国乡村在漫长的发展过程中逐渐演变独有的空间模式，随着现代文明的发展和工业化进程的提升，传统的乡村营建观念已逐渐不符合现代文明的需求，乡村聚落的地域特质也随着自发性乡村营建行为逐渐消失。而在乡村振兴背景下探究现代化的乡村营建策略不但有助于重塑乡村聚落的地域特质，同时对自发性的乡村营建行为具有理论指导意义。

（2）解决乡村发展与城市化发展之间的矛盾

乡村聚落，在空间上受地理环境因素影响，结合历史文化遗存因素影响，根据环境不断调整空间结构，形成了具有独特生命力的地域性乡村聚落形式。这种自发性的村落形式对周边环境有着强大的自适应力。然而，随着城乡一体化进程的发展，自发性的乡村聚落正逐渐失去这种自适性，其原因在于，城乡一体化本质上是通过既定的模式以规划手段梳理、改造乡村聚落的空间形态，这种规划模式在空间弹性和适应力方面必然与村落自发性的发展模式有明显差异。因此，解决乡村聚落发展与城市化发展之间的矛盾，有助于把握乡村营建中的平衡点，科学合理地协调村落发展、生态环境、生活需求的关系，维持乡村人居环境的稳定发展。

（3）提供以文化传承、科技创新为主的乡村营建策略

吴良镛先生曾说：人居环境的核心是“人”，人居环境研究以满足“人类聚居”需求为目的。人的行为活动需求是乡村营建行为中要考虑的重要因素，而在乡村振兴语境下，在合理的乡村发展过程中满足人的行为活动需求，利用科学合理的乡村营建策略，寻求生态环境、乡村聚落、人的协调。研究满足村落文化传承的现代化乡村营建策略，探索村民行为需求中的科技因素，对于指导未来乡村发展，探索地域化、现代化乡村营建策略有重要作用。

1.2.2 研究意义

乡村聚落是区别于现代都市的空间形态，关于乡村聚落的研究大多以整体化视角来宏观地把握乡村发展脉络。然而，针对乡村聚落的地域化演变，局部的研究有助于进一步理解乡村聚落的文化变迁、发展趋势，通过建筑学的视角探索未来乡村自发性的发展模式和空间形态，对村落地域文化的保护与传承有重要意义。

1.3 研究内容

本文共四个章节分为三个部分，第一部分绪论为研究前景与前提，为研究视角和后续的研究论述奠定了基础。第二部分为文章的主体部分，由第2、3章构成，以乡村营建为主旨，通过对乡村振兴视角下的乡村营建策略进行学理分析，探索符合郭家庄的营建策略。第三部分为实践研究，并对以上的研究部分进行总结。

第1章：对课题研究背景、目的与意义进行阐述，分析梳理国内外研究现状和乡村营建经验。

第2章：理论分析和概念阐述，郭家庄现状阐述。

第3章：实证研究。从乡村营建理论出发，进行乡村振兴视角下的乡村营建策略研究，总结归纳乡村营建策略的原则和要素，探索符合郭家庄现状的乡村营建策略。

第4章：实践研究，阐述课题设计项目概况，运用乡村营建策略进行郭家庄乡村聚落改造设计，并对项目设计中的营建问题进行反思总结，总结出具有指导性的现代化乡村营建策略。

1.4 研究价值

本文将国内的乡村营建策略进行梳理总结，将理论研究归纳运用于河北省兴隆县郭家庄村进行设计实践，具体价值如下：

（1）理论价值：由于乡村营建的理论较国外起步晚，而国内乡村营建研究多是以政策为导向，并且相关的营建理论缺乏建筑学视角，通过本文的研究提供建筑学视角下的乡村营建策略和理念，完善学科空缺，并通过实践检验其策略的实践价值。

（2）实践价值：国内乡村营建行为，主要为分官方性模式与自发性模式，而将现代化乡村营建理论策略运用到实践活动中，针对城乡建设过程中存在的现象，以科学合理的理论角度去指导乡村营建的发展方向。

1.4.1 创新点

乡村随着社会的变化而变化，但乡村的建设不同于城市建设，既需要适应时代发展，但又缺乏相应的技术手段。当前对于乡村的建设是以国家政策为导向，把握乡村大体发展方向。而土生土长者，虽然能感受时代的脉动，却缺乏改变的能力，其自发性的营建行为多与时代发展方向有所偏差。对于建筑学科的研究，如何运用现代化的科技手段去满足土生土长者的居住需求，有着重要的现实意义。

本文从建筑介入乡村营建，运用建筑学科知识理念，通过对地域建筑形态、营造的研究，探讨乡土建筑如何文化传承、科技创新的问题，总结出适用于乡土建筑的营建策略，对改善村落环境、创造舒适的居住空间、传承地域文化具有指导意义。

1.5 研究方法

（1）田野调查法

通过对郭家庄进行实地走访调查，以郭家庄的乡土建设为调研目标，并通过实地拍摄、无人机航拍、走访调研、历史资料收集等方式，获取客观的数据和资料，掌握当地建筑的形式构成、材料以及工艺，掌握其文化演变规律和村落发展脉络，对于村落的风貌和文化保护具有重要意义。

（2）定性研究法

研究在于对村落文化和村落发展变更的掌握，探讨村落营建发生的目的和机制，探寻运用于当地的实践方法理论。乡村建设是具有多因素的复杂系统，成果受因变量影响很难将其量化为既定的理论体系来研究，本文通过定性研究的方式对村落营建价值体系进行学理分析，把握理论与实践的关联。

（3）学科交叉法

乡村聚落作为在地文化的物化体现，对乡村营建的研究不能仅从建筑学的角度出发，以结构论建筑，以空间谈布局，而需要以拓展的视野来审视乡村的发展。本文通过对社会学理论、现象学理论、环境学理论等相关学科的理论知识的引入，将乡村振兴视角下的乡村营建作为完整的系统，充分考虑因变量对乡村营建的影响，为研究提供更全面的思路。

1.6 国内外研究现状梳理

1.6.1 国外研究现状

国外对于乡村营建的研究起源较早，在研究的过程中逐渐形成了完整的理论体系，并以此为基础进行了一系列的乡村营建与乡村规划实践。

美国的城市化程度居世界第一，达到80%以上。在城市化进程中，美国乡村聚落形式受工业化趋势影响也在不断演变。因此，美国经济历史学家约翰逊（E·A·J·Johnson）从乡村经济发展的角度提出了“小城镇”理论，认为乡村聚落的营建要依托城市进行工业化的转型，形成乡村聚落的经济中心，并以此理论阐释美国乡村的发展趋势。

英国著名的城市学家、风景规划设计师埃比尼泽·霍华德（Ebenezer Howard）在1898年出版的《明日的田园城市》一书中，首次提出“城乡一体化”概念，埃比尼泽认为“城市和乡村终将结合”演变成以农业围绕城市主体形成的田园城市。1922年，针对工业城市的快速发展，勒·柯布西耶在《明日的城市》一书中提出“现代城市”的设想，从城市发展的过程来看，柯布西耶认为乡村聚落最终会消亡在城市化进程中，形成以高层为主、拥有大片绿地的城市居住空间形态。

日本在二战后经济受美国支持，各产业快速发展，都市现代化高度发达。乡村人口向都市流失，乡村逐渐衰落，日本国会通过了农村土地改革法案，为乡村发展奠定了经济基础。其后，日本组建了“农村建筑研讨会”、“日本建筑学会农村计划委员会”等组织，由民间开始自发地进行乡村营建，改善乡村生活环境，并在建筑设计、文化保护、村落规划、环境治理等方面都取得显著成果。

20世纪70年代，韩国发起了“新村运动”，新村运动最先由地方政府开始，逐渐发展到韩国全境，其基本特征为政府主导下的自发性乡村营建活动，由政府官方提供每户约35美元的物资和建造技术支持，用以完善乡村基础设施建设和改善乡村环境。而该运动在80年代（第二阶段）达到高潮，开始由政府主导转变为民间自发主导，并将发展目标由经济发展转变为乡村多元化发展，持续时间长达40年，成效显著，村落基础设施完善。

荷兰的乡村景观在世界上饱负盛名，早在20世纪50年代，荷兰政府就鼓励建筑师参与乡村营建过程中，保护乡村景观风貌，延续村落文化传承。直到今天，乡村景观规划依然是荷兰风景园林师的重要领域，而建筑师的参与使荷兰的乡村营建成为一种可控的乡村营建方式。

德国在第二次世界大战后进行了快速工业化和城市化发展，在20世纪70年代，修订了《土地整理法》，将保持乡村文化形态与生态发展的“乡村更新”计划列入法规，对乡村进行了细致的规划，避免乡村营建破坏村落整体风貌。在20世纪90年代，提出“村庄即未来”的建设口号，发展乡村旅游产业，发掘保护乡村的生态、文化价值。在20世纪末，先后修订了《环境保护法》、《空间秩序法》，确保乡村在城市发展布局下的合理发展。国外乡村营建研究具体表现多样化，理论呈多元化发展，造成了深远影响。

1.6.2 国内研究现状

相较于国外的研究状况，国内的乡村营建研究起步较晚，相关研究成果并没有形成较为完整的理论体系，理论著作缺失。而由于国家政策和资本力量的原因，乡村营建问题一直是各学科的重要研究课题。1937年，梁漱溟先生出版了《乡村建设理论》，从经济、政治、文化方面分析了近代中国乡村建设问题，属于早期的乡村营建理论。1948年，费孝通先生发表了社会学科著作《乡土中国》，但书中主要是从乡村文化起源分析乡村的存在形式。早期的研究缺乏从乡村建筑出发的理论视角，直到90年代初期，吴良镛先生提出了“人居环境科学”理念，以解决城乡发展过程中出现的问题，建立“人与自然协调发展，以居住环境为核心的”学科群，并出版著作《人居环境科学导论》。

国内乡村营建理论研究仍属于探索阶段，主要集中在各高校，对营建理论的研究成果也多以学位论文和期刊论文为主，包括：《基于传统环境伦理观的现代乡村营建模式研究》（2012年昆明理工大学硕士学位论文，丰燕）；《西部山地乡村建筑外环境营建策略研究》（2012年西安建筑科技大学博士学位论文，韦娜）；《农业转型视角下西北旱作区传统乡村聚落更新营建模式研究》(2013年西安建筑科技大学博士学位论文，靳亦冰)；《村民主体认知视角下乡村聚落营建的策略与方法研究》(2014年浙江大学博士学位论文，王韬)；《基于浙江地区的乡村景观营建的整体方法研究》(2014年浙江大学博士学位论文，孙炜玮)；《基于文化人类学视角的乡村营建策略与方法研究》(2015年浙江大学博士学位论文，黄丽坤)；《栖居与建造：地志学视野下的传统民居改造》(2018年1月广西民族大学学报（哲学社科版），刘超群）等。

在实践方面，主要的乡村营建实践多是官方主导，但仍有部分以民间主导，为传承、保护地域文化进行有益的尝试。例如：富阳文村新民居建设（王澍）；四川金台村改造（林君翰）；锦溪祝家甸淀砖厂改造（崔愷）；四川省阿坝州茂县太平乡杨柳村灾后重建（谢英俊）；西来古镇榕树岸建筑增建（刘家琨）；云南元阳哈尼族村落改造(朱良文)；贵州黔西南州册亿佬族村落改造（吕品晶）等。在这些成功的乡村营建实践中，可以看出，国内当下的乡村营建实践是以文化的保护、延续作为出发点，因地制宜地进行乡村营建实践。

1.7 研究框架

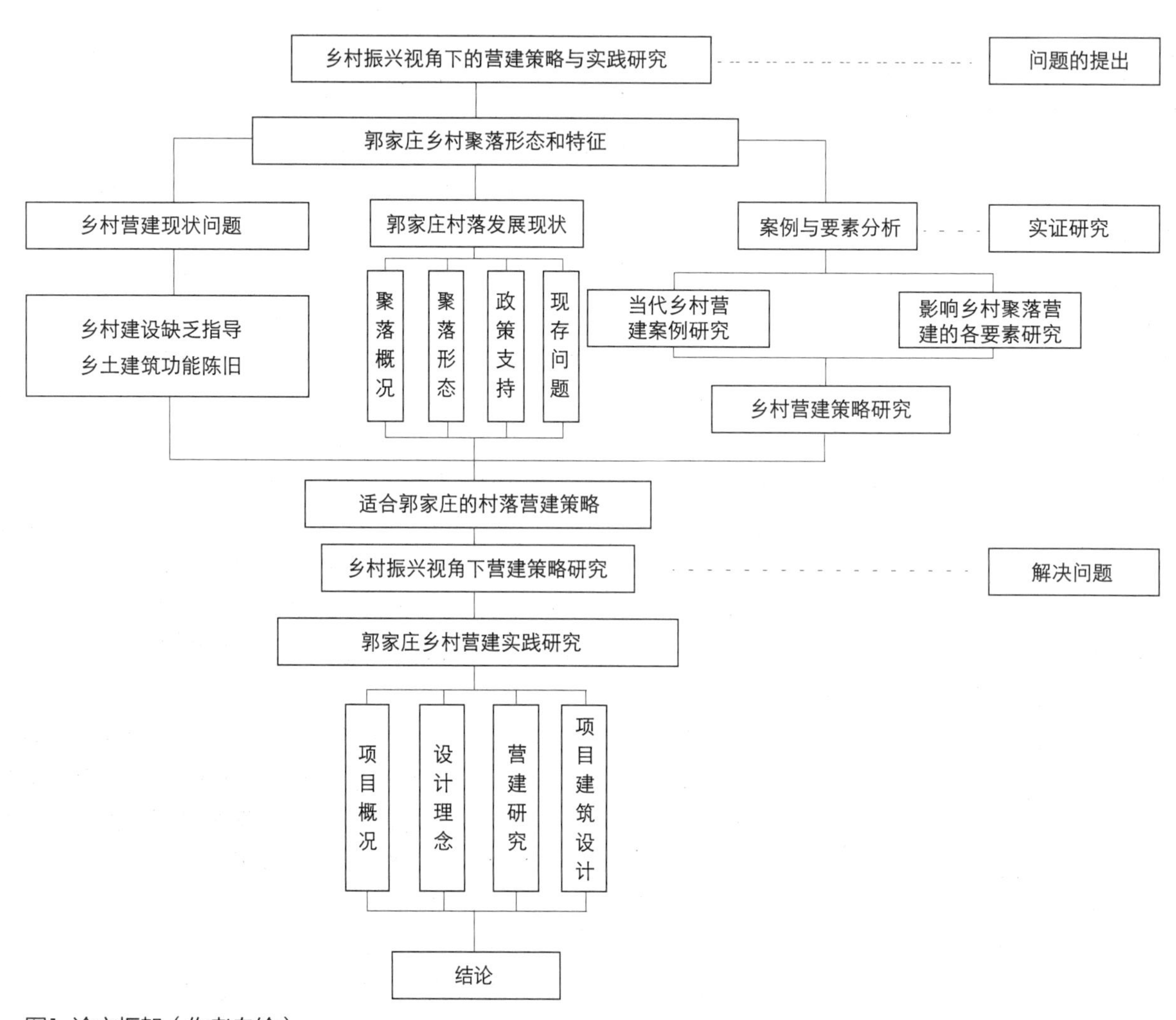

图1 论文框架（作者自绘）

1.8 本章小结

本章从我国乡村营建研究现状引出问题，指出我国城乡建设方式中存在的一系列问题，包括在城乡一体化过程中地域文化弱化、在自发性营建过程中村落环境退化、在乡村振兴过程中乡土建筑不符合现代化潮流等现象。在国内外乡村营建研究叙述中，阐述了目前的乡村营建研究缺乏建筑学理论视角，建筑设计研究领域空缺。并以此为点，诠释了本文的研究内容价值和框架，通过田野调查、文献分析、实证研究等方式探讨如何解决乡村振兴视角下的现代化乡村营建活动，从而解决城乡建设过程中，营建行为与村落环境、村落文化之间的矛盾，并为此后的乡村营建策略研究提供理论依据。

第2章 郭家庄发展现状与问题概述

2.1 郭家庄发展现状与问题

2.1.1 郭家庄概述

郭家庄村位于河北省承德市兴隆县南天门满族乡，村落范围9.1平方公里，坐落在燕山山脉深处，地处河北省东北部，在北京东北约170公里的地方，属于清朝“后龙风水禁地”，该村地处北温带，并处于东亚季风区内，是典型的大陆性季风气候，春季短而多风沙，夏季高温，多雷雨天气，秋季晴朗，昼暖夜凉，冬季干旱少雪，天气寒冷，气候干燥，多雨。因纬度较高，年平均气温仅9℃，年降雨量在400～800毫米左右。区域范围内有226户，人口约726人。清朝时期，守陵人郭络罗氏曾驻守清东陵，在清朝覆灭后，郭络罗氏后人便移居此处，逐渐开始形成村落。民国时期，郭家庄满族不断受到汉族汉化影响，两族不断发展融合，范围内满族比例逐渐减少至28%，但当地满族文化遗存丰富，被评为“少数民族特色村寨”，至今当地仍保留着满族的生活习惯与文化习俗，如剪纸习俗、满族饮食特色等。

村落地形属于河谷冲积平原，地势平坦，村落周围被树木环绕，有漱河穿境而过，绿水环绕，环境优美。由于早年间被清朝划为皇家风水禁区，禁兴土木、耕作，野生动植物资源丰富，自然环境保护良好。兴隆县下辖范围内的村落因受地方政府退耕还林政策影响，当地多以环村落形式依山种植玉米、大豆、山楂、板栗等多年生草本经济作物，村落居民依靠劳作挣取收入，周边山地皆是开垦出来的经济作物林。

2.1.2 发展现状

郭家庄村地处河北省承德市兴隆县，处于京津冀协同发展圈内，有G112国道（京环线）穿过村落，在交通上处于有利位置，另有北京直达兴隆县的京承线铁路，交通便利。

郭家庄村毗邻南天门、大营盘、黄门子、杨树岭、石庙子、八仙沟六个自然村落，地理位置处于京、津、唐、承四座城市的衔接位置，于2016年被划入《承德市城市总体规划（2016-2030年）》落实京津冀协同发展政策和新型城镇化要求，形成“一核、三带、多点”的城乡发展格局，打造为京津服务的康养旅游城镇带。

2.1.3 建筑形态

郭家庄的民居院落属于典型的北方合院形态，以一合院、二合院为主。呈现北方民族的建筑形态地域特征，但因为文化差异，区别于传统汉族合院。其主屋由北方传统海青房演化而来，院落讲究轴线对称形式，以一条南北向轴线沿轴线单向纵深布局，当地人会在院落中栽种果树、葱、玉米等作物，并饲养牲畜。院落整体坐北朝南，院门高大宽广，并筑台基承院落。因满族文化中遵循长幼秩序，院落形式符合满族“以西为尊，以右为大”的长幼秩序，长者居住西屋，与汉族传统以东为尊，以左为大的文化形态有明显差异。院内筑8尺左右的索伦杆，体现满族传统的“天地观念”。

因郭家庄地区经济发展缓慢，村落中建筑多保留着传统建筑形式，村落风貌相对原始，并未受到城镇化建设影响。

2.1.4 发展政策

村落区域范围内自然资源丰富，因其地貌奇特、山势起伏、河道湍急，沿线多被开发成自然旅游风景区，如双石井自然风景区、天子山风景区、六里坪国家森林公园、九龙潭自然风景区等，而郭家庄村位于清东陵以北20公里处，地理位置优渥，区域内旅游资源丰富，产业结构完善，形成良好的休闲旅游度假圈。

郭家庄村于2017年民委发布的《关于命名第二批中国少数民族特色村寨的通知》（民委发{2017}34号）中被评为少数民族特色村寨，村内建筑形态原始，村落风貌保存良好，满族文化保留较为完整，具有文化传承价值和旅游开发价值。

2.2 郭家庄村落发展问题概述

郭家庄村落自2016年开始在城乡建设中，基础设施被快速完善，基础设施和道路铺装硬化飞速完善，城乡改革基本完成，但也呈现出一系列存在的弊端。

（1）水系河道系统渠化严重，绿化设施不足

村落河道沿岸建立高达6.5米的防水渠，驳岸处理过硬，并且村落范围内缺乏生态性的亲水空间，河岸树木栽种较少，沿河两岸自然生态破坏严重，影响漱河水域自然生态构成。郭家庄村落整体道路过度硬化，村内缺少柔性的绿化设施，村落内公共场所、村落绿化设施缺乏系统的规划，过硬的村落生态环境处理使得村落整体呈现出的现代化质感与村落自身的传统生存方式缺乏协同，导致了村落建设与村民生存方式发展的失衡。

(2) 配套设施建设不足，缺乏文娱设施

郭家庄村落在基础建设的过程中，缺少了基础的文娱设施，无法满足村民日常的生活需要。村中上了年纪的老人，在体力无法保证日常生产要求时，平日的休憩与放松形成了基本的日常活动。但村落内缺少舒适的室内集会空间，年长者多数围坐于国道沿路的小卖铺前晒太阳，聊天消遣。青壮年男性则会在劳作之余，聚集在小卖铺前打牌、休憩。偶尔有妇女前来购买日常生活用品。村中儿童在课余放学时间，在村中国道沿路打闹、玩耍，前往小卖铺购买零食。小卖铺作为村落中自然演化而来的集散中心，聚集了各年龄段的人，但因村中小卖铺位置皆处于G112国道沿路，沿线车辆车速过快，在前往小卖铺的路程中，甚至存在穿越公路的危险行为，因此作为带有集会性质的场所存在巨大的安全隐患。这也从侧面体现出郭家庄村落基础设施构建不合理，缺乏文娱集会中心，无法满足村民日常集会、休憩需求和精神文明需求。

(3) 村中人口老龄化严重

自2002年承德市兴隆县实施“退耕还林”政策以来，郭家庄村落进行农业产业结构调整后，村落主要种植板栗、山楂等多年生草本经济作物，生产劳作所需劳动力减少，并且因为村中传统农业劳作方式所获得的经济收入低于城市劳动所得，村落居住条件不符合现代化发展的潮流，导致近十年间青壮年人口多数外出务工，村中常驻人口以老人、儿童居多，人口老龄化问题严重，甚至有空心化趋势，加剧了文化传承和乡村发展的难度。

(4) 满族传统文化面临断层

在村落中青壮年人口外出务工的情况下，村中常驻人口减少，儿童在国家发展趋势下学习汉族文化与汉语言、文字，村落中满族文字、语言临近失传，仅老一辈人在非日常交流中运用，村落中满族传统文化面临无人继承的尴尬境地，满族文化失语。在当下都市的现代化潮流和全球化发展大环境下，地域文化和民族文化处于主流文化边缘地带，当边缘文化面临文化冲突时，单纯地按照城市发展模式来建设农村已经不足以保证村落文化、地域文化的延续，而如何在新的建筑形态打破村落空间肌理的情况下，延续文化的差异性则是我们不得不面对的问题。

2.3 本章小结

本章通过对郭家庄进行实地的调研与解读，分析了郭家庄的发展进程和现状，对其发展现状和优势进行了全面梳理，确立了郭家庄在兴隆县区域范围内具有的旅游开发价值和文化传承价值，以及村落建设中存在的一系列问题，有助于在其后的营建实践中，确立符合郭家庄村的营建策略。而对于村落中存在的问题，则是乡村振兴视角下营建活动亟待解决的问题，更是因地制宜组建乡村营建策略的重要因素。

第3章 乡村营建策略研究

3.1 乡村营建体系

中国古代的村落形态在成因上受到中国传统“天人合一”的哲学思想影响。《庄子 · 齐物论》曾说：“天地与我并生，而万物与我为一。”正是这种思想的具体表现，强调了村落内物质环境与自然环境相协调，和谐共生，达到“精神上的统一”，在过去，在对村落进行改造时，人们通过认知和经验，总结出了一套通过顺应自然变化，选择居住地、营造建筑，试图达到“天、地、人合一”的居住理论，即“风水理论”。在建筑形态的构成上也受到“风水理论”影响，通过改变建筑形态，梳理建筑内部的采光、通风、防晒、保温，来顺应“气”的流动，其中体现的则是中国古代原始的建筑营建策略。

而在当代，乡村营建从空间尺度上涵盖了乡村聚落整体规划和乡村单体建筑设计，我国地幅辽阔，乡村基数广大，空间分布跨度大。我国乡村建设在空间分布上受地理环境和资金技术的制约，呈无序性分布。在策略上受场地和文化因素影响，因此在乡村营建的过程中，要求建筑师充分考虑场地内各项环境因素，从当代乡村发展语境下的实际需求出发，充分考虑当地经济、文化因素，权宜当地的乡土建造材料，因地制宜地制定营建策略，解决乡村发展中存在的实际问题。

3.1.1 当代乡土建筑师的乡村营建实践分析

当生活在现代化都市中的我们试图谈论乡村时，对乡村居住环境和建筑的破败不堪，脏、乱、差的印象根深蒂固。而在当代社会的发展进程中，乡村作为在地文化的投影，锚定了人类社会的血缘和地缘关系，乡村的重要性在改革开放以来开始逐渐凸显。而乡土建筑作为土生土长者长久以来生存、居住的空间，一直以来提供着庇护与居住的功能，也在时间的长河里承载了历史和文化，但在科技高度发达的现代社会，古旧的乡村建筑，其在历

图2 贵州板万村布依族村落改造

图3 四川金台村灾后重建（图片来源Archdaily）

图4 浙江富阳东梓关回迁民居（图片来源Archdaily）

史发展中形成的结构、形式和建筑材料已经不再满足当下农村人的居住需求，当村民经济条件逐渐提升，传统建筑的空间、结构、形态和布局不再合理时，村民的自发性营建行为变得理所当然。而在这种情境下，建筑师的视角也开始逐渐关注乡土的领域，并试图通过乡村营建的手段来改善乡村生活环境、延续传承地域文化和探索乡村未来的发展方向，依此做出了一些有益的尝试，如昆明理工大学朱良文教授主持的阿者科“红米计划”、中央美术学院吕品晶教授主持的贵州板万村布依族村落改造（图2）、香港大学助理教授林君瀚主持的四川金台村灾后重建项目（图3）、gad建筑设计公司主持的浙江富阳东梓关回迁民居改造项目（图4）等。

建筑师通过立足乡土，以乡村振兴为视角出发的乡村营建实践有由昆明理工大学朱良文教授发起主持的阿者科“红米计划”，项目位于云南元阳的哈尼族村落阿者科村。2013年昆明理工大学建筑与城市规划学院教授、昆明本土建筑设计研究所所长朱良文教授针对云南元阳哈尼族古村落面临的文化传承困境，提出了“红米计划”，在乡村营建的过程中，通过对当地独有的农产品“红米”的开发，提高村民的收入、改善村民的生活条件，并针对哈尼族即将消亡的传统建筑形式——“蘑菇房”利用本土材料进行了改造、更新。营建范围复合了乡村书屋、计算机学习中心、村民活动中心及基础设施建设、给排水系统和村内的卫生设施以及村落外部旅游业开发，项目内容立足村落本体和村民的基本需求，涵盖了阿者科村村民衣食住行的各个方面，并通过红米的开发从村落业态本身出发，唤醒村落自身“造血”功能，改善经济条件，延续哈尼族的独特文化。在项目中，建筑师从文化传承角度，以建筑的形式介入阿者科村落的乡村营造和村落转型，遵从村民的生活日常需求和当地村落外部环境，从生活和农业生产出发，重视保护、传承当地哈尼族独特的文化。

再有，2016年中央美术学院吕品晶教授在贵州黔西南州册亨县丫他镇板万村进行了布依族村落改造。项目旨在从村落教育、民族文化、村落经济等方面，对布依族村落进行乡村营建，通过解决村落存在的实际问题，依此改善村落业态，试图延续布依族传统文化。在项目伊始，建筑师就注重村庄整体形象的建设，通过对村落建筑整体风格的把控，还原古村落氛围，认为传统村落需要整体、统一协调的村落整体形象，并将布依族的传统文化和建造观念融入项目中。在对布依族村落进行营建改造的同时，对传统穿斗式木结构建筑室内外整体进行改造更新，针对当地的环境和建造材料提出一种具有可借鉴性的室内改造模式，改善村民的居住条件。项目营建从村落的实际问题出发，在村落营建的过程中，为了解决村落中存在的环境问题，先后建设了村落给排水系统、循环用水系统、排污系统、光伏发电系统，将科技的元素运用到传统村落的建设中，在打造村落公共集会空间时，修缮了村落道路和基础设施，并帮助村民为村内两百余名儿童改造建设了新的村落小学和民族文化博物馆，延续传承布依族传统文化。在乡村振兴的角度，建筑师从酿酒、烧陶、锦绣织造等手工艺生产模式出发，注重挽救乡村自身的内在活力和产业结构、激发乡村发展的内在动力，帮助村民重塑文化自信和归属感，解决村落发展中面临的实际问题，促进乡村振兴和文化活化，带动布依族传统村落的经济转型。

灾后重建的乡村社区营建项目则有香港大学助理教授林君翰主持的四川省广元市金台村灾后重建项目。项目包括22栋综合房屋和一个社区中心，作为灾后重建项目，项目提出了人本化概念，通过对现代化农村生活的研究，在此基础上实现乡村营建的美学实践，以及村落居民与自然环境的空间组织衍生关系。项目一方面从村庄和村民的共同利益角度进行营建实践，另一方面试图反思现代乡村景观营建行为。

同时，建筑师认为“农村生活不应该复制城市的生活状态”，因此，将现代化的乡村概念融入了设计项目之中，打造从社会、生态方面都具有可持续性的现代化乡村。项目为村民设计了现代化的乡土建筑住宅，并不断地梳理与当地村民的沟通，满足当地村民的居住需求，住宅在面积、内部功能和屋顶及剖面上颠覆了传统的乡村建筑形式，设计团队使用当地材料构筑了拥有耕作功能的绿化屋顶、沼气能源循环系统以及饲养家畜、家禽的空间的可持续概念乡村住宅。在营建过程中建筑师通过设计墙面垂直的建筑内部庭院，满足了住宅室内采光和通风的居住需求，并为楼顶绿化屋顶的雨水收集循环系统铺设了通道。同时利用村落外部自然环境的芦苇湿地净化村落生活污水，进行了乡村村民合作共同饲养家畜等集体利益概念的设计。项目旨在通过将农村生产生活的不同需求环节联系成整体的生态循环链，构筑了金台村在灾后发展的自给自足型乡村经济模式，而在住宅的地面架空层构筑的开放空间则允许村民开设简易的家庭作坊，提高收入。金台村的灾后重建项目设计将城市中密集型居住模式结合到乡村建筑设计中，通过乡村社区的构筑，从乡村振兴的视角探索乡村社区的发展方向。

在乡土社区和乡村营建的实践过程中，建筑师充分考虑了乡村自身的环境因素、社区环境、人文因素，解决乡村营建中的具体问题。从乡村发展出发，通过建筑介入的手段，将乡村纳入整体具有可持续性的发展道路，从村落整体的角度，规划、延续村落整体风貌，梳理村落内的空间结构和关系；从乡土建筑角度，尊重当地的文化积淀和聚落肌理，采用当地材料和传统技艺更新再造乡土建筑，赋予了建筑现代化生态环保的建筑体系，如“生态循环系统”、“光伏发电”、“雨水收集循环”等，为乡村建筑的现代化发展提供了值得借鉴的实践经验；在村落空间层次上，将建筑纳入村落空间结构，并通过社区中心的再造，构筑“核心—公共—单体”的村落空间层次，延续了乡土社区原有的交际层级结构；并通过对传统文化的解析，在村落中置入符合村落发展需求的现代建筑，在赋予建筑文化内涵的同时，满足传统和现代的使用功能需求；从文化角度实践乡村振兴营建，充分考虑了当地的文化资源和文化特色，在提高文化自信和文化归属感的同时，调整、重塑了村落产业结构和业态，从地域文化的角度，构筑手工业、农业产业发展，为乡村振兴的营建提供了可持续的发展道路。

3.2 乡村的营建要素研究

乡村社区因其自身的文化结构和社会阶层结构与城市不同，乡村的营建不能一味地套用城市建设模式，应根据乡村自身的现状和面临的发展问题，从乡村振兴的角度，对村落和建筑进行适宜性的改造修缮，在现状的基础上因地制宜地进行营建，改善村落环境，提高居住水平。

3.2.1 乡村

对乡村振兴的乡村营建行为因其背后的社会价值和社会因素，必须是带有前瞻性的，这种前瞻性主要体现在对村落整体的规划、发展的研究分析和对环境需求以及乡村建筑模式和结构的重塑与再造。因此，要求建筑师规划出乡村未来发展的模式与形态，通过建筑介入手段，实践文化保护、延续乡村肌理，并依此唤醒乡村“造血”功能，让乡村发展进入良性循环，步入可持续发展的道路。对乡村的振兴需要从建筑的营建活动展开，但乡村的振兴也影响着建筑的营建活动，两者属于乡村营建问题中一体两面的层次，既相互补充又相互独立。

3.2.2 乡村环境

自然生态环境作为乡村聚落的外部环境，也是乡村赖以生存发展的物质基础。千百年来，中国传统的农业形态决定了乡村传统的生产状态，“靠山吃山，靠水吃水”。但在乡村发展的进程中，乡村的产业业态转变，导致了乡村环境的脆弱性开始显现，乡村环境面临着工业化发展的威胁。因此，在乡村建设行为中，对自然生态环境的保护都是极其必要的，建筑师应在乡村聚落的规划与设计中，将自然环境放到重要位置，树立“生态环保”理念。

乡村不应脱离生态环境而存在，在乡村营建的行为中，保护村落生态环境和谐稳定的同时，要创建村落与环境连接的桥梁，保持空间上的联系性，还原自然村落的空间形态。应因地制宜地营建，保证村落外部生态系统的稳定，注重村落布局，延续村落自然生态景观。

所以，在乡村规划建设时，要通过利用现有自然资源，优化资源配置，因地制宜地选择建筑材料，以“低碳化”的营建行为维护自然生态环境，以此来构筑人与自然和谐共生的乡村环境。

3.2.3 乡村建筑

乡村建筑与村落整体风貌的构成有着紧密联系，是乡村聚落的重要组成部分。而乡村建筑的形成与演化，因其不同区域的地理环境不同、文化基础不同形成了各不相同的建筑形态，在历史演化的过程中由于缺乏建筑师的干预，建筑随着需求和环境而转变，建筑的形态和肌理明显呈现出受当地环境因素与文化积淀影响的自然状态，属于不可复制的文化瑰宝。但当下的乡村建设遵从城市化审美，在乡村营建中一味地模仿城市，单纯地拓印城市建筑形态，使乡村失去了乡土的特色和文化本味，也从根本上斩断了乡村文化传承。

建筑师在乡村建筑的设计中，应将村落的肌理和文化赋予到建筑本身。思考建筑与场所的关系，构筑建筑与场所沟通的桥梁，并通过对乡土材料的运用，延续传承乡村风貌、乡村文化，保存乡村本真和纯粹。但又要求建筑师在营建中，对不合理的传统建筑空间结构、形态进行优化、改造，思考如何将现代化的居住方式和功能带入乡村建筑中，形成符合现代化居住、使用要求的新型乡村建筑；通过科技创新的手段，将科技元素赋予乡村建筑，满足村民对现代乡村生活的要求，让传统建筑去适应当下现代化的科技生活，避免传统生活方式与现代生活方式之间产生冲突。构筑科学、合理、规范的建筑内部环境以及建筑生态系统，当乡村在不断地演变，建筑和设计也应该思考如何应对乡村的变化发展，也随之演变。这不仅关乎村民面临的居住问题，也关乎农村日常生活方式的转变。

3.2.4 发展需求

乡村的城市化发展是无法避免的，但如何规避乡村成为城市的投影，孕育出独特的现代化乡村结构，是我们值得思考的问题。在乡村营建的内容里，产业业态和经济发展是乡村建设的导向条件，在乡村振兴对产业进行规划、转型时，应树立“可持续”的发展观念，以持续发展的角度，进行产业结构调整，带动乡村经济发展。对乡村的发展建设应注重村落自身条件，优化资源配置，对村落现有资源进行合理开发利用，突出产业地域性特色、民族性特色，利用互联网、旅游开发手段构筑村落与社会联系的桥梁，形成城市反哺农村的发展模式，实现乡村经济快速稳定发展；在乡村发展中应注重对传统手工业民族文化传承进行业态改造、保护，通过村民合作、参与等方式，帮助乡村进行产业转型。针对现代化的基础设施建设，如铁路、高速公路等，建筑师应当在项目中权衡发展与建设问题，去思考大型基础设施建设对村落带来的影响，杜绝因短视而引起的过度开发行为，造成资源损耗浪费和村落形态的破碎。在乡村快速发展的现在，乡村的生活方式会随着乡村的发展而改变。

3.2.5 乡村文化

自古以来，乡村就是中华文化的发源地，中国传统村落在历史中演化发展的同时，其文化形态也在不断地演变。而今日的乡村，作为乡土文化的物化体现，其文化仍然保留着浓厚的“土”文化特质，以接地气的形式，体现在乡村的日常生活和文化环境之中。乡村文化拥有复杂的结构，在对乡村进行营建活动时，对乡村村落的文化、民族地域文化要注重文化的延续，以建筑介入的方式，对村落原生文化和文化氛围进行保护传承，对其村落的空间形态和乡村肌理的保护也必不可少，村落的外部物理环境是孕育村落文化的基础，通过对村落整体环境、风貌的建筑介入保护传承村落文化、通过产业开发进行文化输出，增加受众，以文化认可的形式，引导村落文化稳定延续，构筑文化自信的村落环境；注重精神文明建设，树立文化自强、文化自信，提高村民对乡村的归属感，为经济文化建设铺垫好发展的道路。

3.3 郭家庄村落营建策略

在当代乡村，以建筑介入的形式进行的乡村营建活动中，由建筑师主持的项目注重对场地、自然条件、气候条件、空间肌理、历史积淀的表达与运用，建筑师在进行营建活动时，会对场地各项相关因素进行学理化分析，进而因地制宜地制定营建策略和设计方案，例如，建筑师刘家琨在进行乡村营建时，坚持“低技策略”，以可持续的建筑观念和粗放的乡土建筑技术，采用当地乡土材料和适合当地地理气候特征的空间与建构形式，立足当下解决乡村发展中的现实问题，将色彩、尺度、肌理等因素运用到场所的构筑中，依此呈现自然的结果。

由此可见，在项目前期对场地和场地外部环境的分析，对乡村营建策略的制定是必不可少的。而通过前期对当地发展政策、上位规划、场地现状、气候条件、水文条件等客观因素的梳理，也有助于制定更加切合乡村实际、村落需求的营建方案。

而通过在项目前期实地调研，对郭家庄场地各项因素进行分析梳理时，结合郭家庄外部物理环境和自身内部条件制定了符合郭家庄的乡村营建策略，从以下四个方面展开。

3.3.1 环境

尊重场地自然环境，注重环境保护。

郭家庄村地势是受河流冲积形成的河谷地势，地势特点为“两边高中间低”，村落周遭林木旺盛，山林交织的自然环境形成了郭家庄村落人居环境的依托。由于郭家庄村地处北纬40°西经118°，纬度较高。因此，在当地一年四季中太阳常年直射建筑南面，建筑的设计需要根据太阳的起落方向，设计建筑外部的采光防晒，从而避免建筑西晒影响室内环境；而郭家庄村位于东亚季风区范围内，当地季风条件良好，风量大，风速缓，因此，在建筑设计中将自然风引导入室内调节温度，是非常环保的设计理念。

在进行建筑设计时，需要尊重村落周围的外部环境，利用自然环境因素进行改造设计。而对郭家庄的地理环境因素、水文、历史、经济、交通进行分析梳理，这有助于确立项目的功能需求和使用需求；在满足功能需求和使用需求的前提下，考虑周遭环境因素。利用当地乡土材料塑造与村落周边环境和人文环境相协调的建筑形态，延续村落空间肌理，贴近村落周围山水环境，把握其中所蕴含的民族、土地气质，筑造出建筑的地域性特征；在建筑规划设计阶段，应注重土地的开发使用，尽可能减少对土地和村落的开发，在保护村落环境的同时，对土地进行有效的规划，以协调适应村落的环境和村落的发展，减少项目与环境引发的冲突，实现乡村生态环境的全面振兴。

3.3.2 文化

注重满族文化和村落文化的传承、延续。

郭家庄村因为村落的形成与满清守陵人有着深厚的历史渊源，在2017年被授予“少数民族特色村落”。

村中的建筑多数属于满族传统合院，建筑相对低矮，村中道路纵横交错，以南北向贯穿村落的形式散布在村中，在村落空间布局上显现规整的布局特点，呈现典型的北方乡村特色。对村落的规划，营建行为应坚持以文化为主导，确保满族文化在郭家庄村的延续、传承，并拓展到文化开发建设，形成“文化—经济”的产业转变；对村内存留下来的传统建筑、景观，应加以修缮、保护，形成村落中乡土记忆的延续，对村落的营建，在保存村落内满族聚落特色和原有空间形态的基础上，打造具有人文价值和观赏价值的村落景观，将文化的发展建设贯穿村落的方方面面。

村落的文化是乡村聚落形成时开始流传下来的，代代相传，村落内土生土长者作为村落文化结构的其中一分子，既是村落的村民，也是村落文化、满族文化的传承者和守护者。只有通过他们的努力和坚持，满族文化才能继续在燕山土地上延续、传承，才能让更多人近距离地体验满族文化。

3.3.3 村民

构筑乡村公共空间综合体、满足村民需求。

对郭家庄的村落营建，除了对环境、建筑、村落空间进行规划改造外，更重要的是把握村落中生活的人的需求，人作为村落结构中重要的组成部分，是决定村落日常生活生产状态的重要因素，村落作为乡土社区，是由不同形式的社会活动所构成的聚落群体，其本质是一户户家庭组成的社会群体，一个扩大的家庭。在村落中，由于“血缘”和“地缘”的关系，邻里交流成了村落人际关系的重要内容，以此为基础的日常交流沟通维系了村落的社会关系，在空间上延续了乡土记忆的传承。

因此在营建规划中，以人为本为村民打造乡村公共空间，形成以公共空间为纽带、“场所精神”为基础的场所塑造，建立“私人空间—公共空间—村落”的社会关系格局，覆盖整个村落，以场所维系村落中的人际关系、空间关系，形成乡土社区中心。在此基础上建立集会性场所和日常休闲娱乐空间，解决村落基础设施功能性不足的问题，满足当地村民的日常生活需要。建造满族文化体验空间、文献阅读空间、文创电商中心，在延续、传承郭家庄村乡土记忆与满族文化的基础上，面向村落外部发展满族特色产业，从旅游业和电子商业输出满族特色文化，探索郭家庄乡村振兴的可能性，为郭家庄村的乡村发展谋取不同的发展道路。

3.3.4 经济

以产业发展带动村落经济发展。

在当下乡村发展的大环境中，乡村的发展面临着机遇与挑战，但村落的经济发展与城市经济发展之间的不平衡仍是不能否定的事实。在乡村收入与城市收入的对比中，乡村人均收入远低于城市人均收入，以2013年的经济条件为例，2013年郭家庄村年人均收入仅为6482元：同年承德市城镇居民家庭人均可支配收入为20636.8元，郭家庄村人均可支配收入更是远低于城镇人口可支配收入。因此，在郭家庄村落的营建实践中，对村落经济的探索与建设是最重要的问题，将目光放至当下，通过发掘探索郭家庄产业特色，进行产业塑造、产业转型，用产业的塑造和转型来为村民创收，以提升村民收入，改善村落经济条件和村民居住条件成为切实目标；对郭家庄村进行民俗产业的塑造，以满族文化、满族传统手工艺为特色，提供“衣、食、住、行”等各方面的满族民俗体验和文化展示，最终形成旅游产业输出和文化输出，成为郭家庄切实可行的发展对策。郭家庄振兴应当以乡村营建的模式，在营建的基础上带动村落经济发展，唤醒村落经济活力，以此吸引更多的人选择留在乡村就业，完善构筑乡村自身的发展生态，修复郭家庄村自身的“造血”系统，让村落通过自身“造血”功能生存发展。

郭家庄的经济建设是一个缓慢的过程，并不能单纯地依靠营建本身增加收入，而应在缓慢的业态改造过程中，进行产业、文化的建设，以产品、文化输出为模式，将村落的营建行为和乡村振兴落实到经济建设方面，从经济建设方面为郭家庄村带来更多的转变。对于郭家庄村的村落建设，在乡村振兴的语境下，思考如何为村民谋福利，为乡村建设谋福祉，才是郭家庄村乡村振兴的核心问题。

3.4 本章小结

本章主要是结合第2章郭家庄村落现状和发展问题，以乡村振兴视角下的乡村营建实践为研究对象，通过选取几位建筑师对待不同乡村的营建行为和策略进行了分析，分析在不同文化背景下的乡村营建行为，探讨乡村营建活动中的内部因素和外部因素影响；通过比对可以得知，建筑师以乡村振兴为目的的营建行为与策略，都与当地文化有着紧密联系，同时受到村落环境、村落发展现状、村落文化的影响。在此基础上，对相关案例进行分析，总结归纳出不同营建行为中的同类型影响因子。并根据郭家庄村落的外部自然环境和村落文化、民族文化以及发展策略制定项目营建策略，针对郭家庄村现状存在的问题，提出“以文化为主导”协调村落自然环境和社会环境的村落公共空间营建策略构想，试图根据切实需求，从乡村振兴的角度出发，创造出满足乡村发展需求、游客使用需求、村民使用需求的复合功能性建筑。

第4章 满荷·乡伴文化综合体营建实践研究

4.1 项目概况

项目位于河北省承德市兴隆县郭家庄村，村落为满族特色村落，拥有深厚的文化底蕴和文化氛围，兴隆县在2016年被划入环京津城镇带的发展规划中，规划要求在2030年前将环京津城镇带打造成为京津服务的康养旅游城镇带，区域内形成“京津冀后花园”的发展格局。项目周边区域范围内旅游产业生态良好，但多数以提供自然风光旅游的风景区为主，缺乏民俗文化旅游开发，在区域内具有竞争力。

在乡村建设方面，郭家庄基础设施建设基本完成，G112国道穿村而过，崭新的水泥路不断出现在村落之中，但村落内的村民仍然居住在传统的满族院落之中，其中的主体建筑仍是以北方传统民居“海青房”为基础自然演化而来，当中的空间结构和布局早已变得不再合理。崭新的水泥路和破旧的居所，这一番奇特的景象，在郭家庄的乡村营建中出现。郭家庄的乡村营建以现代化的姿态碾压着濒临死亡的村落，在这一现象的背后则显现出了郭家庄乡村发展的方向缺乏合理的规划，仅以基础设施建设来衡量乡村发展，在空间和结构上割裂了郭家庄村的人居环境，对此，早在二十年多年前约瑟夫·里克沃特（Joseph Rykwert）就认为建造行为应具有合理的规划与决策，“区别于哪怕最出色的动物筑造物，人类建筑总不可避免地包含决策和选择，即包含着规划”。

1951年德国著名的哲学家马丁·海德格尔（Martin Heidegger）从建筑现象学的角度提出了“诗意地栖居”，认为人的存在是因为人有思想，而思想的存在需要特定的载体，所以营造的最终目的是为了提供思想的居所，从而能使人真正地栖居。1979年，挪威的建筑学家克里斯蒂安·诺伯格—舒尔茨（Christian Norberg-Schulz）在“诗意地栖居”基础上提出“场所精神”理论，认为建筑的营造要回归到“场所”，通过场所的构筑，赋予空间精神，让人与场地、人与环境发生关系。

在关于乡村建设的设计探索之中，必须认识到乡村最基本的组成结构，即“人—村落—产业”。“同时，随着国内文化遗产保护的兴起，以民族文化生态村、生态博物馆和民族村寨博物馆为主要形态的实践模式已成为村落空间构建的主导趋势。”所以，项目以村落满族文化作为基础进行设计，构筑以满族文化为主体的村寨博物馆，通过“文化综合体”的建设改善村落内的产业现状，构筑联系村落的场所，联系村内的村民，为郭家庄村建设公共活动空间，以场所的赋予解决村落内存在的问题，以此形成村落中隐形的社区中心，延续村落中的乡土记忆。因此，建筑本身又复合了文化展示、产品售卖、教学体验等功能。

4.2 设计理念

郭家庄文化综合体的项目方案设计中，建筑围绕“乡村振兴”进行设计，通过地理信息系统（GIS）对村落的基础资料和地理信息进行收集、分析，甄选出适宜性建设的土地样本，提出以“村落、文化、历史、产业、公共空间”五项要素为重点的设计理念，融入“科技、创新、可持续、文化延续和人本化”的设计概念，最终通过建筑的手段实现郭家庄村的乡村振兴。

4.2.1 建筑策略

（1）地域策略

在建筑的设计中，融入当地的文化特质。对乡土材料进行运用，延续村落风貌，形成富有地域特色的建筑形态。

（2）低技策略

以可持续的建筑观，接近粗放形式的技术。采用当地材料、适合当地地理气候特征的空间与建构形式以及与地形地势相呼应的建筑群组布局。将色彩、质感、尺度、形体、比例与层次因素运用到构筑场所气质与氛围中，呈现自然的结果。

（3）低碳策略

在建筑方案中植入“可持续发展”的建筑理念，从建筑材料、通风系统、雨水收集、保温系统等方面考量，落实具体的低碳策略。合理构筑墙窗，调节室内温度、湿度，最大限度地满足舒适度要求，营造舒适、宜人、生态的建筑环境。

4.3 营建方法

在调研研究期间，笔者发现村中多数村民喜欢围坐在老式的小卖部建筑前集会、闲聊、打牌，同时，在村内小学读书的儿童也会在此打闹嬉戏、购买零食。但由于距离高速公路过近，这样的集会空间存在着安全隐患。对此，项目在设计中考虑到了村内缺乏室内集会空间。而为了解决郭家庄村“空心化”趋势，重拾文化自信，设计以满族文化为背景，在项目中注重村落人居环境的保护，将村落建筑与公共设施以及公共空间的概念相结合，建立文化综合体形成“社区中心”，使“社区中心”成为村落文化的载体，承载村落人居文化、人际文化、历史文化，使人居文化、人际文化、历史文化在村落“社区中心”有机共生，和谐共存。而面对村落经济落后问题，在经过调研研究后，有针对性地提出了“文化开发”的构想，在不破坏村落环境与村落当前生活方式的前提下，融入现代化的理念，发展经济产业与互联网经济，改善村落经济，提高村民收入水平。项目利用村里的满族文化遗存与产业特色设立旅游体验项目，进行一系列的文化旅游开发项目，对当地的文化生态和经济发展起到有益的作用，设计

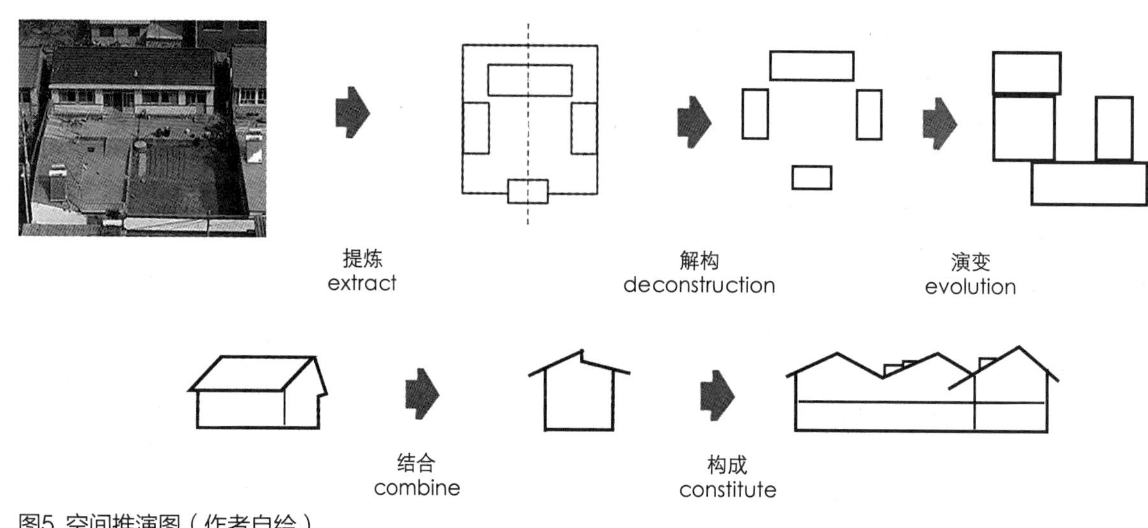

图5 空间推演图（作者自绘）

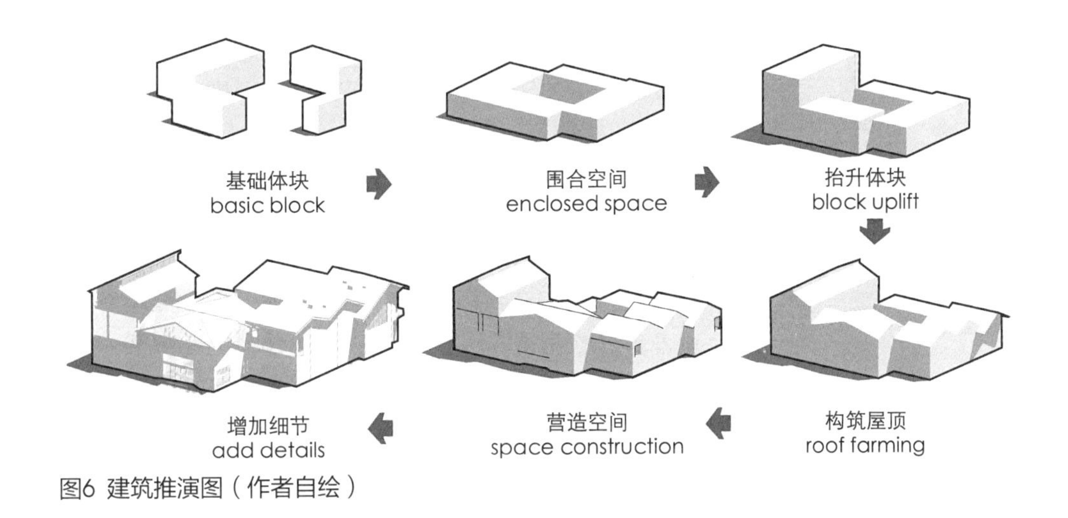

图6 建筑推演图（作者自绘）

依此利用特色文化产业和旅游开发带动经济发展，重塑村落自身的“造血功能”，使郭家庄原本的粗放式农业经济结构转变为集约型的旅游产业结构，发展满族文创产品、特色产品，以此吸引更多人从城市回归到乡村发展，回到中华文明的起源之地。项目提出的文化综合体的设计，在为村内村民日常集会、休闲娱乐提供了场所的同时，又针对村内文化生态现状，提供了文化振兴的空间，不仅在日常生活需求上满足了村民的使用要求，并且改善了村落文化生态，使村落文化、满族文化在当下的现代化社会更好地延续、传承。

建筑的设计通过运用乡村营建的策略，以荷花作为项目的主题，提出“满”“荷”“乡”“伴”的设计概念，以乡愁和羁绊作为出发点，通过满族文化和荷花的内在联系，从而使郭家庄的满族文化与乡土文化融合起来，将郭家庄村的乡村营建结合文化要素，以此作为文化扎根的土壤，绽放出如荷花般出淤泥而不染的绚丽花朵。项目通过当地乡土材料的运用，表现出燕山土地的乡土特质，使建筑融入村落环境，与村落人文环境、自然环境相协调。因此，建筑外立面运用了当地的乡土建筑材料——青砖、青瓦等材料，以青灰色为建筑主体色调，将当地的土地、山川脉络以及村落内满族的文字等元素融入建筑之中，让建筑延续村落的肌理和风貌，以粗糙的表面肌理表现燕山土地豪放的特质，因基地政策限高的原因，建筑在整体高度上保持了村落建筑的高度，在保护村落天际线的同时，重塑了村落整体环境和村落印象。

在设计之初，项目提取了满族传统院落形式，由满族居住的合院演化成为建筑的平面布局，并根据满族“以西为尊”的理念设置了入口方向，建筑在设计的过程中融入了满族文化和其背后的人文意涵，构筑出一个庭院式的建筑空间，其中蕴含了满族居住文化中“天、地、人”观念，符合了村民在建筑上的乡土认知，更容易让村落居民产生心理上的认同感，但建筑在设计的时候并没有遵循乡村建筑原有的宜人尺度，而是通过丰富空间尺度的大小和变化，满足了乡村对于城市大尺度空间的非理性需求。建筑的外立面整体提取的是村落中的本土建材——青砖，其在满足经济适用、价格低廉的条件下，更成了“新”建筑传承“旧”文化的建筑符号，将“新”建筑通过符号语言的运用置入了原本已形成完整整体的村落系统之中，来贴合村民长久以来的生活、情感和历史文化，还原了青砖最本质的符号含义，延续乡村风貌、传统。建筑内部使用新式建材清水混凝土板来构筑空间，不同于传统的“做旧如旧，新旧区分”理念，项目在设计当中通过新式材料的使用来突出村落中现代化生活模式与传统生活模式的割裂，凸显出醒目的分歧，形成现代与传统之间的灰色区域，以此来寻求现代与传统之间的“兼容共生，和而不同”，来为郭家庄的传统村落的模式注入新的活力。在空间塑造的过程中，不同空间组织和功能区的区分给予了游人直观的游览体验，通过不同空间组织的聚合形成了不同的游览路线和使用方式，以此达到了空间疏密的变化，并且提供了更多的空间使用和功能使用上的可能性。郭家庄村地处北方，由于采光需求，建筑整体呈现北高南低的布局形态。在形式和结构上，建筑采用了满族传统的建构形式和技艺，在尽可能维护村落整体风貌的前提下，进行了改造创新，对满族乡土建筑设计进行了尝试，而在设计过程中通过对乡土材料的运用，希望建筑可以被看作是物化的村落文化积淀，并与村落产生内在的联系。

4.4 建筑功能分区

建筑的功能主要以文化展示功能为主，利用村落中原生的满族文化面貌，通过对文化的展示，让更多人可以近距离了解、体验满族文化。建筑在一层布置了大堂、学术报告厅、服务中心、中庭景观、室外水景、虚拟现实展厅、文创产品展示售卖区、茶室、临时展厅等，让文化栖居在建筑之中，并与乡村的公共空间相结合，从而形成具有乡土生活气息的建筑，人们可以在此交流、娱乐、休憩，享受时间和空间的变化，而中庭景观的设置，将山水的意向融入建筑之中，让山水的宁静、乡村的宁静和文化的宁静达到平衡，产生缓慢的空间感，让建筑、山水、景观以此结合，构筑一个极具情趣的建筑空间。

二层空间以展示、文化宣传为主，通过电梯和楼梯与一楼连通，主要由满族剪纸展示区、满族生活用品展区、满族书画展示区、视听区、文献阅读区、满族服饰体验区、科普教育宣传展厅、露台绿植餐饮区、光影长廊等组成，二层的展示空间以主动线相连，形成各不相同的展示空间和休憩空间，通过沉浸式的体验和丰富的空间，让游览者从各个角度了解满族的文化、历史。

建筑三层则赋予了民艺传承和观景的功能，由民艺传承体验区与观景长廊组成，满族的民族艺术源远流长，其中有流传京城，形象深入人心的泥塑艺术，兔儿爷、相声和其他满族艺术如刺绣、八角鼓、二弦、三弦、说本、舞蹈等，其形式多种多样，皆是不可多得的文化瑰宝，因此，在建筑三层民艺文化空间的设计中，希望通过当地村民来此进行展示和体验、传承等方式，既挽留村民在村落内继承、发扬满族文化艺术，通过文化艺术的手段来提高收入，又迎合了都市人对边缘文化的猎奇心态，让普罗大众有近距离接触学习满族传统技艺的机会，让两者不同的需求在民艺文化空间内交融，将满族民族艺术传承下去。

4.5 可持续发展理念的系统设计

建筑的能源消耗一直是关乎居住水平、生活质量的问题，指建筑物消耗的能源，包括采暖、空调、餐厨、照明、电器用电等方面的能源消耗，然而在郭家庄的调研过程中，发现仍然有依靠烧柴作为生产生活主要能源的现象，因此在郭家庄村落营建的过程中，通过可持续发展理念主导建筑的低碳策略，布置了室内外空气循环系统、雨水收集系统以及光伏发电系统，通过构建科学的建设框架，有效改善地区城乡建设中面临的能源问题，同时也更好地改善了村民的生活质量，提供舒适的生活居住环境。

（1）室内外空气循环系统

在设计之初，考虑建筑的自然通风，通过对当地风向、风速进行系统的分析，得出人在室外空间感到舒适的风向为东南方向。依此，回到传统民居寻找应对现代化技术的策略，在建筑的东南方向预留了空气循环通道，在减少建筑能耗、尽可能实现生态环保的同时，最大限度地提高空间的舒适度，通过室内外空气流动形成风循环，以调节室内温度、空气湿度，满足人体舒适度要求。

（2）雨水收集系统

当地由于季风性气候的原因，年降雨量较少，水资源较为珍惜。因此，在方案设计的时候，依照可持续的发展观念，在建筑的顶部和表面设置了雨水渠，通过对雨水的收集利用，解决建筑景观绿化和建筑卫生用水等非生活用水的需求，同时与村落水井和灌溉水源结合，可以形成一套简易的节水循环系统。

（3）光伏发电系统

在建筑方案设计时，试图将科技建设融入建筑设计方案之中。因此，部分建筑的屋顶表面使用了太阳能板构筑遮阳屋顶，通过对太阳能的收集储存，减少建筑用电需求，减少建筑能耗，实现低碳环保的理念，无论是对于节能还是居住使用，都有利于改善村落的居住条件。

4.6 文化创新产业

郭家庄在发展旅游业方面有着天然劣势，缺乏外部天然旅游资源，对巨大的城市旅游市场缺乏吸引力。对此，笔者通过对郭家庄村的实地调研和考量，提出了“文化产业创新带动经济发展”的理念，在产业发展方面，选定了“文化产业”作为规划主题，探索发掘郭家庄村内的满族民俗文化内涵，将民俗文化旅游作为主要的规划内容，产业结构上涵盖了满族文化中的“衣、食、住、行、用”等方面，通过文化展示、民艺展示、沉浸式体验等方式，发展传统手工艺，推出体验、文创产品售卖等多种形式，融合“互联网+”理念开拓外部市场，达到文化认同、文化输出。针对村落当前的农业产业结构发展困境，来建设、完善文化产业结构，改变村内的经济收入来源，吸引区域内旅游人群来郭家庄进行消费、体验，在产业建设的同时，带动村落经济发展。

4.7 总结

乡村的建设和发展，无法独立于经济而存在。多年来，在我国乡村建设领域，乡村的发展问题、发展方向都是从整体方向上把控，但对于细致的乡村营建还处于探讨阶段，仍需大量的实践探索。对此，本文重点研究了乡村振兴视角下的营建策略，思考在当下的乡村建设大环境中，建筑学科的研究者该如何对待乡村营建中的文化建设和经济建设。在村落发展的乡村营建行为之中，村落的外部环境和其内在因素对项目的影响十分巨大，乡村的营建策略更是应遵循场地的外部环境和自身条件因素来制定，针对场地现存的问题和情况，来探索村落内部环境与外部环境的联系，关注乡村发展的内在因素，并合理地规划乡村营建行为。对于乡村振兴视角下的乡村营建来说，如何去思考乡村营建与经济的关系，则显得更为重要。在乡村营建的所有因素之中，村落经济仅仅是其中一个切入点，但对于村民，却是最重要的一点，人居环境理论的核心是“人”，宜居乡村建设的目标也是改善“人”的居住环境，乡村建设的核心也必定是以“人”为中心。因此，建筑师在以乡村振兴为目的的乡村营建实践中，必须要将村落的经济列入规划范围，以村民本身的视角来看待乡村营建行为，利用科学的理念和手段去带动村落的经济，挽救即将消失的文化。项目中村落综合体的构建，在实实在在解决村落实践问题的同时，对当下乡村营建提供了有借鉴价值的方式、案例，可以更好地指导如何将现代化的技术手段运用到乡村营建之中。

未来的乡村建设必然会以更加现代化、科技化的姿态出现，形成与城市同出一源，却又截然不同的居住方式。但在此之前仍需要我们不断地对乡村进行实践、研究，以此来探索和思考乡村以及乡村建筑未来更多的可能性。

参考文献

1．专著

[1] 侯幼彬．中国建筑美学[M]．北京：中国建筑工业出版社，2009．

[2] 伯纳德·鲁道夫斯基．没有建筑师的建筑[M]．天津：天津大学出版社，2011．

[3] 彼得·卒姆托．建筑氛围[M]．北京：中国建筑工业出版社，2010．

[4] 费孝通．乡土中国[M]．北京：北京大学出版社，2012．

[5] 埃比尼泽·霍华德．明日的田园城市[M]．北京：商务印书馆，2000．

[6] 秦红增．乡土变迁与重塑——文化农民与民族地区和谐乡村建设研究[M]．北京：商务印书馆，2012．

[7] 霍高智，王佛全主编．新农村建设方法与实施[M]．北京：中国轻工业出版社，2011．

[8] 芦原义信．外部空间设计[M]．北京：中国建筑工业出版社，1985．

[9] （挪威）诺伯格-舒尔茨．场所精神——迈向建筑现象学[M]．武汉：华中科技大学出版社，2010．

[10] （挪威）诺伯格-舒尔茨．存在·空间·建筑[M]．北京：中国建筑工业出版社，1990．

[11] 吴良镛．人居环境科学导论[M]．北京：中国建筑工业出版社，2001．

[12] 李立．乡村聚落：形态、类型与演变——以江南地区为例[M]．南京：东南大学出版社，2007．

[13] 彭一刚．传统村镇聚落景观分析[M]．北京：中国建筑工业出版社，1992．

2．学位论文

[14] 辛泊雨．日本乡村景观研究[D]．北京林业大学，2013．

[15] 严嘉伟．基于乡土记忆的乡村公共空间营建策略研究与实践[D]．浙江大学，2015．

[16] 黄丽坤．基于文化人类学视角的乡村营建策略与方法研究[D]．浙江大学，2015．

[17] 王韬．村民主体认知视角下乡村聚落营建策略与方法研究[D]．浙江大学，2014．

3．学术期刊

[18] 张晋石．荷兰土地整理和乡村景观规划[J]．中国园林．2006，22（5）：66-71．

[19] Rykwert,J. House and home[J]. Social Research, 1991, 58.

[20] 王云才．论中国乡村景观评价的理论基础与评价体系[J]．华中师范大学学报（自然科学版），2002（3）：390-393．

[21] 谢菲．少数民族特色村寨空间构建的过程性研究：一个整合性框架[J]．西北民族大学学报（哲学社会科学版），2018（1）：130-135．

[22] 刘超群．栖居与建造：地志学视野下的传统民居改造[J]．广西民族大学学报（哲学社会科学版），2018（1）：8-18．

满荷 · 乡伴文化综合体建筑设计

Architecture Design of Man-He-Xiang-Ban Culture Complex

郭家庄鸟瞰

项目位于河北省承德市兴隆县郭家庄村

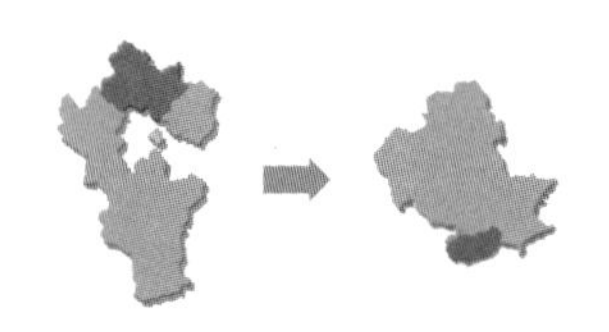

郭家庄交通环境

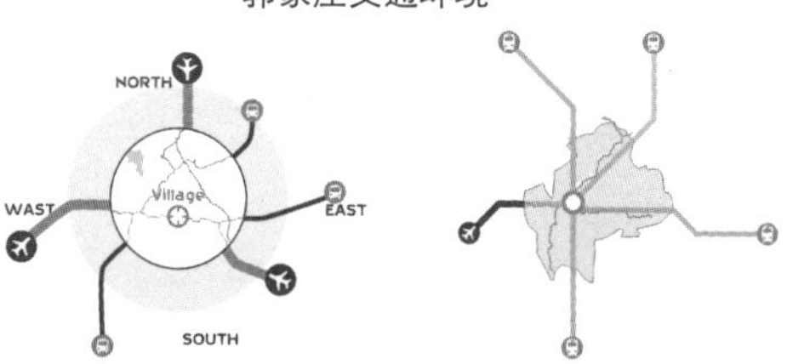

老龄化问题 ✖ 农业产业结构调整，生产所需劳动力减少，导致青壮年人口外出务工，村落面临人口老龄化问题。

绿化问题 ✖ 河流渠化，河岸两侧水土流失严重，村落内生态绿化不足。

基础设施 ✖ 村落内缺乏基础文化、娱乐设施，缺少集会性场所，无法满足村民日常使用需求。

文化传承 ✖ 村落常住人口减少，青壮年外出务工，村落内文化传承无人继承，面临文化断层。

三级客源市场

- 一级市场 —— 定位于北京、天津、承德等现代化都市高收入人、高消费人群
- 二级市场——定位于唐山、廊坊、秦皇岛等华北地区周边市县人群
- 三级市场——定位于山东、辽宁、内蒙古等国内其他地区周边省市旅游爱好人群

四大市场功能分区

- 田园生活——符合项目田园定位，发展乡村生态旅游产业，展现农村生态特色，提高居民生活品质，带动村落经济增长。
- 自然风光——围绕境内自然风光，整合自然资源、乡村资源、民俗文化资源，发展区域一体化旅游优势。
- 历史人文——突出满族文化特色，传承满族历史文化，延续历史文脉，促进文化产业发展。
- 休闲度假——依托路网发展乡村旅游业，满足城市人群短期度假旅游需求。

建筑分析

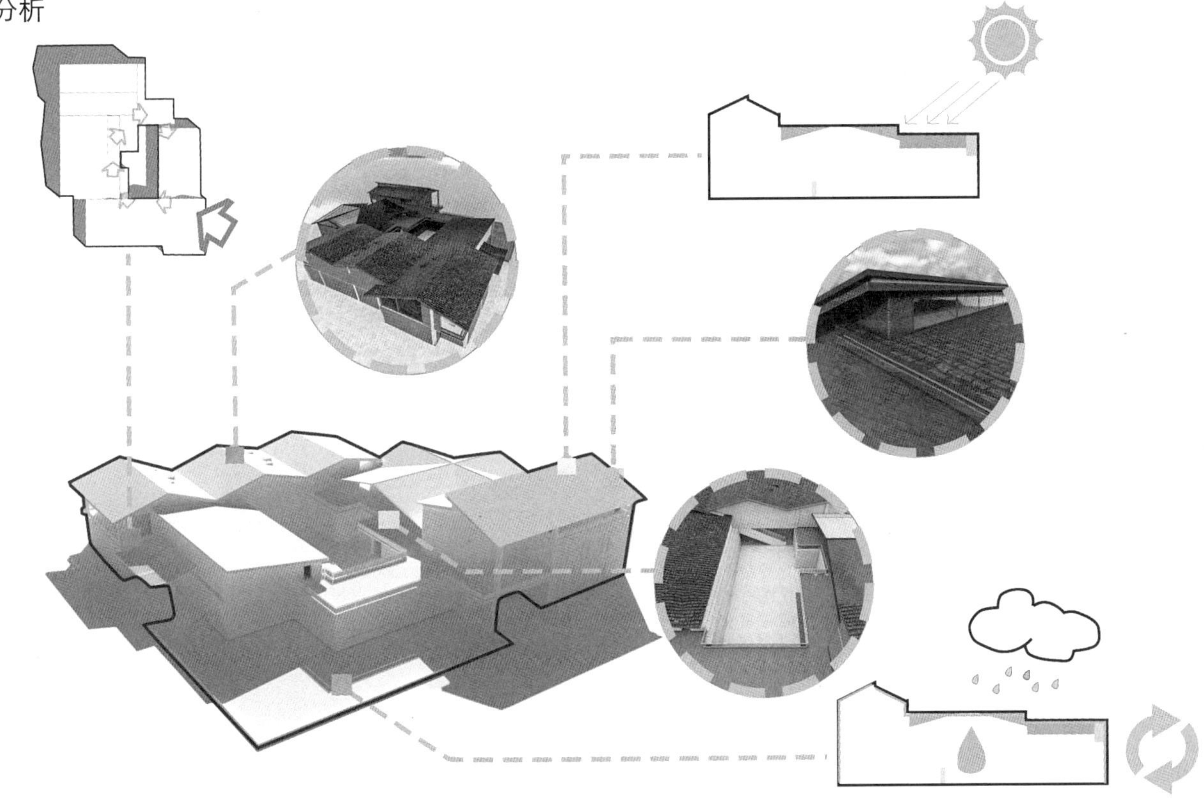

- 通过对风的分析，在建筑布局时预留新风通道，使室内外空气循环，调节室内温度、湿度，满足人体舒适度要求。
- 整体建筑组群坐北朝南，北高南低，西高东低，增加大面积自然采光。
- 开设屋顶错层天窗，使坐北朝南的建筑增加自然采光通风。
- 使用太阳能板构筑遮阳屋顶，实现对太阳能的收集利用以此降低建筑能耗，实现低碳环保的建筑理念。
- 天井连通室内外空间形成对流，使空间内部气流循环。可容纳阳光，增加建筑采光面。
- 对屋顶等建筑表面设置雨水渠，通过对雨水的收集利用，解决建筑景观、绿化、卫生用水等非生活用水需求。节约水资源，缓解地区缺水问题。

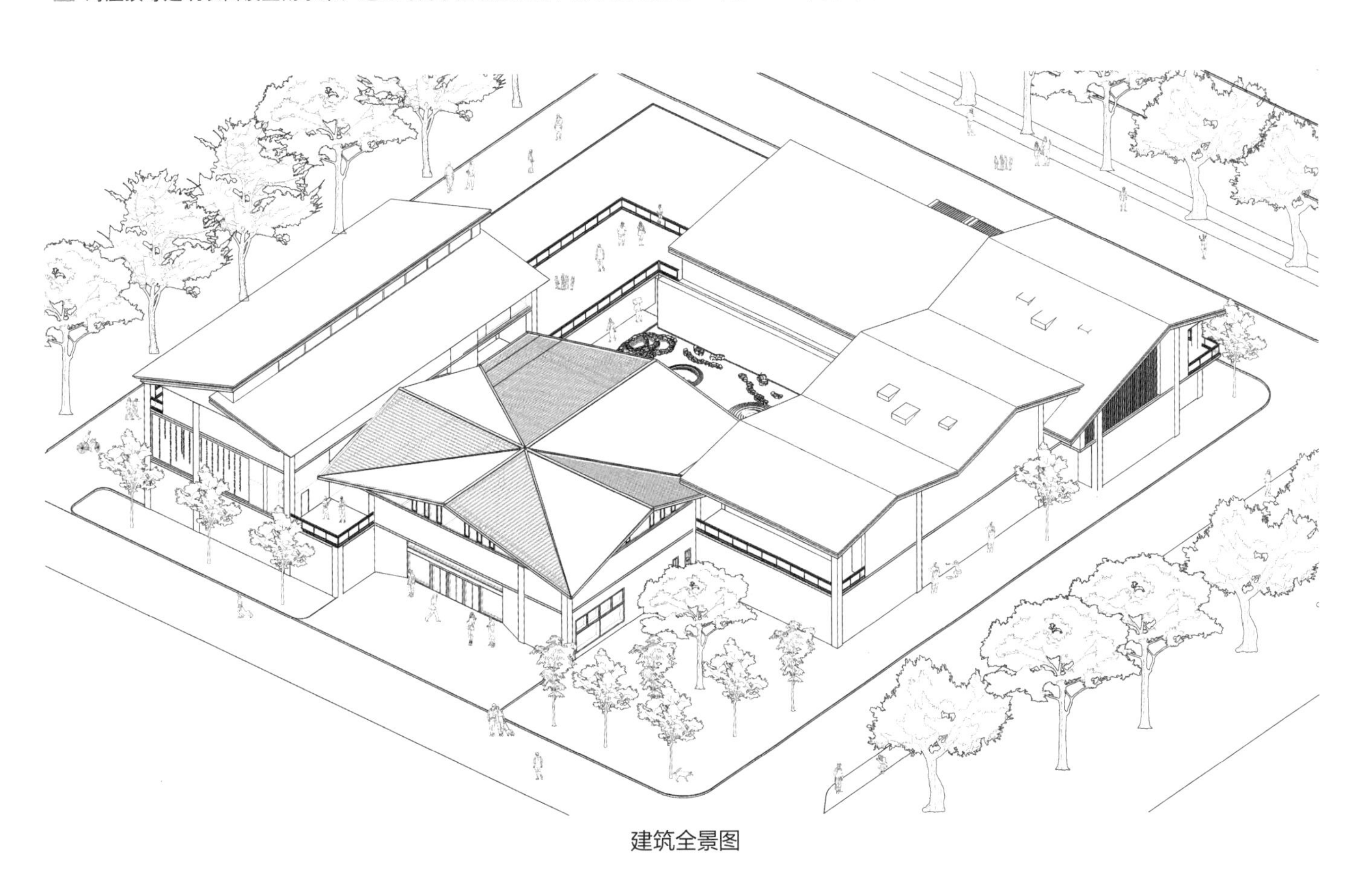

建筑全景图

场地布置

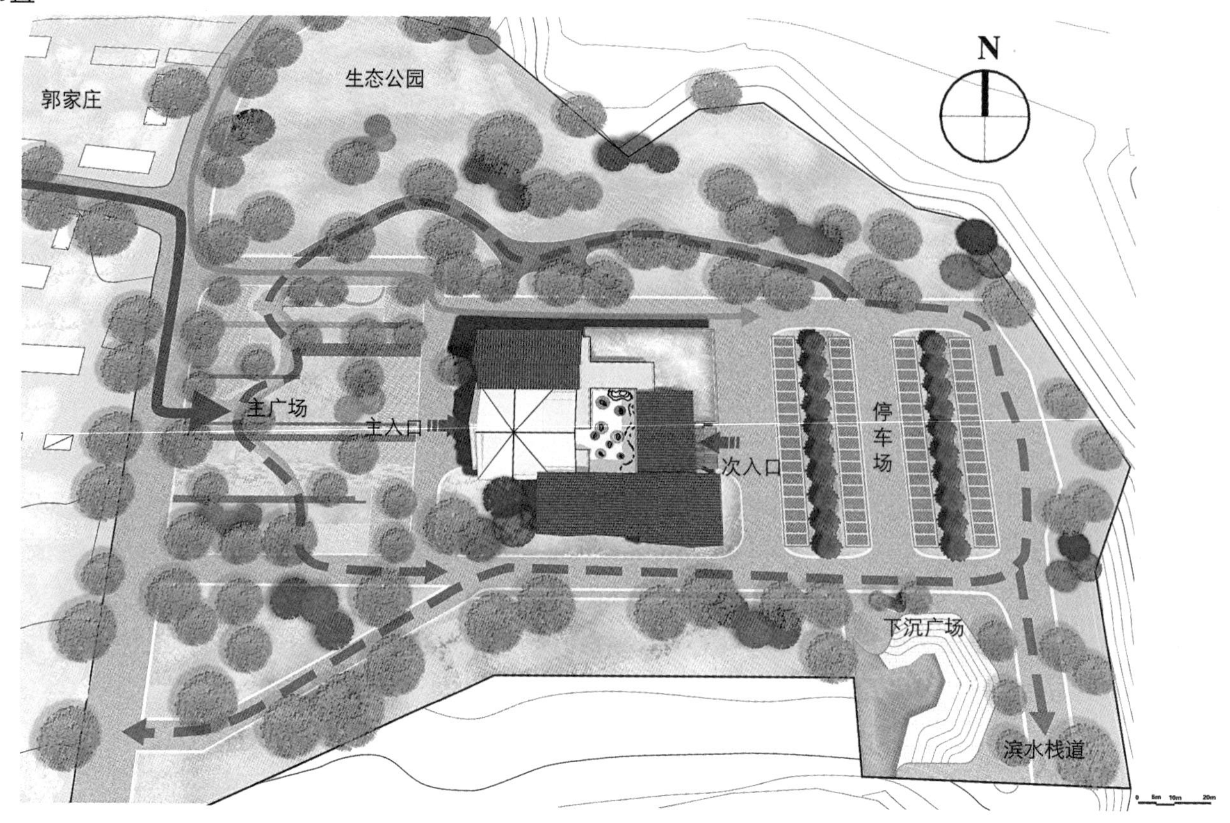

图例： 主动线 景观动线 车流动线

景观分布模式

景观设计以场地与自然空间的结合作为着眼点，以自然生态的概念进行景观规划，使场地与自然环境相协调，采用循序渐进的手法，打造“三轴、一带、一中心”的乡村人居景观。

用地现状

现状场地地势较为平坦，G112 国道至潵河沿岸地势较低，大部分场地相对高差较小，不超过 3 米。

主入口选择

主入口位于园区的西侧及北侧，展园游览集中，路线分为景观游览动线和村民休闲动线，主展馆设置在园区中央，与主广场形成轴线对景关系。

广场设置

广场设置于园区西侧及东南侧，遵循生态、舒适原则，构筑村民日常休闲区域和休闲亲水空间。

植物配置

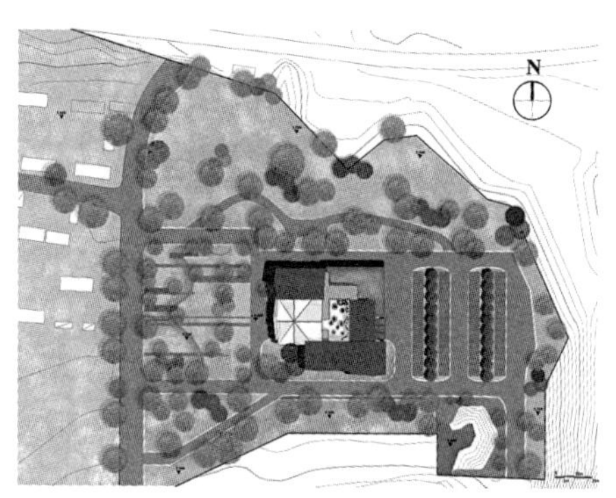

总平面图

用郭家庄原有的植物搭配建筑景观，布置观赏性植物景观，起到点缀和美化作用。丰富植物季节性的观赏变化。

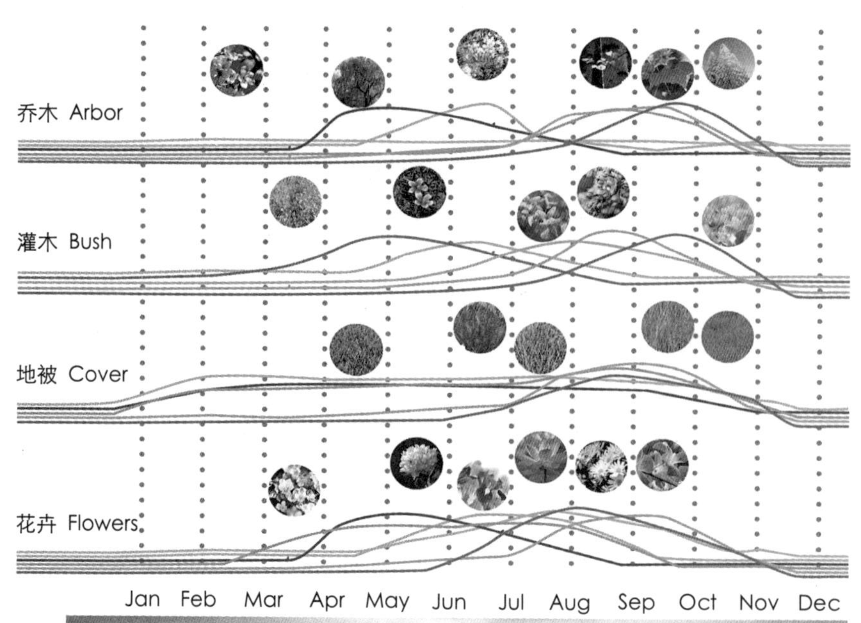

郭家庄特色小镇民宿设计研究

Study on the Design of Guozhuang Characteristic Town Home Stay Facility

内蒙古科技大学　张赫然

Inner Mongolia University of Science and Technology

Zhang Heran

姓　名：张赫然 硕士研究生二年级

导　师：韩军教授、左云副教授

学　校：内蒙古科技大学

专　业：建筑学

学　号：2017022104

备　注：1. 论文　2. 设计

民宿鸟瞰图

郭家庄特色小镇民宿设计研究

Study on the Design of Guozhuang Characteristic Town
Home Stay Facility

摘要：近年来，面对城市快节奏的生活和极大的生存压力，人们越来越向往回归田园闲适的生活方式。与此同时，在国家的建设和引导下，特色小镇的发展正在如火如荼地进行，乡村旅游发展速度迅猛，人们更加注重文化旅游体验，这促成了乡村旅游民宿业的蓬勃发展。那么如何使民宿在快速发展中作为乡村文化的一个载体，让人们切实感受到文化的魅力，从而促使特色小镇的可持续发展，是本文研究的主要内容。

本文通过背景研究、理论探究、设计实践、设计策略几个部分展开，第一部分通过大量资料收集与整理，分析了该课题研究的背景、目的及意义；综述国内外相关文献与研究成果，发现目前我国民宿设计存在的问题，并在此基础上明确了该课题研究的内容和方法。第二部分对民宿与地域文化的理论进行搜集与研究，阐述了特色小镇建设、地域文化、民宿设计、民宿设计与地域文化的关系几个方面的内容。第三部分对民宿设计中地域文化表达的要点进行论述，从表达原则、表达范围、设计策略三个方面进行探讨，为后期的郭家庄民宿设计提供理论支撑。第四部分是对第三部分的论证，通过参与“郭家庄特色小镇建设”课题中的民宿设计，从郭家庄的地域文化调研入手，在场地布局、建筑层面以及景观设置几个方面表达了郭家庄的地域文化。

关键词：特色小镇；地域文化；民宿设计

Abstract: In recent years, facing the fast-paced life of the city and the great pressure of survival, people are more and more yearning to return to the pastoral leisure life style. At the same time, under the guidance of the construction of the country, the development of characteristic towns is in full swing, the development of rural tourism is rapid, people pay more attention to cultural tourism experience, which contributed to the vigorous development of rural tourism. So how to make residential quarters as a carrier of rural culture in the rapid development, so that people can really feel the charm of culture, and thus promote the sustainable development of small towns with characteristics, is the main content of this paper.

The first part analyzes the background, purpose and significance of the study by collecting and sorting out a large amount of data; summarizes the relevant literature and research results at home and abroad, finds out the problems existing in the design of our country's accommodation, and on this basis the contents and methods of the research are clarified. The second part studies the theory of residential quarters and regional culture, expounds several aspects of the relationship between the construction of characteristic towns, regional culture, residential quarters design, residential quarters design and regional culture. The third part discusses the key points of regional cultural expression in the design of residential quarters, and discusses the expression principle, expression scope and design strategy in order to provide theoretical support for the later design of Guo Jia Villa residential quarters. The fourth part is the demonstration of the third part, through participating in the " Guo Jia Villa characteristic town construction" project of the residential design, starting from the Guo Jia Villa regional culture research, in the venue layout, architectural level and landscape design of several aspects of the expression of Guo Jia Villa regional culture.

Key words: Characteristic town; Regional culture; Homestay design

第1章 绪论

1.1 研究背景

自2014年特色小镇发源于浙江始，在住建部等政府部门的大力引导下，特色小镇正呈现“井喷式”扩张。预计到2020年，全国将培育1000个左右各具特色、富有活力的休闲旅游、传统文化、美丽宜居的特色小镇。与此同时，随着我国主要矛盾的转变，人们对于精神文化的追求日益强烈，而在高楼林立的城市里，我们几乎看不到文化的影子，人们更多地去寻找一种地域氛围浓厚、文化气息强烈的地区。所以，小镇如何凸显“特色”就显得十分重要。

纵观我国近15年的旅游情况，旅游人数和旅游收入都在稳步增长，旅游带来的经济效益已不可忽视（图1）。2017年国家旅游局全区域旅游发展报告中显示，接待过夜的国内外游客7.3亿人次，占接待总人数的40%，同比增长21%，由此报告可见，住宿业是旅游业中不可或缺的一部分。因此特色小镇要想吸引游客来体验当地生活、感受当地文化，地域特色浓厚的住宿业必不可少。民宿作为一种有着独特地域特色的住宿形式，具备城市中酒店所缺少的文化精神，更能提供真实的地域体验，得到了很多都市人的青睐。经过精心设计的民宿能够改善乡村建筑面貌，还可以留住村子里的年轻人，推广当地的农产品和手工艺品，因此在很多地区发展迅速，成为当下乡村旅游炙手可热的项目之一。所以，民宿不仅解决了小镇中住宿难、住宿差的问题，也成了特色小镇中地域文化的体验活动场所之一。

我国的民宿起源于20世纪80年代，总体起步较晚，所以发展到现在还存在着许多问题。一是对于民宿方面的理论研究过少，也没有形成系统，让民宿的建造者与设计者没有足够的理论依据。此外，很多地区的民宿在建造、发展过程中过于盲目地追求速度，从而忽略了民宿本应该承载的地域文化，使得很多小镇的民宿在设计风格上出现了同质化的现象。因此，民宿设计中如何和当地文化相结合，凸显地域特色，满足游客体验层面和精神文化层面的需求，从而推动特色小镇的持续发展，是本次研究要解决的问题。

在这个背景下，笔者有幸参加了南天门满族乡郭家庄特色小镇的设计，通过对郭家庄的实际调研和分析，挖掘郭家庄特有的地域文化，结合一些民宿设计的理论知识，设计出具有郭家庄地域文化的特色民宿，推动郭家庄特色小镇的建设。

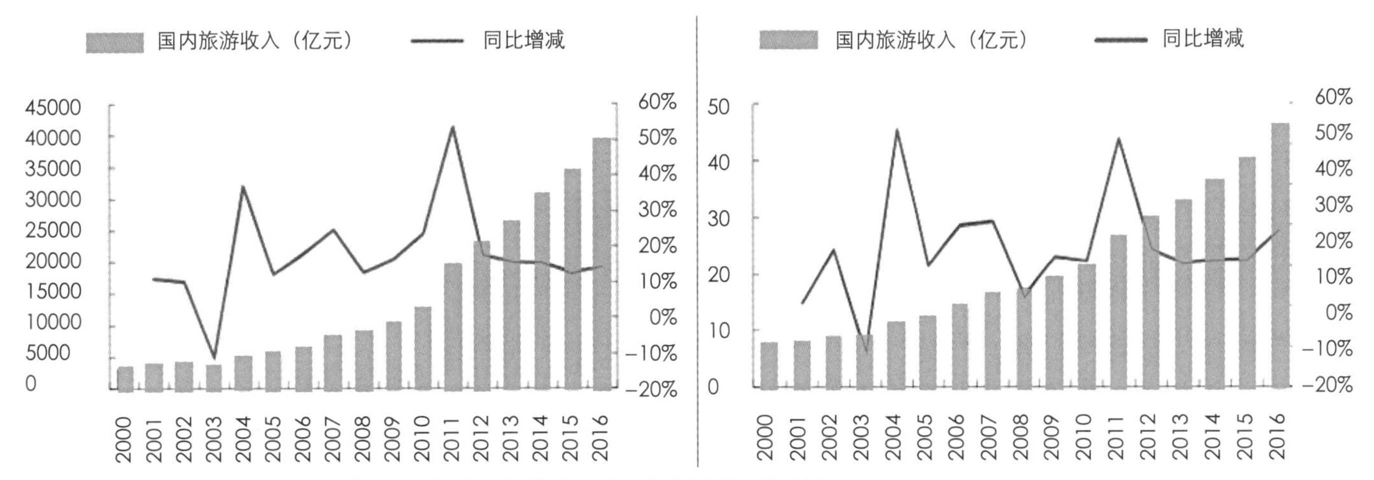

图1 国内旅游收入以及人数情况（作者根据中国旅游业统计公报统计数据绘制）

1.2 研究目的及意义

1.2.1 研究目的

随着游客旅游的需求从观赏式逐渐转变成体验式，优美的环境只是民宿吸引力的基础，通过对乡村的生活方式、生活场景的体验，从而使当地特有的地域文化深入人心，才是民宿乃至特色小镇发展的核心竞争力。笔者以郭家庄满族特色民宿设计为切入点，深入调研当地的满族习俗以及建筑上对满族文化的反映，在与周边环境相协调的基础上，设计出一个不仅从感官上，而且从体验上都反映当地满族文化的特色民宿，以此来带动郭家庄乡村旅游资源的开发，从而推动郭家庄特色小镇的建设。此外，试图以此设计起到示范作用，使各个小镇在民宿的建设中都能够发掘当地的文化，能够因地制宜地发展民宿产业，从而使特色小镇实现可持续发展，是本课题研究的主要目的。

1.2.2 研究意义

本文将对民宿相关的设计理论以及郭家庄当地满族文化进行研究与分析，并应用于郭家庄特色民宿的设计中，具有一定的理论与现实意义。

1．理论意义

通过本次的调研与设计，首先对于民宿设计的有关理论进行整理与归纳，提炼出地域文化在民宿设计中的表达方法和一些设计策略，为今后民宿的设计提供理论参考；再者，在民宿的具体设计中发现问题，具体问题具体分析，对地域文化在郭家庄特色民宿的表达方面给出一些特有的设计方法，以此对民宿设计结合地域文化的相关理论提出一些理论更新，完善研究框架的不足。

2．现实意义

（1）解决当地剩余劳动力就业问题：城市在多方面地发展，而乡村单一的产业结构导致了城乡差距越来越大，以致无法满足现代生活的需求，青壮年劳动力纷纷去城里务工，造成了很多空心村的出现。在此次郭家庄的调研中，笔者在村中进行走访，很多村民表示村中的就业机会很少，自己过了壮年，又无法在城里谋求就业岗位，但自己还有继续就业的意愿，对于就业机会表现出十分渴望的态度。而由于当地青壮年大多去附近的大城市务工，家里的一些民房处于闲置状态。因此，开发民宿旅游这种家庭体验式的产业，既可以使家里的闲置房间得到有效利用，又能提供给村民大量的就业机会，缓解农村剩余劳动力的就业问题。

（2）推动乡村经济多元化发展：民宿的设计要符合乡村肌理、与周围环境融合、突出当地特色，因此，特色民宿融合了地域环境、生态、文化，经济，使它们形成有机整体，组成新的生产要素组合模式，为城市游客提供一个具有深刻乡土体验的旅游方式，从而促进农村经济的增长点。更重要的是，村民可以脱离农业经济这一单一的经济模式，给乡村经济注入新鲜血液，从而推动经济的多元化发展，改善人们的生活。

（3）拉近城乡的距离：主要分为两方面。在经济方面，民宿可以提供就业机会，增加经济发展模式，解决城乡经济发展不平衡的现状，在经济上拉近城乡差距。在生活上，近年来，越来越多的城里人喜欢节假日到乡村旅行，来缓解工作、生活中的压力，并体验有特色的生活。游客在民宿的住宿过程中和当地人交流与交往，体会到村民淳朴开朗的性格，在体验当地地域文化传统的同时，还传播了城市的文明理念，与此同时，当地村民也能学习吸收城市的一些生活方式，从而在生活上拉近城乡的距离。

（4）发展地域文化：地域文化是我国传统文化的重要组成部分，但是一些村民在自建房屋时，出于对城市建筑的盲目借鉴，建造出与当地特色民居格格不入的房子，破坏了当地特色建筑风格和乡村肌理。这都是缺乏引导的结果。特色民宿的设计是建立在充分调研当地建筑特色和地域文化的基础上进行的，将地域文化以现代的手法融合和利用到建筑中，既提供给村民舒适的住宿环境，又保留了当地特有的建筑特色。此外，民宿还将文化资源转化为经济资源，极大地提高村民收入的同时，又提高了村民的积极性，让他们具有文化自豪感，从而延展地域文化的长度。

1.3 国内外民宿研究综述

1.3.1 国外研究综述

国外民宿业最早出现在英国和日本。其中英国的民宿出现于20世纪60年代初期，当时英国西南部和中部的农家分布比较稀疏，农民们为了增加收入，就以家庭式的招待方式为游客提供住宿和餐饮服务，这就是民宿最早的雏形。现在，国外的民宿业的发展已经相当成熟，而且已经形成理论系统，这对我国民宿发展有很大的参考价值。在此，笔者总结了国外民宿发展比较先进的两点：

首先，国外学者十分重视民宿设计的地域性研究，他们会将地域建筑的美学特征作为旅游参观的一部分，强调设计的独特性、原创性、主题性、多样性等，有很强的地域文化自信。经过查阅资料，总结出国外民宿行业有以下几个特点：1．已经形成行业协会组织；2．在经营中高度关注人性化和个性化；3．服务内容呈现多样化；4．民俗化、地域化、家庭化。其中，地域文化的自豪感和服务的多样性与个性化是我们国家民宿行业需要注重提升的部分。

其次，国外的民宿研究也更加系统化，第一，研究对象全面化：包括经营者、行业管理者、游客等，以此因地制宜、因人制宜，使民宿特色最大化。第二，研究学科多样化：分别从管理学、经济学、社会学、心理学、消费者行为学等学科进行研究，不同学科的穿插运用使得民宿在设计时考虑得更加全面。相近的学科进行同时研究，比如在一些酒店研究的资料中就涉及了民宿方面的内容，例如英国弗雷德·劳森著的《酒店与度假村——规划、设计和重建》中，就涉及一些民宿案例的分析研究。第三，研究方法多元化：同时采用了问卷调查、访谈、文本分析和传记等方法，真实了解游客以及民宿业主的真实想法和需要、乡村发展的需要等，而不是根据设计师以为的最好形式来发展，所以更能全面地体现地域文化，这都是值得我们借鉴的。

1.3.2 国内相关研究综述

经过不同资料的查阅，发现国内对于民宿的研究起步较晚，大致可以分为三个阶段：

20世纪90年代是研究的初期，主要针对民宿建筑、土地使用等外在条件进行研究，主要以借鉴国外为主，且研究行为主要发生在台湾地区，这一时期的民宿主要是提供住宿功能，且在运营管理方面不够完善。

2000～2008年是中期阶段，属于快速发展时期，由于我国对乡村关注的增加，学术性研究逐渐增多，主要关注民宿的概念、导入成长、开发条件、市场定位等。这个阶段民宿数量增加较多，但此阶段的研究略显宽泛且不够深入，且对民宿建筑及设计方面的课题关注较少，没有形成完整的体系。

自2008年至今为相对成熟阶段，研究更加因地制宜，开始关注将当地特色与体验融入民宿的经营中，通过不同知识体系的运用以及设计的细节研讨，让民宿研究更为精细化、特色化、持续化，将民宿本身进行活化，并不仅仅停留在住宿阶段，而是进行关联性的研究，如将顾客的旅游空间与生活空间相关联，引发了关系品质、生活质量的话题；民宿建筑同文化关联，引发了文化体验、地域性设计话题等。

此外，民宿的数量也在稳步上升，主要分布在旅游业较发达的地区，或是依托大城市来进行发展。目前来看，民宿行业在南方已经形成一定规模，浙江、湖北、湖南、福建、云南等地区凭借其自然条件的优势发展最好，其中，浙江地区发展得最为成熟，比较著名的有莫干山、天目山民宿等，随着特色小镇建设的号召，其他地区的民宿也在稳步建设，比如桐庐地区和舟山地区的民宿等。

总的来说，国内民宿发展起步较晚，近十年由于美丽乡村、特色小镇的建设发展迅速，并呈现百花齐放的良好势头，但还是有诸多问题需要解决，比如从建筑设计角度对民宿的研究文献不足，缺乏整体而系统的研究，对于地域文化的提取并不是很准确，对可持续发展的关注度也不够，这都是需要提升与解决的问题。

1.4 研究方法

（1）文献研究法

利用图书馆查阅、知网检索等方法获取相关文献资料，对这些文献和数据中关于特色小镇建设、地域文化、民宿设计的相关理论进行整理和阅读，分析得出民宿发展及研究的现状，为论文的撰写及后期项目的设计提供充足的理论依据。另外，还要对当地的文化进行查阅和了解，对民宿建设和文化融合提供理论前提。

（2）案例研究法

通过上网查找一些民宿和文化融合的成功案例，参观、走访相关设计的展览以及考察在地域文化表达上具有代表性的民宿，学习其优秀的设计手法，为此次设计提供可参考的范本。

（3）实地考察法

对于地域文化表达的研究，不能只停留在查阅的资料中，最重要的是对当地的相关情况进行详实的了解。对郭家庄进行实地调研，对当地的地形地貌、风土人情、文化底蕴等进行了解和记录，并对一些重要的、与所查资料不符的地方进行测量、绘制与记录，以便做到因地制宜，为此次设计提供完备的基础资料。

（4）对比分析法

首先对查阅的资料进行归纳整理，了解不同地域文化所孕育的民宿的不同，以及国内外民宿设计方法与侧重点的不同进行对比与思考，再根据实际调研得出信息反馈，具体到找出当地民宿发展存在的问题以及民宿和文化的结合点，通过理论分析与实际反馈，找到民宿与地域文化结合的方法。

第2章 特色小镇建设与民宿相关设计理论研究

2.1 特色小镇建设相关背景研究

特色小镇是在新的历史时期、新的发展阶段的创新探索和成功实践。预计2020年，全国将培育1000个左右各具特色、富有活力的休闲旅游、传统文化、美丽宜居等特色小镇。“特色小镇”是指那些具有明确产业定位、优秀文化内涵、休闲旅游价值以及一定社区功能的创新创业发展平台。“特色小镇”不是行政区划上的一个镇，也不是产业园中的一个区，而是可以传承和展示独特区域文化的有效经济体。可以看出，特色小镇的建设不仅要促进乡村经济的发展，同时也要进行当地文化的输出与传承。

2.2 民宿相关理论研究

2.2.1 民宿的含义

民宿是指利用自用住宅空闲房间，或者闲置的房屋，结合当地人文、自然景观、生态、环境资源及农林渔牧生产活动，以家庭副业方式经营，提供旅客乡野生活之住宿处所。民宿发展到现在，所具有的不仅仅是住宿的功能，真正吸引人的是其独特的生活方式，现在的民宿更强调的是个性化、主题化，具有浓郁的地域特色。一个优秀的民宿本身就是一种旅游资源，是一个多元表达的文化与经济体。

2.2.2 民宿的特点

通过对民宿的情况进行查阅与总结，发现现在的民宿基本具有以下特点：

（1）住宿规模精简：民宿的建筑规模不大，经营者通常以家庭为单位，建筑面积通常不超过1000平方米，客房的数量不超过15间。

（2）周边环境优美：经营者通常会把民宿建设到优美的景色中，注重游客与周边环境的交流，给他们提供一种优雅闲适的感觉。

（3）运用当地材料：民宿的建造都会运用当地特有的材料，这样不仅节约了成本，而且让人感觉亲切，没有距离感。

（4）民宿以改造居多：民宿大多是利用闲置或者废弃的房屋进行改造，在保留原有格局的基础上重新划分空间结构或者进行加建。

（5）意境的表达：这其实是地域文化表达的一种。每一个民宿设计都有它独特意境的表达，有的表达出经营者的性格，有的表达出对田园的追求，有的表达出与世无争的心态。总之，每个民宿都有它的性格存在，是地域文化的具体表现。

2.2.3 民宿存在的一些问题

近年来，在特色小镇快速发展、人们精神层面的需求日益增强的背景下，民宿也在快速的发展，不仅在住宿方面改进了硬件设施，改善了住宿环境，而且在设计中也考虑到室内外环境的交融、增加体验式空间、室内精细设计等方面，是一种好的现象。但是我国民宿由于起步较晚，发展又比较迅速，缺少在发展过程中的摸索与改进的过程，对民宿中地域文化的表达的认知也不明确，所以，在民宿的快速发展中，不免出现以下问题：

（1）同质化现象

从后现代建筑风格至今，经典的设计风格和设计方式引来大家的争相模仿，城市中出现了很多建筑形体、设计手法相近的建筑，甚至有些就直接照搬照抄，这就是同质化现象。民宿也不例外，各地区民宿的设计也出现了同质化的问题。从业者在民宿的设计方面尽管有着自己的理解，但是并没有认识到地域文化的本质，还是免不了受到一些成功案例的影响，将一些成功民宿中的元素直接运用到自己的民宿中，不考虑其所处区域的自然地理、人文风貌、生态特征的不同，而只是一种符号的堆叠，并没有识别性、特色性。

（2）装修过度

在民宿快速发展的今天，人们对于民宿的设计也越来越高档化。但民宿不是酒店，不能片面地追求高档豪华的材料以及奢华的装饰效果，更不能将普通酒店的模式嵌套在民宿之上。如果仅仅注重于装修，也就忽视了人们精神层面的需求，也没有达到民宿所承载的文化传播的要求。所以，在装修时一定要考虑到当地的地域文化，以此来确定主题，将一些有地域特色的构筑物甚至结构进行保留，让游客拥有归属感和文化认同感。

（3）缺少体验空间

这种问题主要出现在一些有名的景点附近。这种民宿以周边的景点为依托，仅仅为游客提供住宿的空间，缺乏对当地文化以及游客精神需求的思考，缺乏可持续发展的意识。民宿不仅要满足住宿的需要，更应该提供有别于城市的生活方式，注重地域特色文化的参与。

体验感的另一个方面反映在内部空间功能多样化设计上。一个好的民宿本身就是一种风景，也承载着地域文化，使游客在使用中就能切实体会到当地的生活氛围与文化特色。例如结合当地民风民俗、特色餐饮、传统工艺等，创造融合观光、学习、体验、休闲为一体的空间，让顾客从切实的生活体验中感受地域文化的丰富多彩。

（4）缺乏文化的细节营造

细节的营造对于游客的体验也有着重要的影响。好的细节营造不是装修的精致程度，而是在理解当地文化的基础上，对于设计的一种装饰效果。比如，家具的摆放、材质的选择、开窗的形式以及大小等，这些都对游客的体验在潜移默化中造成影响。只注重装修的民宿会给使用者造成一定的隔阂，难以从内心深处找到文化认同感。所以，在民宿设计时应注重细节的营造，比如窗户的设置，可以让使用者在休息时刚好可以看到庭院内的一颗古树，形成一种框景效果，更可以使游客体会到文化的包容之感，提升游客精神上的舒适性。

2.3 民宿设计与地域文化的关系

2.3.1 地域文化

地域文化，是一定地域范围内长期形成的历史遗存、文化形态、社会习俗和生产生活方式等，是一种从古到今的文化积淀。然而，任何地区的地域文化都不是固定不变的，它也会随着自然环境、社会环境的不断发展而不断变化。地域文化也不是排外的，它会和其他优秀的区域文化进行相互交流和沟通，有机地融入新时代的发展当中，变得富有生命力。

2.3.2 地域文化的表达

建筑设计中地域文化的表达主要是指对该地域特有的文化性元素进行提取，然后将其特点融入具体的建筑空间中，让游客在使用过程中潜移默化地感受到地域文化，给游客以归属感和文化自豪感。

2.3.3 地域文化与民宿设计的关系

正如同“人要塑造建筑，建筑也要塑造人”，地域文化与民宿设计也互相影响着对方。

首先，民宿接待着来自不同地方的游客，并向游客展示着民宿特有的材料、结构、空间等地域特色，是一种地域文化的宣扬；优秀的地域文化会吸引更多的游客前来使用，为民宿带来源源不断的客源。其次，一个民宿要取得成功，就必须发掘其独特性，这也就必须要研究富有特色的地域文化，使其得到发展；地域文化的呈现也逐渐成为一个民宿成功与否的标准。所以，地域文化和民宿设计是互相影响、互相成就的，民宿的成功离不开地域文化的融入，同时民宿也是地域文化的一种展示途径。

第3章 民宿设计地域性表达的要点

民宿要突出自己的特色，就离不开当地特有的地域文化。它包括了地理、人文等因素的影响，相对于城市普通的酒店设计有着特有的文化体现。所以，要设计出有地域文化特色的民宿，就要先归纳当地各方面的文化资源，然后找出地域文化设计的要点，最后再运用到民宿的设计中。

3.1 民宿地域性的表达原则

（1）生态性原则：民宿设计离不开当地的生态环境，具有很高的附属性。民宿设计不能只单单提供一种住宿功能，是为了让游客体验当地的地域文化和生态环境等，所以在设计民宿时要以生态保护为原则，在设计和建造时，要把对当地的生态环境造成的破坏降到最低，以保护当地特色的自然景观、生态结构等，响应生态设计理念。

（2）真实性原则：主要指的是所表达的主题要能够真实地反映出当地地域文化的特点，不要出现其他地域文化的特征来反映当地地域文化的现象。

（3）特色性原则：地域文化的内容十分丰富，又各具特色，我们在选取表达的主题时，应该在众多区域文化中选择有特色的、识别性高的特点来作为文化的载体，这样易于让人产生深刻的印象，也能很直观地反映出当地的地域文化。

（4）交互性原则：指的是建筑师所选取的当地地域文化主题不仅易于被客人认知和体验，同时具有可参与性，能让广大游客参与进来，身临其境地体会该区域文化所带来的独特魅力。

（5）创新性原则：在选择区域文化主题的过程中，应当选择一些易于创新的主题，毕竟区域文化也不是一成不变的，只有在不断创新中才会使区域文化具有鲜活的生命力，让人耳目一新。

3.2 民宿地域性的表达范围

民宿设计中地域性的表达主要包括以下三个方面：自然环境、地域人文环境和建筑材料与技术。这三个方面互相联系、互相补充，又同时作用于民宿设计中，根据地域的不同决定每个方面在民宿设计中影响的比重。

自然环境主要是指地域环境中的地形地貌以及气候因素。地形地貌包括了区位条件，区域景观独特性与当地的特色自然资源等，如地形地貌、河岸水体、树木草地，以及区域特有的材料等。气候条件则主要是指自然气候的变化因素，比如日照因素、风向风力、降雨量降雪量等。

地域人文环境包括了该区域的历史沿革、风俗习惯、宗教信仰等，以及建筑肌理和表达的场所精神等。

建筑材料与技术是指在地域的发展过程中建造建筑时产生的知识、经验、技能、工具和方法的总和，包含建筑的结构形式、建造技术和装饰工艺等。

3.3 民宿地域性的表达策略

3.3.1 对自然环境的回应

民宿设计的地域性最直观的表达就是自然环境的特殊性，包括设计区域的整体地形地貌和气候条件，如地区区位、地区坡度、植被特色、水文信息、降水情况。

（1）地形地貌

一个地区是平坦还是起伏，地形地貌是游客最直观的感受，所以民宿的地域性营造的首要前提便是对该区域地形特征的回应。具有区域文化特色的民宿，基本都会利用当地特有的地形因素来吸引游客，比如山地、临水或是草原。但是地形特色是整体环境的重要组成部分，我们不能因为要获得良好的景观优势就对其进行破坏，应该在利用特色地形地貌建造时本着一个基本原则，那便是：在最大化利用现有地形和景观要素的同时避免对其的破坏和削弱。就拿山地地形来说，民宿的布局要满足山体形式的基本趋势，尽量避免对山体的开挖。此外，在建筑肌理和建筑尺度的设计上也应该考虑与山体的景观和视线关系，不能让建筑遮挡了景观视线；同时，针对不同坡度不同类型的山体，民宿在设计时可采取抬高、错层、架空等不同的方式与山体相交流，针对复杂山地地形时，这几种方式往往混合使用，以创造出符合山势的建筑形体和灵活多变的建筑空间，对山体形态有着良好的回应。

（2）气候条件

气候对于一个区域的建筑也有着重要影响。诸多气候因素中，对民宿建筑影响较大的即是降水、温度、湿度和风力风向。具体表现在：在我国南方地区，降雨量较大，气候较潮湿、天气较为闷热，当地的特色建筑形式就会呈现出底层架空的特点，以获得良好通风和除湿效果；建筑的屋顶也为坡度较大的坡屋顶，利于排水。相反，北方一些较干燥的地区坡屋顶的坡度就不大，一般在10度以下，便于储水和保温。

风向对于民宿的影响主要体现在民宿的选址地点上。在需要通风的地区，建筑往往布置在山坡的迎风面；而在需要避免寒风的地区，往往把建筑布置在背风面，这样可以利用山体抵挡寒风的侵袭。

温度对民宿的影响主要体现在围合方式上。在我国的北部高纬度地区，气温较低，而且昼夜温差较大，建筑的围合方式大多为实多虚少，这样利于保证室内温度的舒适性以及节约保温成本。相反，在湿热地区，建筑需要同时满足通风和散热，其建筑立面设计多为大开窗结合大遮阳，界面上虚多实少，见图2。民宿对于温度的回应，首先要确定建筑布局的集中分散方式，然后就需要对建筑的外部围合界面进行设计。在设计过程，要考虑到区域的温度特点，有意识地选择合适的围合界面处理手段，来避免温度对建筑空间带来的不利影响，同时也能增加建筑外立面围合界面的层次关系，在外部环境与建筑之间形成一定的过渡，在突出民宿地域特征的同时，丰富民宿的空间层次。民宿在回应温度时的围合结构设计，主要有以下几种处理方式：

1. 利用半室外或者半围合的灰空间，如柱廊空间等，在建筑和环境之间形成缓冲界面。

2. 利用民宿本身的围护结构，如雨蓬和设置的百叶等，形成复合界面，见图3。

3. 利用建筑外立面垂挂的植物，或者比较靠近建筑的绿化树木等，组合形成复合界面。这几种形式通常会组合起来使用，以获得最好的效果。

图2 建筑上的虚界面（图片来自于百度）

图3 建筑中的百叶（图片来自于百度）

3.3.2 对区域人文环境的回应

民宿除了满足基本的住宿功能的需要，更重要的是具备独特的地域性和文化性。在具有地域文化的民宿设计中，我们应该考虑以下几点内容，有选择有重点地进行回应：

(1) 历史沿革

每个区域发展到今天，都有其独特的历史发展轨迹。这些历史轨迹反映到建筑上，就表现为不同时期建筑形象的差异，而区域内现在的建筑形象，就是一个区域历史发展的结果。存在即是合理，我们要尊重它们。所以，我们在设计民宿时应该充分考虑当地历史的沿革，在此基础上对于不合理的地方进行适当改造，保留区域历史的独特印记，让游客找到文化认同感与归属感。

(2) 风俗习惯

如果说区域风景的独特性是人们身体上对于区域的直观了解，那么区域内的风俗习惯就是人们精神上对于区域文化最直观的感受。区域文化的差异性表现在各种方面，如特色方言、服饰装扮、生活习惯、人情风俗以及建筑风格等，这些都成为一个区域的标识性。我们在设计民宿时一定要注重这种标识性的体现，比如当地的建筑布局、建筑形体、开窗方式、建筑色彩等方面要和当地的风俗习惯进行呼应，使其和当地的风景、建筑、人文环境都融合在一起，这样的民宿就加入了区域风俗的元素，就会被区域文化所接纳，做到对区域内人文环境的良好呼应。

(3) 场所精神

场所精神是地域文化表达、延续的重要手段。地域场所体现的生活情节则是一个城市、一个区域、一个空间甚至某一个景致场所精神的具体体现。人们生活在建筑所创造的空间中，而这种空间就形成了区域内独特的场所精神。一个特定的建筑场所具有丰富的内涵，能引起人们联想起许多与之相关的地域文化的故事，让建筑展现出其独特的魅力。比如，苏州博物馆新馆的建筑环境设计，采用了苏州传统园林的布局结构，巧妙地借助水面与拙政园、忠王府融会贯通，将展馆置于庭院之中，成为其建筑风格的延伸；建筑的灰白色调彰显着当地环境的清雅氛围，内部庭院中的环境则移步换景，充分融合了苏州的地域文化特色，创造出一种“小桥流水人家”的场所精神。在民宿设计中，也应当结合当地的地域文化创造出一种特有的场所精神，这也是对地域人文环境最好的回应。总之，空间承载着生活，场所精神就是建筑空间对地域文化的最好表达。

3.3.3 对建筑材料与技术的回应

(1) 建筑材料

中国传统建造材料大致有以下几种：砖、石、瓦、木、竹等，每个区域根据自己不同的地理环境采用不同的材料来进行建造。不同的建筑材料给人以不同的感受，比如木材会让人感觉亲切，石头会带来稳重的感觉。在民宿设计中运用当地材料最直接的好处就是方便运输、节省成本、便于维护；最重要的是，采用当地的建筑材料可以使人们感受到归属感，让建筑融入当地。但是，一些传统的建筑材料已经不能满足现代生活的需要，比如传统建筑为了御寒，就用砖石为材料砌成厚厚的一层，现代的新材料能更好地解决保温的问题，那么我们就可以将传统材料和现代材料结合使用，可以在某些局部或较大面积的墙体等部位，采用与传统建筑某一部位同样的建筑材料，让人们感到新材料与传统材料之间的呼应关系。

(2) 建造技术

区域特色建造技术是一个区域建筑生命的诞生过程，是区域文化的具体表现形式之一。虽然新的建筑技术出现使得建筑本身设计更自由，也更方便，但是我们不应该将传统建造技术完全抛弃，应该从中吸取文化结晶，巧妙地运用到建筑的设计中。就如王澍的宁波博物馆运用的瓦爿墙一样（图4），它是一种宁波民间的传统建造技术，使用最多达八十几种旧砖瓦的混合砌筑墙体，技艺高超，但因不再使用而行将灭绝。经过王澍的试验，这一传统技术在当代获得了续存的可能。在看瓦爿墙的时候，觉得那大片瓦面如同一面镜子，如同海水，映照着建筑、天空和树木，又如同匍匐在那里的活的躯体，映射着历史的发展。所以，传统的建造技术也可以获得新生，我们要学会将历史文化和现代相结合。民宿设计亦是如此，区域内传统的建造手段是一种文化财富，我们可以将这种建造技术以构筑物或者局部呈现的方式表达出来，这也是对区域文化的一种尊敬与回应。

3.4 本章小结

本章对民宿在地域文化中表达的几个要点进行了阐述。在遵循地域性表达原则的前提下，民宿设计应该表达出特色小镇的自然环境、人文环境以及建筑等方面的特色。接下来，对自然环境、人文环境以及建筑的几个具体层面如何回应地域文化做了概述，给出了一些方法与案例。

图4 王澍的宁波博物馆以及所运用的瓦爿墙（图片来自于百度）

第4章 地域文化在民宿设计不同层面的表达

4.1 在场地布局上的表达

（1）顺延区域建筑肌理

一个区域的建筑肌理是地域文化在建筑方面的语言。它就好像一部建筑史书，记录着一个区域建筑所经历和发展的过程，也是一个区域自然气候、地形地貌及民俗风情的客观反映。所以我们在设计民宿时不能破坏这种建筑结构层次，而是要将它顺延下去，和区域原有肌理相融合，保证当地建筑布局结构的完整性。

（2）构建地域空间层次

在顺延建筑肌理的基础上，要考虑建筑对区域整体空间层次的影响。民宿要和其他建筑构成一种丰富的空间感受，创造开放、闭合、静谧、悠远等空间感受，让游客获得丰富的体验，多方位地展示地域文化。

（3）举例：野马岭民宿设计

项目位于金华浦江县600多年历史的马岭脚古村，是一个江南夯土古村落。在建筑肌理方面，该民宿设计时基本保留村落的原始肌理，只是对功能分区和使用流线做了新的调整：靠近路边的老宅作为公共餐饮，依山就势的夯土房通过改造作为客房使用，并选址设置两个公共配套设施，分别用作民宿大堂和咖啡馆（图5）。虽然北部是新加建的民宿，但是由于在肌理上是对原有建筑的延伸和补充，看起来就像是在原有建筑上继续生长起来的，所以仍然显得古色古香，浑然天成。

在空间层次上，野马岭民宿也处理得十分巧妙。首先，民宿尊重地块内南北近80米的高差，顺应这种地势，将民宿错落地放在这些地势上，从而获得了不同的视觉效果。此外，民宿建在较高处，四周有山、有水、鸟鸣、溪涧，形成了一种静谧闲适的空间感受，构成一个安宁悠远的村落（图6）。其次，为了能保留村落世外桃源的原始氛围，设计者将基地延伸，在东侧形成前场区，通过围墙，与道路隔绝。游客在入口停车，步行进村，经过无

图5 野马岭民宿场地布局（图片来自于百度）

图6 野马岭民宿鸟瞰（图片来自于百度）

图7 野马岭民宿场区入口（图片来自于百度）

边水池，心也慢慢平静下来。几片毛石，几片夯土墙，后院的古樟树，就这样简简单单，营造出该区域特色的韵味（图7）。而它传达给我们的，正是野马岭的地域文化：安静包容，如果你累了，就不要像一匹野马到处奔波，回归本源，大自然会拥抱你，让你获得心灵上的宁静。

4.2 地域文化在建筑中的表达

4.2.1 建筑造型上的表达

为了突出民宿的地域特色，在建筑造型设计这一直观感受中，必须要和游客的视觉进行交流，让游客能够感受到民宿具备的特有气息。因此，在进行民宿设计时，必须参考当地的旅游资源及其特点，分析当地的自然与人文景观，并将这些元素进行提炼，找到最具特色的部分应用在民宿造型的设计中，给游客留下深刻的印象。此外，整体的造型是直观的感受，细节的营造也要经得起推敲。比如在立面窗框或者片墙等位置也要有地域性设计，确保所有的细节部分都与整体造型的风格保持一致，避免华而不实的情况。最后，造型设计要先确定民宿的风格，不能将所有元素都强加起来，导致没有主次的情况，这样民宿的地域性也就没有办法表现得很明确了。

4.2.2 建筑材料上的表达

一般情况下，民宿设计一般都会选择当地特有的材料。然而地域文化在建筑材料上的表达不仅仅体现在对传统材料的使用上，也包括材料的肌理、色彩、质地、组合方式等，还有的将当地材料运用当地传统加工工艺进行处理，这样使得当地材料又加入了一种地域文化特色，促进了民宿和地域文化的交融。

例如广西兴坪的“云庐”民宿（图8），是由几栋破旧的农宅改造而成的，成了当地地域文化的载体。这里本土民居特色是当地的泥砖房。这种泥砖房从古代就有，下面是用石头砌的墙基，防潮，上面覆瓦。一直到了改革开放时

图8 云庐民宿和它的传统材料（图片来自于百度）

期，火砖兴起后，慢慢地才没有人再砌这种房子了。但是设计者又重新运用了这种建筑材料，改造时在不破坏外观的前提下，将老的夯土建筑改造为符合当代生活品质的酒店房间。老砖泥墙的运用通过建筑的方式拉近了人与自然的关系，展示了当地的地域特色。同时，老砖泥墙冬暖夏凉，节约了空调的成本，这也是区域文化的魅力所在。另外，新建的餐厅采用了新老材质对比的手法，以变截面钢结构和玻璃中轴门窗系统与毛石外墙、炭化木格栅和屋面陶土瓦片形成一种材料对比，新老建筑延续了历史感，形成了空间的对话，是民宿和地域文化完美融合的体现。

4.2.3 建筑空间中的表达

（1）尺度的适宜性

首先表现在建筑的高度以及单体规模不宜过大，要考虑周边建筑的体量，符合特色小镇的肌理；再者是建筑整体与建筑细部之间的关系，包括门窗尺度、构件的尺寸都要经过仔细的拿捏，营造出一种恰到好处的意境，就好像建筑是自然生长的，在尺度上体现出对地域文化的表达。

（2）空间的多变性

民宿中体现地域文化的空间塑造，就是对传统空间进行现代语言的再创作。通过对不同建筑空间片段的组织排列、穿插重构、互相引借，形成不同氛围的空间地，这些空间或具有诗情画意的情感体验，或具有步移景异的时空感，让特色小镇的地域文化通过空间的变化多方面地展示。民宿中多变空间的塑造，可以让游客多方面地体验地域文化的不同层次，民宿的主题是固定的，空间是多变的，空间的变化并不影响主题的塑造，但是却可以展示出民宿主题之外的地域特征，是地域文化在民宿中展示的一个重要手段。

（3）直观的引导性

建筑空间是多变的，所表达的意境也不尽相同。所以建筑空间要直观地引导人们去发现民宿所表达的地域文化。比如，通过明确的路径连接不同空间的组成部分，让游客对同一建筑空间产生不同的理解，创造出不同的场所精神。此外，也可以通过引导性较强的楼梯或者片墙引导人的行为，把人们引入民宿的特色空间中，让人们潜移默化地感受到特色小镇的文化。还可以通过视线的引导来展示地域特色，比如民宿中常用的框景效果，利用门框、窗框、山洞等，有选择地摄取空间的优美景色，将人的视线引导至此，展示出地域文化的独特魅力。

4.2.4 在建筑色彩上的表达

不同的地区建筑色彩表现不同，不同的建筑色彩也蕴含着不同的文化内涵。在传统地域文化环境中，建筑色彩不仅起到装饰作用，还有区分功能、表达情感的作用。所以建筑色彩的运用代表着建筑的性格或是要表达的意境，具有丰富的文化特色。例如西湖区外桐坞村的“白描”民宿（图9），它仅有五间客房，但拥有更多的公共空间，一楼的展厅，二楼的活动室，三楼的阳光房，四楼的大露台，还有一个艺术展厅。白描是国画中的一种表现技法，用国画的颜色——嫣红、花青、绛紫、泥金、石绿来命名五个客房。整个建筑的色彩都是以白色衬底，就好像一块白色的画布，周边的景物也自然成了画中之物。而白色代表一种不施粉黛的装饰感，一种简单质朴的生活方式，是其文化精神的表现。

图9“白描”民宿素净的色彩搭配（图片来自于百度）

4.2.5 在光影塑造上的表达

光影是丰富建筑空间的一种形式，也包含着地域文化的内容。光线可以从建筑外延展入内，将室内外进行沟通，与空间产生互动的同时，更为观赏者提供另一种感知体验。在民宿设计时可以通过材料与技术的处理，综合运用叠加、穿透等方式，用光影的变化展示文化精神。这种光影效果既可存在于建筑的内部空间，给人以明暗变化的斑驳体验，也可以存在于建筑外界面。温暖的光线还可以给人们带来温暖，减少一些建筑材料的冰冷感，让建筑富有生机。

例如台湾设计师毛森江设计的“毛屋”民宿（图10），这是由两栋清水混凝土现代建筑构成的民宿，基址虽小，但空间层次分明，且无限延伸，四面墙虽然被围墙包围，但每层楼仍保有舒适的光线。建筑物的一侧开了一道狭小却穿透三层楼的缝隙，自然光影投射入内，成为空间最美的点缀。阳光打在混凝土上，减少了其冰冷感。这些光影效果表达出当地文化的包容与热情，住在其中，就会潜移默化地被这种热情开朗所感染，在无形中接受了当地地域文化的熏陶。

4.3 景观布置上的表达

（1）保持自然形态：当地的植被记录着地区的地域风情和历史文化，是区域内长久性的标志，也是一种特色的地域文化资源。小镇中景观自然生长的形态就是它的地域特性之一。在设计时应该尽量保持这种自然的生态，尽可能不砍伐原有的绿植，并采用自然式的种植方式进行配置，是营造民宿景观的最佳选择。

（2）构建景观结构：民宿设计时要考虑到对基地景观的破坏性，不能破坏当地的生态结构。在布置绿化植被以及景观小品时更要考虑和基地周边环境的融合，遵循原有的景观体系，并在此基础上适当地调整与加减，创造出一种合理、优美的景观结构，做到和区域景观和谐共生。

图10“毛屋”民宿丰富的光影效果（图片来自于百度）

(3) 景观肌理的融合：在民宿的景观设计中，应该对自然给出的线条进行合理运用，并巧妙地进行加工处理。要体现地域文化特色，就要尊重其自然形态。比如弱化形状不一的景观小品造型，选择适当的植物进行绿化调整以及弱化、遮挡处理，把原先生硬的边界线变得柔和自然等，体现区域文化和谐共生的原则，有利于营造富有地域文化气息的民宿。

4.4 本章小结

本章具体阐述了民宿在地域文化中所表达的内容，主要从场地布局的地域性、建筑中的地域性以及景观的地域性等层面将地域文化在设计中具体化，并加以具体方案的论证。在设计时无论在哪个层面都要对地域文化表达尊重，绝不能因为自己的一些设计想法就去破坏它，而是应该想办法去改进，找到一种和当地自然、人文都和谐共生的状态。

第5章 河北省承德市兴隆县南天门满族乡郭家庄小镇民宿建筑设计

5.1 项目概况

5.1.1 项目区位

郭家庄民宿设计项目，位于河北省承德市兴隆县南天门满族乡。兴隆县四周分布有北京、天津、唐山这样的发达城市，还有承德这样的旅游城市。郭家庄位于兴隆县城东南部，距县城30公里；属南天门满族乡政府管辖，是一个有满族风情的村庄。为清朝“后龙风水禁地”，距清东陵仅30公里。此外，郭家庄负氧离子高，有“有氧小镇”之称。

5.1.2 交通条件

项目位于兴隆县东南部30里，车程3小时左右。这里交通便利，112国道从境内穿过，南距唐山90公里，西距北京160公里，北距承德约70公里。郭家庄村距离北京、天津这样经济发达的城市有着较近的距离，周边又有承德

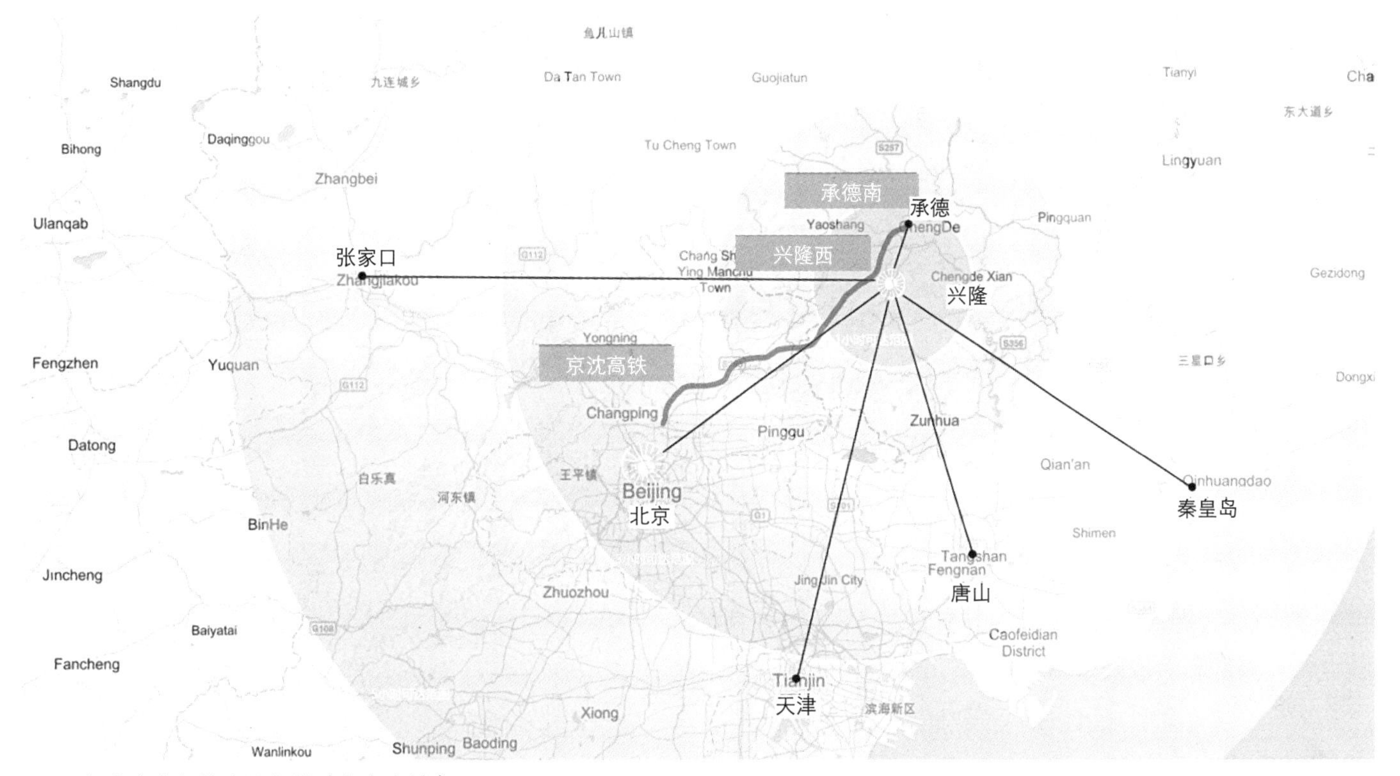

图11 郭家庄良好的交通条件（作者自绘）

这样的旅游城市，尤其是京沈高铁开通后，北京到兴隆西的时间仅为18分钟（图11）。良好的交通通达性为郭家庄提供了巨大的客源市场。

5.1.3 周边景点

郭家庄景色宜人，四周山体俊秀、水体清澈、村庄依山就势，沿撒河有机分布，林木葱郁。周边又分布有“双石井自然风景区”、“天子山风景区”、“六里坪国家森林公园”、“奇石谷”、“十里画廊旅游观光区”、“南天门南沟自然风景区”、“九龙潭自然风景区”、“河北兴隆国家地质公园”、“雾灵山森林公园”等景点，郭家庄村自身优美的环境资源以及这些具有吸引力的旅游资源，都可以为郭家村带来很多的客群流量。为郭家庄小镇的民宿建设提供了客群基础。

5.1.4 经济发展现状

郭家庄村果树资源丰富，种植农作物玉米、大豆、谷子等。林果方面种植板栗，年产15万斤，山楂年产40万斤。还种植锦丰梨400多亩。村内有兴隆县德隆酿酒有限公司一家企业，解决了一部分附近小镇居民的就业。在河北省美丽乡村建设的背景下，郭家庄从2013年开始，发起了乡村面貌提升的活动，以建设特色小镇为目标来带动乡村的发展。由于良好的区位以及文化条件，越来越多的游客来这里游山玩水，也有美术类院校组织学生前来写生，民宿产业初步发展。

5.2 郭家庄地域文化现状

5.2.1 自然环境

（1）地形地貌

郭家庄被群山环绕，撒河从村里穿越而过。村里地势地貌起伏大，谷深山高，道路曲折。地处燕山山脉，村子四周群峰对峙，山峦起伏，沟壑纵横，平均海拔在400～600米之间。全村地势西高东低，是典型的“九山半水半分田”的深山区。

郭家庄在选址建村时十分注重生态理念，整个村落位于新建盆地内，地处丘陵地区，四面山水环绕，正是古代风水观念中的最佳选址。村落建筑坐北朝南、负阴抱阳，面向撒河，注重生态环境对人的影响，体现以人为本的理念。在这种丰富的自然环境下，郭家庄村民的生存和发展拥有足够的物质条件。长期的自给自足，使当地人拥有乐观、开朗、豁达的性格，从而塑造了他们独立自主的精神和热爱自然、崇尚自由的独特地域文化。

（2）气候特征

这里气候温和，四季分明，雨热同季，昼夜温差大，属明显的温带大陆性季风气候。年平均气温7.5摄氏度；常

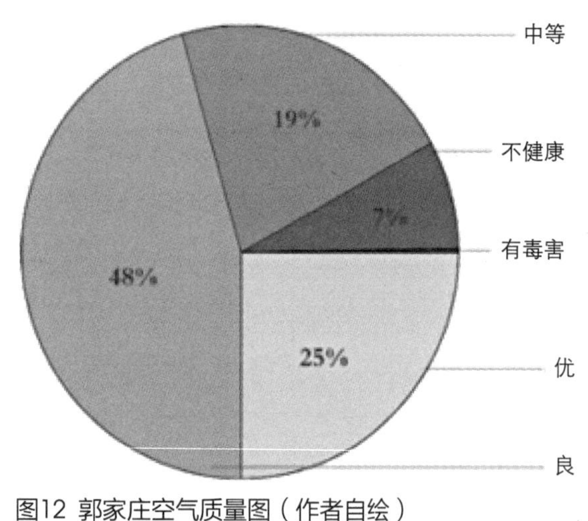

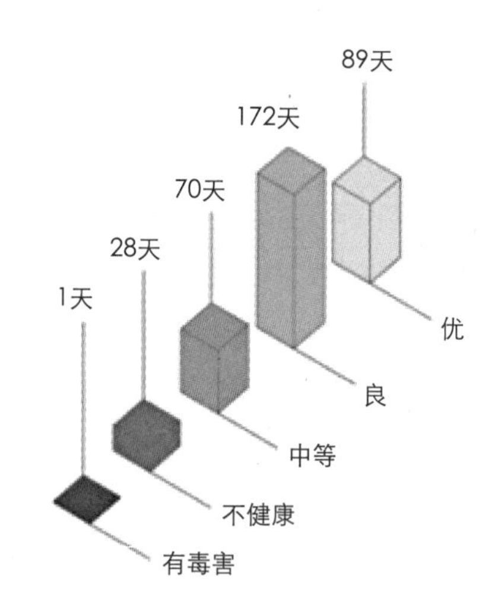

图12 郭家庄空气质量图（作者自绘）

年温度最高月份为7月，平均最高月气温24.5摄氏度，同时，7月平均降水也最多，约为100毫米；日最低气温为 -14摄氏度，日最高气温为30摄氏度。此外，郭家庄空气质量很好，全年优质空气质量天数约为89天，约占总天数的25%（图12）。可见，郭家庄村有着宜人的环境，适合游人居住逗留，为郭家庄村的建设提供了良好的气候条件。

5.2.2 人文环境

（1）历史沿革

清朝灭亡后，郭络罗氏的守陵人被肥沃的土地吸引过来，从此将此地改名为郭家庄，很多满族习俗沿用至今。历史记忆方面来说，他们是守陵人的后代，对于自然比较崇敬，对环境抱有感恩，对山清水秀比较向往。其影响也体现在满族民俗的剪纸艺术中，构图方式与形象的塑造都是利用自然景观为主体。这给我们在进行民宿设计时提供了一个很好的思路。

（2）风俗习惯

郭家庄地处南天门满族乡，属于满族村落。宗教信仰方面，满族主要信奉萨满教，具体体现为祭天和祭祖的祭祀活动。但是，随着文化融合以及中华文明传统思想的影响，满族人的信仰逐步发展为佛教、道教和儒家思想的多元化。萨满教的由来与满族祖先的生活环境息息相关。满族的祖先最早是以打猎为主维持生活，由于人类文明发展阶段的限制，他们认为是“神灵”赐予了他们物质生活。因此，满族的祖先以动物作为神灵的模型进行崇拜，也就是图腾。满族图腾常见的有海东青等。在郭家庄的一些现有景观设计中，也可以看到对满族文化符号的抽取与利用，例如剪纸展示墙、印有龙样的旗帜、寓意狩猎的景观小品等（图13）。同时，当地人们也会组织一些文化活动，比如剪纸宣传、在广场上进行一些歌舞运动等。

5.2.3 当地建筑概况

（1）村落布局上，郭家庄在建筑形态和肌理上都符合满族传统建筑的形制。村落选址在依山背水的地方，由写生基地分为东台子村和西台子两部分。G112国道穿越村庄，对村子的格局和生活产生了一定影响。

（2）建筑布局上，为了防止野兽的袭击和洪水的侵袭，满族传统建筑形式是建于高台之上的，这一点在当地民居中也有所体现。在传统满族民居的布局中，建筑是以合院的方式为基本单元布局，以中轴线控制庭院由南向北的空间序列，在建筑的体量关系上采用从低向高的转变，突显建筑层次关系。郭家庄的建筑也基本以合院的形式出现，北向主房的体量要大于两侧的厢房，并且建于台基之上，在高度上也高于两侧的建筑，台基下可以用来储藏。郭家庄的建筑为双坡屋顶，基本为简单的一进院落；建筑层数基本为一层或二层，建筑单体呈“一”字形。

（3）空间功能上，建筑分为三开间或者五开间，在中间的开间上设入口，进入建筑为布有灶台的厨房和餐厅。正中开间的左右开间为卧室。满族人以西为尊，西面的房间用来供奉祖先牌位，目前虽然这种习惯有所弱化，但是一些人家还是在西边的房间进行供奉。目前，郭家庄民居的保暖问题已经得到解决，更多的是要追求更好的采光，所以有些民居北侧也开窗，增加了采光和日照，并且多采用双层窗，更好地起到了保温节能的作用。窗的材料也发生了变化，铝合金窗、塑钢窗等普遍受到欢迎，大部分民居不再使用木制窗。房门依然采用木制材料，但推拉门、玻璃门等样式也在民居中普遍应用。开窗方式也更为简单，南墙左右对称开两窗，北墙平均分布开三窗。

图13 郭家庄当地满族特色景观小品（作者自摄）

（4）材料与色彩上，在郭家庄民居中，现代材料开始流行，一些住户将传统房屋拆除，盖起了新的砖混结构的新住宅。但是，也有部分民居保留了传统的砖木结构的房屋，颇有一番风味。大部分民居的外立面都用了白色瓷砖贴面，屋顶材料也不是纯瓦片，一部分屋顶用了彩钢板作为瓦片的替代品（图14）。色彩也是满族传统文化的一种无形体现，满族传统民俗文化中以红色象征着王者之色，而萨满教认为白色最为纯洁，所以郭家庄建筑中以红色作为屋顶的颜色、建筑外立面用白色瓷砖贴面也就不足为奇。

图14 郭家庄当地满族特色民房（作者自摄）

5.3 郭家庄民宿设计的地域性表达

5.3.1 在场地布局中的表达

（1）顺延建筑肌理

本方案在设计时考虑到道路和山体的关系，延续郭家庄建筑的肌理，基本采用了坐北朝南的形制，保证了和周边建筑相近的布局形态，保证当地建筑布局结构的完整性；此外，建筑整体布局和G112国道基本平行，在视线上构造出一种空间感，游客在观赏山体的景色时，民宿也映入眼帘，创造出布局中的和谐共生，传达出郭家庄地域文化对自然的热爱。

（2）构建空间层次

建筑顺应自然，顺延等高线布置，根据场地不同的高差来布置建筑，创造出一种动态的空间结构，也减少了对郭家庄地形地貌的破坏。这种顺应高差的布置方法自然就营造出一种韵律，高低起伏，自然和谐，体现了郭家庄人们崇尚自然、亲近自然的地域文化。

5.3.2 在建筑层面的表达

1．建筑布局

在建筑布局上，运用了利用高差进行院落整合的方法，将原有的两个合院整合成一个民宿酒店，用具有引导性的大楼梯连接两个院落，建筑分布于院落四周。此外，大楼梯还将建筑分成了公共区和住宿区。其中，公共区位于下部的庭院周围，住宿区分布在上部庭院周围，不仅保证了住宿区的私密性，也顺延了郭家庄建筑布局的肌理形式，让游客体验到郭家庄独特的建筑布局和生活方式。同时，这种利用高差的布局方式也尊重了当地的自然环境，让空间变得丰富。

2．建筑空间

（1）构建多变空间

在建筑空间的表达上，住宿部分，建筑在还原满族传统“一”字形形体的基础上，将内部空间重新划分，卧室、厨房、走廊的空间各自独立，出现了更为灵活的房间组合模式，使游客体验到传统建筑模式的同时，给游客提供更加舒适的居住空间。

（2）促进内外交互

建筑通过不同材料的交叉布置形成韵律感，让人走在其中有着独特的审美体验：阳光透过百叶打进建筑，形成有规律的纹样；透过树枝打在建筑上，留下斑驳的树影；光透过建筑，与建筑内部实现了交互，人们通过光线的引导，自然地看向窗外的美景，与周边景物发生关系，这也是地域文化表现的一种形式。

3．建筑材料与色彩

郭家庄坐落于两座山丘之间，山上山石众多，树木葱郁，因此，郭家庄本地的建筑材料几乎都是以石头、木材为主。本方案在立面的表达和室内的装饰上都运用了砖石和木材，形成了和现代建筑材料之间的对比，但是这种地域材料的使用并不会造成很大的违和感，反而缓解混凝土的冰冷，拉近了建筑和人的距离，也拉近了人与自然的距离。

5.3.3 景物设置的表达

（1）保持自然形态

建筑周边布置了当地特色的植物，比如山楂和梨树，当地人们看到会感觉亲切，游客看到它们注意力会被吸引，在生活的过程中潜移默化地感受到当地文化的影响。

（2）构建景观结构

此外，设计中还采用“园冶”里移步换景和借景的手法。人们从建筑入口处进入，不是直接到达住宿部分，而是要通过转折，经过大台阶，具有一定的故事叙述感；沿着台阶望去，有一堵片墙，通过片墙上的墙洞，人们可以看到被框住的景物，产生一种独特的引导性和体验感。

（3）景观肌理融合

为了和自然更好地融合，在民宿周围的景观中布置了和坡道相结合的景观设定。在住宿区庭院东侧有与其相连的景观坡道，和当地的地形肌理相融合。在坡道上，人的行为会减慢，对自然景物的关注度也就增强。这就是乡村慢节奏对城市快节奏的回应，也是郭家庄地域文化中尊重自然、热爱自然的表现。

5.4 本章小结

本章先由对郭家庄的调研，确定其发展民宿的优势性和必然性，然后再通过对村落里满族文化的调研，对其中的文化元素进行整理和提取，最后，通过一系列的手段，达到对区域文化的反馈，使整个建筑和谐共生，宛若天成，又让人们在使用过程中产生故事感，深刻地体验到当地的文化特色。

第6章 结语

随着城市的喧嚣浮华，现代都市的人们越来越向往乡村的宁静与朴素。随着特色小镇的快速发展，民宿业走向了发展的黄金时代，演绎了一场人与自然交融的画面，引领着乡村面貌的转变，寄托着人们回归原汁原味的乡村休闲生活的美好愿望。本文在特色小镇建设的背景下，阐述了在民宿中表达当地地域文化的重要性和必要性，并对民宿中地域文化表达的方向进行了研究，在此基础上，将理论付诸具体设计，详细说明了郭家庄民宿设计中地域文化的表达。

本文从地域文化在民宿中的表达入手，旨在探讨文化在乡村快速发展中如何保证自己的原有特色，以此来促使民宿产业的理性发展，让其真正成为可以承载文化发展的产业，来推动乡村的振兴，使乡村成为一个有悠久的历史、传统的文化、现代化生活的区域，达到其不断自我更新和发展的目的。

参考文献

著作类

[1] 王育林. 地域性建筑[M]. 天津大学出版社，2008.

[2] 陈墀吉，杨永盛. 休闲农业民宿[M]. 台北：威仕曼文化，2008.

[3] 赵新良. 建筑文化与地域特色[M]. 中国城市出版社，2012.

[4] 江波，陶雄军. 地域∞设计[M]. 中国建筑工业出版社，2015.

[5] 陈伯超. 地域性建筑的理论与实践[M]. 中国建筑工业出版社，2007.

[6] 朱良文. 传统民居价值与传承[M]. 中国建筑工业出版社，2011.

[7] 王其钧. 中国民间住宅建筑[M]. 北京：机械工业出版社，2003.

[8] 唐剑. 民宿设计实践[M]. 南京：江苏科学技术出版社，2017.

期刊类

[1] 黄其新，周霄. 基于文化真实性的乡村民宿发展模式研究[J]. 农村经济与科技，2012，(23).

[2] 姚侃. 传统木建筑材料在现代建筑设计中的运用[J]. 合肥工业大学学报（社会科学版）：第五卷.

[3] 蒋佳倩. 国内外旅游“民宿”研究综述[J]. 旅游研究，2014，(4).

[4] 何峰. 传承与发展——历史文化名村住宅更新设计实践研究[J]. 建筑学报，2011，(5).

[5] 朴玉顺. 清宁宫——满族民居式的皇帝寝宫[J]. 满族研究，2005，(3).

论文类

[1] 赵啸月. 传统民居形态下的风情客栈设计研究[D]. 西南交通大学，2014.

[2] 刘书宏. 台湾民宿的特色、空间与型态[D]. 厦门大学，2009.

[3] 杨阳. 郊野公园乡土景观表达与营造的研究[D]. 东北农业大学，2013.

[4] 刘津津. 当代地域性建筑的场地设计研究[D]. 天津大学，2013.

[5] 程锐. 视觉文化介入的当代建筑造型手法初探[D]. 合肥工业大学，2009.

[6] 翟健. 乡建背景下的精品民宿设计研究[D]. 浙江大学，2016.

[7] 刘晓东. 乡建中的民宿建筑研究[D]. 中央美术学院，2017.

[8] 石欣蕾. 承载历史印记的民宿设计[D]. 广西师范大学，2017.

兴隆县南天门满族乡郭家庄小镇民宿建筑设计

The Design of the Special Homestay in Chengde

项目区位

郭家庄小镇位于承德市兴隆县南天门满族乡，区域内具有一定的满族特色。周边分布有北京、承德等城市，可以依托其消费水平和旅游吸引力进行发展。村内有G112国道和撒河穿越，四周群山环绕，风景优美。绿化覆盖率较高，负氧离子丰富，是一个极具地域特色的小镇。

基地选址

基地实景

郭家庄区位

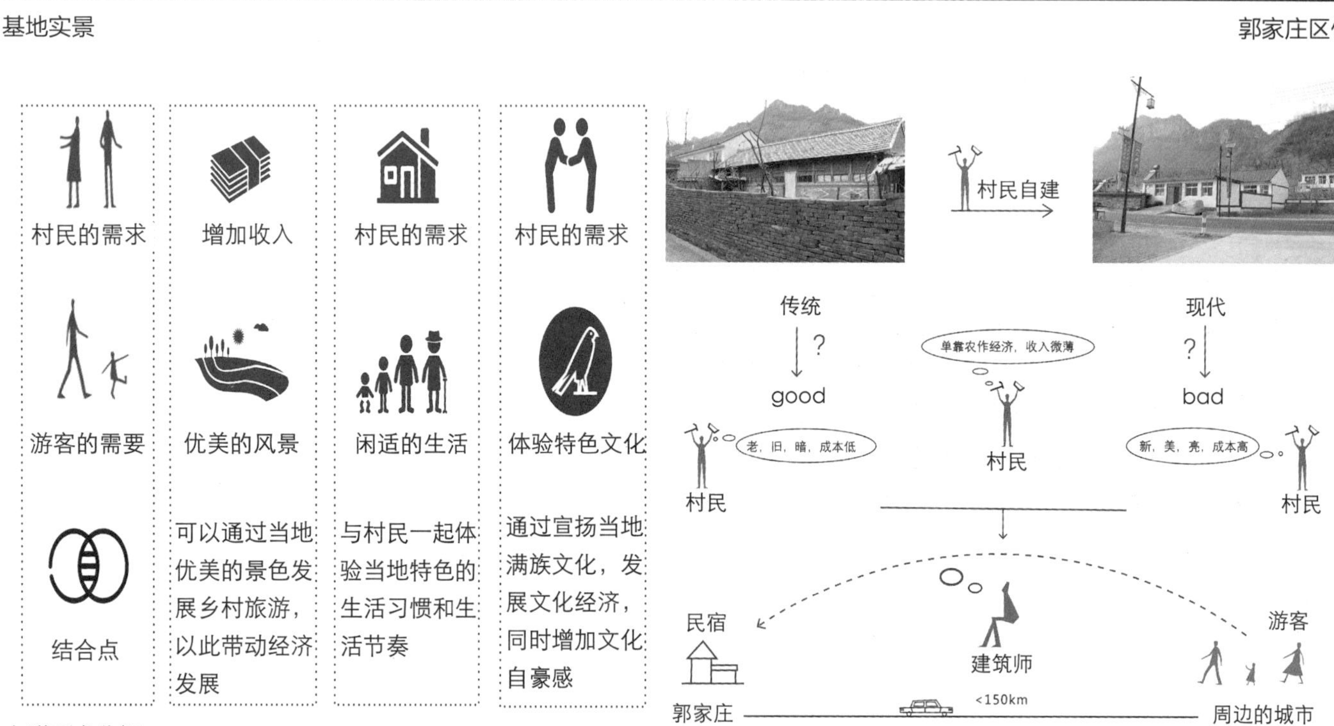

人群需求分析

初步想法

1. 利用区位优势，吸引大量的客流，加入民宿的形式，为村民提供多种收入的可能性。
2. 传统元素之中提取现行条件下依然很有优势的材料，以及体现村落文化和风貌的建筑形式。
3. 运用现代的新技术，使得居住空间更加舒适。

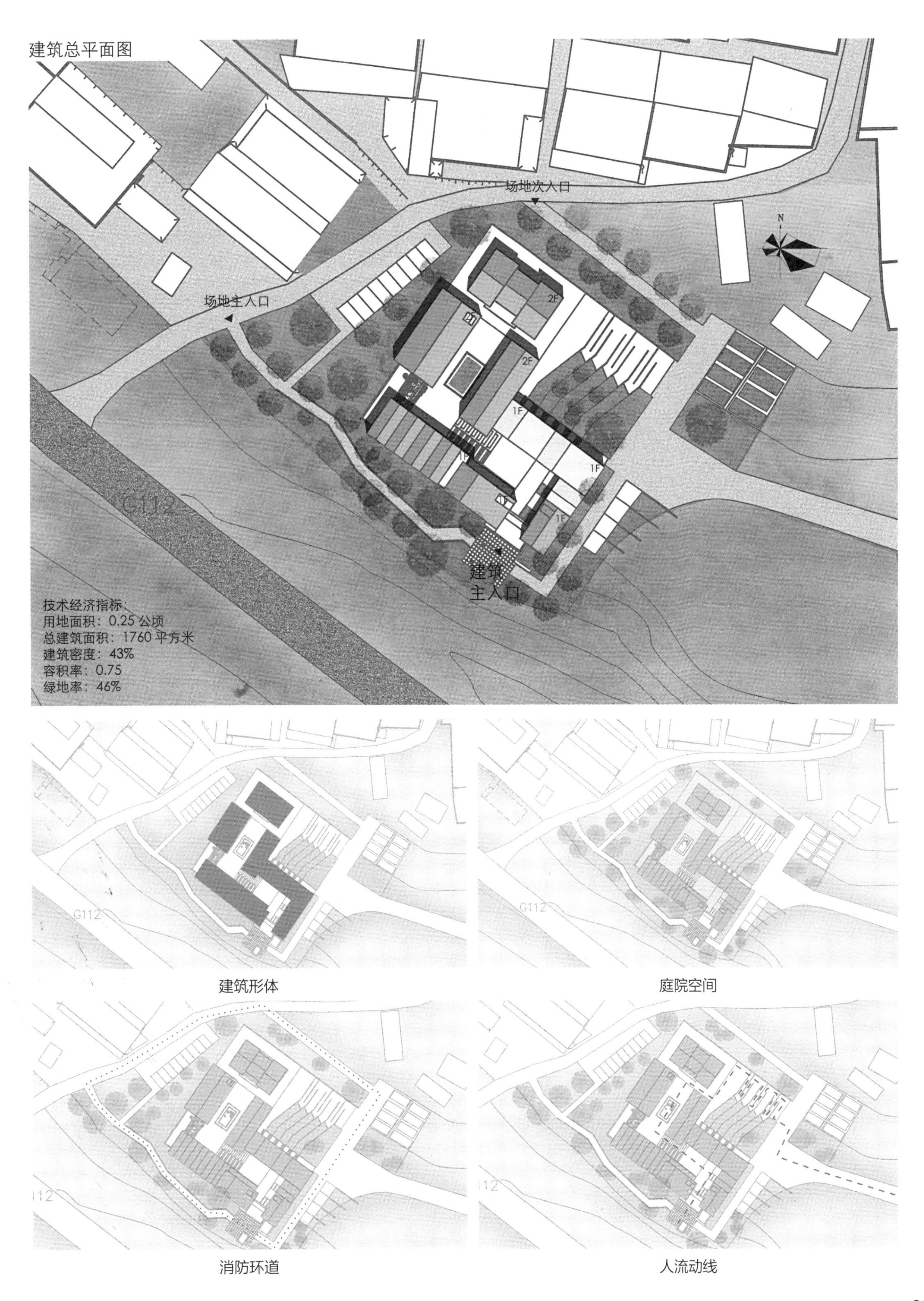

建筑形体

庭院空间

消防环道

人流动线

建筑平面分析

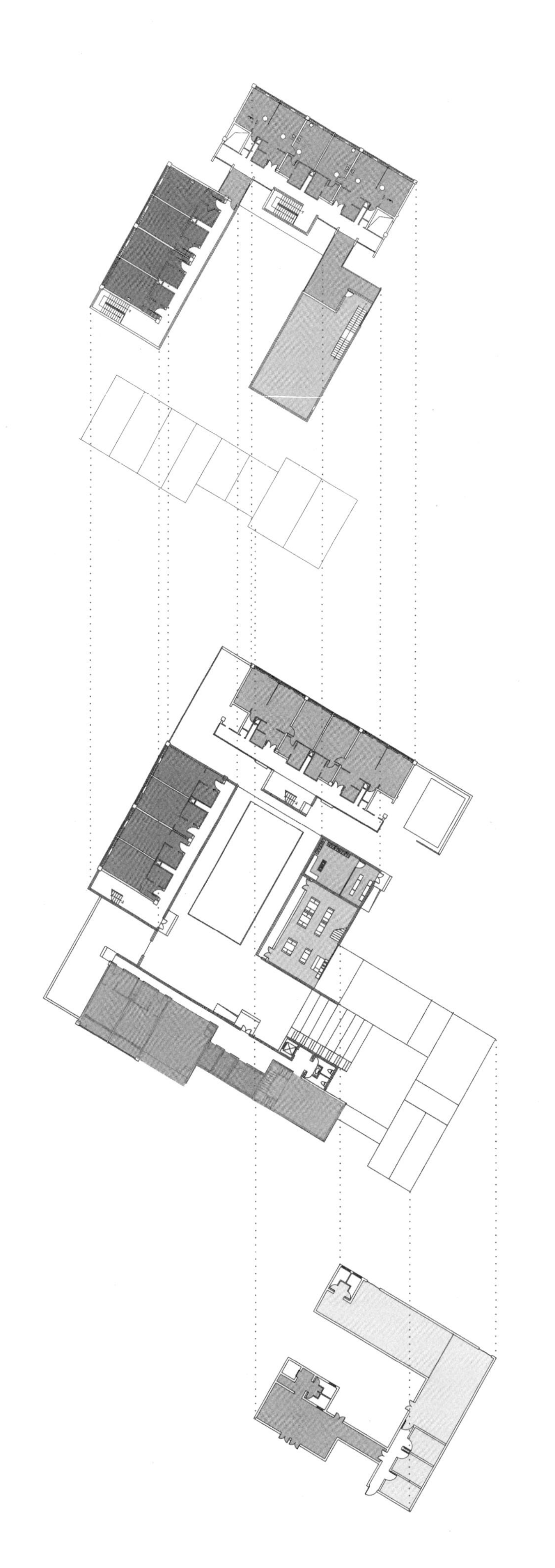

厨房
餐厅茶座
套间
大床房
标准间
设备间
休闲区
活动体验区
办公区
民宿大堂

民宿三层平面

建筑三层空间以住宿为主，辅以餐厅茶座空间，并通过室外连廊与休息平台相连接。这样布置不仅保证了住宿区的私密性，而且使各个功能区都有联系，并增加了室外的活动空间。同时，室外的活动平台可以获得良好的视野，欣赏周围的景色。

民宿二层平面

建筑二层空间是主要的使用空间。住宿部分和餐厅休闲部分分布在庭院四周，通过庭院分隔了公共区和住宿区。其中，住宿区分为标准间、大床房以及套间，并设有无障碍客房，满足不同游客的需要。客房的分散布置可以使每个客房均获得良好的视野，体验不同方向的景色。

民宿一层平面

建筑一层是公共区。包括了民宿大堂、办公区以及活动体验区。三个区域相互独立，互不干扰。客人进入大堂后，可以直接通过电梯到达二层的住宿区，也可以经过庭院，通过庭院的大楼梯通往二层的院落，再进入住宿区。这样的布置尊重了当地的地形地貌，又使得建筑空间变得丰富。

提升郭家庄人居环境应用研究

Application of Soundscape to Rural Living Environment Improvement

辽宁科技大学　陈禹希
Liaoning University of Science and Technology
Chen Yuxi

姓　名：陈禹希　硕士研究生一年级
导　师：张国峰　教授
学　校：辽宁科技大学
专　业：环境与艺术设计
学　号：172130500463
备　注：1. 论文　2. 设计

郭家村戏曲文化剧院效果图

提升郭家庄人居环境应用研究

Application of Soundscape to Rural Living Environment Improvement

摘要：国家在最新的十三五规划中强调了新时期美丽乡村规划建设的要求，提出“美丽乡村”和“一带一路”建设的号召。然而工业化进程的脚步却在碾压着乡村的自然环境，追赶着时代脚步的村民纷纷离去也让曾经袅袅炊烟的乡土村落变得凋零落寞，空无一人的乡村让商人看到商机，而被再度开发的乡村早就失去了所谓乡村的气息，城市人口的加剧、环境的破坏、生活的压力让人们对自然、宁静、淳朴的乡村更加向往，不管是在城市还是乡村，适宜的人居环境是人类一直以来的追求。

本文将从在环境设计中常常被忽视的声景角度入手，声景的理念已经不再仅仅是对环境声音的分析测量，它为声音赋予了生命，为声学研究带来了文化性、社会性、生活性和心理性的研究新视点，给城市和乡村的声环境研究乃至景观设计和风景园林设计研究带来新的研究视角和切入点。以声景放眼至人对声环境的感知，在乡村环境中通过积极的设计手法来完善人、声音与环境三者之间的关系进而提高乡村中声环境的质量，在满足人居环境的基本要求之余可以提升人居环境的舒适体验，更可以建立地域声音地图，实现本土归属感。因此本文论证声景对乡村人居环境提升的作用，通过对乡村景观以及建筑进行设计，选择在众多丰富的设计理念中再引入声景这一设计的概念，总结出声景在乡村的景观建筑设计中的应用，以及声景学对乡村的人居环境提升的作用，为我国声景学、乡村人居环境学等方面的研究提供更多的参考价值。

论文通过在声景学研究的视角下探讨乡村人居环境提升的方法，结合人—声音—环境的关系，探讨声景在乡村的公共建筑与景观中的应用分析，探讨其应用范畴以及营造后对乡村人居环境提升的作用，为乡村人居环境的提升提供新的视点和设计手法，通过实际案例兴隆县郭家村的戏曲文化剧院建筑设计为例，进一步阐述声景如何为乡村人居环境的提升做出改善。

关键词：声景；人居环境；地域文化；乡村景观；剧院设计

Abstract: In the latest 13th Five-Year plan, the state emphasized the requirements of the beautiful countryside planning and construction in the new era, and put forward the call for “beautiful countryside” and “one belt and one road” construction. However, the pace of industrialization is crushing the natural environment of the countryside. The villagers who keep up with the pace of the times are leaving one after another, which makes the countryside which used to curl smoke become desolate and lonely. The empty countryside lets businessmen see business opportunities. The newly developed countryside has long lost its so-called rural atmosphere and urban population. Increased environmental damage and the pressure of life make us yearn for the natural, quiet and simple countryside. Whether in the city or in the countryside, suitable human settlements are the pursuit of human beings all the time.

This paper will start from the point of view of sound scene which is often neglected in environmental design, because the concept of sound scene is no longer a simple analysis and measurement of environmental sound, it gives life to sound, brings new research perspectives of culture, sociality, life and psychology to acoustics, and gives the sound environment of cities and villages. Research, and even a new perspective and breakthrough point for landscape design and landscape design research. From the perspective of sound scene to people's perception of sound environment, we can improve the relationship among people, sound and environment through active design methods in rural environment, and then improve the quality of sound environment in rural areas. Besides meeting the basic requirements of human settlement environment, we can improve the comfortable experience of human settlement environment and establish regional sound map to realize the sense of local ownership, so this paper demonstrates the role of sound scenery in the improvement of rural residential environment. Through the design of rural landscape and architecture, it chooses to introduce the concept of sound scenery into many rich design concepts, and on the premise of understanding sound scenery, it summarizes the sound scenery in the design of rural landscape architecture. The application of acoustics and the role of acoustics in improving rural human settlements provide more reference value for the study of acoustics and rural human settlements in China.

This paper discusses the ways and means of improving the rural human settlements environment from the perspective of acoustical landscape research, combines the relationship between human-sound-environment, discusses the application of acoustical landscape in rural public buildings and landscapes, and explores its application scope and the role of improving the rural human settlements environment after construction, so as to make the rural human settlements environment better. The improvement of the environment provides new perspectives and design methods. Taking the design of Guojiacun opera cultural theatre in Xinglong County as an example, this paper further elaborates how the sound scene can improve the living environment of the countryside. the sound scene can improve the living environment of the countryside.

Key words: Soundscape; Human settlements; Rural landscape; Theater design; Regional culture.

第1章 绪论

1.1 研究背景和意义

1.1.1 研究背景

世界各国对“环境”问题的关注，已经不是简简单单的视觉美观，针对过去视觉至上主义下的环境设计，也在“声景”这个理念提出后多出很多不同的设计角度，对声音的关注不断提升，也让建立良好和谐的声环境成为不同专业领域学者探讨的热点研究问题。在现阶段我国的新型城镇化的发展以及人民生活水平的提高，人们对人居环境舒适性的要求也越来越高，新世纪以来，我国仍处于城镇化率30%～70%的快速发展区间，中国城镇化增长速度经历了大跨度飞跃式的发展，预计到2020年，全国城镇人口占总人口比重可达60%，达到中等发达国家水平。物质生活的富足让更多的人对生活的舒适体验也相应有了更多精神上的追逐，对生活的环境质量也有了更多的要求。车水马龙、高速建设的城市中充斥着钢筋水泥的吵嚷，而这时远离喧嚣、自然静谧的乡村环境成为很多人的向往之地。在保证当地居民正常生产生活的同时，从什么角度出发、如何提升乡村的人居环境来满足原住民以及多种外来体验人群，是目前以及未来乡村的规划建设和改造重塑的方向和目标。

本次课题研究是以郭家村的建筑与人居环境开始，为了避免主题太宏大，研究点主要集中在声景对提升乡村人居环境的应用研究，并以兴隆县郭家村的公共建筑设计为尝试性应用案例，声景这一理念在国外已经领先很远，但是在国内还依旧是一个相对新颖的观点，所以笔者希望在本次的课题研究中对郭家村的公共建筑与景观设计引入声景这一理念，把声景更好地融入郭家村公共空间建设的系列设计当中，同时能够探索声景对乡村人居环境提升的作用与应用模式。

1.1.2 研究意义

乡村人居环境提升，是综合经济、社会、生态、人文全面发展的结果导致，乡村其独特地域属性，在提升乡村人居环境的同时会形成具有地域文化特点的乡村形式与内涵。

目前对声景的设计与应用大多还停留在表面，比如对已有园林的声景应用的研究、城市中公共空间的声景小品设计应用等。对于乡村的研究与应用少之又少，将声景应用到对乡村人居环境的提升更是没有，本文的研究就是要探索声景与乡村人居环境提升之间的关系，以及人的活动与声景环境的关系，借此更好地创造独具特色的乡村人居环境，使人能够全方位感知乡村的环境空间，拥有更全面的乡村体验。

本文提出声景应用在郭家村乡村公共广场的景观与建筑设计的理念，在不改变原有环境背景声的情况下，通过营造不同声景的氛围，来探索声景的应用对人居环境的提升是否会有一定改善。在此基础上，通过将不同声景进行组合应用，来探声景的设计原则，并且提出在建筑与景观中声景的应用策略。

研究声景在郭家村公共建筑中的应用，其意义在于：一是乡村景观发展新方向的一个探索，丰富景观环境的表达途径；二是挖掘和保护地域传统声音文化，探索新的乡村主题声音景观，以便于能够适应乡村地域文化发展的需要，来营造富有立体感官的新环境。声景作为综合性交叉学科的设计产物，需要各个专业的建筑师、景观设计师、心理学家的探索研究，以及最后的整合应用，才能赋予声景设计更为丰富的内涵与功能；创造更为人性化的景观环境，提升乡村的人居环境舒适性，为乡村景观环境的发展、乡村环境声音的意境表达，提供的体现方式。最终通过对乡村中的“声景”进行设计利用，来完善、丰富声景设计的理论与方法，无论是学术还是实践，都具有很大的实际意义。

1.2 研究内容和方法

1.2.1 研究内容

1．探讨乡村声景的应用原则

已有的相关声景设计多数还停留在对声景研究的表面上，比如我国古典园林中的声景营造是存在应用最多的。在探讨乡村声景应用原则时，首先研究声景设计的方法，然后探讨具体乡村声景元素的应用设计方法。在进行乡村声景设计或改善时，需要在村庄中相对大规模的整体区域内进行规划，而在本文论证中对应的实际应用案例郭家村戏曲文化剧院建筑设计以及村庄公共空间景观中声景的设计与应用，乡村公共活动广场中的声景受周围环境的影响，虽然乡村的大环境不易于整体设计或改造的，但在公共空间的景观与具体建筑的设计中却可以从声景的角度出发实践。

2．声景设计对乡村声环境改善的研究

每一个场地的设计都需要把握因地制宜的设计原则，那些与自然环境相互协调的景观都是适应场地的结果。所以，我们在研究某一空间时，就需要对场地以及周围大环境做深入彻底的调查分析。对声音元素的提取，考虑多感观因素对人的影响。还需要对所听到的声音进行组织再设计，才可以运用到环境设计中。

那么，在环境空间中，其他因素没有太大变动的情况下，单纯去设计营造不同形式的声音氛围并不会对乡村已有的声环境产生有价值的影响。而“声景”的作用，恰恰就是在适合的场地营造不同主题性的声景，进而丰富人们的感官体验。在本次设计中，通过添加声景设计中常用的不同类型、不同意义的声音元素，来尝试声景设计对乡村声环境改善的研究。

3．声景的应用与乡村人居环境提升的关系

声景观已经成为景观学科中一项可以独立存在的学科，它有其自己所具备的系统结构和特征，声景结合科学技术和美学理念，将声音所表达的信息与人类自身的生理心理需要、生活环境，以及社会的认可度等有机连接起来，建造出能够发挥声音作用的环境，来探索声音背后有价值的意义，形成声景以及营造此种声景的空间环境。与此同时，在能够确定乡村的人居环境评价指标体系一级指标的基础上，指明人居环境提升的方向，希望以此来探索声景与乡村人居环境提升两者之间的关系。

1.2.2 研究方法

本文介绍的研究方法是基于对声景环境调研与其他相关学科的调查方式相结合的调研方法，并基于景观生态学、建筑声学、环境声学、人居环境学、园林美学、环境行为心理学等相关领域的知识辅助声景环境研究，进而把声景环境中的声景与空间的关系、人的行为表现与声景环境之间的潜在规律探寻出来，得出声景在建筑景观中的应用与人居环境提升之间的关系。

本文在课题研究时利用了以下研究方法：

1．理论研究法

基于现有的研究方向和对象，从声景的产生、发展现状，结合声音、景观相关的景观生态学、环境行为心理学理论、园林美学理论、建筑声学理论、人居环境学等学科进行研究。

2．文献梳理法

通过对国内外的相关文献进行收集梳理，以及对国内外与声音相关案例的查阅，系统地研究了与课题内容相关的其他学科领域的文献，对研究声景与人居环境等方面需要掌握的文献进行了多方向的深入研究，对声景研究方面所发表的论文及相关书籍进行了大量的研读，以便在实际应用中掌握声景在建筑景观设计实践中的相关知识。

3．实地调研法

通过对承德兴隆县地区的调查研究，以及承德地区、河北地区和其他地区的资料收集，对于河北地区乡村的公共建筑与广场的声景进行研究，通过实地调研感受所处空间的声音体验，进而总结当地的自然声音、人文声音以及人们对声音的喜好程度。

4．归纳总结法

通过以上方法的研究分析，归纳总结出声景在建筑景观设计中应用的方法、分析声景与人居环境的关系，以及声景在乡村的未来发展趋势及不足，为以后的设计提供借鉴。

1.3 国内外研究现状、文献综述

1.3.1 国外研究现状

声景观（Soundscape）的概念是芬兰地理学家格兰（Granoe）在1929年提出的。Soundscape是由Landscape变化得到，被译为声景、声音景观、声风景、音景等。

R. Murray Schafer教授在温哥华成立了一个以教育和研究为主的“世界声景计划（World Soundscape Project）”组织，简称WSP，开始了声景观的研究。研究的初始目的是试图描绘环境中噪声污染的情况，但是通过对声音的分析发现，除了负面的噪声影响外，环境中还存在一些具有正面价值的声音，例如自然声音、文化声音等，即所谓的“环境中的音乐（The Music of the Environment）”，研究目的也逐渐转移到理解人们自觉感知声环境的方式以及探讨协调整体声景观的可能性。声景学的概念也由此得出。后来通过《EuropeanSound Diary》和《Five Village Soundscape》两本书的出版，概括了声景学思想具体的研究内容，并将这一思想推广到了欧洲。

发展到20世纪80年代，世界上的一些国家，通过不同的方式调查研究身边的声音，对于人们喜欢的声音加以保护利用，并且开始着手恢复保护一些地方特色的声音，满足人们对于过去的回忆需要。

英国、日本的声音景观团体，引导人们去收集身边的声音，各地民众也积极地参与各个声音景观项目，收集考察当地的历史声音，也是对于民族文化的积极探索。发展至年，各国都建立了自己的网络声音博物馆，记录和整理已经逝去和富有地方特色的珍贵声音。在各领域专业的共同努力下，对创建舒适的声音环境的研究也就开始了。

国外声景关注的重要团体以及相关活动（作者自绘）　表 1

团体 / 活动名称	英文名称	创立时间	主要工作与成绩
野生庇护区	Wild Sanctuary	1968	在全球各地对自然声景进行录制、保存、研究与设计活动，收集了大量数据；致力于声景生态学（soundscape ecology）的研究与发展
世界声景工程	World soundscape Project	1969	在北美和欧洲进行声景收集，开展声景研究与教育活动，出版书籍、声音像制品等；目前该工程已逐步将其成果数字化
声景认知与保护安静权利协会	Right to Quiet Society for Soundscape Awareness and Protection	1982	制定了《社会的目标》的宗旨，帮助人们认识到日益严重的噪声问题给声景带来的负担，宣传噪声对人与环境的负面影响；呼吁通过立法等手段防止与减少噪声
日本声景协会	Soundscape Association of Japan	1993	传播“声景”（在日本被称为“音风景”）思想，举办研讨会，出版学术报告等；1996 年与日本环境省共同举办“日本音风景 100 选”活动
世界声生态学论坛	World Forum forAcoustic Ecology	1993	与世界各地的分会及相关组织共同促进声景教育、宣传、研究、保护和设计；每年出版刊物《声景：声音生态学学报》（Soundscape: The Journal of Acoustic Ecology）

1.3.2 国内研究现状

对声景研究发源于西方，国内研究起步于20世纪90年代，目前还处于起步阶段，当下国内对于声景观理论的研究大致分为以下方向：在硕士论文方面，目前在文献中可以查阅到带有“声景观”的硕士论文共有41篇，笔者将其中具有代表性的论文题目以及论文主要内容与观点总结见表2。

20世纪90年代，王俊秀发表文章阐述了声景的由来和含义，结合传统的声学研究内容和方法，对当前世界范围的声景学研究的内容和方法进行了阐述。“王季卿1999年发表论文《开展声的生态学和声景研究》后，声音景观概念逐渐深入人心，声音景观研究在景观设计、声学设计、生态保护、文物保护、音乐传播等方面的应用价值日益体现。”在他之后在国内推进声音生态学和声景学方面的研究是声学研究的必然趋势。

李国棋的博士论文《声景研究和声景设计》中提出了声景三要素环境、人与声音三者之间的关系，普及了声景学的研究领域和研究方法等知识，使更多的人认识到声景研究的重要性，对传统声学研究与声景研究、声景学与传统景观学之间的区别进行了仔细的论述。在声景应用的实际中，广泛收集声音素材，建立了声音博物馆，将各种声音素材与相应的图像进行集成归类，以图文并茂的形式展现给观众和听者，为人们后续的声景研究工作提供了方便。

除了理论研究外，声景的设计和应用研究也有了突破，比如葛坚提出过在城市景观设计中融入声景概念形成城市声景，在设计应用声景时除了选择声音元素，还要积极地加入主动设计的成分，同时在文章中指出，合理的声景分区与城市开发空间有着密切的关系。声景在城市景观设计中应用的提出，为我国现代城市景观的设计加入了新的视角，也扩展了景观设计的研究范围。

目前声景的相关研究较多在于理论本身的探索，对于其实际应用目前只有一些相对偏颇的落地案例，并没有系统全面营造声景观的操作方法，而对于声景观对乡村景观规划改造的研究也比较少。

较具有代表性的论文见表2。

国内声景研究代表性的论文（作者自绘） 表2

作者	论文	时间	主要内容与观点
康健	《城市公共开放空间中的声景》	2002	城市公共开放空间中的声景研究及声音舒适度，以及声景描述、声景评价、声景设计三个层次
秦佑国	《声景学的范畴》	2004	从声音、人和环境三者之间的关系界定了声景学的范畴
戈珍平	《城市公共空间声景设计初探》	2007	介绍了声景观设计的概念与方法，将中国古典园林中的“借景”、“对景”、“点景”、“障景”等手法运用在城市公共空间声景设计中
张德顺	《国外声景观的研究发展及对我国的启发》	2012	总结了国外的声景理论与技术，总结性地提出对我国声景观发展的建议与展望。但未结合我国实例加以说明
崔陇鹏	《当代欧洲声景学对我国室外声环境研究的启示》	2014	从几个不同角度论述了当代欧洲声景学的发展对我国研究的启发
陈麦池	《基于人地关系的人居环境声景观空间意象研究》	2018	人地关系的人居环境与声景观的空间关系

1.4 论文框架

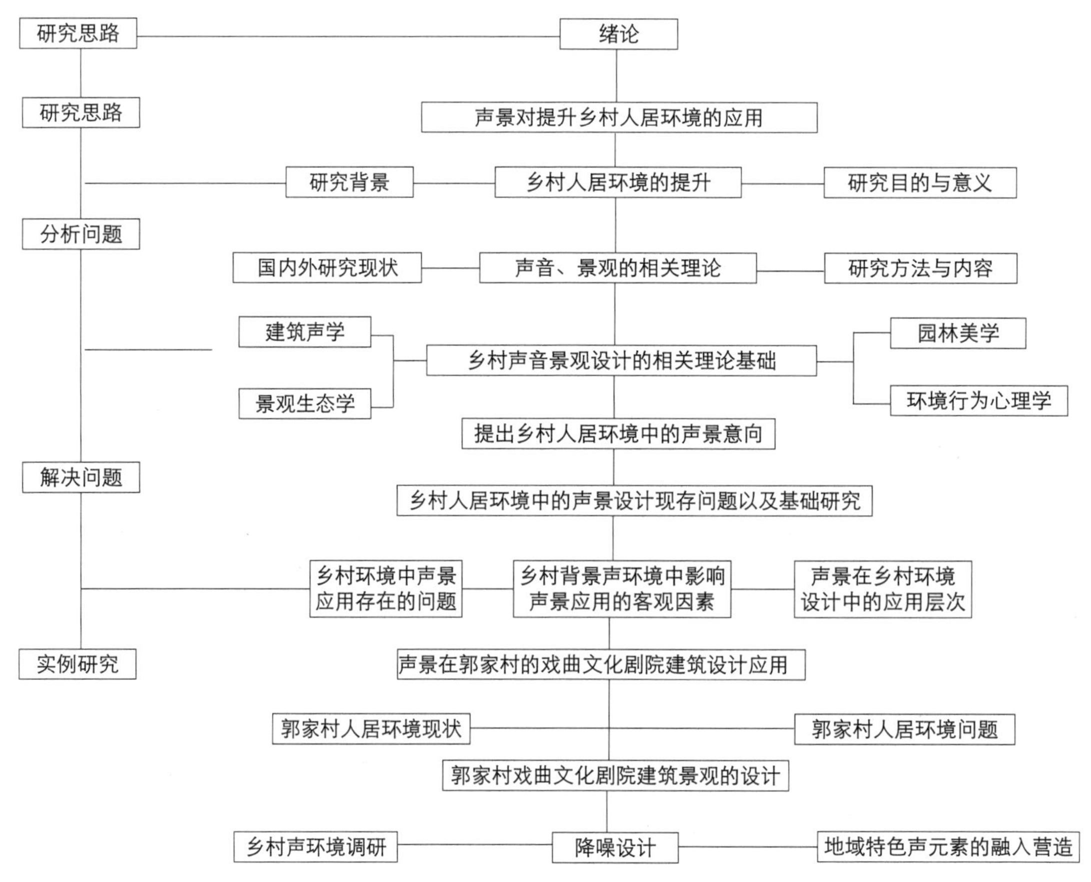

图1 论文框架（作者自绘）

第2章 乡村人居环境内涵以及声景观的相关理论研究

2.1 乡村人居环境的内涵

2.1.1 早期的地景

中国“人居环境科学”研究的创始人吴良镛在其《人居环境科学导论》一书中指出：“人居环境，顾名思义，是人类聚居生活的地方，是与人类生产活动密切相关的地表空间，它是人类在大自然中赖以生存的基地，是人类利用自然、改造自然的主要场所”。

吴良镛院士认为“人居环境”是人类的聚居生活的地方，是与人类生存活动密切相关的地表空间，它是人类在大自然中赖以生存的基地，是人类利用自然、改造自然的主要场所。

而“乡村人居环境”是整个“人居环境”系统构成的内容之一，具有共通性，包含以下几个特点：一是乡村人居环境的研究以满足“人对居住的需要”为目的。二是自然生态环境是乡村人居环境的基础，乡村人居环境的建设是人与自然相联系和作用的一种形式，理想的乡村人居环境就是人与自然的和谐统一，是乡村聚落产生并发挥其功能的基础，包括了气候、水土地、动植物、地形、环境分析、资源及土地利用等。三是乡村人居环境建设涵盖广泛，不仅仅体现在建筑、绿地等物质空间层面上，同时包含社会、经济、文化等多方面因素，其中包括居住系统的住宅、乡村社区设施和支撑系统的基础设施与公共服务设施等。

乡村人居环境研究的是乡村居民和一切有关的活动空间场所。从建筑、城乡规划学科的角度看，乡村人居环境是居民住宅建筑与居住环境等地物空间的有机结合；从生态环境学的角度看，乡村人居环境以人为主体，体现人与天、地、物等自然生态系统和谐共处为目的复合系统；从声景的角度看，乡村人居环境是尊重自然发展规律，通过声音来注重人为景观与自然环境人文社会之间的相互协调等。

综合上不同角度的表述，乡村人居环境的内涵可以理解为自然生态环境、人文社会环境和地域形态环境的综合体现，或者之间并互相关联。自然生态环境为人类发展提供了所需的自然条件和自然资源，它是乡村居民生产生活的物质基础；人文社会环境是农村传统习俗、制度文化、价值观念和行为方式的体现，它是乡村居民生产生活的社会基础；地域形态环境是乡村居民生产生活的载体，它是乡村居民创造物质财富和精神财富的场所。

2.1.2 声景角度看乡村人居环境的特殊性

乡村人居环境是以传统村落这一重要聚落形式为研究对象。通过上述对乡村人居环境的概念进行分析，可发现乡村人居环境的独特性：第一，乡村中的居住群体绝大部分主体为乡村居民以及流动外来体验人群；第二，乡村研究范围乡村的环境空间；第三，居住群体的生产生活为聚居生活、工作休闲娱乐以及对外的服务活动三种形式。从声景学研究视角来解读人居环境中声景观的空间意义，借此提升乡村人居环境的美感与舒适度就显得尤为重要又极具特色。通过中国古典诗词中对声音意象的美感追求，以及中国古典园林中声景的营造，就特定乡村声景的空间进行意象构造，声景极可能作为乡村声意象被人所感知、解读和牢记，因此对国内外声景相关的研究进行梳理、回顾和反思，能够对声景提升乡村人居环境的相关研究与应用中有所帮助。

2.3 声景观的相关理论研究

2.3.1 景观生态学理论

景观生态学是一门综合性的交叉学科，是对于大小空间的景观研究，涉及的景观要素很广，生态学就是研究相互作用的生态系统组成的异质地表的结构化功能和变化等。

2.3.2 环境行为心理学理论

环境心理学（Environmental-psychology studies）是心理学的一个组成部分。它研究的是人和环境的相互作用，在这个相互作用中，个体改变了环境，反过来他们的行为和经验也被环境所改变。环境心理学是涉及人类行为和环境之间关系的一门学科，它包括那些以利用和促进此过程为目的并提升环境设计品质的研究和实践。

日本当代知名建筑师隈研吾在《建筑的声音》中用十一种声音，解析了自己近十年来的作品；丹麦学者拉斯穆森在《体验建筑》中的第十章讲述了“聆听建筑”。除了建筑，环境也可以被聆听。我们无法生活在无声的环境里，声音本身就是环境的一部分，例如马路上汽车的鸣笛、学校里“铃铃铃”的铃声等。声音会给人带来环境的认同感，而在环境中恰当的利用声音亦可以使人们获得多种不同的感受。

由于心理现象是看不见摸不着的，因而研究人的心理必须从人的行为及其对于刺激的反应入手。那么这些心理的感受所映射出的外在行为就会与对当下环境的设计起到互帮互助的作用。因此，在声景对人居环境提升作用的研究中，环境行为心理学可以为这项研究提供更多的理论支撑，通过环境行为心理学来进一步分析环境空间中的声环境，把握人们对环境声境的需求心理。

2.3.3 园林美学理论

园林美学是应用美学理论研究园林艺术的审美特征和审美规律的学科。从哲学、心理学、社会学的角度，通过园林艺术和其他艺术的共同点和不同点，分析园林创作和园林欣赏中的各种因素、各种矛盾，然后找出其中的规律。

园林设计中，声音的应用无处不在，从自然环境到人工环境，游玩者在园林环境中的体验是伴随着声音贯穿于园林中的景观营造。园林中的声音与园林美学一样，都具有自然美、意境美等特点，丛林中的虫声鸟鸣、中心湖的潺潺流水、雨水滴落在植物和建筑上、琴音瑟瑟伴着悠扬的戏曲小调等。这些声音融入建筑构造、空间形态、植物种植等园林设计中，共同营造园林视听觉，相互作用而构成意境美。

除了自然环境的利用，还有历史、文化、生活等诸多方面，特殊的声音能引起特定的思想共鸣，特定空间的声环境在时间、历史、文化下的洗礼中，依然可以表现出人与环境、人与社会的关系。今天在研究声景对人居环境提升作用的应用时，希望声音这一元素在环境设计美的体现中能更加全面。

虽然在园林美学中并未提及有关声景的理论描述，但在对景观的描写中有关声音的作用与营造意境的段落却屡见不鲜。这是对声景这一研究的基础和理论支持，对于设计应用声景的技术、手法具有重要的参考价值。

2.3.4 建筑声学理论

从历史的发展来看，建筑的声学研究过程时间较长，是通过一些建筑设施来满足人们的视听需要，在一定的范围内达到人们所能接受的最好的效果。古代虽没有系统的研究体系，但建造的剧场、戏台等设施给人的听觉体验却没有大的错误。尤其是建造了像天坛圆丘一样的声景佳作。

建筑内部的声处理，对待不同的环境声音的要求不同，而其选择的材料、表现形式都是变化的。建筑声学发展至今，人们在建筑声学领域中取得的成果，是值得听觉景观借鉴的。在外部环境中，符合一定条件时，上述声学现象也会出现，这些现象中积极的部分对于人们感知、体验环境起到促进的作用，是应该被加强的，更应通过创造适当的条件，将积极的声学现象应用到景观设计中，以带给人们独特的感受，这两方面都与声景的研究相关，只不过环境声景的研究对象为外部空间，并且更强调意境表达的层面。

2.4 提出乡村人居环境中的声景意象

通过上述的相关理论再来研究声景，提出乡村人居环境中的声景意象，以“虫鸣鸟叫”的空间意象体现乡村的“清山绿水”，以“鸡鸣狗吠”和“声音遗产”的空间意象体现乡土认知。“声音意象”反映了一个地点的声音个性，描述了城市居民对他们日常参与实践的各个城市区域内的各种声音的眷恋。在王俊秀的论文中他比较了新竹市与温哥华“双城记”的声景观，探讨声景观怎样转化为城市表情，以“声证”（earwitness）城市社会的景观发展，赋予每个城市独特的声音标识。

如何建立乡村声景的空间意象呢？首先是保护回归自然的生态声环境，倾听鸟鸣、蛙鸣和虫鸣，规划和设计乡村自然声景观的走廊与节点，如乡村公园、河流湿地、绿地森林等；其次是整理和传承具有历史文化底蕴的地域人文声景观，在乡村特定场所重现民间乐器声、地方戏曲、民歌等民俗声景观，并通过声光电的创意设计，打造可以展开旅游项目的演艺声景文化品牌，如桂林阳朔“印象刘三姐”、三亚宋城“千古情”、开封“大宋东京梦华”等。

声景意象的意义是声景所处的空间，声音与空间、时间、聆听者之间形成的关系。研究和重建乡村声音系统，有助于构建一种更加均衡和协调的乡村地域文化生态。

第3章 乡村人居环境提升中声景设计现存问题及基础研究

3.1 乡村人居环境中声景设计存在的问题

3.1.1 乡村声景设计中无障碍设计的缺陷

无障碍设计的计划从20世纪五六十年代西方国家就被注意到，并且在设计的过程中实施解决。在景观计划理念的不断发展过程中，无障碍这个设计指标也愈来愈受到人们的重视，例如盲道、无障碍通道等。这些措施都通过视觉或触觉体验来完成，很少利用声音来解决。

声音的传达可以帮助视觉障碍者对环境进行感知，进而引导其行为。声景的设计与应用可以通过耳朵对声音的捕捉来引导这一部分人群的景观体验。在空心老龄化严重的乡村地区，作为建筑师、景观设计师等乡村建设者们应该把老年人、视觉残障人也能充分体验到乡村生活休憩空间的乐趣作为乡村人居环境提升设计的一个重要方向。

3.1.2 乡村的声环境中忽视了人为声景的作用

环境景观给予人的感知通常来说都是通过视觉、听觉、触觉、嗅觉等综合的方式来获得。人们在感知景观的过程中放松心情，陶冶情操。只有当设计师应用声音，形成一定的声音景观，才能更好地利用大自然的声音来传达表现地方的景观意境，也能更好地体现地方特色与人文风貌。同时设计师可以利用人为设计好的声音让人们去倾听去感受，在独特的乡土宁静的声环境背景下，将使用者被动的感受这样的声音转换成主动探索周围的一切，把简单的声音与环境空间联系起来。加强其对当地的认知程度，通过内心的热爱提升人居环境的体验。

作为乡村居住者，如何把自己的感受融进景观体验的过程中，进而创造日常居住的乡村环境中的声景，例如村民在公共活动空间散步行进过程中在不同铺地发出的脚步声；田野间、巷道里孩子们的奔跑追逐打闹的嬉笑声；老人们的聊天谈话声，风吹雨打在植物上发出的自然声，戏曲文化传承的声景遗产等都是声景塑造的体现，并且这些声景和自然声景综合考虑在一起，丰富了乡村的人居活动，提升乡村人居环境的舒适体验。

因此，设计师在对声音的利用形成声景的设计中，不仅要利用自然声的设计，更是应该把带有人文背景，地方文化的多种人为声音也考虑在内，既要合情合理的规划分布不同特点的声景场所和空间，又要考虑人的行为，才能使得乡村的人居环境的景观体验更有活力。

3.1.3 乡村声景应用中地域文化体现的缺失

每一个地区在时间的洗礼下，在漫长的发展过程中都有自身独特的地域文化，每一个不同的地域文化深刻反映着这个地区的历史背景、社会文化、民俗风情等。将地域文化与某地域特定场合联系起来，可以更好地发掘和庇护该地区特有的声音，形成具有地域文化特色的声景观。

例如北京天坛公园的回音壁；曾经回荡贩卖声八大胡同；重庆磁器口古镇；云南大理的古城古镇；宁静深远的苍山洱海，他们或散发着皇家威严，或散发生活气息。但是都表现出了地方的文化特色。巴蜀民谣、白族歌舞也是极具代表性的标志性声景。

具有浓厚地域文化性质的声音可以创造出独一无二的声景环境，这一点对区分其他地区特色起到至关重要的作用。营造这样声景的空间环境，表现出了空间的场所精神。地域文化是声景设计的灵魂，是提升乡村人居环境的关键一步。因此在进行具有地域文化意义的声景设计时，要最先明确这个地域的标志性声音，分析标志音现状，然后筛选分类，根据不同应用方案把声音转换成声景。在地域文化的渲染下抽离出该地区独特的声景基调。让这种声景基调融入进日常生产生活生活中，提升乡村的人居环境。

3.2 乡村声音环境中影响声景设计的客观因素

乡村的声景设计，顾名思义，就是在乡村中设计有声音有景致的景观设计。在乡村声音环境中能够影响乡村声景设计的客观因素主要有三个。第一、就声音本身来说，有它发声的声音来源、声音的大小和高低等。第二，环境背景中，声音所处的空间大小以及这个空间对声音的传播产生的影响。第三，即便是同一环境，不同季节、不同时间也会对声景的表达造成的影响。例如春夏秋冬不同时节，日出黄昏一天的不同时刻，受到温度等各方面条件的影响，都会产生不同效果的声景。

3.2.1 声音元素的自身特性因素

声音元素有自身的特性，声级的高低代表了声音的大小、强弱、响度。在环境景观中，声音的响度声级一般在40～90分贝之间。其中，声级在40～65分贝之间的声音能给听者以较舒适的感觉，这个声级大多数是一些自然声和社会声、文化声和联想声的声级。在景观空间体验中，大于65分贝的声级就属于噪音的范畴了。因此对这些声音元素的应用首先要关注声音本身的特性。

3.2.2 所选声音所处的空间环境因素

匈牙利著名电影理论家巴拉兹·贝拉在《电影美学》一书中对声音、空间和心理有这样的描述，“当我们能在一片很大的空间里听到很远的声音时，那就是极静的境界。我们能占有的最大空间以我们的听觉范围为限……一片闻无声息的空间反而使我们感到不具体、不真实……”所以要想呈现声景，就一定要有空间形态，没有限定的空间条件，声音就只是声音，而不是形成声音景观。

景观是由很多元素构成的，包括自然元素、人工元素和事件元素等。声音在传达过程中会受到以上三方面不同程度的影响。声景设计师通过对空间进行结构组织、符号化处理，会使景观表现出相应的内涵。如空间性质、场所特性、可识别性等的文脉意义等。把与文化、历史、生活等相关的象征性因素融汇到景观形象之中，从而赋予景观以深层的文化含义。由此可见，景观设计不仅要在形式上表达自身，还要借助文化的力量以寓意表达自身，有意义的景观能与人类产生深层次的情感交流。

声音所处的空间是对声音传播影响最大的因素。诗句“姑苏城外寒山寺，夜半钟声到客船”描写了在幽静深山水面的环境下声音传播的场景。映射出空间环境与尺度对声景设计的影响。呈现声景的空间有两种形式，一种表象有形的，一种意象无形的。在表象有形层面上，声景设计要赋予对象以外显的形态，也就是视觉看到的景与听觉感受到的景呼应形成的声景场所；在意象无形层面上，声景设计通过对空间进行结构组织、符号化处理，使声景表现出相应的内涵，使其具有可识别的文脉意义。把文化、历史、生活等相关的象征性因素融汇到这个特殊的声音形象之中，从而赋予声音以深层的文化含义。进而形成一种没有实质明确边界的意象空间，激发出人们积极主动地对当地地域文化进行探索。

3.2.3 声音发生的时间背景因素

在乡村环境中，一年之中不同季节，一天之中不同时间，声音在同一环境所呈现的声景效果是截然不同的。

通过对实际案例的调研发现，虫鸣鸟叫、植物在风中摇曳的沙沙声及潺潺流水声颇受老人孩童们的喜爱。特别是在炎炎夏日的晚间，植物声水声会降低炎热给人们带来的生理上不舒适的感受。伴随着自然声景，休闲的聊天声，儿童玩耍的嬉笑声都给这个夜晚的乡村增添了生气与人气，让一天劳作辛苦的疲惫化为乌有。这些声音出现在傍晚黄昏时刻的体验要优于白天。当然，无论是自然的流水声还是人工形成的流水声都在温暖春夏季给人舒适的体验感强于寒冷的秋冬季。因此在一年四季中，春夏两季的声景条件要优于秋冬季节的声景，一天之中，在鸡鸣犬吠中迎来的清晨和群聚闲聊的傍晚时段，声景的存在以及对人们在形成特定声景的空间中都更加舒适喜悦。

3.3 声景在乡村环境设计中的应用层次

皇亲贵胄、文人墨客对美景的追求从古至今从未停歇。从古代的“苑”、“园”，到现在的“景观”均是体现。景观的理念与形式在逐步变化与发展。笔者在文章中论述的声景在乡村环境设计应用，乡村环境涵盖了微观的景观小品设计、中观的景观规划设计以及宏观的景观环境塑造。因此声景在设计和应用时要在不同层次中进行体现。那么如何具体的在不同层次中应用呢？根据秦佑国教授对声景学范畴的定义，声景学研究中的环境因素的研究范围是自然环境与人文环境。声景学自然环境和人文环境的研究也与景观设计的分类是宏观环境、中宏场地及微观设计都相互符合。所以环境与声音是相互影响的，因此声景的设计与应用要在乡村环境的宏观、中观、微观三个层面上来实现对人居环境的提升。

3.3.1 声景引导作用下对乡村的环境感知

噪音治理的问题，在室内设计、景观设计、建筑设计等领域经常被提及。例如在城市道路两侧，居住小区边缘大量种植植物来降低噪音干扰；公共活动空间中用盆景植物以及人工流水声来掩盖交通噪音；在场地合理范围内通过建立不同类型的微地形起伏来折射、阻碍噪音的传播等。这些措施虽然提升了人居环境条件，可是声景的设计与应用还能更多更好的改善现有的人居环境。

1998年，日本大阪市政府制定了“提高都市的魅力，声音环境的设计”的战略，规划了道路的声音空间、盲人信号灯的提示音、铁路广播声、铁路警笛声、广场声音播放、公共厕所提示音等方面的方案。与此同时，从地方政府或规划部门着手，声景的引导与应用都在城镇区域的整体规划中被充分考虑。

我国虽然对声景的发掘与应用稍稍落后，但是对声音的应用，对声环境的建立也有了明显的进步。在很多城市中，已经有了城市交通信号灯提示音对视觉障碍人群提供无障碍帮助。在二零零八年北京奥运会中，奥林匹克国家公园的设计者更是用音箱设备收集动物的声音来丰富城市的公园环境。但是这些远远不够，在乡村中这样声音背景丰富的地域，如果能适量区分声音元素以形成不同层次的声景，可使人们对乡村的环境感知效果更加立体，从风吹林木到小桥流水，再到袅袅炊烟劳作繁忙的生活之声。形成不同层次、不同时节搭配下的一幅又一幅不一样的乡村画面。

3.3.2 视听盛宴的乡村立体环境景观

中国第一本园林艺术理论专著，明代计成著作的《园冶》中写道：“萧寺可以卜邻，梵音到耳；远峰偏宜借景，秀色堪餐”。环境设计使一个良好的声环境能够起到开阔眼前的视觉空间效果，打造一个环境空间立体叠加复杂的层次。“声”、“景”交互结合设计营造的空间所表达的内容更丰富也更生动。

乡村环境是景观立体层次体现最好的背景环境。如江南地区村庄中那些临水村庄中在水面遍植的荷花，能够联想起李商隐的诗句“秋阴不散霜飞晚，留得残荷听雨声”。诗中描写了淅沥的雨滴打落在荷花上的优美景象，正是由“意”到“形”。乡村中不同绿植在受到风水雨打而产生的声响效果给人们带来立体的景观体验。庭院、巷道、广场、建筑，这满赋诗意的乡村田园画面，通过视觉与听觉的融合，构成了丰富的“立体景观”。这类乡村声景的运用也应成为今天乡村景观设计与规划的发展方向之一。

3.3.3 建立具有地域文化性的声景遗产

形式是景观与建筑的表现，而声音可以作为一种记忆。声景能让人们产生对一个地方的怀念与认同感。声景在设计时不能脱离地域的历史文化背景，这样营建的声景才能够烘托声景空间的地域场所感。例如在老北京街头叫卖的吆喝声、西安古镇内市井的喧闹声等都是极具地域风俗文化特色的声音。既是一幅感人的画面，也是传统文化的体现。

挖掘、保护、再开发具有地域文化性的声音，建立声景遗产；同时在营造声景的空间中充分利用声音，去创造出符合地域环境特色的空间，形成自己的特殊意境，用“声音”帮助空间建立场所特征。也就是具有地域特色和文化内涵的空间环境意象，来保护和传承该地域环境中原有的不被重视的声音。这些声景涵盖了客观存在的物理“声音”，也包括人们追求的地域性认同感的“声音”。他们是声景社会性的一个重要体现，也是声景被应用在景观建筑的设计出发点和灵魂所在。

笔者在文章中所提及的对具有地域文化特征和历史意义的声音的挖掘与保护，是为今后能够建立系统完善的地域性的自然环境和人文环境中声景遗产所做的必要努力。无论过去多久，我们都能听到那些消失在“时代发展轨道下的声音”，那些声音依旧能够体现当地的地域文化特色。

3.4 乡村环境景观的声景设计总结

在梳理声景设计在环境景观应用中时，主要列举了声景设计中容易被人们忽视的问题，最后根据声景设计的范畴，在人、声音、环境三者之间的关系中，说明了声景在环境景观设计中的层级，同时总结了环境景观声景设计的应用与方法。乡村环境中声景设计必须从声景学的角度来研究，正如李国旗先生所说，当声音生态与科学的人居环境相结合考虑时，就构成了声景学。

声景设计在环境景观上的应用，建立在人、声音、环境三者相互协调的前提下进行。本文中研究乡村人居环境提升正是基于声景中人、声音、环境三者协调合作的关系中来研究的。针对不同声景空间类型设计来总结不同的声音选取以及声景应用的研究方法。希望能够对乡村的声景研究有所帮助。环境与声音的关系中，文化历史的地域声景的保护和存留的问题，应当是声景应用的核心所在。

第4章 兴隆县郭家村人居环境概述

4.1 研究区概况

4.1.1 自然条件

兴隆县范围内的八成面积是山地，总人口32.8万，其中的农业人口占77.1%，少数民族人口3万人。兴隆县位于京、津、唐、承四座城市的衔接位置，与北京接壤113公里。郭家庄村地属兴隆县的南天门乡，从南天门乡向东2公里即可到达，是当地的少数民族村。

郭家庄是典型的深山区村庄，总面积9.1平方公里。现有耕地0.45平方公里，荒山山场4平方公里。郭家庄年平均气温在8摄氏度左右，气温变化大。村域范围内有一条发源于南天门乡八品叶村的小河贯穿全村南北，在南天门乡大营盘村汇入潵河。山地由早期燕山运动所形成，主要岩石种类为石灰岩、花岗岩、片麻岩、玄武岩、砂岩和页岩等。受坡积物及河流两岸的冲积物影响，植被率较高，水肥条件都较好。周边村落大致都分布在中山、低山地带。郭家庄村周边片区植被覆盖率极高，远望一片黛青色，山楂、板栗产业种植基础雄厚，村域内退耕还林680亩。

4.1.2 社会文化

郭家村地域独特的文化包括剪纸、饮食习俗以及传统节日风俗等。剪纸题材与满族传统的文化背景与生活环境相关，有其独特的设计语言和风格，多以日常生活和神话题材作为对象进行创作。对自然的热爱使其出现了很多动物题材的剪纸，如喜字、鹰、狗、鹿等等，还有描绘地方习俗的剪纸，如婚嫁、传统节日等。作为一个满族遗留村，郭家村也有相应的满族传统节日，颁金节时村民会自发地组织庆典活动，载歌载舞庆祝满族诞生的节日。在提升郭家村人居环境的同时尊重郭家村的乡土地方文化，注重传承和发扬地域文化的特色。

4.1.3 交通条件

郭家村所在地兴隆县位于河北省的东北部，承德市最南端，燕山山脉东段，明长城北侧，地处京、津、唐、承四城市结合部，与北京市平谷区、密云县，天津市蓟县，唐山市迁西县、遵化市毗邻，“一县连三省”。预计未来3～5年，兴隆将融入京津1小时经济圈，真正实现与京津唐承四城市同城化。京承铁路由西向北贯穿全境，京承高速最近的下道口距县城仅35公里，承唐高速自北向南横贯全境，张唐铁路、津兴二级公路全面开工建设，京沈客运专线、承平高速公路项目正在积极推进，境内还有京承、津承、兴唐等干线公路。

4.1.4 社会经济条件

郭家庄的传统产业以农业为主，盛产山楂、板栗等农作物，居民的年平均收6000元左右。村内有兴隆县德隆酿酒有限公司一家企业，解决了一部分附件乡村居民的就业。村内林果资源丰富，主要栽植山楂、板栗、苹果等果品，所产山楂歪把红、迁宁大旺、红棉球分别获得省林业颁发的金奖、果王、银奖的殊荣。可进一步发展山楂、板栗、苹果等种植产业，形成规模化生态农业种植产业园区。积极实施生态农业战略，走农业合作化道路，提高集约化水平。在当下全国城乡一体化的大背景、河北省美丽乡村的建设要求下，郭家庄村从2013年便开始了乡村面貌提升的活动，发展乡村旅游作为郭家庄村的支柱产业。由此吸引到越来越多的游客来这里游山玩水，也有美术类院校组织学生前来写生，所以农家乐以及写生基地逐渐兴起，带动村民的就业，提高了经济收入。

4.2 郭家村人居环境现状

4.2.1 村庄的选址和格局保持地域特色

郭、何两位守陵校尉将其亲戚迁到这里居住，随着外地人员进山伐木的增多，落户的人也就越来越多了，直到现在这里依然是以郭、何两姓居多，现在的郭家庄依然有着制作“八大碗”的技艺。人们还常去“绿营泉”取水做饭，八品叶的人参虽然已经很稀少，但是运气好的人还是能够碰到。当地就以南天门为名流传下来，郭家村特殊的自然、地理位置，经过历史时期的发展，现在郭家村形成了东西台居住区，国道贯穿乡村，南侧紧邻河道的格局。

郭家村所在地整体地貌特征是山高、谷深、坡陡、路曲。境内群峰对峙，山峦起伏，沟壑纵横，平均海拔在400～600米之间。郭家村街巷形式是格网式村庄布局，沿街巷布置民居建筑、公共建筑、公共空间设施等。道路体系无系统规律，主要受到村庄土地的地形地貌影响。民居院落作行列式街巷格局排列，公共空间的建筑小品等多位于村庄的中心广场上，是村庄空间格局的核心，承载着村民的精神寄托，也是村庄的文化中心。

4.2.2 村庄地域建筑风貌完整

郭家村作为满族村从村落建立之初到现在，满族特征的各个阶段相对完整，在民居建筑的发展上具有历史借鉴性。在实地调研走访中发现，郭家村民居主要为合院形式，民居的建筑样式、建筑高度、门窗装饰、建筑色彩等在一部分人家中仍保持着历史特色，既有地域性又与另一部分新建的民居具有对比性，展示了满族传统民居与现代乡村民居的分别。

此外，虽然广场上的戏台子是新修的，但在历史更迭之中郭家村传统人民生活和戏曲文化等艺术风貌仍保存较为完整。

4.3 郭家村人居环境问题

结合卫星图以及实地走访调研分析发现，郭家村选址保留较为完全，村庄格局变化相对微小，并且村庄以及周边自然环境保留良好。但是，随着人口流失村庄的人居环境也面临着一些问题:

4.3.1 村庄中传统的人居环境风貌整体性被破坏

在经济发展迅猛的时代，村庄不再像过去那样封闭滞后，交通的便利让村庄与外界有了更多的接触，那么原始生产生活方式落后的人们自然会对现代便捷的设施追求向往。在各家各户对自己院落房屋进行翻修甚至重建的过程中，村民本身是没有整体规划意识的，也不会考虑自家房屋与周围房屋环境的协调性。建筑材料的更新换代，更多廉价材料可以取代曾经传统建筑的材料，更多简单的构造与工艺可以加快房屋的建造，因此，会有一部分村民传承保护意识淡薄，不顾及村庄整体空间尺度、不顾及传统的建筑形式。

同时一部分外来人员的介入对村庄过度的开采、肆意的兴建，不顾及村庄已有的美好自然环境和文化传统，导致郭家村的传统人居环境风貌被破坏。

4.3.2 基础设施落后，不能满足村民生活需求

郭家村内翻新重建的民居合院之间夹着几户没有翻新的传统民居建筑，因为院落的闲置，建筑早就破败老化，质量堪忧。新旧交替搁置，一些院落中有部分房屋坍塌不能居住；还有一些是整座院落空置，这样新旧邻近，给村庄中增添很多安全隐患。私搭乱建和随意改建的现象十分严重，乱堆放柴草等杂物，存在消防安全、木质腐坏等隐患。

过去地处偏远，经济落后，与外界联系较少，村庄一直保持着较为原始的生活方式。而随着新农村建设工作的逐步展开和G112国道的通车，传统村落经济得到发展，家家户户对村庄内的基础设施的需求也不断增长，但是很多基础的设施还没有跟上。

整体绿化方面欠缺，在郭家村的内部，由于道路狭窄，缺乏停车空间，虽然主要道路完成路面硬化，但道路两旁的绿化基本没有。

村庄虽然是独自井水供水，但是村庄排水设施缺乏，基本没有下水系统，生活污水和雨水自然排放，污水主要为洗衣、做饭的生活污水，污水量较小，多随意泼洒在自家院子内，雨水随地势排入周边田地。

村庄供电系统，电力线为架空式敷设，巷路电力线采用缘墙架设或者水泥电线杆架设，电线入户也是外露架空式。无人机俯瞰整体村庄可见电线架设杂乱，不安全的同时也影响整体风貌。村庄内无电信设施，安装的大部分还都是过时的卫星接收器或者电视天线，机顶盒有线电视及有线、无线网络的使用率不高。

供暖能源方面，村庄居民做饭依旧是采用传统乡村的明火大锅饭方式，少数使用电能、煤气罐等方式。村庄没有集中供热，自家烧煤，利用火炕取暖，污染环境又不安全，容易造成火灾和煤气中毒。

消防系统方面，郭家村内道路狭窄，各住户围墙、入户门的宽度、高度均受限制，消防车辆难以进入。村内消防设施缺乏，一旦断电村民就只能以自家存储水的大缸为灭火水源。

公共服务设施配置不完善，村庄内只有一个村委会、破旧的希望小学、光秃秃的中心广场而已，其他娱乐休闲的建筑与户外活动空间设施还都没有。

第5章 郭家村声景在建筑景观中的应用对提升乡村人居环境的研究

5.1 声景在郭家村戏曲文化剧院以及活动广场设计的应用

河北承德兴隆县郭家村在非物质文化遗产活态传承中戏曲文化的比重较大，河北同样也是戏曲文化大省，2005年河北梆子申请了国家非物质文化遗产，同时各地区的地方戏种类不胜枚举，戏曲文化美声的声景在郭家村的传承与发展中更是乡村未来建设的首要目标，因此本次课题研究的实际案例应用将选择在郭家村建设一个戏曲文化剧院的公共建筑。剧院的选址与村庄的公共广场隔水相邻，两处场地均是村庄中可以延伸至水面的亲水活动区域。周边社会环境较风景旅游带相对安静，具有良好的声景感受环境。因此设计时，建筑与环境内外空间应过渡衔接，方便对声景的应用，同时也是建筑与环境融合的体现。在设计中引入原地形水域，在活动广场空间进行微高差处理，种植丰富的植物，形成不同高低的观赏区域，在植物与水域环境的结合中让每个区域的声音环境略有差异。由于以上情况，使得该地域能够形成独特的戏曲美声，并且乡村公共广场较其他区域能更好地通过结合声景设计的协调将其中的声环境设计得更加优美，给予村中居民以及外来游客更好的声环境感受。

5.2 剧院周围公共空间声环境调查与声环境功能分区

5.2.1 声元素调查与声元素评价

1．郭家庄声元素调查

在几次实地调研时对郭家村居民展开了访问，了解村民在公共空间内能感受到的声元素，虽然公共活动空间面积大，声音环境却相对统一，所以不在大区域范围内再分区进行走访调查。声音元素分类主要有三种：自然声、人工声、生活声。对村庄中部分受访者问询，得知各个声元素在整体声环境中所占的大致比例，乡村公共空间活动中最丰富的声元素类别为生活休闲声，其次为交通声、植物声、自然声。在被感受到的声元素中风声、谈话声、鸟鸣、儿童嬉戏声、乐器演奏声、戏曲歌舞声等声元素都备受村民喜爱。可见乡村活动广场中的声元素十分丰富，只不过曾经的广场原设计中并未十分重视与较好地利用这些声景元素来进行具有地域文化特色的声景设计。

2．郭家村声元素评价

声元素有以下特点：植物声评价最高，其中由风声引起的植物声最能被人感受到；由于场地开阔敞，在所有动物声中仍然是鸟鸣声的评价和易感受度都是最高的；自然声中对流水声、拍岸声的评价都在其他声景以上，但由于周边交通噪声，且整体场地都是开敞形式的，导致水拍岸声不宜被感受到，交通声通常都被人表示厌烦；生活休闲声同其他声景一样评价较高，且生活休闲声在乡村中所占声音比例最大；每年节假日的歌舞大戏都能吸引大量的村民来观赏，所以在其他声中历史文化声的声元素得到的评价都很好。

5.2.2 声环境功能分区

1．用地功能分区

根据在建筑拟定的选址中对用地设计的不同功能性质，将其划分为了建筑基地、亲水平台空间、开敞式观景区、休闲景观区和户外娱乐区五个区域。

2．声元素拟定分布概况

根据在村庄中的现场调查，在设计中拟定声元素的分布，其中植物声大部分来自于休闲景观区，其次来自于娱乐区；动物声的分布较均匀，其中在开敞式观景区与亲水平台的动物声较其他区域略多；自然声中的各个声元素大多来自于亲水平台、开敞式观景区与休闲景观区三个区域；交通声在各处均能被村庄中人所感受到，其中靠近村庄入口的区域与靠近的停车场附近最易感受到；生活休闲声较集中于娱乐区与亲水戏曲平台；传统活动声来自于每年的节假日，因其声级较大，所以在活动空间中此类声元素类别在各个区域的分布都较均匀；历史文化声在开敞式观景区中最能被感受到。

3．声景应用分区

根据郭家村活动广场中的用地功能分区与各声元素的分布情况，将声景设计分为亲水声景区、听风声景区、戏曲声景区、生活休闲声降噪区四个区域。

5.3 在剧院周边应用多种方式降低噪声污染

剧院周边的噪声大多数来自于三个方面：村庄中路面交通噪声、亲水戏曲舞台与儿童娱乐场所的休闲娱乐噪声、周边建筑项目的施工噪声。因此在活动广场中的降噪处理设计集中在三个位置，一是临水活动路线，二是在广场建筑内外的村民活动空间，三是村庄停车场与活动广场临界空间。在解决这几个位置的噪声污染时要选择不同的方式。

5.3.1 通过植物配置进行降噪设计

郭家村活动广场区域的原植物配置寥寥无几，也就仅仅有乔木与灌木两层植物搭配，乔木与灌木间的空间较大，对于乡村道路中传来的交通噪声降噪效果较差，在此次声景设计中临近道路的景观区域的树池内都多增添了几层植物，由海桐球与桂花树间隔。海桐为众所周知降噪效果较好的树种，而桂花树气味香甜，在视觉、嗅觉上都能转移人的注意力，从心理的角度达到一定的降噪效果。广场上娱乐区原场地中只有最中心一个植物树池，种植的层次少，使得娱乐区域总的生活休闲声相互传播。因此在活动广场娱乐区需主要针对生活休闲声进行植物降噪处理。设计在邻水平台、广场活动游乐区、活动建筑群室外铺装三个娱乐场地之间选择多种植叶面较大、形态较饱满且常绿的树种来隔声、吸声，与此同时再增加植物的层次搭配以达到较好降噪的效果。植物种植分析中标记有大叶青网、桂花、猴樟、海桐、柚子树、广玉兰等树种，此外还选择了乐昌含笑、法国冬青、石楠、女贞、青网栎等同样具有降噪效果的树种。

5.3.2 利用地形变化进行降噪设计

剧院活动广场原场地的地形较为平坦，沿河边的坡岸是斜坡。此次声景设计在需要重点降噪的区域增加起伏的微地形，起伏地形与层次丰富的植物相搭配，降噪效果将更佳。

5.3.3 引入动态水景进行降噪设计

剧院活动广场休闲景观区中的水景为普通流动河水，声景设计将该水景引入一些动态水景，例如添加小型喷泉或涌泉，给环境添加动感，集中人们对景观环境的注意力从而忽略周围交通声，同时能起到一定覆盖周边交通噪声的作用。

5.4 在剧院与活动广场设计融入地域特色的积极声元素

根据现场地形高差与周边环境的特点，将活动广场分区域进行不同特色的积极声元素添加与保护。重点利用植物配置来增添环境中的植物声、鸟鸣声；在地势较高的位置利用仿声小品来增添风声带来的乐趣；在广场上建筑周围地面的草地上设计声景小品收集水面的流水声、水拍驳岸声与周边植物中的鸟鸣声等。增添与保护环境中受到游人评价较高的声元素，以添加广场中因声景设计带来的美好声环境感受，进而提升乡村人居环境的舒适体验。

5.4.1 地方特色植物配置增添植物声与鸟鸣声

在休闲景观区最西端，活动广场地势最高的区域两边间隔种植大面积的松柏。由于该区域地势较高，风力较大，所以设计利用该优势种植能引起较大植物声的绿植，给该区域环境增添一丝诗画意境。同时对水面起到障景、借景等作用，让人好奇周围的风景同时又沉醉于该区域的植物之中。在休闲景观区中的亲水平台周围选择种植大量吸引鸟类的植物来增加景观中的鸟鸣声，比如广玉兰、国槐、垂柳、睡莲、水杉，除此之外还可选择种植水葱、龙爪槐、海棠等植物。

5.4.2 自然声声景小品设计

活动广场中的开敞式观景区中原设计较为空旷单调，仅为无任何装饰与植被配置的硬质铺装广场供人在高处观赏南面的水景。声景设计中利用该区域地势较高、风力较大的特点将其作为风声特色声景区。在该区域中设计了一组风铃小品置于南北两侧，当风阵阵拂过，游人能听到风铃间碰撞而形成的不同旋律。风铃的设计还能供游人敲打玩乐，在增添了环境中美好风声感受的同时又添加了活动广场中的动态与乐趣。

5.4.3 戏曲文化剧院的设计与景观设计

建筑内多处围合出庭院空间，顶层的户外活动平台在形式上由古代戏台建筑形式元素演化而成，在室外楼梯上至平台位置营造活动空间并种植植物点缀，不至于使这样营造的声景太过生硬而缺乏自然美感。此次剧院设计对外开放的戏曲文化小展厅与户外活动广场结合，不仅在剧院内部有戏曲演出活动，室外也可以延续这样的戏曲声景。同时在亲水空间部分安置休息座椅，并在其边缘种植一排高大乔木供游人庇荫休憩，另一部分在最临近江面的区域设计为自然驳岸，呈缓坡伸向水面。在该场地铺上草皮，并种植些许耐水湿的植物可以吸引鸟类动物，营造一个声景丰富、生气活力的活动广场。

在河边放置几个景石组合，供游人休憩的同时又能使水面拍打在景石上时发出更响亮的拍岸声。在自然驳岸区域中还大胆地设计了一些声景小品，功能上模仿日本公园内的听音装置，设计了三组形态类似百合花朵或莲藕的声音收集装置。每个“花朵”都朝向不同的方向，有的面向底水面可收集水岸边的拍岸声；有的朝向旁边的杨树林可聆听树林里的鸟鸣声与虫鸣声等。人们在每个“花朵”的“花莲”另一端能聆听到收集来的声音，给环境增添乐趣的同时还能吸引更多的人来仔细感受乡村里自然中的声音。

第6章 总结与展望

6.1 论撰写方面总结

为了了解目前乡村人居环境中乡村景观声环境的情况，对河北省内多个乡村的公共空间景观进行了调研。根据实际调研走访，查阅相关资料，了解到目前的乡村人居环境中声音环境需要引起足够的重视。

在乡村声音环境的主观调查中，通过对村民进行访问，并对结果进行统计分析，得到乡村中声景的主观评价。村民对乡村景观中的植物声、鸟鸣声、流水声、歌舞声、儿童嬉闹声、历史文化声评价都较高；最不受欢迎的声元素是村庄中的交通声与建筑施工声；对生活休闲声、传统活动声、叫卖声评价一般。

用文中探索出的乡村公共空间景观声景应用设计方法，选取了村中一块滨水的空间区域建造一个戏曲文化剧院建筑，并在公共活动广场进行了具体的声景设计实践，进而探索乡村中声景对乡村人居环境提升的作用。

6.2 对今后工作展望

无论城市还是乡村，声音环境都在不经意间影响着人们的身心健康。声景概念的提出与迅速发展，给声学、景观学都带来了十分有意义、有价值的全新视角。而乡村中的公共活动空间作为最聚人气、最受人们热衷的休闲场地，对于该环境中的声景设计对乡村人居环境提升作用的研究无疑是一个极好的研究方向。由于声景牵涉的学科范围广，且由于乡村的环境面积较大、声环境十分复杂等原因，研究开展的难度较大。今后对于乡村景观的声景设计研究还有许多工作要做。

声景设计思想的引入为乡村人居环境提升的研究开拓了新的思路，在今后的乡村景观设计研究中应更多地将除了视觉景观为主的其他感官感受都融入其中，给人们带来全方位的优质乡村人居景观感受。这项工作不仅需要学术研究者们的努力，也更加需要得到政府与开发商们的共同努力。

本文对乡村景观中的声景设计进行了初步的探索，根据实地调研分析了部分现状，归纳与总结了一些经验。希望文章能引起更多人加入对声景的研究与关注，并为以后的研究工作者提供部分借鉴，为乡村人居环境的提升尽一分力量。

参考文献

[1] 张森．基于声环境调查的海河亲水空间声景观设计与表达方式研究[D]．天津大学，2012．

[2] 彭晓．环境景观的听觉艺术应用研究[D]．西北农林科技大学，2012．

[3] 王俊秀．声音也风景：日本音景探索[J]．日本文摘，1998（11）：44-48．

[4] 王季卿．开展声的生态学和声景研究[J]．应用声学，1999（2）：10．

[5] 李国棋．声景研究与声景设计[D]．清华大学博士论文．2004．

[6] 葛坚等．城市景观中的声景观解析与设计[J]．浙江大学学报（工学版），2004（8）：994-999．

[7] 葛坚等．城市开放空间声景观形态构成及设计研究[J]．浙江大学学报（工学版），2006（9）：1569-1573．

[8] 吴良镛．人居环境科学导论[M]．北京：中国建筑工业出版社，2001．

[9] 余斌．城市化进程中的乡村住区演变与人居环境优化研究[D]．华中师范大学，2007．

[10] 吴良墉．“人居二”与人居环境科学[J]．城市规划，1997（3）：4-9．

[11] 周武忠．园林・园林艺术・园林美和园林美学[J]．中国园林，1989，(03)：16-19+53．

[12] 王静．声境在园林中的应用研究[D]．西南大学，2009．

[13] Oliver BALAÙ．Les Indicateurs de l' indentitŽsonore d' unquartier[M]. France：CRESSON，1999．

[14] 王俊秀．音景的都市表情：双城记的环境社会学想象[J]．建筑与城乡研究学报，2001（10）：89-98．

[15] 邓志勇．现代城市的声环境设计[J]．城市规划，2002，26（10）：73-74．

[16] （匈）巴拉兹．电影美学[M]．北京：中国电影出版社，1958：143-144．

[17] 韩杰，王妍妍．声音景观研究综述[J]．环境艺术，2012，57-58．

[18] 张德顺，李思奇．国外声音景观的研究发展及对我国的启发[J]．天津城市建设学院学报，2013，19（1）．

郭家庄戏曲文化剧院建筑设计
Architectural Design of Opera Culture Theatre in GuoJiazhuang

区位介绍

基地位于河北省承德市兴隆县郭家村，选址北临村庄内部的澈河，地势平坦，有良好的景观视线和丰富的亲水性。基地现状为闲置空地，北侧是村庄的中心广场，南侧和东侧是山地农业种植区，西侧是新建的万融影视基地。规划用地为10416平方米，其中建筑占地面积为5166平方米。

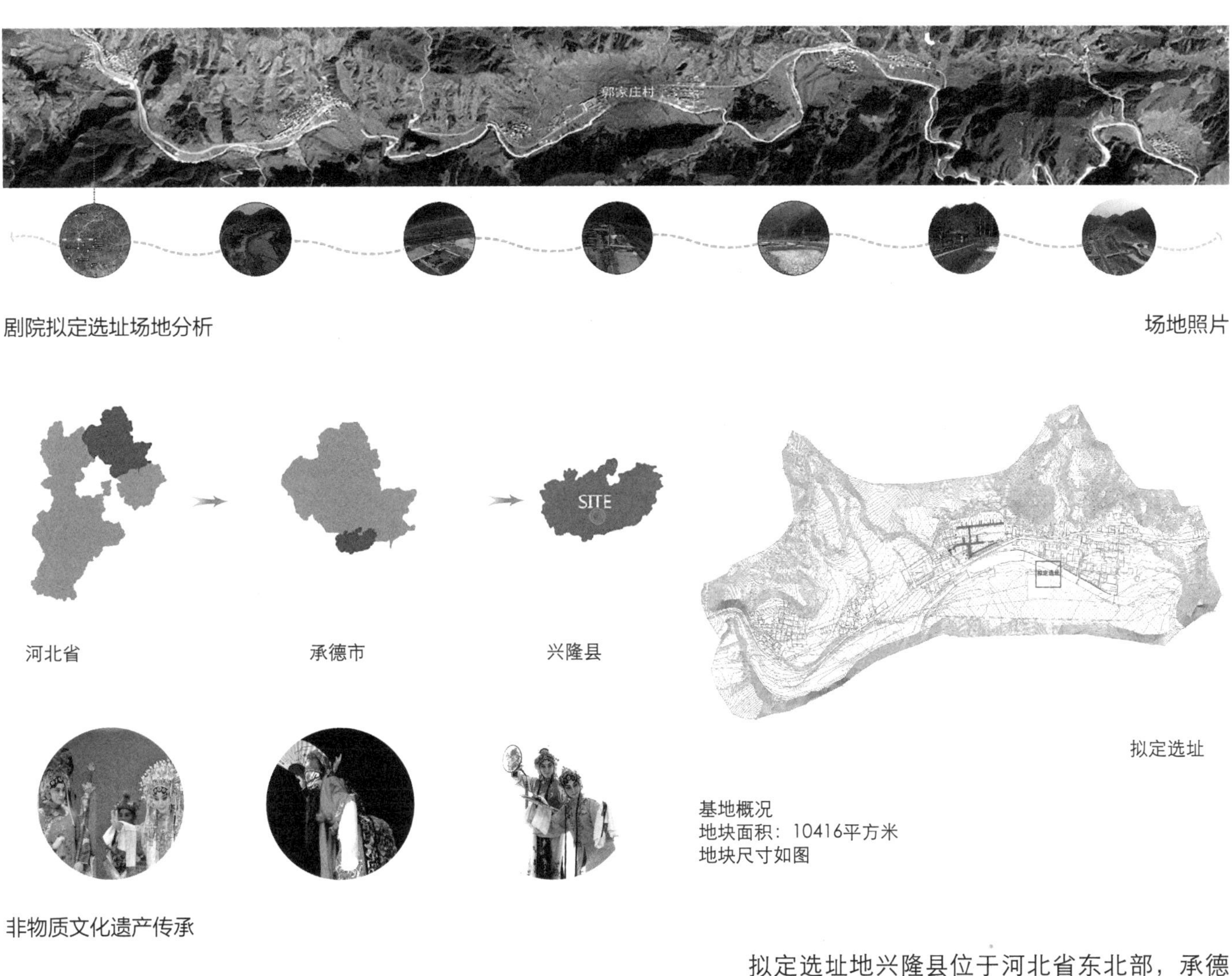

剧院拟定选址场地分析

场地照片

河北省　承德市　兴隆县

拟定选址

基地概况
地块面积：10416平方米
地块尺寸如图

非物质文化遗产传承

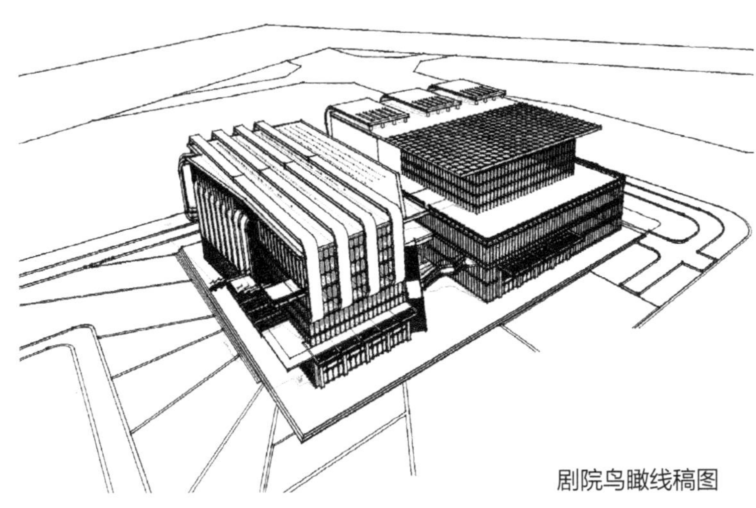
剧院鸟瞰线稿图

拟定选址地兴隆县位于河北省东北部，承德南偏西，明长城北侧，全球避暑名城，整体地势西北高，东南低，境内山峦起伏，沟壑纵横。以丘陵地带为主，形成了西北向东南倾斜的塔形地势，是典型的“九山半水半分田”的深山区。

兴隆县年平均气温在6.5～10.3℃之间。县境多山，气温垂直变化明显。冬季盛吹西北季风，寒冷的一月平均气温为－7.5℃，夏季吹东南季风，天气炎热多雨，七月平均气温在22℃以上，无霜期约为135天。年际变化大，地区差异大，降水由北向南递增，东西走向的山脉迎风坡降水较多，背风坡降水少。

剧院效果示意图

方案设计

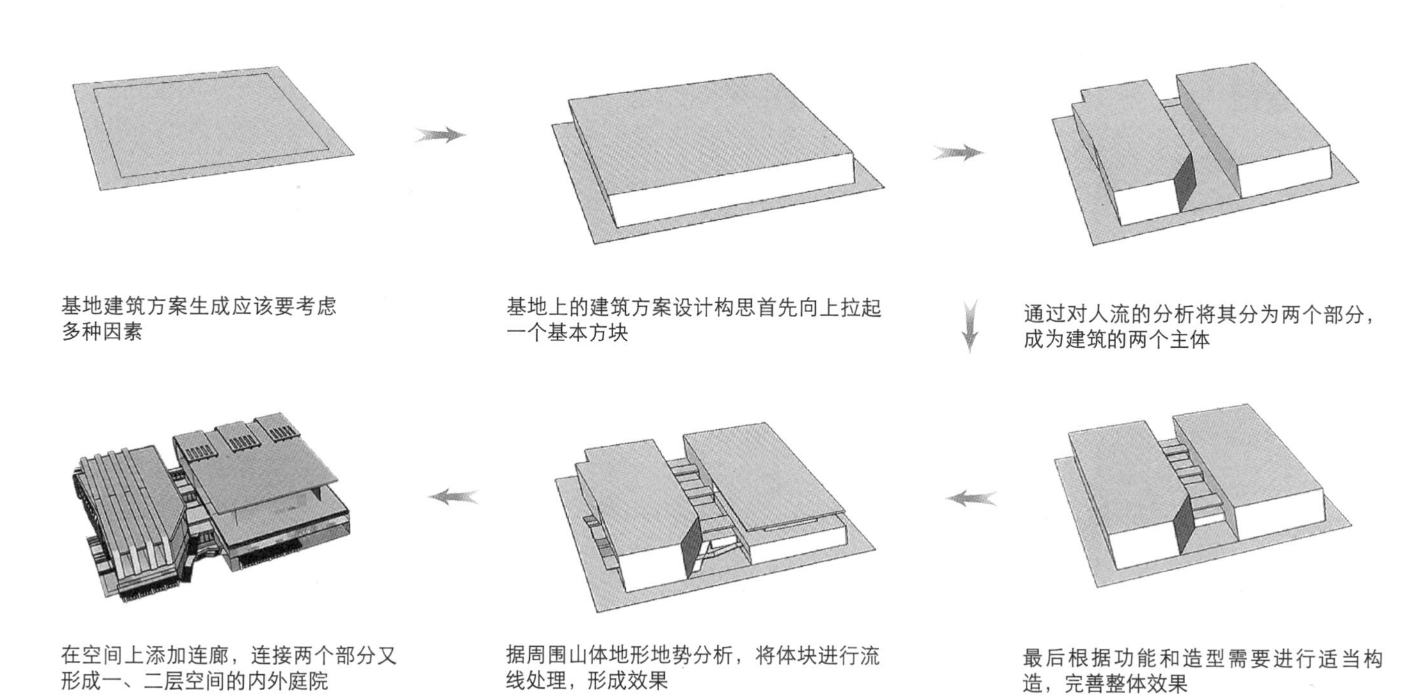

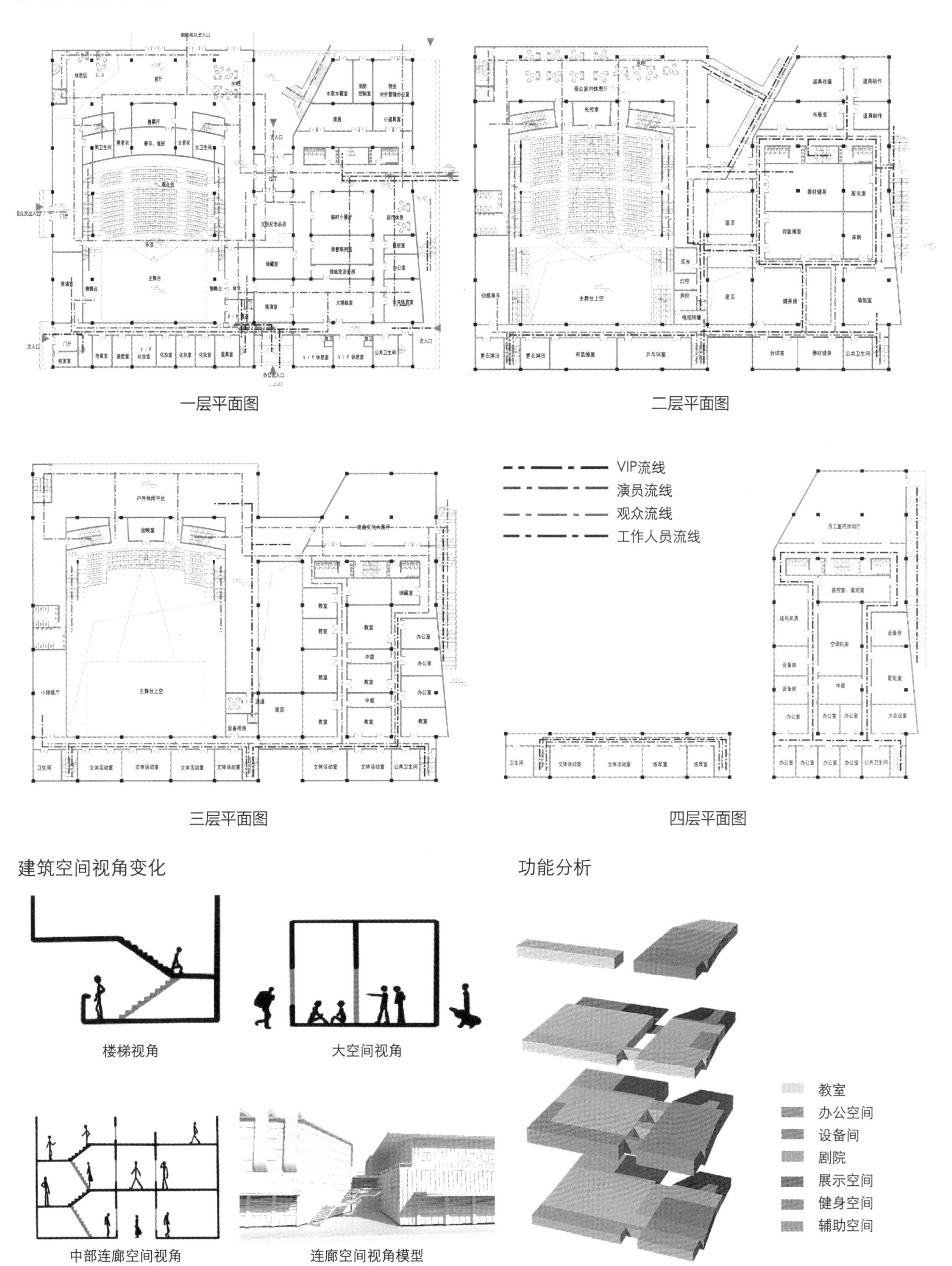
建筑水平流线分析
一层平面图
二层平面图
VIP流线
演员流线
观众流线
工作人员流线
三层平面图
四层平面图
建筑空间视角变化
功能分析
楼梯视角
大空间视角
中部连廊空间视角
连廊空间视角模型
教室
办公空间
设备间
剧院
展示空间
健身空间
辅助空间

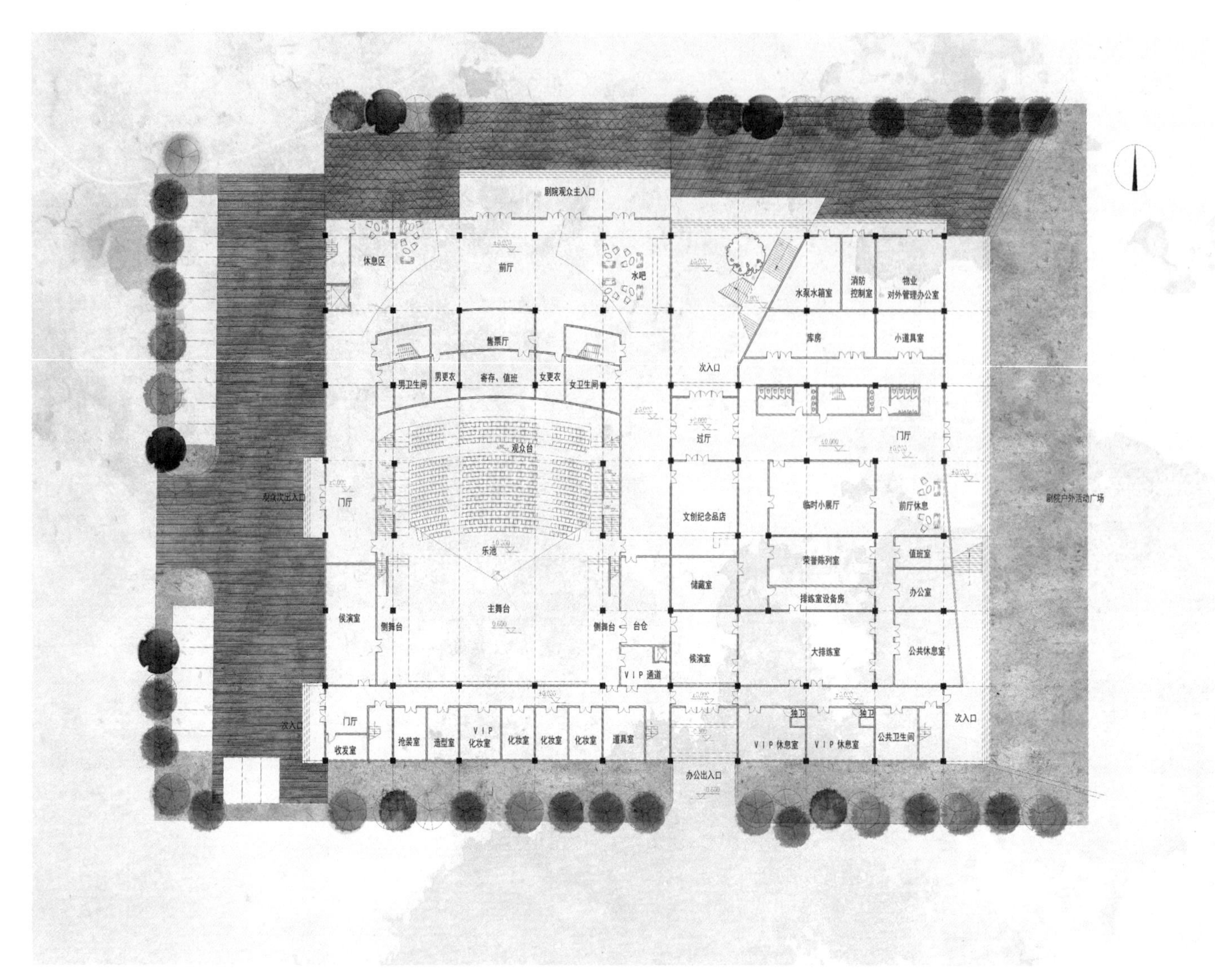

一层平面图

南侧立面效果示意图

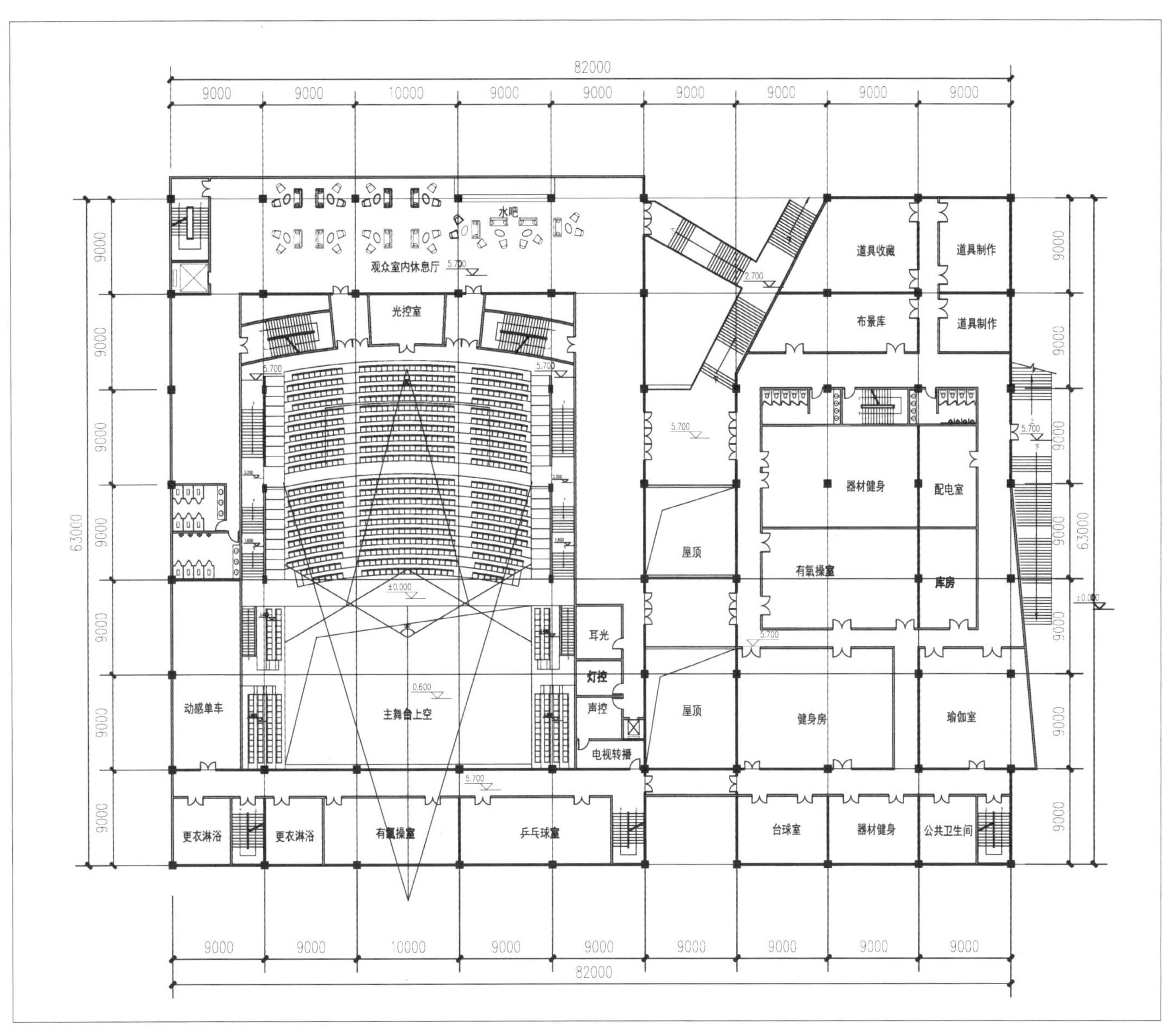

二层平面图

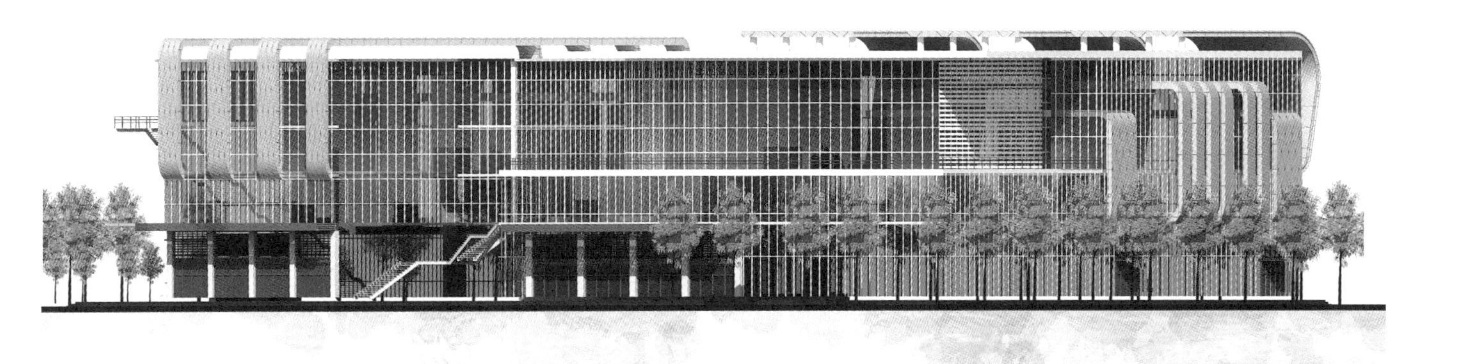

北侧立面效果示意图

郭家庄艺术小镇活化中的应用研究

Application Research on the Activation of Guojiazhuang Art Town

山东师范大学 美术学院　郑新新

Shandong Normal University

Zheng Xinxin

姓　名：郑新新 硕士研究生一年级

导　师：刘云 副教授

　　　　段邦毅 教授

学　校：山东师范大学美术学院

专　业：环境设计

学　号：2017021035

备　注：1. 论文　2. 设计

“艺乡逸客”民宿效果图

郭家庄艺术小镇活化中的应用研究

Application Research on the Activation of Guojiazhuang Art Town

摘要：遗存建筑是人类活动痕迹的遗留，它们像是坐标上的点，是一个地区的历史发展和当地人们生活习俗最直观、最真实的见证。在一定时期，独特的环境、特殊的人群与生活，伴随着具体历史事件，成为记忆与文化的丰富滋养。在中国，被废弃的老建筑随处可见，尽管外观残旧，有些功能已经退化，但是，在历史文脉、经济价值、审美价值等方面往往都有独特之处。忽视遗存建筑的保护，也是造成了目前很多地区建设生搬硬套、千城一面、没有底蕴的现状的原因之一，所以，保护历史建筑并对其进行改造再利用是新城乡建设的重要举措。随着生活水平和审美能力的快速提升，人们对艺术理解和追求愈发趋于理性，民族自信正在悄然提升。利用艺术创意方法处理遗存建筑，通过艺术介入场所的方法活化空间，让产业更具有强大的创新性和文化生命力。

郭家庄艺术小镇前身是一个典型的北方村落，具有满汉两族融合的特征，笔者调研发现在艺术小镇改造过程中，遗存民居闲置破落。在此现状背景下，为避免遗存民居建筑被拆除，在艺术小镇的宏观发展方向下，站在艺术设计的角度，用艺术审美的眼光发现老民居的可利用价值，用创意的思维方式尝试老民居的活化方法。本文通过案例研究，论证可行方案，理论充分与实践融合，利用艺术创意改造方法活化老民居建筑。

关键词：遗存建筑；改造；活化；艺术创意；文化

Abstract: The heritage building are the traces of human activities, such as the points on the coordinates. It is the most direct and true testimony to the historical development of a region and the local people's living customs. In a certain period, the unique environment, special people and life, accompanied by specific historical events, has become a rich nourishment of memory and culture. Abandoned old buildings can be found everywhere in China. Despite their antiquated appearance and defunct functions, they are often unique in terms of historical context, economic value, and aesthetic value. The failure of ignoring the protection of heritage building is also one of the reasons for the current situation in many areas where construction students have moved to a hard cover, a thousand cities, and no heritage. Therefore, protecting historical buildings and reusing them is an important measure for the construction of new urban and rural areas. With the rapid improvement of living standards and aesthetic ability, people's understanding and pursuit of art are increasingly rational, and national self-confidence is quietly improving. The art creative method is used to deal with the heritage building, and the space is activated through the method of art intervention, so that the industry has a strong innovation and cultural vitality.

Guojiazhuang art town is a typical northern village, with the characteristics of the integration of the Manchu and Han nationalities, the author found that in the process of the reconstruction of the art town, the remaining residential buildings idle. In this context, in order to avoid the demolition of the remains of residential buildings, under the direction of the macro development of the art town, from the perspective of art design, the useful value of old residential buildings is discovered with the perspective of art aesthetics. Try the activation method of old houses with creative thinking. Through the case study, this paper proves the feasible plan, the theory is fully integrated with the practice, and the old residential buildings are activated by the method of artistic creative transformation.

Key words: Heritage building; Modification; Activation; Artistic originality; Culture

第1章 绪论

1.1 研究的目的及意义

“忽如一夜春风来，千村万镇始出来。”近几年来，为响应中央号召“坚持走中国特色新型城镇化道路”，特色小镇、美丽乡村建设如火如荼，各色村镇也是令人耳目一新。2016年，住建部提出计划到2020年，培育1000个左右各具特色、富有活力的休闲旅游、商贸物流、现代制造、教育科技、传统文化、美丽宜居等特色小镇。1978年至今，我国的城镇化经历了快速发展阶段和加速发展阶段。数据显示，2016年我国的城镇化已经达到57.35%，相比1978年提升了39.45%。城镇化超速发展，城乡融合加速，无疑是增强国力、提高人民生活水平的重大举措，但是各类“特色小镇”一哄而上，也乱象丛生，造成了“生搬硬套”模式下“千城一面”的现象，而这种没有文化底蕴和当地特色产业做根基的项目，极容易成为空心城。

根据马斯洛需求层次理论来看，特色小镇和美丽乡村建设是在人们物质条件满足的基础之上，对精神层面的更高要求。追求更好的精神满足需要更加优越的生活环境，而好的生活环境条件影响人们的情绪和行为，在提升环境质量的同时也提升人本身的价值，由此，便达到了环境和人共同提升的良性循环。由此可见新型城镇化建设中环境设计是尤为重要的。乡村和城镇环境区别于城市，一般来说，乡村具有更悠久的历史，并且发展慢、变化小，受外来因素影响小，从这一方面来看，村镇相比较于城市更利于发展中国传统特色。中华人民共和国成立以来，旧城改造、城市拆迁热潮涌起，不少历史建筑被破坏甚至拆除；80年代，地产开发为主导的城市发展模式，极为夸张地破坏了城市肌理；直至今日，快速城市化已经使市面貌焕然一新，但一直以来的“建设性破坏”一定程度上磨灭了城市发展的印迹，使中国的绝大多数城市失去了本应具有的特色，甚至导致城市文脉断裂和人文精神缺失。互联网生活时代来临，人们对艺术的理解和需求进入了新的阶段。类似后现代主义［后现代主义（Postmodernism）是20世纪70年代后被神学家和社会学家开始经常使用的一个词。起初出现于二三十年代，用于表达“要有必要意识到思想和行动需超越启蒙时代范畴”］的风潮再次席卷，艺术已经超越它的本质，艺术与生活、生产已经没有界限。

本研究便是以村镇遗存民居建筑的保护与再利用为基本思想，探讨艺术创意方法活化老民居建筑的方法。

基于以上背景，本文主要是结合设计实践探讨艺术创意方法活化遗存建筑的理论研究，将活化遗存建筑的艺术创意方法进行研究归纳，用于郭家庄艺术小镇民宿区的旧民居改造中，其研究目的及意义是：

（1）理论与实践结合。理论指导实践：通过了解遗存建筑的保护和利用现状引发一系列思考，提出遗存建筑保护的必要性和活化遗存建筑的重要性，发现艺术创意是一种很好的应用于建筑设计和老建筑改造中的方式，在本文中归纳提出多种创意方式，并结合案例论证；实践验证理论：通过对现有老民居建筑的改造设计，尝试运用提出的创意方式，验证其可行性和预期其表现效果。

（2）必要性原则。重新认识历史遗存建筑的文脉价值、艺术价值及经济价值等，并为遗存建筑的保护和利用的创新发展提供一些可供参考的理论依据，积极探索遗存建筑活化发展的新途径。

（3）实践性原则。通过研究遗存建筑的保护和利用的实践案例，从实际出发，发现存在的问题和面临的发展瓶颈，提出解决问题的方法和途径，从而更好地推动遗存建筑的活化发展。

1.2 国内外研究现状及分析

1.2.1 国外研究现状

早期的建筑保护思想产生于历史意识的增强，国内外历史意识的产生在时间上随着古代文明的发展而发展。18世纪，随着进入工业化时代，一次基于“新历史观”的“现代保护运动”在欧洲产生，1989年联合国教科文组织（UNESCO）的中期规划规定了“文化遗产”的范围（25C/4，1989：57）。19世纪后期，欧洲国家将历史遗迹保护纳入国家立法，至今已经有先进的保护理念，形成了较为健全的工作机制和完备的保护政策。

对于西方遗存建筑保护的研究和实践较多，其中最为全面的是国际著名文化遗产保护史学家（芬兰）尤嘎·尤基莱托教授的《建筑保护史》一书，《建筑保护史》是唯一一本详尽论述西方建筑保护发展历史的资料。在书中尤基莱托教授追溯历史建筑的现代保护方法的根源，并梳理了其发展、影响以及世界范围内的结果。他举例英国、法国、德国、意大利等国家大量的西方建筑以及描述在西方建筑保护发展历程中的重要事件和概念，完整地描述了全世界现代保护运动的各种方式。描述建筑与古代遗迹保护的发展历程，最终形成“纯粹保护”和“修复”两条主线。在最后一章关于历史对现代保护措施影响的研究中，他通过列举经典案例的多种修复方式，说明建筑保护的重要性的同时也描述了多种现代的修复手法和理念：重建、表面工程、原物归位、新旧对峙反差、历史层次与场所精神（保留过去的记忆，并开创新的生活，强调建筑的"承载"作用），这也代表了很多国家建筑保护的发展趋势。最后他强调，"现代保护不是回到过去，而是需要勇气，结合现实和潜在的文化、物质和环境资源承担起人类可持续发展的重任。"

1.2.2 国内研究现状

目前，从知网发布的关于"建筑保护"的文章发表年度趋势看，从1950年，政务院发布第一个"切实保护古文物建筑"的指示开始至今，尤其是进入21世纪以来，国内对于遗存建筑保护的研究逐年剧增，至今已有9977余篇文章。关于"建筑改造"关键词的搜索结果显示：关于建筑改造的研究是从1980年开始的，也是进入21世纪后，尤其是近几年发文量剧增，至今已有8136余篇文章，呈现增长趋势。而建筑改造与艺术结合的研究相对较少，只有57篇，到2015年后呈现递增趋势。目前，国内建筑保护的主要依据是《中华人民共和国文物保护法》和地方性、临时性的建筑保护条例，法律条例措施不够系统与完善，执行与监管力度不够大，导致目前很多城市在不断的城市更新与开发建设中，很多有价值的遗存建筑被破坏甚至被拆毁。由此也引起了许多专家学者的关注。

2005年，黄荣荣、夏海山在《生态语境下旧建筑改造的美学价值》一文中分析了在机械美学的影响下，极具功利化和技术化的旧建筑改造，使得旧建筑改造片面追求经济效益和建筑形式美，造成了一系列负面影响。直到技术美学到生态美学的成功转型，人们开始用适宜的方法对旧建筑进行转化和变幻，逐渐形成了富有创造性、自由、开放的态势。他们指出旧建筑改造具有生态价值基础，认为改造的根本目的是从社会资源角度出发，充分利用旧建筑的潜在价值，将生态价值基础融入建筑审美之中。最后提出生态语境下旧建筑改造的审美体系应包含功能、技术和社会文化三方面。他们从美学价值的角度提供了建筑改造与设计创新的评判准则。

2014年，韩沫在他的博士论文《北方满族民居历史环境景观分析与保护》中对北方满族文化做了系统的研究整理，他举例中西方文化发展的不同，提出"审美民居建筑环境离不开其生发的时代，离不开文化的视野，也离不开整体的社会环境。所以北方满族民居景观环境的美学神韵要从文化的深层去挖掘，要在人类的本能动力和精神的本源中去寻找"。由此，他分析中国传统合院景观环境体现"天、地、人共生共存和谐思想"、"儒道禅"和"天人合一"的礼乐精神。在文章中，韩沫博士也提到了"审美意匠"一词，发现北方满族民居建筑群落、生态和人文环境的"上而下、下而上的空间之美"、"自然组群的演变之美"、"'豆包文化'的生土之美"。他发现了传统满族民居建筑景观面临的挑战，提出保护满族民居历史环境是具有当代价值的，并针对发现的问题提出其发展的途径：(1)"人文关怀"与文化古镇保护；(2)堪天舆地和谐景观；(3)"地窨子"的启发——返朴自然，原生建筑的回归与借鉴；(4)用循环生态理念保护发展古镇民居景观环境。

2017年，侯瑞霞在《文化艺术创意在历史遗存建筑改造中的运用研究》一文中，首次明确地将"文化艺术创意"与"遗存建筑改造"联系起来研究，内容较为全面。她提出遗存建筑改造和再利用具有多方面价值。历史遗存建筑改造应遵循四项原则：整旧如故原则、有机再生原则、整体原则和可持续发展原则。在对文化艺术创意在历史遗存建筑改造中的运用的研究中，她从建筑内部改造、空间重组与构建、废旧材料循环使用、历史建筑元素再利用、灯光照明设计、色彩对空间的营造六个方面做了简单表述，并以上海田子坊为例，举例田子坊的厂房建筑、石库门建筑、传统居民建筑、西式洋房建筑这几种形式的建筑的改造现状，展示了田子坊历史遗存建筑改造的典型成功案例，它在历史民居和旧厂房中植入了文化艺术创意的概念，并形成了一个发展健全的产业基地的方式，给接下来的历史遗存活化树立了很好的榜样。该文论述内容较为全面，对遗存建筑保护的历史梳理以及现状、基础概念等做了扎实的研究，但由于研究方向差异，就提出的创意方法来看还不够深入。

1.3 研究方法

本文主要采用：案例研究法、实地调研法、文献研究法、归纳总结法。

案例研究法：通过个案分析法进行较全面的案例分析是论文的主要方法之一，从有历史可查的经典建筑改造到目前手法较为新颖的遗存建筑活化手法的实践案例，通过分析其保护思想、改造思维和实践手法等总结一般规律，提取经验。就全篇论文来说，案例研究几乎贯穿文章始终。

实地调研法：在设计项目中，通过对基地的实地调研，现场收集当地的环境、人文、基础设施等现状，感受现场氛围，对之后进行项目设计是至关重要的一部分。

文献研究法：文献资料是本文研究的一个重要基础材料，对"艺术创意"、"遗存建筑活化"以及"艺术创意与遗存建筑活化结合"的相关理论和实践研究做梳理，这些资料对于本文的研究均具有重要的支撑作用。

归纳总结法：遵循以小见大、由特殊到一般的研究方法，进行分析整理、归纳总结，以这种方式进行研究，更易抓住遗存建筑活化的研究根源与本质。

1.4 内容框架

本文的研究内容共有五个部分，即遗存建筑的利用现状分析，遗存建筑的活化意义和发展模式解析；艺术创意方法归纳与举例分析；艺术创意方法在遗存建筑活化中的应用；以上理论研究为基础进行郭家庄艺术小镇民宿区改造的设计实践；主要研究结论总结和展望。

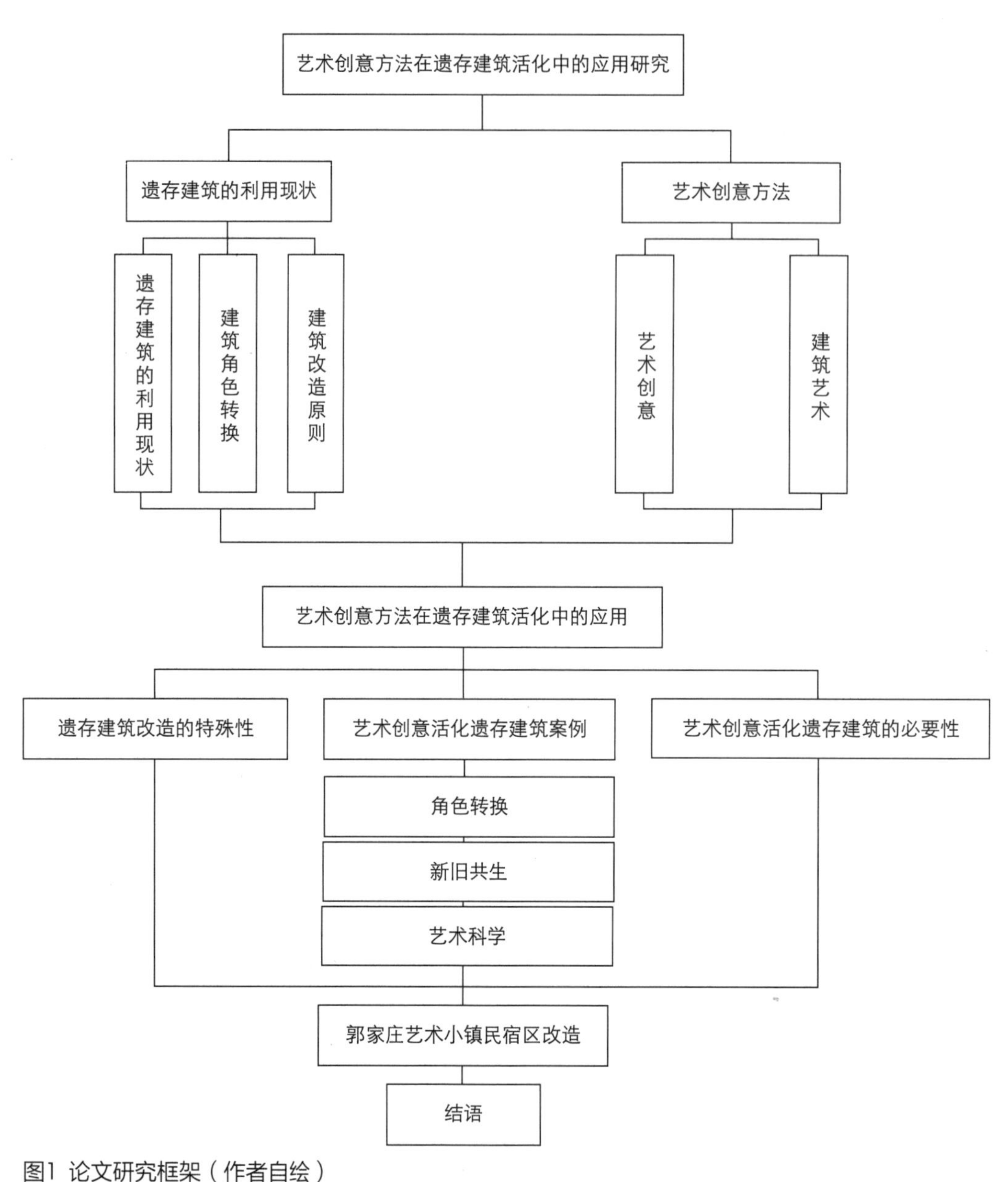

图1 论文研究框架（作者自绘）

第2章 遗存建筑的利用现状分析

2.1 遗存建筑的利用现状

遗存建筑是指城市和乡村发展过程中遗留下来的历史建筑，它们保留着一些早期的材料、工艺和结构以及经过岁月洗礼和特殊的氛围等，多是具有历史文化内涵和民俗风貌的建筑。

遗存建筑的利用情况在城市和农村有所不同，也有差距。城市的发展要远远领先于农村，需要的空间也远超农村简单的生活生产要求所需，其场所和空间的功能也更加多样。从20世纪40年代开始，城市建设如火如荼，旧城改造、城市拆迁，遗存建筑和许多历史场所被除掉；随着逐渐兴起的房地产产业，随即补上了拆除老建筑后的空白，许多城市一夜间改头换面。随着文化遗产的保护理念在各国的发展，人们对历史遗存建筑的认识也在逐步加深。经历了由单纯的保护意识到灵活利用的过程。目前，国内建筑保护的主要依据是《中华人民共和国文物保护法》和地方性、临时性的建筑保护条例，法律条例措施主要针对古代建筑和文物建筑，相对不够系统和完善。近几十年，社会迅速发展，物资日益丰富，新鲜事物层出不穷，人们普遍追求高质量的物质生活。但看多了富丽堂皇、听腻了奢靡之音、吃够了山珍海味，开始出现信仰的淡失、思想的空虚、精神的萎靡，人们开始寻找思想、文化和物资生活上的"回归"。如今，人们越来越喜欢自然纯粹的事物，追求沉淀和价值。由此出现了很多有情怀的社会企业和个人，凭借自己的力量延续遗存的生命，经过几十年的默默发展，如今被保护下来的遗存建筑已经如同身体穴位，隐藏在城市之间，却有着巨强的生命力。

此外，我国面临着严峻的环境问题，人口众多、资源相对不足、生态破坏、环境污染……目前我们正面临着发展经济和保护环境的双重任务。生态环境恶化已成为制约我国经济发展的重要因素，威胁中华民族的生存与发展，据统计，中国建筑垃圾的数量已占到城市垃圾总量的1/3以上。面对如此严峻的局势，我们的目标应该是建立由建筑、景观等为主的人文景观和各类自然生态景观构成的城市或乡村自然生态系统；应该充分利用自然生态基础，建立生态型城市，原始的环境具有无法复制的优势，所以我们必须采取措施保护原环境，并在此基础之上，对自然生态资源进行改造和提升。只有充分地利用原有资源，进行生态设计，才可以更好地建设和发展。

2.2 建筑角色转换

每座建筑都是一个小体系，不同的建筑有着不同的功能，有着自己的运作方式。并且，随着时代的发展建筑的功能、材料和细部等功能越来越细化。老建筑相比之下就纯粹许多。旧建筑活化的案例中，几乎都是赋予了它们新的、符合当代需求的功能，由此，建筑角色的转化赋予了老建筑新的时代使命。2017年，在山东省省会城市济南市得到了证实，位于济南市经三小纬二路的小广寒电影院是目前国内现存影院建筑中最古老的一座。如今，小广寒是一处电影主题餐厅，同时是济南小广寒电影博物馆，还是国家级文物保护单位。这几年小广寒潜移默化带动了济南老建筑的一种修复新形式，为历史文化街区的保护和商用树立了榜样。小广寒是一个特别典型的老建筑角色转换的案例。

老建筑活化改造角色转换的方向有很多，像国内规模较大的莫干山民宿，便是让老民居扮演了民宿的角色。目前有很多旅游区的村镇居民都将自己的住房进行"升级"，像我们都知道的农家乐，是大陆民宿发展的起步。民宿的产生是一种社会发展的必然，世界各地都可看到相同性质的住宿服务，在世界各国因环境、自身文化和生活方式不同而略有差异。民宿在台湾的发展有很长的历史。1981年原台湾省政府原住民行政局在其部落产业发展计划中自订规则，推行辅导原住民利用空房与当地特有环境进行民宿经营的政策，增加原住民收入，同年，农委会大举"传统农业"转型"观光农业"的标头，进一步刺激了民宿发展，民宿成为台湾一个新兴的乡村旅游经济产业。台湾于2001年12月颁定《民宿管理办法》，就民宿的设置地点、规模、建筑、消防、经营设施基准、申请登记要件、管理监督及经营者应遵守的事项订有规范，设定民宿为农、林、渔、牧业的附属产业，台湾民宿产业正式合法化，以提升民宿质量与安全，促进产业发展，至此民宿产业正式成为台湾一个农业的新行业。近几年中国大陆的民宿产业也风生水起，我国第一部关于民宿的旅游行业标准《旅游民宿基本要求与评价》已从2017年10月1日起开始实施，这表明民宿具有巨大的发展潜力，必将会在大陆形成产业。

在功能上，老建筑的转换角色很多，除文化、商用和居住外，在办公、娱乐、教育等方面也有很多尝试。

2.3 建筑改造原则

制定建筑改造原则要从其发展的根源寻找，上文中解释过遗存建筑发展有生命力的原因是人对生命的归属感。人类活动（尤其是于工业革命）造成的"生态危机"促成了马克思主义生态观的产生，自然与社会是不可分割的，人与自然之间的不协调，实质上和人与人的问题、人与社会的问题有密切的关系。马克思、恩格斯生态观认为实现人与自然协调发展的一个重要途径就在于改变不合理的社会制度。马克思主义生态观反思"生态危机"对传统建筑的改造具有重要的指导意义。

2.3.1 "自然主义"——生态设计

马克思主义生态观的"自然主义"就是遵循自然，遵循"人与自然和谐"的原则。习近平总书记在党的十九大会议报告中指出我们工作的不足之处，其中就有"生态环境保护任重道远"[习近平，《决胜全面建成小康社会 夺取新时代中国特色社会主义伟大胜利》（在中国共产党十九次全国代表大会上的报告），2017-10-18]这一条。习近平总书记还强调，“绿水青山就是金山银山”、“人与自然是生命共同体，人类必须尊重自然、顺应自然、保护自然”的生态理念。

我国的生态环境问题格外突出。我国是一个人口众多、资源相对不足、生态破坏、环境污染严重的发展中国家，目前正面临着发展经济和保护环境的双重任务。生态环境恶化已成为制约我国经济发展的重要因素，威胁中华民族的生存与发展。据统计，中国建筑垃圾的数量已占到城市垃圾总量的1/3以上。面对如此严峻的局势，我们的目标应该是建立由建筑、景观等为主的人文景观和各类自然生态景观构成的城市或乡村自然生态系统；应该充分利用自然生态基础，建立生态型城市，原始的生态环境相比人工环境具有无法复制的优势，所以我们必须采取措施保护原生态环境，并在此基础之上，对自然生态资源进行改造和提升。只有充分利用生态资源，进行生态设计，才可以更好地建设和发展。

2.3.2 “人道主义”——以生灵为本

马克思主义生态观的“人道主义”是指所有人都享有公正和平等的权利与义务。实施人道主义，不但对人，而且对人以外的生命，给予必要的关怀。设计中讲求“以人为本”的设计理念，是指设计的出发点是满足人的使用需求、心理需求和考虑人的社会归属感。马克思“人道主义”提醒了我们：以人为本的“人”不仅是指人类，还有自然界的其他生命，确切来说，我们应该提倡“以生灵为本”的设计理念。

人是自然界的一部分。设计在满足基本功能的前提下，人归根结底的心理需求和文化归属需求，就是融于自然、融于社会的“自由”状态。新时代，设计应体现环境的文化内涵和对人的生命、尊严、意义的理解，它既是一种形而上学的追求，也是一种形而下的思考。

2.3.3 “共产主义”——健康与高效

马克思主义生态观的“共产主义”是指人与自然和人与人之间相和谐的生态理念，是人同自然界的本质的统一。这是马克思和恩格斯的人、自然、社会有机整体论，探寻生态文明思想的本真核心。环境设计的本真核心是健康与高效，一切有助于人以及其他生灵健康的设计、一切低耗高能的高效设计是人们永远的追求。

资源匮乏已成事实，未来的发展依然需要大量的资源，我们该如何做呢？近几年，随着绿色建筑、绿色产品等理念深入人心，新型环保材料逐渐涌现。例如，混凝土开始摘去“扬尘”、“不可回收”、“污染”的帽子。2012年研发出的环保混凝土（一种利用工业废料和水泥合理配比生产的新型环保混凝土在石家庄研制成功），不仅大幅度降低生产成本，而且使昔日的工业垃圾变废为宝，减轻了工业废料对城市的污染，引起全国建筑行业的广泛关注。直至2001年，匈牙利建筑师阿隆·罗索尼奇开始研究半透明混凝土砖，并通过展览迅速在业界传播。

图2 半透明环保混凝土（图片来自：百度）

第3章 艺术创意

3.1 艺术创意

“艺术创意是指在艺术领域或者通过艺术思维进行文化生产的方式”（这是百度百科对于“艺术创意”的界定）。理解为：艺术创意是以文化为基础，通过主观创造意图，创造能够实现社会生产价值的作品的艺术活动。彰显文化品格的艺术创意往往具有丰富坚实的理论内涵，富有独创思想的艺术创意，往往展现耀眼的个性特色，实现社会生产价值艺术创意更是从理想到现实的跨越。如今，艺术创意在文化创意产业中发挥着“基础”与“核心”的重要作用，越来越成为一个重要的社会文化现象，对改善人类的生存和发展将起到重要作用。

艺术创意最早随人类活动而产生，当代艺术创意由历史发展而来，而又区别于以往。其一，艺术本体样式更加多样化，随着社会的不断发展变化，人们对艺术的追求愈发炽热，艺术活动的样式愈发丰富，内容愈发充实；其二，打破学科界限，涉及范围更大，以往的艺术创意只停留在传统的艺术领域，例如：造型艺术、表演艺术、综合艺术这三大类。如今，艺术创意还涉及经济学、心理学和管理学等，并相互汲取，共同发展。正如列夫·托尔斯泰所说“艺术是浑然一体的，只有融合了一切种类的艺术才能臻于最完美的境界。”（摘自《安娜·卡列尼娜》）

建筑本就是一门艺术，只是快节奏的发展模式打破了建筑艺术的自由美和纯粹美，以至于高楼林立却少有称得上是艺术的建筑，千城一面终归咎于建筑。在难得回首的今天，望见建筑剥离艺术的惨状，才更加珍惜艺术的必要性，面对已经成型的环境，才更加发现创意的重要性。

3.2 建筑艺术

艺术创意的本质是创造有艺术价值的创新想法，艺术创意与经济创意、科技创意等不同，体现出更加感性、丰富与自由灵活的特点，旨在创造前所未有的极具审美、体验、感染、教化等价值的创新想法。艺术创意通过创意者对某一事物的思维发散与碰撞，造出新的作品，以此改变人们的常规认识和认知常规，由此不断推动社会物质发展和人类认知。在其艺术创造的本原意义上，创新想法的生成从来都是多义的，但是事物作为必要的载体，从事物本身的特质可以归纳总结出艺术创意的一般方法。

就建筑载体而言，“衣食住行”是人类生存的基本需要，其中“住”便是包含建筑的，人类早期的建筑是以解决基本生存而出现的，并随着社会发展和人们生活水平提高而逐渐提高对建筑的审美要求，所以建筑发展至今仍然首先是一门实用艺术。建筑艺术是由空间、造型、环境以及装饰等建筑语言要素按照人的审美要求构建的。

建筑艺术被称之为最大的造型艺术，区别于其他艺术形式的最大特征，是它独有的空间感，一种人们可以在三维空间中感受的艺术，它的空间形态、空间氛围和给人的空间感受才是建筑的核心，所以建筑空间艺术的营造是建筑艺术的关键所在。不同的空间设计，会营造不同的氛围，具有不同的功能，带给人不同的感受，比如西方宗教建筑，普遍追求“高”、“尖”，极力营造向上的空间氛围，力图通过空间环境引导信徒向上升华，传播宗教观念，而信徒在教堂里更加感受到上帝的崇高和自身的渺小，从而更加虔诚。

建筑艺术与绘画艺术一样，同样强调造型的重要性，别具一格的建筑造型是成就建筑艺术不可或缺的因素之一，在《评〈玛林斯基全集〉》中，俄国著名文学评论家别林斯基曾说：“在真正的艺术作品里，一切形象都是新鲜的，具有独创性的，其中没有哪一个形象重复着另一个形象，每一个形象都是凭它特有的生命而生活的。”建筑的外在形象直接关系到外在环境和内部空间，也是体现建筑艺术的重要方面，建筑的体量、体型也要遵循其形式美法则。例如，建筑形态组合的丰富性、节奏感、变化规律，立面处理的均衡、对称、韵律等。

先秦典籍《尚书·舜典》中记载“八音克谐，无相伦也，神人以和”，《左传·襄公十一年》中也有“如乐之和，无所不谐”。其后至今，“和谐”思想一直是处理关系问题的最佳境界，任何建筑都存在于它所处的自然环境和人文环境之中，生而关系，融为一体。建筑本身能达到与自然环境的和谐是具象的，达到与社会环境的和谐是抽象的，我们可以理解为建筑及其周围环境都是人和其他生灵共同生存的环境，即把复杂的“建筑与环境”的问题看成“生灵对某一场所的需求”的问题，再来解决艺术创意的问题。很典型的一个例子，因建筑颓废需拆迁重建的地方，往往因为年代久远而常有老树相伴，院内或路侧，老树作为当时的自然环境，它具有本身的生命价值和环境资源价值，同时也是一段时期的人文环境参与者，是当地和当地人民对土地记忆的宝贵精神财富。几年前还有对“树与房”矛盾的热烈争议，如今，才短短几年，大家基本都有了高尚的共识。通常都是树木围着建筑，如今也常见建筑环抱树木，比如：树·水·佛·人共存的水岸佛堂（图3）、印度塔拉树屋（图4）、与树共生的西班牙住房（图5），致敬一棵老树的维多利亚住宅、围绕一棵树建造的阿根廷住宅……在面对建筑与环境的问题时，

图3 树·水·佛·人共存的水岸佛堂

图4 印度塔拉树屋

图5 与树共生的西班牙住房（图片来自：建筑学院）

考虑人对环境的需求，“树与房”的解决方案便是设计师发现人对亲近自然的渴望和对记忆的不舍而做出的“和谐”处理。

第4章 艺术创意方法在遗存建筑活化中的应用

遗存建筑的改造根本，应更加注重文化的传承。吴良镛先生在《北京宪章》（《北京宪章》由国际建筑师协会第20届世界建筑师大会于1999年5月在北京通过，被公认为是指导21世纪建筑发展的重要纲领性文献）中写有：“文化是历史的沉淀，它存留于建筑间，融会在生活里。”遗存建筑进行改造与再利用的目的一方面是为了资源的有效利用，更重要的是历史遗存建筑承载着优秀的传统文化，保留老建筑的记忆，唤起人们守护传统文化的意识，从而深化对地域文化的认同感，增强保护建筑文化遗存的自觉性，最终实现优秀历史文化的发扬和传承。

遗存建筑的改造方式，应更加注重发掘与保护。遗存建筑改造前期，应先对其历史价值进行充分的发掘，避免忽略或者损坏造成无法挽回的损失。遗存建筑区别于新开发建筑，建筑物本身记载了不同年代的发展历史，反映了那些年代的社会、经济、文化等多个层面的发展和现实，在某种程度上为现在人们对历史方面的研究提供了可靠的依据，为现代建筑设计和艺术创作提供了很好的范本。

遗存建筑的改造方法，应更加注重创新。可以说遗存建筑改造的项目是站在一个更进一步的平台上，因为它已经具备并真实地向人们展现了它的基础面貌，老建筑有固定的位置，原有的占地面积、空间构造和已有的材料、色彩等，这些因素是再设计的有利条件，同时也是限制，如同“在板凳上跳舞”，即身体可以任意发挥，却不可脱离板凳的束缚。传统文化博大精深、传统技艺高深莫测，深入挖掘遗存建筑的当代价值，大胆创新，将“束缚”转化为优势，习近平总书记谈中华优秀传统文化时也曾说“善于继承才能善于创新”。

遗存建筑的改造目标，应更加注重活化。遗存建筑改造的目的是为了发掘它们对当代社会发展的价值，无论是有形的价值还是无形的价值，创造长远价值需要长久的生命力，即通过设计的手段让原本消声的建筑活起来，并创造价值，而不仅仅是装扮一个木偶。

装饰是建筑设计过程的收尾，是完善建筑效果的关键，它的艺术创意要把握的要素有：（1）人的心理要素。即人通过五感（形、声、闻、味、触）对空间特征的认知以及空间对人的行为的反馈，这一系列人与空间发生关系后的人的心理感受；（2）文化艺术要素。空间的基本形态、色彩、材质、声音、照明与陈设语言风格等共同体现空间的文化主题；（3）生态型要素。生态已渗透到社会各个方面，建筑装饰一直面临着生态问题的巨大挑战，生态空间的打造主要包括三个基本方面：能源方面，可再生资源与不可再生资源的合理使用。材料方面，创新发掘绿色天然材料和废物利用等。风格方面，要摆脱奢靡华丽的落后审美观，在绿色生态理念的引导下，追求自然风格，彰显个性特色；（4）材料与工艺。建筑装饰中，材料与工艺是最直观展现在人们眼前的，是建筑设计的点睛之处，材料的选择与搭配、工艺技巧与工艺创新、材料与工艺的结合等无处不体现着人类独到的审美与智慧，隐藏着无限的创意可能。

4.1 遗存建筑改造的特殊性

建筑设计步骤多，过程复杂，建筑艺术渗透整个建筑设计过程，且涉及关系广泛，但同时也具有创新创意的无限可能。遗存建筑是建筑体系中不容忽略的重要部分，遗存建筑是较现在而言早期产生并且至今保存较为完好的建筑，根据建筑的使用功能分类，遗存建筑也可分为四类：居住建筑遗存、公共建筑遗存、工业建筑遗存、农业建筑遗存。遗存建筑产生于特定的历史时期，是历史故事的参与者和历史的见证者，具有特殊的历史意义。

4.2 艺术创意在遗存建筑活化中的必要性分析

建筑作为一种艺术形式存在，遗存建筑活化是对老建筑的“加工”，这一过程更是离不开艺术的指导。

1．有利于建筑体系发展。

十八大以来，习近平总书记多次提到“创新”一词，强调“创新是第一动力”，这也反映了当今世界的发展趋势。建筑受环境影响，又能反映每个时期的环境特征，就中国的建筑体系发展来看，在原始社会时期，人类寻找具备“遮蔽”功能的天然洞穴和树巢居住，并逐渐自己动手搭建简易的地面房屋，例如在黄河流域最早发现类似“穴居”的木骨泥墙建筑，在长江流域发现的类似“巢居”的干阑式建筑。奴隶社会时期，诸侯分封伴随等级分化，筑城和宫室的制度日趋完善，有了复杂的建筑雏形和装饰意识。整个封建社会时期，土地制度变化，城市规模得以扩大，各地建筑也得以发展，到汉代，不仅有严格的功能建筑，而且建筑艺术日趋成熟，建筑结构复杂，建筑装饰多彩，建筑形式多样，建筑制度日趋完善。到唐代，中国的建筑发展到最高峰，建筑体系成熟。明清时期，建筑、园林等得到了全面发展，在建造技术上取得了又一进步，是建筑发展的又一高潮。近代中国，民族战争爆发，列强入侵，传统建筑遭到了严重破坏，并由于战乱，止步不前，同时，在沿海地区“洋房”陆续出现，中国建筑遭遇了急剧变化。无论是在艺术、技术，还是文化内涵上，中国的历史遗存建筑都极具欣赏价值。中华人民共和国成立以来，百废待兴，伴随改革开放，中西建筑思想融汇，大力发展经济，导致建造业发展过于迅猛，现代风格建筑几乎占据了整个中国各大、中、小城市。近几年，文化问题愈加危及，建筑文化也被重视，建筑界、学术界一直进行建筑复兴的探索。当今世界是开放、自由的，各个行业每天都在致力于突破和飞跃，追求创新，崇尚艺术。活在当下环境中的遗存建筑，应不断追求艺术的高境界，不断追求文化内涵的高深度，不断求技术和工艺的精进。

传统建筑艺术与科技结合的成功案例有很多，兵马俑博物馆是建立在兵马俑坑原址上的遗址性博物馆，它向全世界展示了“世界第八大奇迹”之上的又一大奇迹——科技的力量。兵马俑坑的面积非常之大（一号坑举例：长230米，宽62米），且地下的坑结构和兵马俑文物既需要全覆盖又不能有丝毫损坏，对于用传统的改造或建筑方法来说，这无疑是非常困难的。从其结构上来看，弧形顶棚是落地式三铰钢拱结构，型钢焊接，它超乎寻常的大跨度，刚好配合了展厅中战士俑排兵布阵的整体气势的艺术感觉。技术可以实现，但造价却非常昂贵，随着科技的不断进步和艺术界限的逐渐消失，艺术与科技结合将是旧建筑改造的趋势。

有利于节约社会资源，保护社会环境。建筑改造的道理等同于废物利用，艺术创意便是体现“巧”，巧妙地将废旧建筑化腐朽为神奇，一方面，再次使用可以实现它的再利用价值；另一方面，改造过程用巧思取代消耗，新理念引导新方式，新材料创造新形象；最后，艺术的呈现带给人的感受和冲击，具有感染力，一举三得。

2．有利于创造经济效。

20世纪末，“创意产业（Creative Industries）”的概念在英国被提出，如今，创意产业如同一匹黑马，成为全世界主要国家和城市发展的主导产业，其中也包括中国。创意产业越来越成为一个国家或城市综合竞争力的关键因素之一。联合国教科文组织提出：创意产业是人类文化的重要部分，是构成一个国家经济的重要资源。遗存建筑通过创意活化，发展创意产业，通过创意和艺术创造财富，不仅具有极强的创新性和文化生命力，而且属于“轻资产”产业，对资本投入和劳动力要求低，有利于节约时间和资源。例如，国内兴起的艺术小镇，便是以当地的特色文化遗产作为艺术和设计服务业的强大地域文化支撑，开发和再利用原有资源，并通过艺术节庆活动形成特色产业拉动旅游业发展，不断带入新动力。另外，艺术和设计服务业与百姓生活息息相关，能够创新改善居住环境，并且当地人容易成为参与者，有利于带动乡民创业。

4.3 艺术创意活化遗存建筑案例

遗存建筑活化的成功案例很多，归纳并比较它们的改造手法和特点，不难发现其中艺术创意的特点和规律。

4.3.1 角色转换：宀屋

建筑的空间往往根据功能而产生，并且根据使用需求而设计，传统建筑也是如此。但是，由于现在的高标准要求和多样化需求，传统的以天为本理念下的传统建筑已不能满足当代人的需求，无论是建筑体量、使用习惯、思想理念，还是采光要求、防噪要求等方面，都有着天壤之别。当下的建筑改造不仅是外观的修缮和保留，更应该是以活化为主要目标的长远发展，因此，为遗存建筑找到合适长远发展的新角色是重中之重。

在安徽省祁门县闪里镇桃源村，这个有上千年历史积淀的典型徽州村落，有一个占地只有60平方米的空置仓库，木构屋顶（穿斗式）已经腐朽，墙体（空斗墙）还保留完好。桃源村具有流传已久的祠堂文化背景和种茶、喝茶、售茶的茶饮文化，但村里的祠堂只有在祭祖节庆的重要时节才开放使用，村民在各自家中售茶，没有品茶、赏茶、论茶的过程，村民平日喜在巷间门口聚集闲谈。因此，广屋被赋予了“一所兼顾日常性和礼仪性的茶楼”的角色。改造后的建筑一层是品茶空间，保留了老房子昏暗内向的氛围。二层空间因屋顶的抬高留出缝隙，空间围合感被彻底改变。老房子的画面不同，但生活依旧，二层的空间以一种长卷的方式来呈现远处的山和熟悉的生活景象，留空的设计虽通高却也能共享和交流。

“新旧共生”是遗存建筑活化最常见的手法，也是最经典的手法，新与旧的感觉其实是一种情感的融合，给人们的是情感的体验。往往是在旧址保留建筑的遗存构建，在此基础上进行加固或者新建，营造一种从旧建筑中生长出来的错觉，具有视觉和感觉的双重冲击力，能最直白地表现建筑的主题和思想。瑞士建筑师彼得·卒姆托的经典作品——科隆美术馆，便是一个典型的案例，科隆美术馆前身是第二次世界大战中被炸毁的圣柯伦巴教堂，是一座哥特式风格的建筑。卒姆托保留了现存遗迹，即保留旧址上原有的一些建筑结构，有岁月痕迹的旧墙和残壁以及裸露的被烟火熏黑的石块、红砖和保留较为完好的金属门窗结构部件等，建筑外部采用传统材料——米色砖，外立面处理得简洁精炼，新材料与旧材质既有对比又和谐共生，极致细腻地阐述了现代设计的可能性。

4.3.2 艺术科学：兵马俑博物馆

随着科技时代的发展，现代建筑中也广泛地运用科学技术手段，出现了很多夸张、异形、仿生和生态建筑，就外观和功能上来说，传统的技术很难做到这些。遗存建筑几乎都是传统技法建造的，传统建筑和其建造技术具有很强的“匠”意，关键靠“巧”，和现代建筑相比又有一些“拙”意。“巧”表现在古人对建筑关键节点的思考（例如中国传统建筑的榫卯结构，木构件千变万化的组合方式可以衍生无数种结构，并且随着时间的推移愈发严密坚固，是中国传统建筑的灵魂；哥特式建筑的拱券结构和飞扶壁的结合，抵消力的作用，使哥特式建筑既高耸峭拔又轻盈美观还可装饰雕刻繁复成为可能，成就了建筑史上的一段佳话）。古建筑的“拙”其实是一种松弛有度，中西建筑在这方面也有共同点，其中表现最明显的是其两者都用大材，无论是中式建筑的木材还是西方建筑的石材。

传统建筑改造的艺术创意方法还有很多，例如：材料的跨界使用，色彩的运用，一、二、三维空间的创意等。总之，艺术无边界，创意无限制，遗存建筑活化的方法值得我们去探讨和创新。

第5章 郭家庄艺术小镇民宿区改造

5.1 项目概况

项目位于河北省承德市兴隆县南天门乡的郭家庄，地处河北省东北部，承德市最南端，长城北侧。与北京、天津、唐山、承德、遵化5座城市衔接，与北京接壤125公里。郭家庄地处燕山山脉，为清“后龙风水禁地”，南北走向，依山傍水，潵河支流南北贯穿全村，河两岸较为平坦，视野开阔。整体地貌特征是山高、谷深、坡陡、路曲。境内群峰对峙，山峦起伏，沟壑纵横，平均海拔在400～600米之间。植被覆盖率高。周边村落大致都分布在中山、低山地带，总面积9.1平方公里。

郭家庄对外交通状况良好，主要有112国道（沥青路面）穿过，路宽10.5米且平缓弯道少。村内主要道路基本上是水泥路面，部分道路是沙土路面，路况较好，但未形成环路系统。现有主要桥梁2座，分别位于南天博院与影视基地中间（村中）和郭家庄广场（村东）。

在国家民委2017年发布的《关于命名第二批中国少数民族特色村寨的通知》（民委发〔2017〕34号）中被评为“中国少数民族特色村寨”。郭家庄名自于郭络罗氏的守墓人后裔。满汉文化融合的大流中，郭家庄仍保留着一些满族人的生活习俗和文化特色传承，如满族服饰、萨满文化、满族农家小院美食、剪纸、满足舞蹈、满绣、神话传说、满族八旗文化（郭络罗氏属于镶黄旗姓氏）以及特有的信仰禁忌等。

郭家庄民居院落以一合院、二合院和三合院为主，每户院落内部面积较大，属于北方传统合院。自2016年兴隆县“实施四大发展战略打造满族特色村寨”实施民居新村建设以来，目前建设有满族特色民居和旅游综合体以及小市政等附属设施。

5.2 总体理念

本研究以艺术小镇为设计背景，民宿为主题，以村镇遗存民居建筑的保护与再利用为基本思想，民宿区的总体规划、旧民居改造与新民居建筑设计为主要设计内容。充分利用郭家庄的自然景观和遗存民居建筑，打造特色民宿区。

规划地区功能分区：

1．艺客居A区——旧民居区。

2．艺客居B区——新建民居。

3．胡同（A区）——连接A区与B区。

A区作为B区的补充和深化，提供特殊的农业体验服务。

5.3 空间创意方法的应用

5.3.1 旧民居改造

A区原有两座传统民居房，前院和后院空置，连接后院有大片空地，后院与东边道路有许多狭小的沟、道相通，无利用。

（1）角色转换

旧民居房：家庭住房——共享民宿。主房具备完善的生活所需功能。

前院：农家院——户外休闲空间。厢房与前院结合打造室内外的休闲空间。

后院：种植——农家体验园。利用后院1.86米高差新建农家体验园和“足食厨房”，精耕细作兼有观赏价值的果品、蔬菜、农作物。

废弃狭道——“胡同”创意空间。

作为传统的居住空间，它与整个农村生活环境是一体的，根据生活方式而形成的基本布局和空间功能是具有当地特色的、体现当地文化的。但是，作为新的功能空间，原始建筑的体量、功能、内部空间、室内用品和视觉感受等都是远远不能满足当代人需求的。所以赋予改造区新的功能角色是十分必要的。

（2）新旧共生

保留基本院落格局：“大门—前院—东西厢房—主房—后院”赋予新的面貌和功能。

保留老建筑的特色：传统的建筑结构、石墙肌理、布瓦方式、装饰构建等，以旧纳新，新旧弥合，与新空间、新格局、新材料共生。

景象再现：对老建筑进行表皮整饬，充分利用原有狭长胡同空间，将展示文化创意的艺术营造手法应用其中。

5.3.2 新建民居

B区在老房子的东南方向，两者相隔一条小路。靠近河边位置的一片平地，有稀疏的树木和农田，利用率不高。新建民居与旧民居区和谐而又对比共生，既有传统村庄特色又有艺术小镇的时代面貌。

（1）提取印象图形

村庄印象-印象图形化-图形元素提取-元素变化-元素组合；

建筑形态-突出特色-元素提取与变化-元素组合；

院落特色-院落简化-元素保留-平面构成-立体构成。

（2）重复与变化

感知当地普遍的建筑形态，并将其图形化理解，提取特色元素，并将多个重复的体块其进行形变、体变、旋转等多种变化。利用体块的组合变化，最终调整形成建筑形态。

第6章 结语

本研究以村镇遗存民居建筑的保护与再利用为基本思路，探讨通过艺术创意方法活化老民居建筑，并由此预见艺术创意活化遗存建筑的普遍性原则。互联网时代来临，人们的眼界和审美能力普遍的快速提升，对艺术的了解和追求愈发深刻，像后现代主义的风潮再次席卷般，艺术已经超越它的本质。艺术与生活、生产已经没有界限。本文主要通过设计实践探讨艺术创意方法活化遗存建筑的理论研究，将活化遗存建筑的艺术创意方法进行研究归纳，用于郭家庄艺术小镇民宿区的旧民居改造中。

通过了解遗存建筑的保护和利用现状引发一系列思考，提出遗存建筑保护的必要性和活化遗存建筑的重要性，笔者发现艺术创意是一种很好地应用于建筑设计和老建筑改造中的方式。在本文中归纳并提出多种创意方式，结合案例论证；通过对现有老民居建筑的改造设计，尝试运用提出的创意方式方法，验证其可行性和预期其表现效果。为遗存建筑的保护和利用的创新发展提供一些可供参考的理论依据，有助于遗存建筑活化的良性发展。通过研究遗存建筑的保护和利用现状，发现存在的问题和面临的困境，提出解决问题的方法和途径。以此吸引政府部门、设计师、爱好者、学生等各类群体认识到当前遗存建筑的保护和利用存在的问题及不足，从而更好地推动遗存建筑的活化发展。遗存建筑的活化，对于民族传统文化的保护和传承具有借鉴意义，更能够为地域性文化的保护与发展提供有益经验和启示。

参考文献

[1] 韩沫．北方满族民居历史环境景观分析与保护[D]．东北师范大学，2014.

[2] 朱梦莹．创新式融合——特色民宿设计探析[J]．大众文艺，2018（03）：46.

[3] 周彤．后现代艺术视野中的建筑再利用——从旧工业厂房到创意空间[A]．中国科学技术协会．节能环保和谐发展——2007中国科协年会论文集（二）[C]．中国科学技术协会，2007：5.

[4] 黎明．华北满族乡村民居更新设计研究[D]．中央美术学院，2005.

[5] 黄荣荣，夏海山．生态语境下旧建筑改造的美学价值[J]．华中建筑，2009，27（08）：200-203.

[6] 侯瑞霞．文化艺术创意在历史遗存建筑改造中的运用研究[D]．海南大学，2017.

[7] 冷煜，高昱．文化创意产业园对历史遗存建筑的再利用[J]．美术大观，2014（06）：103.

[8] 李道先．试论建筑艺术的审美特征[J]．高等建筑教育，2004（02）：101-103.

[9] 田川流．论艺术创意的理论内涵与实践意义[J]．东南大学学报（哲学社会科学版），2010，12（01）：55-61+124.

[10] 刘永亮．艺术设计中的创意思维拓展与创意方法研究[J]．湖北科技学院学报，2018，38（03）：103-106.

[11] 石清漪．绿色生态理念在装饰设计中的运用研究[J]．艺术家，2018（06）：34-35.

[12] 张文贵．对建筑造型艺术的探讨[J]．河北建筑工程学院学报，2007（04）：62-63+66.

[13] 高长春，张贺，曲洪建．创意产业集群空间集聚效应的影响要素分析[J/OL]．东华大学学报（自然科学版）.

郭家庄艺术小镇民宿区改造

The Design and Renovation of Homestay Area——Guojiazhuang Art Town

区位介绍

郭家庄村位于河北省承德市兴隆县的南天门乡，是一个典型的以农耕为主的北方村落。2016年起，郭家庄村在兴隆县的总体规划下，凭借得天独厚的自然风光和艺术家的入驻，寻求以建设艺术小镇为发展出路。两年来，郭家庄村的整体面貌有了改善，但是距离发展艺术小镇的产业需求还有一定的差距。其中，民居约占郭家庄总面积1/5，它们的存在不容忽视。在艺术小镇的视角下，民居的存在形式以及与其他产业的联接关系是不容忽视的。

“艺乡逸客”民宿区，是一个立足于艺术小镇和当地满族文化特色，运用艺术方法打造的富有特色的艺术创意型民宿产业区。

郭家庄民居现状照片

基地概况

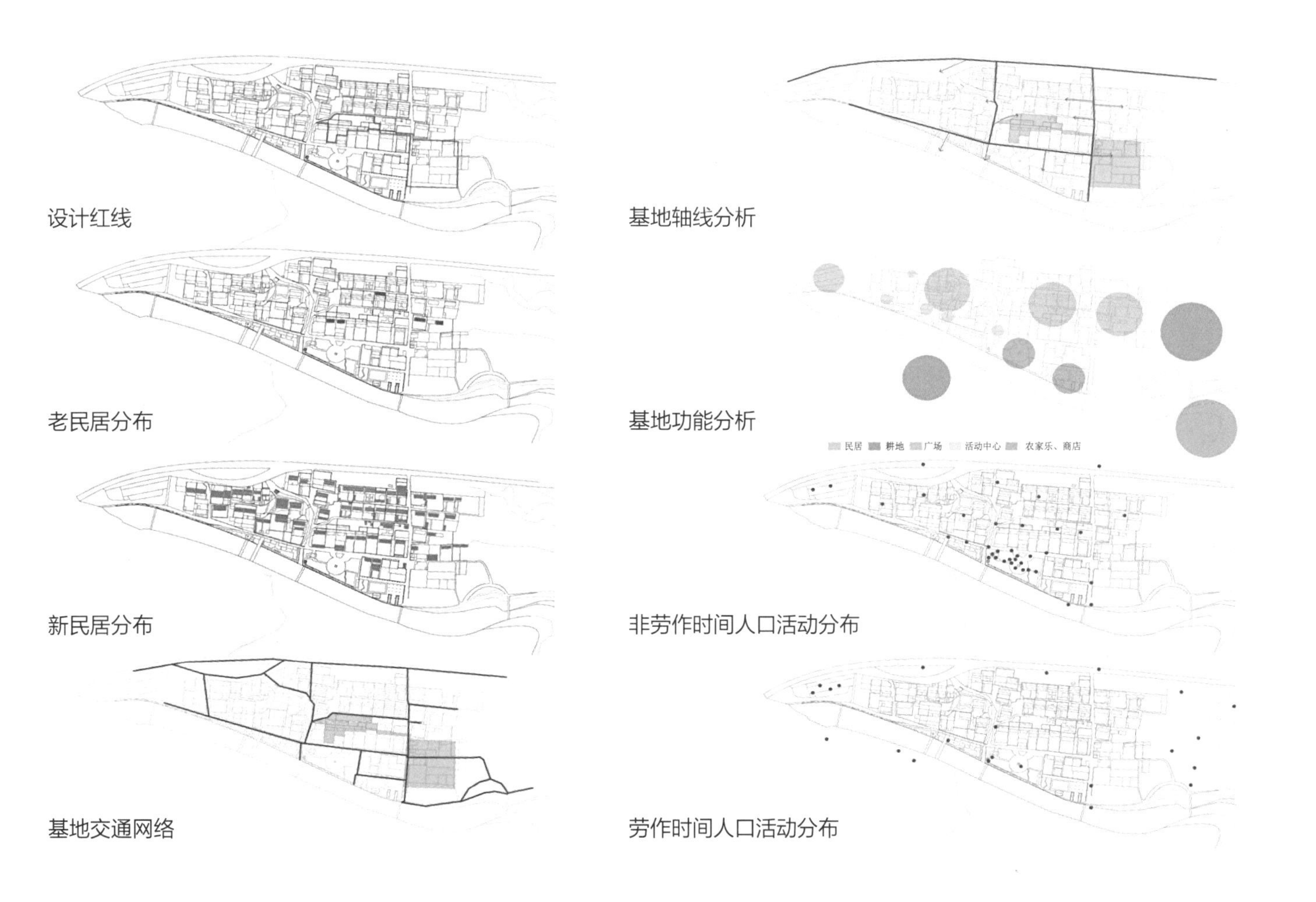

设计红线

基地轴线分析

老民居分布

基地功能分析

新民居分布

非劳作时间人口活动分布

基地交通网络

劳作时间人口活动分布

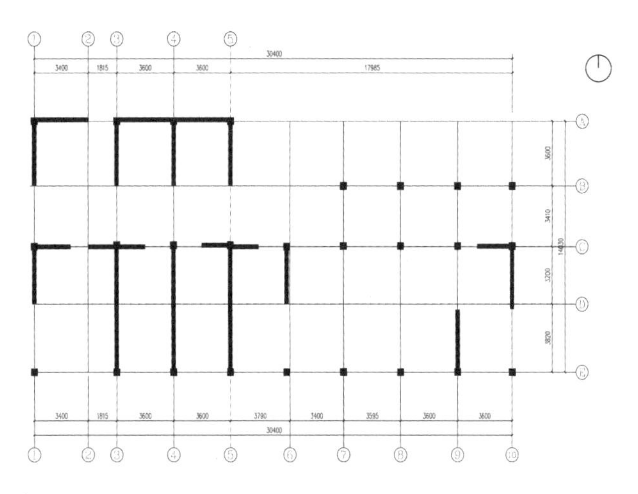
足食厨房平面图

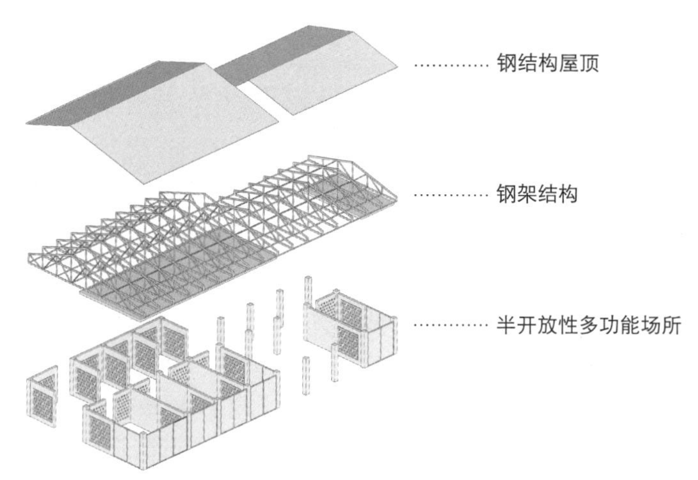

建筑改造结构分解图

足食厨房是A区民宿的特色之一，人们可以在此体验农业种植、采摘、加工等一系列农业活动，室外是采摘园，“厨房”是一个半开放式的场所，可以体验劳动过程。

体验类型

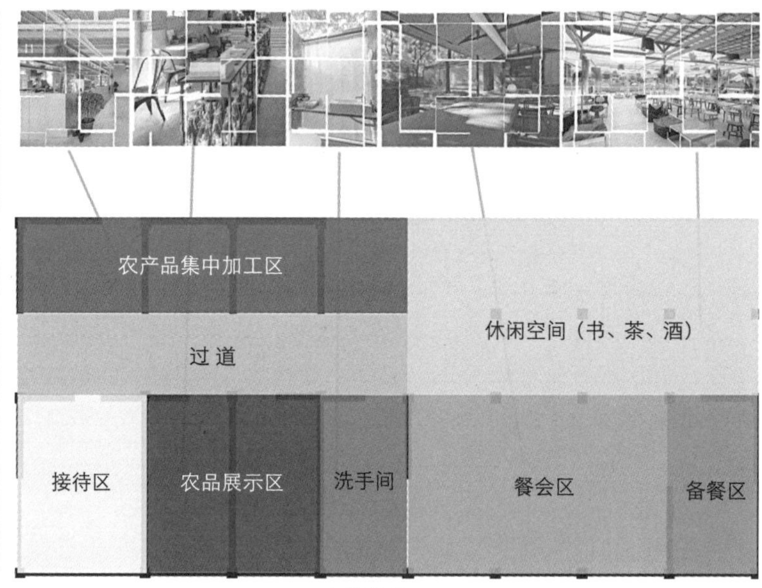

功能分区

足食厨房效果图

B区

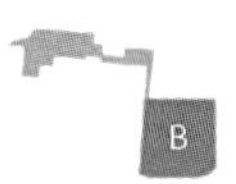

B区是新建区，由1#、2#、3#三栋独栋建筑组成，配停车位。南邻潵河支流，每年6～8月份的汛期，建筑离河岸有充分的安全距离，建筑与河岸的坡度地带中，绿色景观成为过渡，为人们提供一个公共的室外休闲空间。

元素提取：

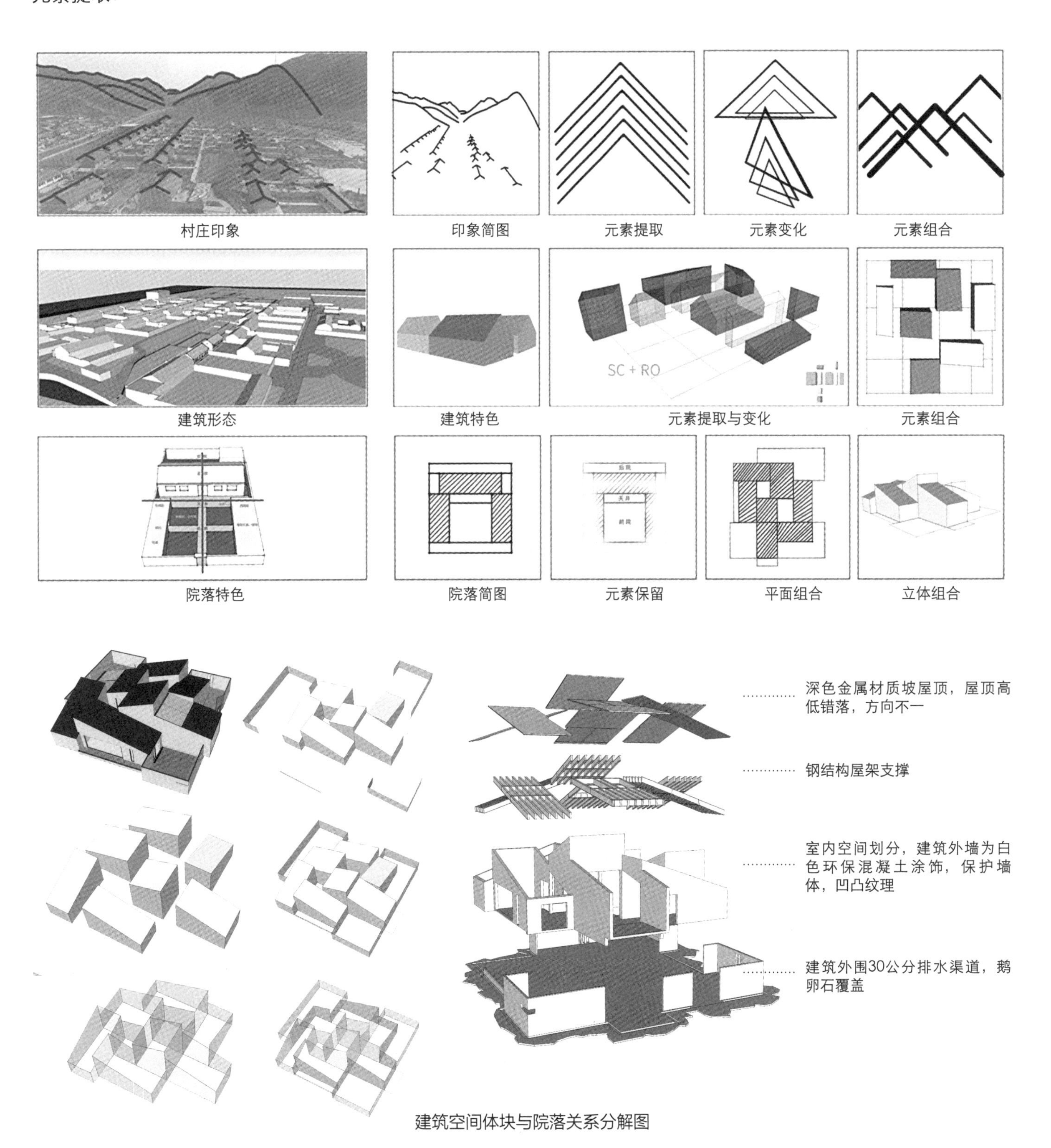

建筑空间体块与院落关系分解图

河北省兴隆县南天门乡郭家庄小镇养老院设计研究

Research and Design of Nursing Home in Guojiazhuang Village in Xinglong County of Chengde City

内蒙古科技大学　周京蓉

Inner Mongolia University of Science and Technology

Zhou Jingrong

姓　名：周京蓉 硕士研究生一年级

导　师：韩军 教授　左云 副教授

学　校：内蒙古科技大学

专　业：建筑与土木工程

学　号：2017022113

备　注：1. 论文　2. 设计

郭家庄小镇养老院效果图

河北省兴隆县南天门乡郭家庄小镇养老院设计研究

Research and Design of Nursing Home in Guojiazhuang Village in Xinglong County of Chengde City

摘要：随着我国人口老龄化速度的加快，城镇化进程的加深，老年人口日益增多，养老建筑的建设数量已经无法满足日渐增长的养老需求。特色小镇是在新的历史时期、新的发展阶段的创新探索和成功实践，随着特色小镇的蓬勃发展，资源优势独特、建筑特色明显、以养老为产业的小镇应运而生。

本文阐述在特色小镇建设养老建筑对于老年人的生活品质提升及养老产业发展的重要意义，选取养老建筑作为研究对象；分析现阶段养老建筑设计中存在的问题，深入研究在特色小镇中养老建筑在规划选址、建筑设计、环境空间营造等方面的设计要点，阐述设计策略；最后通过河北省兴隆县郭家庄小镇养老院建筑方案设计论证解决问题的策略。

关键词：特色小镇；老年人；养老建筑；建筑设计

Abstract: With the accelerating of population aging and the deepening of urbanization, the number of old-age population is increasing, the construction of endowment facilities cannot meet the growing demand for endowment.The characteristic town is in the new historical period, the new development stage innovation exploration and the successful practice, along with the characteristic small town vigorous development, the small town with unique resource superiority, obvious architectural characteristic, taking the endowment as the industry has come up.

This paper chooses the endowment architecture as the research object, expounds that the introduction of the endowment industry into the characteristic town is of great significance to the improvement of old People's Life quality and the development of endowment Industry. This paper analyzes the problems exposed in the design of endowment architecture, and finally deeply studies the design points of the endowment architecture in planning location, architectural design and environment space construction under the background of the special town building, and expounds the design strategy.And through the design of Hebei Xinglong County Guo Jia Village nursing Home construction scheme, the solution to problem is argued.

Key words: Characteristic town; The Aged; Old-age architecture; Architectural design

第1章 绪论

1.1 研究背景

1.1.1 特色小镇建设背景

特色小镇是指坐落于城乡之间，地理位置重要，有自己独特的自然地理风光和人文精神内涵的小镇，是我国城镇一体化以及新型城镇化发展下的一种特色产物，也是引领新型城镇化的特色担当。特色小镇不同于行政建制和产业园区的创新平台，一般聚焦特色产业，集聚发展要素。通过培育特色鲜明、产业发展、绿色生态、美丽宜居的特色小镇，探索城镇化特色发展之路，促进经济升级发展，是推动新型城镇化和美丽乡村建设的重要方法。在特色小镇建设的大浪潮之下，养老产业有了一个新的发展方向。

1.1.2 中国人口老龄化问题加剧

根据世界卫生组织所提制定的标准，当一个国家60岁以上的人口数量占总人口数量超过10%，或者65岁以上人口数量占总人口数量超过7%，则认为该国家进入老龄社会。人口老龄化是世界性问题，对人类社会产生的影响是深刻持久的。我国是世界上人口老龄化程度比较高的国家之一，从1999年迈入人口老龄型社会以来，人口老龄化进程不断加快（图1）。2011年底，60岁以上老年人口已达1.85亿，是世界老年人口总量的1/5，是亚洲老年人口的1/2; 2050年前后，将达到4.8亿左右，超过总人口的三分之一，占世界老龄人口的四分之一，意味着中国已经完全迈入老龄化社会，并且已成为世界上老年人口最多的国家（图2）。随着社会老龄化的加剧，养老产业高速发展将成为社会发展的必然。

1.1.3 短缺的养老资源

我国一直以儒家思想为主导思想，“家庭养老”是长期以来的传统养老模式。“养儿防老”、“百善孝为先”等都是孝道伦理在人们日常生活中的反映，赡养老年人是国人责无旁贷的责任。而现在人们都在紧张地为生计忙碌，时间和精力都格外宝贵。同时“4-2-1”家庭结构状况日趋增多，家庭养老功能将日渐弱化。在家庭养老功能弱化的同时，我国的养老机构设施条件比较差，养老生活比较单调枯燥，限制了老人的自由，使得不少老年人对其望而生畏。

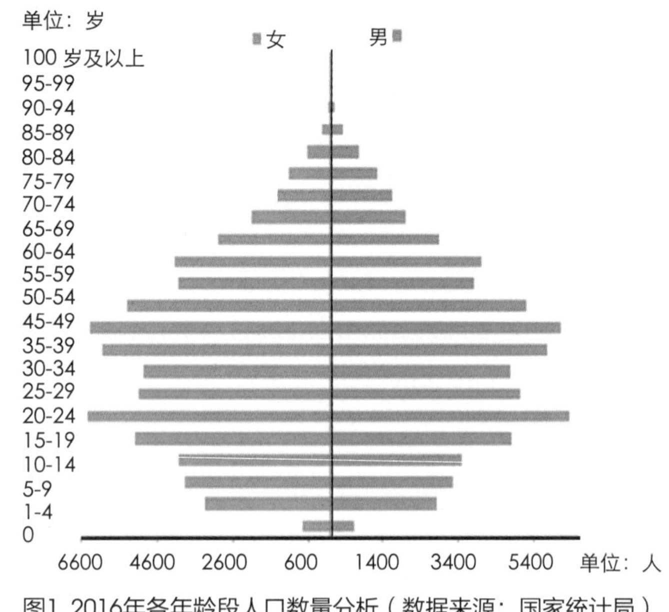

图1 2016年各年龄段人口数量分析（数据来源：国家统计局）

《中华人民共和国2017年国民经济和社会发展统计公报》的数据统计，截至2017年末，全国共有各类提供住宿的养老服务机构2.9万个，服务床位714.2万张，以“十二五”规划目标作为参考，现阶段养老床位存在缺口超过300多万张，我国养老资源的供需矛盾仍然突出，养老资源严重短缺成为当前最急需解决的问题。

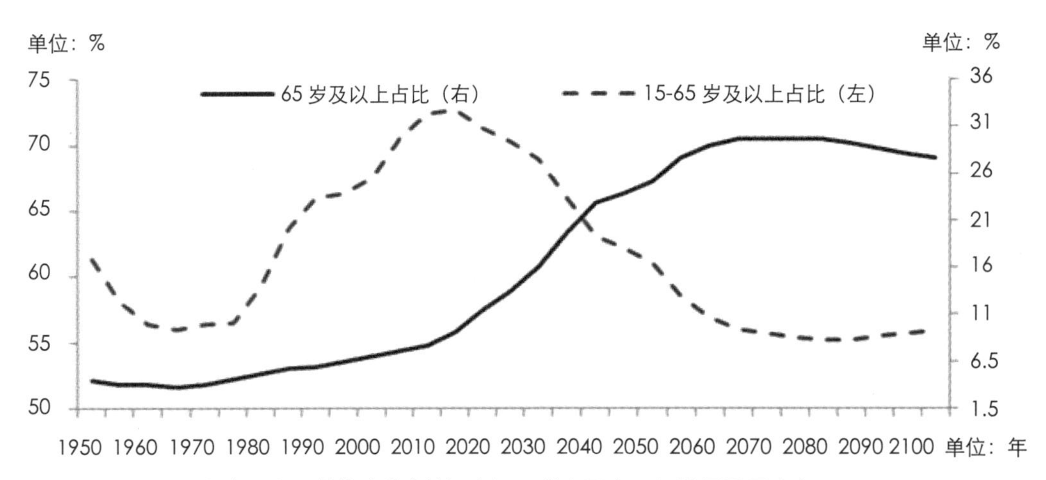

图2 1950～2100年中国人口结构变化（数据来源：联合国人口与发展委员会）

1.1.4 多元化发展的养老建筑

面对日益严峻的人口老龄化问题，国家积极出台各项政策以缓解紧张的养老资源环境。“十二五”规划中鼓励民间资本进入养老服务产业，推进公办养老机构的市场化改革，把解决老龄化社会的各种矛盾和问题逐步纳入全面建设小康社会和社会主义现代化建设的总体发展战略。

中国乡村建设研究院院长李昌平曾提出构建“养老村”的概念设想，养老村将乡村的资源优势转变为服务养老的产业优势，统筹考虑乡村养老产业与乡村发展的问题。乡村养老模式以地域优势为基础，吸引了大批老年人到乡村地区休闲养老，有效缓解养老设施的供需矛盾，保障老年人的养老生活质量。因此开发乡村养老产业，吸引老年人到乡村地区养老是一条符合我国国情的养老产业发展之路，可为后续特色小镇发展养老产业提供新的方向。

1.2 研究目及意义

1.2.1 研究目的

本文将养老建筑作为具体研究对象，并分析现阶段养老建筑设计中所暴露出的问题，引导老年人到以养老产业为特色的小镇中享受高品质的养老生活，为老年人的养老生活提供一个新的选择。其具体研究目的有如下三个方面。

(1) 延续小镇特色，发展支柱产业：在特色小镇结合当地特色发展养老产业，既可以延续小镇的景观、文化特色。同时养老产业的加入也可以为小镇居民带来更多的工作岗位和就业机会。

(2) 缓解城市与特色小镇养老压力：传统的养老模式集中于城市，对城市基础设施有着很高的要求。随着我国人口老龄化程度的不断加剧，养老压力必将越来越大。在特色小镇发展养老产业，可以大大缓解养老院的压力。为国家发展乡村经济、缓解养老资源紧张的问题寻求一种新的解决途径。将养老产业引入特色小镇在给小镇带来产业的同时，也可以留住小镇的青壮年劳动力，缓解小镇人口空心化问题。

(3) 提高老年人的生活品质：现行的养老模式更多关注老年人的生理健康，大多数的养老院建设标准低，很多养老院仅能满足老人最基本的生理、生活需求。随着时代的发展、人们生活水平的提高，老人们的收入水平较之前也有了很大的增加，人们更加重视老人的心理健康。养老建筑作为小镇特色产业引入特色小镇，其优美的自然环境不仅仅满足老人们的生理需求，更加注重老人的心理需求，有着不同生活经历的老人们之间的交流也能给他们带来更多的心理慰藉。

1.2.2 研究的意义

我国特色小镇的发展不平衡、不充分、产业模式单一，小镇引进养老产业，建设养老建筑既可以助力小镇发展，也可以积极应对人口老龄化，促进老年人身心健康发展，缓解我国养老压力，使老年人老有所养。研究养老建筑对于养老产业的发展、养老建筑设计水平的提高、老年人生活品质的提升及特色小镇发展的促进都具有重要的意义。为解决我国人口老龄化问题和改善小镇老人的养老问题起到推进作用。

1.3 国内外研究现状

1.3.1 国外研究现状

由于经济和社会发展的原因，一些发达国家先于我国进入老龄化社会，有关老龄化的问题理论研究开始较早，发展较为成熟，对我国应对人口老龄化的研究具有借鉴意义。

从19世纪后期开始，欧洲一些国家生育率出现持续下降的现象，老龄化现象开始出现。法国在1851年60岁及以上人口比重达到10.1%，成为世界上第一个老龄化国家。之后瑞典、挪威、英国等一批欧洲国家步入老龄化。从20世纪50年代开始，美国各州出现许多营利性和非营利性养老机构，养老服务开始呈现社会化和多元化，社区照顾模式成为老年人养老模式的主流。1954年，美国第一个有年龄限制的养老社区——杨格镇（Young town）建成。伴随着老龄化的进一步加剧、养老社区的建设进一步完善，相关研究也更加深入化、细致化。1980年，Dia Ne Y.earstens的《为老年人的居住而设计》，以老年人住宅和老年社区为主，介绍了与该类老年建筑相配套的老年社会保障体系。布拉福德·帕金斯结合退休社区、援助式生活机构实践项目，编著《老年居住建筑》一书，在书中详细介绍了老年居住环境与护理环境的规划要点。

日本作为亚洲的经济发达国家，同时也是亚洲最早进入人口老龄化的国家，日本非常鼓励老年人的独居行为。受到社会观念的影响，日本养老住宅行业的发展非常繁荣，政府也积极地进行基础设施的配套建设，实现自我养老模式是日本比较信奉的模式。同样，新加坡也是进入人口老龄化比较早的国家，新加坡和我国有着非常相似的文化背景，在应对人口老龄化问题时所采取的对策，对于我国的养老行业的发展具有十分重要的借鉴意义。

1.3.2 国内研究现状

我国进入老龄化社会晚于其他国家，有关的养老理论研究也相对滞后，目前学术界对于老龄化问题的研究仍然处于探索阶段。

在1982年，我国成立了老龄化问题委员会，并且不断探索将老龄化问题提上了轨道。在1995年，由东南大学正式出版发行《老年居住环境设计》，首次提出“老年人居住社区”的概念，这对当时老龄化问题的研究起到了不同凡响的作用，从此以后，学术界开始从不同的角度对老龄化问题展开研究。

20世纪90年代，国内学者开始研究养老环境等方面，宏观方面主要从老年住宅建筑设计和居住问题、养老地产开发与运营、养老模式的分析进行研究，提出养老社区、养老设施内外环境设计的基本要求；社会保障方面主要从法律法规的制定、保障体系的完善与养老设施的设计规范进行研究；养老养生景观环境的研究集中在居住环境的适老性、养老设施的外环境景观规划设计、无障碍设计、结合场地的养老养生环境规划等方面。

甘炜炜在城乡一体化背景下，在共生、系统整体性与异质性和边缘效应的原理指导下，运用田园景观规划原则整合区域资源对宜昌市点军区田园养老基地进行景观规划设计；潘鸿雷等在城乡统筹背景下探索南京乡村旅游养老产业的发展前景，指出乡村田园养老的优势，并提出在乡村田园建立养老小区、养老院、公寓几个具体模式，在本城郊区田园养老更能满足老年人的情感、健康需求，同时也有利于实现城乡互动发展；2015年徐婧、黄钰堡通过对广西新型养老模式乐养城进行考察与剖析、景观资源分析，提出田园式养老基地的环境营建策略，指出了田园养老模式作为新型养老发展趋势，需要更加创新的方式去发展，促进旅游、农业、养老养生相结合。

1.4 研究内容

本文以特色小镇建设发展为研究背景，通过分析老年人的生理学特点与活动特征，探究老年人的养老需求，系统分析现阶段我国养老建筑类型与居家养老模式现状，并以老年人的养老需求为标准对各类养老建筑进行评价，分析现如今养老建筑的服务局限，阐述在特色小镇养老是作为居家养老模式的有益补充，是适合现阶段我国国情的养老模式。

本文由五部分组成，遵循提出问题、分析问题、解决问题、实践案例论证的思路研究。

第1章从研究背景出发，阐述研究意义、研究目的、研究内容和方法，综述国内外研究现状与趋势，介绍研究框架。

第2章对养老建筑概念和范畴进行界定，分析老年人生理特点和活动需求。

第3章通过对养老建筑的类型研究，发现现有养老模式已不能满足老年人差异化的养老需求，并提出以居家养老模式的主体地位，在特色小镇养老作为有益补充的养老模式。

第4章阐述在特色小镇建设的大浪潮中，养老产业引入特色小镇发展成为其方向之一，选取养老建筑作为研究对象，从前期规划、建筑空间、建筑形式、建筑环境等方面提出特色小镇建设背景下养老建筑设计策略。

第5章为河北省兴隆县郭家庄小镇养老院设计实践。以河北省兴隆县郭家庄小镇养老院方案设计实践为例，对实践设计中的各类要素进行论述和总结。

1.5 研究方法

文献研究法：论文在写作之前通过各种相关的图书、期刊、学术论文、新闻以及地方发展报告等文献了解我国的养老现状和有关养老小镇的有关理论研究，为论文写作构筑一个系统、完善的理论平台。

实地调研：在论文写作之前，深入到以郭家庄村为代表的特色小镇进行了实地调研。了解特色小镇在现阶段发展中的优势与面临的问题。通过对郭家庄小镇进行拍照、测绘，找到适合建设小镇养老院的基地。通过对小镇中各个年龄段的人口进行访问，特别是对小镇中的老人进行调研，了解他们的养老需求。

1.6 论文框架（图3）

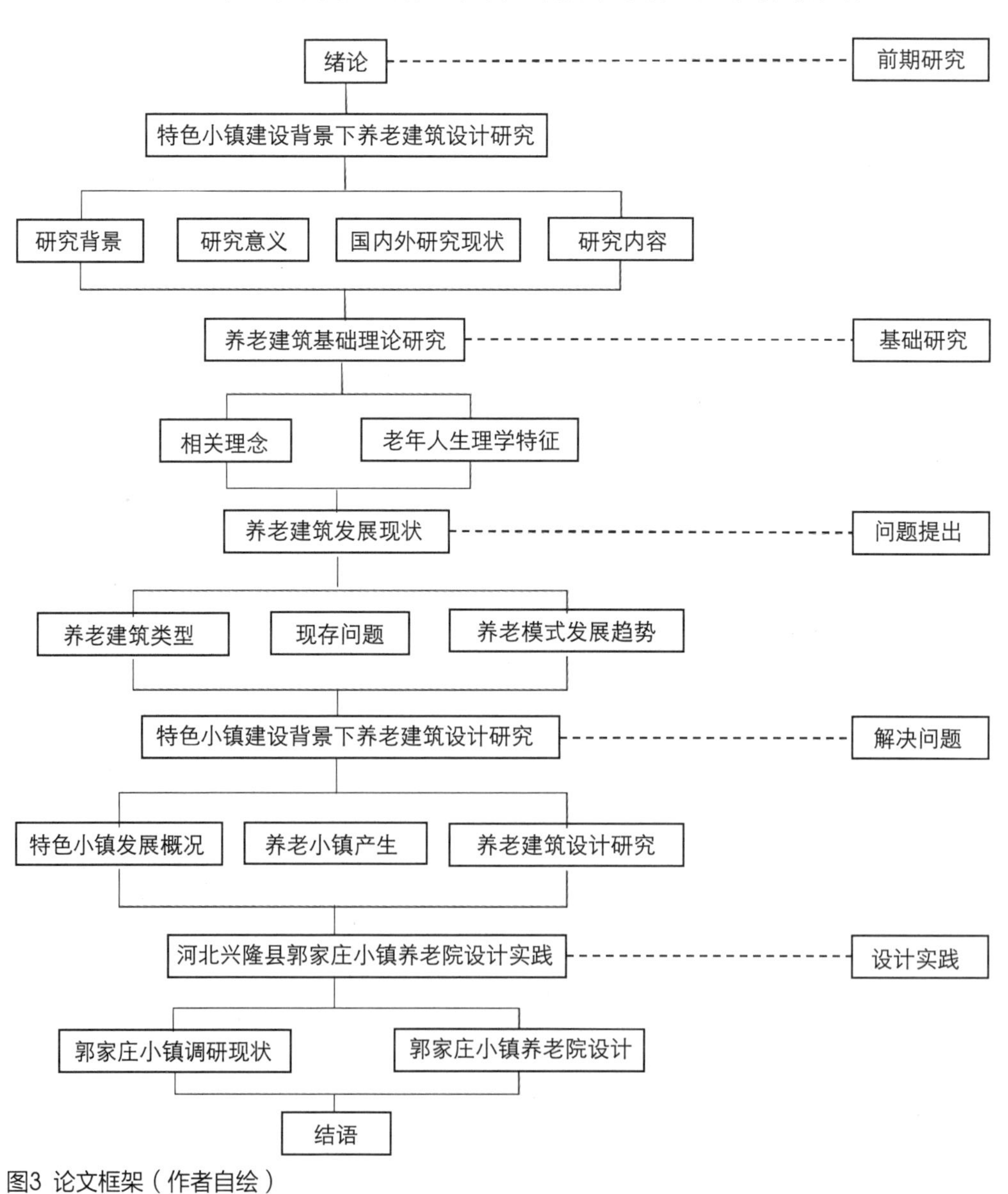

图3 论文框架（作者自绘）

第2章 养老建筑基础研究

2.1 养老建筑的概念及产生

养老建筑指为老年人设计，提供居住、生活照料、医疗保健、文化娱乐等方面专项或综合使用的建筑通称。在我国养老建筑相关的规范中，相似的概念有养老设施、老年居住建筑等。养老建筑涵盖多种类型，根据我国“9073”的养老服务体系，可将不同类型的养老建筑分为机构养老、居家养老和社区养老三个类别。

2.2 老年人生理学特点

健康乃是一种身体上、心理上和社会上的完美状态，而不仅仅是没有疾病和虚弱的状态。这一界定把人的精神、情感、心理活动作为健康的重要标志，因这些活动和变化的本身就是人体各项生理活动、功能状态是否正常的综合性反应。随着社会的进步与发展，世界人口老龄化已日趋明显，这已成为21世纪各国面临的重要社会问题。如何根据老年人特殊的生理特点、心理特点设计养老建筑成为一个不容忽视的问题。

2.2.1 生理特点

（1）形态的改变：年龄增长造成老年人形态的改变，导致老年人对自己的形象不满。退休将不可避免地改变老年人的社会角色。进入老年后的各种生理功能都进入了衰退的阶段，这必然会导致身心的一系列变化。

（2）感觉功能下降：眼花、听力减退、味觉迟钝，这些都会给老年人的生活和社会活动带来诸多不便。

（3）神经运动机能缓慢：老年人的动作和学习速度减慢，操作能力和反应速度均降低，加之记忆力和认知功能的减弱，常常出现生活自理能力下降；老年人免疫防御能力降低，容易患各种感染性疾病。所有这些都会降低老年人参加社会活动的积极性。

（4）记忆力减退：近事容易遗忘，而远事记忆尚好。速记、强记虽然困难，但理解性记忆、逻辑性记忆并不逊色。

2.2.2 心理特点

老年人容易产生心理压力和情绪波动：一方面，随着老年人身体机能的变化，心理也会在同时发生变化；另一方面，老年人的社会角色发生了变化，经济收入发生了变化，精神状态也随之发生了变化。退休是人生的重要转折点，老年人在退休前把大部分时间都花在工作上，原来繁忙的工作状态与退休后的休闲时间形成鲜明对比，如果老人缺乏心理准备，他们很容易感到迷茫。与此同时，随着我国独生子女政策的实行，子女的生活和工作双重压力增大，无法有更多精力照顾老人，以及我国的家庭结构正在发生根本性的转变，使得独居老人、空巢老人迅速增多。因而这类老人容易产生孤独感，也更容易产生各种问题。

2.3 老年人的生理养老需求

老年人的生理特点决定了其基本的生理养老需求，在养老建筑设计中对老年人的生理需求给予针对性的满足，可提高老年人的养老生活品质。

2.3.1 安全无障碍需求

老年人神经系统衰退，反应能力和应变能力相对较慢，骨质韧性的降低增加了骨折的风险，因此对生活环境中安全无障碍需求增加。

2.3.2 建筑热工性能需求

老年人易患各种疾病，其活动主要集中在室内空间。因此，养老建筑应具有良好的热工性能指标，确保适当的室内温度和湿度，同时加强室内自然通风和照明。在内部和外部的过渡空间中，以走廊或雨棚的形式连接，可以提高老年人对室外环境的适应性。

2.3.3 医疗保健需求

老年人的抵抗力正在减弱，容易产生突发性疾病。因此，养老建筑需要具备一定的医疗保障功能，不仅地理位置应临近区域内的大型医疗机构，而且养老建筑也针对性地设置基础医疗服务站。应在老年人的起居室设置紧急呼叫按钮，以方便老人在紧急情况下求助，并为老年人的健康提供必要的基本保障。

2.3.4 健身需求

对应老年人健身锻炼的需求，老年建筑应该对老年健身活动空间优先设计。依据活动内容的不同分为专用运动场和一般的健身运动场。健身运动是一种相对简单有效的全身保健方法。适当的体育锻炼可以增强老年人的身体素质，提高身体免疫力，对促进老年人的身体健康有积极的作用。因此，在设计老年建筑时，应适当设置足够合理的活动空间，以满足老年人进行健身运动的需要。

第3章 养老建筑现存问题研究

3.1 养老建筑类型

目前，中国养老建筑根据不同的服务群体、项目定位和运营模式分为养老院、社区服务中心、养老公寓和养老机构（图4）。养老院是一种为老年人提供家庭服务的住宅产品。近年来，它一直受到老年人的青睐，并在中国迅速发展。养老院分为两种类型：普通住宅区和集中建筑。

社区养老服务中心是一个建于新旧社区的老年服务大楼，缺乏老人配套设施。它为社区老年人提供特殊的养老服务，可以满足社区老年人的特殊需求。社区养老中心建设成本低，服务范围广。近年来，它得到了国家政策的大力支持。

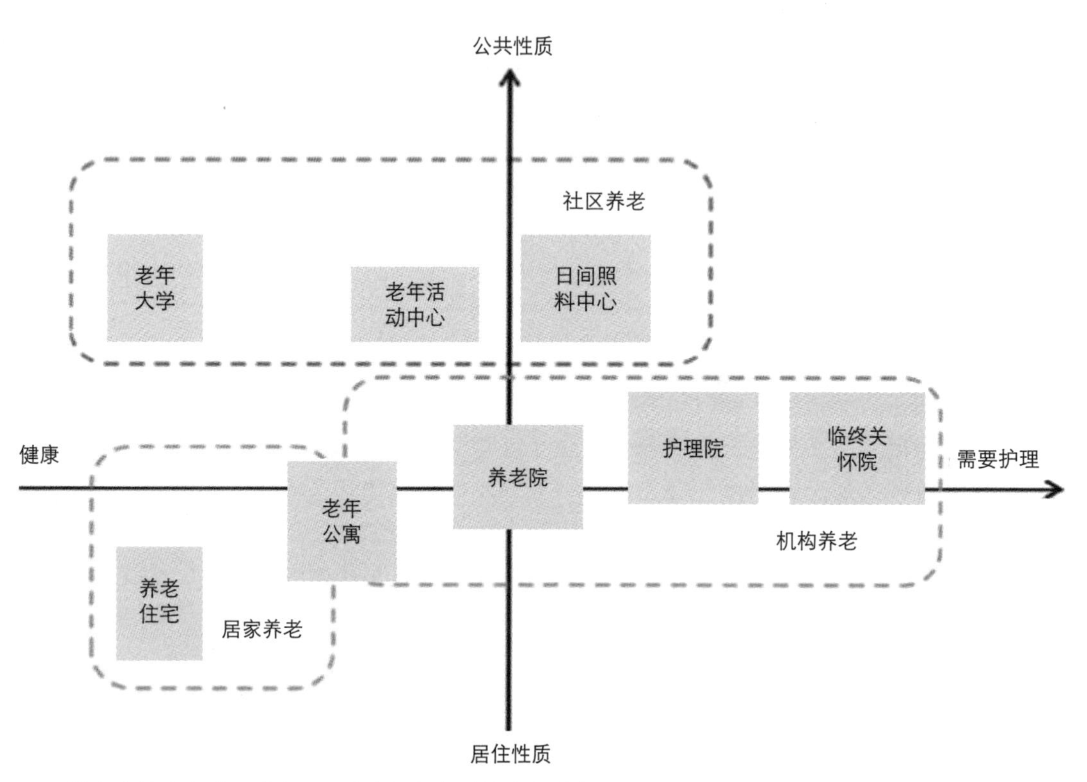

图4 养老建筑分类（图片来源：作者根据资料收集自绘）

养老护理机构是为具有专业养老护理需求的老年人所提供的集中性养老设施。养老护理机构具有完整的供养标准和服务体系，并配备一定的医疗保健管理等多项服务设施，满足老年人基本的养老生活以及日常看护工作。现阶段养老护理机构分为两种类型，一种为国家或集体出资兴办的养老机构，主要收养孤寡老人，属于福利性质，居住环境较差；另一种为政府支持的个人或集体出资建设经营的养老机构，属于营利性质，软件与硬件设施较好，但整体费用较高。

目前，养老公寓是一种住宅产品，将养老院与养老机构相结合。它为老年人创造了一个相对独立的私人生活空间，提供完善的医疗服务设施和全面的医疗保障。因此，养老公寓不仅具有普通住宅的完整特色，而且具有养老护理机构的集居性和专业化的老年服务功能。

3.2 养老建筑现存问题

改革开放以来，我国经济迅猛发展，人民物质生活水平大幅提高，部分老年人具有良好的经济基础，对养老生活提出更高品质的要求。新时期的养老理念对现有老年居住模式产生巨大的影响，居家养老模式逐渐暴露出更多的自身局限性，已不能满足城市老年人差异化的养老需求。

（1）居家养老生活单一

老年人退休前长期稳定的工作生活方式已使老年人形成相对稳定的生活习惯，退休后无法适应老年人的生活休闲，容易产生心理差距感。居家养老生活相对简单，日常工作节奏缓慢，社交机会减少。如果长时间仍不能适应这种生活环境，老年人容易产生抑郁、孤独和焦虑情绪，影响老年人的生活质量。

（2）适老化程度低

在这个阶段，中国经济快速发展，城市基础设施和配套设施更加完善，人们的生活条件和生活质量都有了明显的提高。然而，一些城市养老院仍然缺乏适合中国老年人口心理和生理特征的适老化设计，逐渐无法满足城市老年人高质量的生活需求。

（3）社区养老服务设施建设滞后

居家养老依赖于社区养老服务的基础支撑，目前我国城市社区养老服务的硬件设施不够健全，相关的政策法规尚未完善，社会服务资源较为匮乏，这些客观因素共同决定了目前居家养老生活的老年人难以获得优质的社区养老服务。

（4）城市环境条件差

老年人的各项生理功能减退，对环境的适应性降低。一方面随着工业化的发展，城市的生活环境日益恶化，居住在这些地区的老年人易患疾病，影响老年人的健康。另一方面，经济基础较高的老年人有能力找到更合适的生活环境。因此，虽然居家养老是养老的主要模式，但随着时代的发展和养老观念的变迁，它逐渐暴露出自身模式的局限性，与老年人的养老需求产生矛盾。老年人需要新的养老模式作为居家养老模式的有益补充，从而满足差异化的养老生活需求。

3.3 养老模式的发展趋势

3.3.1 居家养老模式的主体地位

居家养老（服务），是指以家庭为核心、以社区为依托、以专业化服务为依靠，为居住在家的老年人提供以解决日常生活困难为主要内容的社会化服务。居家养老服务是一种既不同于家庭保姆，也不同于一般意义上家政服务的独特养老方式。供需比例不平衡，生活费用高，使城市各类养老设施的服务范围缩小。以家庭为基础的养老模式不仅符合我国的经济水平，而且符合我国老龄化社会的现状，符合传统的家庭伦理和养老观念。随着时代的发展和养老观念的转变，以家庭为基础的养老模式也暴露出自身的局限性，无法满足老年人的需求。有关研究表明，居家养老有助于保持老年人的身心健康，为老年人提供长期的精神支持，并提高养老生活的品质。因此，基于现阶段养老设施发展现状及我国国民经济水平，居家养老模式在目前以及未来较长一段时期内，依然是中国城市老年人群主要的养老模式。

3.3.2 在特色小镇养老作为有益补充

面对日趋恶化的生态环境和日益紧张的养老资源，一些老年人渴望淳朴和谐的乡村生活，认同农村的风俗习惯，适应农村的区域环境，享受高质量的养老。乡村养老模式能够较好地满足这部分老年人差异化的养老需求。

（1）低价高质的养老生活

改革开放以来，中国经济快速发展，人民生活水平大大提高。多年工作的积累使城市老年人有足够的经济能力享受高质量的养老生活，但目前高品质的医疗生活保障及相关休闲服务养老设施价格昂贵，大部分老年人仍然无法承受其高昂的养老费用。由于特色小镇养老设施的建设和运营成本低，在保证老年人高质量生活环境的条件下，收取相较城市地区更低廉的居住服务费用，所以老年人可以享受高质量的生活和相对较低的费用。

（2）丰富多彩的特殊活动（图5）

中国工业化和城市化的快速发展导致城市人口不断膨胀，城市生态环境恶化，而特色小镇其公园、广场等不断丰富的土地资源和优美的自然环境，使老年人有足够的活动空间，同时丰富多彩的农活使老年人享受农村生活的乐趣，促进老年人身心健康。

（3）美丽的自然风光（图6）

自然环境可以改善老年人的身体健康，降低退休期间各种精神疾病的风险，避免影响老年人的生活质量。特色小镇交通便利，自然景观资源丰富，植被覆盖度高，自然环境优良。特色小镇的养老建筑可以作为短期的旅游度假场所，满足老年人的基本生活需求，同时为老年人提供冬夏假期和景观游憩服务。

（4）深厚的乡土文化（图7）

在物质生活满意度的条件下，老年人也追求精神文化认同。特色小镇不仅自然风光秀丽，而且具有浓厚的茶文化、佛道文化、长寿文化等乡土文化，使老年人具有较强的认同感。特色小镇的养老生活不仅可以体验丰富的小镇文化活动，还可以拓宽视野，提高老年人的生活体验。

本章通过分析当前经济发展水平、人口老龄化特征和城市养老建筑的发展现状，指出家庭养老模式在一定时期内仍将是我国城市的主流养老模式。通过进一步阐述居家养老模式的发展局限以及在特色小镇养老可提供差异化的养老生活，提出以居家养老模式为主，在特色小镇养老作为有益补充，是现阶段适合我国国情的养老模式。

图5 丰富多彩的活动
（图片来源：http：//www.baidu.com）

图6 美丽的自然风光
（图片来源：http：//www.baidu.com）

图7 深厚的乡土文化
（图片来源：http：//www.baidu.com）

第4章 特色小镇建设背景下养老建筑设计研究

4.1 特色小镇发展概况

中国特色小镇是指国家发展改革委、财政部以及住建部决定在全国范围开展特色小镇培育工作，计划到2020年，培育1000个左右各具特色、富有活力的休闲旅游、商贸物流、现代制造、教育科技、传统文化、美丽宜居等特色小镇，引领带动全国小城镇建设。特色小镇能利用自身的优势发展，在一些领域体现城镇建设与发展的特点；根据当地特色，结合地域优势，因地制宜地发展。依托新的科学技术和新的产业，加强基础设施建设，不仅要打造符合当地自然风貌的建筑特色，还要打造具有当地人文特色的建筑，充分体现当地的风俗特点。2016年7月，国家发改委、财政部、住房建设部三部委共同下发了《关于开展特色小镇培育工作的通知》，特色小镇不同功能类型见图8。2017年，特色小镇第一次写进了政府工作报告，特色小镇成为我国国家发展战略。

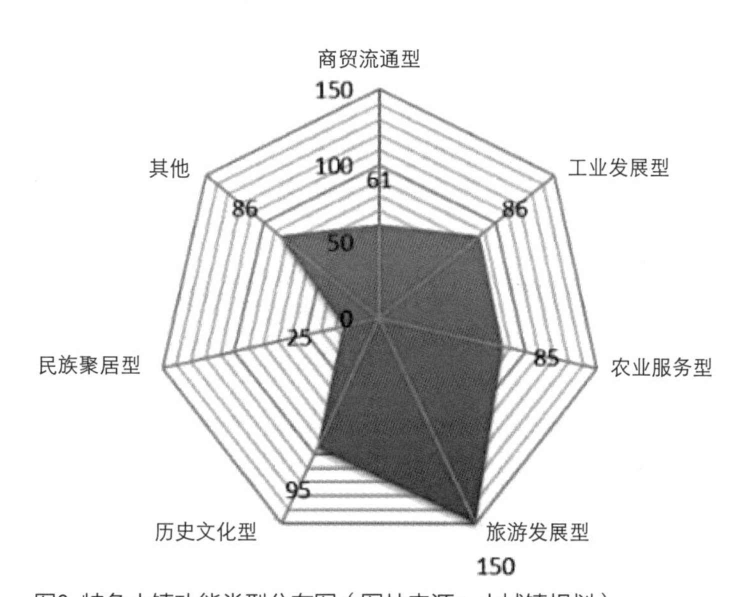

图8 特色小镇功能类型分布图（图片来源：小城镇规划）

4.2 养老小镇概述

通过前文的研究背景介绍与分析我国现阶段养老模式所存在的问题可以看到，在特色小镇发展养老产业，具有广阔的市场前景。特色小镇地区相对低的房价和生活成本可以吸引城市中老人养老居住，特别是房价高涨的一、二线城市的老人；小镇地区一般具有一定的劳动力资源储备，可以为养老服务业提供支撑，实现“产人融合”；

同时在特色小镇发展养老产业，小镇地区的历史人文景观、自然生态风光都将成为养老生活的特色资源。综上所述，养老产业与特色小镇结合发展的优势有：

（1）养老产业与特色小镇相结合，助力特色小镇发展

一般来说，养老产业的特征符合特色小镇产业的选择标准，特色小镇的区位条件和自然资源能与养老产业的需求契合，成为发展养老产业的先天优势。养老产业的引入使得小镇的特色产业更加鲜明，同时养老产业的引入也可以给小镇居民带来更多的就业机会与就业岗位，吸引更多的青年人返乡就业，缓解乡村人口空心化带来的不利影响。

（2）养老产业与特色小镇相结合，缓解城市养老压力

随着我国人口老龄化的快速发展，社会养老负担增大。城市养老的压力越来越大，越来越多的城市养老院人满为患，养老院的工作人员超负荷工作，也降低了养老院的服务质量。长此以往将会对老人们的身心健康带来不利影响。此时在特色小镇建设养老建筑，既可以给老人带来更好的养老服务，又可以大大缓解城市养老院的养老压力。

（3）养老产业与特色小镇相结合，提高小镇养老水平

我国现阶段经济发展水平与发达国家相比还有一定的差距，特别是小镇的发展，与发达国家的差距更为明显。很多的小镇基础设施极差，建成的建筑、广场等完全没有考虑过老年人的实际需要。这也导致我国小镇养老环境较差。此时在特色小镇引入专业的养老机构，可以让小镇本地的老人与养老院的老人共享公共服务设施与资源。对于小镇本地居民而言将拥有更好的养老配套资源。对于外来老人则在体验原生态的天然养生、养老的同时，更能感受到小镇的历史、文化传统、风俗习惯等地域生态的精神陶冶。

4.3 特色小镇背景下养老建筑设计研究

4.3.1 特色小镇养老建筑设计原则

养老建筑设计是在分析老年人生理与心理需求的基础上，针对特色小镇地区的地域环境特点，对养老建筑设计原则进行地域化阐述，指导养老建筑设计，旨在营造出一个适合老年人生活、居住、休闲的养老建筑空间环境，以满足当代老年人差异化的养老需求。

（1）尊重老年人的特征：根据农民需要设计，老年人是农村老年建筑的主要对象。养老建筑的设计在各个方面都应遵循老年人的生理、心理和行为特点，以满足老年人的需求。根据不同健康水平老年人的生活特点和需求，设计符合当地自然气候条件、满足功能分配、尊重老年人生活特征的养老建筑设计，同时在功能空间配置、组织、环境设计等方面进行针对性设计，保证室内外环境的适老性。

（2）传承历史文脉，顺应自然环境：如今随着社会文明的发展，乡村养老建筑的设计应尊重当地自然环境和人文特色，在现代养老建筑中融入当地传统建筑元素，使之成为现代乡村养老建筑设计的创作源泉，并结合现代先进的材料、技术和社会需求进行设计，强化历史人文氛围，打造可传承历史文脉、顺应自然环境的养老建筑。

（3）符合老年人的生活习惯：乡村养老建筑应根据乡村现有医疗基础服务设施，加强基础设施建设，为老年人提供更好的服务。改善公共建筑的配套设施，特别是医疗服务保障，提供全面的医疗保健服务。除此之外乡村养老建筑提供老年人的生活应具有多样性和选择性，使得老年人可以选择适合自己的生活方式。

4.3.2 建筑选址

（1）自然环境

在特色小镇建设养老建筑应以生态保护为第一位。依托现有的自然景观，其建筑形式应与自然环境相结合，与自然环境共存。所以其建筑形式不应过于突出，与周围的自然环境脱节。在尊重自然环境的前提下，强调建筑与环境的融合，减少建筑形式对环境的影响，从而实现建筑与自然的和谐发展。例如，法国奥尔贝克养老院位于奥尔贝克村附近的诺曼底林区中央。养老院依山而建，坐落在美丽的山间。通过在项目中使用绿色元素，使建筑主体融入周围环境，突出周边环境的乡土自然气息，并将建筑的整体打碎，弱化了养老院建筑的体量，减少了视觉冲击（图9）。

（2）气候条件

在气候炎热地区，养老建筑应考虑遮阳合理布局，可利用建筑阴影或树影为户外休息区和步行区遮阳避暑。在建筑布局方面，为确保良好的照明和通风效果可采取错排布局，部分地区可将养老建筑部分空间结构架空，为老年人的夏日活动提供凉爽的空间环境。在寒冷地区养老建筑应考虑防风保暖的要素，建筑物组团避免朝西北方向开口，以减少冬季季风影响。养老建筑组团布局应考虑风向的疏导方向，避免风力聚集于一点形成风口，降低气流对建筑本体以及区域微环境的影响。养老建筑间距应保证合理的尺度和良好的日照效果，可利用建筑围合成

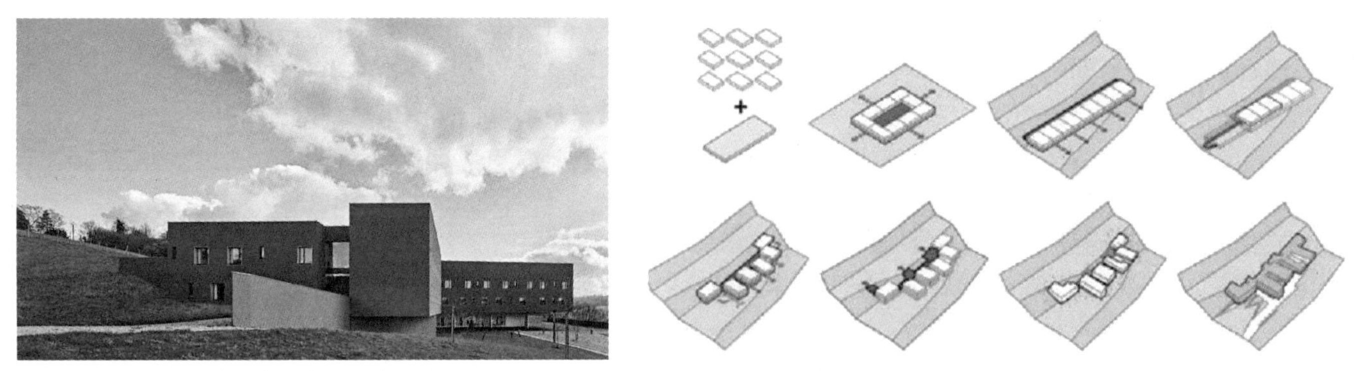

图9 法国奥尔贝克养老院体块处理（图片来源：http：//www.zhulong.com/）

庭院，或设置防风墙、防风林带等保护措施，为老年人创造良好的冬季室外活动空间，保障老年人冬季室外活动的舒适性。

(3) 交通条件

综合考虑老年人的出行以及紧急情况时救护车辆的行驶问题，养老建筑应选址在交通便捷的区域。选址上一方面不宜临近主要交通干线，减少噪声与环境污染对养老建筑的影响，提高养老建筑的静谧性与老年人活动的安全性。另一方面合理地规划周边交通路线，在保证车行道路便捷通畅的基础上，以步行道或自行车道作为其主要的道路形式。

(4) 周围设施

老人生活中对公共资源的需求很高，特别是卫生资源的需求，并且使用频率很高。乡村养老建筑配备相对简单的医疗措施，独立设置较为完善的医护体系投资较大，且与村、镇、乡医院或卫生所功能重复造成浪费。因此，乡村养老建筑的位置应靠近医院或卫生所，以保证老年人的医疗需求。老年人对集体活动空间的需求很大，体会当地民俗风情、参加当地庙会等活动，有益于老年人的生理和心理的健康。养老建筑应接近村民活动中心、人民舞台、戏台等。

4.3.3 功能空间

功能空间的组织影响着老年在养老建筑中进行各项活动的便捷程度和护理的便捷性，功能空间按不同的功能要求主要可分为三种类型：主从型、线网联系型、空间序轴型。养老建筑内部空间根据使用对象和功能类型的不同，分为以下几个空间。

1．居住空间

居住空间是最常用的，也是老年人停留时间最长的空间。居住单元通常包括卧室、起居室、浴室和阳台的全部或部分功能空间。对于健康水平不同的老年人，结合气候、地形、人文和经济条件，住宅单元的类型可分为一居室型居住单元、一室一厅型居住单元和二室一厅型居住单元（图10）。

(1) 卧室：卧室是老年人休息的主要场所。卧室设计非常重要，设计时应注意以下几点。

①卧室应具有合适的空间尺度，各类卧室家具在合理摆放的基础上，可以预留出休闲空间，满足老人午睡的需要。

②卧室应具备完善的通风条件，门窗开启方便，使得新鲜的空气资源得以最大限度地利用。

③老年人因生活习惯的不同对家具的布置和方向可能有不同的要求。卧室内各类家具的布置应灵活，以满足老年人不同生活习惯的需要。

④卧室最大化保证南向采光，提高室内空间的照明采光。同时，卧室应提供舒适的室内温度，营造舒适的休息环境。

(2) 客厅：客厅是老年人日常生活和聊天活动的场所。起居室应确保环境温暖适宜，让老年人身心得到放松。

①客厅应根据居住单元人数和各类家具尺寸的需要合理布置。避免起居室因面积过大侵占其他空间的使用面积，从而影响其他空间的使用功能，或者因为面积太小使家具摆放紧凑，影响老人的日常通行。

②客厅应具有良好的景观条件，同时避免强烈的阳光直射。客厅作为养老生活空间的核心场所，应合理地组织规划与其他空间的交通流线。

(3) 厨房餐厅

养老建筑一般都有独立的餐厅提供日常餐饮服务，因此老年人日常厨房使用需求不高，空间布局可以将厨房和餐厅结合，不仅可以节省空间，还可以缩短老年人的就餐距离。厨房餐厅空间的设计应注意以下几方面。

①合理设计使用空间，避免空间过小或过大对室内交通和日常使用造成影响。

②厨房和食堂应配备必要的安全报警装置，以防止因老人疏忽引起的漏气或火灾等危险情况的发生。

③餐厅和客厅可相互结合，使老年人可以同时进餐、交流、看电视等活动，提高空间利用率，减少建筑空间的浪费。

④餐厅应该有一定的扩展性，预留多人用餐的空间，当老年人的子女或朋友前来聚会时，满足多人的用餐需求。

(4) 卫生间

卫生间是老年人日常生活中使用最频繁的空间之一。卫生间空间有限，洁具布置较为密集且经常处于湿滑状态。老年人由于身体机能退化，容易发生摔倒等危险事故，所以在卫生间的空间设计中应注意以下几点方面：

①养老建筑的卫生间在设计时应扩大空间面积，增加其空间容量，以容纳更多的卫生器具，以避免紧凑空间造成的不便。

②厕所应分为干湿区域，以避免因湿滑的地面而导致老人跌倒的风险。如果条件允许，可以在干湿分界处划分更衣区，从而有效形成空间过渡，减少地面积水的现象。

③卫生间应注意安全防护设计，淋浴区的地面应采用防滑处理，周围应设置扶手等辅助设施。在容易发生危险的位置应设置报警装置，方便老年人紧急求助。

④浴室采用推拉门或面向外侧的敞开式门，使得医务人员可以及时进入救援。

(5) 空间组合

为了降低建设成本，养老建筑通常采用外廊集中式布局。将每个居住单元进行合理组合，减少公共交通的空间面积。在设计时应注意以下两点。

①协调各个空间的功能，根据空间的功能要求分配空间面积，合理组合以提高空间利用率。

②尽量使卧室与起居室均为南向采光，满足空间的通风和日照要求。同时合理安排空间功能，确保交通畅通。

2. 活动空间

活动空间应满足老年人运动和娱乐的特殊需求，如舞蹈秧歌、戏剧、刺绣等，让老人进入集体养老建筑的生活，避免孤独。适当的活动有助于身心健康，多层次、多元化的活动空间为老年人提供交流、休闲和排解孤独寂寞的场所。适当设置户外活动场所可满足老年人亲近自然的欲望。户外公共活动场所的设计应满足老年人的行为特征，适当分配活动区域，尽可能面向南方。从安全的角度来看，活动区域内不应有高差。老年人参加体育活动可以满足他们的精神需求。

庭院空间可以为老年人的静思、感悟提供良好的场所条件，其内向性使得它容易营造静谧的空间氛围。同时在养老建筑的室外空间设计中，也要尽可能引入外部环境，使得内外部空间有足够的联系（图11）。植物带给人正

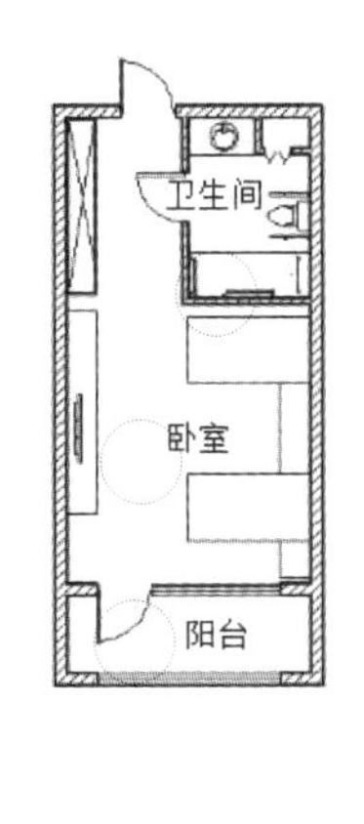

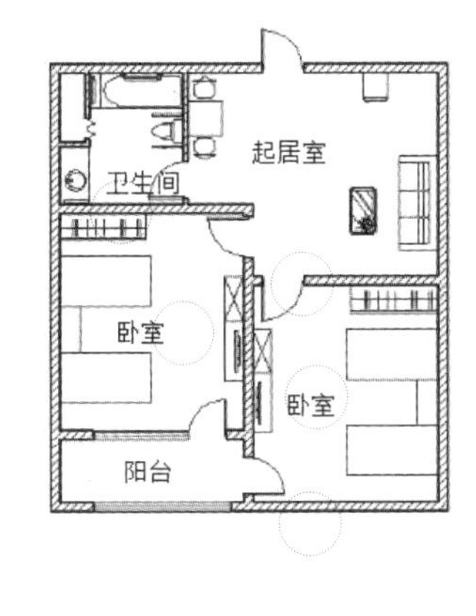

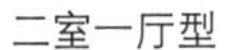

图10 居住单元常见套型
（图片来源：http：//www.gooood.hk）

图11 庭院空间
（图片来源：http：//www.gooood.hk）

面积极的情绪，所以在养老建筑中设置种植场地，不仅可以让老人享受到劳动的乐趣，还可以促进老人之间的相互交流。

3．交通空间：交通空间主要包括节点空间、走廊和楼梯。

（1）节点空间

不仅承担着聚集和疏散人流的作用，也是老年人交流的重要场所之一。养老院的交通空间在满足人群聚集和疏散功能的基础上，需充分考虑老年人逐步衰弱的生理机能、记忆力减退、行动缓慢、喜欢在交通空间停留等特点，应设计较为宽松的空间尺度、设置可供短暂停靠休息的空间节点，通过空间变化和标志设置提高可识别性，对光环境、风环境、声环境进行设计与控制（图12、图13）。

图12 提供停靠休息的走廊
（图片来源：http：//www.baidu.com）

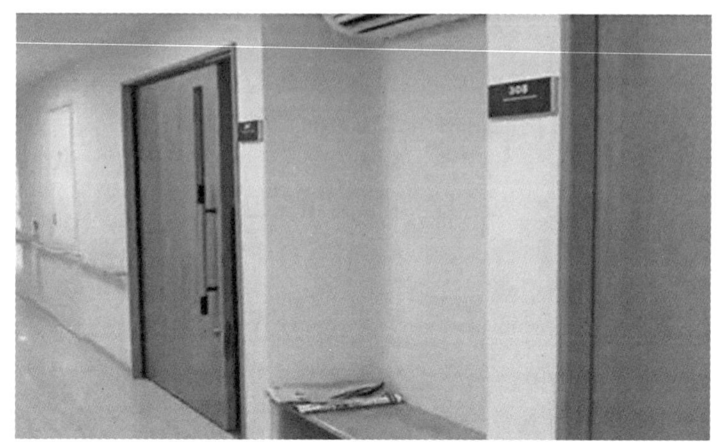

图13 提供短暂休息的空间节点
（图片来源：http：//www.baidu.com）

（2）走廊空间

养老设施中走廊往往是最容易被忽视的地方，一般养老院走廊至少会有1.8米左右，以方便老人们携带代步工具出行。走廊与走廊的连接处可设置防风避雨的设施，防止穿堂风等对老人的危害。安全方面，是重中之重，同时也是舒适度的基础，我们需要在细节上下功夫，让老人们生活得更加舒适并感受到家的温暖。

（3）楼梯空间

楼梯是养老院中最重要的交通空间，其设置应满足《养老设施建筑设计规范》（国家标准GB 50867-2013）的规定设计。

4.3.4 建筑形式

1．符合地域风貌的建筑形式

从特色小镇的整体发展来看，建筑形式是特色小镇景观的重要组成部分。在设计中，要融入本土文化特征，在尊重传统的基础上对其建筑风格进行创新，创造具有地方特色的养老建筑。作为小镇的特色产业，养老建筑的建筑形式、材料、颜色和施工技术都对环境非常重要。新的养老建筑应为当地建筑形式的延续，其屋顶、柱子、门窗等形式均应与原有建筑相协调。若建筑形式突兀，忽略了乡村建筑的整体基调，势必导致与乡村的整体风貌脱节，丧失乡村环境的整体美感。

2．利用当地建筑材料

在不破坏生态环境的前提下，要充分利用当地建材资源，避免大量长途运输物资，造成不必要的浪费。在老年建筑设计中，要合理利用钢筋混凝土等现代建筑材料，一方面要节约成本，适应农村经济条件，另一方面与乡村整体风貌和谐，给老人以亲切感。

3．现代与传统的结合

传统建筑是长期适应地形、地貌和气候等自然和人文环境的一种独特的建筑形式。但也存在一些局限性，例如跨度小、抗震性能差、通风和照明不良等。养老建筑应结合传统与现代的处理方法，营造适宜的养老空间和建筑形态。

图14 上海青浦朱家角古镇老年人日托站（图片来源：山水秀建筑事务所）

养老建筑如祝晓峰设计的位于上海青浦朱家角古镇的胜利街居委会和老年人日托站，建筑位于历史风貌保护区内，设计师并没有完全照搬历史民居的做法，而是采用了借鉴周边旧建筑的尺度和风格的设计策略，以民居的木结构系统和构造做法为基本建筑语言（图14），运用现代建筑语言将原本的功能和动线编织成一组新的院落空间，相似的尺度和组合与邻里老屋形成对话。

4.3.5 适合老年建筑的适老化设计

适老化是指在住宅中，或在商场、医院、学校等公共建筑中充分考虑到老年人的身体机能及行动特点做出相应的设计。适老化设计将使建筑更加人性化，适用性更强。特色小镇的养老建筑作为高品质养老生活场所，各项适老化设施应具备完善的设计细节，养老建筑同时兼顾旅游度假的居住服务功能，因此特色小镇中养老建筑的适老化设计应最大限度满足居住使用要求。

1．建筑出入口

建筑入口和出口是室内外空间的重要过渡区域，应具有空间指向性，因此养老建筑的入口和出口应突出造型的设计，增加建筑物入口和出口的辨识度（图15、图16），同时入口和出口应配备适宜尺度的坡道、休息平台和遮阳篷，以方便老年人的日常使用。

2．室外台阶和坡道

台阶和坡道是解决室内和室外空间高度差的主要措施。养老建筑的台阶和坡道通常是同时设置的，以方便不同需求的老年人使用。在合理设计台阶尺寸与踏步数的基础上对室外台阶进行适老化的细节设计以避免老人发生危险情况，台阶的踢面和踏面可以通过不同颜色区分，或者设置防滑条作为高度差提示的标志。

3．公共走廊

公共走廊的设计应简短通畅，保证老年人使用的通达性和安全性。走廊应保证一定的有效净宽，居住单元入口处必要时可进行内凹处理。走廊两侧应设有扶手，并进行防撞处理，同时侧壁设置护墙板以增加走廊空间的安全性。走廊地面应采用防滑耐磨且不宜松动的面材，如富有弹性的塑胶材料等，有效保证老年人群日常的步行安全。

图15 强烈引导感的入口
(图片来源：www.archcollege.com)

图16 入口经由庭院
(图片来源：www.archcollege.com)

4．楼梯和扶手

根据老年人的生理特点，应适当加宽楼梯的宽度，适当降低楼梯高度，楼梯应配备照明窗，以满足楼梯的照明和通风要求，并通过调整楼梯间的设计细节以方便老人的日常通行。楼梯扶手应连续设置，并在起点和终点延伸一定的距离。扶手应采用舒适、防滑的实木或合成树脂材料，扶手的骨材应采用硬度较高的空心钢或铝材。

5．其他

建筑空间应避免产生室内高差，房门尺寸应适当加宽且不设置门槛，防止老年人摔倒。门窗开启扇应设置阻尼装置，防止夹伤或碰伤老年人。室内门窗把手和开锁钥匙的设计应适应老年人的生理特点。电梯应采用较大尺寸的轿厢，满足老年人的使用需求。

第5章 河北省兴隆县南天门乡郭家庄小镇养老院设计

5.1 郭家庄小镇调研概况

5.1.1 基本概况

河北省兴隆县是清东陵“后龙风水禁地”，封山禁猎近300年，属典型的燕山地形，山形陡峭，怪石嶙峋，森林覆盖率非常高，水资源非常丰富。郭家庄小镇位于兴隆县南天门乡政府向东3公里，总面积9平方公里，共有226户，总人口约726人，其中50岁以上老年人占总人口38%，12岁以下儿童占总人口19%，常住人口约500人(图17)。村紧邻112国道，交通便利（图18）。郭家庄小镇在国家民委2017年发布的《关于命名第二批少数民族特色村寨的通知》中被评为少数民族特色村寨。2017年兴隆县当选2017年“中国百强呼吸小城”排名全国第14名。同年被评为“2017中国避暑休闲百佳县”。

50 岁以上老年人约 280 人

比例：38%

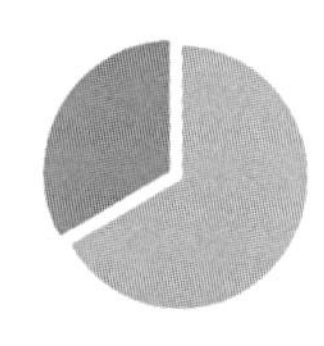

12 岁以下儿童约 140 人

比例：19%

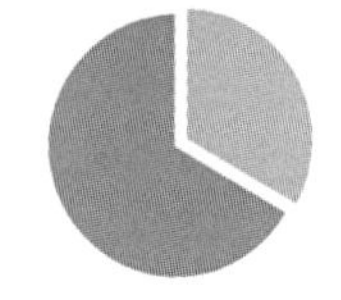

图17 河北省兴隆县南天门乡郭家庄小镇老年人和儿童人口所占比(图片来源：作者自绘)

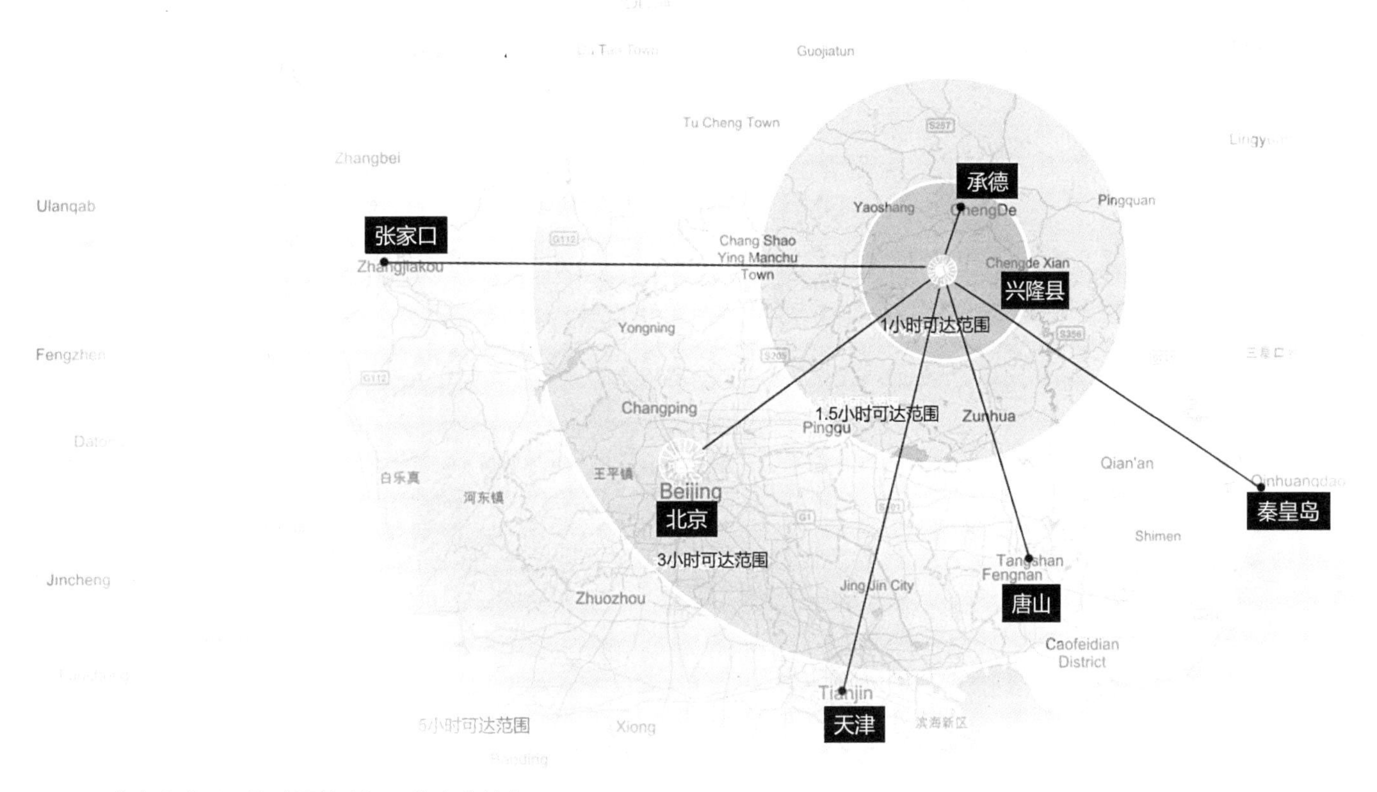

图18 河北省兴隆县区位（图片来源：作者自绘）

5.1.2 郭家庄小镇自然环境条件

（1）气候景观

郭家庄小镇属于典型的北温带大陆性季风气候。这里气候温和，年平均气温7.5摄氏度左右。四季分明，每个季节都有属于自己的独特自然风光。一年之中最热的季节也是降水量最为充沛的季节。在日照条件方面，基地的山影分析显示用地的平均光照值较高，因此基地具有较好的日照条件。总体而言郭家村的气候比较适合老人养老养生。

（2）水体

郭家庄小镇内有一条自然形成的河流，河水一年四季不断流。其发源于南天门八品叶村的小河，贯穿全村南北，在南天门乡大营盘村汇入澈河。

（3）地形地貌

郭家庄小镇坐落于燕山山脉之中，村庄周边环境多为山地。全村的整体地貌特征是山高、谷深、坡陡、路曲。小镇内群峰对峙，重峦叠嶂，沟壑纵横，有着很好的自然风光地貌。平均海拔在400～600米之间。

（4）农作物

郭家庄小镇土地富饶、林果业和养殖业发达。农作物以玉米、大豆、谷子、高粱等为主。林果业主要是板栗、山楂、锦丰梨、苹果等。养殖业当地村民在鸡、鸭、羊等传统养殖业的基础上，利用自身的良好生态条件开展了以养蜂为主的特种养殖业。

（5）自然生态景观

小镇内含耕地面积680亩，荒山山场面积6000亩，同时有天然保护林面积4843.95亩。

5.1.3 人文环境

郭家庄小镇属于清东陵“后龙风水禁地”的核心区，清朝时封山禁猎近300年。许多居民是清东陵守陵人后裔，使得此处满族文化浓厚（图19）。每当逢年过节，居民在饮食上还以满族特色鲜明的“郭氏八大碗”为主。同时花会、剪纸等满族手工艺和民俗在群众中还广为流传。因为辖区内自然景观独特，每年吸引京津唐等地画家来此写生。

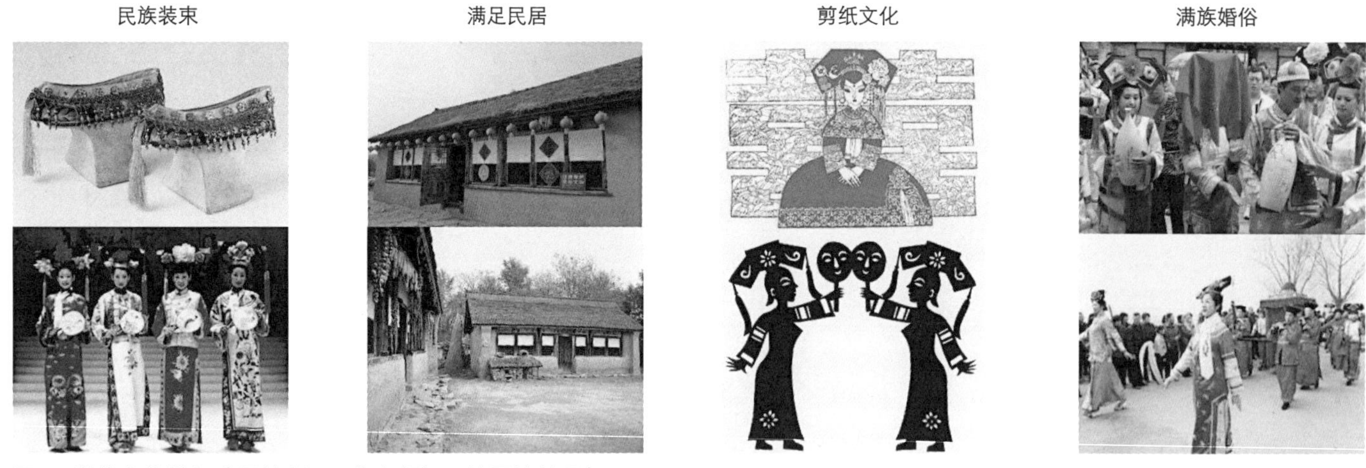

图19 满族文化特色（图片来源：作者根据网络图片整理）

近些年实施的民居改造，也主在突出满族文化特色。为了更好地弘扬满族文化元素，建设了占地20亩的满族文化广场，其中满族古戏楼、雕塑、八旗展台、浮雕、诗园、图腾方柱等一应俱全。郭家庄小镇注重传统文化的弘扬与传承，发挥妇女讲习所的作用，聘请专家进行满族剪纸、满绣、满族习俗、满语、满语歌曲等培训，保存满族记忆。小镇内定期举办满族霸王鞭大赛、满语大赛、满绣大赛、剪纸大赛、满族八大碗厨艺大赛等一系列活动。

5.1.4 郭家庄小镇建设现状

郭家庄小镇2016年被列入河北省燕山峡谷片区美丽乡村建设重点村，按照“满族家园，美丽乡村”的建设理念打造文化郭家庄。实施民居新村建设。建设12栋满族特色民居和2000平方米的旅游综合体以及小市政等附属设施，建筑总面积超过10000平方米，小镇重要节点如图20所示。郭家庄小镇的整体建设目标是到2020年成为一个集休闲旅游、养老度假、VR体验摄影、影视剧创作兼影视旅游产业于一体的全域旅游小镇。

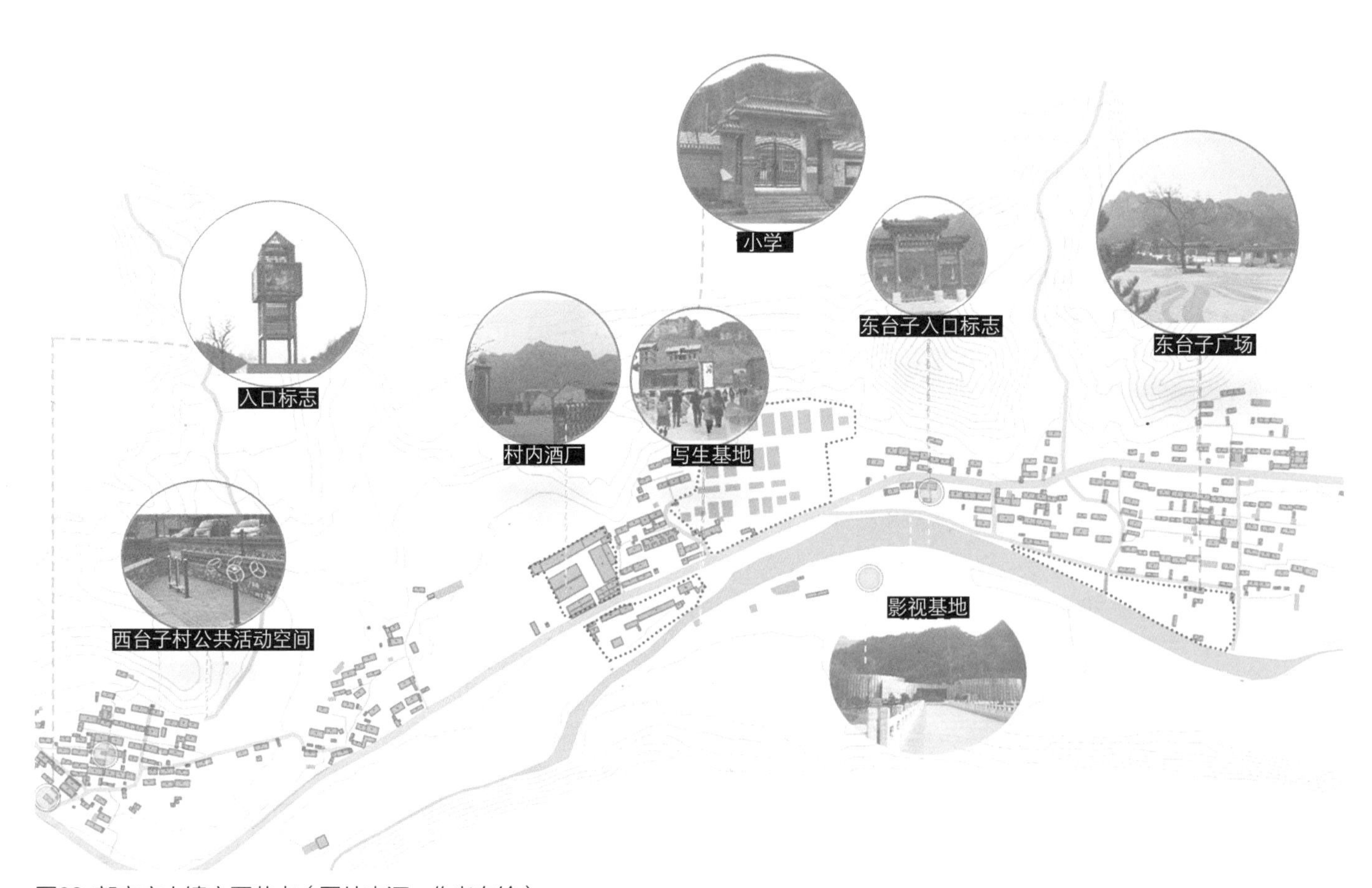

图20 郭家庄小镇主要节点（图片来源：作者自绘）

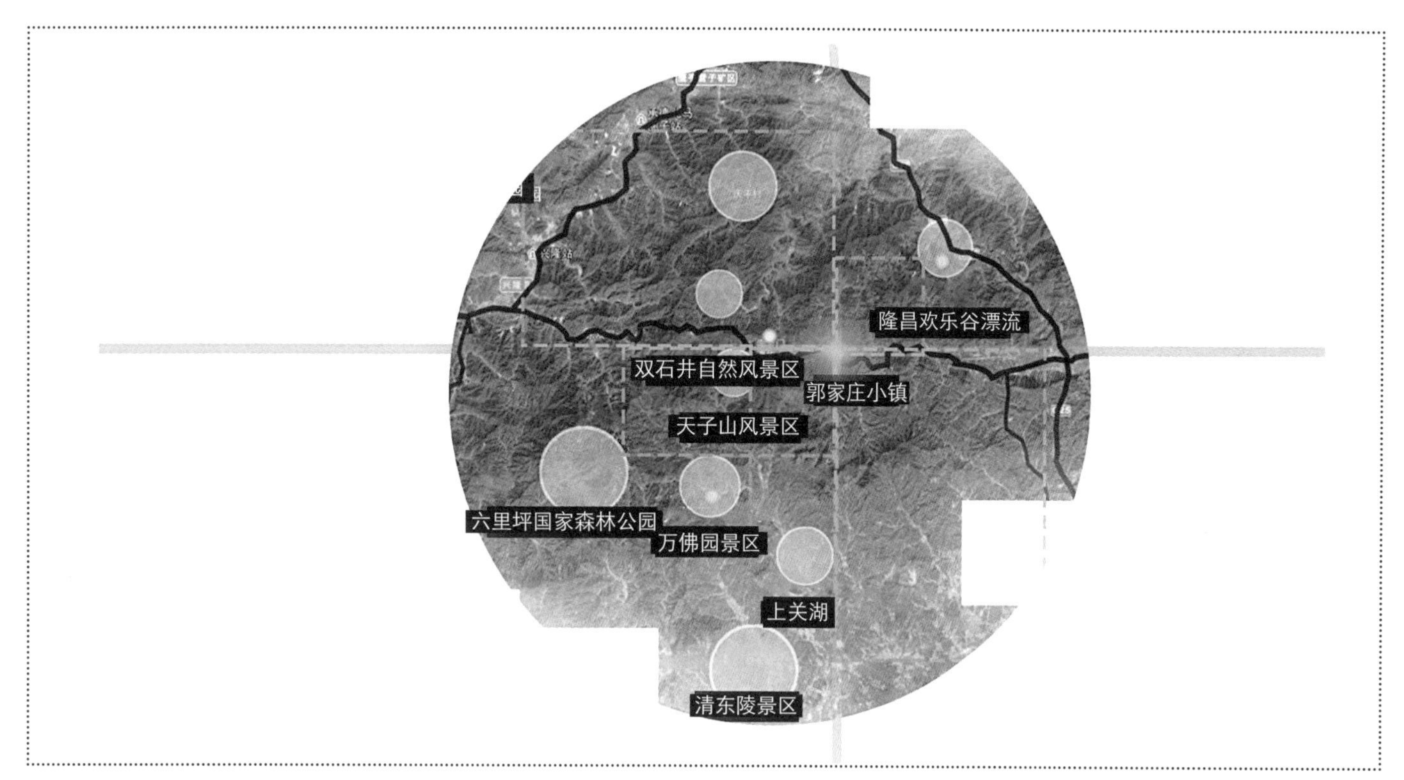

图21 郭家庄小镇周围景区（图片来源：作者自绘）

5.2 郭家庄小镇养老产业的引入

5.2.1 郭家庄小镇优势

生态：有着得天独厚的生态环境，这里气候温和，四季分明，年平均温度7.5摄氏度。周围自然景区数量多（图21）。适宜环境品质要求高的老年人居住。

交通：紧邻G112国道，满足养老产业交通要素需求，距北京、天津等重要城市通达性好。

文化：郭家庄小镇为满族特色小镇，定期举办满族霸王鞭大赛、满语大赛、满绣大赛、剪纸大赛、满族八大碗厨艺大赛等一系列活动，丰富人们的生活。

5.2.2 郭家庄小镇劣势

人口：小镇内中青年人流失，老年人数量多，闲暇生活单调。

交通：小镇内通车道路较少，宅间道路狭窄，且不通畅。停车场没有合理规划。

配套设施：小镇内配套商业不完整，活力不够，邻里凝聚力不足。

5.2.3 发展养老产业的意义

（1）延续郭家庄小镇文化特色，发展支柱产业：在郭家庄满族特色小镇发展养老产业，既可以延续小镇的景观、文化特色。同时也可以为小镇居民带来更多的工作岗位和就业机会。

（2）缓解京津冀城市以及小镇本地养老的压力：随着人口老龄化程度的不断加剧，城市的养老压力必将越来越大。在郭家庄小镇发展养老产业，可以大大缓解京津冀城市养老院的压力。

（3）提高小镇内老年人的生活品质：小镇养老配套设施不完善，养老产业的引入可使小镇的老年人与外来老年人共享养老配套服务设施（图22）。

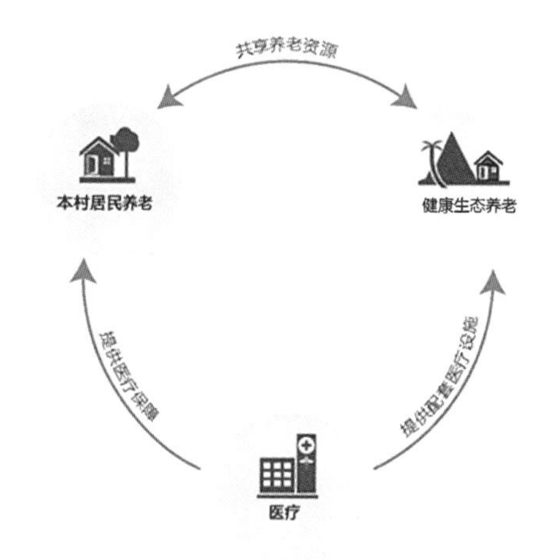

图22 引入养老产业共享养老资源（图片来源：作者自绘）

5.2.4 养老产业引入前期工作

1. 小镇整体环境提升

（1）小镇道路梳理：小镇道路部分不通畅，应梳理小镇内的道路使得养老的交通环境通畅。

（2）居住区、生产区分类：小镇内生产区与居住区应通过绿化隔离开来，使得小镇的整体功能互不影响。

(3) 停车场规划：小镇内停车场规划不合理，个别停车位距离小镇内广场过于接近，使得广场存在安全隐患。应对停车场进行简单的规划，使小镇内整体功能合理。

2. 配套养老设施置入

(1) 基础配套养老设施：在小镇内各个节点增添适老化配套养老设施，使小镇内老年人有更完善的配套养老体系，同时吸引更多的老年人来此养老。

(2) 四季共享空间：指有四季景致的恒温空间，可单独设置于村落各个空间，也可附属于其他建筑。河北省兴隆县处于冬季严寒地区，四季共享空间可使老年人在冬天有恒温的空间可以休闲活动。

5.3 郭家庄小镇养老院建筑设计

5.3.1 基地选址

项目选址背山面水，具有良好的景观条件，本设计通过化整为零的手法，削减建筑体量，减少建筑对于自然景观的遮挡，避免自然景观空间的堵塞（图23）。

图23 郭家庄小镇养老院选址（图片来源：作者自绘）

5.3.2 功能结构

(1) 空间布局

在空间布局上，郭家庄小镇冬季盛行西北风，养老建筑布局考虑风向的疏导方向，采用了院落式布局，避免风力聚集于一点形成风口，降低气流对建筑本体以及区域微环境的影响。

(2) 功能空间

在功能空间上，郭家庄小镇养老院建筑设计将功能划分为三个板块：医疗板块、娱乐餐饮板块、养老居住板块。其中医疗板块服务于养老院的同时服务于整个小镇，使得养老院老人与本地居民共享养老基础设施。娱乐餐饮服务于养老院内部老人，使得整个养老院配套设施完善。

养老院整体采用内廊的形式，这样不仅可以使工作人员在连续的空间里巡视和服务，提高工作效率，还提高了老人外出活动的便利性和安全感，受外界自然因素的干扰也大大减少，为老人们的交流、户外活动创造了更多机会。在紧急情况下有利于老人向不同方向疏散逃离，提高了居住的安全性能。

郭家庄小镇养老院居住板块均为南向采光，这样使得老年人房间获得了更好日照条件和景观朝向，所有居室都靠近绿色庭院，增进了老年人之间的交流，为老年人提供了宜人的室外活动空间。项目采用地热系统调节室温以对应北方冬季寒冷的天气，庭院式布局也使人们免受冬季西北季风的影响。晒太阳是老人生活的重要组成部分，在郭家庄小镇养老院设计中，老人的居室均充分考虑了日照的需要以及当地的日照条件，将居室全部布置在南向，并设计了更有利于采光的窗户形式。同时考虑了四季阳光房和露台空间，以便于为老人提供更多的阳光场所。

5.3.3 建筑形式

整体建筑风格延续小镇传统建筑风格，化整为零。建筑立面采用传统民居抽象化的设计方法，使得养老院与小镇人文景观环境相协调，而且符合老年人崇尚传统文化的心理需求。在建筑色彩方面，整体以深灰色、淡黄色作为建筑的主体颜色，建筑细部采用深棕色的木材加以点缀，既可形成庄严、肃穆的建筑景观感受，又能使老年人产生宁静与温馨的视觉感受。

5.3.4 无障碍设计内容

(1) 建筑出入口：主入口采用导向型极强的弧形来增加入口感受，同时配备适宜尺度的坡道、休息平台和遮阳篷，以方便老年人的日常使用。

(2) 室外台阶和坡道：台阶和坡道是解决室内和室外空间高度差的主要措施。养老建筑的台阶和坡道通常是同时设置的，以方便不同需求的老年人的使用。

(3) 公共走廊：公共走廊简短通畅，保证老年人使用的通达性和安全性。走廊两侧均设有扶手，进行防撞处理，同时侧壁设置护墙板以增加走廊空间的安全性。

(4) 楼梯和扶手：楼梯扶手应连续设置，并在起点和终点延伸一定距离。

（5）其他：房门尺寸适当加宽且不设置门槛，防止老年人摔倒。电梯应采用较大尺寸的轿厢，满足病床梯的尺寸需求。

第6章 结语

在特色小镇发展的背景下，通过对郭家庄小镇养老院的设计研究，得出将养老产业引入特色小镇建设发展，给出一种全新的与旅游、度假、养生相结合的特色小镇建设方法。特色小镇引入养老产业可以助力小镇发展，也可以积极应对人口老龄化，促进老年人身心健康发展，缓解城市养老压力，使老年人老有所养，同时可改善我国特色小镇发展的不平衡、不充分、产业模式单一等问题，为解决我国老龄化问题和改善小镇老年人的养老问题起到推进作用。

参考文献

1. 学位论文

[1] 陈建兰. 中国城市养老模式研究[D]. 南京大学，2012.

[2] 杨清哲. 人口老龄化背景下中国农村老年人养老保障问题研究[D]. 吉林大学，2013.

[3] 雷继明. 家庭、社区与国家：农村多元养老机制的构建[D]. 华中师范大学，2013.

[4] 刘春梅. 农村养老资源供给及模式研究[D]. 西北农林科技大学，2013.

[5] 傅悦. 成渝地区旅居型养老居所设计研究[D]. 重庆大学，2015.

[6] 冯文琪. 积极老龄化视角下滨海旅游养老小镇研究[D]. 青岛理工大学，2017.

[7] 陈亮. 基于老龄化背景下的城市混合住区设计研究[D]. 湖南大学，2010.

[8] 雍蓓蕾. 乡村聚落的旅游性更新改造设计研究[D]. 重庆大学，2008.

[9] 迟文君. 当代老年公寓建筑的适居性设计研究[D]. 哈尔滨工业大学，2008.

[10] 朱航. 重庆市郊分时颐养老人院建筑设计初探[D]. 重庆大学，2007.

2. 学术期刊

[1] 张健，刘洋，朱智超. 城市养老院居住空间现状调查——以四川几所城市的养老院为例[J]. 法制与社会.

[2] 付晓东，蒋雅伟. 基于根植性视角的我国特色小镇发展模式探讨[J]. 中国软科学.

[3] 时国炎，养老特色小镇联合体发展模式探索[J]. 滁州学院学报.

[4] 周燕珉，王富青. “居家养老为主”模式下的老年住宅设计[J]. 现代城市研究.

[5] 周燕珉，王富青，柴建伟. 中国养老居住对策及建设方向探讨[J]. 城市建筑.

[6] 董世永，程良川. 浅析休养型老年社区发展[J]. 重庆建筑.

[7] 王燕. 农村养老新模式下失地农民的住宅环境设计[J]. 大众文艺.

3. 技术标准

[1] 李昌平. 建设“养老村”或可低成本解决中国养老难题[N]. 中国社会科学报.

[2] 赵晓明. 乡村养老产业如何对接城市养老需求[N]. 中国社会报.

[3] 中华人民共和国住房和城乡建设部. GB 50867-2013. 养老设施建筑设计规范[S]. 北京：中国计划出版社，2013.

[4] 哈尔滨建筑大学. JGJ122-1999老年人建筑设计规范[S]. 北京：中国建筑工业出版社，1999.

[5] 中华人民共和国住房和城乡建设部. GB50340-2016. 老年人居住建筑设计规范[S]. 北京：中国建筑工业出版社，2016.

河北省兴隆县南天门乡郭家庄小镇养老院建筑设计方案

Design of Nursing Home in Guojiazhuang Village in Xinglong County of Chengde City

区位介绍

河北省兴隆县是清东陵“后龙风水禁地”，封山禁猎近300年，属典型的燕山地形，山形陡峭，怪石嶙峋，森林覆盖率非常高，水资源非常丰富。村紧邻112国道，交通便利。

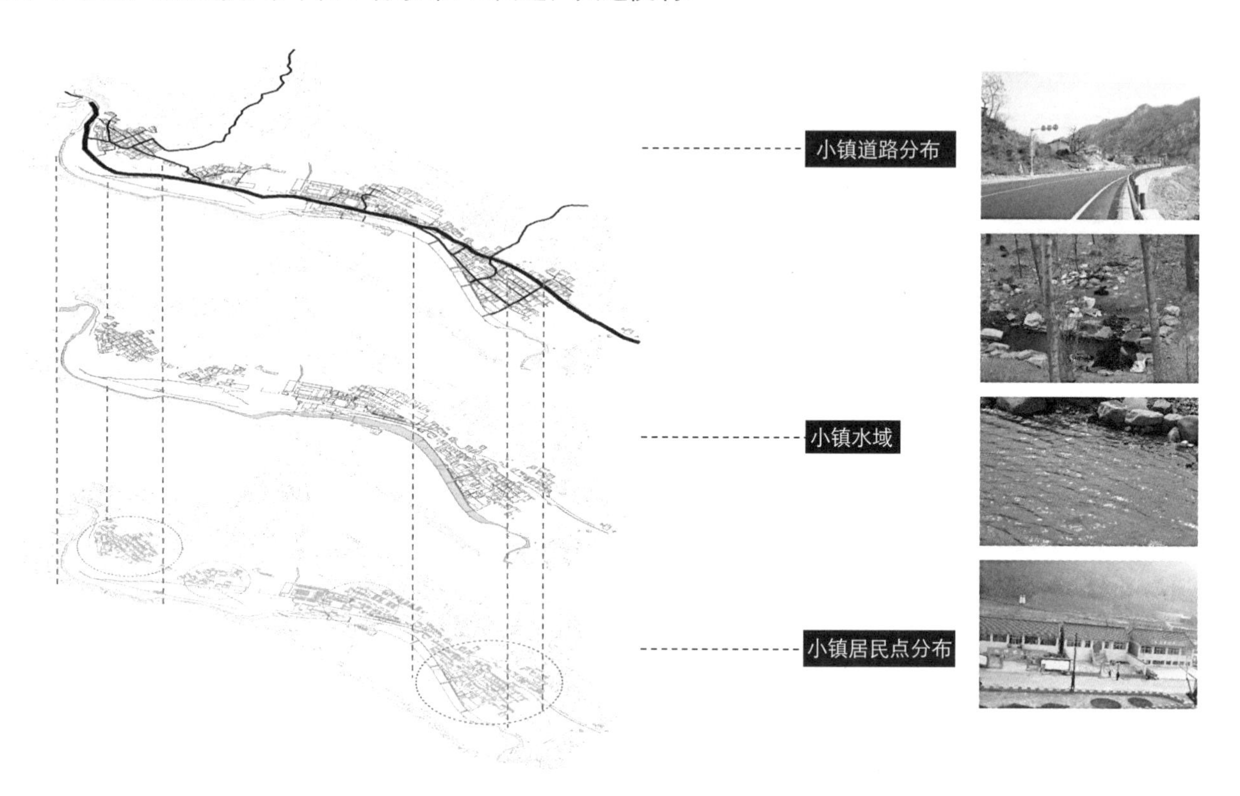

紧跟着我国特色小镇建设步伐，我们在郭家庄小镇调研发现其山峦叠翠，交通便捷，在全国老龄化背景下具备发展养老产业的必要条件。是以本例以小镇的特色养老院为试点探索在特色小镇发展养老产业的方法。

建设规划范围：郭家庄小镇满族特色小镇西台子村。

人群定位：郭家庄小镇本地居民，临近市区的介助、介护老年人。

模式：将特色养老院、小镇活动中心、餐饮中心融合设计，并提出为小镇服务的虚拟养老模式，旨在设计一个能为本地以及异地养老人员提供良好服务的综合性养老院。

用地规模：3.7公顷。

郭家庄小镇风貌

基地选址：负阴抱阳、面山环水的南向坡。

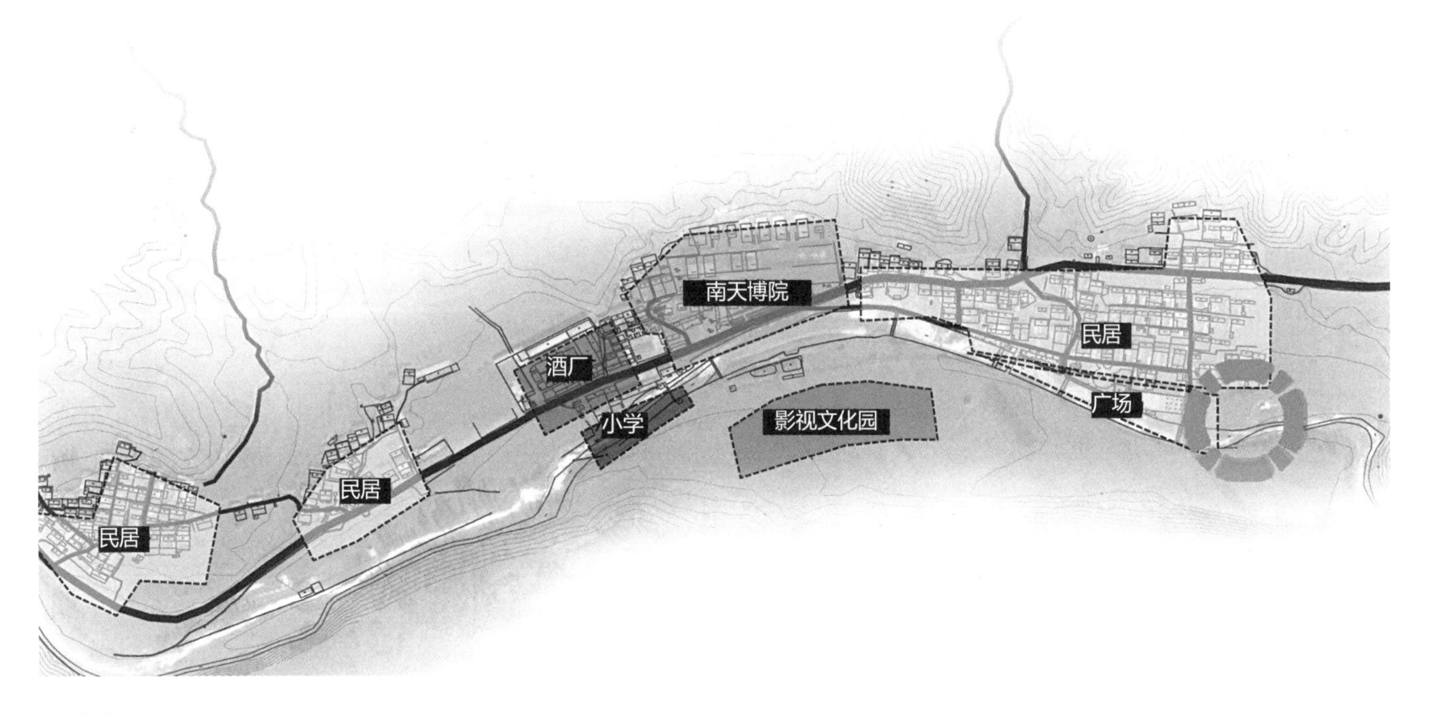

基地自然要素

基地择于面山环水、负阴抱阳的南向坡，有良好的景观朝向和气候条件。

基地西侧为人流活动较为频繁的广场，有利于老年人对交流活动的需求。

基地西侧紧邻小镇内的主要道路，交通便利，符合养老院建设的交通需求。

基地南侧面朝小镇内唯一的河流，气候条件相对于其他地方更为合适。

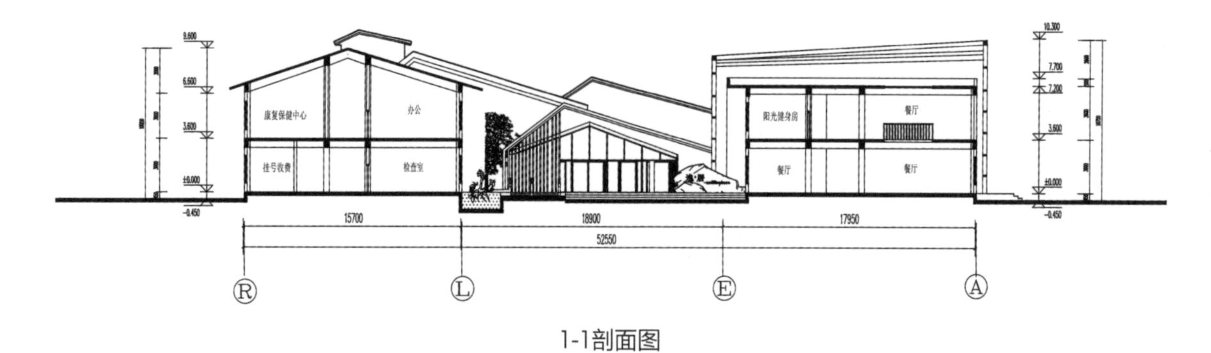

1-1剖面图

室内套型图

家庭式套型
S=59.64m²

针对老年夫妻，满足家庭式生活需求的同时可以出入门户，进入公共社区参与人群。营造空间街巷的感受，以及充分的日照和景观。带给老年人不一样的生活感受。

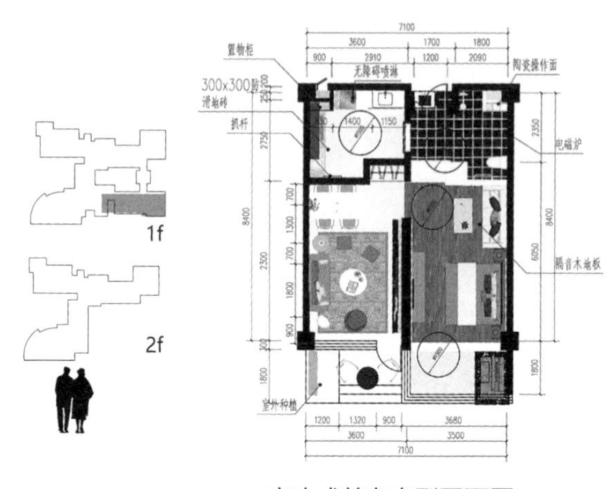

家庭式养老套型平面图

家庭式养老套型效果

集中式套型 1
S=64.8m²

集中式套型，有独立卫浴，针对单身并居住异乡的老年人，与家庭式养老套型拥有同样的功能，可满足健康老年人自己动手做饭、会客需求。

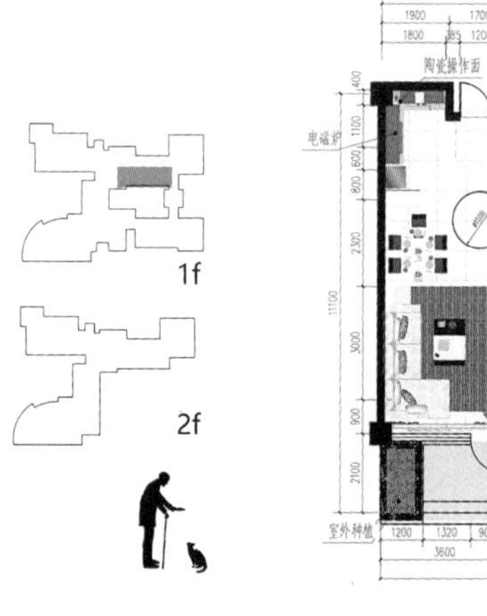

集中式养老套型平面图1

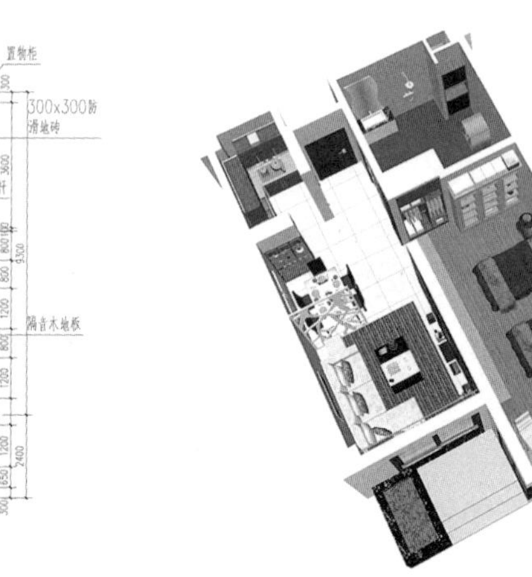

集中式养老套型效果1

集中式套型 2
S=64.8m²

同样拥有独立的卫浴以及厨房的套型，一方面提高养老中心整体服务质量，另一方面为老年人提供便利。

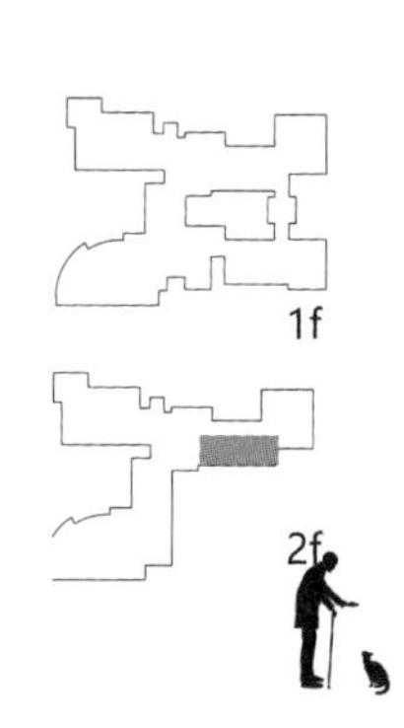

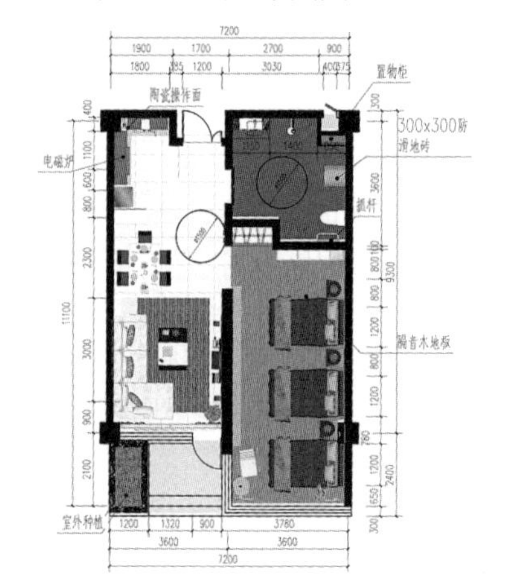

集中式养老套型平面图2

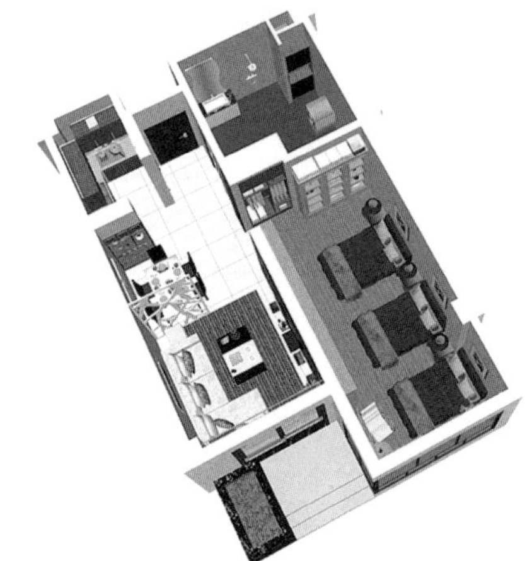

集中式养老套型效果2

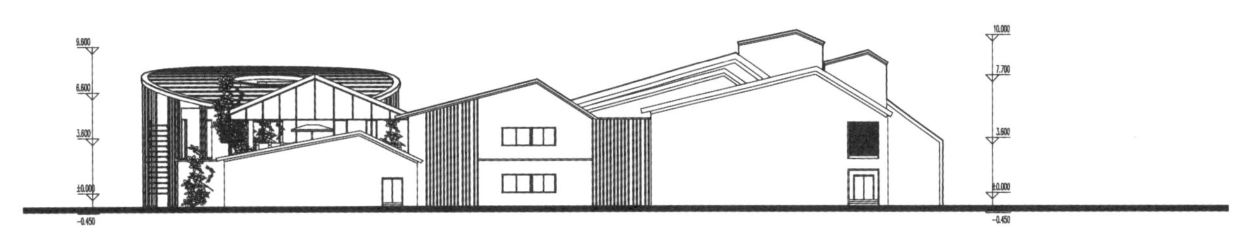

建筑东立面图

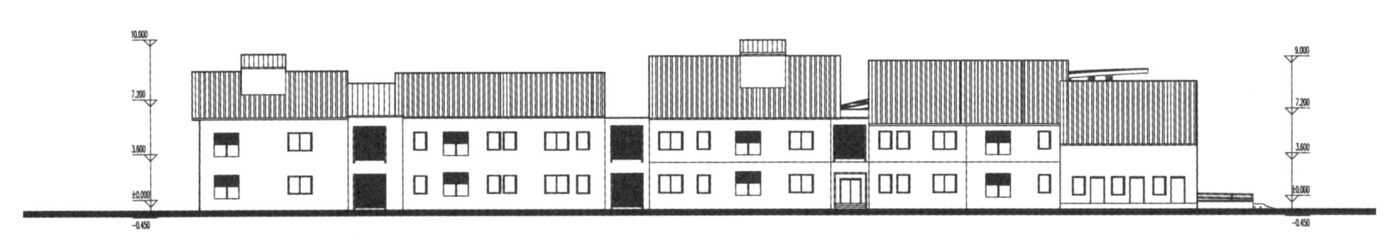

建筑北立面图

主入口庭院

郭家庄满族文化艺术乡村建设研究

Study on the Rural Construction of Manchu Culture and Art in Guojiazhuang

吉林艺术学院　辛梅青

Jilin College of the Arts

Xin Meiqing

姓　名：辛梅青 硕士研究生一年级

导　师：刘岩 教授　唐晔 教授

学　校：吉林艺术学院

专　业：环境艺术空间形态研究

学　号：170306108

备　注：1. 论文　2. 设计

郭家庄满族文化艺术乡村建设研究

Study on the Rural Construction of Manchu Culture and Art in Guojiazhuang

摘要：随着乡村农业供给侧结构改革的推进，越来越多的村庄搞起了景观设计和村落规划，但是却忽略了最重要的生态保护问题，规划和建设好的村庄，经常伴随着很多的生态问题，如何将生态文明建设更好地融入村庄改革规划中、以保护生态为前提出发来建设更和谐的现代化村庄、使规划和改造后的村庄能够更长久地和自然环境保持和谐稳定的发展、使得村庄改造和自然保护更有机地结合为一体，这些问题都是村庄改造中需要考虑的难题。

针对这些问题，雨水花园便是一个相对和谐的解决方案，如果能够在乡村改造中灵活地运用雨水花园的设计理念和设计手法，便可以使乡村改造和自然保护这两个看起来矛盾的问题解决起来变得简单容易。本文重点在雨水花园的设计理念和设计手法在郭家庄乡村改造过程中的结合和运用，分析了雨水花园在郭家庄乡村改造中的可实施性，将大地和人类有机地联系在一起，真正达成生态保护的根本目标。

雨水花园这一创新型城市花园设计理念，在乡村改造中运用必然会存在着种种问题和矛盾。如果我们可以在这两者中找到可实施性，那我们便可以轻而易举地解决乡村改造和生态文明建设这两个互相矛盾的问题，为未来更多的村庄改造提供实施案例和解决方案。同时为乡村艺术改造的丰富性提供更扎实的基础条件，为国家的生态文明建设尽一份微薄之力。

关键词：雨水花园；乡村改造；郭家庄

Abstract: With the advance of the supply-side structure reform of rural agriculture, more and more villages have adopted landscape design and village planning.But ignored the most important problems of ecological protection planning and building good village, often accompanied by a lot of ecological problems, how to better the construction of ecological civilization into the village reform plan, the premise of protecting ecological villages to build a more harmonious modernization, make the planning and reconstruction after the village will be able to more long-term natural environment and maintain the harmonious and stable development, village renovation and conservation more organic union as a whole, all these problems is the need to consider the problem of village renovation.

To solve these problems, the rainwater garden is a relatively harmonious solution, if you can flexible use of the rainwater garden in the rural reconstruction design idea and design technique, can make the rural transformation and conservation of these two seemingly contradictory problem solving up become simple and easy. This paper in the rain garden design idea and design methods in rural Guojiazhuang transformation in the process of combination and made a detailed introduction and explanation, analysis of the rainwater garden in rural Guo Guzhuang redevelopment in practical, the earth and human organic together, really achieve the basic goal of ecological protection.

As an innovative urban garden design concept, there will inevitably be various problems and contradictions in the application of rain garden in rural reconstruction. If we can be found in both practical and that we can easily solve the rural transformation and construction of ecological civilization and the two contradictory problem, more village renovation to provide for the future implementation of case and solution. At the same time, it provides more solid basic conditions for the richness of rural art transformation and makes a small contribution to the construction of the country's ecological civilization.

Key words: Rain garden; Rural reconstruction; Guojiazhuang

第1章 绪论

1.1 研究背景

全国各地的政府都积极提倡乡村建设。2017年，"中央一号文件"《关于深入推进农业供给侧结构改革、加快培育农业农村发展新动能的若干意见》提出将大力培育宜居业特色村镇。习近平同志在党的十九大报告中提出乡村振兴的战略，中央农村工作会议明确了实施乡村振兴战略的目标任务：于2020年，乡村振兴取得重要进展，制度框架和政策体系基本形成；2035年，乡村振兴取得决定性进展，农业农村现代化基本实现；2050年，乡村全面振兴，农业强、农村美、农民富全面实现。特色小镇的兴起，村庄在改善村容村貌的同时要抓住正确的定位，而现在的村庄建设有很多的问题：

1.1.1 违背自然选择与村落文化

有很多村落的景观建设并没有选择当地材料，没有遵循当地生活方式的功能、布局和结构，完全照搬城市模式，没有特色。村庄的道路过度硬化，推山削坡，一味地建设楼房，毁坏村落原有形态，偏离重点。

1.1.2 重建设，轻设计

一些项目注重建设，却不考虑后期维护问题及成本，往往建设好了却疏于管理，导致很多景观只是昙花一现。

1.1.3 缺乏创新

村庄发展规划千篇一律，很多都只停留在打扫卫生、改善农村环境上，这样不会从本质上改变村庄发展现状。

1.1.4 没有真正地让村民获益

很多村落没有真正地从村民的利益出发，一味地占地搞开发，而不是引导村民去经营，不去教村民如何发展适合自己的产业，村民又缺乏很多经验和知识，接触的新鲜事物少，也就不会主动去经营和学习，一个村落的发展好与坏取决于村民的幸福指数，一个没有让村民生活质量提高的村落注定是失败的。

1.1.5 人才缺失

村庄发展不起来，大量壮年劳动力外出务工，无法引进新型人才，最终结果只能趋向败落。

综上所述，乡村建设应该从村庄的实际出发，发展具有村落特色的特色小镇，以人为本，切实考虑村民利益，在传统形态中创新，与时俱进，减少后期维护成本，尽可能地可持续利用，让景观自循环，更大范围地发展村落。

1.2 研究目的及意义

1.2.1 研究目的

针对本文第1章村庄发展背景及问题的研究，重点探讨雨水花园在满族艺术乡村中的实际应用，其主要目的在于：

（1）理论指导实践：更深层次地去研究与了解雨水花园的景观设计，发掘出其中的设计表达方式与技巧等。大量查阅国内外的乡村建设案例，归结出其中的特点与共性，发掘其中的优缺点。

（2）实践验证理论：将雨水花园的景观设计方法与当今国内外乡村建设案例相结合，找到对案例中缺点的解决方式，进一步证实此方法的实用性，更进一步了解此方法的设计技巧与设计表达的运用，发掘出更适合村庄建设的设计手法及应用。

（3）雨水花园的设计手法具体操作：结合实际情况，制定出合理的方案，提升村庄景观的实用性及艺术性，提高人的生活品质，将文化与自然、大地和人类联系在一起，让场地成为一个动态的、开放的系统，解决现在乡村建设中的一些实际问题。

1.2.2 研究意义

本文通过对雨水花园设计的方法及技巧的总结，将其应用到承德郭家庄的乡村建设中，其意义具体有以下几点。

（1）理论应用价值：本文通过对雨水花园的研究，系统地将雨水花园的设计手法及特点，应用材料等进行研究，更加详细地将雨水花园的理论适应性与可操作性进行阐述，丰富雨水花园的设计手法及理念。

（2）现实应用价值：如今雨水花园的设计手法多应用于城市建设中，本文将雨水花园应用于乡村建设中，针对现有村庄的发展状况及问题，从艺术与村庄环境相结合的角度探索出雨水花园在艺术文化村庄建设中的可实施性。

1.3 国内外研究现状及文献综述

1.3.1 国外研究现状

20世纪90年代，拉里·霍夫曼及其团队提出了“生物质留地”的想法并创造了“雨水花园”这一术语，并于乔治王子郡进行了实践。国外有关于雨水花园的理论研究开始于2002年，逐年上涨，其中2014年研究数量最多。

国外雨水花园研究（作者自绘） 表1

建筑公司	项目名称	设计理念
GHD Pty Lt.	澳大利亚墨尔本雨水公园	解决当地饮用水，灌溉水双重危机
Territories 公司	巴黎 Serge Gainbourg 花园	适应游人需求，促进水资源管理
SWA Group	美国加州帕洛阿尔托“VI”生活养老社区	满足老人需求，维护原有资源
SWA Group	加州大学戴维斯分校西部校区	零消耗住区

1.3.2 国内研究现状

国内对雨水花园的相关探究起步于2005年，主要研究雨水花园的起源与发展、国外案例的介绍以及雨水花园的建设手法及技术。学翰在2005年《园林》的花园与设计版面展示了国外雨水花园的照片。2007年，曾忠忠对美国波特兰雨水花园进行了详细的解读，并提倡雨水花园在城市建设中的应用，提出雨水花园是创建城市生态的一种有效途径。于2010年开始研究雨水花园的应用与技术，并且逐年增多，研究内容也较为丰富。通过在“中国知网”进行检索，截至2018年6月，共有169篇题目中含有“雨水花园”的文献，其中有37篇发表在核心期刊，2016年最多，为7篇，本文列举出热度较高的文献详见表2、表3。

国内发表在核心期刊热度较高的文献（作者自绘） 表2

序号	题名	第一作者	年份	刊名
1	雨水花园方案探析	向璐璐	2008	给水排水
2	技术与艺术的完美统一——雨水花园建造探析	王淑芬	2009	中国园林
3	雨水花园植物的选择与设计	王佳	2012	北方园艺
4	雨水花园在雨洪控制与利用中的应用	罗红梅	2008	中国给水排水
5	雨水花园的植物选择	刘佳妮	2010	北方园艺
6	雨水花园：雨水利用的景观策略	杨锐	2011	城市问题
7	雨水花园蓄渗处置屋面径流案例分析	李俊奇	2010	中国给水排水

国内发表热度较高的论文（作者自绘） 表3

1	基于低影响开发的场地规划及雨水花园设计研究	宋珊珊	2015	硕士
2	雨水花园设计研究	张钢	2010	硕士
3	雨水花园设计研究初探	万桥西	2010	硕士
4	北京地区雨水花园设计研究	白洁	2014	硕士
5	雨水花园在规划设计中的应用研究	赵奎永	2014	硕士

1.4 研究内容

乡村建设共分为四类：聚集发展型、旧村改造型、古村保护型、景区园区带动型。发展模式分为十类：产业发展型、生态保护型、城郊集约型、社会综治型、文化传承型、渔业开发型、草原牧场型、环境整治型、休闲旅游型、高效农业型。产业发展型模式：主要在东部沿海等经济相对发达地区，有非常突出的产业优势与特色，产业化水平高，初步形成“一村一品”、“一乡一业”，产业带动效果明显。生态保护型模式：主要是在自然环境优美、环境污染少的地区，有着优越的自然条件和丰富的水资源与森林资源，具有独特的乡村特色，生态环境优势明显，把生态环境优势变为经济优势的潜力大，适宜发展生态旅游。城郊集约型模式：毗邻大中型城市，有较好的经济条件，公共设施和基础设施较为完善，交通便捷，农业集约化、规模化经营水平高，农民收入水平相对较高。社会综治型模式：居住人数较多，规模较大，有较好的区位条件，经济基础强，基础设施相对完善。文化传承型模式：有特殊的人文景观，乡村文化底蕴丰厚，具有独特的民俗文化以及非物质文化，文化展示和传承的潜力大。渔业开发型模式：主要在传统渔业地区，产业以渔业为主，通过发展渔业增加渔民收入，繁荣农村经济，渔业在农业产业中占主导地位。草原牧场型模式：主要在我国牧区半牧区，草原畜牧业是基础产业，支撑牧民的收入来源。环境整治型模式：农村环境污染严重，环境基础设施建设滞后，当地村民积极响应整治农村环境。休闲旅游型模式：旅游资源丰富，旅游配套设施完善，交通便利，毗邻城市。高效农业型模式：主要是以发展农业作物生产为主，农业基础设施相对完善，农产品出产量高，人均耕地丰富平衡。

1.5 预期结论

论文首先从乡村建设现有的情况提出问题，并根据其中的问题尝试用雨水花园的设计手法去解决问题。着重研究雨水花园的发展及特征，分析不同时期雨水花园的建设技巧，主要探究雨水花园的设计手法、功能运用及建造原理。采用文献研究法、比较分析法、案例研究法、实地调研法、归纳分析法探讨雨水花园的设计手法在乡村建设中应用的适应性，想要运用雨水花园的设计手法及建造技巧处理好乡村景观建设现在所存在的问题，为村民提供一个更加优美的生活环境，通过发展自身乡村的特点，更规范、有计划地去发展村落，宣传村落，带动村落经济发展。雨水花园是技术与艺术的统一，如果将其设计手法及建造技巧应用到乡村建设中去，不仅解决了雨水问题，而且美化了环境，减少了乡村景观建设的成本，且加入满族的艺术文化主题，能够丰富乡村的文化生活，提高村民的生活质量。

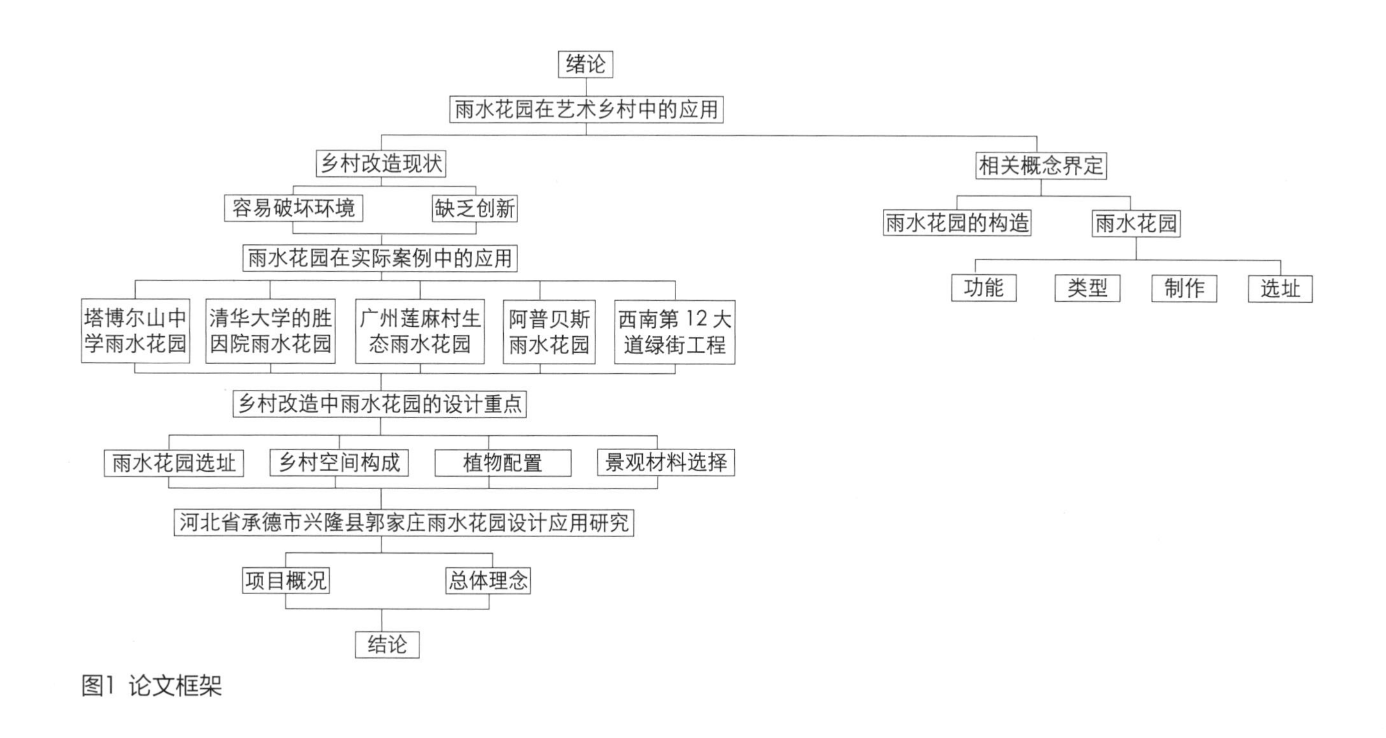

图1 论文框架

第2章 雨水花园概述

2.1 雨水花园概念

雨水花园（rain garden）常见的形式是自然形成的或人工挖掘的具有景观效应的浅凹绿地。降雨时，花园内低凹的绿地可以汇及周围房屋、道路、人行道、停车场及不透水的草坪等区域的雨水，再通过雨水花园内的植物及土壤进行初步过滤，管理雨水径流。随着雨水花园的广泛应用，关于雨水花园的研究也日渐广泛，雨水花园的应用形式也越来越丰富。2003年8月，在德国海姆市召开的IRCSA（国际雨水集流系统协会）会议，对雨水花园的定义和概念做了拓展，提出了新的雨水花园概念：凡是通过科学技术或者自然方式等手段对雨水进行收集、利用、处理，并取得较好景观品质的景观绿地都可以定义为雨水花园。现在的雨水花园也变得越来越灵活，越来越高效合理。

2.2 雨水花园产生的背景

2.2.1 早期雨水花园的产生

其实早在我国古代的居民中就有很多在庭院收集雨水并将其加以利用的例子。普遍存在于我国南方地区。我国南方地区降水量丰富，如安徽宏村，庭院中便设有天井沟。它的作用就和雨水护院有异曲同工之妙，可以在多雨时节将雨水汇集并过滤渗透到地下。

2.2.2 雨水花园的明确定位

20世纪90年代雨水花园真正形成。马里兰州的乔治王子郡最早通过出版《雨洪管理中的生物滞留区设计手册》提倡将雨水花园作为雨洪管理的重要途径，一开始此地区的地产开发商希望用一个生态滞留与吸收雨水的场地来取代传统的雨洪管理系统，并且得到了此地区环境资源部的支持，慢慢地雨水花园在萨默塞特地区被广泛建造使用。该区每一栋住宅都配建有30～40平方米的雨水花园。起初能够被这么大面积地使用就可以证明雨水花园的可实用性很强。建成后又有对此地区进行了长期的监测与侦察，结果显示平均减少了75%～80%地面雨水径流量。此后，世界各地便纷纷根据地区特征建造了适合自己地区的雨水花园，雨水花园的形式也渐渐丰富起来，定义也更加完善。

2.3 雨水花园的功能

雨水花园主要是通过对雨水的收集，进行雨水渗透及过滤。主要具有以下几种功能：

1. 雨水花园可以在一定程度上净化雨水径流中的固体颗粒物、有机污染物以及重金属离子、病原体等有害物质。

2. 雨水花园可以存储一定的雨水，存储的雨水在花园中可以通过下渗补充地下水，将雨水收集、净化再利用，削减洪峰流量，减少雨水外排，保护下游管道、构筑物和水体。

3. 雨水花园中植物的蒸腾作用可以调节场地空气中的湿度和温度，从而改善小气候环境。

4. 雨水花园合理的植物配置能够为鸟类及昆虫提供良好的栖息环境。

5. 雨水花园与传统花园草坪相比，所营造出来的景观更加美观，更加有艺术性。

6. 雨水花园建造成本较低，后期维护也较为方便。

2.4 雨水花园的主要类型

雨水花园主要有三种类型，分别是入渗型、过滤型及植生滞留槽。每种类型都有独特的特殊性。

1. 入渗型：这种形式结构较为简单，易于施工，污染控制、雨水入渗的功能可以同时实现，功能性较强，但是这种类型地下水位及不透水层深度要求相对较高，埋深需大于1.2米。

2. 过滤型：可以作为雨水收集回用的预处理设施，可结合地下建筑顶板上的结构设计，地下水位及不透水层深度要求低，地下水位及不透水层埋深需大于0.7米。

3. 植生滞留槽：可以作为雨水收集回用的预处理设施，不受地下水位及不透水层埋深限制，应用范围广泛，可用于人行道、广场等。

2.5 雨水花园建造

雨水花园的建造需要了解雨水花园的构造、土壤及选址的特殊性，从面积的大小确定平面布局，其中植物的选择和配置也是非常重要的。

2.5.1 雨水花园的构造

雨水花园的构造主要由五部分组成，分别是：蓄水层、覆盖层、种植土层、砂层和砾石滤水层。并且在砾石滤水层和土壤基层之间及中砂滤水层与种植土层之间可设置一道土工布。

1. 蓄水层：主要储存汇集在此的雨水，对雨水进行初步过滤，将沉淀物沉淀于此。其蓄水层深度根据场地的实际情况而定，每个场地的标高及降水条件不同，所需的深度也便不同，一般多为100～250毫米。

2. 覆盖层：基本由枯树皮及树叶组成，这样可以防止上层土壤过硬而造成的雨水渗性差的问题，从而保持土壤的湿度。枯树皮和树叶可以营造一个微生物环境，这样覆盖层和种植土层中间就有利于微生物的生长和有机物的降解，使土壤更加生态。同时有助于抵抗雨水径流的侵蚀。覆盖层的厚度为50～75毫米。

3．种植土层：土壤要求较高，不能含有杂草、种子、石块、砖块等，种植土的厚度根据所种植的植物来决定。如果只是花卉与草本植物，只需30～50厘米厚；种植灌木需50～80厘米厚；如果种植乔木，则土层深度需在1米以上。

4．砂层：材料多要求渗水性较强。厚度也是根据所在场地的实际情况而定，与场地的面积及降水有关。砂需干净的建筑细砂和中砂，级配：0.5～1.0毫米。

5．砾石滤水层：分为钻孔管外包裹的砾石（级配：0.5～1.0毫米）和整个场地的砾石（级配：3.5～10毫米）。如果现场有足够的条件可分成两层，底层为砾石滤水层，面层为细砂滤水层。在砾石滤水层中设置DN150PVC钻孔管，外包无纺布。钻孔管坡度＞0.03%，钻孔孔径15～20毫米，孔间距100毫米，至少4排孔，呈梅花状错开。钻孔管上下层砾石层厚度＞50毫米。每根钻孔管上设置一根DN100PVC清淤立管。

如果场地条件不允许，可将中砂滤水层和砾石滤水层合并成砂砾石滤水层进行设置。

2.5.2 选址

对于雨水花园位置的选择，应该考虑以下几点：

1．首先雨水花园的建造离现有建筑的距离需大于2.5米，以防止雨水侵蚀建筑基础，降低原有建筑的安全性。

2．雨水花园不可以靠近供水系统或是水井周边。

3．雨水花园也不可以选在经常积水、排水不好的低洼地区，如果将雨水花园选在经常积水的场地，雨水无法较快地下渗，雨水就会长时间储存在雨水花园中，这样不利于花园中植物的生长，同时又容易滋生蚊虫。

4．应该在地势较为平坦的地区建设雨水花园，这样雨水花园的建设费用及后期维护的费用较低，更适合于乡村建设。

5．雨水花园宜建设在场地阳面，不要有过多的树荫。

6．雨水花园的选址应考虑到周边的建筑及环境。

2.5.3 了解土壤渗透性

想要建造雨水花园，应对土壤的渗透性进行了解与探究，据了解砂土的最小吸水率为210毫米每小时，砂质土壤的最小吸水率为25毫米每小时，土壤最小吸水率为15毫米每小时，黏土的最小吸水率为1毫米每小时。根据以上数据可以看出砂土和砂质土壤更为适合雨水花园的建设。设定雨水花园的位置时，可以通过测试来确定此场地的渗水性，在选定的场地上挖一个约为15厘米的坑，往里注满水，如果一天水没有全部渗透，那么表明此场地渗水性较差，建造雨水花园较为困难，成本也较高。土壤渗透性较差，可以将砂土、腐殖土、表层土按2：1：1的比例配置。

2.5.4 确定平面布局

雨水花园的平面布局可以根据自己所选场地的条件去定义，长宽比例最好在3：2，这可有利于雨水花园发挥最佳性能。

2.5.5 雨水花园的深度

雨水花园的深度指的是蓄水层的深度，不能过浅也不能过深，如果蓄水层过浅不易达到吸收雨水的目的，蓄水层越浅，雨水花园所需的占地面积也就越大，如果深度过深，雨水的滞留时间就会变长，这样不利于植物的生长，容易滋生蚊虫，并且不利于美观，在非雨季时，没有雨水沉积，便会形成一个深坑，影响景观效果。雨水花园的深度与场地的坡度也有一定的关系，场地的坡度与雨水花园的深度成正比，场地坡度越缓其深度越浅，雨水花园的深度一般在7.5～20厘米之间，当坡度小于4%，相对的深度为10厘米左右较为合适；坡度在5%～8%之间，则深度为15厘米左右；坡度在9%～12%之间，雨水花园的深度可以达到20厘米，由此可见，场地的坡度应在4%～12%之间最为合适。最终还应该根据场地具体的土壤条件进行相应调整。渗透性较差的土壤深度应适当减少。

2.5.6 雨水花园植物的选择

雨水花园不仅仅是一个雨水收集和净化的系统，也是具有艺术感的景观系统，雨水花园靠其土壤与植物共同作用来处理雨水，因此雨水花园的植物选择不仅要满足一定的观赏性，还要有功能性。

1．以本土植物为主，适当搭配一些外来植物，但是不能选择入侵性植物。本土植物由自然选择生成，也就是最符合当地的气候条件、土壤条件和周边环境的植物，所以使用本土植物不仅能够较好地发挥雨水花园的功能性，而且在观赏方面也有较强的地方特色，突出场地的特点。国外对雨水花园的研究较早，对于植物的配置也有系统性的研究，并且提供了丰富的植物选材，一些非本地的植物可以在试验下谨慎选用，这样既提高花园中物种的多样性，又避免物种入侵。

2．植物应该耐旱和耐涝兼备，雨水花园中的水量与降雨量息息相关，有很多地区有旱期与雨期交替出现，因此种植的植物应在雨期能够适应环境，具有一定的水生植物要求，在旱期的时候，植物就要具有对旱期的适应性。雨水花园也是一个处理污染水源的系统，更容易滋生虫害，所选的植物也要具有较高的抗逆性。

3．宜选用根系发达、茎叶繁茂、净化能力强的植物。植物需要通过光合作用来吸收一些氮、磷等物质，其根系可以将氧气传输到基质中，这样根系周边就可以形成有氧区和缺氧区相互并存的一个单元，这样好氧、缺氧和厌氧微生物都有环境可以生存，发挥相辅相成的降解作用。植物的根系对污染物有一定的吸附作用。选择根系发达、生长快速、茎叶肥大的植物是最适合雨水花园的。其次雨水花园在降雨期间水体流动速度较快，因此要求植物拥有较深的根系。

4．选择可相互搭配种植的植物，提高去污性和观赏性，根据研究可以发现，合理的植物配置可以提高雨水花园的性能，比如说可将根系泌氧性强与泌氧性弱的植物混合栽种，构成复合式植物床，创造出有氧微区和缺氧微区共同存在的环境，从而有利于总氮的降解；可将常绿草本与落叶草本混合种植，提高花园在冬季的净水能力；可将草本植物与木本植物搭配种植，提高植物群落的结构层次性和观赏性。

5．可以选择花香型的植物区种植，从而吸引昆虫，提高雨水花园的生态环境。在丰富的湿生、水生植物及耐水湿的乔木品种中，根据以上原则、前人的研究成果、北方场地的特殊性，可以总结出北方雨水花园的植物选择（表4～表6）。其次，有一定耐涝能力的草坪草和观赏草也可用于雨水花园。

可供雨水花园使用的草坪草和观赏草　　表 4

名称	科属	优点	缺点
野牛草	禾本科	耐旱，耐涝，耐盐碱	
高羊茅	禾本科	耐高温，喜光，耐半阴，耐酸，耐瘠薄，抗病性强	
细叶芒	禾本科	宜种植在有光照的地区，适应性强，观赏性也很强	
花叶燕麦草	禾本科	宜种植在有光照的地区，适应性强，可粗放管理	
蒲苇	禾本科	常绿，喜阳，耐寒耐旱，观赏性强	
狼尾草	禾本科	耐寒，耐砂土贫瘠土壤，适于粗放管理，有一定的观赏性	
崂峪苔草	莎草科	耐寒，耐旱性强，能有效保持水土，耐瘠薄土壤	不耐践踏，在长期光照下叶色会变黄
青绿苔草	莎草科	常绿，喜湿润，耐高温，耐干旱，成活率高	

可供雨水花园使用的湿生及水生植物　　表 5

名称	科属	优点	缺点
芦苇	禾本科	根系发达，传氧性较强，更容易降解 COD，适应性，抗逆性强	有较高的植柱，适用于大面积的雨水花园
芦竹	禾本科	生物量大，根茎粗壮，耐旱性较强	有较高的植柱，适用于大面积的雨水花园
香蒲	香蒲科	根系发达并且有较大的生产量，对于 COD 和氨态氮的去除效果明显	
美人蕉	美人蕉科	对于 COD 和氨态氮的去除效果明显	根系较浅
慈姑	泽泻科	有独特的叶形，观赏性强，可以大量的去除 BOD5，可食用	根系较浅
薏苡	禾本科	抗旱性较好，根系发达，生物量大，可食用	
灯芯草	灯芯草科	半常绿，较耐旱，根状茎粗壮横走，净水效果良好	
千屈菜	千屈菜科	较耐旱，观赏性强	去污能力不强

可供雨水花园使用的乔木、灌木　　表6

名称	科属	优点	缺点
湿地松	松科	常年绿叶，耐寒，耐水湿	不宜种植在碱土中
水杉	杉科	耐寒，耐水湿	落叶需清理干净
垂柳	杨柳科	宜种植在光源充足的地方，耐寒，耐空气污染	
枫杨	胡桃科	喜光，耐寒，耐水湿	
金叶女贞	木樨科	喜光，适应力及抗病力强，耐寒，开白色小花，叶子微金黄色，有很强的观赏性	不耐高温高湿
月季	蔷薇科	喜阳，耐寒，耐旱，观赏性强	

植物应根据场地的土壤与气候进行选择，不同地区的植物选择也不同。植物配置宜综合考虑植物的姿态、色彩、质感、花期、植株大小的搭配，形成具有艺术感并且有地区特色的花园景观。与此同时，植物的选择也应与周围建筑及景观用料呼应，比如将植物与石材搭配，营造出更有趣味和层次的雨水花园景观。植物的移栽最好成株移栽，这样成活率较高，能够尽可能地发挥雨水花园的作用。

2.5.7 雨水花园植物的配制方法

1．以控制径流污染为目的的雨水花园的植物配置方法

此类雨水花园可用于停车场、广场、道路的周边，处理较为严重的水污染，应选择对污染物吸收能力较强的植物，通过人工湿地的方式进行花园营造，通过植物、动物、土壤的综合作用来净化、吸收雨水。根据场地自身条件的不同，可以建立自然湿地形式或者人工的湿地。

2．以控制径流量为目的的雨水花园的植物配置方法

此类雨水花园一般用于处理公共建筑或小区中的屋面雨水、道路雨水等，这样的雨水水质相对较好，自身水质条件较好，所以会有更广泛的植物选择，由于所在场地人员较为丰富，所以雨水花园不仅要满足水处理的功能，还要满足游客日常生活所需的需求，而且要具有一定的观赏性。

3．控制径流量与活动相结合的植物配置方法

与人员活动相结合的雨水花园适合运用于居住区、公园中，花园面积较大，可形成与周边区域平缓过渡的低洼地，给人们提供一个生态绿地。这样雨水花园不仅在下雨时有一定的景观意义和功能性，对雨水进行一定的处理，而且在不下雨时会成为一个坡度高低不平的绿地，为人们的户外活动提供场所。

4．控制径流量与观赏相结合的植物配置方法

与观赏相结合的雨水花园适合运用在办公、商业、学校等公共区域，这样的空间花园面积较小，我们需要在有限的面积内营造出一个更为精致的雨水花园，不仅满足雨水花园的功能性，还要满足公共区域中人们的观赏要求。

雨水花园汇及来的雨水首先汇入前置池内，会有较多的污染颗粒，所以应多选用过滤性较好的水生植物，通过过滤后，将雨水释放到雨水花园中，有利于雨水的截留和渗水能力，使其保持一定的水位。雨水花园的主体经过前置池过滤后，雨水相对污染较少，雨水从前置池汇入主体后形成一个蓄水池进一步对雨水进行处理，所以此处的植物应选用不仅耐涝还能耐旱的植物，例如能在去除有机污染物的同时兼备一定的观赏性的湿生植物。为了四季平衡，还应种植一些常绿湿生植物，以便冬季也可以发挥雨水花园的作用。雨水花园中的石缝也不容小觑，在路的缝隙中随意种植一些小型湿生植物，以便于吸收雨水中的污染物并将其固定在边缘的碎石和沙土上。水流经该系统在多种作用下，得到进一步的净化过滤、氧化、还原及微生物的分解，并渗入地下，周围种植应以耐水湿、耐踩踏耐涝的乔灌木、草地为主，增强雨水花园的立体层次及遮阴效果。天气晴朗时形成遮阴的花草林地，成为人们户外活动的重要场所。

2.5.8 雨水花园的维护

雨水花园通过更为科学的建设，后期的维护较为简单方便，需要注意以下几点。

1．每次遇到暴雨时应及时检查其覆盖层及植被的受损情况，如果有损坏就及时更换修复覆盖层的材料和植被，保证雨水护院覆盖层的效果；

2．定期清理雨水花园的落叶及垃圾，确保表面清洁，保持雨水花园的渗透能力，保证雨水花院的下渗效果；

3．定期修剪植物及杂草，防止植物生长过快，影响花园美观；

4．适当根据当地降水情况，对雨水花园进行灌溉。

2.5.9 小结

综上所述，雨水花园有非常高的应用性和美观性，能够有力地解决水污染和雨水收集的问题，雨水花园的前期建造需要有一定的技术理论支持，适用于雨水花园的植物有很多，我们应根据当前场地的自身条件和需要选择适合当前场地的植物配置，在确保其功能性的前提下将雨水花园建造得更为美观，并且满足人们的日常生活需要，雨水花园的后期维护也较为简单。

第3章 雨水花园在实际案例中的应用分析

3.1 塔博尔山中学雨水花园

该项目是一个以调节气温为主要目的的小型庭院，场地原先为沥青停车场，面积为380平方米。该场地在改造前场地利用率低，由于是沥青停车场，该场地无论何时温度都较高，也相应地影响到教室的温度，无法给学生提供一个良好的学习环境。

3.1.1 雨水花园的应用

为了解决场地原有的问题，设计师提出将利用率低的停车场改造成一个不仅能够改善场地气候，而且还能满足校园学生需求、具有观赏性的雨水花园，这种方式是一种集艺术教育和生态功能为一身的更为经济简便的雨水花园，更加适应场地需求。在雨水花园中还设计了一条用细沙铺设成的小路，将雨水花园两端连接。主要目的是让人们观看到雨水流经雨水花园的全过程，让人们了解到雨水花园的特征，成为一处观赏性景观，为后期工作人员维护雨水花园提供一条小路，防止工作人员在维护过程中损坏雨水花园中的植物。场地的雨洪管理将雨水花园和园林景观的设计手法相结合，实现就地管理，将雨水花园周围的雨水汇集到雨水花园中，进行下渗过滤，并且与植物和土壤相互作用。每当遇到有暴雨的时候，雨水花园内的雨水就会增加，当雨水花园的雨水径流超过设计的最大深度时，雨水就会从雨水花园中流出，流入与之相连的公共排水系统。雨水花园的下渗率在5～10厘米每小时之间，就表明雨水在雨水花园中可以很快地下渗。花园中混植了矮生的灯芯草和莎草，没有过多地去抑制杂草的生长，而且具有观赏性的纹理及色彩，允许一定的杂草生长，也就方便了后期的维护。

该案例是波特兰市可持续性雨洪管理最成功的案例之一。根据长期的监测，花园内的雨水均能下渗，而不会溢到下水道系统。此地雨水花园的成功运营，处理超过3万平方英尺面积的来自停车场和屋顶的雨水径流，雨水花园为本地区城市排水系统升级所需的基础建设花销节约了十多万美元。

3.1.2 小结

在场地中心设置雨水花园，通过管道、沟渠等设施将屋顶、道路等硬质场地中的雨水引入雨水花园。植物应选择耐湿耐旱的乡土植物，去适应不同气候下不同的降雨条件。因为场地的特殊性，是在校园内建设，考虑到校园的特殊属性，雨水花园不仅要满足功能性和美观性，还要有一定的教育意义。

3.2 清华大学的胜因院雨水花园

该项目原始地区局部低洼，周围市政排水设施缺乏，每当降雨时都会形成严重的积水。为了防止外面的积水倒灌入室，居民在一层大门的门槛外用水泥砌筑高达40公分的拦水坝，雨季时期居民门口形成积水就更加严重，为居民的出行带来了不便。原先的胜因院除了内涝严重，还有建筑损坏、私搭乱建、院落空间消失、植物良莠不齐等问题。

3.2.1 雨水花园的应用

将场地竖向、径流分析与汇水分区划分。通过分析分区将雨洪管理措施分区进行，每个分区都应该建设相应的雨洪管理措施。通过土壤渗透系数的测定确定场地土壤基本满足设计雨水入渗系统的渗透要求，但渗透性不高，可以通过换土来提高渗透性能，且换后的入渗层厚度应能保证蓄渗设计日雨量。通过对雨洪管理措施的选择、计算与设计，将场地设计6处雨水花园，根据每个场地不同的条件，设置好各自的溢水口，以砾石沟或浅草沟连接，形成联动调蓄作用。其中2号雨水花园标高最低，溢水口连接市政雨水管，过量雨水靠重力外排。为达到更好的功能和景观效果，石笼的剖面设计呈梯形。这样不仅使雨水花园的边界显得平缓，保证视觉景观效果，40度左右的坡度能更平缓地与花园底部的微地形交接。每个花园设2～3个明沟排水入水口，为防止雨水冲刷造成水土流失，在入水口底部铺设卵石，削弱水流冲力。选择石笼作为雨水花园边界的主要材料，有三个原因：1. 经济、环保。利用废旧石材作为内部填充材料；2. 渗透性、过滤性。石笼中的缝隙有利于雨水进入雨水花园，同时又对雨水具有很好的过滤作用；3. 石缝积累一定量的土壤杂质后可自然生长植物，生态效果和景观效果俱佳。

3.2.2 小结

根据场地不同的条件，可以在一个大的场地里因地适宜地建立几个相互呼应的雨水花园，在建设雨水花园前应该做好相应的前期工作，确保雨水花园的可实施性，根据不同的地势设计不同的高差，保证雨水花园的景观效果。

3.3 西南第12大道绿街工程

该项目毗邻波特兰市中心，场地为街道类线性空间。

3.3.1 雨水花园应用

该改造工程主要想解决街道中的雨水径流问题，直接从下水道流向城市河道。设计将原街道中人行道和马路道牙之间的种植区充分利用，将其转变为雨水花园，通过雨水花园将雨水在其中进行下渗过滤，去除一些污染物质。沿街道一侧设置了4个连续的雨水花园，每个长5.4米，宽1.5米。每当雨季时，雨水径流就顺着下坡流到第一个雨水收集池。收集池能够容纳6厘米的水深，雨水在花园中下渗速度为6厘米每小时。当遇到暴雨，雨水过多时，收集池的雨水过满，雨水将从雨水收集池第二个路道牙缺口溢出，流到街道，继续下流进入下一个雨水收集池。当雨水的流量超过四个雨水收集池的容量时，溢出的雨水才进入市政排水系统。

雨水花园中的植物有着耐湿、耐旱的特点，此地区种植了平展灯心草和多花蓝果树。平展灯心草不仅能帮助减缓水流的速度，还能有效地阻挡雨水径流中的杂质和沉积物，有助于雨水渗入并通过土壤。地区的植物种植密度较大，有利于减少维护费用，并且营造出一个更为美观的景观。在雨水花园的沿边还设立了一些演示工作流程的标示，方便游客了解雨水花园的工作原理，具有一定的教育意义。该雨水花园系统管理了西南第12大道约68万升的年径流量。此外，模拟水流实验表明，该雨水收集池能够将25年一遇的暴雨径流强度减轻至少70%。

3.3.2 小结

对于线性空间，雨水花园的布置应该沿线展开。利用场地原有的地形坡度加以人工方式的作用，对雨水的流向进行一个引导。在雨水径流过程中，雨水花园能够滞留雨水，实现雨水的下渗。道路的线性空间污染物较多，所以应该选用对杂质及污染物吸附能力较强的植物。种植设计应与街道整体环境相协调。

3.4 阿普贝斯雨水花园

项目基地位于768创意园区，园区前身为大华电子仪器厂，是中华人民共和国成立初期156项重点项目之一，2009年改造为以知识创新、科研研发、设计创意为主的文创企业聚集地。

3.4.1 雨水花园应用

从屋顶下落的雨水经过排水管后进入弃流池进行初步沉淀，分为两个部分流走，一部分进入循环水景，另一部分通过台地的滞留、净化、下渗，汇入中心下沉花园。道路上的雨水从开口道牙经过台地净化，干净的雨水也汇入下沉花园。雨水花园的蓄水量有一定的限制，当雨水量超过其最大容纳流量时，过多的雨水通过溢流装置进入地下贮水池，雨后泵送回第二层台地循环净化，或用于植物浇灌、洗车等，场地内部雨水自行消解。在设计中，空间的使用功能也是重点考虑的内容，将雨水花园变得更加亲民，使人们可以近距离观察雨水花园的工作原理，使雨水花园具有教育意义，在满足功能需求和景观要求的同时，让人们更加了解雨水花园，成为一个满足人们求知的场所。水景设计尺度适宜，对净化后雨水的利用成为其亮点，潺潺的水声让人感觉放松，雨水花园的植物在满足功能需求的前提下追求雨水花园营建的艺术化。雨水花园对建筑屋顶及周边场地的雨水进行有效的渗透、滞留、净化、蓄积、利用、排放，对雨水进行管理。阿普雨水花园进行了新景观的微创新，雨水路径、台地、低维护植物、节能型材料和明快的色彩是其5个显著的特征。设计时注重雨洪设施的观赏性，使雨水花园更具艺术性。花园无处不体现出低影响、低成本、低维护的三低景观，形成技艺兼备的雨水系统，可观、可玩、可用的生态空间。虽然是低维护花园，也仍然需要定期地对植物和雨水系统进行维护，以保证雨水花园发挥其净化和收集雨水的作用。

3.4.2 小结

对于在公共场所人流聚集的雨水花园建设，管理雨水径流固然重要，但满足人们日常所需，为人们提供一个可以休闲娱乐的场所也是不可缺少的，人流较多的场地应更多考虑雨水花园的景观性特征，并且要时刻检测雨水花园的性能，需要定期对雨水花园进行维护，以确保雨水花园的功能性。

3.5 广州莲麻村生态雨水花园

位于广州市从化区莲麻村村委会附近。村委会前缺少提供村民活动的公共场所，南侧为废弃鱼塘，此处有很多的雨水口，雨水常常汇集在此处，垃圾也常倾倒在此地无人清理，严重地影响到村落环境和村民的生活质量。近期大力实施乡村建设，乡村盲目跟随城市建设特点，地面过度硬化，地面渗水程度不够，排水系统不全面，每逢雨季，地表径流大面积滞留，无法及时存蓄下渗到周边的自然土壤。设计中忽视必要的生态措施，将原有的自然选择留下的水循环系统破坏，由于硬质化造成地表水土流失、局域本底环境改变、本地植物凋零等生态问题。

3.5.1 雨水花园的应用

根据场地的特殊性和问题进行设计，岭南乡村有以水叙事的习俗，所以设计主题是想将人与水的关系拉近，场地处在村委会前，人的公共活动也是场地的一个重要的功能，在设计中探索乡村公共活动与生态景观的融合非常重要。人工湿地对生化耗氧量（BOD）、化学耗氧量（COD）、水质中的悬浮物（SS）有较好的祛除效果。当雨水流入雨水花园中进行下渗，对污染的雨水进行过滤，将其中的污染颗粒沉淀，对雨水达到净化的效果。其中起到最主要的作用的是雨水花园中的植物对污染物有沉淀过滤的效果。根据植物不同的搭配，在其根系中，可以形成好氧、缺氧、厌氧环境，有效地去除雨水中的生化耗氧量和化学耗氧量。

项目通过一系列说明将净化原理及过程以图文形式予以展示和讲解，将复杂的净化原理图形化，并对每种植物予以说明介绍，在实现雨水净化功能的同时对游客进行生态展示和生态教育，普及雨水生态净化知识，将科普融入场地之中，雨水净化过程的重要节点和过程均实现可视可读。生态雨水花园设计将与雨水对抗变为和谐共生，充分利用广州地区降雨充沛、气候湿润的特点，形成雨季、旱季差异性景观，将环境教育、生态示范与景观结合。

3.5.2 小结

在乡村建设中的雨水花园要考虑到村民的生活习性，为村民提供一个公共服务的场地，根据乡村本土的植物进行雨水花园的营造，将雨水花园的功能性体现出来，降低成本，方便后期的维护。

3.6 总结

本章分析了国内外雨水花园的案例，可以看出雨水花园在不同场地条件所涉及的手法均不同，发挥着不同的作用和属性，雨水花园的设计应该根据场地的特殊性进行适用于不同场地的方案。

第4章 雨水花园乡村建设中的设计要素

4.1 雨水花园的选址

雨水花园在选址时应该分析以下几点：场地的水文条件；场地的径流；场地的坡度及地形；场地的土壤条件。

建设雨水花园需要依据场地的水文条件。雨水花园中一个重要设计理念就是低影响开发，对场地的水文条件分析包括：划定流域和微流域面积、场地的水文信息收集及评价等。不仅要分析场地的水文条件还应对场地进行径流模拟分析，分析出雨水如何汇集和雨水汇集的区域，在雨水汇集和易发生积水问题的地区建设雨水花园，还要分析场地的坡度及地形，在现有的雨水管理设施中，下沉式绿地是一种比较常见的低成本设施。它通过低于地平面的地形来收集场地内及周边的雨水，并利用其存储雨水，起到对雨水短暂积蓄滞留的效果。场地的坡度选择应该对雨水的排水流向有着指导作用，雨水花园在选择位置时考虑地面坡度的走向，利用场地的坡度将雨水回流到雨水花园中。一般地面坡度分为两种：一是中间向两边排水；二是两边向中间排水，中间向两边排水就可以在场地一边设立雨水花园，另一边留下的雨水就通过各种人工措施将雨水收集到雨水花园中。第二种坡面则在街道中间设置雨水花园。同时，应考虑设置的下沉地形在不同时间段可以发挥不同的功能，如荷兰鹿特丹的水广场设计，下凹式的广场在晴天时是附近儿童最佳的游乐场所，场地地形有不同的高度，远远望去这些高差使场地更加有趣味性；每当降雨时场地就会发挥雨水花园的功能性，开始储存雨水，过滤雨水。综上所述，应综合考虑绿地布局与雨水设施，最后确定雨水花园的设置地。

4.2 乡村的空间构成

雨水花园在乡村建设中不仅要发挥雨水花园的雨水处理，还要根据乡村的空间特殊性进行合理的空间规划和空间的景观化，因此雨水花园的设置应该结合乡村建设的空间进行整体设计。乡村的基本空间形态是由一系列的滞留、半滞留性和通过式空间串联而成的复合性空间。在设置雨水花园时要考虑空间的连贯性与多变性，为了满足乡村的空间需求，雨水花园里的景观和布局应该更加有序，景观也应更加丰富，芦原义信曾提出外部空间可采用20～30米的模数，称之为“外部模数理论”，意思是说在外部空间每20～30米有重复的节奏感或者材质有变化都可以使空间变得更加丰富有趣。有很多乡村空间的规划一味地追求变化，将绿地随意摆放，无序地、无依据地划分空间只会显得空间杂乱无章，好的乡村建设在多变性上往往追求静中求变，空间秩序井然，有强烈的引导作用。

4.3 雨水花园在乡村建设中的景观材料选择

在绿地的景观设计中，基本目标就是给范围内居民提供一个舒适的聚集场地，满足生活娱乐的需求。要达到这一目标，那就必须要设计一个铺装活动广场。只使用普通的硬化铺装的方法，不能够使其达到雨水花园的要求，反而会增加表明积水，造成危险。所以在小型雨水花园的设计中应当选择透水性较好的硬化材料，如卵石路、植草砖和透水砖等。其次，雨水在地下还可采用发泡陶土等具有蓄水功能的材料来积蓄雨水，解决村落用水问题。在其他设施中可采用石笼、卵石、碎石等可降低雨水流动速度的材料来减慢地表的径流速度。目前，石家庄地区也刚刚引入雨水花园的设计理念，市民对雨水花园是比较陌生的，可在小型绿地内的雨水收集景观处设置展示牌提高市民的环保意识。通过展示净化设施，使公众可以更直观地了解雨水花园对雨水的净化过程和效果。

因为雨水花园中设计雨水下渗时间一般不得大于48小时，在这一时间内植物会经历长时间的水淹，所以选择植物时要注意选择具有一定抗涝性的植物。除此之外，植物还需要有抗旱性。石家庄降雨一般发生在7～8月，一年中多数时间以干旱气候为主。并且，北方冬天比较寒冷，也得考虑植物的越冬性能。应该优先选择石家庄本地植物，这些植物可以很好地适应本地的气候条件，不需要复杂的养护就可以快速存活。在进行植物的选择时还应该考虑植物的季节景观效果，少使用单季生长植物。以石家庄为例，可选择黄菖蒲、千屈菜、鸢尾、白桦、月季、大叶黄杨、木槿、金枝国槐、垂柳、金枝国槐、大叶女贞等植物。

第5章 河北省承德市兴隆县郭家庄雨水花园设计应用研究

5.1 项目概况

兴隆县地形主要以山地为主，总人口达到32.8万人，其中农业人口占比77.1%，少数民族的人口也达到了3万余人，是北京、天津、唐山、承德四座城市的重要衔接点，与北京接壤113公里。

郭家庄村地属兴隆县的南天门乡，从南天门乡向东2公里即可到达，是当地的少数民族村，是很典型的深山区村庄，总面积9.1平方公里。现有耕地0.45平方公里，荒山山场4平方公里。年平均气温在8摄氏度左右，气温变化大。村域范围内有一条发源于南天门乡八品叶村的河流贯穿全村南北，在南天门乡大营盘村汇入澈河。山地地形主要是由早期地形运动造成，主要岩石种类为石灰岩、花岗岩、片麻岩、玄武岩、砂岩和页岩等。受坡积物及河流两岸的冲积物影响，水肥条件良好，植被覆盖率较高。周边村落大致都分布在中山、低山地带。郭家庄村周边片区植被覆盖率极高，远望一片青绿色，山楂、板栗产业种植基础雄厚，村域内退耕还林680亩。

郭家庄村共有居民226户，人口数量达到726人。其位置距清朝东陵不到30公里，所以早在清朝年间就被划为皇家的“后龙风水”，并设为禁区。大清灭亡后，守陵人后裔便来此生活，主要是郭络罗氏，后更名郭氏，自此便有了郭家庄。民国之后，作为满族文化村落与汉族不断融合，全乡满族比例逐渐减少至28%，但至今仍保留着一些满族人的生活习俗和文化特色传承，如饮食习惯、剪纸等。民居院落以一合院、二合院为主，属于北方传统合院。每户院落内部面积较大，除了布置堆放农具、仓储杂物和厕所的功能，村民还在院落内种植果树、葱、玉米等农作物，布置水井、地窖，饲养牲畜。郭家庄是典型的城郊型农村，分布于城市周边，受城市文化影响强烈，是城市的后备空间。村民受教育程度略高于其他村落居民。

现在村里主要的景观要素有南天博园、VR体验中心和112国道。南天博院带来的主要的受众人群为高端的艺术人群，提供艺术博览和休闲等相关服务，应当在设计中营造出较为文艺、安静的氛围，能够让这类人群到达郭家庄有地方歇脚，享受自然，更深切地感受郭家庄的文化，促进人群在郭家庄消费，提升郭家庄的经济收入。

VR体验中心主要是面向年轻的村民及游客开放，主要提供娱乐休闲等服务，应当结合农业体验和场景教育进行设计，让人们到达郭家庄有更多的东西可以体验，贴近自然。

G112国道主要带来的活动人群为道路使用者和郭家庄村民，应增加饭店、公厕的建设，让更多的过路人有机会接触到郭家庄，更好地推广郭家庄。根据现有的条件分析人群，根据所需进行设计，更具有针对性，要在满足现有人群和村民的需求下扩展设计，挖掘潜在人群，提高村民生活水平，带动村落经济发展。

村庄整体被112国道分割，村南村北联系较少，村民享受的基本服务差异较大，村北的村民能够使用的服务设施较少，现建有南天博院和VR体验中心，缓和了局面，但是远远不够。112国道来往的大车较多，速度非常快，较为危险，村民想要通过国道来往危险系数大。

村落景观缺乏主题。山体宏伟，但是没有良好的规划。路线规划不够明确，虽然建筑形式简单，但是整体面貌看起来较乱。没有重点的景观规划和辅助景观规划，线路缺乏趣味。河道在非雨季情况下易储存垃圾，不美观。村民文化水平相对落后，不知道如何更有效地利用资源获利。根据和村民的聊天了解到，现在村落里在进行退耕还林，一些养殖业也被取缔了，而普遍村民文化水平不够，不知道如何在新型乡村建设中获取利益。留守村民较多。在现场调研的时候发现，村里的年轻人大部分都不在村里居住，现有的基本上是一些老人、幼童及妇女，大量年轻劳动资源的丧失，导致村落发展缓慢。

5.2 总体理念

如何打造一个独特的、有自己文化特点的村落？如何引导村民发展经济、提高村民的生活质量？如何更大范围地去发展村落？如何可持续发展，为村落注入年轻的力量？

5.2.1 设计目的

通过设计，将村北和村南连接起来，方便村民更安全地来往，提升村北的生活水平。村庄由一条112国道分割，可以明显地看出村北的服务设施较为落后，村民居住率较低。新建的南天博院与VR体验中心，分别建于村南和村北，缓和了村庄分割的现状。

以满族的艺术为主题，发展特色村庄。因为南天博院和体验中心的建立，使其艺术氛围浓厚，村落又是一个满族村，发展满族的艺术最合适不过了。

将农田景观化，合理运用地形与现状条件，将农田进行设计，使其有序、美观，将村庄南北景观联系在一起，形成一个整体。将资源生态化，可持续利用，建立雨水花园、生态明沟、人工湿地、透水铺装等，保护生态环境，将资源充分利用。建立花园式天桥，将村北村南连接起来，打破国道将其分割的格局。

此次设计我们将尚白、刺绣、剪纸、戏曲这四样最具有满族代表性的元素融入郭家庄的改造当中。白色被满族人赋予了丰富的情感想象，满族人通过白色在对象世界中肯定自己。满族自古就把白色作为尊贵的象征，并保留了尚白习俗。满族刺绣来源于古代满族祖先女真人在渔猎生活中的皮革绣。后来满族改为农耕生活，皮革绣被纺织品刺绣所取代，但满绣的针法仍然保留了皮革绣的很多工艺。满族剪纸依附于满族民间特定的文化背景与生活环境，在艺术上具有自己特定的语言和风格。新城戏是在久远的满族民间的说唱艺术。

当地的农业生产也会是本次设计的重点之一，当地的主要农作物有玉米、大豆、谷子、高粱、板栗和山楂等，而且兴隆县也被称为中国山楂第一乡，具有重要的代表意义。居民生活和相关配套设施也需要在此次的改造中进行完善，提高当地村民的整体生活水平，广场、运动场、图书馆、诊所和农田等都需要全面升级改造。

5.2.2 主要设计内容

长廊图书馆——郭家庄满族艺术文创店，该区域总占地面积约为2.1亩。主要面向当地村民和游客，主要功能是为来此参观的人群提供一个能够安静享受自然，享受郭家庄文化的场所。为向往安静、安逸生活的人群提供一个歇脚之地。在文创店里可以体验满族的艺术文化，亲自动手去刺绣、去剪纸、学习满族的文化艺术，增强带入感和体验感。图书馆只设计一个入口，入口前设立蜿蜒的长廊，四周种了小型的竹林，巧妙运用欲扬先抑的设计手法，同时也为小路提供了一个较为安静私密的空间，将人们从乡村热闹的氛围引入到图书馆安静的氛围。中间没有花园，人们可以在此处阅览，可以让人们更加亲切的贴近大自然。文创店通过该种方式吸引消费，增强带入感。

儿童游乐园，该区域总占地面积约为1.9亩。主要面向希望小学学生及随家长来此游玩的孩子，为小朋友提供一个具有教育意义的游乐场所，在游玩中学到知识。中间区域设计为一个空旷的开放空间，建立有趣的游乐设施，可以让小朋友在此自由的活动，促进城乡小朋友之间的交流。让城里的小朋友了解乡村生活，让乡村的小朋友了解城市文化。在乐园西侧设立一个搭建动手平台，让小朋友在此增强自己的动手能力，了解满族文化艺术。北侧设立亲子互动区，内部设有休息平台，可以方便家长之间的交流和看护孩子。

创意体验农田，该区域总占地面积约为2.3亩，主要面向来此游玩的儿童。通过孩子自己切身体验农田的种植、采摘，来了解农田种植的知识，提升孩子的课外知识水平。农田主要针对儿童体验，为了安全考虑，选在较为平整的地区。用丰富的色彩吸引儿童的注意，创造乐趣。在中央设有休息平台，促进交流，休息平台的挡板由凸显满族文化的浮雕墙组成，让人们在休息的同时，了解满族的文化艺术。

梯田式花园农田，该区域总占地面积约为2.6亩，主要面向来此游玩参观的游客。美化乡村景观，供游人体验农田乐趣。梯田依山而建，根据山势分区建设。用石子与混凝土建设挡土墙，挡土墙上雕刻富含满族文化元素的纹理，让游客在游玩的同时进一步了解满族文化。

第6章 结语

6.1 主要研究结论

郭家庄雨水花园的设计、建设雨水设施的设计理念可以进一步推动国家生态文明建设的步伐。从设计本身出发，端正设计态度，从简单的基础设施到宏伟的道路桥梁设计，能够将雨水花园中保护生态的精神融入郭家庄的改造中，才是对郭家庄真正的改造，未来才能真正成为各个村庄改造的范本。

6.2 展望

在乡村改造过程中的可持续发展和生态保护问题慢慢地走进人们的视线。如何将两者更好地融合到一起是设计师需要考虑的问题，不能够片面的追求设计潮流。要结合好当地的风土人情，更要认识到环境保护的重大历史意义。只有这样才能够使乡村改造走上良性的可持续发展道路。

参考文献

1．学术期刊

[1] 王淑芬．技术与艺术的完美统一——雨水花园建造探析．中国园林，2009（06）．

[2] 史晓蕾．小型绿地景观设计中融入雨水花园概念的思考——以石家庄为例．城市建筑，2018（05）．

[3] 洪泉．从美国风景园林师协会获奖项目看雨水花园在多种场地类型中的应用．风景园林，2012（01）．

[4] 刘佳妮．雨水花园的植物选择．北方园艺，2010（17）．

[5] 王佳．雨水花园植物的选择与设计．北方园艺，2012（19）．

2．学位论文

[1] 陈思怡．雨水花园景观设计的研究．吉林农业大学，2017．

郭家庄满族文化艺术乡村建设研究

The Construction of the Manchu Culture and Art in Guojiazhuang

基地概括

郭家庄交通便捷，112国道横穿郭家庄，距北京、天津、秦皇岛等地距离适中。自然资源丰富，环境优美，周围青山环绕，乡风淳朴，历史文化底蕴丰富。艺术氛围和现代气息浓厚，建有“南天博院”和“VR体验中心”。郭家庄为城郊型村落。

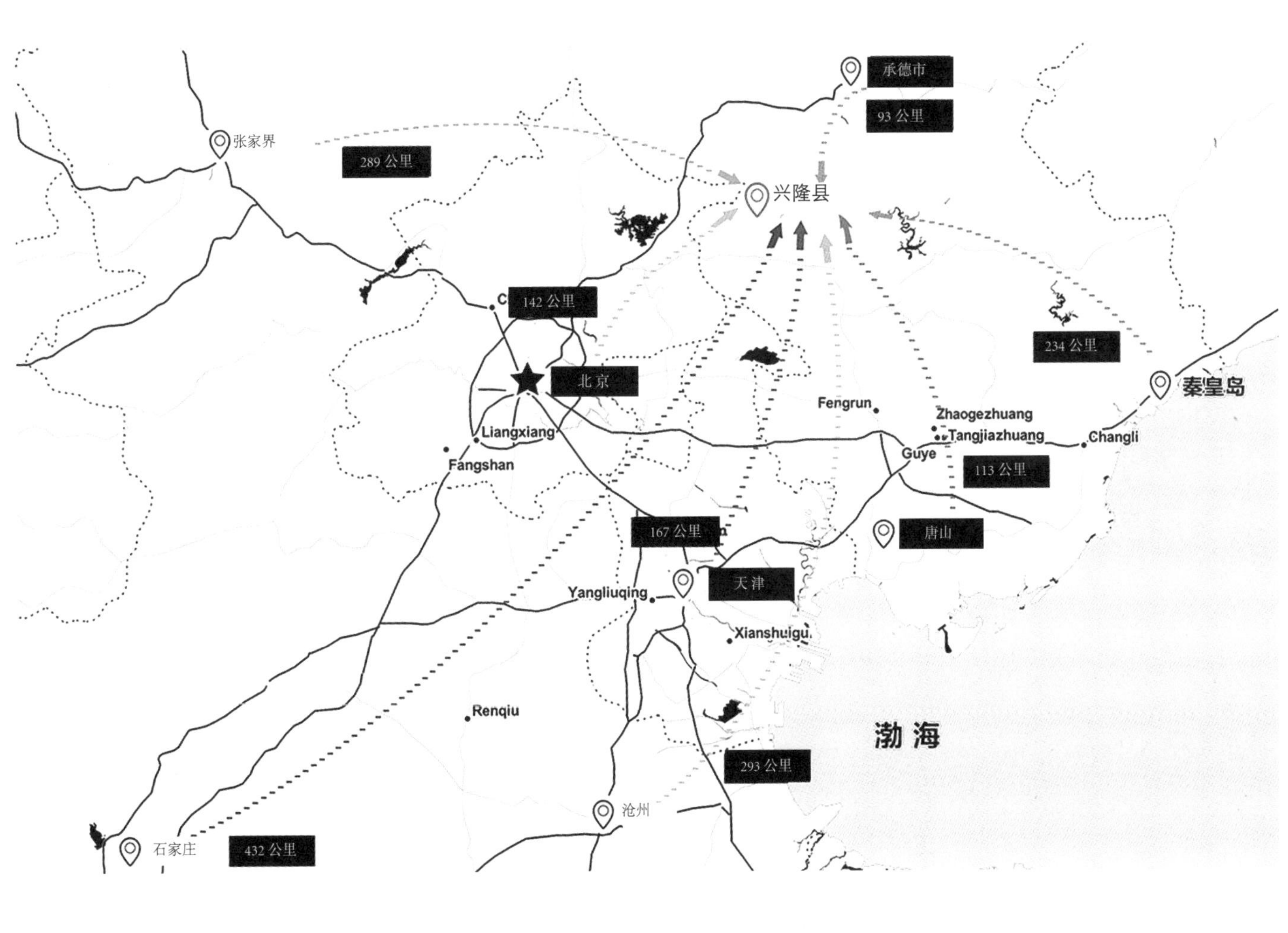

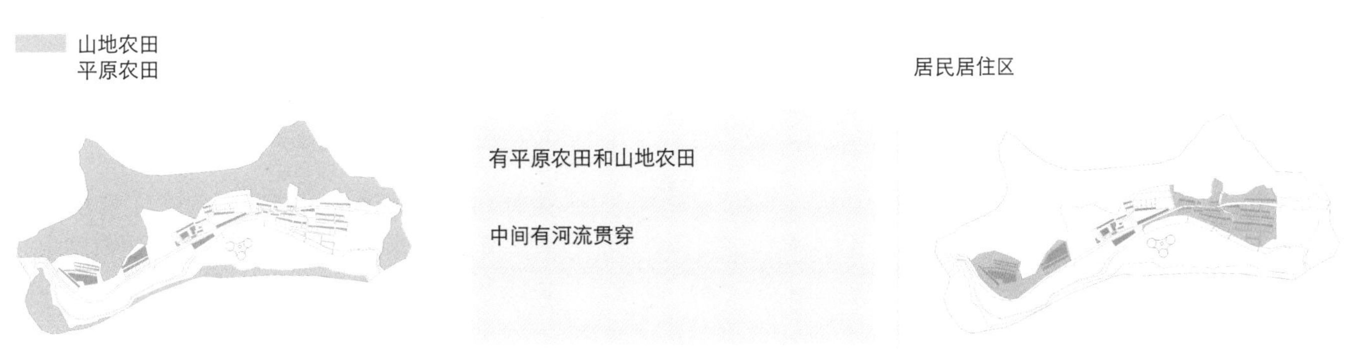

功能性建筑

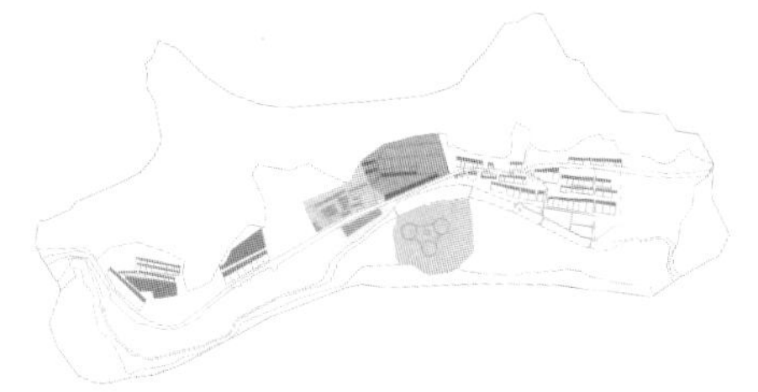

村落路线

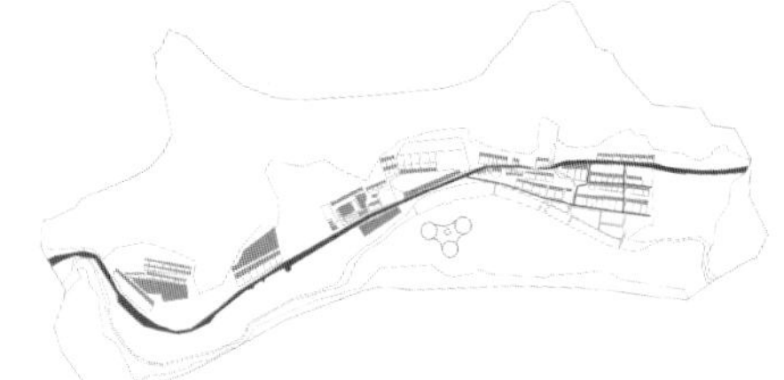

村落河流

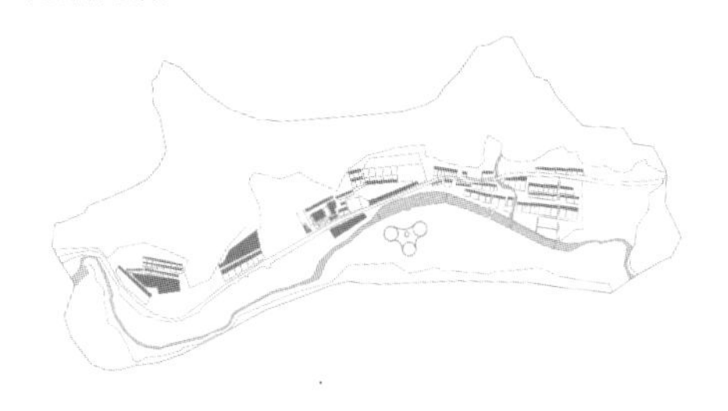

1．村落景观

村落景观缺乏主题，没有可以足以吸引到游客的点。村落山体宏伟但缺乏驻足观看景观的节点，以便于让游客轻松地观看到景观。路线规划不够明确，虽然建筑形式单一，但是整体面貌看起来较乱。没有重点的景观规划和辅助景观规划，线路缺乏趣味。河道在非雨季情况下易储存垃圾不美观。

2．村民文化水平落后，无法从中获益

根据和村民的聊天了解到，现在村落里在进行退耕还林，一些养殖业被取缔了，而普遍村民文化水平不够，不知道如何在新型乡村建设中获取利益。

3．留守村民较多

在现场调研的时候发现，村里的年轻人大部分都不在村里居住，现有的基本上是一些老人、幼童及妇女，大量年轻劳动资源的丧失，导致村落发展缓慢。

重点：如何打造一个独特的、有自己文化特点的村落；如何引导村民发展经济、提高村民的生活质量；如何更大范围地去发展村落；如何可持续发展，为村落注入年轻的力量。

以满族的艺术为主题发展旅游。

郭家庄作为一个历史悠久的满族文化村庄，保留了很多的满族文化特色和生活习性。

正在建造的有南天博院和VR体验中心，艺术氛围浓厚，现代气息也很强烈。

将这两个点的艺术氛围延伸到村落的特色旅游上，专门展示和发展满族的艺术文化，将村庄打造成一个艺术氛围浓厚的村落，区别于其他的满族旅游村落，更有村落的发展特色。召回年轻人回乡创业，发展艺术类文创产品，将郭家庄打造得更加年轻，以更年轻、更艺术的方式展示郭家庄传统文化，发展郭家庄。

很多村民会制作满族原始的刺绣、剪纸等艺术类产品，应引导村民借此在此项目中受益。

人群来源

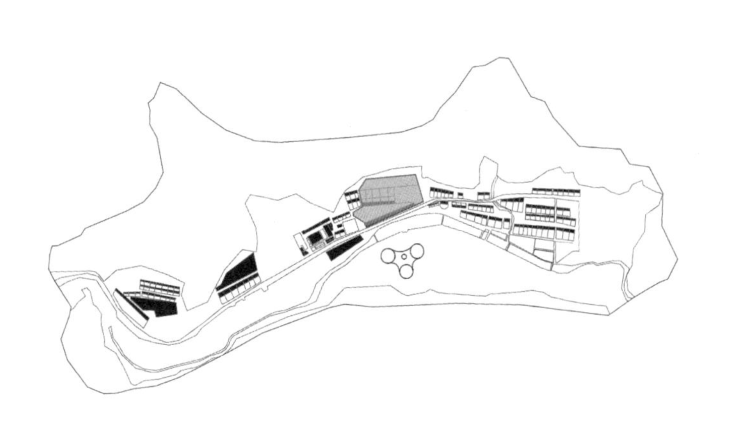

名称：南天博院

受众人群：较为高端的艺术人群

所需服务：艺术休闲

相应设计：较为文艺安静的场所

设计目的：让这类人群到达郭家庄有地方歇脚，享受自然，更深切地感受郭家庄的文化，促进人群在郭家庄消费，提升郭家庄经济收入。

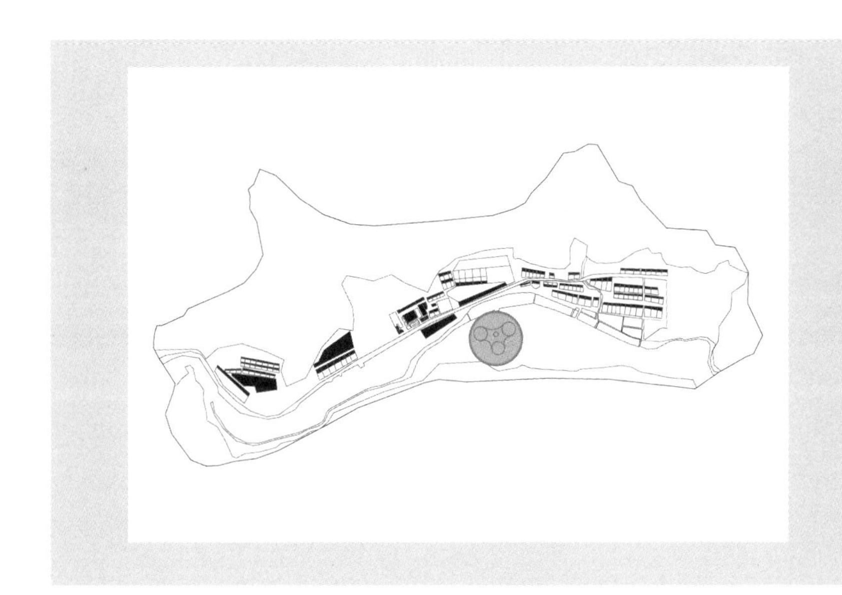

名称：VR体验中心

受众人群：各个层面的人

所需服务：娱乐休闲

相应设计：农业体验感强、有一定教育意义的场所。

设计目的：让这类人群到达郭家庄有更多的东西可以体验，贴近自然。

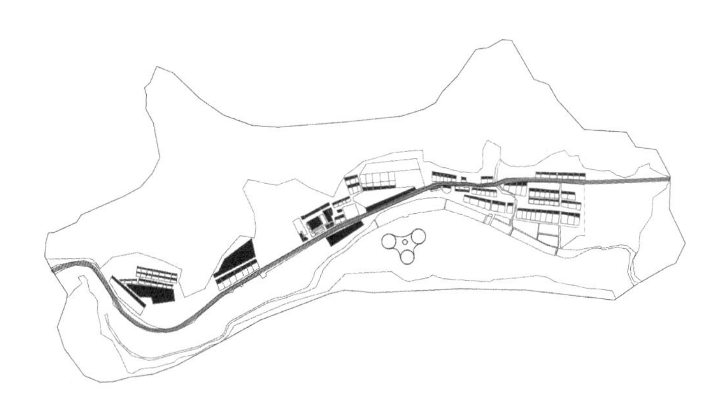

名称：G112

受众人群：过路人

相应设计：饭店、公厕

设计目的：让过路人接触郭家庄，更好地推广郭家庄。

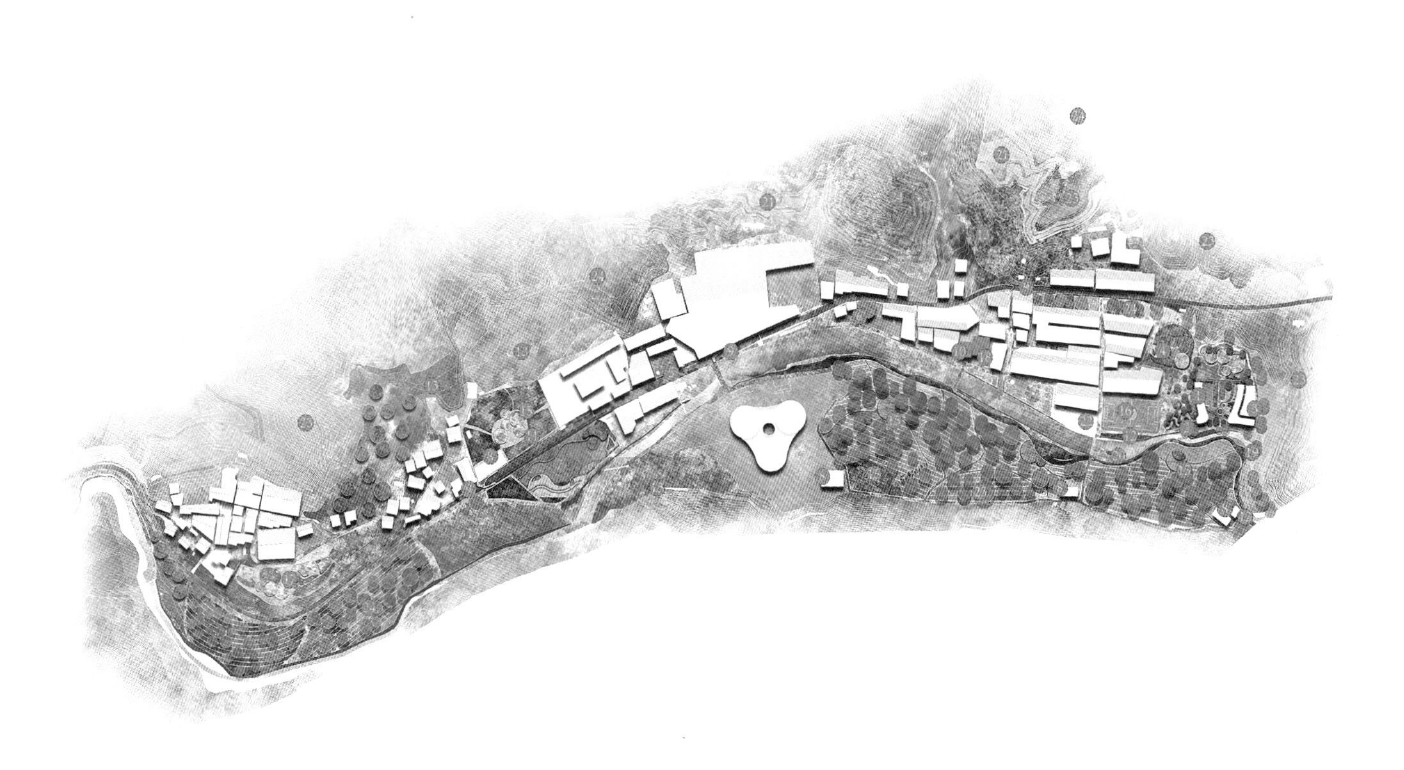

总规划平面图

自然山水郭家庄建设中的设计应用研究

Design and Application of Natural Landscape Garden in Rural Construction of Guojiazhuang

吉林艺术学院　阚忠娜
Jilin College of the Arts
Kan Zhongna

姓　名：阚忠娜 硕士研究生一年级
导　师：刘岩 教授　唐晔 教授
学　校：吉林艺术学院
专　业：艺术设计
学　号：171207298
备　注：1. 论文　2. 设计

自然山水郭家庄建设中的设计应用研究

Design and Application of Natural Landscape Garden in Rural Construction of Guojiazhuang

摘要：古往今来，乡村是我国乡土文化的载体。我国地域广阔，乡村的人口数量及村落面积远远大于城市，具有长远的发展建设空间。其中山地乡村占地面积最为广泛。但乡村建设总体上仍处于探索阶段。本论文的根本意义在于，探究地域性的山地乡村景观改造策略，进行乡村建设。以自然水园林为理论指导及思路来源。同时探索属于自然山水园林的现代之路，因此，本文以“人”为出发点，用客观的思维方式切入，就中西方思维方式的差异剖析自然山水园林。从本质上解读中国传统园林和现代风景园林。解决在研究中，郭家庄乡村建设的改造策略和方法，具体包括农田景观、人居景观、设施改造和人文历史挖掘等。

关键词：自然山水园林；乡村建设；乡村景观

Abstract：Through the ages，the countryside has been the carrier of our country's local culture.Our country has a vast territory.the number of villages and the area of villages are far larger than those of cities.it has a long-term space for development and construction. Among them，mountainous villages occupy the most extensive area.However，the rural construction is still in the exploratory stage in general.The fundamental significance of this paper is to explore the regional landscape reconstruction strategy of mountainous villages and carry out rural construction.Taking natural water gardens as theoretical guidance and thinking sources.At the same time，it explores the modern road of natural landscape gardens.therefore，starting from “ people”，this paper uses objective thinking mode to analyze the differences between Chinese and western thinking modes of natural landscape gardens. Interpretation of traditional Chinese gardens and modern landscape gardens in essence.To solve the problem in the study，the reconstruction strategies and methods of Guo jiazhuang village construction include farmland landscape，residential landscape，facility reconstruction and excavation of human history.

Key words：Natural landscape garden; Rural construction; Rural landscape

第1章 绪论

1.1 研究背景

从乡村建设概念开始盛行，我国很长一段时间目光向外，喜欢国外的文化、风景、建筑等，但我们自己的乡村同样具有自己独有的民族文化和自然景色。所以应该提升及完善我国自己的特色乡村，让民族自豪感和自信心得到由内而外的提升。

1.1.1 中国乡村特征

（1）农村地广人稀，风景优美，以农业生产为主，决定了农村和城市的区别。机械化生产程度不高，农业人口比率高。农村多数人口与农业生活朝夕相伴，乡村地广人稀的特点颇为明显。

（2）家族聚居的现象较为明显，工业、商业、金融、文化、教育、卫生事业的发展水平较低。以小农经营的自然经济为主。

（3）乡村蕴藏着丰富的乡土建筑资源，一般认为乡土建筑通常是没有建筑师的建筑，就地取材，风格自由，民间独创。但伴随着生产方式的转变、社会分工的演变，农村面临着大量乡土建筑的保护难题。众多农舍废弃不用，传统材料和传统修复工匠的匮乏也意味着修复农业建筑将付出更多的时间和经济代价。

（4）乡村可以发展成为独特的风景旅游区，随着经济的发展、生活方式的改变、人们思想的转变，很多人宁愿生活在农村，而不愿意生活在城市。乡村本身面临着巨大的改变。

1.1.2 中国乡村存在的问题

(1) 产业碎片化，规模小。没有集群性的项目。

(2) 产品类型单一，同质化严重，缺乏文化内涵和设计上的创新，在发掘当地的民俗风情、提高活动的娱乐性和游客的参与性等深层次开发方面还做得不够。缺乏精品，缺乏体验和休闲项目，缺乏文化内涵，地域性、个性化特色不突出，难以满足有游客的深层次需求，使得游客重游率底，消费支出受抑制。

(3) 乡村建设变相城市化，农民被边缘化。农民参与乡村建设是乡村建设的一项重要标志。只有让农民参与乡村建设，才能从根本上增加农民收入，增加农民就业机会。

(4) 文化特色浅，文化积淀薄。乡土文化流失，如古老而神秘的祭祀礼仪、优美动人的传说故事、别具特色的乡间民谣，反而在形式上刻意追求戏剧效果，破坏了民俗的质朴本色和文化内涵。

(5) 发展格局低。利益协调差。经营水平低，管理难度大。乡村建设的经营者和管理者大多是农户和村镇领导，他们大多数未受到正规建筑专业和园林景观专业的知识理论培训，致使相应的设计及审美能力低。

1.1.3 乡村的振兴

伴随着我国人民意识的觉醒和对环境优美及舒适度要求的大幅度提高，农村建设会变得越来越重要，乡村建设是乡村社区振兴的切入点，它可以更好地维护历史古迹，保持乡村历史特征。通过乡村建设提高当地就业率和弘扬社区精神。聚落的兴衰与中心的兴衰有很大联系，这是一个因人气积聚而盛、而繁荣，也随人气之减而颓、而衰退的公共活动演变历程。农业规模的萎缩迫切地需要青年找到新的事业起点，老年人蕴藏的历史内涵也亟待挖掘。多层次的交通体是乡村建设的重要内容，一些优美的乡村地处偏僻，区内弱势群体出行困难，外界人员也无法顺利到达。我们可以通过铁路及公路增进乡村的便利条件。随着河北省委、省政府在全省范围组织关于美丽乡村建设的“四美五改”行动，承德市出台《中共承德市委承德市人民政府关于大力推进美丽乡村建设实施意见》，要求加快承德城乡统筹发展，推进农业现代化，让村民富足的政策的实施、众多部门的努力，会加快乡村的振兴。

1.1.4 优秀的小镇应该怎样做成

(1) 一年四季皆有景，让游客来有可来。

(2) 要以当地自然景观为主，依托自然环境，其次是休闲运动、农业、名胜古迹、艺术活动、购物。创造人与自然共融的和谐氛围。

(3) 不做同质化、定位混乱的项目，要独一无二，有自己的特色。

1.1.5 新一代小镇要如何走下去

(1) 新一代小镇应该是智慧的小镇，信息化匹配城市资源（水、电、油、气、交通、公共服务、防火措施），要有实质意义上的生活方式上的进化。

(2) 要绿色，保护环境，可持续发展。

(3) 要有生命力及包容性。

1.2 研究的目的和意义

1.2.1 研究目的

通过对自然山水园林景观系统的学习审视自己的设计问题，通过总结归纳经验与教训，将实践经验在理论的指导下进行整理、分类、归纳、提炼，得出自己对自然山水园林景观学科理法的认知和见解。通过实践反思理论，使理论体系更加丰富，浅显易懂，从而做出有着民族特色、地方风格且结合现代社会休闲风格的园林景观特色小镇。

(1) 总结自然山水园林景观设计的理论知识，探索乡村旅游的新思路、新途径。

(2) 针对目前乡村旅游发展现状，结合天然山水园林景观设计理念进一步探索如何有效合理地规划设计特色小镇。

(3) 以特色小镇为出发点，将其作为乡村旅游开发和乡村自然景观的结合点，促进乡村旅游景观规划设计的理论体系。

(4) 探索总结自然山水园林景观设计的实践方法，促进以游憩、旅游、休闲、娱乐为主导的景观环境向宜居、宜游且生态的方向可持续发展。

(5) 探索性构建以自然山水为理论基础的园林景观设计，促进量化评估体系，帮助乡村景观资源的合理利用。

1.2.2 研究的意义

通过对自然山水园林理论的研究使其在实际生活中具有应用价值。将自然山水园林的理论进行归纳和总结，并应用于河北省承德市兴隆县郭家庄乡村建设中。

在我国乡村建设如火如荼进行的同时，在传统文化的继承和西方文化的影响下，本土乡村特色小镇“特色”并不明显。规划人员照搬西方设计师的设计理念和设计手法，对西方园林理论和形式“生吞活剥”，抄袭成风，设计流于形式。“形式主义”严重缺乏内涵和本土特色，且对当地自然资源造成了破坏。反观西方国家都已经开始从自身的传统园林中汲取营养。随着社会的发展和当代环境的变迁，我们也应该重新审视中国传统园林。以“现代”的视角和分析手法出发，结合现代的审美、功能、形式等方面，借助创新使中国传统园林融入现代乡村建设的生活环境中去。

1.3 国内外研究现状

1.3.1 国外研究现状

西方造园历史可以上溯到旧约时代。

人类的祖先，在没有一切罪孽之前，是住在“伊甸园”里的。那里“各样的树从地里长出来，可以悦人的眼目，其上的果实好做食物.....”——《旧约全书》

直到古埃及和古希腊时期，园林景观仍处于萌芽阶段，当时的人们是为了更好地生活，同自然界的恶劣环境作斗争。

西方的园林活泼、有规则，充斥着热烈与奢侈，讲究完整性，追求以几何形的组合达到数的和谐，讲究外在形式美，以认识论处理人与自然的关系，强调人定胜天，认为自然美是有缺陷的。为了克服自然美的缺陷以达到完美的境界，就必须凭借某种理论去提升，进而满足艺术美的高度，提出了形式美。

欧洲建筑体系以古希腊、古罗马为代表，西方人民欣赏以法国为代表的规则式园林，并逐步形成了独具魅力的西方园林景观。随着社会形式的不断变化，以特权阶级生活而衍生的园林景观退出历史舞台，适用于平民阶层的园林继之而起，关注乡土风景意识逐渐提高。继而风景式造园思想经道宁和奥姆斯特德两人得到提倡。

现在，为了改善日趋严重的人口大量涌入城市、城市绿化逐年减少的现状，人们对天然公园的发展寄予厚望，就如同他们渴望回到失去的乐园那样。

1.3.2 国内研究现状

我国造园具有悠久的历史，在世界园林中树立着独特风格。中国园林是由建筑、山水、花木等组合而成的一个综合艺术品，富有诗情画意。而自然山水园作为园林景观的一个分支，理论研究丰富。我国古代自然山水为主的造园风格的出现是在战国时期。那时的生产力比春秋时期有了显著提高，统治阶级需要享乐。相关记载主要出现在地方志和古典文籍中。此类文章会对自然山水的背景、特点、产生的原因等进行记载和描述。例如《六朝园林美学》便详述了自然山水园中山林园的基本特点。近年，随着乡村旅游业的逐渐开发，相关精品设计需要理论联系实际。自然山水的设计理论和手法将会被广泛借鉴和学习。

1.4 研究内容

我国自然山水园以艺术化的方式呈现着宇宙间的时空结构，深刻地表现着审美者个体生命的价值在宇宙时空的地位，在个体的生命过程与整个宇宙过程的关系探索思考过程中，与自然、景观、环境结合，对自然山水园的理论和设计手法进行研究。

通过研究自然山水园林美学，对中国古代园林的思想根源性问题进行探讨。园林不仅仅是一种山石、林泉、建筑的艺术表现形式，还是一种中国古代文化思想的物化形态，更是文人生命存在的一种理想方式。应该本于自然而高于自然。

1.5 研究方法

本文的研究方法包括：文献研究法、比较分析法、案例研究法、实地调研法、归纳分析法。

文献研究分析：阅读国内外文献及相关领域的研究及成果，通过归纳、总结、分析、比较等方法获得理论知识。

比较分析：提出创新可行性高的设计方法，理论联系实际，提出创新。

实例分析：查看分析国内外相关落地项目，总结优缺点，思考可行性及社会适应性，加以改进和发展。

实地调研：运用实录图像、绘图、观察、统计等多种方式全面深入地进行实地调查，收集现状资料。

归纳分析：理论与实践结合，用理论知识指导实践，在设计中提出新的设计方法，解决问题。

1.6 研究基础

希望通过收集资料，形成论点、论据，确立中心论点。了解自然山水园理论，奠定理论基础。进行相关工作和研究准备，对郭家庄进行实地调研。

1.7 论文框架

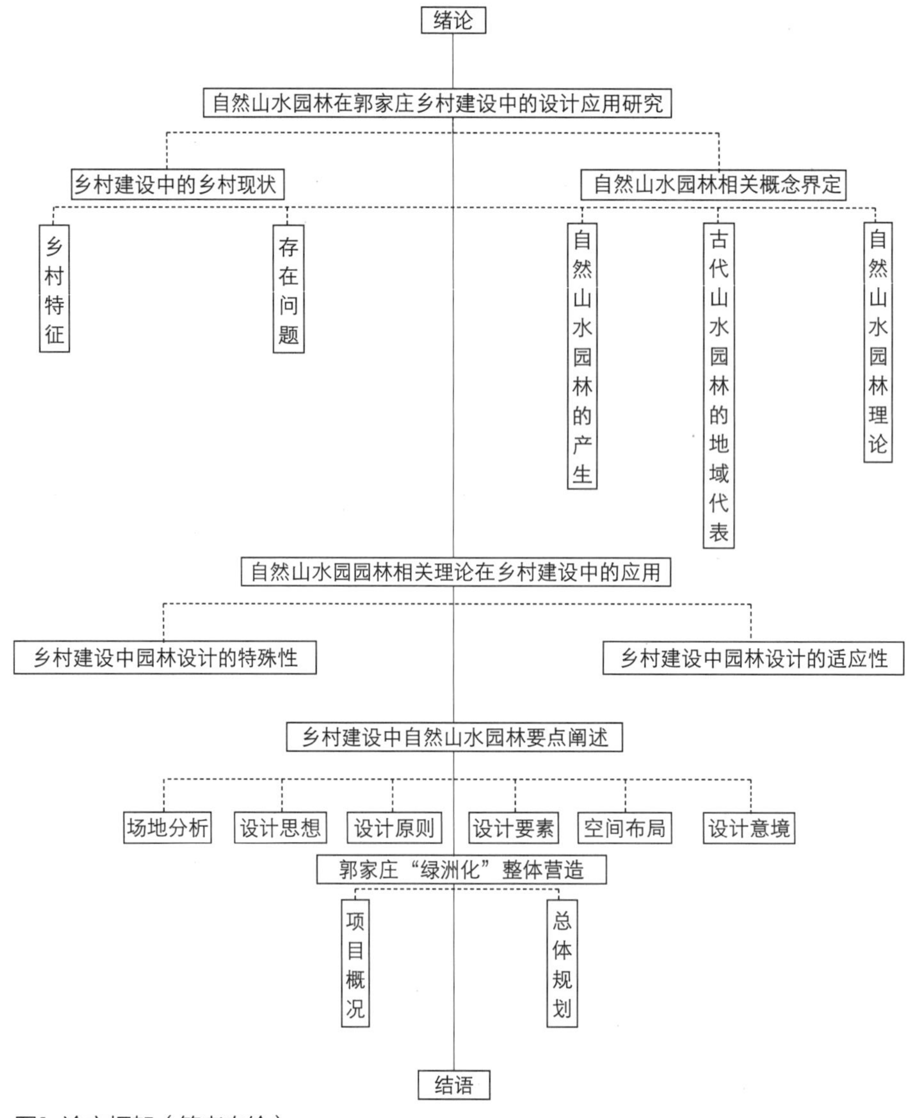

图1 论文框架（笔者自绘）

1.8 预期结论

笔者希望通过阐述中国自然山水园林，对比真实景观建筑案例，论述中国自然山水园的景观形态要素在其中的实践运用，为现代景观建筑的设计提供新的灵感来源与理论支撑。

中国自然山水园，作为亚洲一支古老的园林体系，希望可以研究其理论基础和支系脉络，并加以创新利用。通过植物材料的选择与山体地形要素的分析，结合经典的古代园林和现在园林景观的实例，反思和展望未来的发展趋势。实现经典与现代的结合。通过实地调研、文献分析、理论与实践结合、实例分析，提出创新可行性高的设计方法并且深思天然山水园在乡村建设中的特殊适应性及必要性。通过天然山水园的设计方法解决人与自然、人与土地的关系和矛盾。

第2章 自然山水园概述

2.1 自然山水园产生的背景

2.1.1 古代的自然山水园

中国的自然山水园，有着它独特的艺术风格，是中国民族文化遗产中的一颗明珠。在历史的演变中产生了一系列的技术高超、艺术精湛、风格独特的天然山水园，在中国的园林史中因为它自身独有的魅力和与众不同，使得它在世界上独树一帜，是中国古代灿烂文化的重要组成部分，是全人类宝贵的历史文化遗产。同时它也是一种可供人观赏的艺术，给人以美的享受。中国园林景观艺术是中国灿烂的古代文化的组成部分。它是中国古代劳动人民智慧和创造力的结晶，也是中国古代哲学思想、宗教信仰、文化艺术等综合反映。

中国古代园林自囿苑始，已有3000余年的历史。殷周开始，殷周时期以囿的形式出现，秦汉在囿的基础上发展了以宫室建筑为主的建筑宫苑，晋代由于出现崇尚自然和向往田园生活的风尚，深深地影响了园林的发展，从而产生了一种新的园林形式，称为自然山水园，中国园林艺术充分体现了“天人合一”的哲学理念，体现了人与自然相适应、在自然中求生存、求发展的思想。造园技法上追求“虽由人作，宛自天开”，运用障景、隔景、透景、框景等多变的造园手法，可谓步移景异、动静变化。宋代以后，因人文画的兴起，文人喜用山水画构图营造园林意趣，丰富人们的精神追求和文化志趣，形成现在能见到的自然山水园。

2.1.2 自然山水园的产生

自然山水园林的形成可以大致分为三个时期。首先是“自然时期”，那个时候人类进入奴隶制社会，因为生产生活的转变，由狩猎渔猎变为种植定居，需要一定的活动范围，解决生活活动问题。另一方面，王侯将相、达官显贵需要地方进行娱乐游戏嬉戏，其中包括“狩猎”活动。而山丘林茂、水草丛生、环境优美的宽阔之地就会被选择为狩猎活动的地方。这种有着植物，以及人类圈养的动物的地方就发展成了“囿”，它是自然山林原始状态的存在，慢慢地配合贵族需要，增添了观赏性植物和人工山水景色，也就慢慢具有了“园林”的性质。

然后就是唐宋时期，它是中国古典园林的形成时期。经过东汉、三国、魏晋南北朝到隋代的慢慢探索和发展，至唐代出现了一个兴盛的局面。和历史发展同步，由于疆域的扩大、经济的发达、民族的融合促进了文化艺术的发展，唐代自然山水园林的发展达到了一个空前繁荣时期，这个时期的特点是在苑囿的营建中迎合主人的审美情趣，加入了游乐和赏景的功能，比如迭石造山，凿池引泉，布局关系变得越来越贴近生活，有休憩、游赏、宴乐等功能。值得一提的是中国山水写意画的发展是与中国的天然山水园发展同步的，中国园林的形成是造园和文学、绘画的结合。

最后迎来了自然山水园的全盛时期。在朝代的更替中，多个朝代都选择在燕京一带兴修皇家园林。金代更是从开封运送大量的奇花异石为自建园林装填布置，明代及清代初期，天然山水园达到了它的全盛时期。这个时期的园林在功能、形式、艺术上趋于成熟。如颐和园、苏州街，以及圆明园原来的买卖街，内部功能可以囊括所有活动，功能的多样化，自然扩大及发展了园林营造。这个时期的园林形式也是多种多样的。此阶段的园林吸收了各地区的地方特点和各民族的民族风格，南北园林艺术交错融合，因地制宜加以改造，使得园林营造变得高度艺术化，水体、种植物、石头等元素的排列组合变得越来越成熟，其部署和样式也达到了和谐统一，这个时期的园林艺术达到了中国造园思想的高超境界。其造园理论成熟的标志是明代崇祯时江苏吴江人计成《园冶》一书的问世。其次，大批造园艺术家的诞生，如清代李渔（笠翁），造园家张南垣父子。

2.2 古代自然山水园的地域代表

2.2.1 拙政园

“舒朗平淡见天真”——拙政园是苏州园林的代表。其位置是在苏州城区东北的楼门内，总体布局“东疏西密”、“绿水环绕”。水面面积约占全园面积的三分之一。水是全园的纽带灵魂。

2.2.2 扬州瘦西湖

“一路楼台直到山”——扬州瘦西湖。其位置是在扬州西北郊。全长4.3公里。各种古园林建筑基本沿湖两岸而建，沿湖一路行来楼阁亭台连续不断，风景有如山水长卷画。特点可以用“两岸花柳全依水，一路楼台直到山”概括。

2.2.3 南京瞻园

“奇石更擅园林胜”——南京瞻园。“园以石胜”，瞻园的特点在于假山和置石。布局上瞻园整体形状像一只官靴，园内尽管分割细碎，却又不失工整，全园分南北两个水池，以溪水相连，有聚有分。瞻园是南京现存历史最久的一座园林，位于南京市瞻园路北侧，建于明代建国之初。

2.2.4 上海豫园

“溪谷山林入城”——上海豫园。位置是在上海市东南隅旧城，西南与老城隍庙毗邻，总面积70余亩，明嘉靖三十八年（1559年）建成。其特点如屏——身于闹市之中，四周以高墙与外界隔离，闹中取静。隔——花园低矮华墙将园林分为六个景区，各有自己的观赏主题。通——各景区间以曲廊、门洞、小径沟通，隔而不断、含而不露的设计使游人觉得曲折无尽，有着丰富的空间和层次。

2.2.5 杭州郭庄

“雅洁有似网师园”——杭州郭庄。伴西湖而建，在环湖西路卧龙桥的北面，清咸丰年间建成面积为14亩地。有着古典、素雅的建筑，为清代风格，也有浙江民居风格的书卷气，是典型文人园林。

2.2.6 御花园

“东西对称是帝苑”——御花园。位于北京故宫中轴线的最北端，在坤宁宫后方，明永乐十八年（1402年）建成，占地十八亩。特点：布局对称严格，多名树古木，建筑密度高，南北长90米，东西长130米，呈横长形。

2.2.7 济南大明湖

“四面荷花三面湖”——济南大明湖。位于南京旧城的北部，大明湖为典型的公共自然山水园林，湖水面积46.5万平方米，滨湖游览区面积39.5万平方米。湖水由多处泉水汇聚而成，因此大明湖素有“淫雨不长，久旱不枯”的特点。其建筑基本上是环湖而建，湖中多岛。

2.2.8 番禺余荫山房

“余地三弓鸿宇足”——番禺余荫山房。位于广东番禺市南村镇，面积不足2000平方米。特点：浓荫密布，藏而不露，布局精巧，缩龙成寸，以水居中，环水建园。

2.3 自然山水园理论

自然山水园：又称天然山水园，是以自然山水作为基址并予以改造加工的一种园林形式。在城近郊或远郊的山野风景地带，占据较好的自然地貌条件。规模较小的利用天水的布局或片断作为建园基址，规模大的完整的天然山水植被环境范围起来作为建基址，然后再配以花木栽植和建筑营构。自然山水园的关键在基址的选择，即所谓“相地合宜，构园得体”，若选址恰当，则能以较小的花费而获得远胜于人工山水园的天然真趣。

2.3.1 崇尚自然，乐山悦水

1．精神上拥有大自然；2．肯定自然，肯定人自身；3．魂天归一，超然物外；4．宠辱皆忘，怡然自乐。

2.3.2 兴象天然，返璞归真

1．景朴而富野气，回归自然；2．进入“天和”常乐之境。

2.3.3 师法自然，妙造自然

（园林创造以物质手段构成，以空间方式出现）1．模拟自然，缩写山水；2．因地制宜，巧妙布局；3．借景对景，扩大空间。

图2 大明湖

图3 谐趣园

图4 南京瞻园

（图片来自百度）

2.4 本章小结

无论是何地区的园林景观设计，都遵循着“源于自然，高于自然”的艺术法则。在设计过程中，我们应该学会从大自然抽象出本质性的东西，然后用植物、水体、石头等自然元素加以表现。

第3章 自然山水园林相关理论在特色小镇乡村建设中的应用

3.1 乡村建设中园林设计的特殊性

有些乡村建设规划设计中片面追求城市化，形式主义严重，本土乡村景观特色几乎没有，甚至设计机械地套用城市园林景观规划建设模板。这样的做法忽视了乡村自身的景观价值，造成乡土特色不断消失，同时也造成一些乡村景观的不可恢复性破坏，例如乡村历史遗址、珍贵生物、名木古树等自然资源。同时乡村园林景观建设未与生态、经济、社会效益有机结合，村庄风景景观中具有观赏价值的风景树等，因为与环境不融合，无法为现在以及未来的村庄带来观赏收益，有树无景，经济效益不高。

3.1.1 乡村建设中园林设计的主要现状问题

中国现今的农村大部分问题都是乡村牛棚、鸡舍随意建造，有的甚至在主要村道或居民休闲聚集地旁垃圾成群，以经济建设为中心的今天，乡村园林景观建设中常见设计的不规范，布置不合理，村容村貌也受影响，更谈不上生态。我们应该通过科学合理规划，将园林景观融入新农村建设中，改善农村生态环境，突出乡村历史文化特色，营造环境优美的园林式村庄；在保护生态环境和自然景观的前提下合理开发，为村民带来长久的效益。

3.1.2 乡村园林景观规划的必要性

乡村园林景观规划是乡村建设的指导，其强调的是资源的合理开发、高效利用及传统历史文化景观的保护。在新农村建设中，村庄的统一布局和景观规划设计，应具有先进性、科学性、艺术性和合理性，充分用好用活乡村资源；因地制宜，突出乡村景观特色，乡村园林景观规划设计要根据当地的地理位置、经济实力和自然条件进行规划、布局。在旧村改造时，力求保护原有特色风貌，特别是一些历史文化遗址、标志性建筑、名木古树等资源；并结合实际，因地制宜地进行开发利用。

3.1.3 生态保护、环境协调

乡村建设应该注重生态、社会、经济三大效益的有机结合。园林景观规划设计时，应该特别注意改善乡村人居环境，合理规划乡村居住建筑、休闲娱乐区、畜舍，进行无害化垃圾处理等，营造建筑空间与自然环境协调一致，注重人与自然的和谐；注重景观功能分区，将本土特色转为经济优势。园林设计在乡村建设中的设计手法一定是依托山体、河流、树木等自然风景元素的，而这些资源是无法复制、无法再生的。所以在开发过程中应该将对自然环境及地理地貌的破坏降到最低。

3.1.4 规划设计要求

继承和创新是现代园林规划设计的一个重要原则，当今社会，面对传统文化丢失、外来文化的影响，我们必须对未来园林发展进行深度思索，探求适合我国现代园林发展需要的继承与创新之路。并且对当前的园林设计进行重新审视，从园林文化、继承与创新的理念入手，在前人铺就的道路上，探讨继承与创新的关系，总结经验，找到正确的创新方法，总结文脉及文脉主义手法等。用现代园林规划设计为乡村建设带来新的发展契机，并非是对“拿来主义”的粗暴运用和对传统的简单化理解。在乡村建设中运用天然山水园林的设计方法并不是复古，也不是照搬古人的设计手法，简单模仿，而是将继承与创新的文化原则、自然山水园林相关理论应用于承德市兴隆县郭家庄总体（改造）规划，提出规划方案，为以后的园林规划设计提供支持和启发。

相对于其他形式的规划设计理念来说，园林文化的继承与创新更强调将传统文化和旧有空间环境的特质与人类文明发展和新的设计要求相结合，通过研究思索和实践的过程，从中得到启示和方向。虽然在全球化的影响下，我们要做的特色小镇是高度科技化、信息化的现代小镇，但这与我们引用古老的自然山水园林理念是不相冲突的，反而会给现代园林规划设计带来新的发展契机，我们应该知道且注重新的观念和思维方式的导入，为现代园林规划带来更多的思考维度。在乡村建设中进行园林规划就必须注重艺术与科技结合的作用。园林文化的继承与创新并非是对“拿来主义”的粗暴运用和对传统的简单化理解。在承德市兴隆县郭家庄总体规划中，以继承和创新的方法原则对村庄的现状地理条件和历史文化进行充分分析的基础上，提出规划设计目标、指导思想和规划原则，从而确定村庄性质和建设规模，进一步进行合理布局和组景，以体现“继承传统、学习古人”，但不是单纯的复古，亦不是单纯的模仿，一是尊重自然地理特性；二是尊重且保留村庄原有的空间组织结构；三是强调旧建筑的再利用并与现代环境共生。

3.1.5 规划设计理念

现在城市生活节奏很快，人们的生活高速、繁忙、紧凑，人们需要一个方便的、舒适的、宜人的地方满足在一段时间的紧凑工作下心灵放松的需要，而村庄的潜在价值是存在满足多种需求的复合化人居环境的条件的。伴随我国高速的城市化进程，许多城市问题及个人需求问题不断突显，人们对人居环境质量的要求在不断提高，而城市在发展，人口的增长也不断促使建设宜居型小镇，缓解城市发展带来的土地紧张。但是，目前国内就如何营建宜居型村庄尚处于研究探索阶段，而且宜居村庄的整体营造具有复杂性，因此，本文会着重梳理宜居村庄的相关概念、解析其内涵及特征、总结分析国内外宜居村庄的相关研究理论和实践，通过对宜居村庄所需要的构成要素、评价标准以及宜居村庄和园林关系的梳理，从风景园林师的角度，总结了基于营造宜居村庄的园林规划设计理论和方法。主要设计手法是，从国外宜居村庄发展和建设的经验教训入手，梳理我国城市化进程中建立宜居村庄的可行性和必要性，并明确宜居村庄的概念、特征、构成要素和评价标准。其次，从村庄发展与园林的关系方向入手，对国内外村庄规划、宜居规划等研究成果进行理论和实践的总结，进一步明确园林在宜居村庄环境整体营造中的作用。再次，论文对宜居村庄园林规划设计的理论分析紧紧围绕着村庄的自然特征展开，在园林规划设计过程中，统一地、立体地从宏观、中观和微观三个层面逐级分析宜居村庄园林规划设计的主要内容，并结合宜居村庄的构成要素以营造自然为核心，注重文化、安全、生活、经济、环境等其他宜居要素。根据这一设计原则，重点研究村庄绿地系统，将如何保护、恢复和利用村庄的自然特征作为重点的园林规划设计理论和方法。在全球化影响下国家经济高速发展，人口增长，土地利用率急剧增长。建设宜居型村庄的时代性和紧迫性不言而喻。作为城市和自然之间的纽带，村庄建设的重要性不言而喻。

3.1.5 规划设计原则

整体规划要体现“望得见山、看得见水”的设计原则，彰显本地文化特色和自然特色，从乡村建设的目的和意义出发，通过自然山水园林的理论梳理、实地调研考察、建立模型分析、归纳演绎论证的研究方法，研究和探索适合承德市兴隆县郭家庄实际情况的方法。在继承和发展传统的基础上，与时俱进地创新并运用于现代园林设计实践。结合现代中国村庄的建设情况，从山水规划、生态智慧、数字化技术、增加消防等方面对郭家庄“绿洲化”做出整体营造。原则如下：(1) 以政府为主导；(2) 保护重于开发；(3) 以人为本；(4) 以绿色为主题。

3.2 乡村建设中园林设计的适应性

乡村园林规划设计的主要目的是实现乡村景观的艺术性和美学性，创造出宜居环境。在保证不破坏地表特征及空间原有布局的情况下，将艺术性作为设计的主要目标，以迎合当代社会大众的审美需要，实现设计的整体价值意义。在规划设计中主要是把待建的村子进行创意设计，完善其功能，丰富其内涵，开展园林规划的一个首要目的就是实现园林景观的艺术性以及美学性。随着经济的增长、审美的提高，艺术会是永无止境的追求。当景观设计在布局完基本功能后，园林景观的艺术设计风格就在一定程度上决定了它的价值，所以，在园林规划设计过程中，应该尊重设计的基本理念和适应性原则，以规划出更高层次的村庄建设及园林景观。

3.2.1 生态需求

当今村庄现状空间局促单调，垃圾倾倒遍地、无人清理，再加上随着工业的快速发展，人口规模不断扩大，生态环境受到了严重的威胁，生态平衡遭到破坏。所以，在园林规划设计的过程中，植物景观设计应该是着重设计的部分，园林绿化建设应依据生态发展原则和植物群落原则进行设计，为人们提供绿色优雅的生活空间，建设文明和谐的绿色家园，以此为契机探索乡村公共活动与生态景观的融合。

3.2.2 主题鲜明

主题思想是园林规划设计的关键所在，园林设计的成品不同，所展现的主题也就不同。规划主题应该是让人们远离都市的喧嚣与压力，让居民栖身于农舍之中，四面都是田野，环境优美。在探索人们的心理时，不难发现，人们心中难以割舍的是，在拥有便捷的城市生活时，田园生活的渐渐远去。所以我们在乡村建设中，应该把非都市化的自然景观的舒适度放在实际思考中，利用优美的自然景观向人们传达宁静与祥和的氛围。将静态的景观引入人们的生活，在乡村乐土上建立生态景观大花园，将绿色自然景观放置在人们的生活场所及眼前。

3.2.3 文化内涵

山体、植被、花草、水体、石头是园林景观中重要的组成部分，若园林景观中只有单调的花草，就会使整体景观缺乏必要的文化内涵，因此，园林的规划设计需要具备丰富的文化内涵，形成独特的景观风格，在园林植物中注入精神元素和人文因素。因地制宜，充分考虑当地的地形地貌特征，重视本土地区的风土人情和精神文化内涵，将抽象的人文特征注入具体的设计中，丰富园林的整体观赏效果。又可漫步其中，感受丰富多彩的园林景观的同时丰富自身的精神世界，徜徉在自然与人工的雕琢之间，身心愉悦。比如在不干扰周围环境的前提下，建造新的地标建筑，在村庄里建造一个花园、一片果园、一个停车场，并翻新原有的传统住宅。

3.2.4 突出个性

园林的设计应该秉持风格新颖、个性独特的原则，不同的园林景观具备不同的设计风格，采用多层次景观的设计方法，进行独具一格的园林设计。借助自然资源的力量，做到景景不同、景景相融。在构思上要巧妙，弱化建筑外围空间与所在乡村环境之间的过渡，缓和绿植与土地的关系。村庄里原有的绿植可以被移植到更合适的地方。设计的每个细节要深思巧妙、安排合理，既突出个性又不会破坏土地原有的特征，也不会打破它的宁静。

3.3 自然山水园林在乡村建设中不同层面的应用

3.3.1 乡村公共空间

公共空间应该是一个能供人们坐、躺，也给人们提供社交的场所。无论任何区域的公共场所其设计理念都应遵循将空间形态和用途完美结合，让人们在其空间中，能够放松心情。但是，在乡村建设过程中，村子的道路普遍被全部硬化，村子的诗意荡然无存，所以公共空间中的道路首先应该恢复地表渗水，去掉水泥，采用老石板结合石子或木头铺就的铺装方式，这样在石与石的缝隙中可以生长花草，同时也是一种景观。考虑日常活动，比如观赏景色、沐浴阳光，以及对场地的特殊需求，比如四季的要求、防风性等。

3.3.2 建筑设计

在飞速发展的城市化进程中，中国的乡村已经衰弱，许多乡村出现“空巢”现象。很多建筑已经坍塌。因此乡村面貌需要改变，乡村经济需要复苏。如何使日渐衰弱的村子在空间上得以新生，既保留乡土记忆，又能满足现代的功能需求？应该增加社区服务中心、美术馆、乡村生活美学馆、餐厅、咖啡厅、民宿等。在设计上，应该符合园林布局特点，既满足建筑功能需求，又要满足园林景观的造景需求，建设与乡村环境密切结合、与自然融和一体的建筑类型。新的建筑规划选址除考虑功能要求外，还要善于利用地形、结合自然景观，建筑结合情境，情景交融。空间处理上，整体布局，力求曲折变化、参差错落、空间划分灵活，形成大小空间对比，增加层次感，扩大空间感。造型要美观，即轮廓、体型要有表现力，如体态轻盈、形式活泼、简洁明快、通透有度，达到功能与景观的有机统一，以增加乡村画面美感。

3.3.3 农业景观的植物配置

农业景观的自然属性决定了农业景观的植物配置以自然式种植为主，但是这样可能会导致植物景观配置上的单一性。所以在种植方式上，会进行混植、群植等。并且在种植上要保有地域性特色，不仅包括本土的地域特色、自然条件，还包括历史遗风、民俗礼仪、本土文化等。当然这些是不能靠种植就全部表现出来的，但是可以靠花坛、花带、花境、种植钵等植物应用形式弥补，丰富的植物种类和灵活多样的植物应用形式可创造出多姿多彩的景观效果。

例如北海道富田农场，富田农场共有六大花田，依序为彩色花田、花人之田、幸之花田、秋之彩色花田、春之彩色花田、传统薰衣草田，依托独特的建筑及自然景观。地理位置位于风景秀丽的山间乡村，植物小品造型各异却又与周围景色融为一体。给人返璞归真之感的茅草屋、沿溪而建别致的小木屋、与青山白云相映成趣具异域特色的洋楼、与大海相呼应如船型般的建筑外形等，这些设施与周边环境有如天成，迷人的风景和别具特色的景观外型形成了农业景观一大魅力。游人在农场中仿佛参加一个小型花博展，处处充满惊喜，由各种搭配组成的景观小品，令人们陶醉在多姿多彩的植物世界中。

3.4 本章小结

随着大众的生活水平、文化水平、对艺术的认识水平不断提高，人们的审美水平及对生活的要求也在日益增长。而设计与艺术是无法分隔开的。在乡村建设中引用自然山水园林理论，是现代艺术形式的探索。本章简要对乡村景观设计的内涵做了界定，阐述了乡村园林设计与现代生活之间的关系，从园林中的小品、雕塑、植物造景等多个方面，分析了现代艺术影响下的乡村园林设计。

第4章 乡村建设中自然山水园林设计要点阐述

自然山水园林在乡村建设中具有必然性及广大的适应性，如何通过自然山水园林的设计手法解决人与土地的关系，是本文的阐述要点。

4.1 场地分析

场地分析是园林设计的前期，是对场地的全面理解与把握。场地条件要素的分析是否深入决定了园林设计方案的优劣。场地环境包括内部环境和外部条件两个层面。外部环境主要考虑它对场地的影响，例如，外部环境有哪些可以被场地利用，中国古典园林中的借景即是将场地外的优美景致借入，丰富场地景观。还有就是查看哪些是可以通过改造而加以利用的，最后就是不利因素要回避。内部环境是对自然环境的调查，包括地形、地貌、气候、土壤、水体状况等。除自然环境调查外，还有道路和交通、景观功能、植被、景观节点和游线。通过场地及场地上的物体和空间的安排，协调和完善景观的各种功能。

4.2 设计思想

自然山水园在乡村建设中可以引用的设计思想：(1) 自然观——“系统化、人情化自然”的设计思想，概括起来有两大方面：一是系统化的自然环境，二是人情化的自然环境。(2) 儒家哲学思想——“建立秩序”的设计思想，儒家思想是关于修身、齐家、治国、平天下，在混乱中建立秩序的理论。自然山水园林设计体现了儒家的哲学准则，即具有严格的空间秩序。(3) 禅宗哲学思想——“有声更觉静”的设计思想，遵守佛教中“空”的理念，奉劝人们要达到一种完全平静安详的精神境界，只因世上的一切事物都是无常和虚幻的，在这种境界下，人的行为方式将变得单纯和简单。为解决现实与信仰的矛盾，他们或游山玩水，或种花造园，通过感受自然来抵达生活的真谛。通过园林思想理论而营造的乡村会为他们提供寂静冥思的场所。而园林中“有声更觉静”的氛围，也恰好表达了佛教的虚空和静寂，给园林渲染了禅的气氛，引起人的禅思。因此，在这样的园林设计中，要求达到既能获得心灵上的平静，又有助于接近“空”的境界。既求得了精神的解放，又达到了皈依佛教之目的。(4) 道家哲学思想——“天人合一、道法自然”的设计思想，“道法自然”是道家哲学的核心，道家的思想方法和对世界本质的理解，正是建立在“道法自然”这一观念之上。古典园林设计的目标，就是将个人的情感以恰当的方式表达，在超越世俗的水平上享受自然之美。这一审美方式反映了道家思想的精髓，即对世界万物给予应有的尊重。

综上所述，儒家思想中建立秩序的理论、禅宗思想中对佛国世界的向往和对平静生活的渴求、道家思想中“道法自然”的哲学观点，对中国园林设计思想产生了深远的影响。才能使中国园林达到享受自然之风致，享受自然之意趣，融入自然之中，成就人与自然的和谐统一。

4.3 设计原型

设计原型即历史原型，是各历史时期的园林及景观构成。它来源于构成记忆的各种形式的历史痕迹。设计原型的运用能够使历史与现实得以沟通。缓解两者之间的矛盾，让他们和谐共存，这样的设计能够平衡历史与现代矛盾的设计方法，继承历史所赋予的精神。在乡村建设中，通过对设计原型的学习和思考有利于方案的完善。例如著名风景园林师杰弗里·杰里（GeoffreyJellicoe）在《图解人类景观》一书中提出“不管是有心还是无心，在现代公共性的景观之中，所有的设计都取自人们对于过去的印象，取自历史上由完全不同的社会原因创造出来的园林、苑囿和廓……我在景观设计中不断追求的是，创造一种属于‘现在’与‘未来’的东西，然而这种东西是从‘过去’产生出来的，即从心理学角度讲有着自己的根基……我们努力要做的是将过去与未来结合起来，使人们在体会他们所经历的事情时，不仅看到眼前的表面现象，更加感受到其内在的深刻含义……”杰里科所指的“东西”就是历史景观原型，它普遍存在于各时代历史景观自身的发展、演变过程及其规律之中。在乡村改造过程中引入“设计原型”设计要素，能帮助解决传统与现代过渡的矛盾，使历史和时代和谐共存，具有极为深刻的意义。

4.4 设计要素

美国景观设计师诺曼·K·布思在其《风景园林设计要素》一书中首次将景观设计要素分为：地形、植物、建筑物、铺装、园林构筑物、水这几类要素。首次系统地将风景园林设计中所涉及的要素统一、归类，并用独立章节分别阐述了各设计要素。日本在其《建筑用语辞典》中将景观设计要素分为自然景观构成要素、人文景观构成要素以及自然人文景观构成要素这三大类。

中国设计要素包括：(1) 功能、定位；(2) 主题、立意；(3) 空间、尺度；(4) 材质、元素，包含绿化苗木、硬质景观材料以及装饰小品的运用，强调项目特色，考虑人性化、考虑经济性、安全性、合理性和新材料新技术的应用；(5) 造型、细节；(6) 艺术、文化；(7) 因地制宜；(8) 场所感知。本文针对上述目前在景观规划设计中广泛涉及却往往因为其不具有物质形式的特殊性而常被人忽视的要素进行本专业领域的研究，总结出其特有的性质以及设计手法。《城市生态水利规划》一书中指出：景观是由不同生态系统组成的镶嵌体，景观要素就是各个组成单位。将这些要素进行归纳和总结，是为了对研究对象——自然山水园林有更具体的认识，通过对它的梳理总结为乡村建设规划设计研究提供依据。

4.5 空间布局

园林布局是根据园林的性质、主题、内容对构成园林的各种重要因素进行综合的全面安排，确定位置和相互之间的关系，园林的形式分为三类：规则式、自然式、混合式。规则式园林要求整体布局、严谨对称，给人一种以庄严、雄伟、整齐之感，自然式园林以模仿再现自然为主，不追求对称的平面布局，整体造型及园林要素布置追求自然和自由，例如颐和园、承德避暑山庄、苏州的拙政园、网狮园等。混合式园林，指规则式、自然式交错组合。

4.6 设计意境

设计意境是文化素养的流露，也是情意的表达，设计意境的创作方法有中国自己的特色和深远的文化根源。融情入境的创作方法，大体可归纳为三个方面：（1）“体物”的过程。即园林意境创作必须在调查研究过程中，对特定环境与景物适宜表达的情意做详细的体察。（2）“意匠经营”的过程。在体物的基础上立意，意境才有表达的可能。然后根据立意来规划布局，剪裁景物。园林意境的丰富，必须根据条件进行“因借”。（3）“比”与“兴”。“比”是借他物比此物，“兴”是借助景物以直抒情意，“比”与“兴”有时很难决然划分，经常连用，都是通过外物与景象来抒发、寄托、表现、传达情意的方法。在中国古代的园林设计第一书《园冶》中就提出了“暖岭生梅”、“竹坞寻幽”、“夜雨芭蕉”等古典园林中常用的固定意境之境，西湖主持修建者苏轼采用了很多的意境之笔来打造西湖的景观，带来了西湖美景的千古绝唱。观景者在对西湖了解并准备去游览时早已洞悉西湖十景，这著名的西湖十景就是意境设计营造出来的成功产物，如十景中的“平湖秋月”、“雷峰夕照”、“三潭印月”、“断桥残雪”等。

我们可以针对以上方式进行效仿，在乡村建设中营造出其独有的园林景观意境，使其拥有自由的特色，为乡村改建后特色小镇的“特色”埋下伏笔，留下潜在价值。就像苏东坡的：“欲把西湖比西子，浓妆淡抹总相宜”的绝句，因为有了“白娘子和许仙的断桥相会”，因为有了“雷峰塔下”凄绝的爱情故事，西湖才能有这样的神韵之美。这种美是一种意境之美，更是文化之美。这是在换地打造中我们可以效仿的理由所在。由此可见，意境在古典园林中的作用是非常强大的。

4.7 本章小结

本章总结了自然山水园林的设计要点及设计手法，概括总结思路方法运用到接下来的郭家庄乡村建设中，针对郭家庄整体营造进行设计方法论的提出及概括。

第5章 河北省承德市兴隆县郭家庄“绿洲化”整体营造

5.1 项目概况

郭家庄村位于河北省兴隆县南天门乡政府东侧4华里，距离清东陵不到30公里，是风水宝地。耕地面积680亩，荒山山场面积6000亩，总面积9.1平方公里，种植农作物玉米、大豆、谷子、高粱。郭家庄属于深山区村庄，村内有撒河贯穿全村南北，年平均气温8摄氏度左右，气温变化大，其周边植被覆盖率极高。居民村落以北方传统合院为主。

5.1.1 地域环境

（1）地形地貌：郭家庄是典型的深山区村庄，总面积9.1平方公里。现有耕地0.45平方公里，荒山山场4平方公里。

（2）气候特点：郭家庄年平均气温在8摄氏度左右，整体看气温变化较大。

（3）水文状况：村域范围内有一条源起于南天门乡八品叶村的小河，并且贯穿全村南北方向，在南天门乡大营盘村汇入了郭家庄，也就是潵河。

（4）土壤概况：山地由早期燕山运动所形成，主要岩石种类为石灰岩、花岗岩、片麻岩、玄武岩、砂岩和页岩等。因为受坡积物及河流两岸的冲积物影响，植被率较高，水肥条件都较好。周边村落大致都分布在中山、低山地带。

（5）森林植被：郭家庄村及周边区域植被覆盖率非常高，站在高处，一眼望去，风景无限。现在，村庄内退耕还林680亩。

5.1.2 人文历史

（1）人口概况：郭家庄村有226户，人口数量不多。

（2）历史：郭家庄村的位置距清朝东陵不到30公里，所以早在清朝年间就被划为皇家的“后龙风水”。因为政治原因，此区域归为禁区。守陵人翻山到此采集野果、野生兽类作为祭祀供品，发现这里水源优质，植被丰富，土壤肥沃。于是清政府灭亡后，守陵人后裔便来此定居繁衍，最开始主要是郭络罗氏，后更名郭氏，于是便有了郭家庄。时间更替，近现代满族与汉族不断融合，全乡满族比例逐渐减少，但至今仍保留着一些满族人的生活习俗和文化特色，如饮食习惯、剪纸等活动。

5.1.3 经济条件

兴隆县的城镇居民人均年收入过万，农民人均纯收入达到0.71万元。郭家庄村年人均收入0.65万元，略低于平均值。林果方面种植板栗，年产15万斤，山楂年产40万斤，还种植锦丰梨400多亩，另种植少量苹果。养殖业养羊200只，养鸡1000多只。

5.1.4 发展政策

（1）河北省委、省政府在全省范围组织关于美丽乡村建设的“四美五改”行动。承德市出台《中共承德市委承德市人民政府关于大力推进美丽乡村建设实施意见》，要求加快承德城乡统筹发展，推进农业现代化，让村民富足。

（2）兴隆县燕山峡谷片区已经被列入全省美丽乡村重点建设片区，郭家庄村所在的南天门乡被纳入兴隆山片区旅游线路的重点组成部分。

（3）郭家庄村在国家民委2017年发布的《关于命名第二批中国少数民族特色村寨的通知》（民委发〔2017）34号中被评为中国少数民族特色村寨。

5.1.5 院落分析

郭家庄村的民居院落以一合院、二合院为主，属于北方传统合院。每户院落内部面积较大，除了堆放农具、仓储杂物和厕所的功能，村民在院落内种植果树、葱、玉米等农作物，布置水井、地窖，饲养牲畜。

5.1.5 村庄现状条件总结

（1）挑战：河北省第二批中国少数民族特色村寨；艺术郭家庄创意田园风2017年9月全面对外开放；建筑的保护与改造；酿酒厂对于村庄环境污染的潜在威胁；传承和发扬满族文化。

（2）机遇：十九大会议提出田园综合体建设；各大企业投资者踏步而来；政府在政策、人才和资金方面的支持。

（3）优势：悠久的历史人文资源；紧邻112国道；丰富的生态景观资源；临近北京、天津等发达城市，有提供国际中转服务的潜在能力，有良好的商业机遇和氛围。

（4）劣势：周边开发尚无全面；主导产业推动力不强；没有形成规范化的家庭生产经营，对环境造成污染；特色农业尚未构成。

5.2 总体规划

因为当地高速公路的修建、乡村建设理念的不成熟，以至于这片土地杂草丛生、土地板结、有水土流失的现象。所以我们应该思考人与土地的关系，进行环境恢复，建造新的河流栖息地，呈现全新的乡村风景，重新梳理基础设施，置入现代功能。更重要的是去重新发现现有的村子，而非建造新村，应完善交通体系，提升乡村生活品质，配备现代化科技和设施。利用当地良好的自然资源环境条件结合当地特点，对村庄用地进行重新规划，运用当地植物、沙子、木材、石头新建一片美丽健康的乡村风景。

5.2.1 规划目标

（1）人口：革新人口视角，以城市消费者视角研究特色小镇人口问题，强调人口数量，也强调人口质量。

（2）产业：强调自身核心要素，找到适合生产的要素。

（3）规划：经济、社会发展，土地利用区域性详细设计等。

（4）土地：探索创新和思路转变。

（5）资金：建立资金使用机制，达到良性循环。

5.2.2 规划策略

（1）保留：保留郭家庄最具特点的三个区块，即原始建筑、酿酒厂、原始地形地貌。

（2）活化：设计规划将最具特点的三大区块有机联系起来，使其活化，让其三者在郭家庄这份土地上良性发展。

（3）再生：以三大区块为纽带，构建新的乡村结构。

5.3 本章小结

中国历史上著名村落形成的原因是城市的延伸、交通的节点、商贸的聚集、文化的体现。而中国当代的特色村落以制造聚集的温州模式，或商贸聚集、文化聚集的村落或小镇为主。

未来的村落生活包括田园生活、文化、创意、数字、休闲、运动、健康、情感、邻里、幸福，以旅游为主体功能、以文化为主题吸引、以新型生活为主导基础、以未来发展为主要要领。

但是，从2000至2010年，我国自然村落由363万个锐减至271个，10年消失92万个村落，包括众多传统村落。其中有较高保护价值的村落已不足5000个。所以在传统村落的开发上要深思熟虑。

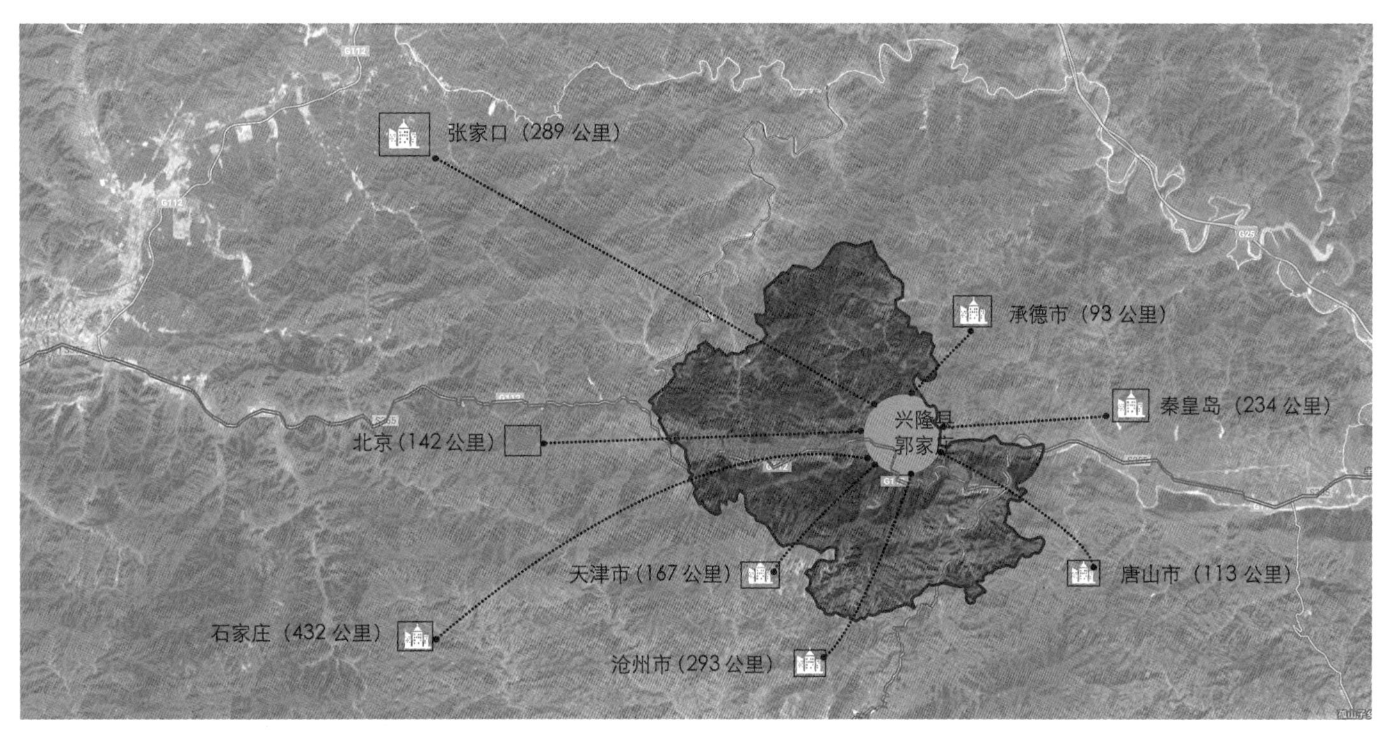

图5 河北省承德市兴隆县郭家庄区位（笔者自绘）

第6章 结语

6.1 主要研究结论

本文是以自然山水园林作为理论基础的乡村建设，乡村对于人类来说是一个十分重要的聚居环境，其作用也是无法替代的，乡村的地位是举足轻重的。乡村在发展，人们开始对居住环境质量有了更高的追求，并且这种愿望随着社会的高度发展体现得越来越强烈。因此，建立起一个人与自然和谐共存的乡村园林式环境已经势在必行。综上，本文选题时便综合考虑乡村生态和乡村园林，着手于乡村园林生态建设的研究讨论。论文认为乡村园林生态建设既要努力营造生态环境的相对平衡以及促使生态景观的良性循环，又要有文化内涵和艺术体现。以人为本，本着提高生活质量的原则，加强改善人居环境，并且在强调物质文明的同时积极建设精神文明。

论文还提出包括对乡村园林景观环境、未来发展旅游的潜在价值、乡村园林建设等的科学规划，对乡村生态环境的综合治理等兼具理论性和可操作性，为乡村园林景观的建设提供可行性依据。文章还对研究思路、研究方法等做了介绍，选取了承德市郭家庄为例来进行分析，概括地说明了该乡村的建设情况，并且收集了相关资料数据。

6.2 展望

我国的乡村园林景观建设事业才刚刚起步，还未形成具有可操作的系统性设计方法，这就需要我们在乡村园林景观的建设理论、设计动态、乡村需求等方面进行深层次的研究，实现地域性乡村园林景观的差异性、特色性，为乡村地域性园林景观的发展提供更为有力的实践基础。随着经济的发展和人们生态意识的提高，乡村园林景观将迎来一个新的发展时期。创造经济发展、生态平衡、人文荟萃的乡村是我们的目标。

参考文献

1．专著

[1]　彭一刚著．中国古典园林分析．中国建筑工业出版社．

[2]　（英）伊恩·伦诺克斯·麦克哈格著．设计结合自然．天津大学出版社．

[3]　余志超著．细说中国园林．光明日报出版社．

[4]　（美）格兰特·W·里德著．园林景观设计 从概念到形式．中国建筑工业出版社．

[5]　梁雪著．城市空间设计．中国建筑工业出版社．

[6]　王向荣，林箐著．西方现代景观设计的理论与实践．中国建筑工业出版社．

[7]　王其钧著．图说中国古典园林史．水利水电出版社出版．

[8]　陈从周著．园林清议．江苏文艺出版社．

[9]　诺曼K．布思．园林设计要素．中国林业出版社．

2．学位论文

[1]　杨永伦．乡村园林生态建设探讨——以成都实践为例．西南财经大学硕士学位论文．

[2]　熊瑶．中国传统园林的现代意义．北京林业大学硕士学位论文．

[3]　舒波．成都平原的农业景观研究．西南交通大学硕士学位论文．

[4]　孙少格．延安市新农村园林景观规划研究．西北农林科技大学．

3．学术期刊

[1]　许灿，沈坚．美丽乡村建设背景下地域性乡村园林景观建设的思考．绿色科技．

[2]　褚昌昊．乡村景观在风景园林规划与设计中的价值探讨．住房与房地产．

[3]　张斌．园林景观设计在新农村建设中的应用研究．现代园艺．

[4]　温汉平．浅述乡村园林景观规划设计在新农村建设中的应用．科技创新导报．

郭家庄“绿洲化”整体营造

The Overall Construction of “Oasis” in Guojiazhuang

基地概况

郭家庄村位于河北省兴隆县南天门乡政府东侧4华里，距离清东陵不到30公里，是风水宝地。耕地面积680亩，荒山山场面积6000亩，总面积9.1平方公里，种植农作物玉米、大豆、谷子、高粱。郭家庄属于深山区村庄，村内有撒河贯穿全村南北，年平均气温8摄氏度左右，气温变化大，其周边植被覆盖率极高。居民村落以北方传统合院为主。

基地现状

1. 现状村落沿着水系和道路较为集中地分布，是现状建筑用地的主要构成。
2. 村庄可带动经济增长的工厂只有一家，但是有改造利用的可能。
3. 商业用地几乎没有，无法满足现代村庄居民的基本生活需求。
4. 教育用地和行政办公用地利用率不高，分布不集中。
5. 水系东西延伸至村落。
6. 现状交通满足基本通行功能需求。
7. 沿村落和河道存在大面积林地，包裹村庄。
8. 基地存在大面积农田。

空间分析

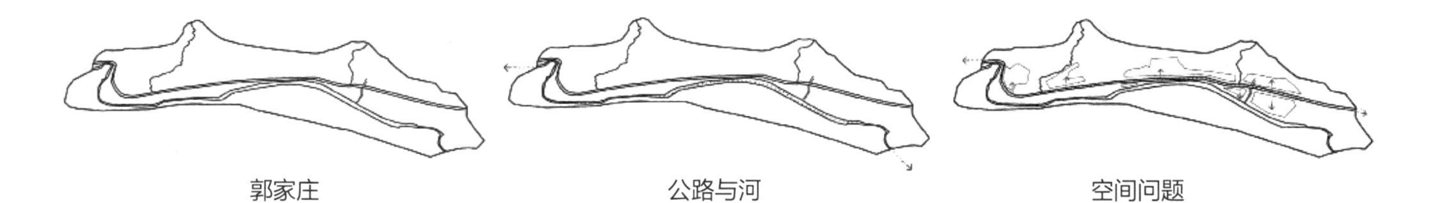

郭家庄　　公路与河　　空间问题

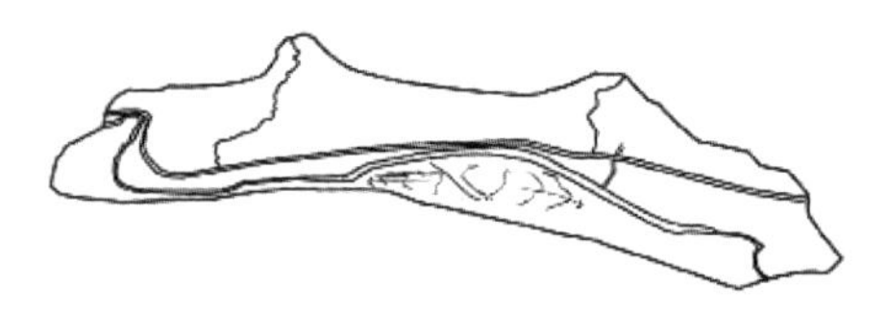

化障碍为优势

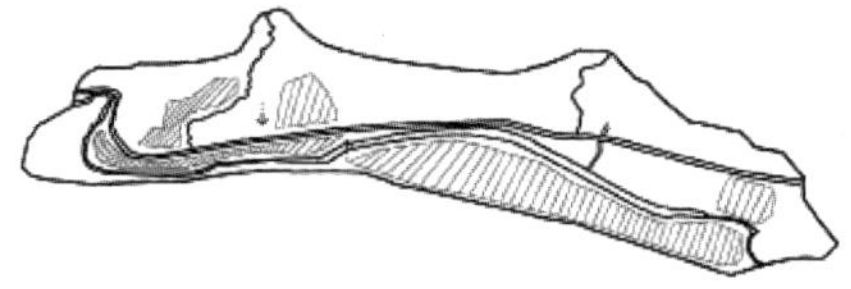

开放的植被空间

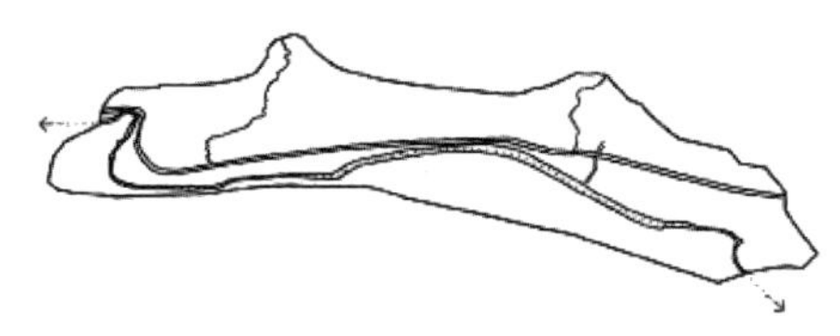

河流可以成为连接村庄的元素

规划策略

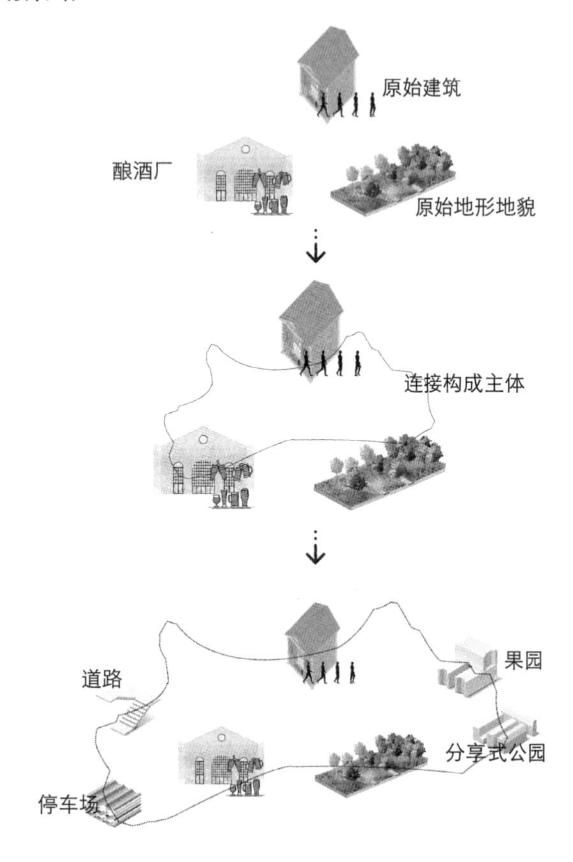

1. 保留

保留郭家庄最具特点的三个区块，即原始建筑、酿酒厂、原始地形地貌。

2. 活化

设计规划将最具特点的三大区块有机联系起来，使其活化，让三者在郭家庄这片土地上良性发展。

3. 再生

以三大区块为纽带，构建新的乡村结构。

愿景定位

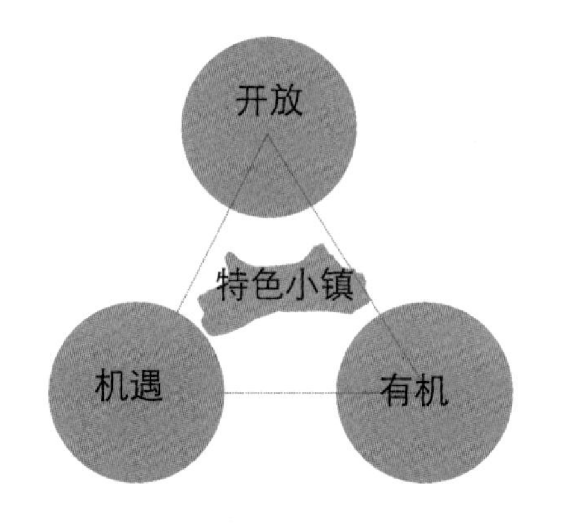

在调研时，因为当地高速公路的修建、乡村建设理念的不成熟，以至于这片土地杂草丛生、土地板结，有水土流失现象。所以我们应该思考人与土地的关系，进行环境恢复，建造新的河流栖息地，呈现全新的乡村风景，重新梳理基础设施，置入现代功能。更重要的是去重新发现现有的村子，而非建造新村，所以，完善交通体系，提升乡村生活品质，配备现代化科技和设施。利用当地良好的自然资源环境条件结合当地特点，对村庄用地进行重新规划，运用当地植物、沙子、木材、石头新建出一片美丽健康的乡村风景。

总平面图-节点分布

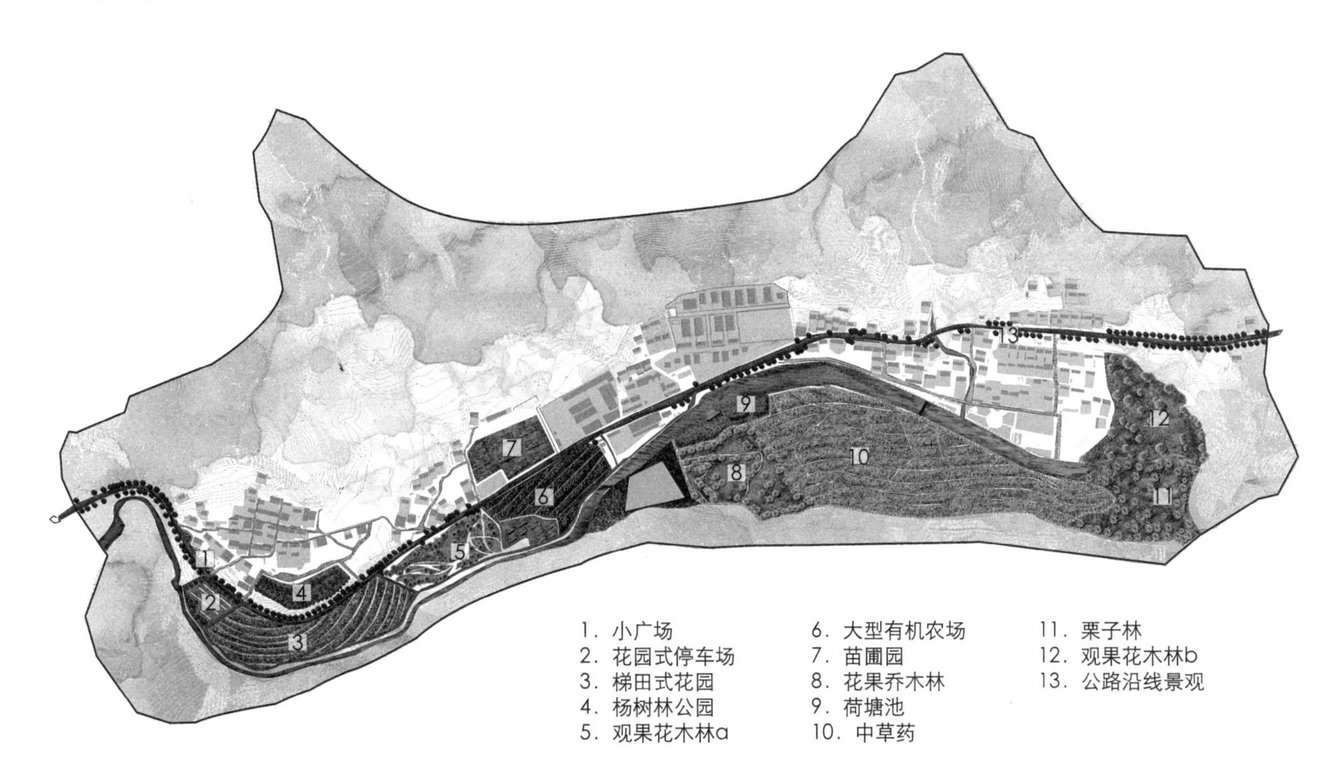

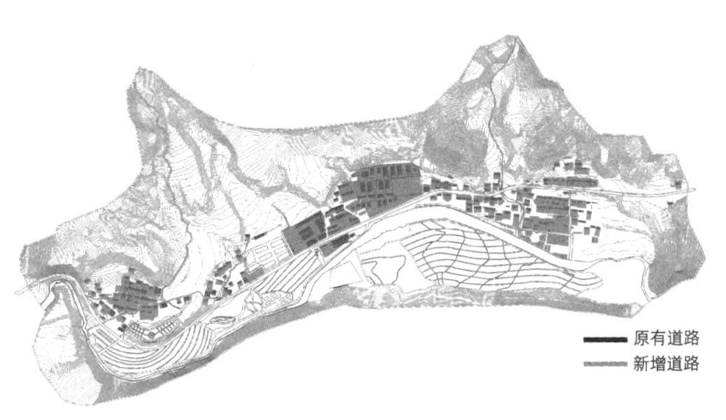

道路改造

道路分析

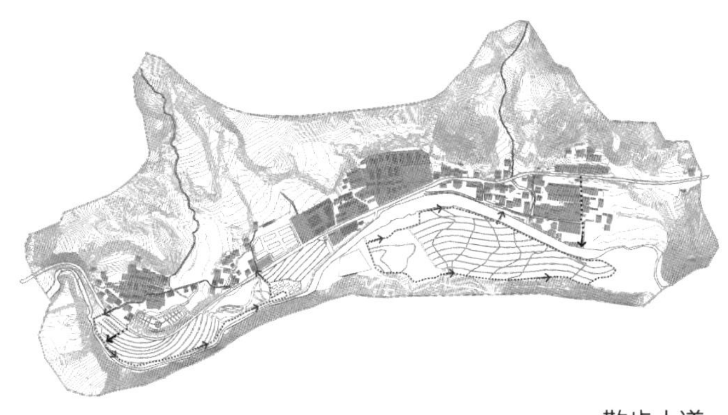

散步小道

左：绿色骑行道：长730米，宽6米。途经花园停车场、梯田式花田、观果花木林、有机农场。

右：绿色步行道：长1700米，宽6米。

建造绿色小道的目的是利用和欣赏自然景观，使其成为无车休闲胜地。

步道与溪水、山石、树木相得益彰，而步道两旁的植物景观四季变化使其具有动态的生动之美。在最近几年新农村建设中，村庄道路全部被硬化，为了恢复地表渗水，绿色小道的材料是老石板结合石子。

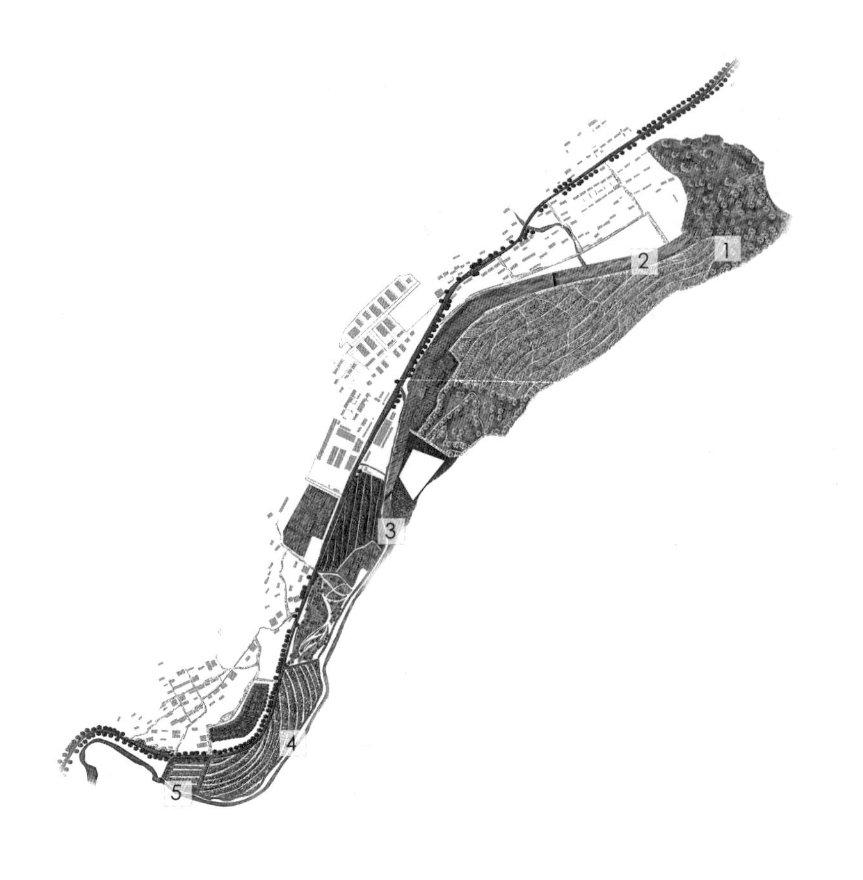

1. 散步小道与栗子林和中草药田的关系

2. 中草药田与河道和居住活动用地的关系

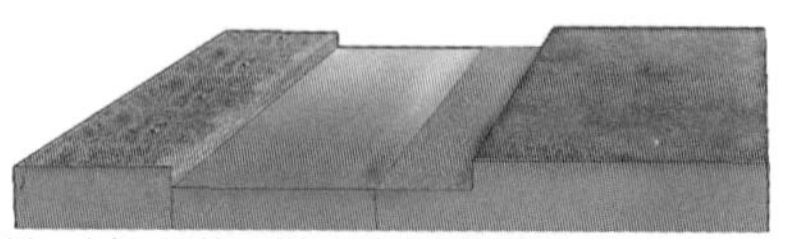

3. 河道与骑行小道和梯田式花园的关系

4. 河道与骑行小道和有机农产的关系

5. 桥与骑行小道和停车场的关系

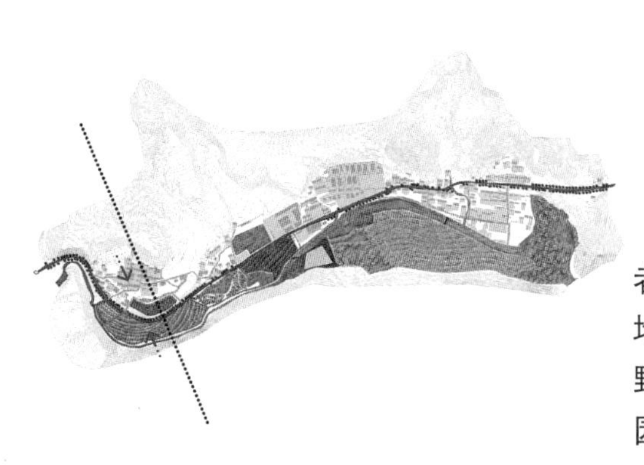

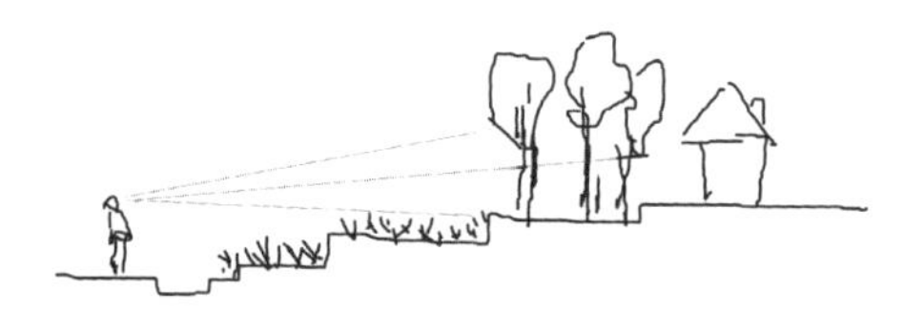

杨树林公园和梯田式公园位于郭家庄村东，紧邻112国道，二者在一条水平线上，等高线呈阶梯式抬高，形成斜坡地形，根据地形将杨树林公园放置在较高位置，利用地形控制视线，造成视野限制，形成空间边界，并且可以屏蔽不悦目因素。而梯田式花园放置在较低位置，这样就创造出了景观序列，形成景观的层次。

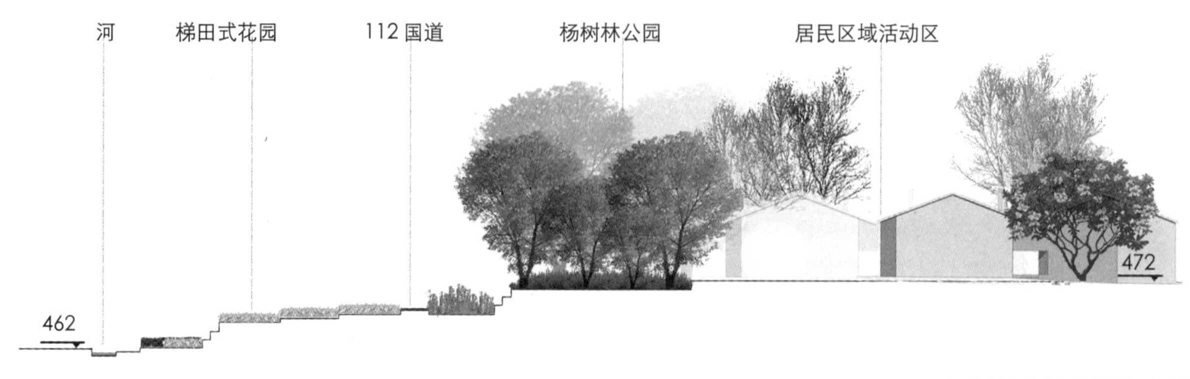

杨树林公园和梯田式花园

郭家庄村公共厕所设计研究

The Research of the Public Toilet in Guojiazhuang

四川美术学院 设计学院　马悦

Sichuan Fine Arts Institute

Ma Yue

姓　名：马悦 硕士研究生一年级

导　师：赵宇 副教授

学　校：四川美术学院 设计学院

专　业：环境设计

学　号：2017120154

备　注：1. 论文　2. 设计

综合服务设施效果图

郭家庄村公共厕所设计研究

The Research of the Public Toilet in Guojiazhuang

摘要：乡村村貌自2013年开始加强美丽乡村建设以来有了非常大的改观。当地村民开始逐渐对公共设施的完善、整洁的生活环境、便捷的出行条件、高标准的生活质量等表现出强烈的渴求。笔者通过实地调研和大量的文献阅读之后发现乡村公共厕所不仅是美丽乡村建设中的一大难题，同时也是美丽乡村建设中的一块短板。因此乡村公共厕所的设计与研究成了本文研究的主要问题。对乡村公共厕所的设计研究不仅能够提升乡村人居环境，为当地居民树立良好的卫生意识，提供良好的如厕环境，还为当地居民树立了良好的示范，能够唤起他们对自家厕所改建的意识。

就目前而言，乡村公共厕所存在的问题不是单一的，所以，对于乡村公共厕所的设计研究笔者主要从设计的规划选址、建筑设计以及服务设施三个方面展开进行阐述，而在郭家庄村公共厕所的方案设计过程中主要结合地域性、生态性和人文性等，并充分利用地区的自然优势和人文优势进行设计。

农村居民是乡村人居环境的参与者和受益者，公共厕所的设计研究不仅仅是满足农村居民的需要，也是适应未来的发展需求，满足外来游客的需要。

关键词：公共厕所；建筑；选址；综合服务；郭家庄村

Abstract: The rural landscape has greatly improved since the construction of beautiful villages began in 2013. Local villagers began to have a strong desire for the improvement of public facilities, clean living environment, convenient travel conditions and high quality of life.Through field research and extensive literature reading, the author finds that rural public toilets are not only a major problem in the construction of beautiful villages, but also a shortcoming in the construction of beautiful villages. Therefore, the design and research of rural public toilets has become the main problem of this paper. The study on the design of rural public toilets can not only improve the rural living environment, establish a good hygiene awareness for local residents and provide a good toilet environment, but also set a good example for local residents and arouse their awareness of their toilet renovation.

For now, the problems existing in the rural public toilet is not a single, so, for the rural public toilet design research, the author mainly from the design of site selection planning, architectural design and expounds in three aspects, service facilities and in Guo Guzhuang village public toilets in the process of scheme design is mainly combined with regional, ecological and humanism, and make full use of regional natural advantages and cultural advantages to carry on the design.

Rural residents are the participants and beneficiaries of rural living environment.The design and research of public toilets not only meets the needs of rural residents, but also meets the needs of future development and meets the needs of foreign tourists.

Key words: Public toilet; Architecture; Location; Integrated service; Guojiazhuang

第1章 绪论

1.1 研究背景

1.1.1 政策依据

乡村公共厕所是美丽乡村建设中的重要组成要素，而我国乡村公共厕所一直是乡村人居环境的一大难题。早在20世纪60年代开展的“两管五改”中，就提出管水、改水、改厕等一系列改善农村卫生面貌的措施。1985年，在中国社会科学院对第一世界国家进行了系统的分析与调研之后，首次提出了“中国需要厕所革命”的概念，20世纪90年代农村改厕工作被纳入了《儿童发展规划纲要》和《卫生改革与发展的相关规定》。自2004年截止至

2013年，十年的时间，国家改造农村厕所共计2103万户，投入资金高达82.7亿元。2015年7月，习近平总书记再次强调了"厕所革命"的意义——"小厕所，大民生"，计划在三年的时间内修建厕所5.7万座。2017年11月，为解决乡村"如厕难，难于上青天"的问题，将"厕所革命"作为乡村振兴战略的重要一环。

在美丽乡村建设的大背景下，厕所一直是乡村的一块短板，是长期积累的顽疾，它直接地反映了乡村的生活质量及卫生环境。近年来在国家的高度重视下，乡村公共厕所已有了初步的改善。

1.1.2 环境背景

中国的农村自20世纪"四通五改六进村"开始，就接受了一次又一次的洗礼。而厕所作为乡村环境的组成要素，长期被赋予"脏、乱、差"的标签。伴随着"厕所革命"，乡村厕所的质量有显著提高，乡村公共厕所整体环境趋于卫生化、设施更加人性化、形式逐渐多样化……

改变农村面貌使乡村人居环境也发生了巨大的变化，但是在改革乡村厕所的热潮下，许多问题也随之产生，部分厕所开始呈现出过度设计、形态千篇一律、缺乏地域性等不足。

1.2 研究的目的及意义

对乡村公共厕所的设计是建设美丽乡村、提升乡村人居环境最行之有效的方法之一。中国乡村数量多、分布广，在民俗文化、经济基础、地形气候、风土人情、生活习惯等方面都大相径庭，所以乡村公共厕所不能以格式化的形式存在，它需要与当地环境融合，因地制宜，在充分考察地区的自然环境、人文环境、经济基础等条件之后再进行设计。

对乡村公共厕所的研究，首先就国家层面而言，乡村公共厕所的改造与建设是乡村振兴战略中的具体工作，而乡村公共厕所的设计能够解决部分民生问题，缓解人民日益增长的物质文化需要与发展的不平衡，缩小城乡差距。其次就乡村层面而言，公共厕所的设计研究在一定程度上能够促进其文明发展，改善乡村面貌。在"厕所革命"的过程中，许多生态性的技术开始被推广，例如利用膜技术就地处理污水、智能气控节水器、真空自吸节水马桶，这将有效改善乡村生态环境。最后，乡村公共厕所设计在提升乡村人居环境的同时，还为当地居民和外来游客提供一个卫生、舒适、人性化的如厕环境，补齐乡村人居环境短板。

1.3 国内外研究现状

1.3.1 国内研究现状

近年来虽然厕所设计逐渐开始引起人们的关注，但是不可否认的是大部分乡村公共厕所依然存在诸多问题。例如大部分厕所依然保留旱厕形式，且形式过于简陋，毫无地域性特征，有的更是位置隐蔽，形同虚设。

图1 部分国内乡村公共厕所现状（图片来源于百度）

乡村公共厕所的数量以及位置规划不合理最终就会导致两种结果——供不应求和供过于求，物不能尽其所用。选址是影响公厕使用率的一个重要因素，选址过于偏僻，降低了其使用率。此外，也有乡村公共厕所设计在形态上考虑融入地域性的特征，合理规划布局，营造良好的卫生环境，使用先进的技术，这样的公共厕所大多位于旅游景点，人流量常年较大的地方，极少会在乡村普及。

我国乡村厕所设计的发展整体呈现两个极端趋势，一是过于豪华，二是过于简陋，现如今，这两种趋势的差距在"厕所革命"的政策背景下逐渐缩小。乡村公共厕所发展势态虽然迅猛，但是要真正进入成熟阶段还需要较长的时间。

1.3.2 国外研究现状

日本有其独特的"厕所文化"，以"想人所想，给人所思"的"人性化"特点闻名遐迩。"音姬"、红外感应、智能马桶等各种先进技术的发明和使用更加凸显了其“人性化”的特点。其次，日本公共厕所的形态设计能够结合其特有的文脉，与周边环境相融合。以最为知名的净身庵公共厕所为例，全年平均每月有2500人使用，在旅游高峰期使用者达到4000人/日。该公厕的占地面积仅为175m^2，内部设施齐全，空间分布合理。建筑形态不仅沿袭了日本传统建筑的特点，而且体现出了对佛教的禅宗意境、“心灵净化”的表达。

图2 日本净身庵公共厕所（图片来源于百度）

再如，位于日本伊吹志摩市和小豆岛的公厕，都在建筑外观的设计上融入了地域性文化特征，因地而异。伊吹志摩市公厕的屋顶来源于对日式坡屋顶的简化，与岛上江户时代相互呼应；小豆岛是日本旧时代酱油酿造厂房的聚集地，为使公厕与环境融合，设计师设计了一座传统屋檐下的弧形公厕。

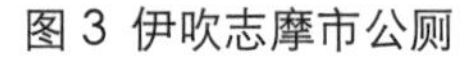

图 3 伊吹志摩市公厕

图4 小豆岛的公厕（图片来源于谷德网）

美国公共厕所最大的特点就是“藏厕于民”，大部分设置在商场、餐厅以及超市内，街道上独立公共厕所数量较少，且无太大的“城乡”差别，设计“以人为本”，绝大多数公厕都设有无障碍的厕位；新加坡同美国一样，公共厕所依附于公共建筑；英国公共厕所则历史悠久，在维多利亚女王到英王爱德华统治时期，其建筑水平在世界上名列前茅，英国闹市区的公共厕所常常建在地下，由以前废弃的地铁站入口或者防空洞改造。

从以上提到的案例中可以得出国外公共厕所在长期的发展中，结合自身的国情、环境、需求进行设计，呈现出多样化的特点，因地而异，形态融入地域性特征，与周边环境相互协调。

1.4 研究目标及主要内容

1.4.1 研究方法及手段

（1）实地考察法

笔者对河北省承德县南天门满族乡郭家庄村进行现场调研，直观地了解场地的现状，在此基础上对存在的问题和原因进行整理和分析。力求设计贴合实际，依照郭家庄村的现状和需求，完成设计。

（2）案例分析法

查找国内外公共厕所相关案例，全面了解当下公厕设计的现状，为研究提供充足的背景资料。了解并学习案例中设计是如何解决实际问题的，对于地域性、功能性、生态性、人性化等要素如何融入公共厕所这个载体中，以及对于不同地区的公共厕所设计在形态上如何做到因地制宜，并且进行分析和总结（图5）。

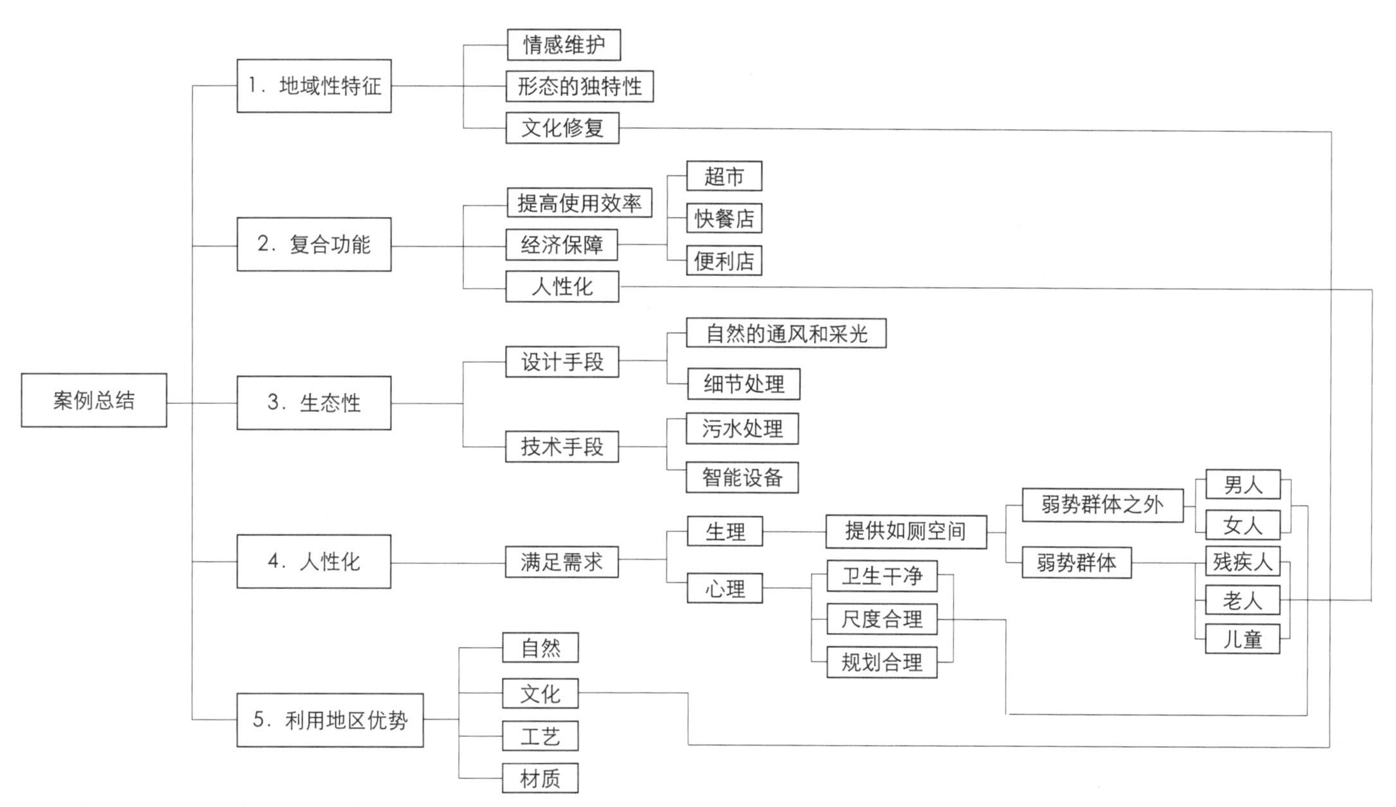

图5 案例分析和总结（作者自绘）

（3）文献研究法

从多个角度和不同学科查找和阅读大量的文献，了解厕所的起源、发展和演变。通过全方位地分析乡村公共厕所的现状、存在的问题以及造成问题的本因，发现解决不同问题所采用的方法对设计成果的影响和利弊，为研究提供方向、依据以及理论知识。

（4）对比分析法

在研究过程中，首先是对国内外公共厕所的现状进行对比，发现其中存在的差异性，最后对优秀案例进行归纳和分类总结。其次是对国内不同时期的公共厕所进行对比，了解其发展和演变的过程。

1.4.2 研究内容

乡村公共厕所从无到有的过程中，在许多方面都取得了进步，但存在的问题也不能被忽视。本文希望通过上述对乡村公共厕所设计的研究，调理和梳理乡村公共厕所系统，为今后乡村公共厕所设计提供一定的理论基础，为乡村设计一个良好的公共如厕环境，优化乡村人居环境。

本文主要是对厕所的整体概况、乡村农户自家厕所的现状、乡村公共厕所的现状、乡村公共厕所的规划选址及乡村公共厕所的建筑设计五个方面进行研究。在分析乡村公共厕所从无到有的过程中，提出在乡村公共厕所的设计中应该侧重选址规划、可识别度、可达性、服务半径、功能复合性、形态、生态性等问题。

以河北省承德县南天门满族乡郭家庄村为例，结合场地的地理位置、自然条件、地形地势、人文背景、历史文化、经济发展等客观因素进行因地制宜的设计，并通过设计，为郭家庄村树立一个良好的公共厕所设计示范。

1.4.3 研究难点及创新点

本研究不是单纯的理论研究，而是将理论研究与设计相结合，通过设计解决乡村公共厕所现存的实际问题。从实际出发，打破乡村公共厕所在人们观念中已经形成的固有印象。研究乡村厕所的整体环境，对规划布局、功能形态、尺度规范、生态环保、卫生环境等多方面调研之后进行设计研究，对于乡村而言具有一定的研究和价值意义。

在研究中，将人们对于乡村公共厕所的固有意识进行解构，梳理公共厕所在乡村存在的必要性和合理性，明确其存在价值，从而建立乡村公共厕所的设计方法。

1.5 论文框架

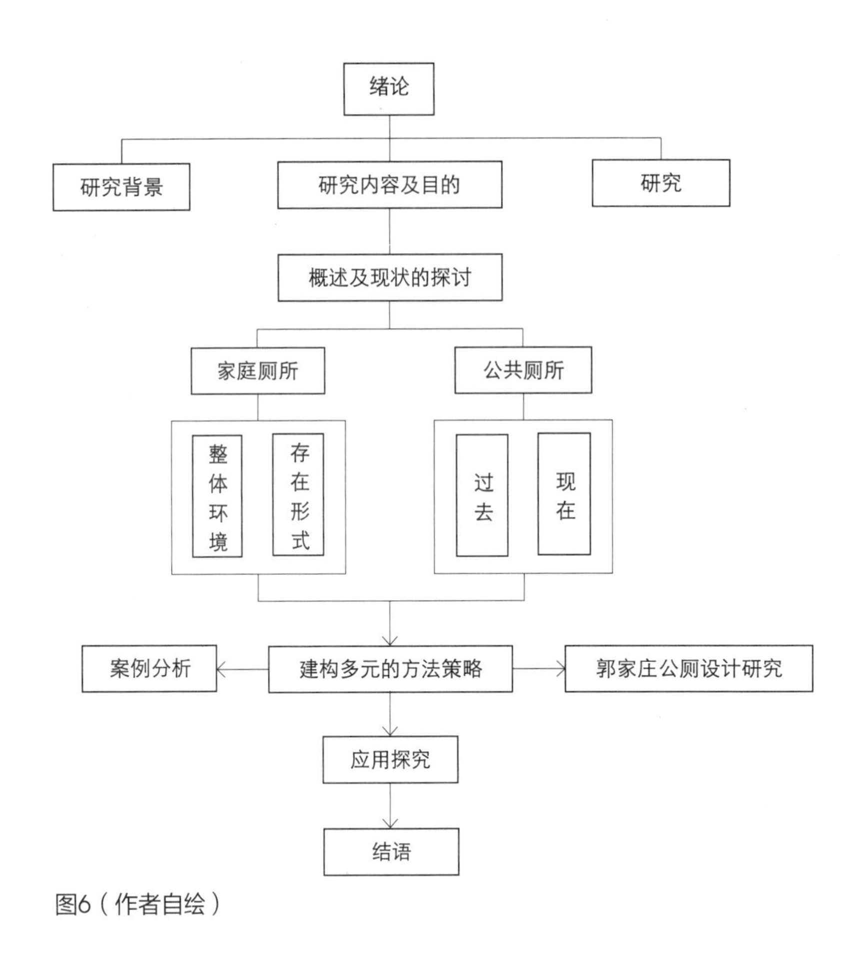

图6（作者自绘）

第2章 厕所的概述

2.1 厕所的起源

俗话说“兔有三窟，人有三急”，上厕所乃人之常情。《DK儿童奇趣百科全书 · 这不可能是真的！》一书中写到人一生在厕所中所消耗的时间长达三年。厕所是与我们生活息息相关的空间，在英语中“厕所”有诸多种说法，但最常见的则是“toilet”一词。在《新华字典》中“厕所”的释义是供人大小便的地方。将“厕所”一词拆开来解释的话，“厕”是指参与，混杂在里面，“厕”字最早写作“廁”，从广从则，即为厕也。“所”是指处所，地方，指代的是一个空间。厕所多建在四合院南偏西的位置，厨房则建在南偏东的位置，古时候有南上北下的说法，因此有了“上厕所，下厨房”一说。

据考古发现，目前我国最早的厕所遗址位于西安半坡村的氏族部落，距今已有5000多年的历史，而西方早期的厕所则出现在公元前3000多年两河流域文明的美索不达米亚平原。

2.2 厕所的演变

2.2.1 称谓及形式的演变

我们无从考证远古时期人类如何便溺，但毋庸置疑的是在没有厕所之前人们都是就地解决。上古时期的厕所被称为“屏”、“清”或“圊”，指代的是粪槽。《庄子 · 杂篇 · 庚桑楚》中称厕所为“偃”，通“匽”，后也称“匽溲”。西周《仪礼 · 既夕礼》中有“隶人涅厕”的记载，说的是古人就地掘厕，在西安半坡村氏族部落遗址中发现一个个设于房舍外的土坑（图7），即“坑厕”。又因常用茅草遮蔽，又称之为“茅厕”或“茅坑”。不仅在汉代许慎的《说文解字》说："溷，猪厕也。从囗，象猪在囗中也。"而且东汉末年的《释名·释宫室》中说："厕……或曰溷，言溷浊也。""溷"代指猪圈，秦汉时期出现了厕所与猪圈二合一（图8），厕所内有孔通向猪圈，形成"人皆矢于豚栅，豚常以矢为食"。

图 7 西安半坡村氏族部落遗址图

图 8 潼关县吊桥乡出土东汉陶猪圈（图片来源于百度）

西周到春秋这一时间段内，厕所多以这种二合一的形式存在。秦汉时期的厕所形式已经开始趋于多元化，从《释名·释宫室》中的"厕，杂也。言人杂厕在上非一也"和陕西汉中汉台区汉墓出土的绿釉陶厕（图9）中便可看出汉代不仅已有男女分厕，还开始注重隐私性，此外，汉代还出现了坐式厕所，有的厕坑两侧还建有垫脚石（图10）。从汉代到唐代，厕所形态没有太大的突破，只是从形制上变得更加精美，但是"贫富差距"日趋明显，据记载晋代"有绛纹帐，裀褥甚丽，两婢持香囊"，宋代之后，城市的厕所大都被马桶取而代之。

图 9 分男女的绿釉陶厕

图 10 梁孝王墓厕所（图片来源于百度）

明清时代有"京师无厕"的说法传世，在1889年《芝加哥新闻报》的一篇报道中写道："一位近日从京城（北京）归来的旅游者称，该城市气味浓烈……且由于缺乏下水道和污水坑，城市的污秽景象简直难以言喻。"在八国联军侵略中国时，因不能忍受居民随地大小便的恶习，在北京、天津实行了公厕制度，但公厕制度并没有沿袭下来。直到1949年"两管五改"的实施才逐渐有了改善，再到二十一世纪，厕所不论在形式、技术及服务上都有了实质性的突破，称谓也变得含蓄化——卫生间、洗手间。

2.2.2 观念的转变

观念的转变首先体现在卫生方面，从最初的“就地掘厕”到“至秽之处，宜常修治，使洁清也”，可以得知汉代对厕所已有了卫生意识。汉代对厕所的卫生意识不但体现在清洁方面，还体现在对厕所的管理上，据《太平广记》记载，汉代已有专门管理厕所的人员。此外周代已经出现个人卫生器具——木制清器，春秋时为陶制兽子、瓷制虎子等，在这些个人卫生器具的形制中体现了古人对于美观的考究。这些不仅是注意卫生的体现，还是尊重隐私的体现。厕所在男女共用之时，讲究的是先来后到，多以咳嗽声为暗号，但难免造成尴尬的场面。自汉代有男女分厕之后，情况有所改善。明清时代，已经有人开始选择在闹市区建造公厕，将其出租给经营肥料的商人。清嘉庆年间部分厕所开始出现了“入者必酬一钱”的情况，并以此增加收入。

2.2.3 技术的发展

原始的厕所形式就是填埋式，对排泄物没有过多的处理，只是单纯解决了生理上的问题，这种厕所味道过大并且影响环境卫生。西方最初的厕所，形式十分简陋，在地面上打一个孔洞通向地下放置的可移动罐子。相对野外随地解决，这种简易设施迈出了人类如厕文明的第一步——将排泄物置于可操作的范围，防止其四溢漫流，改善了定居点的环境。《墨子·备城门》中有“城上五十步一厕所”，城下则“三十步为一圜，高丈，为民溷，垣高十二尺以上”的记载，说明春秋战国时期厕所在布局规划上已经有了一定的规范。汉代古墓中出土的陶制厕所是中国建筑最常用的形式，屋檐超出山墙，开设窗户以加强通风效果。六朝时期，在陶制厕所中设置了排污圆洞，在内部结构和样式上不仅美观而且卫生。

汉代已出现水冲式厕所，在之后很长一段时间内厕所的相关技术并没有很大的突破和进展，直至19世纪后期抽水马桶的普及，厕所在技术的发展上有了实质性的突破。现在双翁漏斗式、三格式化粪池、双坑交替式厕所等技术的运用，能够实现资源能源的节约与保护。随着科学技术的不断发展，未来厕所技术的发展一定更加节能化、技术化。

2.3 新时代下厕所的发展

公元前3300年，塞尔维亚的哈布巴卡柏已经开始用管道输送污水。1597年，英国人约翰·哈林顿发明了抽水马桶，但下水道系统地建立是在18世纪中后期，由于排泄物长期排放至泰晤士河而导致了“大恶臭事件”。19世纪后期，抽水马桶才真正普及。

21世纪以来，厕所在技术上的发展更加成熟，出现了不少智能化、人性化、生态化的厕所。例如位于山东烟台昆仑山国家森林公园的山之厕所（图11），单体模块自由组合之后形成庭院作为休息等候的空间，同时运用折叠的耐候钢板，用过的水从钢板缝隙中流入砾石过滤池，过多的水可以从无边界钢板顶部溢流而出并渗回地下。还有瑞士、日本等国家为提高公厕使用率，设计了透明厕所（图12），当使用时间超过十分钟后雾化玻璃会变回透明。还有的公厕不仅分了男厕和女厕，还有无障碍厕所和母婴室等。再比如挪威在观光路线中利用其自然优势建设观景厕所，以此增强游客体验，提升国家形象等。

图11 山之厕所

图12 日本透明厕所（图片来源于百度）

当今厕所利用时代的优势设计更加完善，在设备上更加科技化和智能化；在功能上更加以人为本，全面考虑和满足不同群体的需求；在形态上更加具有设计感的同时，更加节能环保。

2.4 本章小结

厕所的发展是从无到有、从偶然到必然的过程。从就地解决到现如今的文明如厕，厕所不论是在称谓、形式、观念，还是技术上都有了很大的突破和进步。

据史料记载，最早出现的厕所是公厕而非私厕，最初由于设在路边，所以被称之为“路厕”，私厕是公厕发展到后期的产物。厕所的现状是奢华与简陋并存，农村厕所受其长期与猪圈合一的形式，而被赋予“脏、乱、差”的标签。城市在高速发展的进程中，许多厕所的设计已经趋于智能化、人性化、生态化，乡村的厕所也应该紧跟时代的步伐。

第3章 乡村的厕所

3.1 农户自家厕所概况

3.1.1 整体情况

乡村卫生环境长期不容乐观，虽然自“厕改”以来，各省积极开展相关工作，对乡村厕所进行改造和修建，厕所卫生环境已经有明显提升。但是“官出数字，数字出官”的现象依然难以避免，所以“一个土坑，两块砖，三尺土墙围四边”的土厕并未完全消失，“如厕难，排污难，垃圾粪便处理难”的“三难”问题也并未得到有效解决。除了少数发达地区之外，大部分乡村厕所基本上是一成不变的。随着时间的流逝，乡村厕所逐渐呈现出两极分化的局面。

农户自家厕所大致可分为两种，一种是依然保留旱厕形式，另一种是已经完成厕改并且其卫生环境已有明显提升的厕所。近年来，在“厕改”的环境背景下旱厕逐渐开始向清洁卫生的水厕转变，但整体环境依旧可以用“简”、“臭”、“小”、“脏”四个字概括，“简”是说农户自家厕所依旧设施简陋且室内尺度明显不符合人机工程学。“臭”、“小”、“脏”顾名思义，农户自家厕所不仅通风效果差，使用面积小，而且如厕环境差。纵观中国乡村农户自家厕所，还有很多需要完善和改进的地方。

3.1.2 存在形式

当下乡村有很多的厕所在形式上依然以旱厕为主，其中大部分农户自家的厕所仍保留了猪圈与厕所并存的形式。在同是猪圈和厕所相结合的前提下，两者存在一定的差别，北方厕所与猪圈虽只有一墙之隔，但相互之间是隔绝的，而南方厕所与猪圈有便槽相连。在中国著名画家黄永玉先生的笔下，可以看到乡村各式各样的厕所。漫画生动形象地描绘了各地区的厕所例如湘西桑植一带的私家茅房以及吊脚楼的厕所等（图13～图15）。

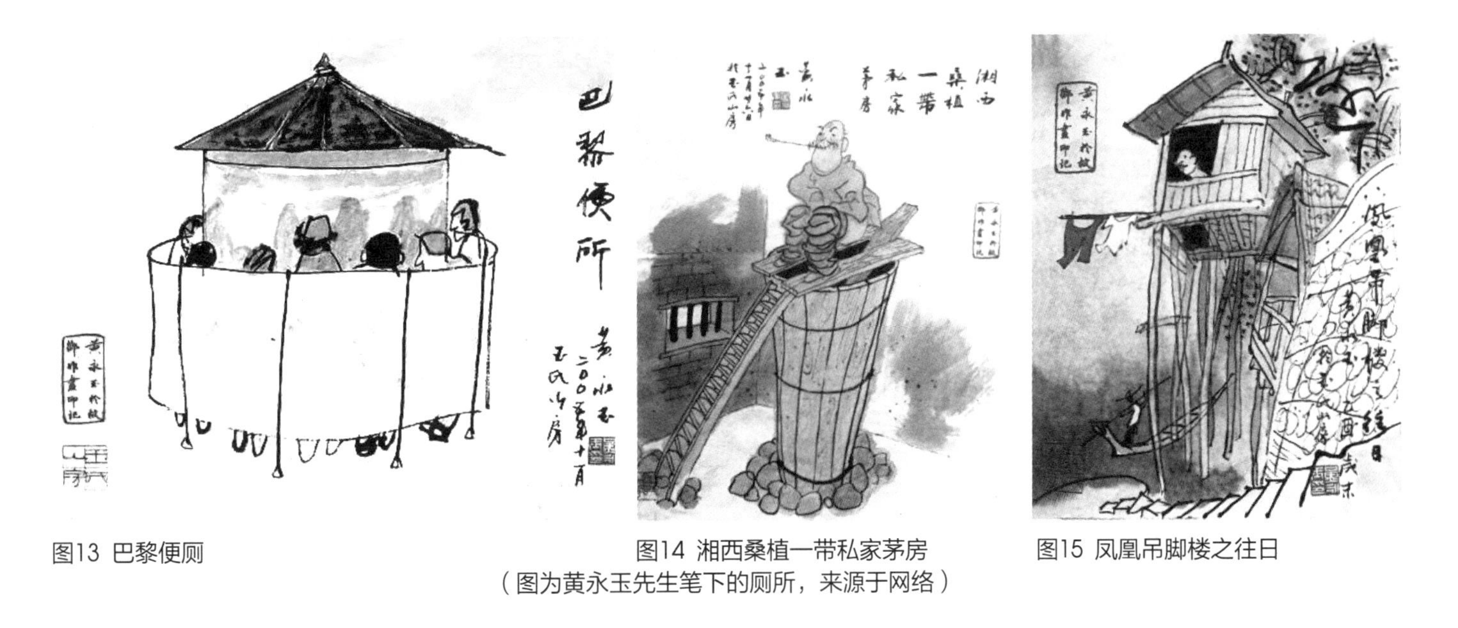

图13 巴黎便厕　　图14 湘西桑植一带私家茅房　　图15 凤凰吊脚楼之往日

（图为黄永玉先生笔下的厕所，来源于网络）

农户自家的厕所历来不讲究，即便是当今社会，农户自家厕所只是简单地满足了基本生理需求，如较为简陋的水冲便池或抽水马桶、洗手池、淋浴花洒（图16）。而这样的家庭厕所在乡村已经算是“豪华厕所”了，大部分还是保留最原始的形式（图17），厕所臭气冲天，蝇蛆成群，各家农户习以为常。村内不少外出学习工作的人们在使用过环境优良且设施人性化的厕所之后，再回到家中使用自家的厕所，能够明显感受到二者之间的落差，这种小环境的差距也是他们不愿回到乡村继续生活的原因之一。

图16 重庆农户自家改造后的厕所

图17 重庆石船镇胜天村猪圈和厕所相结合

3.2 乡村公共厕所概况

3.2.1 乡村公共厕所现状

乡村的公共厕所从“厕坑”的形式发展至今，除了宋代有明显的突破和改进之外，其他时期并无太大的变化和改善，直到2015年“厕所革命”的提出，乡村旅游推动乡村公共厕所开始等级化和星级化。乡村公共厕所也有了相关的规范作为建设参考依据，例如《旅游厕所质量等级的划分与评定（GB/T 18973-2016）》和《农村厕所建设和服务规范》。乡村公共厕所的建设开始趋于规范化和标准化。

无论是农户自家厕所还是乡村公共厕所，长期以来根深蒂固的传统生活观念难以转变是约束乡村厕所发展的一个重要因素。对公共厕所的设计不仅能为使用者提供良好的如厕环境，同时能为当地居民树立一个良好的范例。公共厕所的现状与农户自家厕所的概况大致相同，自“厕改”之后有明显的改善，但是以点带面导致了各地区发展不平衡。总的来说，大部分乡村的厕所最突出的问题是“一少、二简、三差”，“一少”是厕所数量少，不仅无法满足地区当下发展的需求，更不能满足乡村未来发展的需求；“二简”是指建造简陋，设施简易；“三差”则是说乡村公共厕所的外观识别度差且不具有地域性特征、可达性差、环境差。在大多数的乡村中不难发现依然有旱厕的存在，这样的公厕不仅影响村容村貌和生活品质，而且为周围居民做了错误的示范。

3.2.2 成因分析

乡村公共厕所是“奢华”与“简陋”并存，各种各样的问题层出不穷，笔者认为导致这种局面的原因主要有以下几点。

首先，截至2017年底，全国行政村数量有94万多个，这样一个庞大的数量导致了乡村厕所在改革发展过程中必然要经历很长一段时间，不是一朝一夕就能完成的；其次，乡村公共厕所现在的问题是长期积累下来，厕所自汉代开始长期与牲口圈比邻，而且传统的生活方式以及生活观念已经扎根在乡村居民的心中；此外，管理制度的不完善和技术发展的落后，也是导致厕所“脏、乱、差”的原因之一；另外，受乡村经济发展水平的制约，许多乡村无法承担厕所改造的费用；最后，设计师责任的缺失也是原因之一，作为设计师而言，“设计的目的是满足大多数人的需要，而不是为小部分人服务，尤其是那些被遗忘的大多数，更应该得到设计师的关注。”乡村厕所的设计就是“被遗忘的大多数”。

3.3 本章小结

中国乡村厕所的设计还需要经历很长时间的考验，作为设计师，正如挪威公路管理局国家观光路线项目媒体总监佩尔·里茨勒所说：“我们不是要建豪华厕所，而是注重其独特的建筑设计理念，同时还要有较高的质量和实用性。这些厕所能够历久经年，在冬天抵挡暴雪和严寒，在夏天抵挡暴雨和酷热。”乡村厕所当下的现状是众所周知的，常年以来所累积的问题不是一朝一夕就能够解决的，设计过程中考虑到的应该是全方位的，不能过于功能主义，也不能过于形式主义，应当基于现实，以解决现存问题为主进行设计，其形态具有一定的地域性特征，尽可能避免过于豪华的设计。

第4章 选址设计

4.1 可达性

可达性是人文地理学评价公共服务设施布局的重要原则之一，是一个空间概念，反映了起点与终点之间打破各种隔阂进行交流的难易程度，受地理位置、可见性、时间成本、距离成本、经济开销等多方面的影响。公共厕所的可达性最主要受时间和地理成本的制约，简而言之公厕的可达性就是指“从使用者的位置到公厕位置的难易程度”。可达性主要从两个方面进行考虑，一方面是从视觉的角度上要让使用者能够看得见，另一方面则是从实体本身出发要让使用者够得着。

公共厕所是乡村基础服务设施的组成部分之一，在一定程度上反映了乡村建设和乡村发展水平，能够影响周边居民和游客的舒适度。乡村公厕的合理规划保证了乡村土地和空间资源得以合理利用。近年来，乡村蓬勃发展，在规划建设社会主义新农村上不断推进，农村人流量呈逐年上升趋势，乡村公共厕所供不应求，矛盾日益突出，要解决这一矛盾，不仅要增加公厕的数量，还要考虑其可达性，这其中包括了村内居民、外来游客、残疾人等，既要保证在较短的时间内能够到达，又不能数量过多，所以一般每隔500米设置一个公共厕所较为合理。

随着国家对乡村建设的重视，美丽宜居新乡村如雨后春笋一般初显光芒，每一个乡村都极具发展潜力，乡村未来人流量一定呈直线上升趋势。所以乡村公共厕所的可达性就不仅要考虑能够满足村内居民的需求，还要满足外来游客和弱势群体的需求。由于中国的乡村还处于发展阶段，对于还没有开始发展的乡村对其发展要有一定的预见性，根据整个乡村发展蓝图考虑哪里应该拆除，哪里可以改造，哪里应该新建，要做到心中有数。其次公厕位置的选择要具有一定的隐蔽性。乡村公共厕所规划的目的是为了满足周边居民和外来游客在外如厕的需求，避免出现使用者在当务之急找不到厕所的尴尬局面，应对其地理位置、数量、规模进行合理性的规划。

4.2 服务半径

乡村公共厕所的设计除了可达性之外，第二点要考虑到能够辐射的服务半径范围，这里的服务半径是衡量人在物理空间上达到服务设施的最大步行距离。而公共厕所的服务半径是指围绕其不规则分布所覆盖的范围，可以理解为在平面图上以公厕为圆心，确定固定尺寸为半径画圆，被圈住的范围就是公厕服务半径所辐射到的范围。

对于乡村人口较为集中的地区，例如广场、集市、活动中心、名胜古迹、景点、大型公共建筑和公共活动场所等区域附近的道路以及沿线应该建设公厕，方便使用者到达。在学校、机构、产业等周围设立公共厕所。除此之外，在人口较为稀疏的区域也需要设有一定数量的公共厕所。如果在居住房周边建设公共厕所，两栋建筑之间应该有一定的距离，减少公厕对居民区的干扰。乡村公共厕所不宜设置在地势较低、地质危险且不利于使用者到达的地带。而且根据《农村地区公厕、户厕建设基本要求DB11/T597-2008》，公厕应安排在服务区域常年主导风向处，其建筑面积根据服务人口及服务区域性质确定，设置密度宜为每平方公里2～3个厕所，服务人口宜为200～1000人/座。也就是之前所说的每隔大约500米设置一个厕所，在人口较为密集的区域可每隔大约330米设置一个，以避免供不应求或供过于求的局面出现。

主要人流量大的地区公共厕所的距离应该是上述所说的330～500米左右，而在人流量正常的区域，公共厕所的间隔距离宜为750～1000米，人口稀疏的区域宜少设置公共厕所。这样既能够尽可能扩大公厕的服务半径，又能够保证不占据多余的土地资源。

4.3 环境优势

建筑与环境是共存的，同时也是相互影响的，二者相辅相成。人在创造环境的同时环境也在创造人，创造舒适的环境与保护环境之间是相互联系的，在设计过程中应尽可能满足建筑与环境和谐统一。所以在选址规划时需考虑其原有的环境优势，包括人文环境和自然环境。乡村有着与城市截然不同的环境，也是它固有的财富，在乡村公共厕所的设计中应该良好地利用这种优势，将建筑与周边环境完美地融合在一起。

不同乡村具有不同的人文特色，在村内历史文化底蕴丰厚以及生活习俗极具特色的地区本身就能够吸引大量的外来游客，在这样的区域建造公共厕所主要是满足实际需求和提高使用率，正如荷兰小镇对一座原有的古代堡垒进行了再设计，与信息零售中心结合，让新的建筑建造在土墙之中，将已经失去防御作用的堡垒改造为公厕。

第5章 建筑设计

5.1 功能形态

据笔者观察，乡村内公共厕所从空间上大多简单地划分为男厕和女厕，建筑形态也大同小异，既不与环境相融合，也没有地域性特色。然而中国地大物博，有着丰厚的文化底蕴和民族特色，不同地区都有其独特的地域性文化，例如西南的干阑式建筑、云南一颗印、北京四合院、福建土楼、陕北窑洞式建筑……无论是从建筑形态还是材料工艺来看，这些都是极具地域特色和代表性的建筑。并不是要将厕所设计的多么豪华，而是利用这些本土的特色文化和元素，避免格式化的设计，这样既能让建筑与环境相融合，又能让各地区的公共厕所从建筑形态上区别开来。以南京牛首山文化旅游区设计的厕所为例，厕所主要分布在主要景点和集散节点附近，临近主要游览路线和景区道路，可达性良好。游客步行10分钟内即可到达。在建筑形态上采用价格较低的材料进行设计，建筑采用自然的颜色，达到朴素、和谐、易清洗的效果。

随着生活品质的不断提高，人们对于体验感的要求也越来越高，正如马斯洛需求层次理论，在满足了最低层次需求之后，会追求更高的需求层次。乡村公共厕所在解决最基本的生理需求之后，应该更加注重人文关怀，充分考虑残疾人、老人、儿童和妇女的需求。在男女厕内除了厕位、盥洗池等基本的设施之外，还要充分考虑到使用者在嗅觉、听觉以及视觉上的体验，例如室内的采光、通风以及人们如厕产生的声音等。另外参考《旅游厕所等级的划分与评定（GB/T 18973-2016）》的规定，室内功能的划分除了男女厕间之外，应该增设管理间、工具间和第三卫生间。管理间面积在5～12平方米左右，应该配备相应的饮水机、桌椅等设备。第三卫生间内的设施包括成人坐便器、儿童坐便器、儿童小便器、成人洗手盆、儿童洗手盆、多功能台、儿童安全座椅、安全扶手以及紧急呼叫系统，不仅是为了残疾人使用，同时是为方便年轻人协助长辈、成人协助小孩而设立的空间。

5.2 规模尺度

乡村公共厕所的规模尺度是避免出现供求关系失衡和增加如厕舒适度的重要因素之一，其设计可以参照《旅游厕所等级的划分与评定（GB/T 18973-2016）》中AA级厕所建造标准和《农村地区公厕、户厕建设基本要求DB11/T597-2008》进行设计。厕所建筑面积宜大于60平方米，净高宜为3.5米或4米，且独立式厕所室内净高在2.8米以上，附属式公厕则应按照建筑层高进行设计。为达到防水防潮的要求，室内地坪应高于室外地坪0.15m以上。

对室内尺度，管理间面积不宜小于5平方米，工具间面积不宜小于1.2平方米，第三卫生间不宜小于6.5平方米。其中，男女蹲位比例为2：3，坐蹲位的比例为1：5，至少含有一个坐便器，每5～8个厕位需要配置2个盥洗池。此外，乡村公厕内的厕位不应暴露于室外，厕位与厕位之间应设置隔板，隔板的高度不低于1.2米，独立小便池站位的隔板高度不低于0.6米，隔板与地面的距离宜在100～150毫米。室内为达到防滑防潮要求，地面坡度宜为0.01或0.05度，并设置排水沟或地漏。为达到良好的通风效果，通风口应设置在厕位上方1.75m以上。每个大便厕位长为1.0～1.5米，宽为0.85～1.20米，每个小便池厕位深0.75米，宽0.70米。单排厕位外开门走道宽度宜为1.3米，不宜小于1.0米。双排外开门走道宽度宜为1.5～2.1米。

第三卫生间中设计规范应该参照《无障碍设计规范（GB50763-2012）》进行设计。为便于轮椅出入，卫生间门宽应大于800毫米，内部空间大于1.5米×1.5米，有利于轮椅回旋。紧急呼叫系统的安装应离地面450毫米。小便池高度小于450毫米，坐便器高度为450毫米，同时需要配备安全扶手，小便池扶手离地高为1180毫米，坐便器扶手离地面高度700毫米，扶手间距为700～800毫米。

5.3 建造技术

乡村公共厕所的建造不仅仅要考虑形态上的独特性，更要考虑建造成本、生态性、建筑不同的朝向对室内采光带来的影响。形态上正如之前所说，基于各地区特有的地域文化进行创新和突破。

乡村公共厕所环境常年“脏、乱、臭”的原因之一就是粪便处理技术落后，污水的不合理处理会在一定程度上对环境造成破坏，为此，笔者查找相关资料发现了三种较为普遍的化粪池。第一种是双翁漏斗式，它是一种将粪液收集和无害化处理结合在一起的厕所，粪尿通过在瓮体内密闭储存、厌氧发酵、沉淀分层，致病微生物、寄生虫卵能被杀灭或去除，达到无害化处理。完全发酵处理后的粪便可以作为优质环保型无害化有机肥料直接施用于菜地、农田。双翁漏斗式处理方式的卫生生态厕所具有结构简单、造价低、取材方便、卫生环境改善效果好、降低蝇蛆密度和肠道传染病发病率等特点。因其较高的经济效益，适合经济水平较低的乡村。第二种是应用较为普遍的一种化粪池——三格式化粪池，其特点是材料易取，在处理上符合农民传统的生活习惯，主要运用中层过滤、厌氧发酵、降解有机物等原理对粪便进行处理，最终达到无害化。最后一种是我国西北地区推广的一种厕所——双坑交替式厕所，主要由厕坑、蹲台板、通风管和厕屋组成，这种厕所对于干旱少雨、气候干燥的地区具有较强的实用性。

粪便处理技术多种多样，例如以聚氯乙烯树脂为主要原料而生产制造的一体式公厕净化处理设备，具有粪便收集、储存、污水处理等功能，用于厕所污水净化的设备，具有结构合理、工艺成熟、处理净化能力强、密封性能好、耐腐蚀、安装快捷、施工方便、使用寿命长等特点。对粪便进行无害化处理，同时净化水质，避免疾病传播，保护环境卫生。不论是哪一种处理技术，乡村都要以根据实际情况选择最为适合的技术。

除了处理技术能够保护环境之外，一些设计细节的处理同样能够起到节约资源的作用，也就是用最低的成本做最好的设计，在建造材料上尽可能选取原生的材料，同时尽可能地利用雨水收集、太阳能、风能等一些自然可再生能源和材料的再利用。例如，山东烟台的山之厕所将折叠的耐候钢板作为洗手池，用过的水从钢板缝隙中流入砾石过滤池，水过多时则从无边界钢板顶部溢流而出并渗回地下，以此达到水资源的循环利用。

第6章 配套综合服务设施

6.1 服务设施类型

乡村公共厕所作为改善乡村环境的重要组成部分，对其优化应该是从多方面展开的，其中包括综合服务设施的配套。服务设施的配套主要是为了加强城乡公共服务设施，为发展教育、文化、卫生等公共事业提供保障。在满足衣、食、住、行的基础上，要完善基础设施并对加速社会经济活动起着促进作用。公共厕所与周边环境的融合不仅体现在建筑形态的设计上，而且体现在服务设施上，这种服务设施可以极具当地生活特色。服务设施从广义上来说它是公共行政和政府为加强城乡公共设施建设并发展教育、科技、文化、卫生等公共事业改革的核心理念。而狭义的服务设施是指为群众提供服务产品的各种服务性的设施。可大致划分为教育、医疗事业、文化娱乐、交通、社区服务、社会服务与保障、商业等。按照内容和形式可以分为基础服务、经济服务、社会服务、安全服务等。

不同区域的公共厕所应该结合实际情况配备相应的服务设施，根据营利性的角度分类可大致分为营利性和非营利性。营利性服务设施主要指的是商业性质的服务设施，包括超市、便利店、小卖部等小型服务门店，例如许多高速公路上的服务站里面的公共厕所，路线将公厕与超市串联，以此带动超市的销售量。非营利性服务设施一种指的是不以营利为目的，依附于自然景观、文化特色、人文历史等地域特点较强的服务设施，例如文化展馆、观景平台、休息长廊等不具备经济目的的设施，还有一种是为满足周边居民基础生活需要的服务设施。

按照服务设施的作用可以大致分为娱乐性、人文性、实用性、休闲性等。娱乐性的服务设施指的是小型游乐空间、主题展馆；人文性服务设施指的是依据当地特有历史文化建设的展示空间；实用性指的是便利店、加油站等满足刚需的服务设施，休闲性指的是为人们提供休息、歇脚、观景的服务设施，例如凉亭、观景台、瞭望台等。

6.2 服务设施的作用

配套服务设施是立足于美丽乡村建设的内在需求，通过因地制宜的配套服务设施满足乡村经济结构发展的不断需要，具有多元化和弹性化的特点。常年以来乡村基础设施欠缺，城乡之间存在巨大的差异，乡村基础服务设施主要由居民自己想办法解决，因此导致了乡村服务设施无法适应多元化的市场需求。这就需要设计师在设计时，考虑到综合服务设施的配套，强化乡村基础服务，缩小城乡差距。

乡村公共厕所综合服务设施的配套能够为公厕提供一定维修与清洁资金保障，此外，在人员的管理上服务设施的工作人员可以同时担任公厕的管理人员，避免浪费过多的劳动力。盈利性服务设施顾名思义主要以盈利为目的，服务于人流量较大且外来人口较多的区域，这样的区域可以规划建设体量较大的服务驿站，其中包含超市、餐厅、工艺品点、公共厕所等，在为游客提供基础服务的同时，又带动了经济的发展。在当地居民较多的区域，公共厕所配套的服务设施主要的服务对象是居民，所以此时的服务设施是非盈利性的，可依据区域的特点配套相应的服务设施。例如，具有文化特色的区域可配备文化展馆，具有重要历史人物和故事的区域可配备历史纪念馆，居民较多的聚集地可根据当地居民的实际需要配备相应的服务设施。非盈利的服务设施更多是为了保留各村域的地域文化特色和满足当地居民的基本生活需要。

公共厕所是服务设施的主体，换句话说综合服务设施的配套都是依附于公共厕所，二者相辅相成。以公厕为先导推进乡村服务设施的建设，充分发挥市场、文化、社会的力量，无论这种服务设施属于盈利性还是非盈利性的服务设施，都是为了更好地带动周边发展，使公厕物尽其用。而且对村内居民来说，服务设施的建设让他们的生活质量更加有保障，生活品质更加优质；对于外来游客而言，为他们的旅途变得便利、温馨和安全。

第7章 河北省兴隆县郭家庄村公共厕所设计

7.1 项目概况

2018年3月29日，笔者为展开人居环境与乡村建筑设计研究，在郭家庄村展开了实地调研。调研内容主要包括郭家庄村的地理位置、气候环境、人口构成、建筑特点等。

郭家庄村位于河北承德市南天门满族乡，地处北京市、天津市、唐山市、承德市等几大城市中心地带。全村共226户，726口人，总面积为9.1平方公里，耕地面积680亩，荒山面积6005亩。郭家庄村依山就势，沿散河分布且周边旅游资源丰富。郭家庄村在40°11′N～41°42′N之间，117°12′E～118°15′E之间，属于温带大陆性气候，四季分明，春秋短暂，冬夏漫长，且春季干旱多风沙，夏季炎热多雨，冬季较寒冷干燥，秋季温润宜人。根据对任务书的解读，此次设计旨在为河北省承德市兴隆县郭家庄村进行宜居设计，同时，在调研分析的基础上，构建设计场域的生态安全识别理念，挖掘可行性实施价值，在设计过程中掌握相关设计原理以及研究的学理思想意识。

根据现场调研，从空间上来看，郭家庄村可大致分为德隆酒厂、村委、希望小学、影视基地、南天博院、居住区、文化广场。新修部分仿古做旧痕迹明显，施工较为粗糙。民居多为三开间坡屋顶的一层建筑，少部分为两层小洋楼。建筑背山面水，多以三合院为主，前院大致可分为全封闭和半开放式（图18～图20）。

图18 南天博院新修建建筑

图19 藏匿于郭家庄的老建筑

图20 新旧结合的建筑（笔者拍摄）

郭家庄村是发展中的乡村，也是未来美丽乡村的新星之秀。板栗、山楂、玉米等农作物以及满族文化、德隆酒厂、民宿是它的内生动力，南天博院、影视基地作为它的新生活力，同时沈京高铁预计于2019年通车，届时，兴隆将融入首都半小时生活圈。内生动力与新生活力相结合，信息科技为加速器，京沈高铁为纽带，助力郭家村发展。

郭家庄村虽然极具发展潜力，但在笔者考察的过程中发现郭家庄村内基础设计极其不完善，其中最为突出的就是公共厕所（图21、图22）。最直观的表现为“一少二简三差”，“少”是数量少；“简”是设施简易且建造简陋；

“差”是可识别度差、可达性差、卫生差。就郭家庄公共厕所的现状来看，不仅影响村容村貌，而且不能满足和负担起其未来发展的需求。笔者就这一问题注意到公共厕所的问题不仅是郭家庄村的问题，同时也是中国乡村普遍存在的问题。所以笔者将乡村公共厕所作为此次研究的重点。

图21 文化广场附近公共厕所

图22 南天博院内临时公共厕所（笔者拍摄）

7.2 设计选址

在笔者调研之后，发现该村公共厕所存在一定的弊端。经过大量的调查分析之后发现，公共厕所是目前当下中国各乡村的短板，是建设美丽乡村的需要。要在设计中保留每个乡村各自独特的地域性文化，避免趋同化的公厕设计，所以笔者从选址、建筑、综合服务等方面展开对乡村公共厕所的研究。

根据郭家庄村的现实情况，笔者主要是对其公共活动空间进行设计，选址定在村内文化广场，广场主要作为村内交流活动区域，交通较为便利，东边有一块小型篮球场，北接居民居住区，南邻散河。重点是公共厕所设计，笔者将其建设在广场的东南角。由于郭家庄村内老年人的比重占全村78%，其中有大约80%的人长期外出打工，约为10%的人从事农作物的种植，剩下将近10%的人从事其他职业或为无业人员。同时根据2016年底京东数据研究院《大数据农村电商消费报告》：留守老人和妇女逐渐成网购“专业户”。而据阿里研究院发布数据，2014年全国农村网购市场规模是1800亿元，2016年全国农村网购市场规模将增长到4600亿元。无论是哪一份报告，都可以看出郭家庄村内未来的快递发展是呈直线上升的趋势，郭家庄村亟需建设一个快递站来满足其未来发展的需求，同时作为满族文化特色村寨，应该配套文化展馆，不仅能够给外来游客提供良好的如厕环境、改善村容村貌，而且为当地居民树立良好的卫生环境意识，同时又对该村的基础服务设施进行了完善。

7.3 设计思路

就建筑形态而言，笔者从不同角度出发进行思考，设计出了三个方案，最终选择了其中一个进行细化。方案一从功能的角度出发，考虑到广场南边是山川河流，所以将观景平台与公厕结合进行设计。建筑一层是公共厕所以及其他配套服务设施，二层从螺旋状楼梯上去是观景平台，可以瞭望南边的河流与山川。方案二提取郭家庄村山脉的轮廓，将其简化并抽象为建筑元素。方案三是笔者最终选择的方案，由于郭家庄村民居形式多为三开间坡屋顶的一层建筑，少部分为两层小洋楼。建筑背山面水，多呈三合院，前院大致可分为全封闭和半开放式，建筑主要采用坡屋顶、合院形式进行设计。单体体块则采用玻璃框架的形式，将传统材料与现代材料相结合，通过对传统建筑结构的学习，将其与现代融合，使建筑在形式与功能上做到高度的统一，又具有真正中国传统建筑的特点。简而言之就是以现代的设计手法，“取其形，延其意，传其神”为原则，目的不仅是打破坡屋顶传统建筑形式，而且能够起到采光通风的效果（图23）。

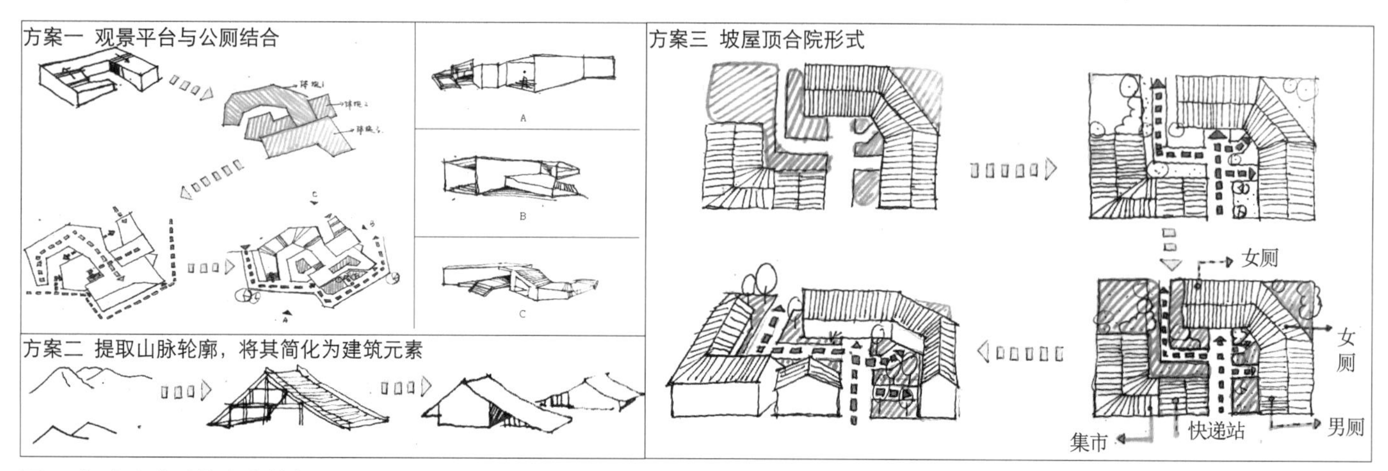

图23 初步方案（笔者自绘）

7.4 设计成果

笔者此次对郭家庄村内公共环境的优化与更新进行设计，其中公共厕所作为设计的重点对象。村内广场规划用地面积为5693.18平方米，其中建筑占地面积为315.59平方米，绿地率为34.8%，容积率为0.05，建筑面积为5%。

广场由西向东主要分为娱乐区、休闲区、中心广场、下沉式观景空间、活动中心五个部分，其中娱乐区和休息区由廊桥连接，公共厕所设置在活动中心，活动中心内配备有公共厕所。考虑到周边居民较多，且郭家庄村作为满族特色文化村落，村内广场不仅是对内交流的活动中心，同时又是对外交流的重要区域之一，结合村内居民和外来游客的需求，在活动中心内不仅设置有公共厕所，而且配备了文化展馆、快递站、便利店。公共厕所参考了前文所说的规范进行设计，公共厕所建筑面积为99.35平方米、第三卫生间面积为12.4平方米、管理间面积为11.37平方米、工具间面积为3.68平方米。室内男女厕位比为2：3，并且含有一个坐位，男厕盥洗池2个，女厕盥洗池3个。综上所述，该公共厕所的设计初步满足国家AA级旅游厕所的标准。

为达到建筑与环境的融合，选材上主要是就地选材——石、土、瓦、砖，将其主要运用于传统建筑的部分，关注材料本身的均衡感、轻盈感、力量感等。在环境中提取色彩，以最低的成本去营造建筑。就如赖特“剔除无足轻重的东西”的设计思想一样，建筑设计不仅是功能与形体的对话，更是与自然材料的构成对话，自然有着比人类优越的东西，追求自然不仅体现在结构工艺中，同时也体现在建筑布局与空间结构对自然地理的适应和调整。例如赖特的西塔里埃森建筑设计，位于一片沙漠之中，建筑沿山脉西侧布置，采用缓坡屋顶、低矮的比例、平缓的轮廓线，以此达到建筑和环境的和谐共生。基于赖特有机建筑的理念，笔者通过多个角度对传统建筑的设计是否一味地循规蹈矩进行思考，在乡村设计与环境相融合的建筑中能否有一些不同的尝试和选择，在新的尝试中如何突破与传统建筑结合是设计中的重点和难点。

将传统与现代结构的结合不是随心随意的设计，而是基于建筑本身的功能形态综合考虑之后的设计，例如，在公共厕所的设计中就将结合室内空间布局，玻璃框架的区域都是可采光的公共区域，在较为私密的区域基本采用天窗进行采光和通风。由于郭家庄村属于温带大陆性气候，夏季雨水充沛，冬季阳光充足，所以在能源的节约上，主要采用屋面雨水收集和太阳能。屋面雨水收集可以与盥洗池的水汇聚在一起净化后循环利用；太阳能无论对建筑室内温度的调节还是盥洗池水温的调节都有着不可替代的作用。

在公共厕所周边配备综合服务设施，对于村内当地居民而言，保留了村庄特色文化，保障了他们的基本生活；对于外来游客而言，不仅为他们提供等候、休息的空间，还能够将人流往村内吸引，增加村内广场的人流量，为郭家庄村增添活力。

7.5 本章小结

对公共厕所的建筑形态进行多个方案的思考和表达是对“同一地区的建筑设计不仅可以形成风格的多样化，而且可以具有一定的时代特征”进行佐证。在三种方案的设计思考之后，笔者认为中国传统民居的建筑形态在发扬和继承的基础上，应该留下时代的印记，正如赖特所说：“美丽的建筑不只局限于精确，它们是真正的有机体，是心灵的产物，是利用最好的技术完成的艺术品”，和《考工记》中“虽由人作，宛若天开”的思想有异曲同工之妙。所以笔者最终选择了第三个方案细化，希望建筑在新与旧的对比中设计出具有郭家庄村特色的建筑。

第8章 结语

8.1 结论

自2018年3月29日笔者对河北省承德市兴隆县南天门满族乡郭家庄村进行实地考察之后，发现该村无论是农户自家的厕所还是公共厕所都存在一定的弊端，并且在笔者对中国乡村厕所的相关资料、文献进行查找和阅读之后，发现乡村厕所现状是长期累积下来的弊端所致，即便2015年国家对乡村厕所展开“厕所革命”，但基于我国农村数量庞大，厕所的革命不是一朝一夕就能完成的，同时，厕所的改善不能仅依靠某个个体展开，需要国家提出政策、政府提供资金、乡村居民提高自身意识、设计师加强设计自觉性，是需要各方共同付出努力的。

此外，乡村公共厕所也是城乡差距的诸多元素之一，乡村目前环境普遍存在“脏、乱、臭”的特点，厕所依然与牲口圈为邻，且保留旱厕形式，这样的厕所对于久居城市的人们而言是不可思议的，但是对于乡村当地的居民已经是习以为常的景象。对于乡村公共厕所的设计不仅是对其如厕环境的改善，同时是助力美丽乡村建设的重要环节。作为设计师对公共厕所的设计主要从选址规划、建筑设计、综合配套服务等方面入手展开设计。建筑的形态设计应考虑到情感维护、独特性、文化修复，为提高公厕的使用率以及人性化的设计，在功能的设置上要遵循因地制宜的原则，同时通过设计手段和技术手段让设计具有生态性的特点。

8.2 展望

首先，以河北省承德市兴隆县南天门满族乡郭家庄村为例进行乡村公共厕所的设计研究对往后乡村公共厕所设计提供了参考性的设计方向，但是对于乡村厕所的设计应该有更加充足的实地调研。其次，任何事物的发展都不可能一成不变，乡村公共厕所长期发展的基础便是与时俱进。随着乡村生活发展的不断优化，近几年来人们的生活品质也有着显著的变化，乡村公共厕所的设计也需要与时俱进，推陈出新。在设计时，既要运用有地域性特征的文化符号，利用新型技术所带来的优势，又要考虑到情感化的设计。最后，目前乡村公共厕所的设计发展处于初期阶段，存在一定的不成熟性，需要不断根据实际的情况进行调整和改变，但总体的发展是顺应时代变化的。在追求生活品质的今天，乡村公共厕所的设计不能仅仅停留在表面化设计，更应该考虑到除形态、功能以外的方方面面。

参考文献

[1] 周连春．雪隐寻踪——厕所的历史[M]．安徽：安徽人民出版社，2005．

[2] 朱莉·霍兰．厕神——厕所的文明史[M]．北京：世纪出版集团，2006．

[3] （日）进士五十八，（日）铃木诚，（日）一场博幸．乡土景观设计手法[M]．李树华，杨秀娟，董建军译．北京：中国林业出版社，2008．

[4] 仇蕾．家用应急救援产品包装设计研究[D]．湖南工业大学，2014．

[5] 秦少佳．河北省农村厕所卫生生态化改造与管理研究[D]．河北农业大学，2015．

[6] 张志伟．城乡统筹背景下农村住区公共服务设施配置研究——以山东省广饶县西刘桥乡为例[D]．山东建筑大学，2012．

[7] 吕颜君．中国传统建筑空间形式在现代文化建筑中的应用[D]．西北大学，2013．

[8] 孙凤喜，王娟颖，陈灵智，李娟．借力京津冀一体化 向农村面貌改造要效益[J]．经贸实践，2015（14）：294．

郭家庄公共厕所建筑及环境设计

Architecture and Environment Design of Guojiazhuang Public Toilet

A-A 立面图

前期调研

郭家庄全村共226户，726口人，总面积为9.1平方公里，耕地面积680亩，荒山面积6005亩。郭家庄村依山就势，沿洒河分布且周边旅游资源丰富。地处40° N-41° N之间，117° E-118° E属于温带大陆性气候，四季分明，春秋短暂，冬夏漫长。

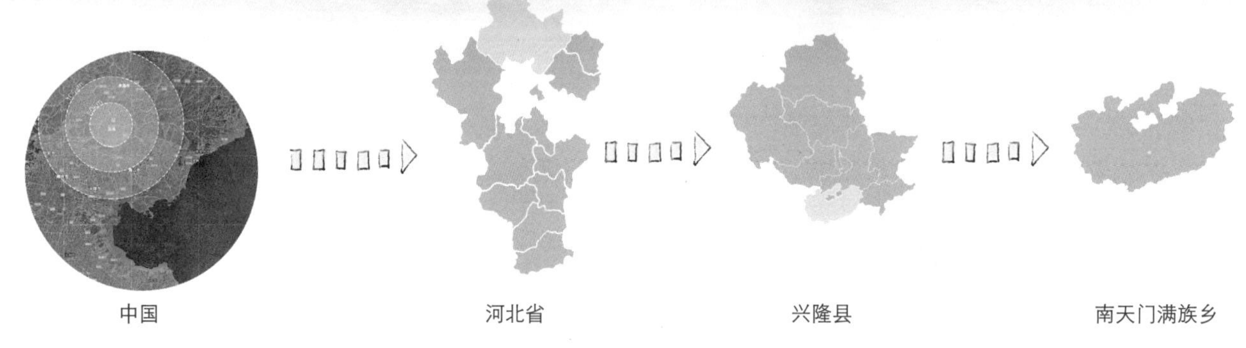

中国　河北省　兴隆县　南天门满族乡

德隆酒厂　居住区　南天博院　影视基地　村委、小学　文化广场

村内建筑形态

建筑形态可大致分为三类：一、为建设“美丽乡村”，提高郭家庄村地域特色，完善基础设施的新修建；二、村内藏匿的老建筑；三、新旧结合的建筑。

新修部分仿古做旧痕迹明显，民居形式多呈现三开间坡屋顶的一层建筑，少部分为两层小洋楼。建筑背山面水，多为三合院，前院大致可分为全封闭和半开放式。

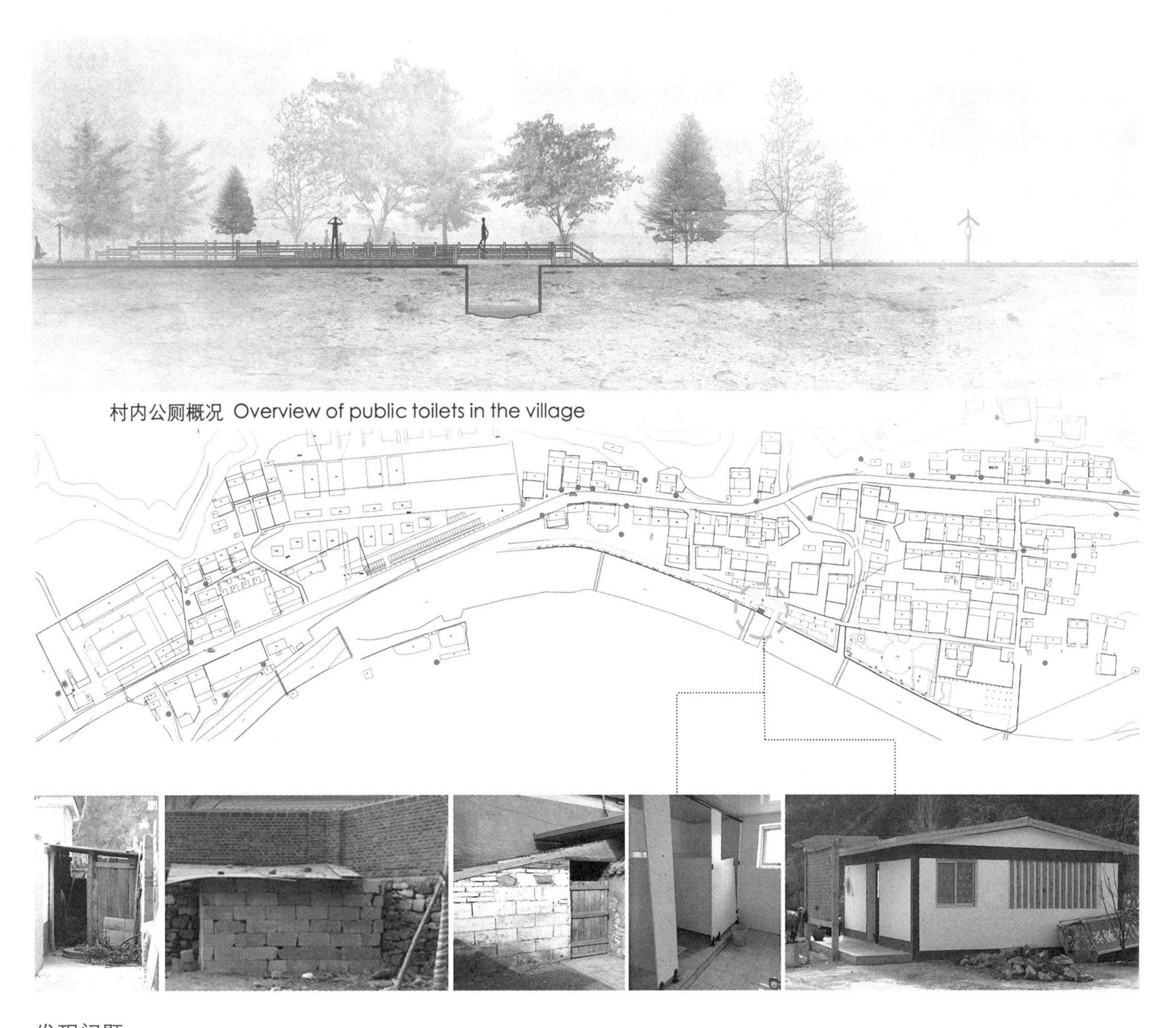

村内公厕概况 Overview of public toilets in the village

发现问题

郭家庄村虽然极具发展潜力，但在考察的过程中发现郭家庄村内基础设计极其不完善，其中最为突出的就是公共厕所。最直观的表现为“一少、二简、三差”。

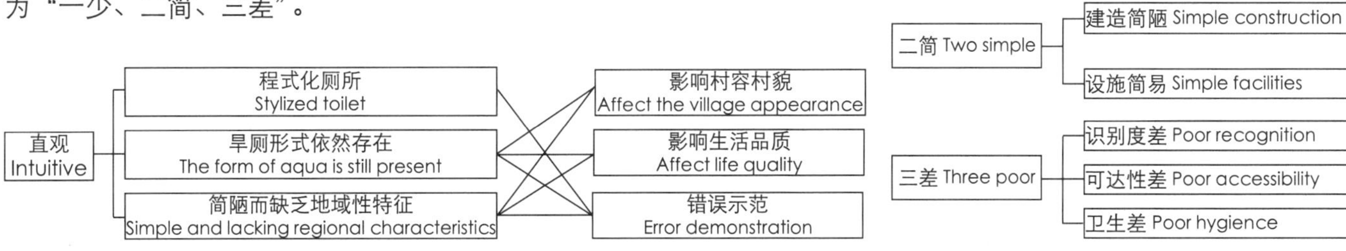

解决问题——需求分析

1．2016年底京东数据研究院《大数据农村电商消费报告》：留守老人和妇女逐渐成网购“专业户”。

2．据阿里研究院发布数据，2014年全国农村网购市场规模是1800亿元，而到2016年全国农村网购市场规模将增长到4600亿元。

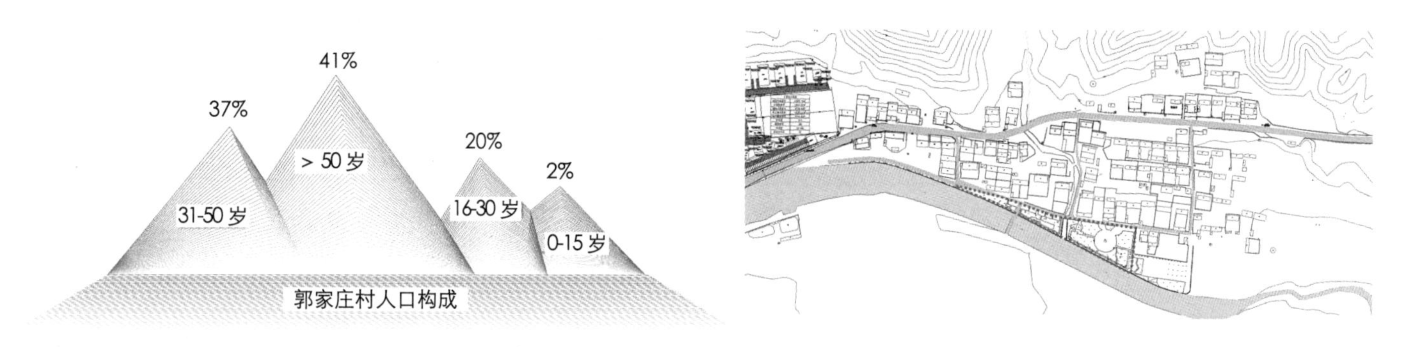

留守老年人和妇女是郭家庄村人口的主要构成部分，结合京东以及阿里数据研究院的统计，笔者认为郭家庄村的公共活动空间应该设置快递收发站，此外对于周边居民和村庄作为满族特色文化村庄以及其自身作为未来旅游兴起之秀而言，还应该设置活动空间和文化展示空间。

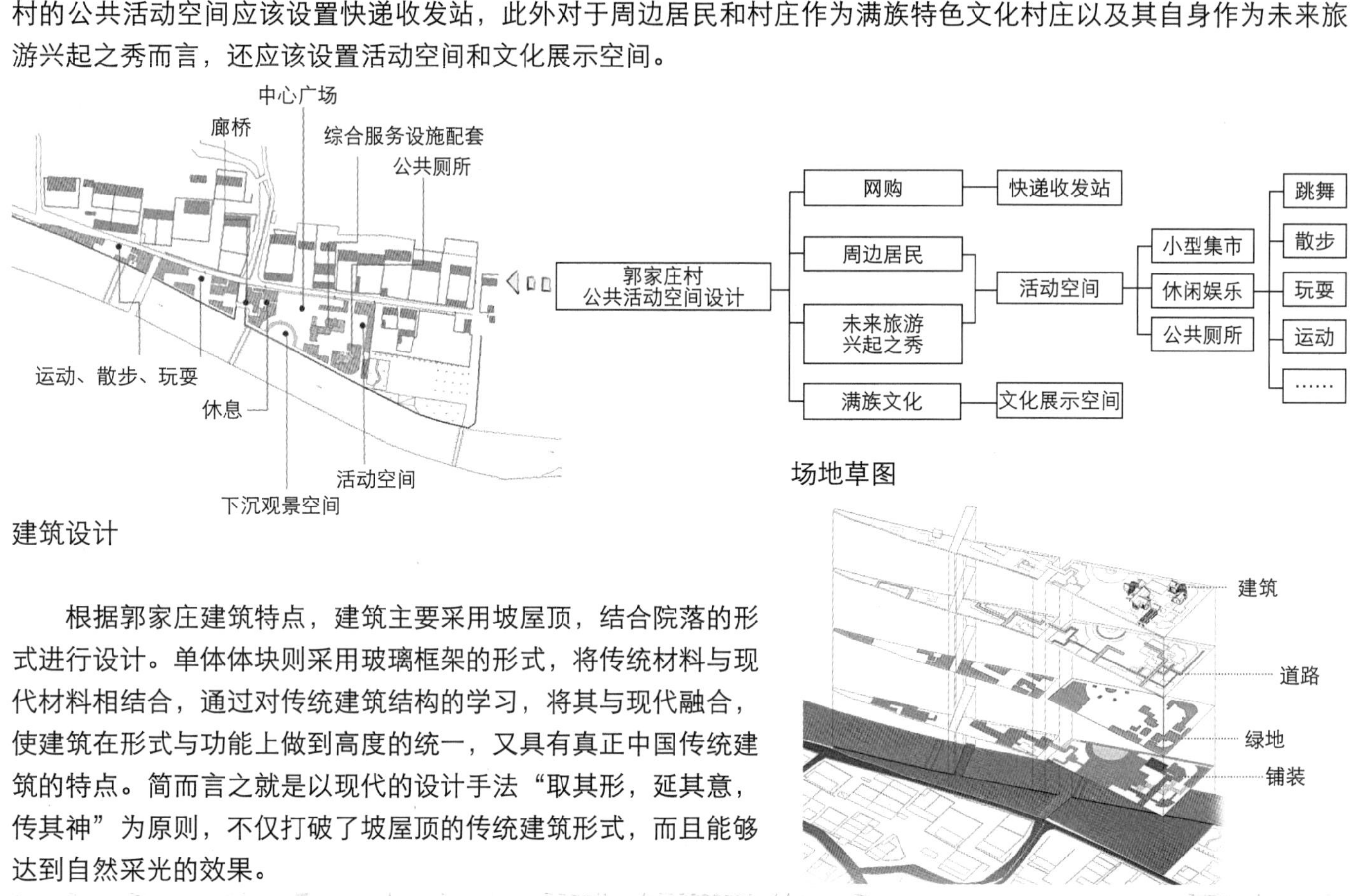

场地草图

建筑设计

根据郭家庄建筑特点，建筑主要采用坡屋顶，结合院落的形式进行设计。单体体块则采用玻璃框架的形式，将传统材料与现代材料相结合，通过对传统建筑结构的学习，将其与现代融合，使建筑在形式与功能上做到高度的统一，又具有真正中国传统建筑的特点。简而言之就是以现代的设计手法“取其形，延其意，传其神”为原则，不仅打破了坡屋顶的传统建筑形式，而且能够达到自然采光的效果。

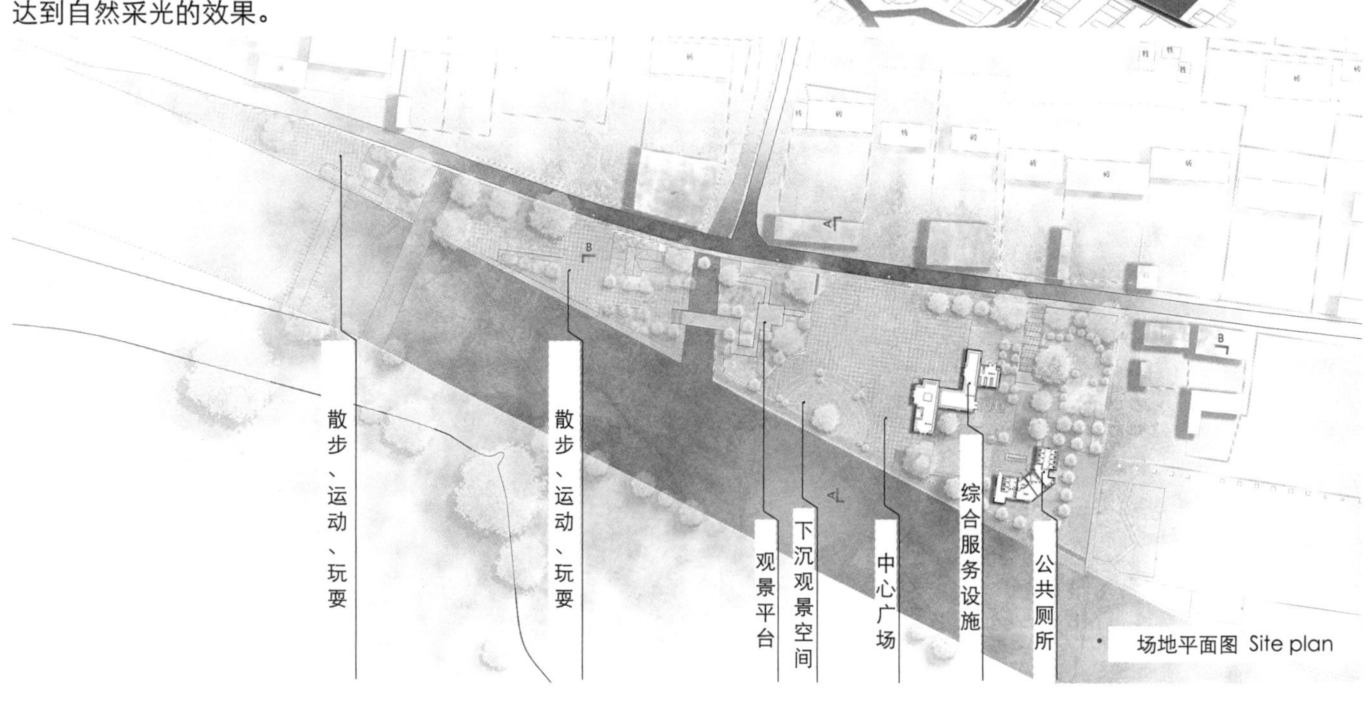

场地平面图 Site plan

郭家庄老年活动中心建筑景观设计

The Age-Appropriated Rural Architectural Landscape Design

青岛理工大学　宋怡

Qingdao University of Technology

Song Yi

姓　名：宋怡 硕士研究生一年级

导　师：谭大珂 贺德坤

　　　　张茜 李洁玫

学　校：青岛理工大学

专　业：设计学

学　号：1721130500569

备　注：1. 论文　2. 设计

郭家庄村老年活动中心效果图

郭家庄老年活动中心建筑景观设计

The Age-Appropriated Rural Architectural Landscape Design

摘要：如今，中国老年人口数目逐年增长，老龄化问题日趋紧迫，如何改造建设适宜老年人的居住、休养、娱乐等活动空间，优化提升老年人现有的生活空间，以顺应年迈所导致的身体不便，继而改进老年人在暮年身体欠佳所带来的各种负面的心理问题，由内而外地提升老年人晚年生活的幸福感。

本文是对适老化老年活动空间的理论与实践的综合探索，对适老化活动空间的诸多问题提出了相应的解决路径与方法，并且对设计用地进行了实地调研，结合老年人的身体特征、交互与空间划分理论，尝试探索一条适合中国当前现状的乡村老年活动空间发展模式。我国目前对建造相关适老化的居住空间、老龄化公共社区相对应的空间设计等仍然处于较初级的探索阶段，随着未来老年人人口基数进一步增长，在居住空间和相对应的公共空间中潜在的问题也将会不断暴露，随着问题的产生，也会对往后建立适老化居住以及公共空间的衍化提供可参考的依据，为将来进一步研究供给新的能量。

关键词：适老化建筑，可食地景，乡村老年活动中心

Abstract: Today, China's aging population number increased year by year, the aging problem has become increasingly urgent, how to transform construction is suitable for the elderly living space, recreation, entertainment, optimization improve the lives of older people existing space, to adapt to ageing body inconvenience caused, and then improve the elderly in the twilight various negative psychological problems brought by the poor health, by inside and outside the ascension of the elderly in later life happiness.

This article is the aging of the fitness of elderly activity space comprehensive exploration of the theory and practice, many problems of the aging of the fitness activity space, put forward the corresponding solution way and method of land use and the design of field research, combined with the physical characteristics of old people, interaction and space division theory, attempts to explore a suitable for China's current status of rural elderly activity space development pattern.Living space for building related optimal aging in our country at present, and aging community corresponding public space design is still at a primary exploration stage, further visible within the time as the future elderly population growth, the living space and the corresponding public space is a potential problem will also continue to expose, with problems, will be back to establish optimal aging residential and public space back to provide reference basis, further study on supply new energy for the future.

Key words: Aaging-friendly buildings; Edible Landscape; Rural aqed activity Center

第1章 绪论

1.1 研究背景

1.1.1 国内老龄化趋势与养老需求

人口老龄化是社会进步的标志，是指在总人口中老年群体超过一定的比重，且该比重呈现持续上升的趋势。世界各国对于老年人的相关界定并非采用统一的标准，但大部分国家是以60岁或65岁这两个年龄节点进行划分，相对应的界定方式为60岁以上的老年人口比例大于等于10或65岁以上老年人口比例大于等于7即可作为该国家是否进入老龄化。现阶段的人口老龄化已经成为21世纪最为重要的国际化问题，预计至2050年，将会有79%的老年人将生活在发展中国家。当前正值我国人口老龄化的快速发展时期，预计到2050年左右，我国老年人口数量将达峰值，届时大量老年人的养老问题将涌现出来，成为中国社会发展亟待解决的问题。

1.1.2 中国养老相关政策标准与老年建筑类型

1994年，继《中国老龄工作七年发展纲要（1994～2000年）》发布之后，我国相对应的老龄事业便开始步入正轨。具体的相关政策详见表1：

中国养老政策发展历程（作者根据周燕珉等著书整理） 表1

时间	老龄工相关政策内容	老年人口比例（65+）	政策进程
1994年	《中国老龄工作七年发展纲要（1994—2000年）》 第一个全面规划老龄工作和老龄事业发展的重要指导性文件，提出坚持家庭养老与社会养老相结合的原则	5.9%	开启老龄事业法制建设
1996年	《中华人民共和国老年人权益保障法》 为我国第一部针对老年人群的法律，标志着我国老龄政策被纳入法制化、制度化的轨道	6.2%	开启老龄事业法制建设
2000年	《关于加快实现社会福利社会化的意见》 提出推进社会福利社会化的发展目标，引导社会力量积极参与社会福利事业 《关于加强老龄工作的决定》 党中央和国务院关于老龄工作全局性、战略性的纲领性文件，提出“建立以家庭养老为基础、社区服务为依托、社会养老为补充的养老制”	6.8%	开启老龄事业法制建设
2001年	《中国老龄事业发展“十五”计划纲要》 提出“城市养老机构床位数达到每千名老人10张，农村乡镇敬老院覆盖率达到90%”的任务	7%	加快养老服务社会化体系建设
2006年	《关于加快发展养老服务业的意见》 提出“逐步建立和完善以居家养老为基础、社区服务为依托、机构养者为补充的服务体系” 《中国老龄事业发展“十一五”规划》 “十一五”期间，农村五保供养服务机构要实现集中供养率50%的目标，新增供养床位220万张；要新增城镇孤老集中供养床位80万张	7.9%	加快养老服务社会化体系建设
十一五期间（2006—2010年）	上海市探索提出“9073”养老服务格局； 我国主要省市开始构建“9073”养老格局，即90%的老年人在社会化服务协助下通过家庭照顾实现养老，7%的老年人通过社区照顾服务养老，3%的老年人入住养老服务机构集中养老	7.9%-8.6%	构建“居家－社区－机构”养老服务体系，形成“9073”养老服务格局
2011年	《中国老龄事业发展“十二五”规划》 《社会养老服务体系建设规划（2011—2015年）》 提出“建立以居家为基础、社区为依托、机构为支撑的养老服务体系”； 到2015年，实现“全国每千名老年人拥有养老床位数达到30张”的发展目标； “十二五”期间，以社区日间照料中心和专业化养老机构为重点，新增各类养老床位342万张	8.8%	大力推动机构养老床位建设
2012年	《中华人民共和国老年人权益保障法》（修订） 重新定位家庭养老，老年人养老方式由“主要依靠家庭”改为“以居家为基础”； 确定了老龄服务体系建设的基本框架； 增加老年宜居环境建设的内容 《关于保险资金投资股权和不动产有关问题的通知》 防止以养老项目名义建设和销售商品房 2012年《关于鼓励和引导民间资本进入养老服务领域的实施意见》 推动民间资本参与养老服务业发展	9.1%	鼓励民间资本介入，推进公办养老机构改革
2013年	《国务院关于加快发展养老服务业的若干意见》 确立到2020年，“全国社会养老床位数达到每千名老年人35～40张”的发展目标；按照人均用地不少于0.1平方米的标准，分区分级规划设置养老服务设施 《民政部关于开展公办养老机构改革试点工作的通知》 推行公办养老机构公建民营；探索提供经营性服务的公办养老机构改制	9.3%	鼓励民间资本介入，推进公办养老机构改革
2014年	《国土资源部办公厅关于印发〈养老服务设施用地指导意见〉的通知》 新建养老服务设施用地依据规划单独办理供地手续的，其用地面积原则上控制在3公顷以下；有集中配建医疗、保健康复等医卫设施的，不得超过5公顷	9.6%	鼓励民间资本介入，推进公办养老机构改革

续表

时间	老龄工相关政策内容	老年人口比例（65+）	政策进程
2015 年	《关于鼓励民间资本参与养老服务业发展的实施意见》 10 部委联合发文，再次强调鼓励民间资本对养老服务的介入	10%	鼓励民间资本介入，推进公办养老机构改革
十三五期间（2016～2020 年）	《“十三五”国家老龄事业发展和养老体系建设规划》 提出健全以居家为基础、社区为依托、机构为补充、医养相结合的养老服务体系	10.3%	机构建设量收缩，鼓励发展社区养老，强调医养结合

除国家层面的标准之外，各地方逐步出台了与养老设施相关的规定及各类标准规范，具体包括：

北京《社区养老服务设施设计标准》、北京《社区养老服务驿站设施设计和服务标准（试行）》、北京《居住区无障碍设计规程》、上海《养老设施建筑设计标准》、上海《社区养老服务管理办法》、上海《社区居家养老服务规范实施细则则（试行）》、上海《绿色养老建筑评价技术细则》、上海《适老居住区设计指南》、四川省《养老院建筑设计规范》等，如今我国的相关养老服务业逐步转向社会化与市场化，有关养老项目的发展涌现出了多样化的发展态势。既有建筑改造项目的占比也在增多，使得市场上对设计灵活性的诉求逐渐增加，继而导致现行涉老建筑标准面临许多挑战。以往我国的标准在编制思路和方法上，呈现出以指令性要求为主的特点，在一定程度上造成了标准对设计的限制及约束。然而，这些标准中往往缺乏对设计方向的清楚论述，进而致使相关的设计人员在使用相关标准进行设计时出现理解和使用的偏差；另外，还有部分标准内容不符合当前许多养老项目建设的客观条件，降低了标准的现实指导效果。

因此，我国已存对多部涉老建筑标准展开了订正，与国外相关经验相结合（英、美、日等国家的建筑法规皆以目标化、功能化和性能化说明为主），我国的涉老建筑标准应向以目标为导向的编制思路转型，包括重新思考标准的定位、编制思路与方法等，以期在养老项目实践中发挥更有效的指导作用。

我国老年建筑尚处于发展初期，其类型体系及名称术语仍在逐步完善中。一方面，国家标准规范中对于老年建筑类型的命名进行了界定；另一方面，各地方政府在推动养老服务设施发展建设时也会根据各地需求及特色，确定一些类型名称。与此同时，随着市场上对项目的探索，也在不断涌现新的类型名称。本部分主要以国家规范为依据，并结合现阶段我国的社会养老服务体系，介绍一些常见的老年建筑类型名称及其相应的服务定位。我国相关标准规范中常见的老年建筑范例名称有老年人住宅、老年人公寓、老年日间照料中心、老年活动中心、养老院、老年养护院等。其中，老年人住宅、老年人公寓统称为老年人居住建筑，老年日间照料中心、老年活动中心统称为养老设施中的社区养老设施，养老院以及老年养护院统称为养老设施中的机构养老设施，此次建筑设计主要的研究对象是郭家庄老年活动中心。

1.2 研究目的及意义

1.2.1 研究目的

本文以郭家庄村为实际案例进行调研和分析，参考国内外对于可食地景式老年活动中心建筑设计有关的研究资料，从实际应用的目的出发，满足适老化建筑的内外空间需要以及将建筑与可食地景相结合，丰富中老年活动的参与性与体验性。

郭家庄村适老化建筑是以特定人群（能够自理的老年人）为目标人群的可食地景式老年活动空间设计，为广大农村中老年人的晚年生活提供了新方法、新选择，希望通过我对此空间类型的探索，从中摸索出一条适合于乡村老年活动中心发展的道路。

1.2.2 研究意义

从学术研究方面，目前国内对乡村中的老年活动中心空间设计方面的研究相对较少，大多是城市中的老年活动中心设计，因此，本文希望通过对城市中老年人活动中心的研究横向类比于乡村中的老年活动中心。本文通过对这方面问题的研究，得出相关的理论知识，希望能够对将来其他的乡村适老化老年活动中心建筑与景观设计起到相应的参考意义。

从应用研究方面，研究成果可以为中国目前相对空白的乡村适老化老年活动中心空间设计起到相应的借鉴学习作用，同时能够对过去有关养老方面的老年活动中心空间设计进行补充，因此此次研究具有积极的可操作性，而且可以积极应对老龄化，为中国的人口老龄化问题献计献策。

1.3 研究相关概念

1.3.1 适老化设计

指在住宅中，或在商场、图书馆、文化馆、医院、学校等公共建筑中考虑到老年人的身体状况及其相应的行为、行动特点而做出的相应设计，还囊括无障碍设计与急救系统的增加等，以此来迎合步入老年生活的出行需要。总之，适老化设计考虑得将更加全面，使之更为人性化。

适老化设计应本着“以老年人为本”的设计思想，真切地以老年人的视角来感受他们的不同需求，这样才能设计出适应老年人生理与心理需要的建筑及相对应的空间周围环境，进而能够最大限度地协助那些身体机能衰退以及需要帮助的老年人，从而为他们的出行带来相应的便利。

我国的适老化设计主要在产品设计领域发展较快，究其原因是工业产品的可复制性强，且人们对于该类产品具有较强的购买力，与之相比较而言，适老化的乡村老年活动中心的设计并不多。

1.3.2 可食地景

可食地景不是指单一的栽种农作物，而是设计师主观地选取可供人类食用的植被品种，用生态园林设计方式去设计、构建绿地、花圃等设计用地，使其变为充满艺术感与生态价值的景观场所。因此可食地景在具备生态与观赏功能的同时，也能够满足生产者的小规模生产需求，所以它是将生产经济与园林景观优化联合的路径。

可食地景最先的历史能够追溯到古希腊，他们将果园予以革新使其不仅具有一定的生产力，也提升了它们的美感，使其具备了观赏功能。中世纪欧洲时期，具备可食用性的景观深受人们青睐，修道院曾把他们的菜园与具有装饰性的花园加以融汇营建。到14世纪至17世纪的文艺复兴时期，人们逐渐把农作物与观赏性的植物分开栽种。一直到20世纪70、80年代，现代田园城市的设计理念才开始逐渐被人们在景观设计的相关行业接纳。

我国相关的可食地景源起于农业生产，但由于受到我国相应技术与本国国情的局限，将农业生产与园林景观分离开来。待到中华人民共和国成立之后，“园林结合生产”的模式致使农业生产与园林景观更紧密地相联系，因此“可食园林、可食地景”的设计思想也逐渐出现。可食地景不光是一种新兴的园林表现形式，同时，亦是现代园林景观发展到一定程度所孕育的社会对景观经济的需要。

1.4 国内外相关研究综述

1.4.1 国外养老建筑研究概况

国外关于老年的研究比我们要早，涉及的领域也比我们广。在国外，子女独立后很少跟父母同住，那他们的父母也就只能自己居住了，为了更好地解决养老问题，政府的社会保障体系往往比较完善。包括各级别的老年活动场所，凭借他们多年的探索和研究，活动场所往往比较健全。

西欧国家早先进入到老龄化社会，其在相关领域探求的经验相对较多。相关方面的发展主要经历了如下几个阶段：第二次世界大战以后的探索阶段、60年代的发展阶段、70年代的继续深化阶段和80年代以后的成熟阶段，几个阶段依次连接，各个发展阶段特征比较明显，能够很清楚地看出其中的变化，研究的深入程度由低到高，特别是进入80年代，这时多学科开始综合联系、相互促进发展，在建筑方面也不例外，不仅研究的内容更加充实，研究层面也从最初的物质生活到高层次的精神层面发展。

1.4.2 国内养老建筑研究概况

与之相比较而言，中国的起步较晚，可是成长快速。80年代，在联合国《老龄问题国际行动计划》的推进下，我国成立了“全国老龄问题委员会”，该委员会的目标是探索符合国情的老龄事业，并对成立老年研究机构的社会学界等进行经济及政策方面的资助，促使他们更好地进行研究工作；80年代末，天津社科院出版了《中国城市老龄问题及对策研究》。这都是在大政策方面的进展，从大的范围关注整个与老年人相关的问题。

1.5 研究方法

本篇文章主要选用文献综合法、实地调研法进行研究，辅以图表分析法、归纳对比法、案例分析法佐证相关研究成果。

（1）文献综合法：通过对国内外乡村老年活动中心以及可食地景的案例、理论相关文献进行搜索和梳理，从而进一步对所研究内容找到理论支撑，继而完善与丰富所研究内容。综上所述，文献综合法是此次研究的前提和基础。

（2）实地调研法：本论文个案研究选取了承德市南天门乡郭家庄村，进行了实地研究并收集相关资料。通过对现场的辨识、拍摄、调研，深入了解实际情况并对文献资料进行验证。将数据资料与现实统一起来，为论文的撰写提供了依据。

(3) 图表分析法：通过图形分析的方法把不同而又具体的建筑空间形态以及路网设置转换为平面的图形，清晰明白地揭示每个空间的连贯关系，帮助研究者对郭家庄村空间布局的图片进行分析，直观地展现出具体的空间逻辑。

(4) 归纳对比法：归纳总结的结果将是进行对比分析的前提，也是最终空间模型生成的基础。本研究对郭家庄村的建筑空间形态、功能进行总结，从而使该养老建筑独立完整。对比是连接个体研究对象的基本方式，目的是为了提出现代养老空间形态的设计方式，为今后多样化养老建筑发展提供借鉴。

(5) 案例分析法：查找案例是寻找前车之鉴的最好方法，因此也是做好设计的前提。

本研究对老年活动中心、可食地景两大方面进行了相关的案例分析与研究，从而能够更完善地将符合功能要求的乡村老年活动中心建筑及景观设计进行完备。

1.6 研究内容与框架

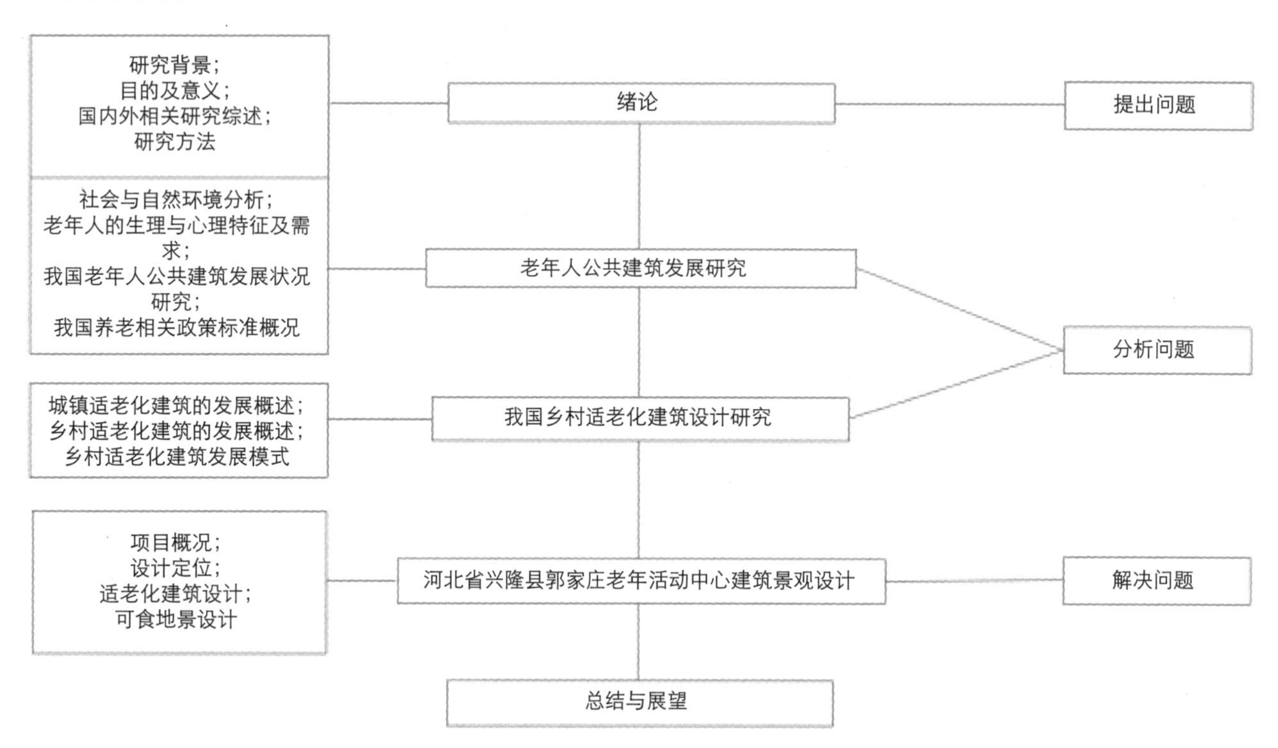

图1 论文框架

第2章 老年人公共建筑发展研究

2.1 社会与自然环境分析

2.1.1 社会环境

老年人公共建筑是指以老年人为主要服务目标人群的建筑形式，它主要思考的是如何让自理老人和介助老人参与活动，按照介助老人的体能与心态特征进行相关的设计。如老年文化休闲活动中心、老年大学、老年疗养院和老年医疗急救康复中心等。

2.1.2 城市环境

城市环境中的老年人公共建筑伴随着城市的房产开发等项目逐步进行了建设，城市居住区是城市环境中逐步发展出来的老年人公共建筑，城市居住区通常称为居住区，其泛指不同居住人口规模的居住生活聚居地和特指被城市干道或自然分界线所围合，并与居住人口规模（30000～5000人）相对应，配建有一整套较完善的、能匹配该区居民物质与文化生活所需的公共服务设施的居住生活聚居地。居住区按居住户数或人口规模可分为居住区、居住小区（居住人口规模10000～15000人）和居住组团（居住人口规模1000～3000人）。

2.1.3 乡村环境

乡村环境中对于老年公共建筑的发展并不多见，国内相关的乡村老年人公共建筑主要以民宿的形式体现。

2.2 老年人的生理与心理特征及需求

2.2.1 老年人的生理特征及需求

(1) 心血管系统

心脏供血能力减弱与动脉硬化是心血管系统老化的主要特征。各个器官由于供血量的减少影响功能的正常发挥，常伴有头晕、腿麻和四肢无力等症状出现。

(2) 呼吸系统

呼吸功能的衰退使呼吸道防御功能降低，老年人更易受到外界呼吸环境条件的影响感染呼吸道疾病。

(3) 消化系统

消化系统结构与功能的衰老退化，使老年人摄取营养物质、消化、吸收和利用的能力减弱，易产生消化不良、胃胀或腹泻等症状。

(4) 肌肉骨骼运动系统

老年人的肌肉承受力与应激性减弱，肌肉损伤的修复能力下降，运动后易肌肉产生疲劳。此外，骨质的老化使骨骼的弹性和韧性降低，容易发生骨折的危险情况。

(5) 感官系统

感官功能的老化是指视觉、嗅觉、味觉、听觉和触觉的感受能力降低，具体表现为由视力退化引起的视觉障碍、嗅觉灵敏度下降、味觉迟钝、听力减退、触觉及温度感觉退化，环境的应激反应能力降低。

(6) 神经系统

神经系统的衰退导致大脑体积缩小，神经细胞数目减少，其中以记忆功能衰退、认知能力逐步下降、运动功能逐渐失调、反应迟钝与睡眠质量低下为主要的表现形式。

(7) 免疫系统

免疫系统的退化主要表现为对环境的适应能力减弱，健康状况容易受到外界环境的影响，对于温度和湿度等气候环境变化的抵抗力下降，易感染流行性疾病。

老年人的生理特点决定了其基本的生理养老需求，在养老建筑设计中对老年人的生理需求给予针对性的满足可提高老年人的养老生活品质。

(1) 安全无障碍需求

老年人神经系统衰退，反应能力和应变能力相对迟缓，骨骼韧性降低容易发生骨折的危险情况，因此对居住环境的安全无障碍标准具有更高的要求。在养老建筑的设计过程中，需要对沟坎、台阶和楼梯进行无障碍处理，为老年人的日常生活使用提供便捷，提高老年人行动的安全性；门窗、扶手、墙面凸出物、室内卫生间挡水墙及地面需要进行合理的设计，降低老年人使用的危险性，避免对老年人身体造成损害。养老建筑安全无障碍设计，不仅体现了对老年人生理状况的尊重，同样是养老建筑的基本要求。

(2) 建筑热工性能需求

老年人身体机能衰退易感染各类疾病，活动范围主要集中在室内空间，因此养老建筑应具有良好的热工性能指标以保证适宜的室内温度与湿度，同时加强室内的自然通风和采光。在室内外连接处可通过设置连廊或避雨亭等空间形式的冷热环境过渡区，提高老年人对室外环境的适应能力。

(3) 医疗保障需求

老年人免疫系统衰退，抵抗力减弱易产生突发性疾病，因此养老建筑需具备一定的医疗保障功能，不仅地理位置应临近区域内的大型医疗机构，而且养老建筑也应针对性地设置基础医疗服务站。老年居室内应设有应急呼叫按钮，便于老年人在紧急情况时报警呼救，为老年人的身体健康提供必要的基础保障。

(4) 健身锻炼需求

健身锻炼是一种健康的、全身性的保健方法，其可操作、可实施性强，适当的运动能够加强老年人的身体素质，从而能够提高机体的防护免疫力，运动还可以促进身体产生多巴胺，因此，健身锻炼会对老年人的生理与心理健康都产生相应的正能量。因此在养老建筑的设计中，应设置合理足够的活动空间以满足老年人对健身锻炼的需求。

2.2.2 老年人的心理特征及需求

老年人易产生心理压力和情绪波动，一方面随着老年人身体机能的退化，应激因素集中爆发，心理将产生相对应时期的特定变化；另一方面老年人社会角色发生转变，经济收入产生变化，精神状态也会随之改变。在这些因素共同的影响下，老年人的心理特点具有如下三方面。

（1）失落抵触

退休前老年人的大部分时间是在工作岗位上度过的，原有忙碌的工作状态与退休后生活的闲暇形成强烈的对比反差，退休作为人生重要的转折点，如若缺乏心理准备，容易使老年人产生失落感。许多身体健康且事业心强的退休老年人，原有的日常工作节奏被打乱，抗拒改变自己适应新的环境，易导致心情烦闷失落，引起抵触心理，甚至不顾自身体力和精力的限度，坚持勤奋工作，希望展现自身的价值。这部分老年人群忽视正常规律的饮食起居，容易产生身体机能透支的情况，从而影响身心健康。

（2）自卑忧虑

老年人在退休后远离工作岗位，生活和工作方式迅速转变，失去了原有的家庭与社会上的相应地位，使老年人形成被忽视的感受，并在短时间内难以适应退休后的生活状态，易产生成为社会和家庭负担包袱的负面自卑心理。当老年人遇到琐事或生活不如意时，将引起精神上的忧虑感受，造成心智消沉，产生忧虑不安的精神状态。

（3）空虚孤独

老年人群由于身体机能的降低，希望得到更多的关怀，因此易形成不安的情绪，使老年人整日处在高度紧张的精神状态。老年人退休后社交活动减少，空闲时间增长，独处状况增多，兴趣仅限于身边事物，不易扩大与近邻的交往，逐渐对生活失去热情，易产生空虚孤独的精神感受。

养老生理需求的满足是“老有所养”的基本体现，而心理需求的满足则是“老有所乐”的关键所在。

（1）安全感需求

老年人不安的情绪会使神经高度紧张影响正常生活。养老建筑的设计过程中应营造富有安全感的空间环境，如建筑规划应就近布置医疗设施和服务设备，为老年人提供医疗服务保障；建筑细节应采取无障碍设计、安装防火防盗与报警设备等，为老年人提供更具安全感的空间环境；养老建筑的材料应尽可能地选用温和属性的材质，布置暖色调的空间居室风格，使老年人身心得以舒适放松。

（2）归属感需求

老年人通过参加集体的社交活动实现自我价值，并从中获得归属感以提升养老生活品质。养老建筑功能及空间的设置应满足老年人的社交活动需求，建筑应提供书画室、棋牌室与声乐室等丰富的活动空间。老年人根据自身的喜好和条件选择琴棋书画等休闲活动，不仅可以提升自我价值，而且可以陶情冶志，养生益寿。通过同伴之间的相互交流，积极参与社交活动，更好地促进老年个体融入集体环境，使其获得相应的归属感，增添生活热情，并减少消极情绪的产生。

（3）价值感需求

国外发达的国家通过开办老年大学的方式协助老年人发挥余热，将自身的经验、知识和技能传授给年轻一代，更好地展现自身的价值。在养老建筑功能分区的设置方面也需要多思考如何满足老年人价值感的需求，相关功能需具备讲座会议、技能进修以及相应的文化休闲等教学活动的场地，使具有特长的老年人发挥自身优势，传授技能与专长，从而使老年人产生自我价值感，同时鼓励老年人相互学习交流，增加社会互动，不断提升自我价值。

（4）沟通感需求

丰富的社交活动是缓解或消除老年人群孤独与消沉等心理疾病的重要方式。通过与同龄人的沟通可使老年人激发对生活的感悟，产生情感共鸣，缓解内心消极情绪，从而加深交流，提升老年人的活力。因此在养老建筑居住环境方面应充分考虑交流空间的设置，提供更多层面的活动条件和交流机会，可设置儿童活动场所，促进老年人与年轻人和儿童互动玩耍，以满足沟通感的需求。

2.3 我国老年人公共建筑发展状况研究

2.3.1 我国老年人公共建筑发展概述

现阶段我国城市养老建筑根据服务人群、项目定位及经营模式的区别可以分为养老住宅、社区养老服务中心、养老公寓和养老护理机构等类型（表2）。

国内养老建筑类型（笔者根据周燕珉等著的《养老建筑设计详解 1》整理绘制） 表 2

养老建筑类型	老年人住宅	老年人公寓	老年日间照料中心
	老年活动中心	养老院	老年养护院

养老住宅是为老年人群提供居家养老服务的住宅产品，针对老年人的日常生活需求采取完善的住宅适老化设计，近几年受到城市老年人的青睐，在国内迅速发展。养老住宅详细分为普通住宅区中的配建型与集中建设的专业型两种。

社区养老服务中心是新建社区的养老配套设施的补充以及在原有的社区内进行相应的老年服务建筑，为老年群体提供有针对性的服务功能，从而可以匹配老年人的养老需要。社区养老中心的建设成本较低，服务范围较广，近几年也得到了国家政策的大力支持。

养老公寓是面向具有基本自理能力的老年人群，提供专业养老服务的集中式老年住宅。现阶段养老公寓是养老住宅与养老护理机构相结合的住宅产品，为老年人营造相对独立与私密的居住生活空间，同时提供完善的医疗服务设施与全面的医疗保障。因此养老公寓不仅具备完整的普通住宅特征，而且具有养老护理机构的集居性和专业化的老年服务功能。

养老护理机构是为具有专业养老护理需要的老年人所提供的集中性养老设施。养老护理机构具有完整的供养标准和服务体系，并配备一定的医疗保健管理等多项服务设施，满足老年人基本的养老生活以及日常看护工作。现阶段养老护理机构分为两种类型，一种为国家或集体出资兴办的养老机构，主要收养孤寡老人，属于福利性质，居住环境较差；另一种为政府支持的个人或集体出资建设经营的养老机构，属于营利性质，软件与硬件设施较好，但整体费用较高。

2.3.2 我国老年人公共建筑发展存在的问题及趋势

我国由于国土面积较大，不同区域间经济的文化发展参差不齐，甚至极不均衡。总的来说，城市各级老年人文化活动中心有较大发展，但发展形势仍不容乐观，还存在以下不足之处：

(1) 因为经济与意识形态的局限性，导致相对应的经济支持欠缺以及有关认识不足，导致许多的活动中心存在着功能设施破旧单一、相应存在的空间环境混乱等不足。

(2) 城市老年人文化活动中心的维持发展需要各地方的经费支持，当经费有限时，文化活动中心的发展将得不到足够的保障。城市老年设施的资金投入可以采用国家、社会、集体、家庭、个人多方共同承担的方式。国家和地方各级政府应将之列入城市建设的发展计划，制定政策鼓励并引导老年养老设施的建设，发展多元的投资主体，全方位、多层次、多渠道筹备发展资金。

(3) 当前老年人文化活动中心建设形式正处于从政府单独建设向政府与社会共同建设转型，由于人们固有的意识形态使得该进程发展进化较慢。因此需要多方共同努力，政府尽快出台相关协助政策，鼓励来自社会各界的帮助共同发展老年文化中心建设。

(4) 老年人文化活动中心缺少高素质的专业人员，相关管理的水平也亟待提升。有过专门培训经历以及具备较高素质的专业人员是老年活动中心普遍比较缺乏的，因此难以满足老年人“教、学、乐、为”等方面的需要。总之，经济基础决定上层建筑，加大对老年活动中心场所的资金投入，鼓励培养相关的高素质人才，并高效利用已有场所更好地服务于老年人，从而逐渐达成为老服务社区化。公园、展览馆、博物馆及图书馆、文化馆、图书室等文化娱乐场所，需要增设服务于老年人的项目，并无偿或优惠对老年人开放。

随着我国人口老龄化速度的不断加快，城市养老设施需求量与日俱增，在国家与社会各界力量的共同努力下，大量的城市养老建筑得以建设，在建设过程中逐渐暴露出的各类现实问题应引起足够的重视，要及时调整建设方向，保障养老产业的健康发展。

(1) 适老化设计缺乏深刻理解

现阶段大部分的养老建筑设计局限于满足设计规范的要求，仅为老年人提供基础层面的适老化设计，如减少高差、设置坡道、加装扶手和保证轮椅回转范围等，缺少对老年人生理、心理及行为习惯等养老服务需求的针对性设计，造成养老建筑与普通住宅差异性小，缺少老年人居住特征的设计体现，无法满足老年人高品质的养老生活需求。

(2) 盲目模仿国外养老建筑

我国养老产业起步较晚，缺乏经验积累，大量养老建筑在设计过程中盲目模仿国外发达国家的规划布局以及建筑形式，而在这些建筑的使用过程中，由于空间功能、配套设施及服务管理等方面不适于我国当前国情，造成许多不便之处，不仅产生建设资源的浪费，而且影响老年人的养老生活。

(3) 养老设施质量呈现两极化

近年来，我国的养老产业在政府与社会资本的支持下得到了迅速发展，但仍面临人口老龄化发展所带来的社会养老需求压力，养老产业供需矛盾依然突出。目前养老设施呈现出两极分化的状况，以营利性质为主的养老机构收费高昂，服务设施完善，但仍处于床位难求的状况；以福利性质为主的社会养老机构由于经费有限，硬件设施方面只能满足普通人的居住条件，建筑设施适老化设计缺乏深入，护理人员的专业程度有限，从而降低了老年人的养老生活质量。

（4）投资回收周期长

养老建筑在规划设计、建筑施工与配套设施方面相较于普通住宅具有更高的要求，不仅要保障居住活动空间的安全无障碍，而且要提供完善的公共性服务与医疗康复设施。现阶段，城市养老设施建设需要巨大的资金支持，而高品质的养老设施建设数量较少，普通收入的老年人群难以承受高昂的养老费用，因此项目资金回笼周期较长，许多投资者都持观望态度，致使养老设施的建设与更新速度缓慢。

2.5 本章小结

此章节是综合性的对人口老龄化的发展现状以及老年人特有的生理、心理、行为特点的剖析。人口老龄化问题是如今全球均在面临的一个重要的社会问题，而我国目前正处在它的迅速发展阶段，随着人口老龄化的加深将会给社会经济发展带来连锁性的问题。“老有所养、老有所依、老有所为、老有所乐”等涉及老年人生存与发展的种种问将会随老龄化的迅速发展而愈发明显。老年人特殊的生活方式和需要的背后，设计师们要从解析老年人群体的生理、心理及行为特征切入，通过适宜的设计为老年人创造一种适合这个群体的文化活动场所，以此来维持他们独立生活的能力。从而使专门服务于老年人的适老化建筑能够进一步更好地匹配数量日渐庞大的老年人的生活需求。

本章以分析老年人的生理学特点与行为特征为基础，探究老年人的养老需求，并以此为标准对城市养老建筑现状进行评价。通过分析我国目前的经济发展水平、人口老龄化特点与城市养老建筑发展现状，指出居家养老模式在一定时间段内仍将是我国城市的主流养老模式。通过进一步阐述居家养老模式的发展局限以及乡村养老模式可提供差异化的养老生活，提出以居家养老模式为主，乡村养老模式作为有益补充的城市养老模式是现阶段适合我国国情的城市养老模式。

第3章 我国乡村适老化建筑设计研究

3.1 乡村适老化建筑的发展概述

老年人群体在生活中机体的各项能力逐渐衰退，身体的“不听使唤”往往会导致他们在生活中出现不小心的磕磕碰碰，倘若在建筑中没有注意这些由于年老而导致的能力衰退问题，则会造成相应的老年人摔伤等安全隐患，这些隐患将对老年人的身体健康产生影响，有可能后果会不堪设想。因此，为了能够使老年人的晚年生活更加安全与舒适，为了杜绝其存在的安全隐患，如今越来越多的建筑设计中开始融入适老化思想，并且加以重视，使其能够切实地落地，这也是现代社会发展的必然结果，亦是适应时代的产物。

我国建筑设计方面的适老化研究从早些年前便开始着手，依据其发展的特征，将有关现状归纳为以下几点。

1．社区机构的设置

现如今的养老模式还是以居家养老为主，究其原因，有些老年人的思想意识还处于“养儿防老”的思维模式中，因此会产生比较排斥在养老院等养老机构中养老的行为，故社区机构中的养老体系并没有加以重视，在社区机构中存在的老年人大多为孤寡老人。然而，现如今由于独生子女的生育政策以及与时俱增的社会压力，使得许多儿女要顾及自己的事业与家庭而无暇兼顾老人，于是便出现了越来越多的老年人入住养老院，因此，要更加重视社区机构附属建筑的适老化设计。

2．现今养老院设计的特点

我国城镇中养老院的设计多数以独立式公寓型居住建筑为主，因此老人在养老院中生活多数会感到孤独，再加上现今我国养老院普遍存在环境较差的问题，这就更加加重了老人对养老院的抵触心理。并且在现有的养老院建筑中，其设计并未从老人的心理需求及生理需求等进行多层次的考虑，因此存在建筑不适合老年人居住的情况，这些都是需要在居住建筑适老化设计中注意的事项。

3.2 乡村适老化建筑的特征

3.2.1 针对体力的衰退

由于老年人身体机能的衰退，他们在日常生活中不同于精力充沛的年轻人，因此在公共走廊的设计中，两边都应该设置扶手，这样方便于老年人随时能够依靠着休息片刻再恢复体力。倘若走廊过长，应在适合于坐立和休憩的地方设置相应的场所。

公共场所地面应平整，光线充足，无台阶。假如地面需要设置高差，应设计坡道，其坡度需符合规定，且有明显标志。老人进出大厅、走廊、房间均不应设置门槛，地面材料的选择应防止滑移或结露。这些在老年人设计规范和标准中均有明确的规定。在设置垂直交通（楼梯、电梯）时，楼梯的梯度应该比一般的更平缓，每一步楼梯的踏面不应超过150毫米，楼梯每一梯段的踏步数量不应大于14毫米，不得选用扇形的踏步。楼梯的净宽不小于1.5米，两侧均应设置扶手。三楼以下的建筑既宜设置室外坡道，从而方便担架和轮椅的通行。电梯方面，上海市的《养老设施建筑设计标准》明确规定：三层楼的建筑宜设置电梯，四层及四层以上应设置电梯。电梯轿厢应具有一定的宽度和长度，从而可以使轮椅和担架通行，还应选择速度慢、稳定性高的电梯轿厢，以免造成老年人身体不适或突发疾病。

3.2.2 针对智力的衰退

随着年龄的增长，老年人智力会有不同程度的下降，如记忆力差、行动迟缓、运动精度下降、失语症严重、流口水、老年痴呆症等。因此，在我们的设计中应充分考虑智力衰退的现象。床、桌椅等生活设施及各种电器设备应易于操作，安全耐用。比如，双面弹簧门在一般民用或公共建筑中是一种方便、实用的东西，它有助于挡风和节能，但当腿脚不灵便的老年人使用时就存在了相应的安全隐患。在一般的住宅设计中，放置高柜或低柜（或床下柜）可充分利用空间作为储物区。但不能在老人卧室里设置吊柜或者床下柜，以避免老人在开柜时上攀下蹲而引发病变。在安装电气、燃气设备时，要特别注意安全、方便、经济。

3.2.3 针对视力、听力的衰退

头晕耳聋是年老不可避免的生理现象，在老年人的建筑设计中，要注意光、色、声等多方面的因素。例如，老人的卧室、起居室要明亮，要有自然的阳光。上海标准规定：活动室的窗地比不应小于1/4，客厅、卧室、健康康复室应不小于1/6。这明显高于平均水平。在色彩处理上也宜以素朴为主，明亮的色调给人以热情活力、充满朝气的感觉。它不仅照顾了老年人视力不佳的情况，而且从心理角度来说，也营造了一种温馨祥和的氛围。卫生间的卫生洁具如洗脸盆、坐便器等一般家庭或公共场所（如旅馆）可根据室内装饰的需要进行各种色彩设计。但老年人的卫生洁具却应以白色为宜，白色不仅感觉清洁，还便于随时发现老年人的某些病理变化。此外，在一些需要注意的安全及交通标志上，如楼梯、台阶、坡道、转弯、安全出入口方向、防火门开启方向、楼层标准、一些重要房间名称等，都应以醒目的颜色标示。一些不容易辨别的东西应该特别注意。例如，在窗户上使用固定窗户，尤其是双层窗户、大玻璃窗，很容易造成老年人的错觉。有的双层大片玻璃固定的扇窗，太过透明和光滑，不仅老年人甚至年轻人都容易造成没有玻璃的错觉而试图通过，极易造成伤害事故。卧室、客厅等主要房间的窗玻璃不宜选用彩色玻璃，容易造成老年人的视觉障碍。一些声光信号装置，包括门铃、电话、报警装置、电梯停车信号和安全指示灯等，应调整为比正常使用时更亮、更响，且应清晰易识别。当然，随着室内声音的增加，相互影响和干扰也会增加。卧室、客厅的隔墙应考虑具有良好的隔声性能，不能因为老年人易失聪而忽视。

3.2.4 针对突发性病变

老年人由于体力、智力、视力和听力下降，容易发生突发性病变或意外事故。在老年建筑设计中应考虑到医疗、监护、救援和交通等方面的问题。除上述在卧室设置扬声器装置以及在卫生间设置监控系统外，一个完整的养老院、福利院应设置医务室、值班室、护理室、照护室休息室（太平间）等房间。值班室应配备呼叫监控系统、电话、担架和轮椅等。这些设施的设置确保了老年人在突发疾病或事故发生时能够得到及时的抢救和转移，也使医院获得了宝贵的时间进行进一步的治疗，使老年人能够转危为安。

3.2.5 针对心理上的孤独感、失落感

前面已分析了造成老年人心理变化的主要因素是社会因素和家庭因素。为了解决这个心理上的失落感和孤独感，首先，必要的是让他们走出阴影和有更多的人关心他们，尊重和关爱他们，让他们的生活锦上添花，真正实现“老有所乐”。这一问题已经引起了国家和地方的高度重视，国家制定了各种规范和标准。各单位在硬件设施上设置了多功能活动室、游戏室、健康室等活动空间，使老年人有充分的室内外活动、健身以及社交。

3.3 乡村适老化建筑发展模式

3.3.1 与社区共同建设

在目前国内养老地产项目中，较为常见的开发类型是养老社区建设，或以社区为基础建设的各类养老住宅产品。例如，专门建设大型养老社区，在普通社区配置养老组团或养老公寓等，具体有四种模式。

模式1：专门建设综合型养老社区

综合型养老社区是指为老年人提供的居住社区，包括老年住宅、老年公寓、老年设施等居住类型。除社区老年人居住建筑外，还有老年人活动中心、健康健身中心、医疗服务中心、老年大学等相应的配套设施。它的发展主体可以是多种多样的，可以是民营企业，也可以是政府投资兴建的。

综合养老社区的规划设计应该考虑到老年人在生活过程中的老化问题——老年人可能一开始是健康的，但随着年龄的增长，老年人会逐渐产生对护理的需要。因此，在开发建设中要充分考虑这些因素，并且设计相应形式的住宅产品，以此来满足老年人从自理到非自理的各个阶段的生活需求。例如，当老年人健康能够自理的时候，他们可以住在一个普通的老年人住所。当需要更全面的照顾时，可以选择入住护理型老年公寓或养老设施中。

一般来说，由于城市土地资源的短缺，一些较大型的养老社区会选择在城市近郊或郊区之外的场所。此时，可以选择低密度开发，实现与郊区环境的协调。在规划设计中，应注重对不同类型住宅产品的合理划分，确保其独立性，避免相互干扰。在发展大型综合养老社区时，可以分阶段考虑建设。例如，自理住宅和部分服务设施应该首先建立，预留一些开发用地。一段时间后，再建成护理公寓及相应的配套设施等。

模式2：新建大型社区的同时开发养老组团

一些地产发展商在发展大型住宅楼盘时，会考虑预留部分地区专门建设养老组团。这种发展模式有利于推动企业转向新客户，进行产品差异化。养老机构等社区团体可以共享配套服务资源，减少配套设施建设。一方面来说，老年人的数量比例应该控制在合适的范围内；另一方面，应控制老年护理群体的规模，尽可能将他们划分为小的居住群体，创造一种社区归属意识。

模式3：普通社区中配建各类养老产品

根据相关研究表明，许多六七十岁身体健康老人会帮助他们的孩子照顾下一代。为了避免由于生活习惯差异而引起的冲突，一些普通社区的养老和居住产品可以满足老年人和他们的孩子在同一个社区附近居住的需求。这种“全龄社区”的居住理念更符合现阶段中国国情，将成为一种流行的养老模式。

模式4：成熟社区周边插建多功能老年服务设施

根据数据显示，一些城市存在养老机构就近入住难的问题。这些社区往往比较古老，周边配套设施比较成熟，区位条件比较好，但社区周边的土地资源比较紧张。如果能在几个社区之间建立养老设施，这将是一个更高效的发展模式。开发商可以考虑在零散的地块上建房，或重建旧诊所和旧宾馆等现有建筑。这种开发模式投资相对较少，可复制性与可连锁性强。

这种养老服务设施可以是小型、多功能、综合性的，其服务范围往往辐射到周边的几个社区。因此，具体的功能可以根据周边社区的需求来确定。因此，除了其应具备一定的生活功能之外，还建议配置相应的老年日托中心、社区医疗站、公共餐厅、小超市等，并考虑为社区老年人提供上门护理、送餐、洗浴等服务。

3.3.2 与相关设施并设

养老地产项目除社区共建外，还可与医疗机构、商业设施或其他福利设施相结合。此发展模式可充分发挥各方的资源优势，使养老产品和相关设施实现互利共赢。常见的发展模式如下。

模式1：国内部分养老服务机构与医疗服务机构合作，共同建立养老服务机构或养老社区及医院。这种与医疗机构相结合的模式，其特点是可以将优质的医疗项目引入相应的养老项目中，从而提升养老项目的核心竞争力，让老年人在居住中更有安全感。与此同时，一些医院直接使用多余的床位来开设养老院，这不仅可以提高医疗资源的使用效率，也可以满足一些普通护理机构老年人的住房需求。

模式2：养老设施与幼儿园配套。养老设施和幼儿园的共建是一个很好的模式。这种模式既能满足老年人与儿童相处的愿望，又能将养老机构和幼儿园的建设与管理相结合，节省建设和人工费。从规划角度看，居住区幼儿园的分配密度与老年人日托设施的分配密度相似。如果将这种养老机构与幼儿园相结合，就可以与社区紧密结合，更好地满足社区养老的服务需求。

模式3：养老社区与教育设施相结合。目前，有许多“老年人”希望退休后继续学习和深造。将老年社区和老年公寓离大学环境更近，让老年人享受一些教育资源，更符合他们的需求。这种模式可以成为吸引老年人参与养老项目的亮点，从而促进销售。

3.3.3 与旅游或商业地产结合

养老地产与旅游、商业地产共同开发，也是一种比较常见的形式。

开发养老地产产品，将养老地产与旅游景区旅游、休闲、保健产业相结合，是较为合适的模式。目前，一些开发商在市场上已经开始尝试开发旅游地产，同时加入养老养生、康复养生、长寿文化的理念。在海南、广西、云南等风景优美或有特色文化资源的地区，一般会选择养老项目。项目用地规模通常较大，在规划和设计时相应的养老养生产品应总体规划布局，并且注意设计相应的配套服务及设施，以此来节省人力服务与管理，避免交通线路太长、服务不到位和其他方面的问题。在一些结合景观资源的项目中，老年人可能只在一年中的某个季节或某个时间来这里居住，或者和家人或同伴一起度个短假。在设计中要注意老年人居住产品的创新。例如，我们可以为老年人设计一种新型的公寓，它不仅适合单人和多人居住，而且可以满足家庭度假和老年人长期休养的需要。与此同时，该公寓还可以改造成酒店客房，用于企业会议和培训。这种可适性强、灵活的产品类型，能够对管理者达成多方面经营的发展产生利处。

3.4 本章小结

养老社区是当前老龄化浪潮下的新兴事物，迫切需要探索养老社区的发展模式、管理和规划设计。养老地产的发展并不容易，因为缺乏市场，开发商应该做好冒险的准备。在项目规划初期，要全面把握和系统思考养老地产的各个环节，明确合适的开发类型和可用资源。在老年住宅产品的策划中，应充分发掘中国年长客户群的特色，进而产生适合中国国情的产品类型。

第4章 河北省兴隆县郭家庄老年活动中心建筑景观设计

4.1 项目概况

项目位于中国河北省兴隆县南天门镇郭家庄村。该村人口740人，常住人口450人，其中老年人约300人。三分之一的村民是满族人。郭家庄村位于河北省兴隆县东南部，距县城30公里。这里交通便利，境内112国道纵横，东距迁西35公里，南至唐山90公里，西至北京160公里，北至承德约70公里。

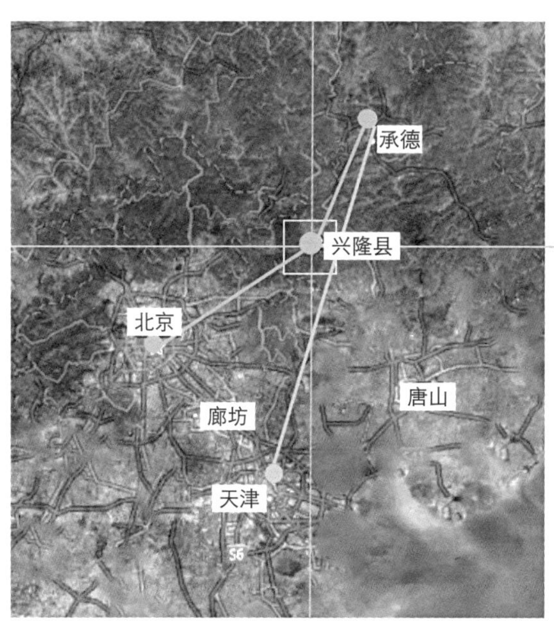

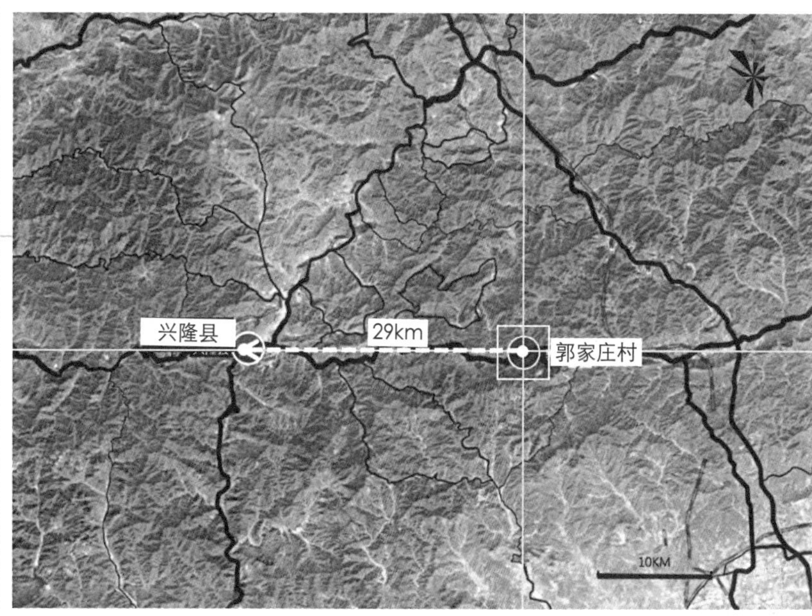

图2 目标用地区位图（笔者自绘）

郭家庄村坐落于兴隆县内，该县“一县连三省”，是京、津、唐、承四市的近邻，预计2019将开通京沈客运专线，2050年将开通津承城际铁路，届时将会大大提升该地区的交通可达性，从而带动该地区的经济发展。

郭家庄村周边景区发展较为成熟，如双石自然风景区、天子山风景区、3 A六里坪国家森林公园、3 A奇石谷景区、红河漂流风景区、雾灵山风景区、青龙潭风景区等。

4.2 设计定位

基于村中大部分人群为老年人的现状，于是将设计的目标人群指向老年人，根据村中现有的村庄建筑功能类型分析，发现村中现有的功能建筑为以下六大类别：双石酒厂、居民住宅、美术写生基地、村党群服务中心、沿街商铺、影视基地，经过对以上村庄中功能类型以及村庄中主要目标活动人群的分析，归纳得出对于老年人的活动空间占比较少，并且缺乏相对应的室内老年人公共活动空间，因此此处的方案建筑设计定位为老年活动中心，其建筑是具有饮食、娱乐、运动、静养功能的老年活动中心且兼有相对应的销售推广空间。从建筑形式上来说，建筑群依山而建，建筑组成依据山形的走势而设。相对应的景观定位为符合乡村场所精神的设计——可食地景，利用当地的植被进行种植搭配，从而挖掘农作物在乡村景观中的存在形式，进而能够更好地为郭家庄村的老年人提供更丰富的活动空间形式。

图3 效果图（笔者自绘）

4.3 老年活动中心建筑设计

此处的老年活动中心总建筑面积约为4627.72平方米，其中的功能分区包括文化娱乐区、养生餐饮区、运动健身区、休憩静养区、产品售卖区以及室内农田。文化娱乐区的内部细分有棋牌室、音乐室、多功能厅以及综合教室；养生餐饮区的内部细分有厨艺室以及餐厅；运动健身区的内部细分有舞蹈室以及器械室；休憩静养区内部包括护理室、冥想室以及休息室；产品售卖区内部包括相对应的售卖空间，室内农田内部作为室外可食地景景观的内部延伸，从而进一步丰富该地区的功能空间。

4.3.1 文化娱乐区

老年活动中心的文化娱乐区相对应的具有棋牌室、音乐室、多功能厅以及综合教室的功能分区。这些功能是根据对郭家庄村老年人的调研所得的爱好而设的。其中的多功能厅可以用于集散、聚会、讲座等用途，属于复合型，且具有灵活性的多用途空间，建筑面积约为1450.1平方米。

4.3.2 养生餐饮区

民以食为天，郭家庄村具有大面积的耕地，因此在此处设有“农家乐”的功能分区，具有将可食地景农业产品资源转换为新鲜绿色美食的能力，内部分为厨艺区以及餐饮区，建筑面积约为556.96平方米。养老建筑配套服务设施普遍拥有公共餐厅，提供日常的餐饮服务，因此老年人对日常厨房的使用需求不高，空间布置可将厨房与餐厅相互结合，不仅节省建筑的使用空间，而且缩短老年人的就餐距离。厨房、餐厅空间的设计应注意合理的室内交通流线及完善的安全措施保障。

4.3.3 运动健身区

生命在于运动，即便老年人处于生理机能退后的状态，也应适量运动以维持身体康健，运动健身区包括器械区以及舞蹈区，可供不同需求的老年人运动，建筑面积约为557.74平方米。

乡村养老建筑应营造充足的体育锻炼空间，为老年人提供简单的器械锻炼及大型的体育活动场所。体育锻炼的器材设施应考虑到老年人易产生疲劳的生理状况，保证活动期间的安全性；在大型活动场地的边界可布置休息座椅和花架等为老人提供休憩观赏的设施。此外，老年人健身活动场地的部分区域可设计为小型的儿童活动使用场地，以满足前来探望老年人的儿童的活动需求。

4.3.4 休憩静养区

休憩与静养是为年龄稍大一些、需要静息、安静的老年人所设立的，其中包括护理室、冥想室以及休息室，属于功能分区里的静区，建筑面积约为1425.49平方米。

4.3.5 产品售卖区

产品售卖区主要包括一些农作物和满族特色手工周边产品的售卖，此处既能体现郭家庄村的特色产品，也能作为一个将农作物以及特产转换为相对应经济效益的中转站，建筑面积约为141.31平方米。

4.3.6 温室农场

温室农场属于室外可食地景的室内延伸，农作物会因为气温的变化而冬眠枯萎，影响冬季植物景观的造景效果，同时也会影响冬季养生餐饮区的美食供应，因此在室内设置相应的温室农场可以解决冬季新鲜食物供应的需求，进而使此处的景观设计更加人性化，建筑面积约为496.12平方米。

4.4 可食式地景设计

可食地景是利用设计师选择出可食用又美观的植物与生态园林设计、建设绿地、园林等场所相结合，使其成为具有美感和生态价值的景观场所。因此它不仅具有生态与观赏功效，而且满足人们小规模生产的需要。此处的食用景观设计结合了郭家庄乡土植被，将其种植在建筑北面的山上。这里的设计还原了原有的植物生长状态，也符合郭家庄村的场地精神。

乡村地区丰富的农业生产活动是老年人选择乡村养老模式的重要原因之一。基于乡村地区的土地使用条件，应预留出足够的农业生产活动空间。在规划设计方面，可根据种植类型进行分区设计，通过合理的农作物种植搭配营造出富有层次的农业景观效果；同时也可根据地块划分，预留一定数量且大小不同的地块，使老年人可根据自身的需求及喜好进行个性化的种植，不仅增加老年人与自然接触的机会，而且可调动老年人参与环境景观设计的积极性，使其创造出具有个性特点的外部景观环境。

4.5 无障碍设计

无障碍设计是郭家庄村老年活动中心专门为老年群体规划设置的，宽度1.5～1.8米，整体坡度不超过10度，适宜老年人漫步以及行动不方便的老人辅佐前行。

4.6 本章小结

本章节主要从大环境角度以及郭家庄村的现状对该村老年活动中心的建筑以及景观做了相对应的解读，此处的功能分区依据郭家庄村本地的现状进行了相对应的梳理，在满足中老年人现有的需求情况下，丰富相对应的建筑功能分区以及景观形式，进而希望能够增加在此处生活的老年人的活动种类，使他们的生活能够更加充实。

第 5 章 总结与展望

5.1 总结

在老龄化日益严重的当今社会，从法律法规的逐步完善到社会老年福利体系的完善，体现出国家对于老龄化问题的关注。相对应的，中国之前所推行的“独生子女政策”使目前的家庭大部分只有一个孩子。随着孩子们的长大，子女远离家乡忙于生计疏于对年迈的父母亲力照顾，使目前主流的居家养老模式显露出许多的弊端，老年人们抱团养老将成为我国未来养老的主流，建立改造适老化的空间设计迫在眉睫。本文通过对郭家庄村现场的实地调研，结合老年人的身体特征、交互与空间划分理论，尝试探索一条适合中国当前现状的老年活动空间发展模式，由小及大，放眼自古就是农业大国的中国，有着千千万万的农村村庄，正面临空心村、老龄化的问题，不仅如此，还有一个共同点是缺乏相对应的老年活动空间。

5.2 展望

随着中国经济的发展，农村人口大量流涌向城市，也许人们都在努力向前冲，忘记了时不时回望一下来路，疏忽了逐渐老去的村庄里面的老人。郭家庄村老年活动中心建设只是一个样板，希望能够为将来的美丽乡村建设多创造一些切实为当地老年人造福的建筑景观空间设计。

参考文献

[1] 黄文珊．当代地景建筑学科内涵探究[J]．规划师，2004（04）：80-81．

[2] 于法稳，李萍．美丽乡村建设中存在的问题及建议[J]．江西社会科学，2014，34（09）：222-227．

[3] 吴巍，许学文．可食地景在屋顶绿化中的应用[J]．湖北工业大学学报，2016，31（06）：116-118．

[4] 刘悦来．可食地景[J]．人类居住，2016（01）：3．

[5] 刘东卫，贾丽，王姗姗．居家养老模式下住宅适老化通用设计研究[J]．建筑学报，2015（06）：1-8．

[6] 宋岭，张少伟，李志民．城市老年人建筑外部空间环境探析[J]．河南大学学报（自然科学版），2011，41（02）：217-220．

[7] 李建桥．我国社会主义新农村建设模式研究[D]．中国农业科学院，2009．

[8] 吴瑞宁．永续设计理念下可食地景的应用研究[D]．山东农业大学，2017．

[9] 吴会信．城市老年人活动中心的室内外空间设计研究[D]．北京建筑大学，2013．

[10] 孙荣雯．城市社区老年活动中心建筑设计研究[D]．西安建筑科技大学，2008．

[11] 张孟冰．城市老年人文化活动中心设计研究[D]．湖南大学，2009．

[12] 芦瑶．适老化居民疗养空间设计理论研究与实践[D]．河南大学，2017．

[13] 周燕珉等．养老设施建筑设计详解1[M]．中国建筑工业出版社，2018．

[14] 周燕珉等．养老设施建筑设计详解2[M]．中国建筑工业出版社，2018．

[15] 赵晓征，养老设施及老年居住建筑[M]．北京：中国建筑工业出版社，2010．

[16] 钱健，宋雷．建筑外部环境设计[M]．上海：同济大学出版社，2001．

郭家庄村老年活动中心建筑设计

Guojiazhuang Elderly Activity Center

区位介绍

河北省兴隆县郭家庄村，该村坐落于燕山脚下，周围景观资源丰富，民风淳朴，具有人口740人，常住人口450人，其中老年人约300人。

场地照片1

场地照片2

郭家庄村土地功能分析

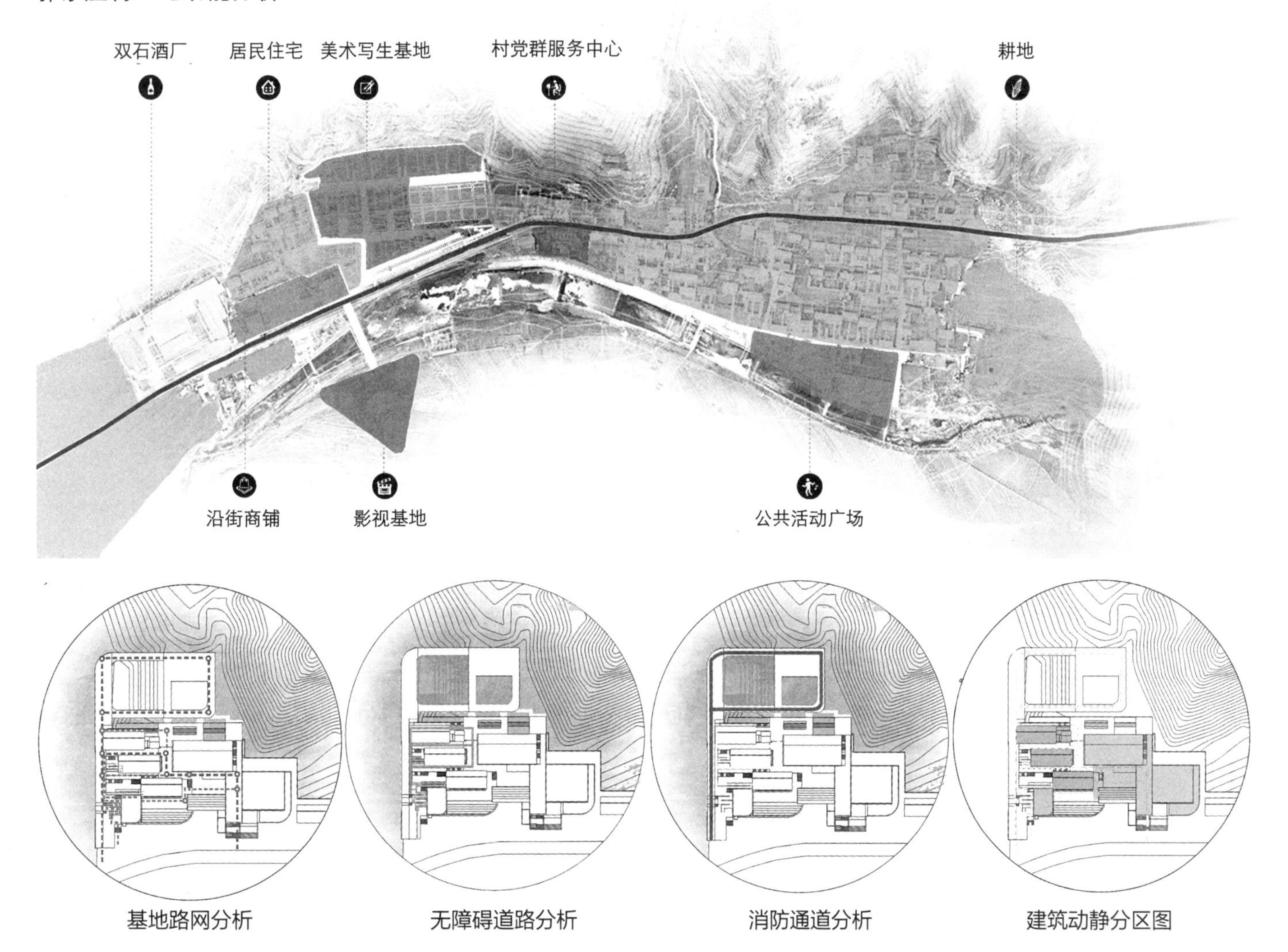

基地路网分析　　无障碍道路分析　　消防通道分析　　建筑动静分区图

北立面图 North elevation

爆炸分析图

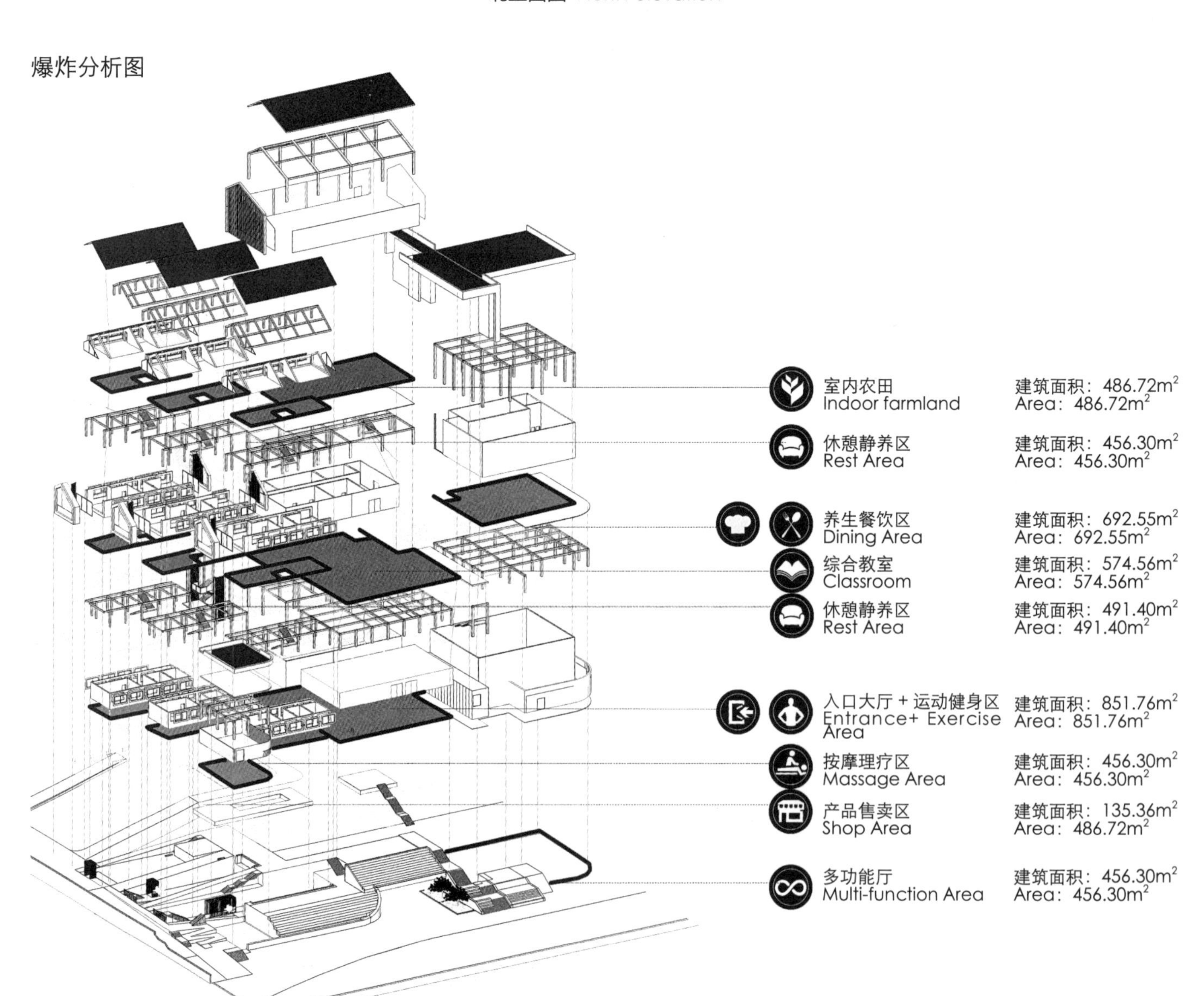

郭家庄村老年活动中心北面效果图

郭家庄村老年活动中心鸟瞰图

郭家庄景观规划中的交通系统与存储空间

Design of Traffic System and Storage Space in Guojiazhuang Landscape Planning

齐齐哈尔大学　张婧琦
Qiqihar University
Zhang Jingqi

姓　名：张婧琦 硕士研究生一年级
导　师：焦健 教授
学　校：齐齐哈尔大学
专　业：环境艺术设计
学　号：2017918254
备　注：1. 论文　2. 设计

地下通道入口

郭家庄景观规划中的交通系统与存储空间

Design of Traffic System and Storage Space in Guojiazhuang Landscape Planning

摘要：本文主要研究乡村景观规划中的交通系统设计、存储空间和乡村景观规划。以兴隆县郭家庄为例进行规划设计。乡村交通路网存在一些不完善的地方，乡村存储中也存在着不方便的部分，乡村景观同样有待完善部分。通过系统地分析乡村交通系统和存储空间，分析兴隆县郭家庄当地情况。根据交通系统、存储空间、乡村景观的设计原则，规划设计了兴隆县郭家庄交通系统、存储系统、乡村景观的方案。

关键词：乡村景观；交通系统；存储空间；乡村交通路网

Abstract: This paper mainly studies the traffic system design, storage space and landscape programme in rural landscape planning, taking Guojiazhuang of Xinglong County as an example to put forward further planning and designing.There are still some defects which can be improved in the rural traffic network as well as in rural storage.And rural landscape also needs to be perfected.According to principles of designing traffic system, storage space and rural landscape, this thesis provides specific plans for designing these programs in GuoJiazhuang in Xinglong County through analyzing the local situations of traffic network and storage space systematically.

Key words: Rural landscape; Traffic system; Storage space; Rural transportation network

第1章 绪论

1.1 选题背景

本文研究乡村景观规划中的交通系统与存储系统，以兴隆县郭家庄为例进行分析。在规划设计兴隆县郭家庄之前进行了实地的考察和调研，分析了该区域的问题及现状。根据当地情况进行了设计规划，主要着重在乡村景观中交通系统的设计和存储空间的设计。乡村交通运输系统对经济发展有很大的影响。完善交通有助于发展当地的经济，让乡村人民富裕起来。良好的存储空间设计对村内居住人群有着重要的作用，是他们生活重要的部分。村民的经济大部分来自于辛勤的劳动，劳动后产生的农作物，大部分要进行售卖，小部分留于家中进行食用。或有一些暂时需长存的药材，需要空间对它们进行收纳。这时需要我们根据一系列村民的生活习惯进行规划设计，遵循村民的生活习惯进行设计。在满足一系列经济和生活的需要后，需考虑村民闲暇时的休闲娱乐空间。部分乡村景观旨在满足娱乐功能。通过考虑以上方面进行规划和设计。

1.2 课题问题的提出

随着新型城镇化的发展，国家投入巨资，乡村公路网建设更加完善。乡村道路是连接城市和乡村的重要基础设施，连接着经济的发展。通过乡村道路将产品运送到市场之中。乡村公路的道路质量在这些年的发展中也有了显著的提高。隔一段时间劳损破旧的道路会进行翻新。道路的完善与规划，让通行有了更多种可能的选择性，不再是单一的交通情况，让乡村居民的出行更加方便快捷。农村路网从市区到县，从县到乡，从乡镇到村道路网。路网中还存在着一些问题。虽然道路的修建逐渐地完善，但乡村道路的硬度还有待加强。由于乡村经济的发展，道路上会来往许多重型货车，这对地面的硬度是有一定要求的。有的乡村道路路面会出现部分的破坏。道路会变形，造成车辙和沉降，从而影响道路的安全通畅。乡村道路路面经过重压会产生裂缝，下雨之后雨水冲刷，路面的防水功能也会下降。乡村道路还存在着路面磨得过于光滑，影响了路面的防滑功能，影响了刹车的效果，容易出现危险。乡村道路也应在一定时间内进行养护。乡村道路网络有许多部分仍需完善，需要各方面的协同。大部分乡村经济比较落后，现存的乡村道路都是自然形成的，缺乏科学的总体规划设计。道路性质不明确，等级不分明，路段的功能都是不同的。其中许多都是在乡村地区随意建造的道路。很多道路路面质量和管道敷设等都不十分标准。有的道路上会拥堵不堪，垃圾也没有专门的管理，随意放置在路上。没有交通设施（路灯、指示牌、垃圾桶等），更没有交通管理的概念，没有停车场区域，道路两侧村民随意建房，使得道路在以后的规划中缺少空闲的土地，还有不少的断头路。当前乡村道路有许多仍需改善的地方，如何更好、更迅速地推进乡村公路建设，加强科学性的规划与完善的管理，是摆在眼前的需要解决的问题。

1.3 国内研究

国内研究了中国美丽乡村安吉。安吉县位于浙江省西北部，始建于公元185年，全县现有人口45万，辖9镇，4个乡镇，1个街道，1个省级经济开发区和187个行政区。面积1886平方公里，安吉是“全国首个生态县”和中国著名的“竹乡”，位于长江三角洲的几何中心，距上海223公里，杭州65公里，是经济区的重要节点。2008年，安吉县拉开了在“中国建设美丽乡村”的帷幕。2010年，安吉的建设形式成为国家标准和省级美丽乡村建设模式。走进中国安吉美丽的乡村，就像走进一幅山水画。美丽的竹海，茂密的森林，清澈的溪流和古老的民居建在森林中。安吉全面推进农村环境，走农村工业可持续发展道路，经过了10年的发展。安吉县187个农村建设已成为环境美、生活美、社会美的现代化新农村模式。安吉以“村落风景秀丽、家庭发展、各方面和谐、人人幸福”为农村建设的总体目标，最重要的原则就是尊重自然形态之美、注重现代美、重视个性之美、构建综合美。以改善环境、促进发展、服务质量、提高项目质量为基本路径，全面发展中国美丽的乡村。从这些方面实施安吉的乡村建设，使每个村庄有独特的标志、独特的风貌、独特的景色。安吉拥有全国三张金牌名片，享有中国第一个生态县美丽乡村的美誉。慕名前来参观游览的人群极多，带动了安吉一系列产业的发展。

近年来，全县187个乡村中近90%的村子参与乡村的建设发展，12个村镇被完全覆盖，占安吉地区的四分之三。建设后的安吉水平较高，与城市差距较小，大多数村子里的村庄建筑建成了花园别墅，村里美丽的风景，山水中的村庄和自然卷轴中的人们构成了美丽的乡村景观。乡村龙头企业、农民专业合作和现代家庭产业、休闲旅游产业全面发展和升级。2011年，全区实现生产总值22.2亿元，财政总收入29.1亿元，农民人均纯收入1.4万元。

建设中，他们坚持四美原则。在自然之美中，自然环境和自然景观都具有自然的特征。建筑业与自然和谐。着眼于现代美，以生产为第一考虑，过上繁荣的生活是美丽乡村的前提和基础。让现代文明融入自然之中，体现全方位开放理念，能够休息游玩，放松身心，能够经济发展，也可安静居住。在注重个性美上，因地制宜、控制现状、分城镇化、分级化、分层化，逐步进行乡村建设规划。对不同类型的行业、村庄外貌、生态特征和人文文化进行详细规划。各方面都有其自身特色，抓住这些特色，从中把握规划设计的形式。每个类别都反映了建筑形式的多样性。做到景观各异、从不同的景观中认出其代表的村落。在村子里有其独特的标志、独特的景观，让人行走时能看到不同的景色，随处可见美丽的景色。在注重总体规划美上，强调整体的思维，把整个区域作为一个整体进行规划，把每个村当作特殊的景观来设计，把每户人家当作一个单独的规划来进行设计。努力促进环境、空间、产业和文明之间的关系，把握好一、二、三生产环节和城乡之间的关联，力求全县更好地发展。

健全组织，落实推进机制。实施县级领导、县级部门在农村建立了共同的创业体系，找到相关专家作为中国美丽乡村的顾问，成立专门的专家指导小组。各级要加强工作控制进度，加强工作评估，工作部门制定检查办法，使工作具体负责到底。为中国美丽村庄建设举办培训班，并为村领导进行相关知识培训。制度化监督加快了农村各方面的发展，起到了积极的作用。规划在先，明晰目标任务。根据目标任务进行一系列的建设。

在本地区乡镇建设行动纲要的基础上，委托浙江大学完成了安吉县建设总体规划。乡村建设对照安吉县的建设总体规划和新农村建设的新规范，从村庄的实际情况进行考虑，根据该区域乡建规划出发，将其独特的规划纳入美丽乡村建设的总体规划中，明确发展目标和任务。资金的投入、皈山乡品牌产业发展、农村建设、农民素质培育、实现强势产业、农业现代化、集镇亮化、庭院景观为设计规划村庄的规划思路；报福镇提出了实行村村景观有所差别，家家景观有所差别。努力建设山水统里、十里景溪、生态汤口等10个农村，丰富发展每个乡村自身的特色。

落实政策，激发乡村内在动力。首先，全县大力支持农项目。“5+X”是县农办等和其五个部门采取的清理整合项目，实施部门负责申请、立项、实施、考核验收、资金来往的全面审查。财政从补贴到奖励，原有政策和资金不变情况下，对于在建设计划内的乡村，按照规范进行考核。分类评价乡村的特征，根据规范对考验合格的乡村根据标准进行奖励。2008年县乡镇用奖励补贴了乡村，带动乡村基础设施的发展与投资3.2亿元。同时，积极投入大量社会和产业资金，建设美丽的乡村景观，扩大建设项目资金来源，实现共赢。二是设立专项资金200万元，奖励和表彰为农村建设做出突出贡献的单位和个人。乡镇制定了相应的激励政策，村里设立了相应的奖励和补贴。在建设过程中，县级财设立了乡镇（开发区）1500万元建设资金，建立了村镇建设投资和资金，为该区域农户提供了经济上的补偿，有效推动了乡村建设进程。

中国美丽乡村的项目是经过全面规划的，分为若干个部分。所有主管部门争取专项的项目，城镇和村庄规划具体项目如何实施，注重其中的内在联系，把握好内在联系，积极地进行乡村建设。通过一系列工作，多条河道进行了改善和维护，道路建设进一步改善，农村生活污水处理设施进一步升级。完善了乡村道路网络，实现了村村通油路；农村危房的重建在稳步的进行；庭院绿化更加丰富。沼气池、太阳能的安装是农村更加现代化的体现；拆除了非法建筑；乡村与城市的亮化系统程度相一致；各类村级办公建筑和各类公共设施逐步完善；引水工程、垃圾处理设施，公厕得到很好的解决，城乡差距缩小。

注重合作，形成良好的氛围。对内发动全员，对外进行一系列的宣传。乡村建设会议后，乡村职能部门开展建设工作，结合各自的工作职责，认真规划工作载体，积极发展美丽的乡村建设。在15个重点经济部门和乡镇，61个部门和美丽的农村建设活动背景下，积极开展创业活动，为乡镇提供经济援助，支持建设资金1186万元。179个行政村挂钩企业179家，各类团体捐赠1900万元。新闻机构积极组织中国美丽村论坛，开展多种外联活动，推进农村繁荣规划项目。《人民日报》、新华社内参和焦点访谈等新闻媒体高度关注农村建设。各部门开展了一系列活动，激发了基层活力。2008年中国美丽乡村节上，54家中外媒体报道安吉如何规划出让人惊叹的中国美丽乡村。中国美丽乡村建设的知名度和美誉度不断提高，人民群众的积极性得到提高。

重点突出，突出其特色。首先，突出四大工程建设重点，注重环境功能的实施。围绕四大升级项目的实施，与农村居民生活水平相关的道路建设和农村医疗服务站、节能建筑、危房改造等基本完成。发展农村特色主导产业，与农民合作，实现现代家庭、工业、旅游休闲等产业发展的良好势头，乡村面貌焕然一新。其次，突出区域建设重点。为了突出联系，扩大影响和作用的示范，该县集中力量，进行了认真的评估。作为沿线景观的典型例子，完成了垃圾收集处理系统、河道整治和施工、沿线房屋拆迁改造等工作。沿线景观美、有亮点的典范已初步显现，将起到良好的示范带头作用。第三，突出其乡村建设自身特点。积极探索和发展每个乡村的独特景观，为村庄发展打下坚实基础。各乡村发展方向都有所不同。美丽乡村安吉县剑山村横山坞村的乡村建设通过投资项目进行运作，为乡村建设注入了动力。此外，它扩大了农村地区的收入来源，大大提高了农村工业化和城镇化水平，取得了良好的经济收益。抱福镇的石岭村抓住机遇创建了一个美丽的村庄。该村有鲜花、牡蛎、白茶、蔬菜、竹笋等有机绿色农产品，及特种畜禽。横山坞位于安吉县灵峰山脚下，是安吉的一个小村庄。全村人口不足1500人，在安吉县中国美丽乡村精品村的创建中始终位居第一。自美丽乡村实施以来，横山坞村开始了一个美丽的计划。委托浙江省林学院设计和改造老村落；委托县建设规划设计院对中心村进行全面系统的规划，同时对于细节也非常重视。村里的基础设施、健身设施和公共服务设施都考虑得很周到。污水处理池的扩建，广场绿化、道路扩建、道路景观的美化，太阳能路灯的照明通过合理的规划设计让村庄的功能性越来越完善，使横山坞村的面貌焕然一新。在办公室，会议室，档案室，民间调解室，多媒体室等场所投资150多万元，方便群众使用。村级服务大厅可提供户口、计划生育手续办理业务，提供自来水、电力安装维护、就业咨询等服务，并接受集中服务和集中代理领域。设计规划合理并满足其功能。横山坞村占地面积6.8平方公里，森林面积6000亩，土地500亩，水田2000亩。有无公害农产品生产基地，黄花梨专业合作社和茶叶专业合作社建立。合作社在村中心的地理位置已经初具规模，其中一个工业集中区面积达2万多平方米。目前，已有32家公司入驻，主要是转椅公司和竹制品公司。有一个乡村产业集聚区，有效解决了村民的就业问题，带动了横山坞村经济的发展。横山坞重视文化休闲养生。引进了老人专用场所和自然村游乐项目；规范了学龄前儿童的教育；配备专业医护人员，让村民看病方便。建设的网球场，篮球场和全民健身广场吸引了许多来自城市的人前去锻炼。组织篮球队，槌球队，乒乓球队和网球队，为村民提供了丰富的文化生活。农村基础设施完善，城乡差距缩小。在村综合楼里，有着许多的奖项，是对横山坞村积极建设美丽乡村的肯定。在中国创造美丽乡村的过程中，横山坞村满足了美丽乡村和家庭和谐幸福的要求。抓住机遇，发挥地方产业优势，坚持统筹规划，突出农村特色，丰富特色农业。特色农村中心和特色农村环境为城乡统筹发展提供了良好的典范。这是值得我们学习和借鉴的。我们在乡村规划中也要考虑多个方面，积极抓住各种机遇，寻求出适合自身发展的道路。

1.4 国外研究

国外村庄研究分析，分析了国外几个国家。英国的道路具有完善的服务设施和线路策划。英国的科茨沃尔德地区，占地约2100平方公里。覆盖格洛斯特、牛津、沃尔维克、威尔特和沃赛斯特5个区域。是一片从东到西的大面积、位于中南部狭隘的地区。拥有低山山脉和丘陵、丰富的水网系统。科茨沃尔德当地的绵羊品种优良，在农业文明的时代，畜牧业和中世纪羊毛贸易，覆盖整个欧洲，促进科茨沃尔德的发展。工业革命时，它是英国农村最富有的地区之一。以农业为主的科茨沃尔德，是全球生活体验的好地方。该地区有4800英里以上的徒步小径和马道，还有6400公里长的墙。用于划分（农场）与科茨沃尔德石墙的边界。历史遗迹和乡村风貌保存十分完好，保留了英国的精神与记忆。瑞士的农村经济发展较为成功。在经济发展的过程中，瑞士政府不限制劳动力的流动，并采取一系列鼓励劳动力保留的政策。主要包括农业补贴、关税和进口配额、购买剩余农产品、道路建设、农村住房更新等。因此，在发达的交通网络基础上，基础设施齐全，交通便利，促进了经济的发展。随着非农业产业的发展，大量劳动力在中心城市以外找到了工作。新兴产业集中在小城镇，国民经济实现了均衡的城乡发展。瑞士国民经济中农业地位的下降导致瑞士农业人口的下降，在郊区建设农村地区一直是谨慎的。关于改善乡村基础设施和生态环境等诸多方面的问题，得到了瑞士政府的关注与重视。瑞士的乡村已经成为人们生活和旅游的好去处。瑞士乡村风光的特色是如画的村庄和农舍自然分布在绿色的田野和山坡上。瑞士人曾经离开村庄去城市寻找更好的工作机会，但现在人们回归大自然，人们正从城市迁移回农村。一个名字叫“费稀”的小村庄，这个村的村民居大多数是城里人。村里有700多人，其中17人从事农业活动（特别是葡萄园种植），其余的都是居住在农村的城市居民。

城里人之所以选择到乡村居住原因：1. 风景秀丽、夏季植物景观丰富可以欣赏大量葡萄园；2. 与城市相比村庄宁静寂静；3. 物价较为便宜；4. 该村规模小，但基础设施齐全，交通便利，通往其他地区的时间很快。要想富，先修路。费稀村位于山区的中间，但有两车道的一般道路与高速公路与外境相连，这是非常方便的。从村庄到高速路大约只需10分钟。村子里的主要街道根据地势起伏所建，但沥青路面非常平整。街道两旁设有整齐的停车位，农村基础设施齐全，医疗条件和办学条件同样便利。用水取暖也都十分方便。村庄大部分产业是葡萄种植兼酿酒。乡村居民已不再是单纯的农民了，单纯从事农业活动的人较少。瑞士非常重视农业，因此道路作为农业发展的重要基础，也进行了相应的建设。美国农村的发展侧重于基础设施的建设。在美国，农村机构关心的是经济发展。社区要解决人口下降和就业率下降的问题（在一些乡村地区，替代增长是通过改变工资性质和生活条件来实现的）。采取行动增加基础设施和公共服务设施，有的只是停止农村地区的增长限制，鼓励发展持久的和谐。农村机构常关注基础设施建设、房地产、商业开发的项目，通过研究项目的地理格局和结论分析出影响因素。其他的经济研究处的研究为人们提供信息。这使民众更好地了解联邦计划和政策如何运作，它们是如何生效的，以及它们如何使联邦政府的政策和地方相关联。基础设施包含公路、铁路、码头、机场、管道等，种类繁多，需投入大量经济力量进行建设，常常会被关注。

今天的经济增长依赖于信息，所以基础设施比以往任何时候都重要，通信网络尤为重要。在信息迅速发展的地区，例如美国西部和南部，由于道路和航空资源紧张，情况也是如此。急需交通运输网络的向外扩散，大多数资金将会投入于此。同时，环境问题也是发展中重要的问题。水净化法规影响供水系统和水的调节；联邦清洁空气的法规要求政府减少道路投资并针对不符合空气污染防治条例的行为进行处罚。一些法规的变化也影响了电力和通信基础设施服务的延续。1996年的电信条款在电信行业引起了很大的竞争，为高成本的农村和城市区域中心、学校、图书馆和医院提供补贴。与此同时，由于联邦权力条例的修订，许多州开始不再管理电力行业。由于加州电力危机的出现，这种形式已经放缓，一些州恢复了以前的状况继续管理电力行业。由于基础设施建设连接农村生产部门和其他地区的商品和服务，动态的农村经济依赖于平稳的市场和基础设施。当农村经济越来越依赖有效的基础设施体系时，美国经济研究局计划为美国农村服务，并检查农业基础设施建设对美国的重要性。虽然其他计划和政策对农村发展和基础设施项目更为重要，但不是联邦政府和各州政府促进农村经济的增长和发展的唯一方式。联邦政府增加在乡村的房地产、新兴科学技术和专业人员培训的投资。美国越来越重视基础设施建设，以改善交通，扩大交通网络。了解他国建设乡村各部分的措施，借鉴其中优秀的部分，丰富完善我国乡村的建设。

第2章 乡村交通系统、存储规划设计的概述

2.1 乡村道路的研究范围

公路是发展农村经济重要的支撑。加快建设和完善农村公路网，对促进农村经济发展和提高农村居民生活水平起着重要作用，对于改善农村消费环境也具有非常积极的意义。按照使用性质进行分类。道路可分为国道、省道、县道、乡村道路和特殊道路五类。乡村公路是指为乡（镇）村的经济，文化和行政服务的公路，以及乡镇连接的，与外界相连的不属于上述乡镇的公路。乡村道路包含的范围较广，任何等级的道路，只要位于乡村地域范围内，都应该作为乡村道路网络规划的一部分。乡村道路是道路组织的一部分，是连接乡村与城镇、乡村与乡村

以及乡村内部的道路。

2.2 乡村道路的影响因素

乡村道路的影响因素有以下几点：1．乡村居民出行方式的影响，要想对道路进行合理的规划设计，需了解当地居民的出行方式。旅行方式是指农村村民出行时使用的交通工具、旅行目的、旅行时间的规律性，旅行的距离等。农村村民经常使用运输自行车、摩托车、人力三轮车和机动三轮车。随着经济的发展，在乡村小汽车的数量也越来越多。根据不同的要求进行规划和设计。不同的车辆对道路宽度，路面材料，道路坡度和道路载荷能力有不同的要求。2．受到乡村各个要素的影响：乡村是一个多种要素构成的集合体，从静态构成来说包括民居、公共建筑、小广场、农田、水渠、林网、道路等要素。道路并不是单独存在于村庄中的，它会与村庄内其他要素有所联系。道路与民居、道路与农田、道路与其他公共空间、道路与水渠、道路与林网在布局上的相邻关系，功能上的互补关系等，需要进一步研究，分析它们之间的关联，尽量更好更完善的进行设计。3．乡村路网变化的影响：随着农村经济结构的不断变化，村庄布局也将发生变化。现今许多村庄用地规模不断向外扩张，村庄中心居住区的人口渐渐减少，造成许多房屋的闲置，存在着空心村的情况。在建设新型农业的同时，村庄人口外流量少，村庄建设用地扩大，用地类型多样化。村庄整体空间格局的变化将影响农村道路网络的规划。

2.3 乡村道路的系统分析

目前乡村道路建设进程飞速的发展，基于乡村公路的发展现状，笔者发现乡村道路建设中的一些问题。现有的农村公路存在技术水平低、服务水平低、交通拥堵等问题。从前的出行路线和简单的应对方式不能满足农村社区经济发展的需要。

存在问题如下：1．农村公路总体的技术水平有限。一方面，农村公路建设投入不足，公路等级低。另一方面，抗灾能力不强。2．农村公路的建设管理责任不明确。3．农村公路保养护理并没有相应的管理机制。4．乡村公路存在着安全问题。村村通公路的实现形成了广阔的农村公路网络，对经济发展起到了支撑作用，但仍存在着问题。如乡村道路的宽度较窄，质量欠佳，年久失修，通行能力较差，容易出现安全的问题。缺乏完善的交通标志和标识，缺乏安全保护设施。乡村公路网特点：1．点多、面多、分散广。农村公路接触点有乡镇，村商店，厂矿，旅游景点等，数量较多，且分散。农村公路网宽度较宽，道路里程占农村公路网里程的绝大部分。2．交通量小，技术等级低。农村生产和生活方式决定了农村公路的建设技术普遍较低。有一部分农村公路交通量小，技术较其他道路相比有一些差距。因此，农村道路交通量小，技术水平低。一般来说，公路交通量和技术等级按县道，乡镇道路和村道逐层逐步降低。3．时效性低。农民的生活自由，空闲时间相对稳定。乡村道路的运输距离、运输速度不会太影响到农民的生活。与主要道路或城市道路相比，农村道路网络工作效率较低。农村公路的建设，关系到农村经济发展和脱贫致富的进程。农村道路的发展不仅是农村经济发展的客观条件，也是全面建设小康社会的重要手段，加快了乡村小康建设的速度。因此要与时俱进、开拓创新、积极探索乡村的发展，为农业和乡村经济提供良好的交通环境。

2.4 乡村道路的发展规律

2.4.1 乡村道路与农业

改革开放以来，中国经济发生了重大变化，人民生活水平大幅提高。然而，受多种因素影响，城市和乡村的发展差距较大，城市收入远高于乡村，这种趋势仍然在扩大。中国是农业大国，农业是国民经济的基础，农业是国民经济的基础。十八大报告清楚地表明，城乡二元结构是制约农业生产的根本原因。城市化和城乡道路建设是双重城市建设的重要组成部分。城乡道路发展一体化是城乡一体化的重要组成部分。目前，我国城市的道路已经达到世界发达国家水平，但农村道路和世界发达国家相差较大，这也是制约农业现代化发展的因素之一。根据我国目前的状况，在农业现代化的进程中，乡村道路建设这一重要课题值得我们深入研究。在当代农村地区，农村公路建设存在资金匮乏、设施不足、工作不到位、缺乏先进性等问题，乡村道路还有不完善的地方。农业机械化、规模化、信息化的发展程度不够，小农经济还没有完全转型，农业现代化还需要发展。乡村道路建设与农业发展都有其阶段性。美国经济学家约翰梅勒认为，农业发展经历了三个阶段：传统农业阶段，从传统农业向现代农业转变的阶段，以及现代农业阶段。传统农业与现代农业的区别在于两个方面：生产规模和社会发展水平。按照历史来划分可分为原始农业、传统农业和现代农业。中国的农业只有在经济、技术和劳动力三个方面接近世界水平，才能基本上实现农业的现代化。道路发展和农业发展也有类似的循序渐进过程。研究农村道路具有重要意义，有利于推动农业现代化的发展。

2.4.2 乡村道路的分析

道路是经济发展的重要推力之一，农村道路是农村经济发展的重要组成部分。加快农村公路建设，有利于农村经济发展，提高农村居民生活水平。对于改善乡村落后的现状有着重大的意义。随着国家公路、县道和城市道路的形成，农村公路的建设日益重要。农村公路将国家公路、省道和城市道路连接到农村，成为农村公路网的基本组成部分。道路是服务于农村，惠及村民的基础设施，是公共服务系统的重要组成部分。农村公路已经发展成为一个重要建设项目。据数据显示，中国近5万个乡镇的公路通过率已达90%以上。740，000个行政村大部分是机器耕种。机械犁路主要针对生产服务。耕地公路没有规划设计，没有质量标准，对农村经济的贡献微乎其微。这种交通状况减缓了农村经济的发展。较落后的乡村交通网络使得乡村村民的生活条件和全国平均的经济发展水平未能同步，乡村消费仍然是自给自足的模式。加快农村公路建设，可以加强城乡之间的沟通，刺激村民更好地适应市场需求，调整市场中的产业结构和产品结构，搞活农产品流通，提高农民的综合收益。乡村路网的完善将促进道路网络的优化和协调发展，充分发挥其功能，提高乡村路网的服务能力。乡村路网建设及完善能够提高农业发展水平、改善村民的生活水平、改善农村现状、促进农业经济的发展，加速实现农业现代化。

第3章 规划乡村小镇交通系统、存储规划设计的方法

3.1 规划乡村小镇交通系统的方法

兴隆县交通规划的方法是完善乡村部分道路，让乡村内部道路网络更加完善，便于路两边乡村村民更迅速、便捷、方便地到达目的地。乡村道路中为避免危险有时会设置地下通道。我们要规划和建设农村公路，坚持统筹规划，树立交通运输网络规划的理念，注重群众利益，注重土地保护，注重发展。规划上必须严格按照规范，完善道路修缮过程中道路网和道路两侧的规划设计，保证道路畅通。乡村道路要符合标准，提高公路建设质量，以建设项目为载体，以道路施工质量为前提，使边坡小、线路好、路基强、水沟畅、道路畅通、无障碍、桥梁涵洞在雨天晴天使用顺畅。让道路拥有多种通行能力，要提升道路管理质量和保护力度。随着道路工程的实施，我们应加快公路的修缮和改造，提高乡村水泥的硬化度。乡村道路中重视建设轻视管理的现象常有。对乡村道路道路管理和保护不明确，有其疏忽的地方。笔者发现存在因乡村公路等级低而导致塌陷等比较严重的事故，影响了乡村公路的正常运行，影响了乡村人们的生活。县、乡、村应明确管理其属于自己部分的道路，这样就能有其具体责任。还存在着养护体制有待完善、乡村道路机制并不完善，没有其管理与监督的部门，对于违规行为的处罚也并没有形成标准，造成了乡村公路失修失养。乡村道路规划设计中还应全面、整体进行规划设计。在城乡统筹发展背景下，城乡规划的复杂程度不同。乡村道路规划的基本原则都是根据当地需求和实际情况来进行规划设计。对乡村交通发展的影响主要体现在三个方面。1. 功能复合性：现有土地资源的有限性和土地集约化水平的低下，导致村镇乡村建设用地不足，然而对道路交通的需求越来越强，村庄规划应从实践的角度出发。农村土地连接到整体路网是一个复杂的规划。要在规划设计时尽量想道：灵活使用多余空间、利用街道旁空间停车等。乡村道路或闲置土地作为村民停车场所，临时性停车场也是需要考虑到的。2. 标准多样性：根据农村公路交通规划可行性的基本原则，应在现有条件的基础上制定标准。例如，如果在村子的道路上有拥堵，两侧如果有空地，可以通过扩展道路来解决。如道路两旁无法扩宽，可通过优化道路系统改善交通拥堵。3. 规划操作：可行性原则，即通过农村公路交通规划的全过程，改善规划的运行。连续性是提高乡村道路通过村庄通达性。完善乡村交通道路网络，发展城乡公共交通，提高居民出行的通达性，提高居民出行的灵活性。地下通道具有疏导交通，避免人与车混行，确保行人安全的功能。大部分地下通道由于设置在地面以下，防水问题要处理得当。地下通道需要做好防火措施。环境问题：地下通道通常给人阴暗潮湿的感受，湿气和异味难以消散，必须依靠人工设备进行控制。地下通道在建设初期存在投资大、造价高、周期长、管理难等问题。渠道的地基处理应采取措施提高地基承载力、降低地下水位，同时考虑基坑的防护、压力水和潜水对路面沉降的负面影响。因此，地下通道设计应与地面和地下管线工程相结合。考虑市政设施的现状、周边环境、工程投资和竣工后的维修条件。根据水文地质资料、结构安全和结构防水的原则，进行方案的优化。这就需要事先做好充分的调查。同时，地下通道采用防水混凝土自防水结构，并根据结构和施工要求安装附加防水层或其他防水措施。通道的进出口应根据村村通的交通流向或当前情况而定。入口和屋顶的建筑形式应遵循与周围农村环境协调的原则。乡村自身规划定位是发展旅游业，其停车区域也是重点规划的一部分。也可设计生态停车场。生态停车场是一种高绿化的停车场。生态停车场具有绿化率高，承载力高，透水性好的特点。生态停车场在设计上会采用

绿化草坪砖，用灌木进行隔离，以高大乔木遮挡阳光达到庇荫的效果。生态停车场的使用寿命比普通停车场的使用寿命长。随着全国机动车辆的增长，停车场逐渐增多。传统的普通混凝土停车场易形成热污染，绿化部分很少。车辆在阳光暴晒下产生污染。混凝土的铺装有粉尘和灰尘的污染，而且大量雨水无法回收再利用。生态停车场应尽量增加绿荫的面积，为车辆提供遮阴的部分。材料常使用嵌草铺装，嵌入式草坪铺设包括块状铺路，草种，草嵌砖和生态草坪。砌块堵塞由混凝土块，砖块和石块分隔。块和块之间有3到5厘米的间隙，填充衬底并在衬底中种植草。它的优点是利用回收建筑垃圾并减少材料浪费。植草砖是通过浇筑水泥、砂砾和黄沙形成模块。砖上的孔可以被放置在基体中。它的优点是透水性良好。草地植物采用改性高分子量HOPE作为材料，绿色、环保、可回收、可重复使用，不会破坏环境。其优点是耐压、耐磨、耐冲击、耐老化、耐腐蚀、节约资源，使草坪和停车场一体化。生态植草地坪使用混凝土现浇于连续孔质的植草系统，根据承载需要而设计混凝土以及配筋的量。它具有结构完整性好，草坪连续性好，渗透性好等优点。

3.2 存储系统设计的方法

存储规划设计就是仓房的设计。仓房一直存在于乡村之中，但仓房的设计一般很少有人关注。存储设施也是乡村村民生活的一部分。仓房设计得当能让乡村居民生活的更加舒适。仓房建设步骤与普通房屋建设步骤基本一致，只是如仓房的采光、通风等，需要我们进行考虑。乡村村民在农田里或山上取回农作物会进行晾晒，还应考虑一些农作物的晾晒问题。

第4章 乡村交通系统与存储系统应用设计研究：以兴隆县郭家庄为例

4.1 现状环境评估

兴隆县郭家庄村，隶属于河北省承德市。兴隆县郭家庄的位置在北纬40度11分至41度42分，东经117度12分至118度15分。东与迁西，宽城县接壤；西与北京平谷区，密云区接壤；北与承德县毗邻；南与长城相隔，与天津市蓟州区、迁西县、唐山市遵化市相邻。兴隆县与北京、天津、唐山和承德市非常接近。（图1）兴隆县有9个镇11个乡和290个行政村，总人口32.4万（2011年）。兴隆县的总面积312.3平方公里，其中山地的面积占84%。兴隆县盛产山楂和板栗。在是著名的山楂之乡、板栗之乡。在笔者前期调研走访中，发现四周大部分是深山，随处可见山楂树和板栗树。兴隆县郭家庄年平均气温7.8℃。兴隆县中部的京成铁路由西向北贯穿全境。京承高速公路的出口距县城仅35公里。京唐高速公路由北往南贯穿全境。张唐铁路、津兴二级公路准备进行开工建设，京申客运专线和承平高速公路项目正在积极筹备中。2001年，郭家庄镇由前郭家庄乡，七里坡乡和柏林乡组成。南面有攸水河；北面有永旺山；西面临盐湖区。该镇民风淳朴、文化悠久。

4.2 郭家庄规划分析

4.2.1 交通系统的分析

兴隆县郭家庄境内有一条G112国道穿过，村庄沿路而建。兴隆县郭家庄除主聚居区外，附近还有兴隆山庄、承德德隆酿酒有限公司、希望小学、空心砖厂、影视基地、村民服务中心等。通过对兴隆县郭家的考察发现当地道路系统不完善，缺少停车空间。沿着G112国道的人行路行走发现行人行走时有危险，缺少人行道。随着乡村的发展，兴隆县郭家庄内车流量激增，人流量也随之增加。主路比较拥挤，给过马路的乡村居民带来了极大的不变，也给司机带来了一定的困扰。村庄周围的希望小学、承德德隆酿酒有限公司、空心砖厂、影视基地、村民服务中心区域人流量和车流量比较大，给学校和上班的居民带来一定安全隐患。因此考虑以地下通道的形式解决这个问题。随着农村建设水平的不断提高，人们对农村公路使用的需求也在不断增加。不仅在功能上，在便捷性也有更高的要求。乡村道路的建设需要越来越人性化，又是乡村建设发展的必然要求。农村公路人行道设计既符合安全实用的要求，又符合舒适，美观，环保的要求，为每个人提供了人性化的生活空间。

4.2.2 存储系统的分析

经过实际考察发现，兴隆县郭家庄村的存储系统并不完善。在村庄附近会看到随意摆放在树之间的轮胎，破坏了景观的美观性；还可看见摆放在水域旁的木堆；还会发现摆放在屋后路旁的杂物。

4.2.3 乡村景观的分析

兴隆县郭家庄的景观规划较为完善。乡村村民庭院前有低矮围墙围合的种植区域，在这个种植区域里种植一些植物，既美观，又丰富了院前的空间；乡村村民庭院前有的会搭置木架，上面缠绕一些植物，能遮阴纳凉，让乡村村民生活更加舒适；在廊架下放置一些休息的石墩，给人带来惬意的享受。在路旁、山下设置了景观以及休息区，中间是圆形休息区，两边用矮小木栅栏进行景观围合。两边围合区域里种植了植物，既能休息又能欣赏景观。路边的路灯、垃圾筒分布也较完善。兴隆县郭家庄村的护岸和护坡是利用天然岩石、石笼、预制混凝土桩和石块制成的坚硬人造护岸景观。

第5章 兴隆县交通系统、存储系统、乡村景观设计原则

5.1 交通系统的设计原则

乡村道路规划中道路线的规划有需遵循的原则。路线选择应采取一条技术上可行且经济合理的道路中心线，并且符合道路规划的要求。在道路规划和设计过程中，采用技术方法对道路状况进行深入细致的研究，最终确定规划道路。路线的设计应确保车辆通行的安全性、舒适性和效率。选线应与农田基础设施相协调，较少的占用耕地。尽量不要占用高产田，经济作物田和作物林。通过一些显著风景的道路，应保留其原有的自然形态，后增设的人工造型也应与其周围有特色的景观相协调。还应对周围的工程地质和水文地质进行深入调查，以确定其对道路的影响。在选择路线时，还要注意保护农村环境，避免道路建设过程中产生的污染和不良影响。对于新建的二级公路和三级公路，应规划周边道路网，避免穿越城镇。在规划农村道路系统时，应提前考虑停车场设置。针对历史文化或旅游资源丰富的村庄，还应考虑旅游时的需要，留有旅游停车的区域。停车场的设置还可以考虑结合乡村道路网规划，与村庄内的广场、绿地、小游园等组合布置在一起，达到多功能的性质。

5.2 存储系统的设计原则

乡村存储系统规划中，考虑多种方面因素，笔者进行了仓房的设计。在仓房的设计中主要有以下几个原则：1. 合理规划存储空间：要利用好仓房内的空间，尽量多存储一些杂物。2. 功能性原则：注重仓房各功能的完善发挥，使其功能更加完善。3. 整体协调性原则：形式要与整个乡村相协调，达到和谐统一的效果。4. 美观性原则：在仓房的设计中给人以简洁美观的效果。乡村存储系统遵循着以上几个原则进行设计，不断完善其功能，以提高农村村民的生活水平，更好地促进村民生活的存储。

5.3 乡村景观的设计原则

乡村整体设计的原则如下，1. 整体规划设计的原则：虽然农村的规划是综合考虑和规划各个要素，但整个社会、经济和生态问题应该从景观上解决。因此，乡村景观的规划是通过与许多利益相关者的合作完成的。在规划中，不仅要考虑空间、社会、经济和生态的功能，还要考虑与相关规划要素的联系。我们需要从整体角度进行农村景观规划，实现农村的可持续发展。2. 乡土文化原则：乡村文化是区域精神和物质生活长期积累的财富，是地域文化形成的基础。这种乡土文化表达了地域的特性，也是当地社会遵循的一种秩序。乡村景观是当地文化的载体，并对当地文化产生影响。乡村景观要继承当地文化、保存本土文化特色、增强村民的身份认同感，与现代化结合，适应时代发展。3. 以人为本的原则：乡村景观规划不仅是政府行为，也是公共行动。受益人群是广大乡村村民。乡村景观规划需要得到农村村民认同，考虑他们的需求，并具有实施的价值和可能性。该原则应适用于乡村景观规划设计区。4. 可持续发展原则：可持续发展原则是农村景观规划设计的需要，也是更高层面的规划原则之一。可持续发展的核心在于发展。

区域乡村景观规划的原则：1. 人地协调的原则：确保人口增长同时保持环境品质，实现区域发展和资源的有效利用。2. 综合系统的原则：全面综合考虑各个因素，将区域的景观相结合起来，力求整个景观系统的完善与优化。3. 生态美学的原则：在完善生态系统的规划中也要注重美学的原则，达到生态与美学相和谐。4. 远近结合原则：根据区域的发展目标，重视乡村的资源，对乡村的资源进行改造和利用，对区域的景观进行合理的布局，并做出时序的安排，根据步骤进行完善与规划。5. 经济技术可行有效原则：尽量用最少的投资，达到农村景观和生态效益的最佳效果。在乡村景观设计中，应遵循这些原则，规划和设计更完善的乡村景观。基于上述原则，笔者规划和设计了一个独特的乡村景观。

第6章 兴隆县郭家庄交通系统、存储系统景观设计研究

6.1 设计理念与目标

农村规划考虑了村里的一些实际情况，并坚持以人为本的原则。规划和谐的乡村，设计合理的农村交通系

统，结合本地区特色创造独特的景观。通过设计让生活更加便利。注重保护当地景观生态，尽量在不改变原生态景观的情况下进行规划设计。

6.1.1 交通系统的设计理念与目标

交通系统的设计理念与目标是让乡村道路越来越完善，让乡村道路各方面水平同城市道路相一致。交通系统设计理念和目标是帮助乡村村民出行更加便捷。农村道路的改善将促进农村经济的发展。乡村村民生活水平也将得到提高和发展。

6.1.2 存储系统的设计理念与目标

存储系统的设计理念和目标是在更大程度上方便乡村村民的生活，让存储更加便捷，并丰富存储空间的功能性。存储规划和设计也应与周围环境协调一致。存储设计的设计理念是为了让乡村村民更好地对杂物和一些农作物以及药材进行存储。目标是让乡村村民的生活更加便捷。

6.1.3 乡村景观的设计理念与目标

乡村景观的设计理念与目标是能让乡村居民有一个休闲娱乐放松的空间，并且能欣赏美丽的乡村景观的一个区域。乡村景观规划设计中运用了当地植物，人们在欣赏景观时，所看到的是自己熟悉的植物，会感到亲切感。农村景观的改善丰富了农村村民的生活。

6.2 交通系统的设计内容

兴隆县郭家庄的交通系统设计主要包含三个部分。包括兴隆县郭家庄乡村道路网络的完善，停车场的规划，以及乡村指示系统的规划。笔者在兴隆县郭家庄规划设计中首先对路网进行了完善，增设了乡村内部道路。在东侧建筑群设计了三条路，每条路宽5米；在乡村西面建筑群设计了两条道路，每条道路宽5米。经过对兴隆县郭家庄的交通系统设计仔细的调查后，笔者发现了交通中存在的问题。在前期实地的调查中，笔者沿着G112国道行走中发现行人通过时十分危险。G112国道路面宽度7米，人行走的道路紧挨着公路边，院落也紧靠在公路边。乡村居民也会放置杂物在院落前，遮挡住部分行人区域。兴隆县郭家庄经济发展良好，乡村道路上经常通行大型货车。大型货车通过时与人行路紧靠，乡村居民需要通过马路到达对面会有危险。为规避以上的问题，笔者设计了地下通道。在兴隆县郭家庄的规划设计中，设计了两条地下通道。通道位于主路G112国道下。第一个通道位于兴隆山庄、希望小学东，影视基地北部的G112国道下；第二条通道位于东区房间的十字路口。地下通道的第一种规划是入口处采用玻璃与钢材、石材。中间是车通过的斜坡区域，两侧是行人通过的人行路。人行路旁旁设置了扶手。通道有南北两个出口。通道里面材质采用混凝土，顶部设置照明装置。通道第二种规划是地下通道中部也是车辆通过的道路。地下通道也有南北两个出口，地下通道两侧也是人行走的道路。地下通道材质里面采用混凝土，里面顶部有照明，能为晚间行走的路人带来光亮。通道下部安装有地灯，也能够提供合理的采光。人行道路进行了部分抬升，对车行路与人行路进行空间划分。兴隆县郭家庄的旅游经济发展很好，许多游客来到该村庄旅游。调查发现兴隆县郭家庄停车区域较少，部分乡村村民把车停放在院落内，或者停放在以规划好的景观处，影响环境美观，破坏景观的完整性。所以单独划分了部分区域作为停车场。在兴隆县郭家庄的规划设计中设置了两个停车场。第一个停车场位于影视基地西面，为临时停车场。第一个停车场的第一种规划方式是规划为生态停车场，每个停车位长5.3米，宽3.9米，采用了垂直停车。车位两侧设置了乔木分隔带。在停车区域附近也有部分绿植，美化了停车环境。第一个停车场的第二种规划方式是停车区域与休闲区域相结合，每个停车位长5.3米，宽3.9米，也采用了垂直停车。该停车场分为两部分区域，一部分是停车区域，另一部分是休息休闲的区域。停车场设置了乔木分隔带，用栏杆区分两个区域。因为虽有游客、商户时常往来，但是人数还是有限，因此设置了26个停车位。在停车场两边设置了10棵云杉。在休闲区域设置了5个室外座椅，座椅上有灯可以提供照明。健身器材8组，能够为当地乡村村民提供休闲健身的场所。另一个停车场位于东面房区十字路口西侧。停车场区域原是花坛，经考虑决定把原花坛改为停车区域。设置了8个停车位，方便当地村民停放车辆。兴隆县郭家庄的交通标识系统也并不十分完善。所以笔者对乡村的指示系统进行规划设计，完善了G112国道上的路牌系统，增添了部分路牌。

6.3 存储系统的设计内容

通过兴隆县郭家庄的考察，笔者发现村庄内杂物或随意放置在院落附近，或放置在已规划好的景观处。杂物并没有可以单独放置存储的空间。因此需要对兴隆县郭家庄的存储设施进行规划设计。通过以上的分析，笔者进行了仓房的设计。仓房是平顶。因为兴隆县常进行一些山货、药材的交易，所以需要晾晒区。平顶也可以使用，在屋顶对一些药材进行晾晒。仓房四面均设置了窗户，可以实现良好的通风。窗户上设置有可活动的玻璃隔板，在需要时可以把隔板放置下来进行一些农作物和药材的晾晒；不需要时可以将隔板落下，节省空间。根据需要可在普通房屋门前上方设置木栅架，满足乡村村民对农作物和药材晾晒的需要。通过存储规划设计让兴隆县郭家庄的功能空间更加完善。

6.4 乡村景观的设计内容

随着经济技术的发展，人类社会的生活节奏越来越快，城市人身心压力都比较大。放松身心、缓解压力是现在人们所关注的问题。人们想要放松心情时就会想到宁静的乡村，希望到乡村放松心情。兴隆县郭家庄村就是一个悠闲宁静的村庄，同时在大力发展旅游业。此外，兴隆县地理位置十分优越，紧邻着京津。北京和天津这种大都市都是繁忙的城市，在其中居住生活的人们更是需要放松。兴隆县郭家庄地理上较为接近京津，交通相对便利。兴隆县郭家庄村旅游业的发展是其规划重要的一部分。兴隆县郭家庄村自然条件优越，村内有一处水域，因此笔者进行了滨水景观的设计。兴隆县郭家庄村滨水景观规划设计满足了乡村旅游的需要，满足了当地村民休闲娱乐的需要。滨水景观面积约4，918平方米，是半围合的空间。该设计旨在为民众打造一个远离喧嚣和嘈杂的环境，形成了一个宁静和谐的游玩休憩区域。该区域规划了一个休闲广场和三个休闲节点，满足了乡村村民在观赏景观时的休息需要。广场上设有21组健身器材、6个休闲座椅，为广场上健身人们提供休息区域。休闲广场也满足当地村民的文化生活需求，在广场上可以进行自己喜欢的活动，丰富当地村民的休闲娱乐生活。整个滨水景观区域较大，考虑到人行走时会出现疲惫的状态，设置了休息区。三个休息区都位于广场西面。第一个休息区域设置了2组圆形桌椅，方便人们行走疲惫时休息，也可以欣赏附近风景；第二个区域设置了1个凉亭和1个U型座椅；第三个休息区域设置了1个凉亭、3个休息椅。沿水域有一条滨水步道，考虑到乡村村民出行的安全性，设置了围栏，滨水步道宽9米。该区域大路小路共11条。滨水景观中间的路和西侧入口处第一条大路宽5米，其余九条小路均3米。兴隆县郭家庄滨水景观设计中植物种类繁多，植物颜色丰富，搭配合理美观。兴隆县郭家庄的滨水景观植物大部分为杨树。树木对被其包围的半封闭空间起着降温的作用。广场西侧有圆形桌椅休息区东侧植物采用了山楂树和云杉，其中山楂树一棵，云杉两棵。植物的形状和大小各不相同，观赏效果非常好。广场西面第一个休息区西侧，规划设计了一列植华山松；南部设置了五棵银杏树，银杏树旁是观赏性的丰花月季。广场西侧第二个休息区北部设置了五棵毛樱桃；南部休息区上方采用了对植的芍药。休息区北部和南部设有绿篱。休息区内部有两株四季丁香。广场第二个休息区西面采用了五棵山楂树。广场西面第三个休息区南部入口处采用了对植连翘，内部采用了一棵红宝石海棠。滨水景观西部在小路两旁设置了柳树。乡村景观的改善将有助于农村经济的发展，也有助于乡村旅游的发展，并对其产生积极影响。

第7章 结论

本文探讨了当前兴隆县郭家庄村交通系统设计、存储空间和乡村景观规划的目标。根据兴隆县郭家庄村存在的问题，完善了兴隆县郭家庄村交通系统设计、存储空间和乡村景观规划设计。在乡村交通系统规划设计中注重功能性、存储空间规划中注重便捷性、乡村景观规划中注重地域性。通过规划让乡村村民的生活更加便捷，以提高乡村居民的生活水平。

参考文献

[1] 吴婷．成都市近郊区县农村公路网规划方法研究[D]．西南交通大学，2015．

[2] 栾翠霞．关注乡村居民出行方式的乡村道路规划设计研究[D]．昆明理工大学，2017．

[3] 胡春梅．乡村道路交通规划对若干问题的处理[J]．中华民居，2013．

[4] 郭亮，程梦，潘洁．基于实用性原则的鄂东乡村交通发展策略研究——以湖北省黄梅县为例[J]．城市交通，2018．

[5] 赵芳．城市地下通道规划与设计[J]．四川水泥，2018．

[6] 王必卫，鄢鹤萍．城市人行天桥与地下通道的分析设计[J]．广东土木与建筑，2007．

[7] 谷康，李淑娟，王志楠，曹静怡．基于生态学、社会学和美学的新农村景观规划[J]．规划师，2010．

郭家庄景观规划中的交通系统与存储空间设计
Design of Traffic System and Storage Space in Guojiazhuang Landscape Planning

区位介绍

本设计位于河北省承德市兴隆县郭家庄村。该村民风淳朴，历史悠久，自然资源丰富。设计根据前期调查时发现的问题进行规划设计。针对问题进行了兴隆县郭家庄村的交通系统和存储空间的设计。兴隆县郭家庄村交通存在危险性。为了解决这一问题规划设计了乡村道路网络、停车场、地下通道和交通指示系统的规划。考察发现兴隆县郭家庄村存储空间较少，因此进行了仓房的设计。另外还发现村民们休闲娱乐空间较少，进行了滨水景观的设计。设计考虑了乡村村民的需求，完善其功能需要。

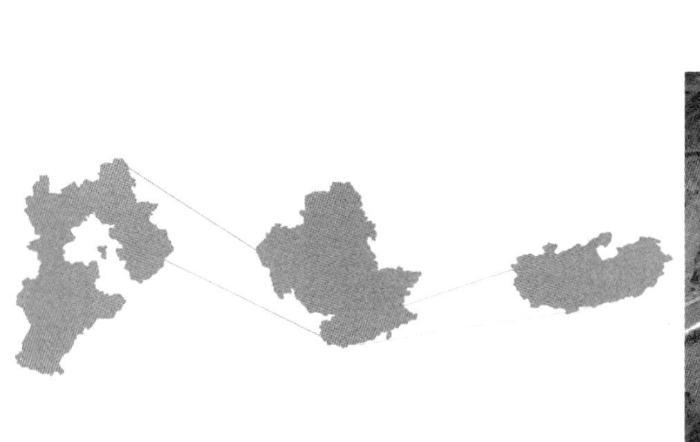

兴隆县区位

北

兴隆县区位

区位分析

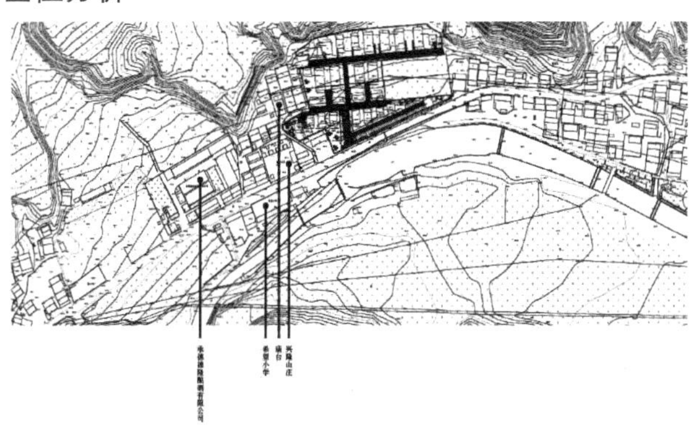

车行道路

北

公路
村中小路
村落位置

G112 国道穿过整个村落。

自然资源

村中自然资源丰富，有山楂、板栗、香菇。

地下通道入口效果图

地下通道效果图

郭家庄生态视角下的滨水景观设计研究

Study on the Waterfront Landscape Design of Guojiazhuang from the Ecological Perspective

曲阜师范大学　刘菁
Qu Fu Normal University
Liu Jing

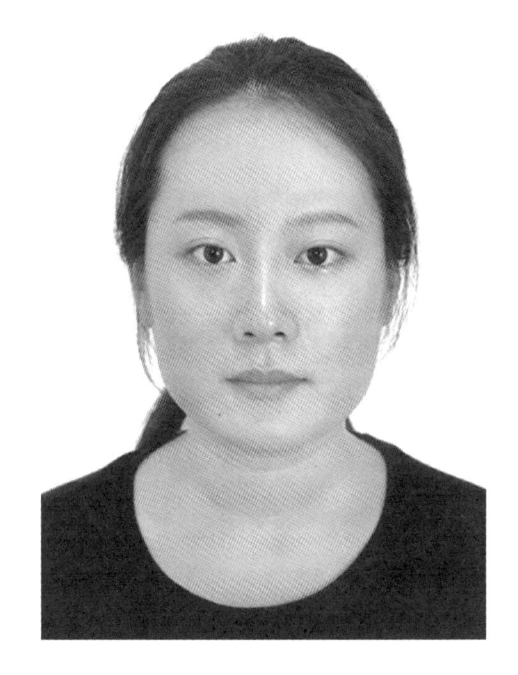

姓　名：刘菁 硕士研究生一年级
导　师：梁冰 副教授
学　校：曲阜师范大学 美术学院
专　业：工业设计工程
学　号：2017320292
备　注：1. 论文　2. 设计

“梯田式”驳岸

郭家庄生态视角下的滨水景观设计研究

Study on the Waterfront Landscape Design of Guojiazhuang from the Ecological Perspective

摘要：水对于人们是赖以生存的自然条件之一。而滨水空间对于一个地区来说，从最初的聚集到后来的发展都是至关重要的，是体现当地的地域文化和地方特色的要素之一。随着人们物质财富和精神财富的积累，人们对于居住环境和生活空间的要求已经不能仅仅满足于生存功能了。但目前国内的许多滨水景观设计中缺乏整体性、亲水性、地域性，形式主义的问题严重。所以对于以上问题，本文总结出设计应当从生态性的角度进行设计研究，以全新的视角重新诠释滨水景观。如何解决以上问题，是值得我们进行深入思考研究的。

本论文首先分析了目前乡村滨水景观存在的问题以及研究课题的重要性，研究了与课题相关的概念和理论，并归纳了生态性滨水景观的设计原则和设计手法。最后，以河北省郭家庄乡村滨水景观设计为例，把生态理念融入设计实践当中去，从宏观的规划到细部的设计。从而设计出一个宜居、宜业、宜游的乡村滨水景观，并为现阶段的乡村滨水景观研究做一点有益的贡献。

关键词：乡村景观；滨水景观；生态设计

Abstract: Water is one of the natural conditions for people to live on.Waterfront space is crucial for the development of a region and it is one of the elements of local culture and local characteristics. With the accumulation of material wealth and spiritual wealth, people have higher requirements for living environment and living space.As a waterfront landscape of public space, only to meet the needs of the survival of the function has not been able to meet the spiritual needs of people.At present, many waterfront landscape design lack integrity, hydrophilic, regional, design uniform, too formalistic problem.For the above problems, this paper summarizes that the design should be made from a new perspective to re-interpret waterfront landscape. How to meet the above point of view, is worth our in-depth thinking and research.

This paper primarily analyzes the existing problem in waterfront landscape and the importance of this topic.It also sets up some relative concepts and theories and concludes the design principles and methods of ecological waterfront landscape.And then, taking Guojiazhuang rural waterfront landscape design as an example, ecological concepts put into practice in this paper from macro-plan to details.Accordingly, we can design a rural waterfront landscape which is suitable for living, industry and tourism, and make a contribution to the current research of rural waterfront landscape design.

Key words: Rural landscape; Waterfront landscape; Ecological design

第1章 绪论

1.1 研究的背景

社随着城市化的发展、人们的精神压力加大，渴望回归自然。乡村景观所依存的自然环境、质朴的民俗风情和舒缓的生活节奏，受到越来越多的城市居民的青睐。

中国共产党第十六届五中全会提出的“美丽乡村”建设，是社会主义新农村的重大历史任务。“生产发展、生活宽裕、乡风文明、村容整洁、管理民主”等是其具体要求。党的十八大、十八届三中全会、中央一号文件和习近平总书记系列重要讲话精神，进一步推进了生态文明和美丽中国的建设。

从自古以来人们就依水而居，生产、生活、休闲娱乐等活动都离不开水，而人们对于水除了生存的依赖，还寄托了深厚的情感，所以滨水景观在乡村建设中有重要地位。

论文研究的对象是郭家庄滨水景观，郭家庄村落沿溉河平面展开，溉河对于当地的居民来说是重要的生存条件，丰富和便利了居民的生活，对于郭家庄的生产、生活、旅游发展有着重要的意义。

1.2 研究目的及意义

1.2.1 研究目的

本论文通过对乡村滨水景观进行研究，提高对于乡村滨水景观设计的理解，并结合郭家庄传统的地域文化和景观构成，创造出独具特色的郭家庄滨水景观。

（1）理论指导实践：通过对乡村滨水景观设计的相关理论和案例进行分析研究，归纳总结出乡村滨水景观的设计理念、设计元素，并针对郭家庄滨水景观的现状问题，寻求解决方法，提高当地居民的生活质量，创造宜人的乡村滨水景观环境。

（2）实践验证理论：通过对郭家庄进行调研和考察，结合场地实际情况进行设计研究，验证理论的可行性，并补充理论的不足。

1.2.2 研究意义

人们想要融入大自然的愿望，需要更为直接的体验，触摸水、土地，拉近人与自然的关系，乡村滨水景观环境便是自然和人共生互动的直接区域。

乡村滨水景观的设计研究，既营造出一种适合当地居民生活的空间，增强当地居民对于乡村的归属感；又可以塑造出乡村公共空间的亲水场所，使城市居民在逃离繁忙的都市生活、亲近大自然时可以有一个观水、亲水、戏水的空间，发展乡村旅游业，增加当地经济收入的空间环境。

总结乡村滨水景观的设计方法，完善乡村景观设计思路。

1.3 国内外研究现状、文献综述

1.3.1 国外研究现状

乡村滨水景观设计是乡村景观设计的组成部分。研究乡村滨水景观，可以从滨水景观和乡村景观两方面进行整理和分析。比起国内，国外更早地进行了对于乡村景观的研究和设计实践，并有比较完善的法律法规体系，景观保护意识和自主创新精神较强。如欧美的一些国家和部分亚洲国家，对世界范围内的乡村景观规划研究起到了巨大的推动作用。日本、韩国等亚洲国家，与中国人多地少的矛盾相似。韩国政府在20世纪60年代发动了“新村运动”，不仅改善了乡村的生活水平和经济收入，而且改变了村庄不合理的布局，有效地保护了传统的乡村景观。而日本通过“造町运动”、“一村一品”、“乡村景观竞赛”等形式，保护、改善、发展了乡村景观。

关于乡村滨水景观的国外研究现状，伊恩·伦诺克斯·麦克哈格（美）在《设计结合自然》中讲到在进行项目的规划设计时，应以生态学为基本原则，解决复杂的规划设计问题。克莱尔·库珀·马库斯（美）和卡罗琳·弗朗西斯（美）在《人性场所》中通过介绍具体类型的开放空间的设计建议时指出，一个人性场所应做到尽量满足最有可能使用该场所的群体的需求。扬·盖尔（丹麦）在《交往与空间》一书中指出应对公共空间中人们的交往与活动给予关注和理解。进士五十八（日）在《乡土景观设计手法——向乡村学习的城市环境营造》中指出在城市建设过程中应向乡村建设学习。巴里·W·斯塔克（美）和约翰·O·西蒙兹（美）共同出版了《景观设计学》，在该著作当中概述了景观建筑规划与设计的原理、场地规划的过程。

1.3.2 国内研究现状

中国乡村滨水景观研究相比于国外是一个比较新的研究领域。随着社会经济文化水平的提高、乡村经济收入的发展，乡村居民对于生活环境有了新的认识和要求。而城市化的发展则使居住在城市中的居民渴望亲近自然。种种因素促进了乡村景观的发展。国内的乡村景观往往由于缺乏正确的理论指导，观念认识上的偏差等原因破坏了乡村景观的健康发展，造成乡村传统文化的消失。以上种种原因，使得乡村景观研究得到越来越多的重视。而滨水景观的相关文献资料中，以乡村为背景的滨水景观研究少于以城市为背景的滨水景观研究。

彭一刚在《传统村镇聚落景观分析》中分别从自然因素、社会因素和美学角度进行传统村镇聚落的分析。陈威在《景观新农村：乡村景观规划理论与方法》中认为应该保护乡村景观的完整性和文化特色，改善目前杂乱无章的乡村景观现状；挖掘乡村景观资源的经济价值；改善和恢复乡村良好的生态环境，营造美好的乡村生活环境。促进乡村的社会经济和生态持续协调发展，是乡村景观规划理论与方法的目的。俞孔坚在《还土地与景观以完整的意义：再论“景观设计学”之于“风景园林”》中把人与土地的设计关系作为景观设计的核心。

1.4 研究方法

1.4.1 研究边界限定

按本论文按照“提出问题——分析问题——解决问题”的研究思路，基于生态的角度，通过对相关理论进行资料收集、案例分析和对郭家庄进行实地考察等研究方法，对生态的乡村滨水景观进行了设计研究和探讨。本论文主要采用了以下四种方法：

1. 文献研究法

通过检索工具和参考文献等查找方法，对郭家庄这个地区以及有关生态性的乡村滨水景观的相关资料进行信息搜集、鉴别、整理，为后面的研究奠定扎实的基础。

2. 实地调研法

通过笔者亲自到郭家庄进行调研，直接观察当地的现状，并通过调查得到与研究课题相关的各种数据，为论文的研究和最后一章的设计实践提供真实有力的材料和数据。

3. 案例研究法

以典型的生态性乡村滨水景观的案例为素材，分析研究其特点，从而获得更全面的观点。

4. 经验总结法

通过对郭家庄滨水景观设计实践活动中的具体情况进行归纳与分析，使之系统化、理论化，从而上升为经验。

1.5 研究内容及框架

1.5.1 研究内容

本论文共分为五个部分：

第1章：阐述了论文研究的背景、目的、意义、现状，提出论文的研究方法、研究内容及框架。

第2章：从乡村滨水景观相关概念和与“生态”相关的概念出发，通过查阅相关文献对课题研究对象进行了相关概念的界定，深入乡村滨水景观设计的本质，从而形成对研究内容的认同和定位。

第3章：从不同地区的乡村滨水景观设计出发，对国内外滨水景观，尤其是基于“生态性”视角下的乡村滨水景观设计进行分析研究，表述乡村滨水景观与环境、人和历史之间的关系。

第4章：通过上一章对相关案例的分析，对乡村滨水景观的设计原则进行了整理和分析。并结合“生态性”这一前提进行思考，形成了基于生态视角下的乡村滨水景观的设计方法，把生态理念融入景观设计当中去。

第5章：本章内容是通过上述论文中的相关观点对河北省郭家庄乡村滨水景观做的具体设计实践。结合对当地环境的调研，运用滨水景观的设计手法来营造一个生态的、舒适的亲水场所，让设计与自然相结合，把当地的自然景观与地域文化相融合，与城市滨水景观进行区分。设计过程中应当更好地改善生态环境，将水资源利用、植物绿化、材料的使用等当作一个整体考虑，把生态理念融入景观设计当中去，并具体体现在各景观要素上。

第2章 相关概念及理论研究

2.1 乡村滨水景观相关概念阐述

2.1.1 乡村景观

乡村景观是指乡村地区范围内，包括文化、经济、社会、人口、自然等诸因素在乡村地区的反映。乡村景观在地域范围上包括城市建筑以外的空间，主要有乡村聚落、农业生产景观与自然环境三种景观类型，分别对应生活、生产与生态三个层面，并且乡村景观面积远大于城市景观。

2.1.2 滨水景观

滨水区的概念笼统地说就是“陆域与水域相连的一定区域的总称”，主要由水域、水际线、陆域三部分组成。滨水景观从地域的角度分析，包括乡村滨水景观和城市滨水景观两种主要类型。其中，城市滨水景观对于城市公共空间的生态性，对于满足城市居民亲近自然，提高生活环境质量的需求有重大的意义。而乡村滨水景观相对于城市滨水景观，还应满足当地居民供水、灌溉等基本的生活需要。本文所研究的是乡村滨水景观，而实践设计的案例——郭家庄滨水景观设计研究正是基于以上观点出发的。

2.2 与“生态”相关概念的研究

2.2.1 生态学

生态学是近年来才兴起的一门学科，是由德国生物学家恩斯特·海克尔于1866年研究生物与环境相互关系而产生的学科。生态就是指一切生物的生存状态，以及它们之间和它与环境之间综合相互作用的关系。如今，生态学已经渗透到各个领域，“生态”一词涉及的范畴也越来越广，人们常用“生态”一词来定义许多美好的事物。并且，生态学对关于如何进行合理增长，如何确定土地利用格局，如何防止城市蔓延等问题都有基于本学科的理解。

2.2.2 景观生态学

在工业革命后的一段时期，人类生活空间的生态问题逐渐加重，人们开始寻求解决途径，由此产生了景观生态学。景观生态学是在生态学的基础上，把人类生活空间内的自然资源和人类的历史文化都作为整体人类生态系统的有机组成部分来考虑，研究各景观元素之间的结构和功能关系，以便通过设计和规划，使整个景观的结构和功能达到最佳状态。

20世纪80年代以来，越来越多运用景观生态学的方法进行乡村景观规划，强调乡村景观设计中人与自然相结合的方式，形成了以农业生产景观、农耕景观与观光游憩相结合为发展原则，同时兼顾乡村的经济发展与自然景观保护的乡村景观设计方法。

2.3 本章小结

本章明确了本文的两大研究核心——乡村滨水景观和生态设计，并对其相关概念进行了界定。在此基础上归纳整理了生态的相关理论研究，包括生态学和景观生态学。同时对近些年来国内外对乡村景观建设方面的研究成果进行研究和罗列，可以看出，要实现乡村滨水景观建设的美好愿景，就必须要充分挖掘相关的环境资源和文化背景，因地制宜，从浅到深地进行研究，为滨水景观规划设计奠定理论基础。

第3章 乡村滨水景观设计的案例研究

通过列举国内现有的乡村滨水景观设计案例，对其选址、选材等各方面进行分析，研究乡村滨水景观的设计策略。

3.1 浙江省温州市永嘉县楠溪江古村落

温州市永嘉县楠溪江，位于浙江省东南部。该流域三面环山，村落依水而建，依山就势。自然山水、田园景观、人文景观在楠溪江古村落都有所体现，山环水绕，景色异常秀丽，由北而南注入瓯江，全长145公里（图1）。楠溪江与当地居民的生活息息相关，满足了当地的生活和生产用水。

图1 楠溪江风光（图片来自于百度）

在村庄内，整个空间的取材来自于大自然和当地的材料，卵石和木材是楠溪江主要的材料，天然的颜色和纹理呈现出自然又朴素的风格。石材的驳岸，栅栏采用木材与周围的植被很好地进行了融合（图2）。

村庄原本的选址就是依托河岸而展开，人和水的关系原本是很密切的，现在的设计完全切断了这之间的关系。对于古村落内河岸与水面落差较大的处理手法，重点考虑到了丰水期和枯水期的水位变化，解决了不同时期人与水的关系。驳岸的设计很好地处理了枯水期和丰水期的水位变化以及人与水的关系（图3）。

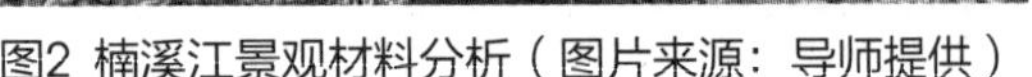

图2 楠溪江景观材料分析（图片来源：导师提供）

图3 楠溪江河岸落差分析（图片来源：导师提供）

楠溪江流域在具体的规划上非常注重人们在生产、生活、文化上的需求。在楠溪江，自然山水格局、文化传统和历史风貌仍保留得比较完整，可以体验到中国传统农村应有的乡土气息。

3.2 浙江省临海孔坵村

孔坵村位于浙江临海东北部群山之中，是临海、三门和天台三县市的接壤之地。地处三县市交接之地，距S214省道有15公里山路，距汇溪镇约30公里，距临海市区约50公里。孔坵村群山环绕，地势复杂多变。孔坵村约有225户，900人口，经济来源依靠传统的农耕（图4）。

传统村落一般都具完善的自然生态基础。良好自然生态构成村落的重要基质，并在村落选址、格局规划、景观营造和民俗习惯都具有基础性的重要地位。孔坵村之所以得以选址营建，由地理环境构成的生态基质是其根本原因。历史资料所说，孔坵村的原名为陇洲，反映出了当地的自然生态特征，是群山当中的平地和山溪夹谷中的一小沙洲，这也是孔坵在农耕文明时代赖以为生的依靠。

根据对孔坵村自然环境与历史文化环境的剖析，确定规划主题为“千年孔坵古村，浙东秀才名村”。通过改善当地的环境、修缮当地传统的建筑和弘扬当地的传统文化，以实现孔坵村的文化传承与人居环境建设，在保护历史传承的思想下促进当地的发展，又在发展过程中进一步保护当地的传统，使孔坵村在与时俱进的同时也没有丢弃传统的要素。孔坵村的整体规划布局以孔坵锦溪和孔坵丁字形古街为两条空间主轴线架构起整体错落起伏的空间传统村落空间。村落的东部入口为村落的起点，整个村落的主要历史建筑群和风貌建筑群沿着丁字街分布。孔坵锦溪由西向东成为村落景观的生态主轴，水系的交通由西安桥、中安桥和东安桥作为交通要道。孔坵村设有停车场、小广场、公共绿地和各种基础设施等，主要分布在村口和村中心位置（图5）。

图4 孔坵村自然风光（图片来源：网络）

图5 孔坵传统村落规划总图（图片来源：《理想空间》No.76）

3.3 山东省沂水县峙密河两岸景观

峙密河位于山东省临沂市沂水县院东头镇，横贯院东头镇全境。峙密河地区拥有着深厚的历史文化背景，唐代的法华寺清代的翰林府等丰富了当地的历史文化风情。周边景观众多，有辛子山、大理谷、地下画廊和茶博园等，更加深了当地的山水风情（图6）。

图6 峙密河风景（图片来源：网络）

峙密河的规划从历史文化和自然环境的角度出发，对沿岸景观进行了全面的整体改造。恢复峙密河原本的自然形态，柔化了硬质的驳岸现状，使已经变得僵硬的河岸线恢复成与周围环境相融合的蜿蜒曲折的形态。峙密河两岸景观增添了许多湖面、浅水、深水等多种水域环境，种植了滨水植物群落，以此增加了生物多样性，营造出山、水、植物与周围环境相融合的景象。整个规划区域分为五大部分，自西向东分别为居之悦、山之菁、文之韵、林之秀、田之袤，以及十个具有民俗风貌和历史文化的景观节点，并以峙密河为景观轴，贯穿连接起整个景观空间，使得整个景观空间动静结合，提供给当地居民一个宜居的生活空间，给外来游客一个休闲放松的自然乡村环境。

第4章 乡村滨水景观“生态性”的设计策略

4.1 乡村滨水景观“生态性”的设计原则

乡村滨水景观设计的生态性应立足于区域景观的历史文化和自然资源。从乡村滨水景观的乡土性、参与性和文化传承的地域性等方面进行全面的设计。而这独有的乡土性、参与性和地域性的设计原则成为生态的乡村滨水景观设计的核心，用以延续乡村滨水景观的独特价值。在进行乡村滨水景观的设计时必须立足于当地的发展，以自然生态的设计理念展现独特的地域景观，所以将乡村滨水景观的设计围绕以下三个原则展开。

4.1.1 尊重当地的山水格局

我国大多数传统村镇都拥有得天独厚的自然景观资源。乡村聚落与自然山水环境和谐地融为一体。水体、植被、生物、土壤、阳光雨露等自然生态元素以及维持生态平衡的方式都是乡村滨水景观设计的重要内容。

但现在的部分乡村滨水景观设计明显忽视了滨水景观与乡村环境之间的联系，在进行乡村滨水景观设计时不能与自然相融合，滨水景观与周围环境之间没有过渡，很是生硬。这样的做法加重了乡村自然环境的负担，使千百年来所形成的充满诗情画意的村落面临毁灭性的灾难。所以在进行滨水景观的设计时应该从整体的空间结构出发，促进乡村景观中的滨水区域与陆地区域的融合与协调。

4.1.2 加强人在自然环境中的参与性

人们向往水是一种本能的倾向。悠闲地沿着河流漫步，或者是在水边休息以享受水流的声音和波光粼粼的景象，又或者是当人们穿过河流到达彼岸，都是乡村滨水景观设计所想要达到的目的。所以在进行乡村滨水景观设计的过程中，既要注意到景观设计水体自身的特性，还应考虑到人自身在景观空间中的亲水需求。当地居民作为滨水景观空间重要的考虑因素，居民简朴的生活状态深刻地影响和改变了乡村的景观风貌。而游人的到来丰富了当地的生活。游人到来的目的主要是为了感受不同地区的景观风光，享受与平时不同的生活体验。所以应从游人和当地居民的角度来进行规划设计亲水、赏水的景观空间，从而设计出不同类型的水景和亲水空间，使人们更为方便地接近自然，引发人们对于“乡愁”的情感，从而引起共鸣，实现乡村滨水景观设计的价值。

4.1.3 挖掘地域特征

对地域文化特色的反映不足是当下乡村滨水景观设计中的一大现状，城市化的元素在人们的思想里面变得根深蒂固，因而设计过程中很容易将城市化的思想带入设计当中去。目前有的村落只是将景观元素进行简单的堆砌，而忽略了当地的特色及地域文化背景，使滨水景观与村落的整体空间相互违和，格格不入。削弱了乡村所特有的味道，丧失了村落自身的历史文化内涵和乡土景观，也使村民的“乡愁”情感逐渐淡薄。在乡村滨水景观场景的设计创造过程中引入独特的地域性文化元素，让标志性的建筑形成空间的特色。以此提升滨水景观设计的定位，为乡村滨水景观创造独具特色的文化形象，打造与城市景观截然不同的乡土风貌。

在进行地域性的生态设计时，当地人的生活状态和方式以及当地传统的历史文化是乡村滨水景观设计中应重点考虑的因素。所以乡村滨水景观的设计要充分考虑人与地、与景的现状关系，同时要认识到滨水区的景观其实就是整个村落得历史文化和自然景观的缩影，需要进行深入调查，充分挖掘当地的民俗风情，从中得到启发。并利用当地的自然景观资源，打造具有特色的乡村滨水景观。同时，要合理地进行设计规划，结合乡村滨水景观的特点，将自然景观、历史文化以及生态理念融合在滨水景观的设计中，使景观设计与当地的自然环境、人文历史相互协调。在满足人们休闲游憩的同时，充分展示乡村的特色，建设有地方特色的乡村滨水景观。

4.2 乡村滨水景观“生态性”的设计元素

4.2.1 通过不同材料的运用体现生态理念

在过去的一些景观设计案例中，很多设计者选择高档的装饰材料或采用当地罕见的材料来彰显景观空间的高贵和与众不同。这样的做法既会增加在施工过程中的经济成本和后期维修费用，又会对当地的资源造成浪费，还会使得景观的表现效果毫无地域特色。因此，在景观设计时如果能够对当地现有的材料进行开发和利用，既可以节约成本、保护环境资源，又可以彰显地域特色，营造出素朴优美的乡村景观。

由混凝土和钢铁建成的空间环境，其明度往往都很高，轮廓线也单一、生硬。与此相反，由木材、石材等构成的景观空间，其色彩丰富多样，轮廓形状多变。因此，当过多的外界资源放入乡村景观中时，将会破坏景观的美感和形式。例如坚硬的混凝土护岸，在一片绿色的河岸边显得十分突出，并因此破坏了整体的景观效果。传统的乡村使用了大量的当地材料，并构筑成近似自然的形态，呈现出村落独特的景观风貌。所以在进行乡村滨水景观设计时应注意材料的使用，表现出一种素朴的自然美。哪怕是在使用混凝土材料施工时，也可结合树脂灰浆等材料，或者在混凝土护岸的表面进行加工，使其凹凸不平，形态各异地构筑成近似于天然石块的样子。经过这样处理的混凝土表面肌理，会给人以亲切感，减轻了人工材料的呆板，尽可能地融入乡村景观中去。不同的材质和不同的纹理相互搭配，便可以呈现出不同的效果，使景观变得丰富且多样化。选用的材料和种植的植物与周围的环境融为一体，辨别不出哪些部分是原本的环境，哪部分是后建的。设计应遵循环保的设计思路，设计者可以运用传统材料与废弃材料共存来解读生态理念，使景观形成“取之于土，形之于土，归之于土”的生态循环过程。

由上文论述可以得知，中国古代聚落的择基选址都与水环境有着密切的关联，人们在择水而居的前提下对所处环境中的滨水环境也做了相应的改造。从中国传统村落早期的滨水景观的营造来看，虽然早期的社会科学技术水平不如当代发达，建造材料的选用范围也非常有限，但是过去的人却用最简单的材料营造出了富有内涵且又方便实用的滨水景观。

4.2.2 结合周边空间元素体现滨水景观的乡土性

滨水景观空间中的景观元素构成长期以来都是相同的，但呈现的风景却是不同的。河流一经改造，在几十年里，其形态再也不会改变。因此，更有必要千方百计地把它设计成人们看不够的风景。在生有芦苇的水边，水陆交错，令人感到美不胜收。微风吹过，激起涟漪，呈现出千姿百态的水面，令人百看不厌。同时，一年有四季，四季的自然变化及其所呈现的景观风貌也各异。设计时也应与城市景观不同，乡村景观更接近自然。生态自然的景观内涵丰富，而村落所特有的乡土性是城市景观的繁华所没有的。所以在设计过程中应尽量采用简单朴素的营造方式。利用周围空间内的乡村元素，构建出百看不厌、令人回味的乡村滨水景观。

4.2.3 绿色植物与滨水景观相结合

植物配置作为乡村滨水景观中的重要组成部分，合理的植被安排是一个乡村滨水景观设计中不可缺少的内容之一。

不同地区的乡村滨水空间内，气候条件和土壤状况等自然环境因素各不相同，而植物种类繁多，特性、功能及展现出来的效果各不相同。新的植物的培育生长需要经过多年的时间才能达到预期的效果，所以植物的选择直接关系到滨水景观空间的效果和质量。因此，植物选择要从村落的实际情况出发，根据植物特性和当地的地域环境，因地制宜，合理地进行植物规划，切忌生搬硬套。主要以适合本地生长的乡土植物为主，尤其是本土植物，并适当地引入外来植物。对本土植物的保留、保护和利用既可以节约景观设计的成本和资源，加快滨水景观建设的进度，又有助于营造出乡村所特有的地域感，营造出充满生机活力的乡村滨水景观环境。植物种类的多样性与空间形式的变化相组合，可以营造出不同的景观效果。但由于当地居民一般对于乡村滨水景观的景物都过于熟悉，如果全部运用当地的植物往往可能会导致对景观空间缺乏新鲜感。所以在进行规划设计时应当考虑到植物的可更新性。如运用植物的四季变化造景，并且游玩路线的植物配置根据时节的变化进行设计，构筑不同的观景效果。植物配置的合理程度将会直接影响到当地居民的生活品质。植物配置合理不仅能满足乡村滨水景观的各种活动体验，而且有利于造就良好的生活空间和生态环境，为乡村滨水景观的健康发展提供保障。

在乡村滨水景观设计中，还应该充分考虑植物的功能作用，将植物与不同功能的滨水景观空间内的地貌状况有机地结合起来。突出植物造景的功能，使乡村滨水景观更好地因地制宜，充分利用现有条件，科学合理地利用资源。我国部分乡村滨水景观造型不够丰富、色彩的视觉效果不强、景观层次过于单一的现状、可以利用植物进行改善、最大限度地发挥绿色植物的景观效果。

绿色植物为乡村滨水景观带来了生机和活力，改善了景观环境，丰富了乡村景观，塑造了乡村的地域感，发展了乡土文化，并给当地的居民和外来游客提供了一个可以身心休憩、休闲娱乐、丰富文化生活的场所。因此，完善的植物配置是乡村滨水景观设计最重要的任务之一。

4.2.4 使用美学理论营造空间的艺术氛围

滨水景观设计同时又是景观与艺术的完美结合。艺术是人们展示现实生活的一种方法，艺术行为是人们以感性的、全面的方式反映客观的对象，并在此基础上以象征性的图案创造出某种艺术形象的实践活动。艺术和美学是景观设计的基础，而艺术和自然是一个和谐共存的关系，达到一种人与自然交融的生命体验，是人对于生态美的感悟。审美作为一种人类的自我意识，反映了主体对周围环境的美的认识。

现在的滨水景观空间理论和自然景观艺术概念是在继承前人的基础上发展起来的，展示其独有的特色，将景观环境艺术、自然本身所独有的艺术以及居民的生活方式在乡村滨水景观设计中得到充分展现。

4.3 生态理念在滨水景观设计中的体现

景观生态设计是指运用景观生态学的原理和方法对某一空间的景观进行规划和设计，注重的是景观空间内的格局和空间过程的相互关系。乡村滨水景观设计过程中应当把更好地改善生态环境、水资源利用、植物绿化等当作一个整体进行思考，把生态理念融入景观设计当中去，并具体体现在景观要素和景观材料上。

第5章 河北省郭家庄乡村滨水景观设计实践

5.1 项目概况

5.1.1 区位分析

本次选址为郭家庄瀑河河道及周边领域的滨水景观。郭家庄位于兴隆县城东南，南天门乡政府东侧两公里，是当地的少数民族村（图7）。兴隆县位于京、津、唐、承四座城市的衔接位置，距北京125公里，距天津150公里，距离唐山90公里，距承德70公里（图8）。郭家庄内有112国道穿过，并且有新建的公路通向郭家庄，交通比较方便。

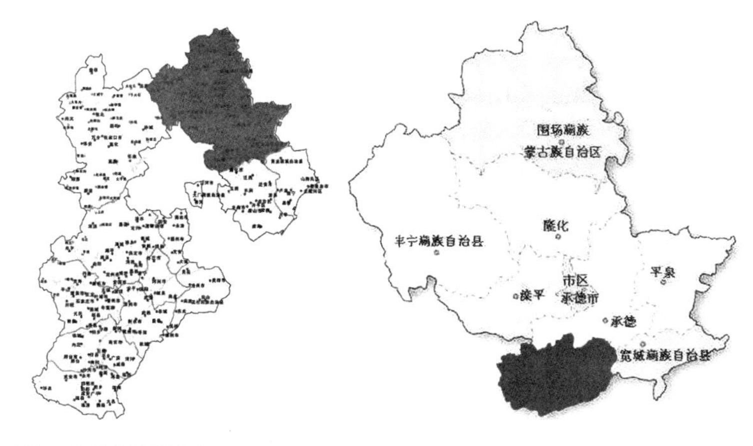

图7 兴隆县区位图

兴隆县境内有白草洼国家森林公园、蟠龙山长城景区、东极仙谷自然风景区、云岫谷自然风景区、雾灵山森林公园、六里坪国家森林公园、禅林寺风景区等景区。景区内群山怀抱，古木丛生，绿水依依，自然风景奇异壮美。(图9、图10)。

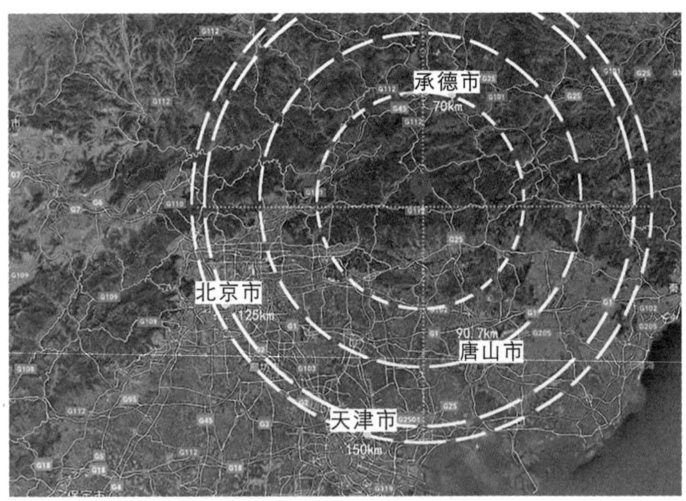

图8 与周边城市关系分析图

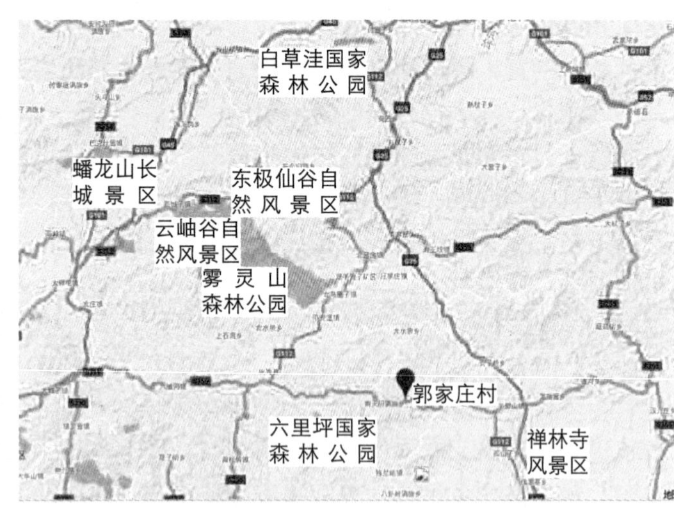

图9 与周边景观关系分析图

图10 兴隆县郭家庄周边自然风景区自然风光（资料来源：网络）

郭家庄是典型的深山区村庄，总面积9.1平方公里。山地是由早期燕山运动所形成的燕山山脉，全乡整体地貌特征是山高、谷深、路曲（图11）。境内群峰对峙，山峦起伏，沟壑纵横。自然环境优美，山形俊秀，水体清澈。村庄依山就势，沿澈河有机分布，林木葱郁。周边村落大致都分布在中山、低山地带（图12）。

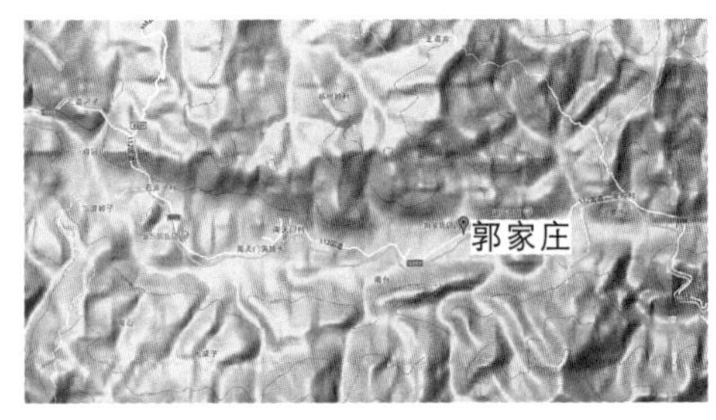

图11 郭家庄地形图（资料来源：谷歌地图）

图12 郭家庄风光（资料来源：作者自摄）

郭家庄属于温带大陆性季风气候，气候特征四季分明，主要表现为：春季干旱少雨，天气多变；夏季高温多雨，多雷雨天气；秋天天高气爽，昼暖夜凉；冬季干燥少雪，天气寒冷。春夏季多东南风，冬季多西北风，气候干燥。多年平均降水量727.9毫米，汛期降水量多集中在7～8月，占全年降水量的70%以上，每年7～8月是洪水的多发期；12月到次年1月为河流的枯水期，结冰期为10月到次年的4月。

河北省兴隆县澈河属于滦河水系一级支流，发源于兴隆县东八叶品，汇入滦河，奔向渤海湾。南北均为山体，村西头南天丽景旅游项目开发山体、花海等项目。在7、8月容易暴发洪水的时期，河道是排水的主要通道。

5.1.2 地域文化分析

郭家庄内有226户，726人口，7个居民小组。人口老龄化、空心村问题突出。就业以外出打工为主，青壮年外流，经济对打工依赖性强。

郭家庄的位置在清朝被设为皇家禁区。清朝灭亡后，守陵人后裔来此生活，郭家庄便形成了一个满族村庄。民国之后，作为满族文化村落与汉族不断融合，全乡满族比例逐渐减少至28%，但至今仍保留着一些满族人的生活习俗和文化特色传承，如饮食习惯、剪纸等。当地传统的满族文化，在设计过程中可以加强地域文化的表现。

郭家庄内的经济产业为满族文化旅游、德隆酒厂、民宿；主要农作物有玉米、大豆、谷子、高粱、板栗、山楂等。兴隆县2013年的城镇居民人均收入约为1.7万元，农民人均纯收入达到0.71万元。郭家庄的年人均收入约为0.65万元，略低于平均值。

5.1.3 景观构成分析

（1）河道驳岸的现状

乡村滨水景观应该是自然的、丰富多彩的。滨水景观是人们接近大自然的窗口，是方便人与大自然相互交流的场所。但通过对郭家庄的现场调研，我们发现郭家庄滨水景观的亲水性并不理想。

河流宽度约为24米，堤坝高度约为5.5米，12月到次年1月为河流的枯水期，水位高度约为0.2～0.5米；每年7～8月是洪水的多发期，水位高度约为2.5～3米；常年的水位量约为1.2米。河流流向为自西向东。河道中间有泉眼，部分农民引水到自己家。过去可能有浣洗的作用，现在没有此作用。因此，如何根据不同时期的水位高度以及居民的用水习惯设计不同类型的亲水空间，是郭家庄滨水景观设计的重点、难点。

硬质的混凝土护岸，河流护岸过于城市化，使乡村滨水景观失去了原有的自然形态和美感。植被的缺失和单一更是使得整个空间生硬而没有变化，舒适度降低。滨水空间建设不合理，亲水性较差，使人们无法进行亲水、近水、戏水的行为活动。

（2）道路交通的现状

郭家庄内道路交通混乱，人行道路和行车道路没有明确的划分，存在潜在的危险，并且道路形式较为单一，地面铺装过于生硬。

（3）景观小品的现状

景观小品及服务性设施单一，缺乏趣味性，公共设施如座椅等没有切实针对使用者而进行设计，造成滨水景观空间的使用不便。广场内地面铺装模仿城市化，缺乏当地的自然特色。

5.1.4 需要解决的问题

基于以上对于郭家庄的现状分析和乡村滨水景观的设计研究，提出了在郭家庄滨水景观设计中要解决的两个问题：

（1）运用滨水景观的设计手法来营造一个生态的、舒适的亲水场所，让设计与自然相结合。

（2）把当地的自然景观与地域文化相融合，与城市滨水景观进行区分。

5.2 设计理念

提高当地的居民居住环境，为当地居民打造宜居的环境。利用当地的自然资源，设计规划出自然生态的滨水景观，发展旅游业，提高当地的经济收入。为了进一步改善与提升乡村公共空间的品质，以生态的设计理念，融入乡村休闲设施和生态旅游服务功能，营造生态形象展示独特地域景观的公共滨水空间，对乡村滨水景观中的各类元素重新进行设计，最终建立一个人与自然关系和谐的生态型乡村滨水景观，提升乡村的整体素质和形象。

人们在滨水景观的空间环境当中，实际上每时每刻都会跟自然有所接触，将河流、干线道路、广场绿地等公共空间联系起来，形成一个环境主轴，使得乡村滨水景观设计当中的各个空间相互之间既有联系而又各自独立存在。林语堂先生曾经这么写道："最好的建筑是人置身其中，却不知自然在这里终了，艺术在这里开始"。这段话不仅可以适用于建筑中，也是笔者滨水景观设计所追求的理想状态。

5.3 设计方案

5.3.1 景观构成

（1）河道驳岸的设计

滨水空间是营造滨水景观不可或缺的景观要素，提供一个令人流连忘返的滨水空间，改善因防洪堤而形成的生硬尴尬的现状空间是郭家庄滨水景观需要解决的一个问题。运用错落的亲水平台空间缩小因防洪堤带来的乡村与亲水之间的距离，使人在体验的过程中能真正地亲近水，乡村能真正地利用水，反之也为水注入新的生命和意义。并且利用水的优势为当地居民和外地游客提供一个能够亲水的公共场所，最终形成一个水乡交融的乡村滨水景观。

设计时首先要改善沿岸的状况：借用河道宽窄不一的形态，让平面形状产生徐缓曲折的变化，并融入滨水景观中。用柔软、倾斜的植被河岸代替现存的不渗透、垂直的运河河岸，部分区域拆除了原有的混凝土河堤。陡坡和缓坡可以使用不同的材料，使景观的形态富于变化，如选取天然的石材，使景观给人以亲切感、地域感。恢复滨水景观的生态地带，为各种挺水、浮水和沉水植物提供生境。尽力保留原有植物的基础上铺设砖石道路并种植柳树来营造护岸，河流堤岸表面可以用石头、原木和蔓生植物稳固土壤，抵抗流水的冲刷与侵蚀，抑制因暴雨排水产生的坡面流失。通过改造后的河流，再现了自然河道景观。其次是充分利用周边地区丰富河岸的功能，使河岸成为垂钓、玩耍的场所，设置观景平台使当地居民和游客尽情体验水带来的愉悦感。最后设置台阶和有高低落差的亲水平台，既可以降低驳岸整体的视觉高度，又可以在水位较低的情况下进一步提高其亲水性，并通过斜坡、楼梯和栈桥系统连接起不同高度的景观。根据郭家庄不同时期的水位变化，在郭家庄滨水景观驳岸设计时进行充分考虑：枯水期的驳岸高度约为0.8米左右，可以形成滨水休闲空间；滨水走廊高度约为1.5米，这个高度主要为了行人设计，从桥梁和观景平台上可以俯瞰滨水走廊，这个高度的设施只有在暴雨天气下才会被掩埋。街道高约为5米：这个空间内设计了服务于居民和游客的休息娱乐区域，同时试图分开步行和车辆交通。人行道和自行车道沿着水系铺装，并设有座椅、观光平台和绿植的休息平台融入设计的系统中。

（2）道路规划设计

地道路根据其路面宽度以及在滨水景观空间中所起到的作用一般可分为三类：主要道路、次要道路，以及桥梁、木栈道等。主要道路是连接各景区以及主要景点和活动设施的道路。主要道路的平面布局构成滨水景观空间的骨架，目的是提供不间断的步行体验，减少自行车与行人之间的冲突。人行道和自行车道沿着水系铺装，并设有大量座椅、观光平台和绿植的休息平台融入设计的自然系统中。次要道路是滨水景观中各个空间之间所相互联系的路径，使人们在滨水景观空间内游玩时可以根据自己的需求选择合适的道路。桥梁具有连接河道两岸交通的作用，栈桥、观光平台等元素的设计既丰富了滨水空间中的景观效果，又增加了滨水景观自身的趣味性。

在沿河道设路时，应根据地形和周围环境的景观要求，使路与水面若即若离，有远有近，有藏有露。道路铺装了透水砖，并沿线播种了可以自我繁育的植物，营造出低维护的地表景观，这些元素为行人创造了生动和愉快的步行体验。地形狭长的河道要有一条贯穿全程的主要干路。主要干路是根据交通流量和游人量相对较大的区域进行设置的，路面宽度大约为4～7米，道路纵坡一般小于10%，设计时应考虑到道路两旁应有景可赏。次要道路，是连接景区内各景点的道路。在主要干路不能形成环路的滨水景观空间中，常常要以二级路构成环路，以弥补其空间联系的不足。次级道路是景区内通往各景点的散步、游玩小路。布置自由，行走方便，安静隐蔽。关于次级道路内的地形起伏可以比主要道路大一些，路面宽度约为1～4米，也可以更窄。坡度大时可以设置台阶，以踏步的形式进行高差的处理。

景观规划时导游路线的布置不是简单地将各景区、景点联系在一起，而是要把众多的景区、景点有机协调地组合在一起，使之具有完整统一的艺术结构和景观展示程序。理想的导游路线布置应考虑以下几个要素：首先，滨水景观空间中的道路多为四通八达的环行路，游人从任何一点出发都能遍游全园，不走回头路。其次，滨水景观空间中道路的疏密度与该景观空间的规模、性质有关。再次，道路与景相通，所以在园林中是因景得路，与风景视线的结构相一致。最后，园林中路的形式是多种多样的，在人流集聚的地方，路可以转化为场地；在草坪中，路可以转化为步石或休息岛；遇到水，路可以转化为桥、堤、汀步等形式。道路的多样性可以丰富景观，延长游览路线，增加层次景深，活跃空间气氛。道路又以它丰富的体态和情趣来装点景观空间，使景观空间因道路而引人入胜。

道路是构成景观空间环境的重要因素。道路的表面往往铺装得越坚固越好，这渐渐成了路面铺装上必须遵守的金科玉律。可是，摊铺在路面的混凝土，不仅构成了对一些小生命的威胁，而且也不利于雨水的渗透。雨水的过度集中，往往会酿成水患。所以在郭家庄乡村滨水景观设计时选用混凝土块进行路面铺装，在块与块之间留出间隔，里面铺上砂砾或草皮。如果是步道的话，仅仅以石块铺装就足够了，这样既可以就地取材，增强滨水景观设计中的地域性，同时又有效地解决了一部分石材处理问题，使设计成本和后期的维修费用降低。那种绿带缠绕、蜿蜒曲折的道路令人充满兴趣，在进行郭家庄滨水景观设计时将会满足这些欲望。设计时为步行路线提供一系列的观赏景观，继而提供对河水的视觉探索机会。滨水小路蜿蜒起伏并在材料运用上与自然景色相融合。

郭家庄的河流的两边分别为种植区域和居住区域，桥既作为交通道路又作为滨水景观的一部分，也是设计的重点。进行桥的设计时应根据车辆运输和观光旅游等不同目的分别进行，形成桥、河、山、景交相融汇的空间景观体系。同时还应考虑到不同时期游客的数量问题，合理设计桥面宽度。

（3）照明设施

照明设计的目的首先是提供识别方向的功能，合理的照明有助于提高行人的方向感，提供清晰有效、舒适不刺激的照明，有助于保护人们在夜间活动的安全，尤其是滨水区域。同时，有设计的照明也有助于景观空间氛围的营造，景观中的设计效果在夜间通过灯光的烘托和渲染，可以形成与白天大不相同的景观效果。

郭家庄滨水景观空间的照明主要分为道路景观照明和休闲区域照明，目的是确保交通安全，提高交通运输效率，方便人们生活，美化景观环境。

（4）绿化设计

植物是景观的重要因素，植物提供绿化和遮阴的功能。植物不仅可以遮挡扶手，而且可以防止人们跌落，提高安全性，种植带宽度尽量保证在1米以上。绿色植物还可以展现滨水景观的生态美。地域自然条件不同，乡村滨水景观的植物选择标准也不相同。郭家庄有着属于当地的风俗习惯、历史文化和经济发展状况。因此，郭家庄的植物配置要从当地的实际情况出发，选择适合郭家庄的植物。根据郭家庄的自然山水地貌、地形、水文等特征进行绿化，使景观植物与河流紧密结合，创造出自然生态的滨水景观，为居民提供一个理想的亲水、近绿空间。充分发挥郭家庄滨水景观的自然环境优势，根据乡村景观的地形地貌进行绿化，如在不宜建设建筑的地域进行绿化布置，这样既可以充分地利用自然，节约用地，又能达到良好的美化效果，构成丰富的绿地空间形态。与此同时，要深入挖掘郭家庄的历史文化内涵，结合村落内的总体规划，对滨水景观空间内的植物配置进行综合考虑设计，统筹安排，形成有特色的乡村景观绿地系统。绿色植物是郭家庄赖以存在和发展的基础，完善规划，注重生态环境的保护，与当地的文化和河流等自然风光进行有机的结合，依山傍水，因地制宜。

本次设计中广泛栽植郭家庄的本土植物，当地植物资源丰富，并且经历了长期的自然选择，更适合当地的自然环境建设。植物的生存必须依靠水。水是植物的生命之源，植物又是滨水景观的重要依托，使河水的美得到充分的发挥。河流旁边的植物配置，与水边的距离有远有近，有疏有密。等距离进行栽植，会产生单调呆板的行道树效果。不同花期的植物配置也是郭家庄滨水景观设计时所考虑的，植物配置的色彩形式变化丰富，结合季相变化，给人们形成百看不厌的景观风光。植物配置作为一种软景设计，关键之一是呈现出丰富的空间层次感，利用植物的高低错落，种植疏密有致，形成鲜明的对比。并且半开敞空间使视线朝向开敞面，将注意力引向有开阔视野的方向。低矮的灌木和植物使空间形成了开阔的视野。在郭家庄滨水景观的植物设计中，按照大乔木、小乔木、灌木、地被植物的顺序排列，植物配置的标准是“先高后低，先内后外”。

郭家庄滨水景观设计中的绿地系统的规划，必须结合当地的自然环境特点和乡村自身的特性，做到因地制宜，形成特色。

（5）环境设施

郭家庄的公共设施主要分布在地块的东侧和北侧，分散布置以满足观光旅游和居住服务的要求。滨水景观空间中可以设置一些供人们活动、休息的景观小品，如戏台、亭子等。这些景观小品一般布置在公园或景区的边界，造型美观，符合当地文化，与周围环境相协调统一。

休息设施：在进行郭家庄滨水景观设计时，考虑到当地人们的生活习惯，设置了面积较大的台阶等作为一种放松的休息区域。同时，在景区内设置了多种形式的座椅供游人们进行不同形式的停留与休息，其中，座椅的朝向和视野与周围的景观环境有着紧密的联系。

护栏设施：栏杆主要起分隔、导向和保障安全的作用，乡村景观的隔离效果除了栏杆以外，还可以利用地形、植物、水体等进行隔离，使游人与自然环境有更多的接触。护栏对于景观也有装饰性的作用，但设计过程中应合理考虑造价和美观。正如李渔所言：“窗栏之制，日异月新，皆从成法中变出，腐草为萤，实且至理，如此则造物生人，不枉付心胸一片。”

亲水设施：郭家庄的驳岸现状过高，亲水性不强。但需要考虑防洪的现实问题，所以对郭家庄进行了亲水平台的设计，可以根据不同时期的水位高度设计不同类型的亲水平台。在原始的自然形态下营造亲水平台，可以利用地面的高低错落形成河岸增加整个空间的变化，也使得驳岸坡度减缓。亲水平台突出水面的高度不多，因此可以成为亲水性较好的体验空间，使人与水之间有一个适合的关系，以便于人们进行赏景、放松、钓鱼、跳水或划船等活动。部分亲水平台甚至在紧挨水面的地方设置了台阶，给走在台阶上的人以很强的亲水感。靠近河面区域的亲水平台，主要以防腐木平台为主，木质的材料让亲水平台更具有亲和力，另一部分采用自然色天然石材铺装，与周围的景观环境毫无违和感。

郭家庄乡村滨水景观设计中根据当地的自然人文现状灵活地运用景观小品，丰富了乡村滨水景观的呈现效果，设计中景观小品对于景观空间有着潜移默化的影响，小品之间应互相有机呼应，与建筑、绿地、水体等周围环境和景观要素相互协调。因此，对于景观小品的位置及造型和材料的选择应当仔细斟酌，选择与整体环境相协调的元素，而不是一味地博人眼球的，从而使滨水景观空间和谐、整体。

5.3.2 景观节点

在进行滨水景观规划设计时，应注意公共活动区域要与周围环境相融合。公共活动区域是乡村滨水景观的一部分，应与乡村融为一体，与邻近的自然环境、建筑等取得密切联系，使得公共活动空间自然地融合在乡村之中，成为乡村滨水景观空间中有机的组成部分，而不是一个孤立的点或面。

（1）“梯田式”驳岸观构成

许多不同类型的景观和园林，都根植于“农业景观”这个文明的最初形态。如：英国的景观始于牧场。伊斯兰花园源自于需浇灌的旱田。中国传统的梯田这一耕作方式正在逐渐被淘汰，但梯田的高差变化却很好地与基地环境中硬质水泥护岸过于生硬这一问题相吻合。

（2）农田景观

农田景观是生产性景观，作为一种低投入的景观方案，展示了村落的文化特色。农田景观作为乡村景观空间中的一部分，它的线条、色彩和空间尺度是一种自然生态美的表现。而它本身则实现了资源的最大化利用，材料就是场所，场所就是材料。它真实地反映了人与地的关系，同时也是一种情感的寄托，表达了回不去乡村的人们内心的一种乡愁。

（3）戏台广场

在进行设计规划时没有一味地推翻郭家庄内所有的景观元素，而是有所保留和延续。这样做的原因既是为了保留历史的记忆，同时还是为了对欠缺的地方进行规划和完善，给当地居民提供一种既新鲜又熟悉的生活环境。也使外来游客来到郭家庄后可以通过眼前的景象慢慢体验和感受村落内的文化与历史。其中，戏台广场便是村落内具有代表性的一个景观节点，对这一要素有所保留，根据当前的环境条件进行改造。利用地形的落差把戏台广场设计成一个“下沉式”的景观空间，台阶在空间中既是道路也是停步休息的地方，还形成了一个很好的“观众台”。

（4）满族文化

郭家庄作为一个满族村落，满族文化及传统习俗仍旧有所保留。所以满族文化在景观空间中应有所体现。在设计中，亲水平台和观景平台的造型参考并提取了满族传统的图腾文化符号，对其进行整改、变形。

（5）儿童活动设施和休闲活动区域

郭家庄内的青壮年大多都外出打工，村庄内留守儿童和留守老人所占的比例较重。所以，在进行景观区域内的空间分布时，规划设计出了儿童活动区域和休闲活动区域，为当地居民的生活增加多样性，使当地居民的日常活动多一种选择。设计时考虑到当地居民需要有一个健身锻炼的区域，以便将体育休闲活动和生态可持续发展同步推进。

5.4 本章小结

本章总结了郭家庄滨水景观的设计思路，郭家庄滨水景观设计项目从外来游客和当地居民两者的角度进行分析体验。在打造生态的乡村滨水景观的视角下，从“生态”的整体性、亲水性和地域性三个角度进行分析、研究和设计。亭榭走廊、生态护坡、“一河两岸，十里风情”的优美画卷尽收眼底，一个山水生态宜居的乡村滨水景观以新的形象和姿态重新呈现，对扩展乡村空间、完善乡土功能、改善人居环境、提升村庄品质具有十分重要的意义。

第6章 结语

从郭家庄乡村滨水景观设计中可以看出，“生态”对于提高当地居民的宜居性和提供自然的滨水景观空间具有重要的影响。只有尽力营造良好的乡村生态景观环境，为当地居民提供一个环境优美、舒适宜居的生活环境，提高人们的生活质量，同时为外地游客提供一个亲近自然的公共场所，才是一个完善的乡村滨水景观。

如今，自然生态的设计概念越来越得到人们的重视。景观与自然相互依存，和谐共生，在美观的同时更应注重景观生态系统的功能性与完整性，做到景观风格与周围环境相互协调统一。现代人开始追求顺应自然、回归自然的生存状态，乡村滨水景观的设计更应该遵循这一规律，因此景观和生态理念的高度融合将成为未来景观设计的发展趋势。

参考文献

1. 专著

[1] 陈威. 景观新农村：农村景观规划理论与方法[M]. 北京：中国电力出版社，2007.

[2] （日）进士五十八，（日）铃木诚，（日）一场博幸，编. 乡土景观设计手法——向农村学习的城市环境营造[M]. 李树华，杨秀娟，董建军，译. 北京：中国林业出版社，2008.

[3] （美）巴里 · W · 斯塔克，（美）约翰 · O · 西蒙兹，著. 景观设计学——场地规划与设计手册[M]. 朱强，俞孔坚，郭兰，黄丽玲，译. 北京：高等教育出版社，2008.

[4] 彭一刚. 传统村镇聚落景观分析[M]. 北京：中国建筑工业出版社会，1992 .

[5] （美）克莱尔 · 库珀 · 马库斯，（美）卡罗琳 · 弗朗西斯，编著. 人性场所——城市开放空间设计导则[M]. 俞孔坚，王志芳，孙鹏，等译. 北京：中国建筑工业出版社，2001.

[6] （苏）阿尔曼德. 景观科学理论基础和逻辑数理方法[M]. 李世玢，译. 北京：商务印书馆，1992，03.

[7] （日）芦原义信，著. 部空间设外计[M]. 尹培桐，译. 北京：中国建筑工业出版社，1988.

[8] 孙筱祥. 园林设计和园林艺术[M]. 北京：中国建筑工业社出版，2011.

[9] （英）伊恩 · 伦诺克斯 · 麦克哈格. 设计结合自然[M]. 天津：天津大学出版社，2006，10.

[10] （日）川河治理中心，编. 滨水自然景观设计理念与实践[M]. 刘云俊译. 北京：中国建筑工业出版社，2004.

[11] （日）川河治理中心，编. 护岸设计[M]. 刘云俊译. 北京：中国建筑工业出版社，2004.

[12] 沈实现. 新自然观下的地域景观规划与设计[M]. 北京：化学工业出版社，2015.

2. 学术期刊

[1] 张东来. 河北省兴隆县澈河开发利用现状分析[J]. 科协论坛，2013，(3)：105-107.

[2] 俞孔坚. 景观的含义[J]. 时代建筑，2002，1.

[3] 俞孔坚. 生存的艺术：定位当代景观设计学[J]. 建筑学报，2006，10.

[4] 俞孔坚. 还土地与景观以完整的意义：再论“景观设计学”之于“风景园林”[J]中国园林，2004，6.

3. 学术论文

[1] 郑林璐. 基于“美丽乡村”建设背景下的乡村滨水景观设计研究——以南平市夏道镇洋坑村芭蕉湖滨湖景观为例[D]. 昆明理工大学，2015，5.

[2] 武慧娟. 地域文化在滨河景观中的应用研究——以神木县滨河景观设计为例[D]. 西安建筑科技大学，2016，06.

郭家庄乡村滨水景观设计

The Rura Waterfront Landscape Design of Guojiazhuang

区位介绍

河北省郭家庄位于兴隆县城东南，南天门乡政府东侧两公里，是当地的少数民族村。兴隆县位于京、津、唐、承四座城市的衔接位置，东与迁西、宽城两县交界，西与北京市平谷区、密云区接壤，北与承德县相邻，南隔长城与天津市蓟州区和唐山市迁西县、遵化市毗邻。本次选址为潵河河道及周边领域的滨水景观。

场地照片　　选址范围

基地概况

满族的文化传统：

郭家庄作为一个满族特色村落，部分传统满族文化得到继承。

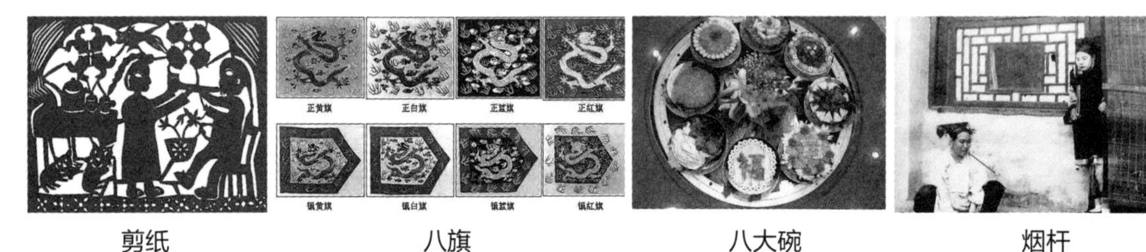

剪纸　八旗　八大碗　烟杆　悠车子

郭家庄全年的气温和降水分析：

夏季高温多雨，冬季干燥少雨。降水量多集中在7～8月，河流的枯水期为12月到次年1月份。

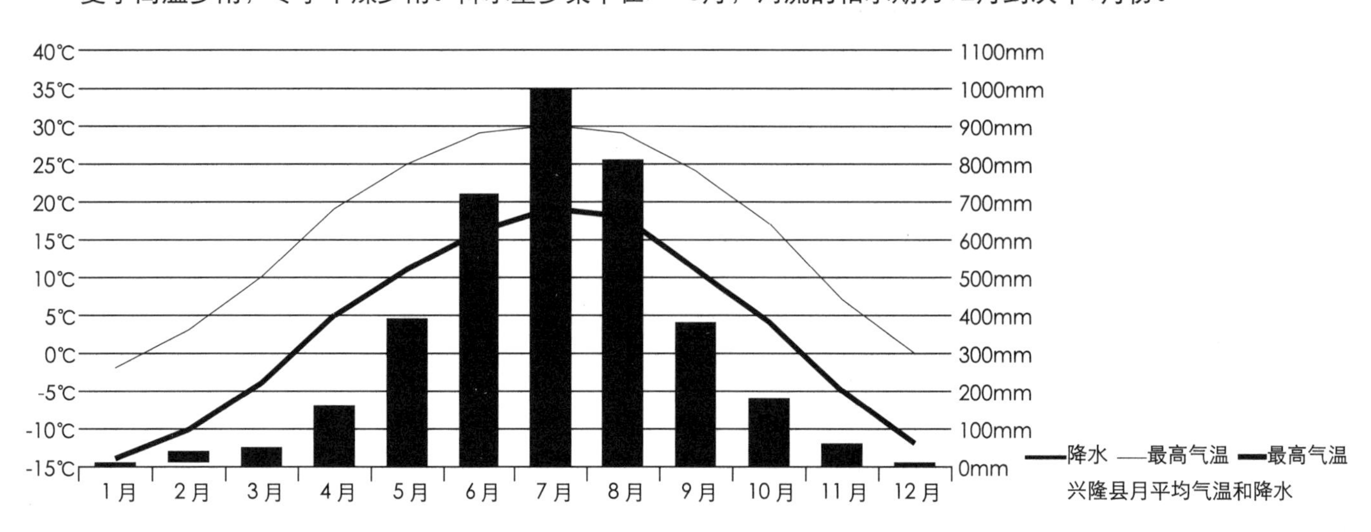

兴隆县月平均气温和降水

竖向分析图

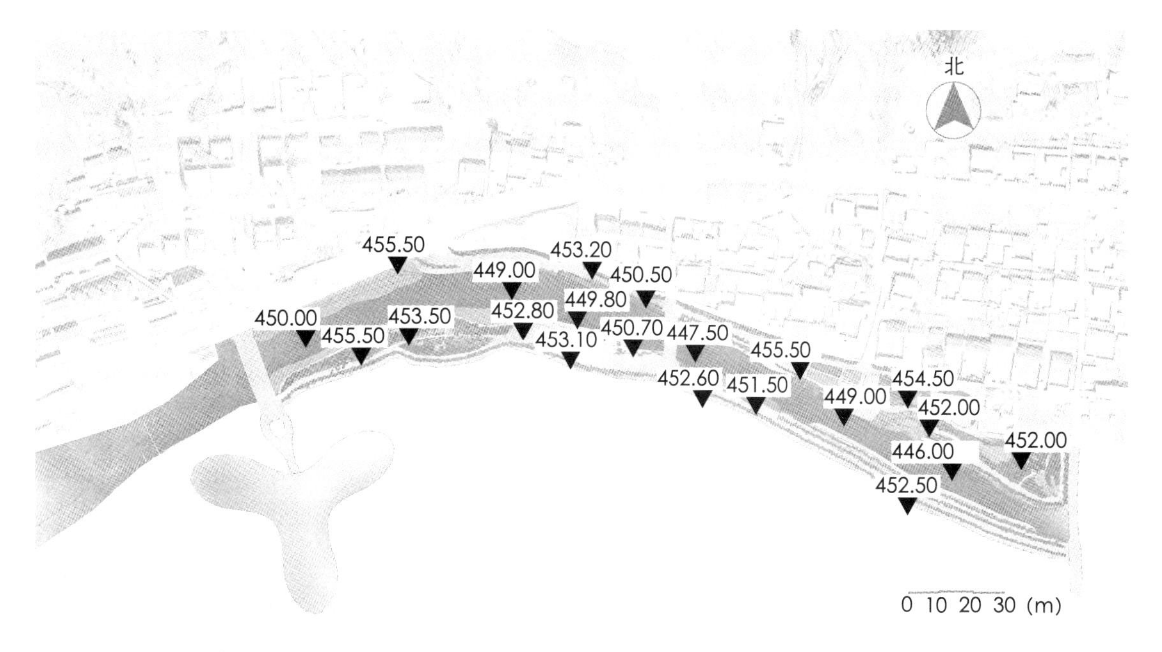

节点分析图

景观节点沿着景观轴线分布，主要景观节点分布在景观轴线的北侧。

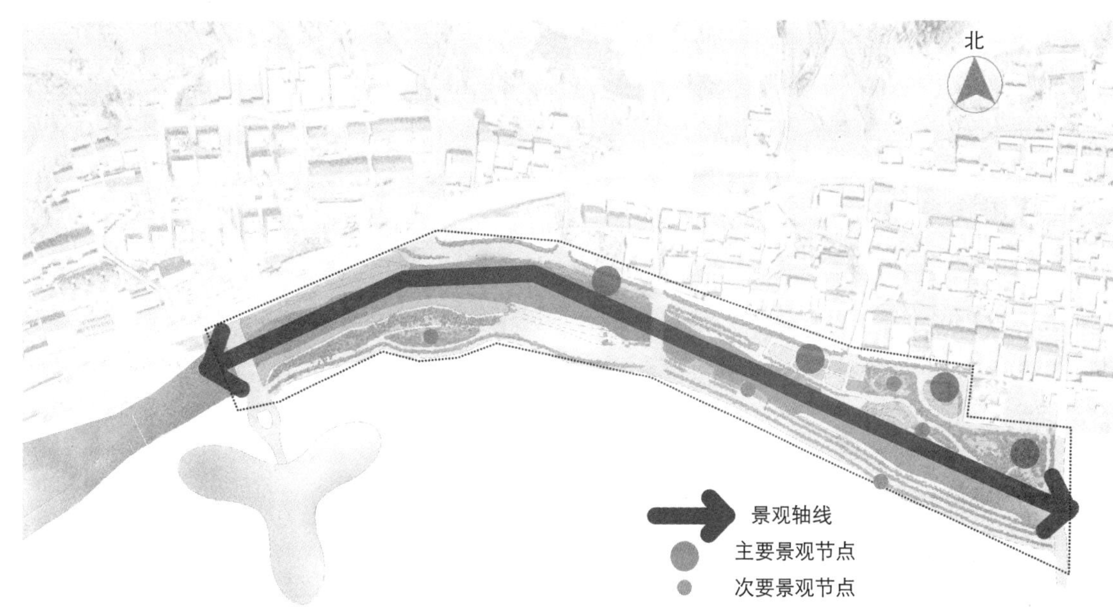

道路分析图

道路交通以步行路线为主，河流南部设有双向的自行车道。

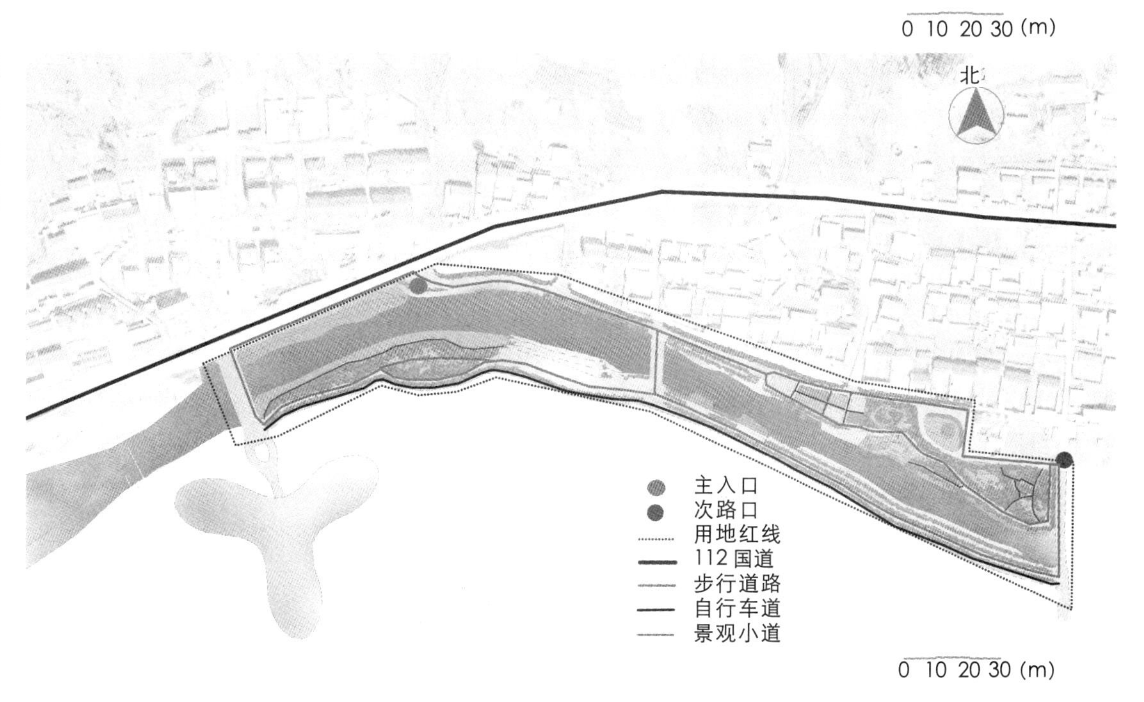